Rudolf W. Rembold

Einstieg in CATIA V5

4., aktualisierte Auflage

Bleiben Sie einfach auf dem Laufenden:
www.hanser.de/newsletter
Sofort anmelden und Monat für Monat
die neuesten Infos und Updates erhalten.

Rudolf W. Rembold

Einstieg in CATIA V5

Objektorientiert konstruieren
in Übungen und Beispielen

Mit über 700 Abbildungen und 54 Übungen
4., aktualisierte Auflage

HANSER

Bibliografische Information Der Deutschen Nationalbibliothek
Die Deutsche Nationalbibliothek verzeichnet diese Publikation in der
Deutschen Nationalbibliografie; detaillierte bibliografische Daten sind im
Internet über http://dnb.d-nb.de abrufbar.

© 2007 Carl Hanser Verlag München
Gesamtlektorat: Sieglinde Schärl
Herstellung: Monika Kraus
Satz: Felix Rembold, Gerlingen
Titelillustration: Danilo Rometsch, Gerlingen
Umschlagdesign: Marc Müller-Bremer, Rebranding, München
Umschlaggestaltung: MCP · Susanne Kraus GbR, Holzkirchen
Datenbelichtung, Druck und Bindung: Kösel, Krugzell
Printed in Germany

ISBN-10: 3-446-40974-2
ISBN-13: 978-3-446-40974-3

www.hanser.de/cad

Inhaltsverzeichnis

Inhaltsverzeichnis

Inhaltsverzeichnis

Werkzeuge

Welches Wissen vermittelt dieser Einstieg?

Das CAD-Programm *CATIA V5* von Dassault Systèmes (Suresnes bei Paris) ist ein effektives Werkzeug für den modernen Konstrukteur. Dessen wesentlicher Kern ist die Gestaltung anpassungsfähiger Teile als maschinenbauliches Produkt. Dabei begleitet das Programm auf allen Schritten der Entwicklung bis zur tatsächlichen Herstellung. Neben der rein geometrischen Beschreibung der Teileform wird das Bauteil in ein Produkt eingebunden, eine Maschine entsteht. Damit die gefundene Gestalt auch alle Anforderungen erfüllen kann, die an das Teil während des Produktlebens gestellt werden, bietet das Programm eine Reihe von Simulationswerkzeugen zur Analyse an. Zum Beispiel kann die Festigkeit auf der Basis der Form und des Werkstoffs untersucht werden. Dafür ist die genaue Kenntnis der Einbindung in das Produkt mit allen Anschlussbedingungen eine wesentliche Voraussetzung. Oder Maschinen mit beweglichen Teilen sollen überprüft werden. Dann bestimmen deren Teilegestalt und die verbindenden Bewegungsmechanismen gemeinsam die Funktion. Alles kann in einer kinematischen Bewegungsanalyse getestet und aufeinander abgestimmt werden.

Die Gestalt der Teile, der Zusammenhang der Teile in einem Produkt, die vorgesehene Funktion des Produkts und dessen Herstellung bedingen einander und legen die Qualität des Produkts fest. Diese bestimmenden Größen müssen untereinander abgestimmt werden, möglichst ohne Umsetzprozesse in andere Darstellungsformen und Formate, und das mit möglichst geringem Änderungsaufwand. Dies kann modernes CAD mit geometrisch anpassungsfähigen Teilen und Produkten, mit integrierten Simulationswerkzeugen und angeschlossener Fertigung leisten. Diese anzustrebende durchgehend variable Teilegestalt hat zwei Voraussetzungen: Zur **parametrisch-assoziativen** Geometriebeschreibung von *CATIA V5* muss die methodisch richtige Umsetzung in der Teilekonstruktion und im Produktaufbau durch die **Orientierung am formbestimmenden Objekt** hinzukommen. CAD-Anwendung führt nicht automatisch zu geometrisch variablen und anpassungsfähigen Teilen, vielmehr muss sich der Gestaltungswille im Geometrieaufbau wiederspiegeln. **Dies ist das wesentliche Argument für dieses Buch und war Antrieb für den Autor.**

Das vorliegende Buch *Einstieg in CATIA V5* führt in das Thema „**Objektorientiertes Gestalten mit anpassungsfähigen Körpern und Flächen**" ein. Die Beschreibungen, Beispiele und Übungen sind ausgelegt auf das Produktionsprogramm von *CATIA V5R16* (*version/release*), gelten aber auch für ältere Versionen. Frühere und spätere Erweiterungen und Versionsstände (*service packs*) können zu Unterschieden führen. Das Programm wird von Franzosen in Englisch geschrieben und anschließend ins Deutsche übersetzt, eine praktische Zusammenarbeit des „alten Europa"! Dabei kommen gelegentliche Unschärfen vor, die großzügig übersehen werden sollten.

CAD integriert Gestaltfindung, Analyse, Simulation und Herstellung

Parametrisch-assoziatives CATIA + objektorientiertes Konstruieren = Modernes CAD

CATIA V5R16
ist Grundlage

Der Einstieg in Catia V5 stellt und beantwortet Anwenderfragen

Die Fragen eines Anwenders, der maschinenbauliche Teile gestalten will, werden durch Erklärungen und Übungen beantwortet. Besonders dem **Warum?** und **Wie?** widmet sich das Buch. Um Maschinen mit modernen Hilfsmitteln konstruieren zu können, braucht ein (junger) Konstrukteur den Einblick in mehrere Gebiete:

CAD verbindet maschinenbauliches, geometrisches und datentechnisches Wissen

Die Gestaltung funktionierender Teile und deren Zusammenspiel in einer Baugruppe, der systematische Aufbau einer Konstruktion von der kleinen Schraube bis zur komplexen Montageeinheit und die Herstellung dieser Teile, dies entspricht der **maschinenbaulichen** Sicht. Der Aufbau einer Geometriestruktur, angefangen von Umrissen einzelner Klötzchen über das Verknüpfen vieler Grundkörper zur endgültigen Form bis zum Einbinden aufwändig geformter Designerflächen erfordert räumliches Vorstellungsvermögen und eine geometrische „Sprache". Dies entspricht der **raumgeometrischen** Sicht. Die Profile, Körper, Kurven und Flächen sind unterschiedliche Elemente und werden in verschiedenen Umgebungen benutzt. Beim Zusammenfügen vieler unterschiedlicher Elemente zu einem Ganzen sind Regeln zu beachten; es entsteht eine Datenstruktur. Dies entspricht der **datentechnischen** Sicht.

Alle diese Gebiete erfordern eigenständiges Wissen, treffen aber beim Gestalten simultan zusammen. Von den Basisfragen eines Neulings „Was bewirkt die Maus?" (im Sinne des Programms) angefangen, erarbeitet sich der Leser die objektorientierte Gestaltung von Bauteilen als Körpermodell. Dieser Kern für alle weiterführenden Aspekte, nämlich anpassungsfähige Geometrie zu gestalten, steht im Vordergrund. Mit modernem CAD wird also nicht mehr „irgendwie herumkonstruiert" bis die angestrebte Gestalt sichtbar wird, sondern von Anfang an methodisch gestaltet. Daher erklären Übungen schrittweise, wie sich die gesuchte funktionelle Teilegestalt aus formbestimmenden geometrischen Objekten sinnvoll zusammensetzt. Gute Konstruktionen werden funktional und logisch vorbereitet, fast wie ein Computerprogramm, topologisch strukturiert und im angestrebten geometrischen Zusammenhang objektbezogen aufgebaut. Das Ergebnis sind variable Teile und Produkte, die während des ganzen Entwicklungsprozesses „fast wie Knetmasse" formbar und an die Erfordernisse anpassungsfähig bleiben. Um dies besser zu verstehen, helfen erklärende Kommentare und bewertete Alternativen in den Übungen.

Systematisch aufgebaute Teile sind anpassungsfähige Teile

Da heutige CAD-Programme ihre Funktionen meist im Programm selbst beschreiben, kann jede Nutzungsoption der Werkzeuge in einer *online*-Hilfe nachgelesen werden. Was aber meist fehlt, ist der **Überblick** über die Vielzahl von Werkzeugen **und** deren **Wichtung** bei unterschiedlichem Einsatz. Das Buch zeigt die Hauptwege objektorientierten Gestaltens auf und erklärt, welche Funktionalität zusammengehört und wie diese methodisch richtig angewandt und eingesetzt wird. Die Übungen erarbeiten die verschiedenen Möglichkeiten und zielführenden Methoden exemplarisch und prinzipiell.

Gibt Überblick und Wichtung der Werkzeuge

Zeigt methodisch richtige Arbeitsweise

An wen richtet sich das Buch?

Das Buch richtet sich an diejenigen, die **anpassungsfähiges CAD** neu erlernen wollen. Aber auch schon „geübtere" CAD-Anwender können das eine oder andere Neue oder anders Aufgefasste entdecken. Das Verstehen des Programms wird durch erklärende und zusammenfassende Texte und zahlreiche Übungen methodisch aufbereitet. Schwerpunkt sind aus Grundkörpern aufgebaute **Körper**, aber auch frei geformte **Flächen** werden erklärt. Vom ersten einfachen Schritt geht es in vielen Übungen bis zu komplex verknüpften Produkten. Alle Beispiele werden methodisch **objektorientiert** aufgebaut und sind dadurch in ihrer Bauteilform entsprechend der Gestaltungsidee anpassungsfähig verformbar. Alle weiterführenden Methoden und Techniken werden am Beispiel der Körper erarbeitet, sie gelten aber sinngemäß auch für die Flächen.

Anpassungsfähiges CAD neu erlernen

Zuerst werden die grundlegenden methodischen Gesichtspunkte der Teilekonstruktion mit Körpern vorgestellt und in zahlreichen Übungen erarbeitet. Da der Gestaltungsgedanke die Konstruktion prägt, wird auf die Systematik der Teile geachtet. In einem weiterführenden Kapitel sind viele verschiedene Techniken zusammengestellt und in Übungen enthalten. Zu vielen Lösungsvorschlägen werden Alternativen angeboten.

Anpassungsfähige Teile

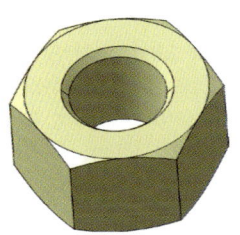

Anschließend werden die fertigen Teile zu Baugruppen oder Produkten zusammengebaut. Die geometrische Passform muss dabei kontrolliert werden. Produkte entwickeln sich aber auch simultan mit ihren Teilen. Bei regelgerechtem Aufbau aus zusammengehörigen Teilen entstehen objektorientierte, anpassungsfähige Produkte, die sich selbst kontrollieren.

Variable Baugruppen

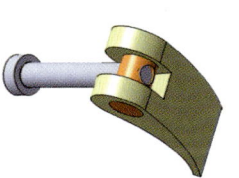

Die im parametrischen Programmansatz angelegten Parameter werden genutzt, um Teile und Baugruppen durch Leitgrößen in ihrer Gestalt variabel zu machen. Aus den Bauteilen und Baugruppen werden mit diesen Parametern Maß- und Gestaltvarianten. Sollen die variablen Teile im Baugruppenzusammenhang ebenso anpassungsfähig eingefügt werden, müssen Schnittstellen festgelegt und austauschbar gestaltet werden. Auf diese Weise können ganze Teilefamilien durch klare Produktstrukturen geschaffen und in variabler Gestalt entwickelt werden.

Parametrisierte Varianten

Abgerundet wird die anpassungsfähige Teilekonstruktion mit den **Flächen**. In dieses anspruchsvolle Thema, frei geformte Flächen neu zu gestalten oder auch vorhandene Flächen abzuformen, wird eingeführt. Die Beschreibung von Flächen stellt eine zusätzliche „Welt" des CAD dar. Ohne vertieft auf die Mathematik der Flächen einzugehen, werden die von dort

Anpassungsfähige Flächen

herrührenden Bedingungen, die der Anwender kennen sollte, erklärt. Anders als bei den Körpern, gibt es für das Gestalten eines Flächenbauteils nicht **den** Weg. Vielmehr sollte man sich von den geometrischen Vorgaben und Bedingungen leiten lassen. Das Buch widmet sich besonders der Objektorientierung, daher werden auch die Flächen anpassungsfähig gestaltet und bleiben dadurch in ihrer Form variabel. Flächen können auch zum Körper werden und sich ins Körpermodell integrieren. Die Übungen zeigen, wie Flächen neu geformt werden. Das Thema, vorhandene Flächen abzuformen, wird nicht geübt. Einige Übungen befassen sich mit Flächen als Teil und Erweiterung der Körpergestaltung. Es entstehen auch reine Flächenmodelle. Einige Aspekte und Strategien werden aufgezeigt, wie anpassungsfähige und in der Form ansprechende Flächen beschrieben werden können.

Auf diesem Lernweg werden regelmäßig drei Stufen der Erkenntnis durchlaufen. Die erste Herausforderung stellt die überquellende Funktionalität dar. Zu Beginn ist es eine Last, mit der verwirrenden Handhabung der Maus zu kämpfen, nach dem gewünschten Werkzeug in undurchdringlichen Labyrinthen zu suchen, sich plötzlich in ganz fremder, nie gesehener Umgebung wieder zu finden... Diese Stufe wird durch stetiges Üben schnell überwunden. In der zweiten Stufe sind die Fallen und Unwägbarkeiten der Werkzeuge bekannt. Man kennt die verschiedenen Umgebungen und es kann durchaus konstruiert werden. Die Fragen: „Mit welchem Werkzeug erreiche ich mein Ziel?" „Stimmt die gefundene Konstruktion und ist die entstandene Struktur so möglich?" können nach regelmäßigem Üben beantwortet werden. Zur wirklichen Lust wird Gestalten mit CAD, wenn knappe, klar strukturierte, elegante und übersichtliche Lösungen „nur so heraussprudeln". Dann ist Geometrie zur Sprache geworden, in der man sich gerne und mit Vergnügen ausdrückt. Und die ersten Worte sind bereits gesprochen...

Üben führt zum virtuosen Umgang mit CAD

Welche Werkzeuge des Programms werden eingesetzt?

Das Programm *CATIA V5* wird in diesem Einstieg zum Konstruieren mit Körpern und Flächen, also zur Gestaltung der Geometrie maschinenbaulicher Teile verwendet. Die Werkzeuge sind nach Arbeitsprozessen in verschiedene Module aufgeteilt, von denen die **Mechanische Konstruktion** und die **Flächen** benutzt werden. Die so genannten Funktionsumgebungen (*workbenches*), auch kurz Umgebungen genannt, fassen typische Tätigkeiten zusammen:

Teilekonstruktion

- In der Umgebung **Teilekonstruktion** (*Part Design*) werden Einzelteile als Volumenstruktur aus Regelkörpern aufgebaut. Ein Regelkörper entwickelt sich aus einem Umriss, der in die dritte Dimension zum Körper entwickelt wird (etwa wie beim Strangguss). Zusätzliche Flächengeometrie kann zum Volumen überführt oder integriert werden.

Skizzierer

- Das für den Körper nötige Umrissprofil in Form einer ebenen Skizze wird in der Umgebung **Skizzierer** (*Sketcher*) konstruiert. Leitgedanke ist dabei, einen fortlaufenden Profilzug wie mit der Hand zu skizzieren. Seine technische Form bekommt er durch geometrische Regeln.

- Die Einzelteile werden in der Umgebung **Baugruppenkonstruktion** (*Assembly Design*) zur Baugruppe zusammengefügt. Fertige, starre Teile werden mit Lageregeln zur „Maschine" zusammengesteckt oder simultan mit und in der Baugruppe konstruiert.

 Baugruppenkonstruktion

- Teile in Modulform können durch logische Verknüpfungen und programmierte Regeln aus der Umgebung **Konstruktionsratgeber** (*Knowledge Advisor*) gesteuert werden. Damit kann aus einer Urform eine mit vorbestimmten Eigenschaften aufgebaute Teilefamilie werden.

 Konstruktionsratgeber

- Mit **Drahtmodell und Flächenkonstruktion** (*Wireframe and Surface Design*) sind räumliche Kurven und einfache Flächenformen beschreibbar. Der Funktionsumfang dieser Umgebung ist in der Umgebung **Flächenerzeugung** enthalten.

 Drahtmodell und Flächenkonstruktion

- In der Umgebung **Flächenerzeugung** (*Generative Shape Design*) entstehen Flächenmodelle durch aufspannende Kurven. Kurven und Flächen sind in der Regel gewichtete Bézier-Funktionen und zu anderer Geometrie assoziativ. Es sind Translations- und Rotationsflächen, flächennormale Abstandsflächen, über mehrere Profile (Spanten) gezogene Spantflächen, Füllflächen und Übergangsflächen zwischen Nachbarn verfügbar.

 Flächenerzeugung

- In der Umgebung **Freiformflächen** (*Free Styler*) werden weitere assoziative Flächenfunktionen, hauptsächlich aber NURBS-Polynome für Kurven und Flächen verwendet. Kurven und Flächen dieser Art sind durch gewichtete Kontrollpunkte in der Form veränderlich. Deren wesentliche Anwendung ist, sich anderer, exakt vorgegebener Geometrie anzunähern. Als NURBS-Polynome können die Flächen genauer und umfangreicher modifiziert werden. Diese Polynomflächen sind allerdings nicht assoziativ ausgelegt und werden daher in den auf Anpassungsfähigkeit ausgelegten Übungen **nicht** verwendet. Zusätzlich stellt diese Umgebung eine Fülle von Hilfsmitteln zur Visualisierung und Analyse von Kurven und Flächen zur Verfügung.

 Freiformflächen

Wie sind die Kapitel aufgebaut?

Sechs Kapitel wecken
Methodenverständnis

Dieser Einstieg in das Programm *CATIA V5* möchte keine Funktionsbeschreibung sein, sondern versucht, grundlegendes Methodenverständnis zu wecken. In sechs Themen, durch das jeweilige Themensymbol in der linken Seitenüberschrift durchlaufend markiert, werden die sich stellenden Anwendungsfragen in einem **Theoriebuch** methodisch aufgearbeitet. Auf dessen linker Seite erscheint neben dem Themensymbol das Thema und auf der rechten Seite als Überschrift die gestellte Anwendungsfrage. Alles Wichtige zum Thema wird zum Lesen und Einordnen zusammengefasst dargestellt. Ein **Übungsbuch** ist direkt damit verzahnt. Auf dessen linker Seite führt weiterhin das Themensymbol, ergänzt um die Anwendungsfrage. Jeder Frage sind Übungen direkt zugeordnet, kenntlich an deren Überschrift auf der rechten Buchseite. Das Gelesene wird direkt angewendet und kann so besser verstanden werden. Freie Übungen werden zusätzlich durch das Übungssymbol PC-Maus gekennzeichnet. Für die Teile, die später eine Baugruppe ergeben, steht die Schnappschere, beziehungsweise der Roller.

Das Programm stellt eine Vielzahl unterschiedlicher Arbeitsweisen zur Verfügung, um möglichst vielen Bedürfnissen gerecht zu werden. Die Übungen stellen verschiedene Gestaltungswege für die Konstruktion von Teilen und Baugruppen dar. Da es nicht **den** Lösungsweg gibt, sind die Übungen so ausgewählt, dass möglichst viele Arbeitsweisen sichtbar werden. Das methodische und objektorientierte Gestalten mit CAD steht im Vordergrund. Bei den weiterführenden Themen Baugruppen und Variantenkonstruktion konkurrieren verschiedene Arbeitsmethoden. Diese können auch in Mischformen angewandt werden. Um den roten Faden zu vermitteln, steht die methodisch begründete „strenge" Lösung im Vordergrund. Im Flächenteil werden die methodischen Grundlagen dargestellt und die Basisflächen in Übungen angewandt.

Beim Erlernen von CAD müssen verschiedene Themen simultan aufgenommen werden. Die neue Umgebung des Programms mit ihren Funktionen und deren Handhabung will in einer ersten Stufe gelernt sein. Die innere Struktur und der Zusammenhang der geometrischen Objekte vom einfachen Grundkörper bis zum komplexen Produkt müssen in der Folge begriffen werden. Beim konkreten Anwenden der Funktionalität am Beispiel kommt die Fragestellung der Auswahl und Anwendung der geeigneten Mittel hinzu. Und das eigentlich Fortgeschrittene ist, sich im Raum geometrisch ausdrücken zu können. Erst mit der Übung entsteht eine Art geometrische Sprache, mit der sich der Konstrukteur in seiner Konstruktion ausdrückt.

Üben führt von der
Funktionalität zur „geo-
metrischen Sprache"

Daher führen die ersten Übungen detailliert in die Funktionalität und die Arbeitsweise ein. Jeder Arbeitsschritt ist genau beschrieben. Mit fortschreitender Kenntnis werden die Übungsanweisungen allgemeiner. Die fortgeschrittenen Übungen stellen auch Herausforderungen an die geometrische Ausdrucks- und Gestaltungsfähigkeit dar. Daher ist ein Erarbeiten der einzelnen Übungen in der vorgeschlagenen Reihenfolge sinnvoll. Sind Vorkenntnisse vorhanden, sollte an das eigene Arbeitstempo angepasst werden. Bei den vorgeschlagenen Lösungen wurde ein möglichst einfacher und kurzer Weg angestrebt. Das Programm lädt mit seinen Möglichkeiten geradezu ein, zu experimentieren und zu konstruieren. Vielleicht findet sich ja noch eine elegantere Lösung...

Wie ist der Übungstext aufgebaut?

Die Übungen sind so aufgebaut, dass möglichst verschiedene Arbeitsmethoden und Anwendungen eingesetzt und damit kennen gelernt werden. Als zusätzlicher Anreiz zum Üben werden viele Übungen mit Einzelteilen im späteren Verlauf wieder gebraucht. Sie werden als Bausteine für neue Baugruppen eingesetzt. **Mit Erfolg können daraus eine Schnappschere und ein Klapproller entstehen.** Für die Übungen mit Baugruppen sind diese Teile also notwendige Vorbedingung. Zur Unterscheidung führen alle Übungen daher ein Symbol in der Seitenüberschrift, also die Schnappschere, den Klapproller und für sonstige Teile die PC-Maus. Sollten einzelne Übungen überhaupt nicht klappen, kann jedes Teil im Internetz abgerufen werden unter **www.munterbund.de/catia**. An gleicher Stelle freut sich der Autor auch über Fragen, Anregungen und ergänzende Kommentare. Und nun zu den Übungstexten selbst:

www.munterbund.de/catia

⇨ Dieser Pfeil oder Zeiger fordert zum Handeln auf. Jetzt tritt die Maus am Bildschirm in Aktion!

Skizzierer
Die benutzten Funktionen mit ihrer Bezeichnung werden *kursiv* hervorgehoben. Bei der ersten Anwendung neuer Funktionen in der Übung erscheint zusätzlich zur Funktionsbezeichnung auch das zugehörige Symbol. Die Funktionsbezeichnung wird am Schirm sichtbar, wenn der Mauszeiger auf dem Symbol verharrt. Eine Übersicht über die angebotenen Werkzeuge ist im Anhang des Buches zum Nachschlagen zusammengestellt, nach den Umgebungen geordnet. Läuft bei der Bearbeitung der Funktion ein Dialog ab, werden die dort benutzten Begriffe für notwendige Eingaben ebenfalls *kursiv* hervorgehoben. Ebenfalls (*kursiv*) werden die häufig benutzten Englisch sprachigen Übersetzungen in Klammern ergänzt.

Ansicht > Symbolleisten > Anpassen... > Startmenü
Funktionen der Menüzeile (zweite Zeile am Schirm) und die Zusatz- oder Kontextmenüs werden *kursiv* gedruckt. Bei der Funktionsbeschreibung trennt der Winkel die ausklappbaren Untermenüs voneinander.

Ansicht

Kontextmenü > Eigenschaften > Mechanisch > Status aktualisieren
Im Kontextmenü zu Objekten am Schirm (rechte Maustaste über dem Beispielobjekt *Block.1* drücken) werden Zusatzeigenschaften angeboten. Werden dadurch weitere Dialoge geöffnet, schließen sich diese ebenfalls mit Winkel an. In den Dialog-

Kontextmenü

fenstern gibt es Karteikartenreiter oder auch Überschriften über Auswahlfeldern. In den eingeblendeten Dialogfenstern wird jeweils von oben nach unten und von links nach rechts nacheinander aktiviert oder ausgewählt.

Baugruppenkon-
struktion

Baugruppenkonstruktion
Die Funktionsumgebungen als gesamtes Arbeitsumfeld werden **fett** hervorgehoben.

Hauptkörper

Hauptkörper
Wichtige Einträge im Strukturbaum werden, wenn auf ihre besondere Eigenschaft eingegangen wird, ebenfalls **fett** hervorgehoben.

Durchmesser

Durchmesser
Vom Benutzer werden Namen vergeben, die im Programm aufgenommen werden, etwa als Dateibezeichnung oder als Benutzerparameter. Oder Formeln sind einzugeben, etwa bei der Beschreibung von Parametern. Dies wird durch Farbe gekennzeichnet.

Hinweis:

Hinweis:
An dieser Stelle und in dieser Schreibweise werden vertiefende Erklärungen gegeben.

Damit wird Hintergrundwissen aufgebaut. Für einen ersten Durchgang durch die Übungen können diese Erklärungen auch überlesen werden, sie sind für den Fortgang nicht unbedingt notwendig. Für diejenigen, die das Programm im „Griff" haben wollen, sind sie ein Muss.

Wie funktionieren die Werkzeuge am Schirm?

Wie ist der Bildschirm strukturiert?

CATIA V5 benutzt für die Programm-oberfläche die Fenstertechnik. Im Betriebssystem „Windows" zum Beispiel fügt es sich als weiteres Fenster in die angebotenen Anwendungsprogramme ein. Die **Statuszeile** (*task line*) des Betriebssystems am unteren Bildschirmrand zeigt alle benützten Programme und hebt das gerade aktive Programm hervor.

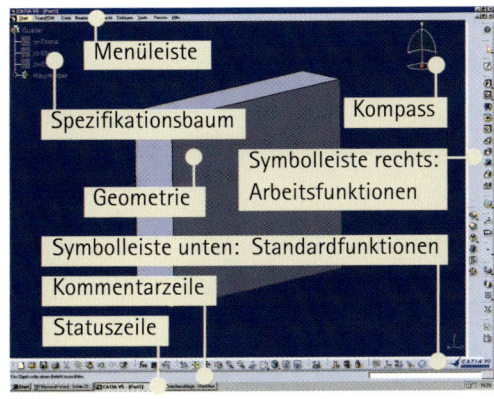

Das eigentliche Programmfenster zeigt in der obersten Zeile die **Programmversion** und die aktive Datei. In der zweiten Zeile wird die **Menüleiste** mit den hauptsächlichen Funktionen des Programms angeboten. Dieses Menü ist über die verschiedenen Anwendungen gleich bleibend aufgebaut und immer verfügbar. Die zugehörigen Untermenüs als Klappmenüs bieten die Werkzeuge der gerade aktiven Umgebung an. Viele der Werkzeuge in den Symbolleisten finden sich auch hier. Die unterste Zeile des Programmfensters ist die **Kommentarzeile**. Die gerade mögliche Benutzereingabe wird dort beschrieben. Ist eine Funktion aktiv, wird hier angezeigt, was als nächstes einzugeben ist.

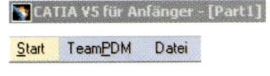

Die veränderlichen Teile der Programmoberfläche sind die *Symbolleisten* (*toolbars*) mit den Funktionsbildern der Werkzeuge in der Vertikalen und Horizontalen und das eigentliche Zeichenfeld. In der vertikalen Symbolleiste rechts finden sich voreingestellt die **Arbeitsfunktionen** des gerade aktiven Programmteils, im Beispiel die Arbeitsfunktionen der Funktionsumgebung (*workbench*) **Teilekonstruktion** für Körpererzeugung (kenntlich am Zahnradsymbol). In diesen verschiedenen Funktionsumgebungen sind alle Werkzeuge zu Arbeitsthemen zusammengefasst. Mit den Umgebungen ist auch der Typ der zugehörigen Arbeitsdatei verknüpft.

In der horizontalen Symbolleiste unten finden sich voreingestellt die **Standardfunktionen**, meist häufig vorkommende Regiefunktionen wie *Speichern* oder letzten Schritt *Widerrufen.* Zusätzlich blenden manche Umgebungen temporär weitere Funktionen oder auch ganze Funktionszeilen in der Horizontalen oben und/oder unten ein.

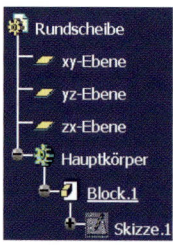

Das eigentliche Konstruktionsfeld zeigt die zur aktiven Umgebung passende Zeichnungsdatei mit der entstehenden **Geometrie**, den **Spezifikations-** oder **Strukturbaum** des Modells (*specification tree*), der links dargestellt ist, und einen **Kompass** zur räumlichen Orientierung. Mehrere Dateien oder Modelle können nebeneinander in mehreren Fenstern bearbeitet werden.

Kontextmenü

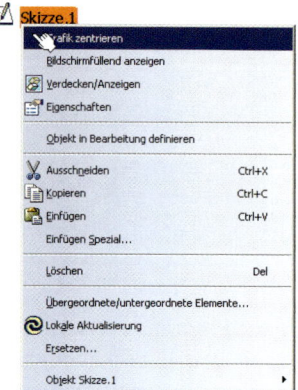

Vielen Bildschirmelementen, beispielsweise einem Geometrieelement oder einem Element des Strukturbaums, sind Zusatzfunktionen als **Kontextmenü** hinterlegt (über dem Objekt mit der rechten Maustaste öffnen), mit dem spezielle Eigenschaften dieses Elements modifiziert werden können. Im Bild ist das Kontextmenü einer *Skizze* dargestellt.

Kontextmenüs werden auch begleitend zur Ausführung einer Funktion angeboten. Damit kann die Ausführung selbst beeinflusst werden.

Das Programm bietet die Werkzeuge für denselben Arbeitsschritt meist an verschiedenen Stellen und auf funktionalen Wegen an. In dieser Übersicht werden der „grundsätzliche" Weg und gegebenenfalls ein „schneller" Handhabungsweg beschrieben.

Wie hängen Umgebungen und Dateien zusammen?

Für unterschiedliche Arbeiten werden unterschiedliche Umgebungen des Programms gebraucht. Für den Zusammenbau einer Baugruppe etwa die Umgebung **Baugruppenkonstruktion** oder für Flächenmodelle die Umgebung **Freiformflächen**. Diesen Funktionsumgebungen stehen Dateien gegenüber, die gebraucht werden, um die Arbeitsergebnisse (Teilegeometrie, NC-Bearbeitung, ...) zu speichern. Beim Starten einer Konstruktionsarbeit werden automatisch zwei Aktionen gleichzeitig ausgeführt: die zur Umgebung (**Teilekonstruktion**, **Flächenerzeugung**, ...) passenden Werkzeuge werden angeboten (sichtbar besonders an den Arbeitsfunktionen der rechten Symbolleiste) und die für die gewählte Umgebung notwendige Modelldatei (Typ *CATPart*, *CATProduct*, ...) wird als leere Arbeitsdatei geöffnet. Diese Datei wird erst beim Schließen im Dateipfad des Betriebssystems gespeichert. Der Zusammenhang zwischen Umgebung (grün) und Datei (gelb) ist in der folgenden Grafik exemplarisch dargestellt.

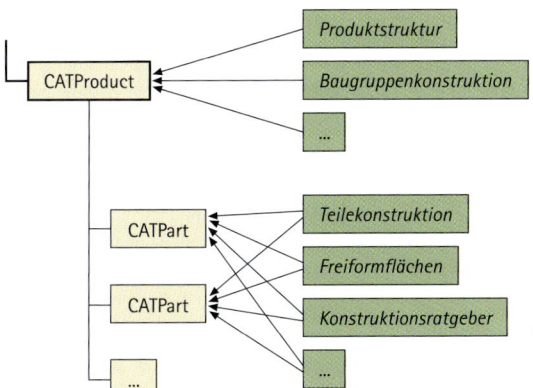

Dateien hängen unter-
einander und Dateitypen
hängen mit Umge-
bungen zusammen

Für den Arbeitsbeginn gibt es zwei unterschiedliche Zugänge, die auf mehreren Wegen erreichbar sind, je nach Installation und Programmversion. In den Übungen muss die Startprozedur der gewünschten Umgebung daher individuell angepasst werden.

- **Funktionsorientiert** wird mit der Hauptfunktion *Start* die gewünschte Funktions- umgebung ausgewählt, zum Beispiel *Start > Mechanische Konstruktion > Teilekons- truktion*. Das Programm öffnet die dazu notwendige leere Arbeitsdatei vom Typ *CATPart*. Wurde in der gerade aktiven Datei dieses Typs mit den Funktionen einer anderen Umgebung gearbeitet, wechselt nur die Umgebung.

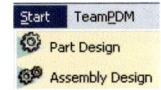

Der Wechsel der Umgebung ist auch möglich im Dialogfenster *Willkommen bei CATIA V5*. Besonders wenn zwischendurch zu einer anderen Funkti- onsumgebung gewechselt werden soll, kann dieser Dialog mit der Symbolgruppe *Umgebung* aktiviert werden. Der eingeblendete Dialog bietet alterna- tive Umgebungen an. Passt der aktive Dateityp nicht zur ausgewählten Umgebung, wird automatisch eine dazu passende, neue, leere Arbeitsdatei geöffnet. Fehlt die gesuchte Funktionsumgebung im Auswahlfenster, kann dies konfiguriert werden mit *Ansicht > Symbolleisten > Anpassen... > Startmenü*.

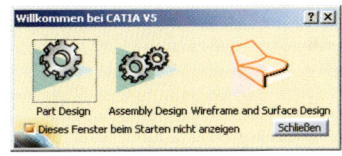

 Umgebung

- **Dateiorientiert** wird mit der Hauptfunktion *Datei > Neu* im Dialog der Typ der ge- wünschten neuen Arbeitsdatei ausgewählt (*Part*, *Process*, ...). Das Programm stellt die gewünschte, leere Arbeitsdatei und eine dazu passende Funktionsumgebung bereit.

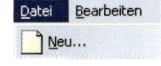

Soll in einer schon gespeicherten Datei erneut gearbeitet werden, kann mit *Datei > Öffnen...* diese Datei im eingeblendeten Auswahlfenster gesucht und geöffnet werden. Automatisch wird die zuletzt benutzte Umgebung bereitgestellt.

Mehrere Arbeitsdateien können parallel aufgerufen und als Fenster innerhalb des Programmrahmens verwaltet werden. Diese Fenster und damit auch die Arbeitsdateien lassen sich mit *Datei > Schließen* oder mit dem Fenstersymbol „Schließen" (gekreuztes Kästchen in der oberen rechten Ecke) jederzeit wieder schließen. Dabei ist zu beachten, ob und wie die Arbeitsdatei im Betriebssystem gespeichert werden soll.

Wie funktioniert die Maus?

Der Dialog mit dem Programm wird mit der Maus und dem korrespondierenden Bildschirmzeiger (*cursor*) einerseits und den Funktionen und den Geometrieobjekten andererseits geführt. Dabei gelten folgende Regeln:

Die linke Maustaste aktiviert. Ein Objekt wird einfach angeklickt, um es für eine Bearbeitung auszuwählen (selektieren, aktivieren), eine Funktion zu aktivieren oder ein Untermenü aufzuklappen.
Mit der gedrückt gehaltenen linken Maustaste wird im Untermenü verfahren.
Durch Doppelklick mit der linken Maustaste wird ein ausgewähltes Objekt geöffnet oder eine Symbolfunktion aktiviert und zusätzlich für Mehrfachnutzung beibehalten. Durch erneutes Anklicken wird die Funktion wieder abgeschaltet (deaktiviert).

Die mittlere Maustaste bewegt die Geometrie am Schirm. Mit der gedrückt gehaltenen mittleren Maustaste wird die Geometrie als Ganzes auf dem Bildschirm verschoben. Ist die mittlere „Taste" ein **Rädchen**, verschiebt das gedrehte Rädchen zusätzlich den Strukturbaum nach oben und unten.

Mit der gedrückt gehaltenen mittleren und der danach kurz angeklickten linken Maustaste wird ein Doppelpfeil sichtbar. Die Geometrie kann dann proportional zur vertikalen Bewegung des Mauszeigers vergrößert oder verkleinert werden.
Mit der gedrückt gehaltenen mittleren Maustaste und der danach zusätzlich gedrückt gehaltenen linken Maustaste wird die Geometrie als Ganzes verdreht. Dazu wird ein Ball gezeigt, auf dessen Oberfläche sich der Bildschirmzeiger bewegt. Die Verbindungslinie Ballmitte-Zeiger beschreibt die Verdrehung. Dieser Drehmittelpunkt liegt in der Bildmitte. Verschobene Geometrie wird durch Anklicken der mittleren Taste wieder ins Drehzentrum Bildmitte gerückt. (Dasselbe geht auch anstelle der linken mit der zusätzlichen rechten Taste.)

Die rechte Maustaste öffnet das Kontextmenü (Zusatzeigenschaften von Objekten). Durch Klicken der rechten Maustaste können Zusatzeigenschaften des ausgewählten Objekts (im Baum, als Geometrie, als Funktion, als Maß, ...) in einem Klappmenü geändert werden.

Was leistet die Menüleiste?

In der Menüleiste werden alle Funktionen des gerade ausgewählten Moduls ange-
boten. Insbesondere sind alle wesentlichen „Regiearbeiten" mit diesen Funktionen
erreichbar, also der Anwendungsbeginn mit *Start*, die Datenspeicherung mit *Datei*, die
Grundeinstellungen der Symbolleisten mit *Ansicht* und die Standardeinstellungen des
Programms mit *Tools*. Das Menü passt sich in seinem Funktionsangebot der jeweiligen
Funktionsumgebung an.

Einige der Funktionen des Menüs werden zusätzlich als Symbol in der unteren Leiste
der **Standardfunktionen** angeboten (beispielsweise ersetzt das Symbol *Neu* die Funktion
des Menüs *Datei > Neu*).

 Neu

Auch die **Arbeitsfunktionen** der aktiven Funktionsumgebung werden zusätzlich als
Symbol in der rechten Funktionsspalte angeboten (das Symbol *Block* etwa ersetzt die
Funktion des Menüs *Einfügen > Auf Skizzen basierende Komponenten > Block*).

Block

Manche Funktionen, zum Beispiel in der Menüzeile
oder beim Kontextmenü, sind als Klappmenü angelegt. Sie sind als hierarchische Menüs mehrstufig zu
klappen, wenn dies ein kleiner Dreieckspfeil andeutet,
wie bei *Ansicht > Symbolleisten*.

Manche Funktionen öffnen eigene Dialoge, wie die
Menüfunktion *Ansicht > Symbolleisten > Anpassen....* Im
Dialog werden weitere Unterteilungen von links nach
rechts und von oben nach unten ausgewählt.

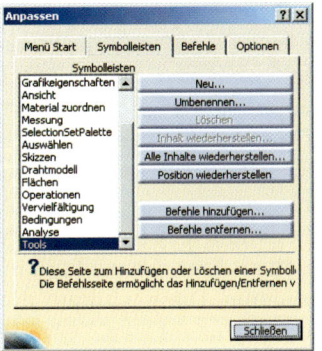

Wie sind die Symbolfunktionen strukturiert?

Normalerweise werden die Symbolfunktionen an den Rändern des Schirms ein- oder
mehrspaltig angezeigt. Manche Module blenden zusätzlich eine obere Funktionsleiste
ein oder erweitern die untere Funktionsleiste mit zusätzlichen Symbolen. Manche
Funktionen fügen auch temporär zusätzlich Symbole in Funktionsgruppen ein. Ein
Beispiel dazu sind die *Skizziertools*.

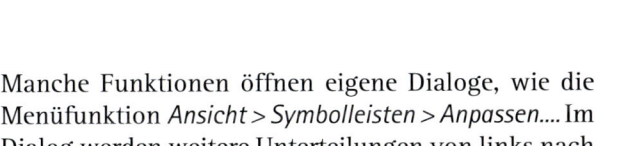

Die einzelnen Symbole sind zu Funktionsgruppen zusammengefasst und als eigene Fenster angeordnet. Sie können bewegt und positioniert werden (am grauen Trennbalken vor der ersten Funktion der Gruppe mit dem Mauszeiger bewegen), sie können horizontal oder vertikal ausgerichtet (in die horizontale oder vertikale Menüzeile bewegen) und im Schließfeld gelöscht werden (gekreuztes Rechtecksymbol am oberen Fensterrand aktivieren). Die Reihenfolge in der Anordnung der Funktionen kann vom Anwender verändert werden.

Die Zusammenstellung der Funktionen ist für jede Umgebung voreingestellt. Die Auswahl kann mit *Ansicht > Symbolleisten* durch Zu- oder Abwahl angepasst werden. Zusätzlich ausgewählte Funktionsgruppen erscheinen in der voreingestellten Funktionsleiste, meist in der rechten Spalte der Arbeitsfunktionen. Bei Platzmangel kann eine Funktionsleiste auch mehrspaltig definiert werden (Bewegen einer Funktionsgruppe in die „zweite Reihe").

Bietet eine Symbolfunktion weitere zusätzliche Varianten, zeigt sich rechts unter dem Funktionssymbol ein schwarz ausgefülltes Dreieck. Durch Mausklick öffnet sich das erweiterte Menü zur Auswahl. Beim Finden der gesuchten Funktion kann die Zusammenstellung im Anhang des Buches helfen.

Wie werden die Arbeitsfunktionen benützt?

Die eigentliche Arbeit mit der Geometrie, zum Beispiel das Erzeugen eines Körpers, eines kinematischen Gelenks oder der Struktur einer Baugruppe, wird mit den Arbeitsfunktionen durchgeführt. Sie sind der benutzten Umgebung zugeordnet. Es werden immer nur die Funktionen der aktiven Umgebung angezeigt. Zusätzlich wird unterschieden, ob die Funktion tatsächlich gerade einsatzfähig ist oder nicht. Ist sie einsatzfähig, wird sie bunt dargestellt. Gerade nicht benutzbare Funktionen sind grau. Gründe dafür können sein, dass für eine Ausrundung noch kein Körper existiert oder dass Bedingungen noch nicht festgelegt werden können, da noch nicht bekannt ist, für wen sie gelten sollen. Wird eine Funktionsumgebung gewechselt, wechseln alle Funktionen, seien es die Menüs, die Arbeitsfunktionen und/oder die Standardfunktionen. Eine Arbeitsfunktion der aktiven Umgebung wird allgemein die **Funktion** genannt. Diese wird auf die Geometrie angewendet, oder allgemein auf das **Objekt**. Dies kann auf zwei verschiedene Arten geschehen:

• **Funktion** ⇨ **Objekt:** Eine gewünschte Funktion wird ausgewählt (sie wird dadurch orange hervorgehoben) und die dafür benötigten Objekte werden nacheinander aktiviert und damit der Funktion übergeben. Bei der richtigen Wahl der Objekte unterstützt die Dialogzeile, also die unterste Zeile des Programmfensters. Dort wird genau aufgeführt, was als nächstes Objekt ausgewählt werden kann. Wird die Funktion mit Doppelklick ausgewählt, bleibt sie für wiederholte Benutzung stehen. Nach Gebrauch muss sie durch erneute Auswahl wieder abgestellt werden.

- Objekt ⇨ Funktion: Zuerst werden alle benötigten Objekte in der von der Funktion geforderten Reihenfolge gemeinsam ausgewählt und danach der gewünschten Symbolfunktion übergeben. Mehrere Objekte werden gemeinsam ausgewählt, indem jedes dazukommende Objekt bei gedrückt gehaltener *Strg*-Taste ausgewählt wird. Über die richtige Reihenfolge der Objekte muss man sich vorher vergewissern.

Einige Funktionen öffnen einen Defintionsdialog (zum Beispiel die Arbeitsfunktion *Schalenelement*). Darin fordern blau hinterlegte Eingabefelder dazu auf, die entsprechenden Objekte als Geometrie oder im Strukturbaum auszuwählen. In manchen Feldern können mehrere Objekte nacheinander eingegeben werden. Bei Bedarf öffnet der Schalter *Objektespeicher* ein Speicherfenster mit der zuvor eingegebenen Auswahl. In diesem Fenster kann nachträglich korrigiert werden.

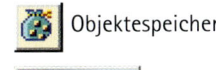 Objektespeicher

Alle Objekte als Elemente der Zeichnung (*Punkte*, *Kreise*, *Bedingungen* usw.) haben eine geometrische Repräsentation als Zeichnungselement und sind zusätzlich im **Spezifikations-** oder **Strukturbaum** mit Benennung verzeichnet. Sie sind mit beiden Repräsentationen gleichwertig auswählbar. Im Beispiel ist es der Kreis und sein Mittelpunkt, die als Geometrie und als Eintrag im Baum auswählbar sind.

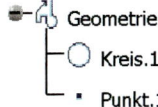

Was leisten die Standardfunktionen?

Neben dem Bereitstellen einer Datei (*Neu*), dem schnellen Speichern (*Sichern*) und dem Ausdrucken des Schirminhalts (*Schnelldruck*) kann unter anderem auch der letzte Arbeitsschritt zurückgenommen werden (*Widerrufen*), einzelne Objekte können ein- oder ausgeblendet werden (*Verdecken/Anzeigen*) oder auch das ganze Modell kann aktualisiert werden (*Alles aktualisieren*). Weitere Funktionen regeln den Blick auf die Geometrie, passen das Modell bildfüllend an oder zeigen Körper in Draht- oder realistischer Volumenstruktur.

 Neu

 Verdecken/Anzeigen

 Alles aktualisieren

Wie wird mit dem Strukturbaum gearbeitet?

Der **Strukturbaum protokolliert** alle Informationen, die das Modell der betreffenden Datei definieren. Das ist beim Bauteil insbesondere die erzeugte Geometrie der Konstruktion (Punkte, Kreise, ...), die Unterteilung der Geometrie in einzelne eigenständige Einheiten (Körper, Geometrisches Set, Bauteile, Komponenten,...) oder die geometrische Manipulation der Einheiten (Spiegelung, Translation, Ausrundung, ...). In der Produktdatei zeigt sich die Kombination mehrerer Teile zu einem Produkt oder die Simulationen mit dem Produkt (Kinematik, NC-Bearbeitung, ...).

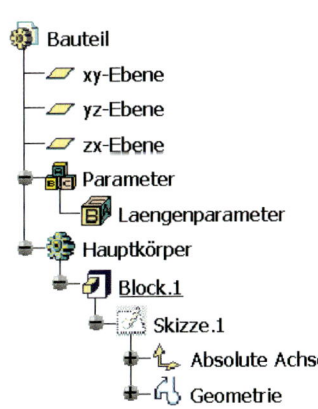

Der Strukturbaum protokolliert das Modell

Für die Geometrie als Beispiel beschreibt der Strukturbaum in erster Linie den hierarchischen Aufbau oder die Topologie der Geometrie und dient dem Programm zur Wiederherstellung der Geometrie bei Änderungen. Er wird dabei in der Reihenfolge des Erstellens von oben nach unten interpretiert. Zusätzlich werden Bedingungen protokolliert, wie die Geometrie untereinander zusammenhängt (parallel zu, Flächenkontakt, ...). Da alle Geometrie parametrisiert und damit veränderlich ist, können steuernde Parameter eingefügt werden und regelnde Formeln oder Maßtabellen hinzukommen. (All dies wird in späteren Fragestellungen vertieft.)

Der Strukturbaum zeigt den hierarchischen Aufbau

Der Strukturbaum staffelt sich in die Tiefe und beschreibt damit hierarchische und funktionale Abhängigkeiten. Man kann sich die Kreuzungsknoten (von der Kugel an abwärts) auch als eigenständige „Datenschachteln" vorstellen. Jeder Knoten derselben Stufe ist gleichberechtigt und eigenständig. Der Strukturbaum wird in der Reihenfolge der Einträge von oben nach unten gewertet. Daher müssen Operationen mit der Geometrie (Verknüpfung, Ausrundung, ...) genau bedacht werden. Je nach Stellung der Operation im Baum entstehen unterschiedliche Ergebnisse. Die Reihenfolge gleichwertiger und nicht voneinander abhängender Knoten kann geändert werden. Ebenso können, wenn die Logik der Geometrie dies erlaubt, Objekte eines Knotenastes (*Skizze, Block, Komponente, ...*) in einen anderen Knoten kopiert oder nur verschoben werden (*Bearbeiten > Kopieren* und *Bearbeiten > Einfügen* oder *Bearbeiten > Ausschneiden* und *Bearbeiten > Einfügen*).

Es kann nur in dem Knoten des Strukturbaums gearbeitet werden, der durch ein Symbol gekennzeichnet ist (im Teilemodell mit <u>Unterstrich</u> und im Produktmodell mit blauem Rahmen). Im folgenden Bild ist der Hauptkörper „in Bearbeitung", das bedeutet, neue Geometrie wird dieser „Datenschachtel" hinzugefügt. Der <u>Unterstrich</u> wechselt automatisch zur bearbeiteten, tiefer liegenden „Datenschachtel". Er muss mit *Bearbeiten > Objekt in Bearbeitung suchen oder definieren...* oder mit dem *Kontextmenü > Objekt > Bearbeiten* gezielt versetzt werden, wenn ein anderer gleichberechtigter Knoten für die Bearbeitung in Frage kommt.

Ein Objekt oder mehrere als Ganzes können gleichzeitig durch eine Funktion bearbeitet werden. Im Bild ist gerade der Block aktiviert und sein Kontextmenü ist geöffnet. Dies zeigt die Hervorhebung beim Aktivieren an (orange Farbe).

Der <u>Unterstrich</u> zeigt an, wem das neue Objekt angehört, die Hervorhebung beim Aktivieren (orange Farbe) zeigt an, was selbst verändert werden soll.

Die Strukturbaumdarstellung ist anpassungsfähig

Die Darstellung und Ausführlichkeit des Strukturbaums kann angepasst werden. Soll aufgeblättert oder geschlossen werden, wird die Kugel an der Knotenverzweigung aktiviert. Der untergeordnete Ast wird sichtbar oder verschwindet. Werden zusätzliche Eigenschaften benützt, beispielsweise Parameter oder Bedingungen, werden diese beim

Teilemodell angezeigt mit *Tools > Optionen > Mechanische Konstruktion > Part Design > Anzeige* und beim Produktmodell mit *Tools > Optionen > Infrastruktur > Product Structure > Anpassung der Baumstruktur*. Wird der Strukturbaum zu lang, um ihn geschlossen darzustellen, erscheint automatisch am linken Rand ein Rollbalken. Der Strukturbaum wird auch als „Zeichnung" aufgefasst. Er kann genauso wie die Geometrie mit der Funktionalität „Bewegen und Vergrößern am Schirm" angepasst werden. Dazu schaltet man einfach zwischen der Geometrie als Objekt und dem Strukturbaum als Objekt um. Der „Umschalter" ist ein Mausklick am senkrechten Ast des Baums.

Wie wird mit der Geometrie gearbeitet?

Die Geometrie entsteht im Konstruktionsfenster. Je nachdem, welches Geometrieelement ausgewählt wird, kann mit derselben Funktion Unterschiedliches bewirkt werden. Bei einem Körper beispielsweise können eine Oberfläche, eine Kante, ein Eckpunkt oder auch die Mittelachse aktiviert werden. Daher ist es sinnvoll, das gewünschte Geometrieobjekt genau und eindeutig zu selektieren. Wird ein Geometrieobjekt mit Doppelklick „geöffnet", werden dessen Abmessungen angezeigt und können geändert werden. Ist die Geometrie in einer komplexeren Umgebung (mehrere Körper, Zusammenbau, NC-Bearbeitung, ...), wechselt der darüberliegende Knoten beim Öffnen automatisch „in Bearbeitung". Ist damit auch ein Wechsel der Arbeitsumgebung verbunden, wird nur gewechselt; es muss dann noch einmal „geöffnet" werden.

Der Blick auf die Geometrie wird durch verschiedene Funktionen gesteuert:

- Mit der **Mausfunktion** (mittlere Taste zum Verschieben und linke plus mittlere Taste zum Verdrehen und Vergrößern) fährt die Kamera oder der sichtbare Schirmausschnitt um das Teil herum und auf es zu.
- Dasselbe leisten die **Standardfunktionen** *Schwenken*, *Drehen*, *Vergrößern* und *Verkleinern*.
- Als Alternative kann der **Kompass** (siehe unten) zum beliebigen Bewegen eingesetzt werden.

 Schwenken

 Drehen

 Vergrößern

 Verkleinern

Mit der Funktion *Alles einpassen* kann wieder alle Geometrie bildfüllend dargestellt werden, mit *Senkrechte Ansicht* wird auf eine aktivierte Ebene senkrecht geschaut (zuerst von vorn und dann von hinten) und mit *Isometrische Ansicht* wird nach den Regeln der technischen Zeichnung auf die Achsen ausgerichtet.

 Alles einpassen

 Senkrechte Ansicht

 Isometrische Ansicht

Die Funktionsgruppe *Anzeigemodus* stellt das Bauteil (bei den abgebildeten Symbolen von oben nach unten) als durchsichtiges *Drahtmodell* oder *Schattiert ohne* und *mit Kanten* dar. Der Topf mit Fragezeichen *Ansichtsparameter anpassen* macht eine Kombination benutzerdefinierter Darstellungsattribute sichtbar. Dies ist auch mit *Ansicht > Wiedergabemodus > Ansicht anpassen* möglich. Im Anpassungsdialog sind weiterführende Einstellungen möglich.

 Drahtmodell

 Schattierung

 Ansichtsparameter anpassen

Lupe

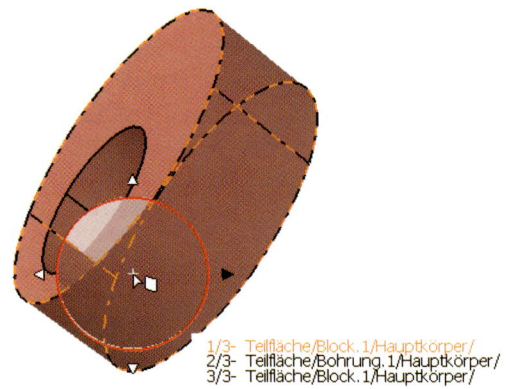

1/3- Teilfläche/Block.1/Hauptkörper/
2/3- Teilfläche/Bohrung.1/Hauptkörper/
3/3- Teilfläche/Block.1/Hauptkörper/

Soll ein bestimmtes Geometrieelement aktiviert werden, kommt es vor, dass an derselben Stelle mehrere Elemente neben- oder übereinander liegen. Die Auswahl wird unsicher. Hier hilft eine **Lupe**. Beim Drücken der Pfeiltasten der Tastatur (Positioniertasten) zeigt sich diese Lupe an der aktuellen Mausposition. In ihr wird eines der Geometrieelemente gezeigt und ausgewählt. Erneutes Drücken der Pfeiltasten (oder der Pfeile an der Lupe) blättert alle Möglichkeiten für eine sichere Auswahl durch. Die gefundene Auswahl wird durch erneutes Drücken der linken Maustaste benutzt.

Eine weitere Möglichkeit, die auswählbare Geometrie zu beeinflussen, schafft die Funktionsgruppe *Benutzerauswahlfilter*. Sie beschränkt die Auswahl auf bestimmbare Elementtypen. Soll etwa eine Bohrung mittig zu einem Quader liegen, stehen die Körperkanten und die Körperoberflächen gleichzeitig zur Auswahl. Wird vorher das Kurvensymbol aktiviert, sind von da an nur noch die Kanten auswählbar.

 Widerrufen

Widerruf zurück-
nehmen

Mit den Funktionen *Widerrufen* und *Widerruf zurücknehmen* können die letzten Aktionen rückgängig gemacht werden. Dasselbe ist auch mit *Bearbeiten > Widerrufen* möglich. Die Anzahl der gespeicherten letzten Aktionen legt *Tools > Optionen > Allgemein > Leistung > Widerrufen* fest.

 Verdecken/An-
zeigen

Mit *Verdecken/Anzeigen* kann jedes Objekt der Zeichnung verdeckt werden. Dies kann auf allen Stufen der hierarchischen Struktur geschehen und gilt dann immer für die ganze darunterliegende „Datenschachtel". Es kann dazu führen, dass ein Objekt „quasi mehrfach" verdeckt ist. Dies muss dann schrittweise in allen Stufen wieder aufgehoben werden. Verdeckte Objekte werden im Strukturbaum mit einem grauen Rahmen am Symbol gekennzeichnet. Alles was verdeckt ist, kann mit der Funktion *Sichtbaren Raum umschalten* angezeigt werden. Diese Funktion wirkt nur als Umschalter zwischen der Anzeige aller verdeckten beziehungsweise aller angezeigten Objekte, die Sichtbarkeit selbst wird nur durch *Verdecken/Anzeigen* gewechselt.

Sichtbaren Raum
umschalten

Um ein aktives Objekt endgültig zu löschen, kann die *Entf*-Taste auf der Tastatur oder *Bearbeiten > Löschen* benutzt werden. Gelöscht werden kann nicht, wenn das Objekt gerade „in Bearbeitung" ist oder die Aufbaulogik es gerade nicht zulässt.

Alles aktualisieren

Sind Fehler eingetreten oder hat sich die Geometrie geändert, kann die Schirmdarstellung falsch sein. Dies zeigt die Funktion *Alles aktualisieren* an. Ist das sonst graue Symbol gelb/schwarz hervorgehoben, muss neu durchgerechnet werden.

Wie funktioniert der Kompass?

Die Bauteilgeometrie ist auf das Basisachsensystem bezogen. Der **Kompass** in der Form eines Mastes mit Segeln zeigt Achsrichtungen an, normalerweise die der Basisachsen. Bewegen längs der Segelgeraden verschiebt die Geometriedarstellung, Bewegen an den Segelkreisen oder der Mastspitze verdreht. Durch Klick auf die Achsbezeichnungen dreht sich der Kompass jeweils um 90 Grad. Im Kontextmenü zum Kompass können Standardpositionen vereinbart werden.

Der Kompass bewegt das Bild längs der Achsen

Der Kompass ist normalerweise an einem Ankerpunkt rechts oben in der Ecke festgelegt. Am roten Mastfuß kann er auch auf Geometrieoberflächen abgesetzt werden, etwa auf einen Körper. Dadurch nimmt er die Richtung des Objekts auf, beim Grundkörper bezogen auf dessen Skizzenachsen. Nach erneutem Absetzen am Ankerpunkt kann das Bild in den neuen Richtungen bewegt werden. Es ändert sich nur der Blick auf die Geometrie, die Lage zu den Koordinaten bleibt unverändert. Wieder zu den Basisachsen ausrichten kann man mit *Ansicht > Kompass zurücksetzen*.

Der Kompass bewegt das Bild längs Geometriekanten

Bleibt der Kompass auf einem nicht fixierten Körper abgelegt und der Kompass wird an den Segelkanten verschoben oder verdreht, bewegt er sich (und mit ihm auch dessen „Skizzenblatt") in diesen Richtungen. Nach der Bewegung hat das aktive „Skizzenblatt" eine neue Lage zum Teileursprung. Dies kann beim Drehen dazu führen, dass ein aktivierter Körper aus der Stützebene seiner Profilskizze herausbewegt wird. Das „Skizzenblatt" hat dann eine neue, verallgemeinerte Stützebene (siehe auch Übung Klötzchenturm).

Der Kompass kann auch die Geometrie verschieben

Wie werden die Programmstandards für die Übungen vorbereitet?

Das Verhalten des Programms wird durch Voreinstellungen festgelegt. Diese Einstellungen werden im Benutzerprofil gespeichert und bleiben über die Arbeitssitzung hinaus gültig. Die Hauptfunktion *Tools > Optionen* verwaltet einige Standards. Die Bildschirmanzeige und auch manche Funktionalität ändern sich durch diese Standardeinstellungen. Für den Anfang ist es empfehlenswert, von einer Basiseinstellung des Programms auszugehen, die mit derjenigen der Übungen übereinstimmt. Nach und nach benützen die Übungen fortgeschrittene Einstellungen, die vor der ersten Anwendung jeweils eingeführt werden. Im Dialogfenster *Optionen*, im nächsten Bild gezeigt, wird zuerst der Optionsbaum bis zur gewünschten Stelle an den Astknoten aufgeblättert. Dann können die verschiedenen Rubriken eingerichtet werden.

Tools > Optionen

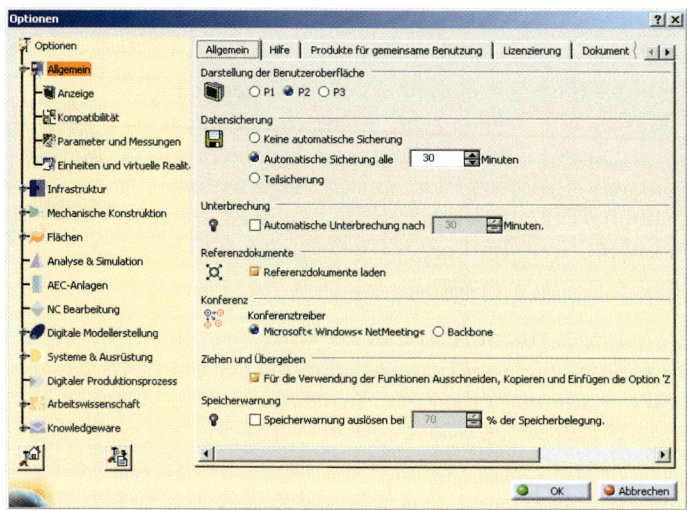

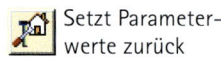
Setzt Parameter-
werte zurück

Um die gewünschte Grundeinstellung für die Übungen zu erzwingen, wird bei belie-biger Fensteranzeige der Taster *Setzt die Parameterwerte auf die Standartwerte zurück* benutzt. Im eingeblendeten Dialog werden alle Fenster mit *Alle Optionen zurücksetzen* und *für alle Registerseiten* mit *Ja* in ihre Grundstellungen gebracht.

Grundeinstellungen für
die Übungen

Von dieser Basis *Tools > Optionen* aus werden im Dialogfenster *Optionen* weitere spe-zifische Einstellungen vorgenommen:

- Unter *Allgemein > Allgemein* und im Auswahlfenster
  - unter *Datensicherung* **kann** die automatische Sicherung angepasst und
  - unter *Ziehen und Übergeben* **soll** *Für die Verwendung der Funktion Ausschneiden, Kopieren und Einfügen die Option `Ziehen und Übergeben` aktivieren* ausgeschaltet sein.

- Unter *Allgemein > Anzeige > Leistung* **kann** die Darstellungsgenauigkeit
  - unter *3D-Genauigkeit* auf *Proportional* zur Raumgeometrie und
  - unter *2D-Genauigkeit* auf *Proportional* zur Skizzengeometrie bezogen sein (kleinerer Wert am Schieber bedeutet höhere Darstellungsgenauigkeit).

- Unter *Mechanische Konstruktion > Sketcher > Sketcher* **soll**
  - unter *Raster* dieses mit ausgeschaltetem *An Punkt anlegen* nicht wirksam sein und
  - unter *Bedingung* die *Intelligente Auswahl...* im eingeblendeten Fenster überall ausgeschaltet sein (als Anfangseinstel-lung).

- Unter *Infrastruktur > Teileinfrastruktur > Allgemein* soll unter *Externe Verweise* die Auswahl *Verknüpfung mit selektiertem Objekt beibehalten* ausgeschaltet sein.

- Unter *Infrastruktur > Teileinfrastruktur > Teiledokument* soll
  - unter *Beim Erzeugen eines Teils* die Auswahl *Das Dialogfenster 'Neues Teil'* ausgeschaltet sein und
  - unter *Hybridkonstruktion* die Auswahl *Hybridkonstruktion in Hauptkörpern und Körpern ermöglichen* ausgeschaltet sein.

Auch die Belegung der Symbolfunktionen jeder Funktionsumgebung kann vom Standard abweichen. Geübte bauen sich zur Vereinfachung der Arbeitsabläufe bewusst eigene Zusammenstellungen der Funktionen. Lernende sollten sich aber erst zurechtfinden und daher die Standards einrichten. Von der Basis *Tools > Anpassen* aus im Dialogfenster *Anpassen* weitere spezifische Einstellungen vornehmen:

- Unter *Symbolleisten* soll *Alle Inhalte wiederherstellen…* aktiviert werden.

- Unter *Symbolleisten* soll *Position wiederherstellen…* aktiviert und im Fenster *Alle Symbolleisten wiederherstellen* mit *OK* bestätigt werden.

Die Anordnung der Symbolfunktionen ist in einer Einrichtungsdatei (*settings*) abgelegt. Wird beispielsweise die Grundeinstellung der Symbolleisten bei *Position wiederherstellen* endgültig nicht mehr korrekt gefunden, kann diese Datei mit dem entsprechenden Benutzerprofil gelöscht werden. Sie findet sich je nach Installation in unterschiedlichen Ordnern. Beim erneuten Start wird diese Einrichtungsdatei als Standardprofil automatisch neu initialisiert.

Macht der Standard besondere Probleme

Der darstellbare Umfang der Symbole hängt auch von der Pixelanzahl des Bildschirms ab. Sinnvoll sind 1280x1024 Pixel, die im Betriebssystem mit *Start > Einstellungen > Systemsteuerung > Anzeige > Einstellungen* angepasst werden können.

Naturgemäß machen Anfänger Fehler, was hoffentlich niemanden frustriert. Treten beim Üben Situationen auf, die nicht dem gewünschten Gang entsprechen, sollte zuerst der letzte Arbeitsschritt mit *Bearbeiten > Widerrufen* zurückgenommen und dann überprüft werden. Zusätzlich hilft es, sich zu vergewissern, ob in der richtigen Umgebung gearbeitet wird, sowohl was die Datei angeht als auch die Funktionsumgebung, den Strukturbaum oder die Funktion selbst (am besten genau in dieser Reihenfolge). Oft ist es hilfreich, die Datei mit dem erreichten Zwischenstand einfach zu speichern. Beim Speichern korrigiert das Programm manche der sich aufschaukelnden Fehler. Nach Schließen der Datei wird die abgelegte und hoffentlich korrigierte Datei wieder geöffnet. Hilft dies alles nicht, dann ist es sinnvoll, die Übung von vorne zu beginnen, denn das Suchen von Fehlern dauert oft länger als der neue Ansatz. So vorbereitet, kann's jetzt endlich losgehn...

Nicht durch Anfangsfehler beirren lassen!

■━━━━━━━━━━━━━ **Übung Erste Schritte**

Was wird geübt?
Start, Datei, *Ansicht*,
Tools
Dateifenster, Funktions-
fenster und Funktions-
umgebungen kennen

Zuerst soll das Programm gestartet und beendet werden. Verschiedene Arbeitsdateien mit ihren Umgebungen und Werkzeugen werden als eigenständige Fenster kennen gelernt. Die verschiedenen Fenster werden bewegt und anders angeordnet. Dies ist der erste Schritt zum Konstruieren.

⇨ Start des Programms *CATIA V5* im Betriebssystem „Windows" in der unteren **Statuszeile** (*task line*) durch *Start > Programme > CATIA > CATIA V5* (Mit der linken Maustaste auf *Start* drücken, in den sich öffnenden Kontextmenüs *Programme...* gedrückt weiterfahren und bei *CATIA V5* loslassen). Das Programm startet und zeigt seine Oberfläche mit den Funktionen. Automatisch wird eine neue Datei *Produkt1* zum Aufbau einer Baugruppe gestartet.

 *CATIA V5*

⇨ **Alternativ** das Programmsymbol auf dem Schreibtisch aktivieren (Doppelklick auf dem Symbolbild). Das Programm startet ebenso.

Am Schirm zeigt sich innerhalb des Programmfensters das erste Anwendungsfenster mit dem Strukturbaum links, rechts der Kompass und rund herum die Leisten mit den Symbolen der Funktionen. Die aktive Funktionsumgebung kann normalerweise am obersten Symbol in der rechten Leiste abgelesen werden. Es ist die Umgebung **Bau-gruppenkonstruktion**. (Ist noch keine Lizenz zugeordnet, muss diese bei Erstbenutzung eingetragen werden. Dazu wird im sich automatisch öffnenden Menüfenster die gewünschte Lizenz angekreuzt, dieses Fenster beendet und *CATIA V5* erneut gestartet.)

 Baugruppenkon-
struktion

⇨ Meldet sich zusätzlich das Dialogfenster *Willkommen bei CATIA V5*, wird es für die weitere Arbeit abgeschaltet. Dazu die Option *Dieses Fenster beim Start nicht anzeigen* aktivieren (Linker Mausklick in das Kästchen: es wird orange). Schließen des Fensters (Klick auf den Schalter *Schließen*).

⇨ Den Kompass in der oberen rechten Ecke ausblenden mit der Hauptfunktion *Ansicht > Kompass* (Maustaste bei *Ansicht* drücken, im Kontextfenster zu *Kompass* fahren und loslassen). Der blaue Haken verschwindet im Menü. Ebenso mit *Ansicht > Spezifikationen* den Spezifikationsbaum ausblenden.

⇨ Kompass und Spezifikationsbaum auf demselben Weg wieder sichtbar machen. Dazu den Haken wieder einfügen.

⇨ Verkleinern des Programmschirms mit den Fenstersymbolen in der oberen rechten Ecke (Linker Mausklick auf das mittlere Symbol der obersten Symbolzeile verkleinert auf halbe Größe, das linke Symbol legt das Programm in der Statuszeile ab).

⇨ Wieder mit dem mittleren Symbol bildfüllend vergrößern.

⇨ Auch die angezeigte Umgebung *Produkt1* ist ein eigenständiges Fenster. Verkleinern des Fensters mit dem mittleren Symbol der zweiten, unteren Reihe der Fenstersymbole ganz rechts oben.

⇨ Schließen der geöffneten Datei *Produkt1* mit dem Symbol *Schließen* des Fensters (rechtes Symbol der unteren Symbolzeile in der oberen rechten Ecke). Im eingeblendeten Fenster *Nicht Speichern* auswählen. Jetzt ist nur noch der Programmrahmen sichtbar.

⇨ Jetzt mit *Tools > Optionen* die Standardeinstellungen des Abschnitts „Wie werden die Programmstandards für die Übungen vorbereitet?" für die weiteren Übungen einrichten. Mit *OK* beenden.

Standardeinstellungen

⇨ Öffnen einer neuen Funktionsumgebung und zugehöriger Datei mit *Start > Mechanische Konstruktion > Baugruppenkonstruktion (Assembly Design)*. Innerhalb des zunächst leeren Programmfensters wird wie zuvor ein Fenster *Baugruppenkonstruktion* mit einer neuen Produktdatei *Produkt1* eingeblendet.

⇨ Verkleinern des Fensters *Baugruppenkonstruktion* mit dem zugehörigen Fenstersymbol *Verkleinern*.

⇨ Öffnen einer weiteren Funktionsumgebung und zugehöriger Datei mit *Start > Mechanische Konstruktion > Drahtmodell und Flächenkonstruktion (Wireframe and Surface Design)*. Ein weiteres Fenster wird innerhalb des Programmfensters eingeblendet. In dieser Umgebung wird ein Bauteil mit der Datei *Part1* erzeugt, in der ein Flächen- und auch ein Volumenmodell abgelegt werden kann. Das obere, aktive Fenster hat einen blauen Fensterbalken, das untere ist inaktiv grau.

Drahtmodell und Flächenkonstruktion

⇨ Das Fenster *Produkt1* aktivieren (Linker Mausklick in dessen Fensterbalken oder im leeren Zeichenfeld). Zwischen beiden Fenstern kann gewechselt werden. Die Funktionsumgebung passt sich automatisch der jeweiligen Datei an und wird am besten erkannt am obersten Symbol in der rechten Spalte (Doppelzahnrad oder Sessel). In beiden Dateien kann jetzt parallel konstruiert werden.

⇨ Öffnen einer weiteren Funktionsumgebung und zugehöriger Datei mit *Datei > Neu* und im Dialogfenster *Neu* aus der *Liste der Typen* den Typ *Process* mit *OK* aktivieren (Mit linker Maustaste am Rollbalken nach *Process* suchen; *Process* anklicken: die Auswahl wird blau hinterlegt; auf den Schalter *OK* klicken). Ein weiteres Fenster für die Teilebearbeitung mit Fertigungsmaschinen und zugehöriger Datei wird sichtbar. Auch hier erscheinen wieder andere Arbeitsfunktionen.

⇨ Schließen aller Arbeitsfenster und damit der Funktionsumgebungen und der zugehörigen Arbeitsdateien.

⇨ Programm mit *Start > Beenden* ohne zu speichern schließen.

Hinweis:
Das Programm ist durchaus komplex. Für jede Aktion gibt es immer Alternativen. Der vorgeschlagene Beginn klappt nur dann, wenn zuvor alle Standards der Seiten 27 und folgende gelten. Bei allen Abweichungen (auch bei fortgeschrittener Übung) sollten nach dem Programmstart immer zuerst die Standardeinstellungen wiederhergestellt werden.

Bei allen Abweichungen zuerst die Programmstandards prüfen.

Übung Umgebungen

Was wird geübt?

Start, Ansicht, Aktualisieren, Menü Start

Funktionen anpassen
Startmenü nutzen

In einer Arbeitsumgebung sollen deren Werkzeuge kennen gelernt und eingerichtet werden. Die in Gruppen geordneten Funktionen werden angezeigt, verändert und gelöscht. Umgebungen verschiedener Arbeitsgänge werden gewechselt.

⇨ Das Programm mit *Start > Programme > CATIA > CATIA V5* starten.

⇨ Mit *Datei > Schließen* die automatisch geöffnete Datei *Produkt1* löschen.

> **Hinweis:**
> Das Programm öffnet sich beim Start immer mit einer Datei vom Typ CATProduct. Die damit mögliche Baugruppenarbeit wird später vorgestellt. Vorerst wird diese Datei in den folgenden Übungen bei jedem neuen Start sofort wieder gelöscht.

⇨ Mit *Start > Mechanische Konstruktion > Part Design* eine Bauteildatei zur Bearbeitung bereitstellen.

Am Schirm zeigen sich links der Strukturbaum des Bauteils, in der Mitte die drei Hauptebenen des Basisachsensystems, rechts der Kompass und rund herum die Werkzeuge. Die aktive Funktionsumgebung ist **Teilekonstruktion**.

 Teilekonstruktion

⇨ Zuerst sollen Funktionen ausgeblendet werden. Mit *Ansicht > Symbolleisten* das Funktionsfenster *Umgebung* im eingeblendeten Klappfenster deaktivieren. Dadurch wird der Haken entfernt und die betreffende Funktionsgruppe verschwindet vom Schirm.

⇨ Mit *Ansicht > Symbolleisten* das gelöschte Funktionsfenster *Umgebung* wieder anzeigen.

⇨ Die Funktionsgruppe *Umgebung* (sie hat nur die jetzt gültige Funktion *Teilekonstruktion*) aus der rechten Symbolspalte heraus in das Zeichenfeld bewegen. Dazu am kleinen grauen Balken oberhalb des Symbols ziehen (mit der linken Maustaste).

⇨ Die Funktionsgruppe wird auch nicht mehr angezeigt, wenn das Löschsymbol (X) in der oberen Ecken des Fensters aktiviert wird. Wiederanzeigen siehe oben.

⇨ Zurückschieben des Fensters der Funktionsgruppe *Umgebung* in die rechte Funktionsleiste an eine andere Position. Die Funktionsgruppen werden umsortiert.

⇨ Beim Verziehen anderer Trennbalken zeigen sich zu Themen gruppierte Funktionsfenster. Dies gilt sowohl für die Arbeitsfunktionen der rechten Menüspalte als auch für die Standardfunktionen in der unteren Menüzeile.

⇨ Beim Ziehen eine Funktionsgruppe in die obere Hauptmenüzeile oder in die untere Standardmenüzeile zeigt sich das Fenster in horizontaler Form und behält diese Richtung bei, wenn in die Zeichenfläche zurückgefahren wird.

Dieses Bewegen am grauen Balken wird immer dann gebraucht, wenn zu viele Funktionsgruppen in der Leiste liegen. Alle überzähligen Gruppen verstecken sich am Ende der Leiste, oft ist nur ein letzter grauer Balken sichtbar. Dann kann durch Ziehen einer Funktionsgruppe in die „zweite Reihe" mehrspaltig angezeigt werden. Ist die seitliche Leiste durch Verziehen der Fenster in die Zeichenfläche oder durch Löschen ganz geleert, verschwindet diese vom Schirm.

Aus der Funktionsgruppe *Tools* (siehe oben) soll ein einzelnes Symbol, beispielsweise *Alles aktualisieren*, entfernt werden (erstes von links innerhalb der Gruppe). Dazu wird diese Funktionsgruppe durch Ausblenden und Wiederanzeigen gesucht.

Alles aktualisieren

⇨ Die Funktionsgruppe *Tools* ausblenden, wieder anzeigen und in die Zeichenfläche ziehen.

⇨ Mit *Ansicht > Symbolleisten > Anpassen* erscheint das Dialogfenster *Anpassen*. Mit *Symbolleisten* die Funktionsgruppe *Tools* in der angezeigten Liste suchen und aktivieren (Linker Mausklick auf *Tools* hinterlegt dieses mit Auswahlblau).

⇨ Mit dem Taster *Befehle entfernen...* können einzelne Funktionen aus der aktiven Gruppe *Tools* entfernt werden.

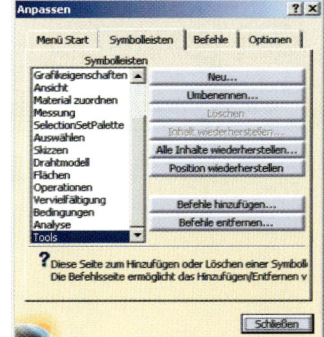

⇨ Im eingeblendeten Dialogfenster *Befehlsliste* die Funktion *Aktualisieren* auswählen. Nach Schließen aller Fenster ist die Gruppe verkleinert.

⇨ Alle jetzt veränderten Grundeinstellungen der Symbolfunktionen wieder rückgängig machen. Mit der Funktion *Ansicht > Symbolleisten > Anpassen > Symbolleisten* oder mit *Tools > Anpassen > Symbolleisten* die Taster *Alle Inhalte wiederherstellen...* und *Position wiederherstellen* aktivieren.

Grundeinstellungen der Symbolleisten

Mit der aktiven Funktionsumgebung können jetzt Körper erzeugt werden. Sollen dagegen Flächen im selben Bauteilmodell konstruiert werden, muss die Umgebung gewechselt werden. Zur einfacheren Handhabung wird eine Wechselfunktion eingerichtet, die bei fortschreitendem Kenntnisstand über die ersten Funktionsumgebungen hinaus jederzeit erweitert werden kann.

⇨ Es kann eine Auswahl häufig benutzter Umgebungen zum Wechseln zusammengestellt werden mit *Ansicht > Symbolleisten > Anpassen... > Menü Start*. Unter *Menü*

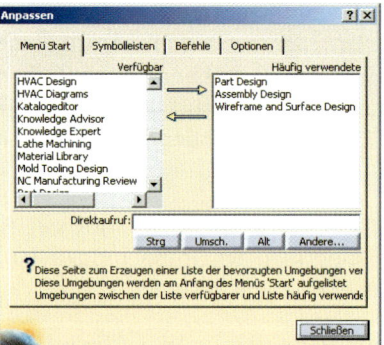

Start die drei im Bild vorgeschlagenen Umgebungen aus dem linken Vorrat aktivieren und mit dem gelben Pfeil in den aktiven Speicher *Favoriten* übertragen. Sind schon Umgebungen im verwendeten Speicher, diese zuvor mit dem umgekehrten Pfeil entfernen. Das Fenster *Schließen*.

 Teilekonstruktion

 Drahtmodell und Flächenkonstruktion

⇨ Das Symbol **Teilekonstruktion** aktivieren (mit linker Maustaste klicken). Das Dialogfenster *Willkommen bei CATIA V5* zeigt sich. Das Symbol **Drahtmodell und Flächenkonstruktion** (*Wireframe and Surface Design*) auswählen. Die Funktionsumgebung wechselt, während die Datei *Part1* erhalten bleibt. Dies ist der Fall, solange die Funktionsumgebung auch für den aktiven Dateityp anwendbar ist, sonst wird eine zusätzliche neue passende Datei angelegt.

Alternative

Alternativ kann die Umgebung auch gewechselt werden, wenn zuvor die Funktionsgruppe *Umgebungen* angezeigt wurde. In ihr stehen dieselben Umgebungen zur Verfügung wie im Dialog *Willkommen bei CATIA V5*. Auch sind im Kontextmenü der Umgebungsfunktion in der Gruppe *Umgebung* alle vorbereiteten Umgebungen auswählbar. Zusätzlich zeigt sich die Favoritenauswahl bei der Hauptfunktion *Start*.

⇨ Mit *Ansicht > Symbolleisten* das Funktionsfenster *Umgebungen* anzeigen. Alle vorbereiteten Umgebungen sind auswählbar.

⇨ Im Kontextmenü der Gruppe *Umgebung* zeigen sich alle vorbereiteten Umgebungen (Klick mit der rechten Maustaste auf das Symbol). Mit einem Klick der linken Maustaste auf das gewünschte Umgebungssymbol wechseln.

⇨ Alle veränderten Symbolleisten wieder rückgängig machen.

⇨ Mit *Datei > Schließen* beenden ohne zu speichern.

⇨ Mit *Start > Beenden* das Programm schließen.

Wie werden die Daten gespeichert?

Jedes neu erstellte Geometrie- oder Datenmodell der verschiedenen Funktionsumgebungen des Programms wird in einer separaten Datei gespeichert. Es existieren verschiedene Dateiarten für unterschiedliche Modelldaten. Der Modellname am Kopf des Strukturbaums wird standardgemäß auch für die Speicherung der Datei im Betriebssystem übernommen. Wurde nichts vereinbart, gilt folgende Konvention (links der Name im Strukturbaum und rechts der bei der Speicherung verwendete):

Modul*n* >> \...\Modul*n*.CATModul

Das Modell bekommt standardgemäß den Namen des Modelltyps mit einer fortlaufenden, ergänzenden Ziffer. Zum besseren Finden sollte ein aussagekräftiger und eindeutiger Modellname im Strukturbaum vergeben werden (sicherheitshalber ohne Umlaute und Sonderzeichen), entweder direkt beim Anlegen des neuen Modells bei der Dateiauswahl im Fenster *Teilename* oder nachträglich mit *Bearbeiten > Eigenschaften* oder dem *Kontextmenü > Eigenschaften*. Dieser Name gilt innerhalb des Programms. Im Betriebssystem wird das Bauteil unter einem eigenständigen Dateinamen abgelegt. Es ist sinnvoll, diesen Dateinamen gleich wie den Modellnamen zu wählen. Benutzen Modelle weitere zusätzliche Dateien, zum Beispiel führt die Baugruppe alle beteiligten Bauteile zu einer Maschine zusammen oder ein Variantenbauteil benutzt Wertetabellen für die verschiedenen Parameter, sind diese Dateien mit dem Originalmodell verbunden (*link*). Beim Ablegen im Betriebssystem können die beteiligten Dateien einzeln oder auch zusammen gespeichert werden. Dateien sollten immer gezielt im vorgesehenen Ablageordner mit *Datei > Sichern unter...* gespeichert werden. Wird eine bereits existierende Datei nur „schnell" mit *Datei > Sichern* gespeichert, überschreibt die aktuelle Datei die Originaldatei im Ablageordner des Aufrufpfads.

Datei und Inhalt gleich benennen!

Die Namensvergabe kann beim Anlegen einer neuen Komponente vereinfacht werden. Unter *Tools > Optionen > Infrastruktur* kann unter *Teileinfrastruktur > Teiledokument* unter *Beim Erzeugen eines Teils* für Teiledateien *Das Dialogfenster `Neues Teil` anzeigen* verlangt und unter *Product Structure > Produktstruktur* bei *Teilenummer* die *Manuelle Eingabe* für Baugruppendateien aktiviert werden. Es erscheint dann bei jedem Anlegen einer neuen Datei das Dialogfenster *Neues Teil* beziehungsweise *Teilenummer*.

Vereinfachte Namensvergabe

Bauteil

Die Bauteildatei nimmt alle Geometrie des **Bauteils** (*part*) auf und erhält beim Start den Namen *Partn*. Der Benutzer sollte den sprechenden und eindeutigen Bauteilnamen selbst vergeben. Sinnvollerweise wird der Teilename im Strukturbaum direkt nach dem Anlegen mit *Bearbeiten > Eigenschaften > Produkt* als *Teilenummer* überschrieben. Dieser Name gilt innerhalb des Programms.

Teil >> \...\Teil.CATPart

Beim erstmaligen Speichern wird der gerade aktuelle Bauteilname als Dateiname *name.CATPart* ins Betriebssystem übernommen. Der Eindeutigkeit wegen sollte der Bauteilname auch als Dateiname wieder verwendet werden. Das Programm unterstützt nachträgliche Namensänderungen nicht automatisch. Bei wiederholtem Sichern der Datei wird immer der Dateiname und der Ablagepfad benutzt, der beim Öffnen bestand. Sinnvoll ist daher, sowohl den Bauteilnamen als auch das wiederholte Speichern zu kontrollieren mit *Datei > Sichern unter...*.

Baugruppe

Die Baugruppendatei nimmt die Namen der beteiligten Komponenten und deren relative Lage zueinander in Form der Lageregeln auf. Weitere, das Produkt definierende Eigenschaften können hinzukommen. Geometriedaten werden nicht gespeichert. Die **Baugruppe** (*assembly*) erhält voreingestellt den Namen *Produktn*. Ein aussagefähiger und eindeutiger Baugruppenname (BG-.., UGB-..., ...) sollte im Strukturbaum vergeben werden.

Gruppe   >> \...\Gruppe.CATProduct

Eine Baugruppe besteht aus mehreren Komponenten, das können Bauteile und/oder zusätzliche Unterbaugruppen sein. Beim Einführen einer Komponente in die Baugruppe, ob neu oder als vorhandene Komponente, wird ein in der Baugruppe gültiger Name gebildet, voreingestellt als *Komponentenname* (*Komponentenname.n*). Die geklammerte Ergänzung unterscheidet mehrere gleiche Exemplare durch Hochzählen.

Teil1(Teil1.1)   >> \...\Teil1.CATPart
Teil1(Teil1.2)   >> \...\Teil1.CATPart
Teil2(Teil2.1)   >> \...\Teil2.CATPart
Gruppe2(Gruppe2.1) >> \...\Gruppe2.CATProduct

Die Baugruppendatei verwaltet die Teiledateien

Jede Komponente der Baugruppe kann separat (der entsprechende Komponentenname im Strukturbaum ist *in Bearbeitung*) oder die Baugruppe kann auch als Ganzes (Name der Baugruppe am Kopf des Strukturbaums ist *in Bearbeitung*) abgespeichert werden. Beim Abspeichern der Baugruppe werden automatisch auch alle untergeordneten Teile gespeichert. Bei einer neuen Baugruppe oder einer neuen Komponente wird der aktuelle Name im Strukturbaum als Dateiname übernommen und im Ablageordner der Baugruppe gcsichert. Bei wieder verwendeten Dateien wird auf dem bestehenden Ablagepfad in die alte Datei gesichert. Sicherheitshalber sollten die Namen der verwendeten Komponenten beim Ablegen kontrolliert werden mit *Datei > Sichern unter...*, besonders dann, wenn Originale geändert wurden. In beiden Dateitypen wird eingetragen, wer mit wem verknüpft ist, wobei der Name im Betriebssystem das entscheidende Bindeglied ist, nach dem gesucht wird. Bei Änderung in den Komponentennamen wird der Komponentenname automatisch korrigiert, der Name im Betriebssystem muss kontrolliert werden.

Soll eine Modelldatei in ein anderes Ablageverzeichnis verschoben werden, müssen alle abhängigen Dateien ebenfalls berücksichtigt werden. Sinnvollerweise wird dies vom Programm aus durchgeführt und kontrolliert. Dies gilt beispielsweise beim Anlegen von **Sicherungskopien** für Baugruppen, wenn also Duplikate erstellt werden sollen. Dann muss die ganze Baugruppe einschließlich der Teile nochmals in einem anderen Verzeichnis gesichert werden mit *Datei > Sicherungsverwaltung...* mit *Verzeichnis weitergeben* im Dateifenster. Werden Dateien im Betriebssystem selbst umkopiert oder im Dateinamen verändert, wird die Zuordnung zur Baugruppe zerstört. Wird dann ein Bauteil beim Öffnen der entsprechenden Baugruppe nicht mehr gefunden, zeigt sich im Strukturbaum am Knoten der Komponente ein zerstörtes Symbol.

Wie werden Dateien wieder gefunden?

Welche Modelldateien sich derzeit in Bearbeitung befinden, kann mit *Datei > Schreibtisch* dargestellt werden. Alle Dateien mit ihrem Typ werden angezeigt. Bei Dateien, die auf andere Dateien zugreifen, ist der Hierarchiebaum der Abhängigkeiten mit dargestellt. Abhängige, nicht gefundene Dateien werden rot gekennzeichnet. Im **Kon-**

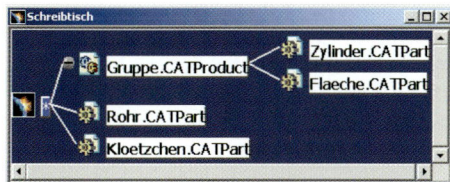

textmenü der Dateinamen sind die *Eigenschaften* und die *Verknüpfungen* für externe Verweise abfragbar. Mit *Suchen* kann eventuell eine vermisste Datei (rot hervorgehoben) in ihrem Ablageordner wieder gefunden werden.

Sollen die gerade bearbeiteten Dateien gemeinsam gespeichert werden, wie dies bei Baugruppen häufig der Fall ist, kann die Funktion *Datei > Sicherungsverwaltung...* sinnvoll eingesetzt werden. Alle Dateien mit ihrem Ablagepfad werden angezeigt. Mit

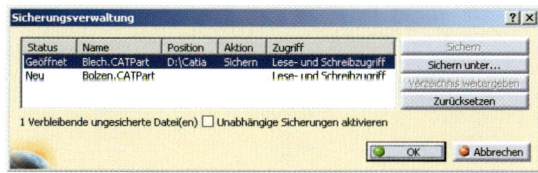

Sichern unter... kann der Pfad verändert werden, mit *Verzeichnis weitergeben* können beispielsweise alle Bauteile einer Baugruppe in demselben Ablageordner gespeichert werden. Im Fenster wird nur verwaltet, erst mit *OK* wird tatsächlich gespeichert.

Wird eine abhängige Datei beim Öffnen der übergeordneten Datei nicht mehr gefunden, kann mit der Hauptfunktion *Bearbeiten > Verknüpfungen* mit *Laden* beziehungsweise

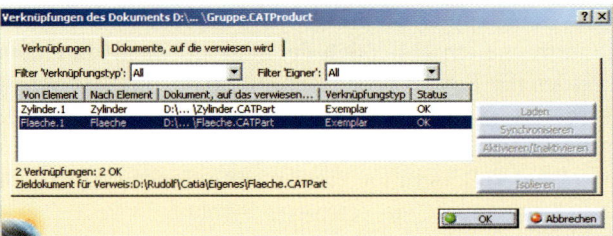

Synchronisieren oder *Ersetzen* korrigiert werden. Im Dialogfenster kann jede Komponente nachbearbeitet werden. Die bestehenden Bedingungen behalten dabei ihre Gültigkeit, sofern die Komponentennamen konfliktfrei sind.

Anpassungsfähige Körper

Was ist ein Einzelteil?

Maschinenbauliches Konstruieren ist ein komplexer Prozess, der von der Funktionsfindung bis zur geometrischen und endgültig herstellbaren Auslegung in sinnvolle Schritte unterteilt wird. Mit zunehmender Konkretisierung der Aufgabe wird die Konstruktionsidee von Arbeitsschritt zu Arbeitsschritt immer klarer strukturiert und damit geometrisch genauer beschreibbar. Der den Prozess begleitende Kern ist das **räumliche Einzelteil** mit seiner schrittweise konkreter werdenden geometrischen Gestalt. Einerseits bestimmt seine Körperform die Gestalt des Endprodukts, andererseits bestimmt die Struktur der Gesamtkonstruktion, also das Zusammenspiel aller unabhängigen Einzelteile, die Verwendbarkeit des fertigen Produkts. Das Einzelteil als kleinste maschinenbauliche Einheit ist, wie eine Befestigungsmutter oder eine Spannfeder, genau das, was aus einem Material am Stück hergestellt werden kann. Die Befestigungseinheit, die aus den 3 Einzelteilen Kipphebel, Schraube und Befestigungsbolzen besteht, stellt schon eine einfache Baugruppe dar.

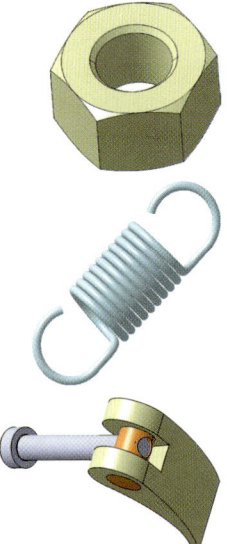

Das räumliche Einzelteil ist die kleinste maschinenbauliche Einheit

Möglichst früh im Prozess soll begleitend das physikalische Geschehen analysiert werden, beispielsweise die kinematische Beweglichkeit oder die Tragfähigkeit und Festigkeit der Bauteile. Erst wenn alle physikalischen und fertigungstechnischen Fragestellungen befriedigend beantwortet sind, kann die endgültige geometrische Auslegung erfolgen. Es zeigt sich als effektiv, wenn einerseits die geometrische Gestalt des Produkts räumlich beschrieben wird und möglichst lange variabel und **anpassungsfähig** bleibt, andererseits möglichst früh deren Auswirkungen auf die funktionalen und konstruktiven Eigenschaften erkannt werden können. Dazu bietet modernes CAD ineinander greifende Mittel an:

- Das geplante Produkt kann klar in selbstständige Einheiten oder Baugruppen strukturiert werden. Baugruppen bestehen aus Einzelteilen und eventuell aus weiteren eigenständigen Baugruppen.

- Die Form der Einzelteile kann mit geometrischen Regeln in sich variabel festgelegt werden. Alle definierten Zusammenhänge und Abhängigkeiten werden bei jeder geometrischen Änderung angepasst. Diese Eigenschaft wird **assoziativ** genannt. Dadurch bleibt das Einzelteil während des Konstruktionsprozesses maßlich variabel. Im Sinne des zugrunde liegenden Geometrieaufbaus ist das Teil auch bedingt in seiner Gestalt veränderlich.

- Die Körpergeometrie kann schon in einem frühen Stadium der Gestaltfindung auf ihre Funktion hin überprüft werden. Das Einzelteil kann beispielsweise auf seine Belastbarkeit getestet oder die Baugruppe in ihrer Beweglichkeit simuliert werden.

- Die Körpergeometrie dient auch als Basis für die sich anschließende Arbeitsvorbereitung, für die NC-Fertigung und kann in den betriebswirtschaftlichen Datenstrom integriert werden.

Wie wird ein Einzelteil aufgebaut?

 Teilekonstruktion

Das Einzelteil entsteht mit den Arbeitsfunktionen der Funktionsumgebung **Teilekonstruktion** und wird in einer Datei vom Typ *CATPart* abgelegt. Die Anweisung *Start > Mechanische Konstruktion > Part Design* stellt beides bereit.

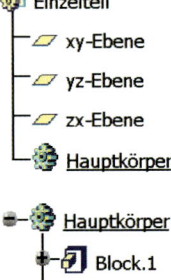

Die Datei für Einzelteile stellt automatisch einen **Strukturbaum** mit dem **Einzelteilnamen**, das Achsensystem in Form der drei **Hauptebenen** und eine „Datenschachtel" **Hauptkörper** als Basis zur Verfügung. In diesem Hauptkörper entsteht im Laufe des Gestaltungsprozesses das Einzelteil mit seinen Grundkörpern und den Aufbauvorschriften.

Ein Einzelteil oder Bauteil ist grundsätzlich genau **ein Körper**, der durchaus eine komplexe Gestalt haben kann. Die Gesamtform dieses Einzelteilkörpers baut sich schrittweise aus nur wenigen kanonischen (einfach beschreibbaren) Körperformen auf. Es können auch freie Oberflächenformen hinzukommen. Den Erfordernissen der Gestalt des Einzelteils folgend, wird dieses, ähnlich einem Baukasten mit einfachen Klötzchen, nach und nach aus passenden **Grundkörpern** (*primitives*) zusammengesetzt.

Einzelteile sind geometrisch und topologisch verbundene Grundkörper

Diese Grundkörper werden einerseits **geometrisch miteinander verbunden** und andererseits topologisch durch so genannte **Boolesche Operationen** (vereinigen, abziehen, auf das Gemeinsame begrenzen, ...) miteinander verknüpft. Auf diese Weise entsteht ein sequenzieller Aufbau des endgültigen komplexen Einzelteils, der im Strukturbaum protokolliert wird. Die Auswahl und Zusammensetzung der Grundkörper für die endgültige Gestalt des Einzelteils ist vielfältig möglich. Ein geschickter, also die Gestaltungsidee anpassungsfähig beschreibender, und einfach strukturierter Aufbau der Gesamtgestalt ist die Kunst des Konstrukteurs. Dafür stellt das Programm *CATIAV5* ein mächtiges Werkzeug zur Verfügung.

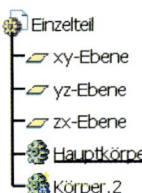

Weitere „Datenschachteln" wie die des Hauptkörpers können für zusätzliche eigenständige Körper oder als Sammelstelle für alle nicht körperbildende Geometrie (Punkte, Linien und Flächen im Raum) in den Strukturbaum aufgenommen werden. Mit dem Menü *Einfügen > Körper* beispielsweise lassen sich solche neuen Körper anlegen. Da ein Einzelteil grundsätzlich nur genau ein Hauptkörper ist, werden Zusatzkörper nur eingefügt, wenn dies für den Konstruktionsaufbau temporär erforderlich ist. Sind mehrere *Körper* angelegt, ist nur genau einer davon aktiv und durch einen <u>Unterstrich</u> gekennzeichnet. Neue Geometrie wird immer nur in diesem am Ende angefügt.

Körpergeometrie wird in der Reihenfolge der Einträge im Strukturbaum streng sequenziell ausgewertet. Das jeweils neu erzeugte Objekt wird im Baum am Ende des Körpers eingetragen und wirkt sich in seiner Einbaubedingung auf die schon vorhandene Geometrie aus. Ist das neue Objekt eine Durchgangsbohrung, haben alle betroffenen Grundkörper desselben Körpers ein Loch. Für diese Aufbauhierarchie wird auch die Bezeichnung konstruktive Körpergeometrie (*constructive solid geometry* CSG) verwandt. Ist der Strukturbaum in mehrere „Datenschachteln" **Körper** aufgeteilt, betrifft das neu eingefügte Objekt nur den bearbeiteten Körper.

Wie entsteht ein Grundkörper?

Damit das Einzelteil gestaltet werden kann, muss seine komplexe Endform in passende Grundkörper aufgeteilt und dadurch strukturiert werden. Erst dann beginnt die eigentliche Gestaltung des Einzelteils durch den Aufbau der geplanten Grundkörper. Ein Grundkörper besteht aus einem formbestimmenden **geschlossenen Profil** oder Umriss und einer **Vorschrift zum Verziehen** in die dritte Dimension. Das Profil ist in der Regel ein ebener Kurvenzug, für einen Quader beispielsweise ein geschlossenes Rechteck oder für einen Drehkörper ein mit der Achse geschlossenes Halbprofil. Die Verziehrichtung ist beim Quader dessen Höhe und beim Rotationskörper ist es die Drehung. Verallgemeinert werden begrenzte Flächen in eine Richtung zum Körper verzogen.

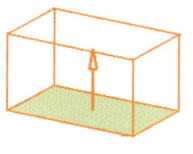

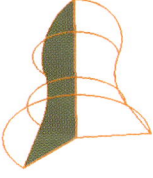

Grundkörper entstehen aus Profilen und einer Verziehrichtung

Das **geschlossene Profil** eines Grundkörpers ist fast immer eine **ebene Skizze,** und nur damit beschäftigt sich dieser Abschnitt. Eine Skizze liegt als Einheit auf einer Stützebene, die im Raum beliebig positioniert und verschoben werden kann. Besteht das Einzelteil nur aus einem Grundkörper, ist dessen Lage bedeutungslos. Baut sich die Form des Einzelteils aus mehreren Grundkörpern auf, müssen diese geometrisch und topologisch zusammengehören. Für das Profil bedeutet dies, dass ein anbauender Grundkörper auch geometrisch am Einzelteil liegt. Dies gilt sowohl für die Lage der Stützebene als auch für die Ausdehnung des Profils. Der topologische Zusammenhang der Grundkörper wird durch Boolesche Vereinigung der Körpermengen hergestellt. Besteht das Einzelteil wieder nur aus einem Grundkörper, ist das unerheblich. Bei mehreren Grundkörpern muss klar sein, ob der neue Grundkörper anbaut oder abzieht. Dies erledigt im einfachen Fall die Körperfunktion selbst.

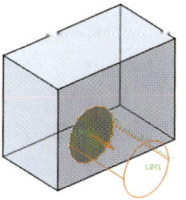

🔳 Block

🔲 Welle

🔷 Rippe

🔷 Volumenkörper mit Mehrfachschnitten

🔳 Tasche

🔳 Nut

🔷 Rille

🔷 Entfernter Körper mit Schnitten

🔳 Bohrung

🔷 Versteifung

🔳 Kombinierter Volumenkörper

Die Körperfunktionen beschreiben die **Vorschrift zum Verziehen**. Gleichzeitig bauen diese Funktionen den entstehenden Grundkörper in die Topologie des Einzelteils ein. Die Funktion *Block* für Prismen verzieht das Profil entlang einer Geraden, die *Welle* für Drehteile verzieht in Kreisform, die *Rippe* für allgemeine strangartige Körper verzieht entlang einer Kurve und *Volumenkörper mit Mehrfachschnitten* verbindet mehrere Profile. Diese vier Funktionen erzeugen positive Körper, das heißt, sie werden als Positivform erstellt. War der gerade aktive *Körper* leer, entsteht ein neuer Grundkörper, gab es schon Geometrie, wird der neue Grundkörper mit dem vorhandenen Körper vereinigt, dieser wird also größer. *Tasche* für Löcher in Oberflächen, *Nut* für Abzugringe an Zylinderflächen, *Rille* für Abzüge durch allgemeine Verziehkörper eines und *Entfernter Volumenkörper mit Mehrfachschnitten* für mehrere Profile erzeugen negative Körper und damit die entsprechenden Gegenstücke. Es entsteht ein Abzug an einem schon bestehenden Körper. Die zusätzlich angebotene Funktion *Bohrung* ist eine spezielle Kreistasche mit Attributen als negativer Körper. Die *Versteifung* entspricht einer senkrechten Rippe als positiver Körper. Auch einen positiven Körper liefert die Funktion *Kombinierter Volumenkörper*, die einen Körper als Schnittmenge zweier sich kreuzender Prismen erzeugt.

Grundkörper orientieren sich geometrisch an Nachbarn

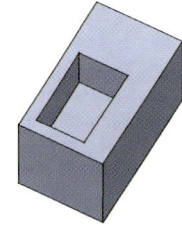

Beim Aufbau des Körpers aus den Grundkörpern bauen die hinzukommenden Grundkörper am schon bestehenden Körper weiter. Neue Geometrie **orientiert sich geometrisch am** schon bestehenden **Objekt**. Beispielsweise hat eine Tasche definierte Abstände zu den Rändern des Blocks, beginnt auf dessen Oberfläche und ist um ein bestimmtes Maß tief. Eine Bohrung erstreckt sich von der Oberfläche bis zur Unterfläche eines Bleches. Auf diese Weise müssen nur noch die unbedingt notwendigen Maße für den neuen Konstruktionsschritt vorgegeben werden. Viele Abmessungen ergeben sich aus dem schon konstruierten Körper und können von diesem geometrisch übernommen werden. Dies entspricht der **geometrischen Abhängigkeit der Teile**.

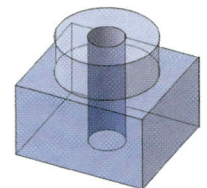

Die Aufbaureihenfolge definiert die Teileform

Die sequenzielle Reihenfolge der Grundkörper und ihre Verknüpfung bestimmen die Gesamtform des jeweiligen Körpers. Dies wird im Strukturbaum protokolliert und entspricht der **topologischen Abhängigkeit der Teile**. (Zuerst der Quader als *Block.1*, dann die Säule als *Block.2*, und anschließend bohrt der Körper *Bohrung.3* im Bild durch beide Blöcke.)

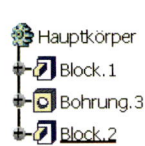

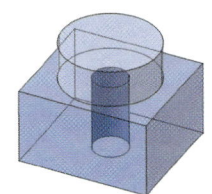

Diese Aufbaureihenfolge kann nachträglich verändert werden, hat aber dann Auswirkungen auf die Gesamtform. Im Beispiel wird die Bohrung jetzt nur am ersten Block ausgeführt, zuvor bohrte sie als dritter Eintrag beide Blöcke. (Der dritte Körper *Bohrung.3* liegt jetzt vor der Säule *Block.2* und bohrt nur noch den Quader *Block.1* im Bild.) Dies muss allerdings mit der geometrischen Abhängigkeit konform sein.

Wie wird ein Profil skizziert?

Nach Auswahl einer Ebene im Raum (Körperoberfläche an der weitergebaut werden soll, Hauptebene, ...) wird mit der Arbeitsfunktion *Skizzierer* zur Funktionsumgebung für Profilskizzen gewechselt.

 Skizzierer

Die Umgebung *Skizzierer* stellt Funktionen für die Gestaltung von Profilen oder Körperumrissen bereit (Punkt, Linie, Profil, Bedingungen, ...). Das Skizzenblatt liegt auf der ausgewählten Ebene als Unterlage, so wie ein Blatt Papier, auf dem gezeichnet wird, auf einem Tisch liegt. Zu dieser Skizze als Einheit gehören die gelben Achsen H und V, der Nullpunkt und die ebene Profilgeometrie. Der Ursprung dieser Achsen liegt meist senkrecht über dem aus dem Raum durchscheinenden gedachten Nullpunkt der weißen (im Bild schwarzen) Hauptebenen des Einzelteils. Das Skizzenblatt kann sich aber gegenüber den Hauptebenen verschieben.

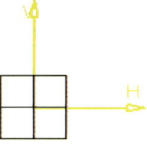

Nach erfolgreicher Umrissgestaltung muss aus dieser Funktionsumgebung mit *Umgebung verlassen* wieder zur **Teilekonstruktion** gewechselt werden. Im Raum ist die Skizze eine Einheit. Sie wird vorzugsweise für die Erzeugung eines Körpers eingesetzt und wird danach normalerweise automatisch verdeckt. Eine Skizze kann auch für mehrere Grundkörper gleichen Umrisses verwendet werden.

 Umgebung verlassen

Sollte der Umriss auf einer falschen Ebene liegen, kann der gesamte Skizzeninhalt auf eine andere Ebene übertragen werden mit der Funktion *Bearbeiten > Objekt > Stützelement für Skizze ändern...* Dabei wird keine Geometrie kopiert, sondern nur topologisch anders zugeordnet. Auch die auf der Skizze aufgebauten Grundkörper passen sich dabei an die neue Lage an.

Ziel der Umrissgestaltung ist, einen nach den Erfordernissen der geplanten Körperfunktion geschlossenen Umriss so aufzubauen, dass er in seiner Form eindeutig in sich geometrisch bestimmt ist, und dies unabhängig vom Achsensystem. Die Arbeitsweise im **Skizzierer** orientiert sich am **Skizzieren mit freier Hand**: zuerst die grobe Form etwa in wahrer Größe und danach erst formlich und maßlich genau. Zur Größenorientierung zeigt die Skizzebene ein Raster (10 mm Maschenlänge ist Standard), auf dessen Gitterknoten sich Umrisspunkte mit aktivem *An Punkt anlegen* beziehen können.

 An Punkt anlegen

Werden Umrisse, die meist aus Geraden und Kreisen bestehen, gleich „in einem Zug" mit der Funktion *Profil* in unmittelbarer Folge der Kurven skizziert, hängen die Umrisslinien an ihren Endpunkten automatisch unlöslich zusammen. Dieser Zusammenhang ist eine **implizite geometrische Regel** (nicht angezeigte Regel). Derselbe Effekt kann aufwändiger auch erreicht werden, wenn als Einzelstücke getrennt gezeichnete Kurven mit so genannten **expliziten geometrischen Regeln** (angezeigte Regeln) an ihren Endpunkten kongruent (deckungsgleich) miteinander verbunden werden.

 Profil

Im Dialogfenster
def. Bedingungen

Für diese und alle anderen geometrischen Verknüpfungen des Profils werden **geometrische Regeln**, oder *Im Dialogfenster definierte Bedingungen* angeboten, die optisch durch Symbole in grüner Farbe gekennzeichnet sind. Diese Bedingungen sind Bestandteil der Skizze und erscheinen im Strukturbaum und als Symbole oder Objekte der Zeichnung, die auch wieder gelöscht werden können. Diese Regeln steuern die Form des Umrisses. Es kann damit wirklich geometrisch konstruiert werden.

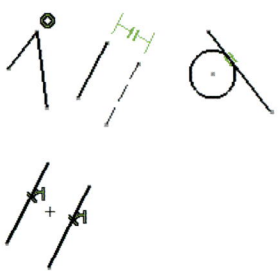

Beispiele für explizite geometrische Regeln sind, dass zwei Linien an ihren Endpunkten zusammenhängen oder die Endpunkte kongruent oder deckungsgleich sind (*Kongruenz* wird als Kreis dargestellt), zwei Geraden parallel zueinander sind (*Parallelität* wird als Maß mit Doppelstrich dargestellt), Kreis und Gerade tangieren (*Tangentenstetigkeit* wird als Doppelstrich dargestellt) oder ein Punkt äquidistant oder mit gleichem Abstand zu zwei parallelen Geraden liegt (*Äquidistanter Punkt* wird als spitzer Winkel dargestellt).

Geometrische
Bedingungen
Geometrische
Bedingungen

Die Regeln sind sichtbar, wenn die Funktion *Geometrische Bedingungen* in der Funktionsgruppe *Darstellung* aktiv ist (orange). Damit diese Regeln auch erhalten bleiben, muss die Funktion *Geometrische Bedingungen* in den *Skizziertools* aktiv sein (orange).

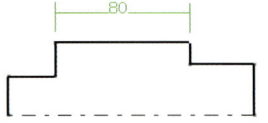

Bedingung

Ist die Form des Umrisses geregelt, werden Maße mit der Funktion *Bedingung* festgelegt. Die **Bemaßungsregeln** sollten funktionsgerecht definiert werden. Ein guter Ansatz sind dabei die Fragen: „Was sind originäre, was abhängige Maße?" und „Wie wird das Teil gefertigt?". Am Stufenprofil des bis zur Drehachse halben Rotationskörpers Welle beispielsweise soll im Bild das mittlere Wellenteil bemaßt werden. Die obere Gerade selbst kann bemaßt werden, die beiden Endpunkte der Geraden relativ zueinander oder aber die normal zur Geraden weiterführenden parallelen senkrechten Kanten. Vorgeschlagen wird, die weiterführenden Kanten zu nutzen, da nur diese die Welle tatsächlich als Flächen begrenzen. Wird zum Beispiel später an den Ecken ausgerundet, würden die Eckpunkte wegfallen und der gerade Teil der oberen Kante selbst würde kürzer. (In beiden Bedingungsfunktionen können jeweils beide Bedingungsarten beschrieben werden, auch in deren Kontextmenü. Die vorgeschlagene Handhabung wird empfohlen.)

Bemaßungs-
bedingungen
Bemaßungs-
bedingungen

Die Maße sind sichtbar, wenn die Funktion *Bemaßungsbedingungen* in der Funktionsgruppe *Darstellung* aktiv ist (orange). Damit die Maße auch erhalten bleiben, muss die Funktion *Bemaßungsbedingungen* in den *Skizziertools* aktiv sein.

Im Raum, also außerhalb der Skizze, stehen ebenfalls geometrische Bedingungen zur Verfügung. Ein Grundkörper lässt sich damit als starres Ganzes relativ zu anderen

Grundkörpern positionieren. Dies gelingt allerdings nur, wenn die Skizze solche Regeln zulässt. Im Grunde entspricht dies einem ähnlichen Regelsatz für den Raum, wie er gerade für die Skizzen beschrieben wurde. Allerdings können diese räumlichen Bedingungen die Skizzenform nicht ändern und sind ohne Einfluss auf die Skizzenlage. Für objektorientiertes, anpassungsfähiges Arbeiten werden die Form und die Anbindung an das Gesamtteil effektiver vollständig in und mit der Profilskizze definiert. Die **räumlichen Bedingungen** sind in der Anwendbarkeit beschränkt und werden daher **nicht empfohlen**.

Welches Profil ist verwendbar?

Profile sind immer Umrisse aus Geraden, Kreisen und Kurven als „geschlossener" Linienzug von Standardelementen (Standardelemente werden normalerweise weiß und durchgezogen dargestellt). Die Standardlinien dürfen sich nicht verzweigen oder überschneiden. Was „geschlossen" ist, hängt auch von der verwendeten Grundkörperfunktion ab. Für den prismatischen *Block*, der senkrecht zum Umriss verzieht, muss der Umriss umlaufend geschlossen sein. Den Drehkörper *Welle* schließt eine Drehachse am Halbprofil oder ein geschlossenes Profil hat eine außen liegende Drehachse. Für die entlang einer Kurve zu verziehende *Rippe*, ähnlich der aus der Tubenöffnung quellenden Zahnpasta, muss der Umriss umlaufend geschlossen sein, wozu auch der angrenzende Körper mitbenutzt werden kann.

Profile müssen umlaufend und „geschlossen" sein

Geschlossenes Profil für den Block oder die Tasche

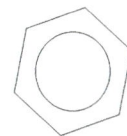

Geschlossenes Außen- und Innenprofil für Block

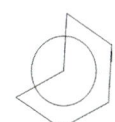

Falsches überschneidendes Profil

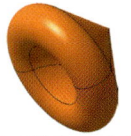

Mit der Drehachse geschlossenes Profil für Welle

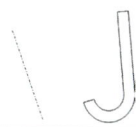

Geschlossenes Profil und Drehachse für Welle

Falsches offenes Profil

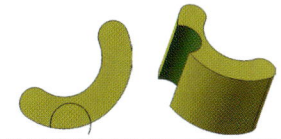

Mit dem Körperrand „geschlossenes" Profil für Tasche

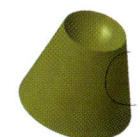

Mit dem Körperrand „geschlossenes" Profil für Nut

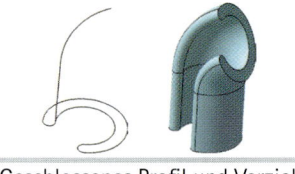
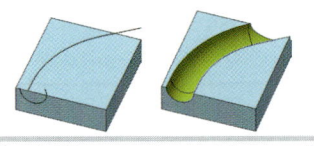
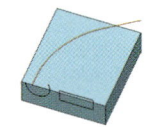

| Geschlossenes Profil und Verzieh-kurve für Rippe | Durch Körperrand „geschlossenes" Profil und Verziehkurve für Rille | Falsches doppeltes Profil |

Mit dem Körperrand „geschlossenes" Profil für Versteifung

Die Regel, nur geschlossene Profile für Körper zu verwenden, wird erweitert. Profile können auch eben zusammenhängende Raumkurven sein oder auch räumlich geschwungene berandete Flächen. Zusätzlich wird diese Regel erweitert, indem ein offener ebener Kurvenzug Ausgang einer Schale mit konstanter Dicke wird, also der geschlossene Profilzug als konstante Wandstärke automatisch ergänzt wird. Dies gilt für die Funktionen *Block*, *Welle*, *Rippe*, *Tasche*, *Nut* und *Rille*. Auch die Verziehrichtung, normalerweise normal zum Profil, lässt sich vorgeben.

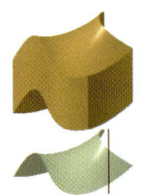

Geschlossenes Profil als Flächenum-riss und Verziehrichtung für Block

Durch Aufdicken „geschlossenes" ebenes Kurvenprofil und Verzieh-richtung für Block

Falsches räumliches Aufdickprofil für Block

Viele Umrisse bestehen im Maschinenbau aus einer Folge von Geraden und Kreisen, seltener kommen freie Kurvenformen vor. Hauptsächlich finden sich folgende grund-sätzliche Arbeitsmethoden:

 Profil

 Skizzier-tools

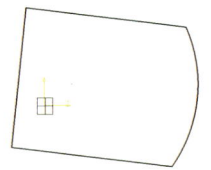

- Der gesamte Umriss wird als ebenes *Profil* in einem Zug durch Wechsel von Geraden und Kreisen skizziert. Was als nächstes gezeichnet wird, entscheiden die Symbole in der Funktions-gruppe *Skizziertools*. Diese werden beim Start der Funktion *Profil* temporär ergänzt. Dabei werden keine Koordinatenrichtungen verwendet. Das Profil wird mit Regeln geschlossen und in Form gebracht. Müssen freie Kurven eingebunden werden, lässt das Profil eine Lücke. Danach wird die Kurve „eingehängt". Diese Arbeitsweise wird empfohlen.

- Der ebene Umriss wird direkt am Koordinatenursprung und den Achsen ausgerichtet. Mit einer impliziten Regel sind die Linien des unteren linken Ecks unveränderlich am Ursprung festgemacht und haben die explizite Regel *Horizontal* und *Vertikal*. Soll der Umriss in anderer Lage verwendet werden, geht das nur, wenn diese Linien gelöscht werden. Auch ein prüfendes Drehen des Umrisses ist ausgeschlossen. Daher nicht unbedingt empfehlenswert.

- Die Umrisslinien in der Ebene werden als Kreise, Kurven, Kegelschnitte oder Geraden aus der Gruppe *Profil* „unendlich" lang gezeichnet und anschließend mit *Trimmen* oder *Schnelles Trimmen* auf die richtige Länge gekürzt (radiert). Beim Kürzen kann die Ecke automatisch mit einer impliziten Regel verknüpft werden. Diese Arbeitsweise ist zeitaufwändig, überholt und sollte vermieden werden. Nur wenn einzelne freie Kurven oder zusätzliche Randformen nachträglich in ein bestehendes Profil eingefügt werden sollen, wird diese Funktionalität noch angewendet.

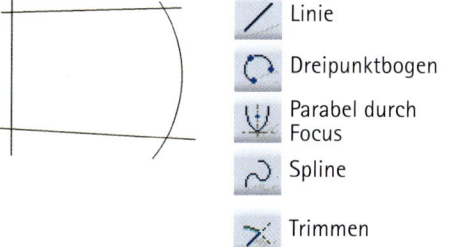

/ Linie

Dreipunktbogen

Parabel durch Focus

Spline

Trimmen

Schnelles Trimmen

- Der Umriss entsteht aus Raumkurven des Drahtmodells, die zu einer Einheit zusammengefasst sind, beispielsweise als abgeleitete Körperkanten. Er kann als Flächenverband auch räumlich gekrümmt sein. Diese Profilform wird hier nur ausnahmsweise benutzt.

Ob ein **Umriss** regelrecht zusammenhängt und geschlossen ist, wird sinnvollerweise **interaktiv geprüft**. Wird ein Objekt der Skizze mit der Maus angefasst und bewegt, bewegen sich die Nachbarn in den schon definierten geometrischen Regeln mit. Wird beispielsweise eine Kurve im Innern angefasst, bewegt sich diese als Ganzes. Bewegt man deren Endpunkt, werden die angrenzenden Kurven manipuliert. Diese Bewegung erfolgt in der Skizzenebene und relativ zum Koordinatensystem. Die interaktive Prüfung läuft in drei Schritten ab:

- Der Umriss findet seine Form durch geometrische Regeln. Dadurch wird das Skizzenprofil **formschlüssig**. Die Form darf sich nur noch nach den vereinbarten Regeln verändern.

Profile sind formschlüssig

Profile sind maßhaltig

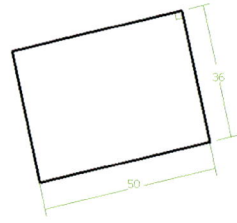

- Im Umriss werden noch **fehlende Maße festgelegt**. In konsequent gestalteten Bauteilen werden keine redundanten (mehrfach vorkommenden) Maße vergeben, zum Beispiel werden beim Rechteck die gegenüberliegenden Ränder nicht zweimal bemaßt, sondern einmal als Abstand paralleler Geraden. Oder eine mittige Hilfslinie liegt nicht auf dem halben Breitenmaß, sondern symmetrisch, beziehungsweise äquidistant zu den Rändern. Sind alle notwendigen Abmessungen eingetragen, liegt auch die Größe des Umrisses fest.

Profile sind unver-schiebbar

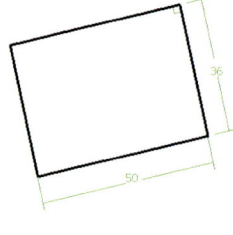

- Der fertige Umriss wird abschließend an vorhandene Geometrie angebunden. In der **ersten Skizze** eines Bauteils wird aus numerischen Gründen **in der Nähe des gelben Achsenkreuzes der Skizzierebene fixiert**. (Beispielsweise werden eine Gerade und einer ihrer Endpunkte mit der geometrischen Bedingung *Fixieren* an der aktuellen Position festgeschrieben.) In allen **erweiternden Skizzen** wird **an den vorhandenen Körper angebunden**. (Die Anschlussskizze beginnt an Eckpunkten oder Kanten, liegt in definiertem Abstand zu Kanten, ist mittig zu Bohrungsachsen, ...). Die dadurch in der Skizzenebene unverschiebliche Geometrie wird grün gefärbt. Diese Kennzeichnung allein ist aber keine hinreichende Kontrolle auf Vollständigkeit und Brauchbarkeit, erst die interaktive Bewegung aller Teile bringt die sichere visuelle Kontrolle.

- Einem Profil dürfen nur so viele Regeln und Maße aufgeprägt werden, bis alle Elemente unbeweglich sind. Jede überzählige Bedingung wird farblich hervorgehoben und sollte umgehend korrigiert werden. Damit die Kontrollfarben sichtbar sind, muss die Funktion *Diagnose* der Funktionsgruppe *Darstellung* aktiv sein (orange). Eine weitere Möglichkeit, die Skizzenbedingungen zu überprüfen, wird bei *Tools > Skizzieranalyse* angeboten. Der Dialog listet unter *Diagnose* die vereinbarten Bedingungen auf.

 Diagnose

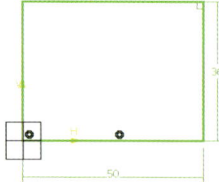

Soll die **erste Skizze** unbedingt an den Achsen ausgerichtet werden, können mit *Kongruenz* ein Endpunkt einer Geraden auf den gelben Nullpunkt und die Gerade selbst auf eine der gelben Achspfeile der Skizzenachsen gelegt werden. Alternativ ist auch eine Anbindung an die weißen Hauptebenen des Teils möglich (siehe nächstes Kapitel). Dieses Anbinden sollte nur als allerletzte Aktion durchgeführt werden, um sicher zu gehen, dass alle Bedingungen ausschließlich am Profil selbst beschrieben wurden. Da jetzt aber die Hauptebenen und die

Skizzenachsen innerhalb der Umrisse liegen, kommt es leicht zu Mehrdeutigkeiten und dadurch zu Konflikten. Daher wird davon abgeraten.

Das Programm unterstützt den Benutzer beim Skizzieren, indem das gerade entstehende Geometrieelement mit einem **Vorschlag für explizite Regeln** auf die schon skizzierte Geometrie bezogen wird. Durch geschicktes Bewegen der Maus können die verschiedenen angebotenen Alternativen „durchgeblättert" werden. Gefundene Regeln werden farblich (hellblau) angezeigt. Diese Automatik kann im Menü unter *Tools > Optionen > Mechanische Konstruktion > Sketcher > Sketcher > Bedingung > Intelligente Auswahl...* nach Wunsch angepasst werden.

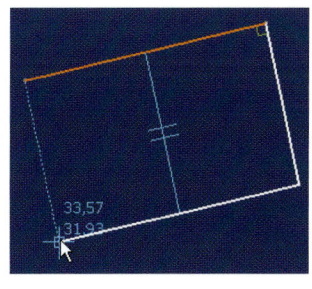

Vorschläge für geometrische Bedingungen

Die Einstellungen *Hilfslinien und -kurven*, *Ausrichtung* und *Parallelität, Rechtwinkligkeit und Tangentenstetigkeit* empfehlen sich für die von Koordinaten unabhängige objektorientierte Arbeitsweise. *Horizontal und vertikal* wird nicht empfohlen, da das Profil formlich in sich und nicht bezogen auf Achsen beschrieben werden soll. (Wird eine vorgeschlagene Regel nicht gewünscht, kann sie mit der Umschalt-Taste temporär ignoriert werden.)

Mit punktierten *Hilfslinien* wird angezeigt, wie der neue Endpunkt relativ zu anderen Objekten liegt, allerdings ohne Regeln zu vergeben. Bei *Ausrichtung* zeigt sich ein leerer Zielkreis, wenn der neue Endpunkt auf einer Linie kongruent liegt, und ein ausgefüllter Zielkreis, wenn er auf einem Punkt kongruent liegt. So wird auch der Mittelpunkt einer Linie gefunden. Eine gestrichelte Linie zeigt die Ausrichtung der neuen Geraden auf ein Objekt an und vergibt Regeln. *Parallelität, Rechtwinkligkeit und Tangentenstetigkeit* werden angezeigt, wenn sie gefunden sind. Wird der Endpunkt der gerade gezogenen Linie nach Vorschlag gesetzt, entstehen die angezeigten expliziten Regeln automatisch.

Das Profil oder der Umriss darf nur aus Geraden und Kurven aufgebaut sein und aus so genannten *Standardelementen* bestehen. Als Punkte werden Standardelemente normalerweise durch ein Kreuz und als Linien durchgezogen weiß dargestellt. Diese Elemente sind auch im Raum verfügbar. Ein verwendbares Profil muss umlaufend geschlossen sein und darf sich nicht verzweigen. Diese Regel gilt in der Ausführung mit Standardelementen. Eine spezielle Gerade stellt die *Achse* für Rotationskörper dar. Sie kommt nur einmal in der Skizze vor. Alle zusätzlich benötigte Geometrie, beispielsweise als Symmetrielinie oder Bezugspunkt, muss Hilfsgeometrie oder *Konstruktionselement* sein. Diese Elemente sind nur in der Skizze gültig und sichtbar. Hilfspunkte sind als graue kleine Punkte und Hilfslinien gestrichelt grau dargestellt. Was Umriss oder Hilfslinie wird, muss mit der Funktion *Konstruktions-/ Standardelemente* in der Funktionsgruppe *Skizziertools* bestimmt werden. Dieser Um-

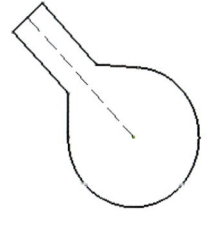

Standardelement

Achse

Konstruktionselement

schalter muss zum Zeichnen von Hilfsgeometrie oder Konstruktionselementen aktiv sein (orange). Diese Eigenschaft lässt sich auch im Definitionsfenster des Elements unter *Konstruktionselement* aktivieren.

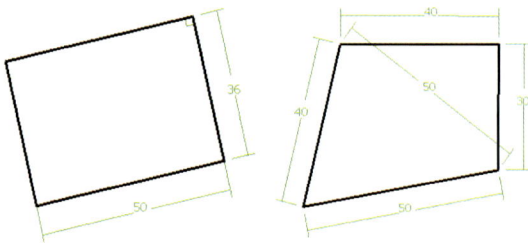

Ein weiterer Aspekt ist, in welchen Formen und Maßen das Teil grundsätzlich festgelegt ist und in welchen Formen und Maßen das Teil Änderungen mitmachen soll. Ein einfaches Beispiel dafür ist ein viereckiger Prismenquerschnitt. Im linken Bild sind genau zwei Parallelmaße und eine rechtwinklige Ecke für ein Rechteck formbestimmend. Soll das Teil aber als allgemeines Viereck variabel bleiben, sind im rechten Fall fünf Maße festzulegen.

Wie werden die Teile dargestellt?

Jeder Körper und jeder Grundkörper (Hauptkörper, Block, Tasche,...) haben eigene Eigenschaften, die ihre jeweilige Darstellung am Schirm beeinflussen. Grundkörper werden nach Standard mit blaugrauer Oberfläche und schwarzen Kanten dargestellt, die Skizzen sind weiß, alle Geometrie ist am Schirm auswählbar und beim Erstellen sichtbar. Nach Verwenden der Skizzen werden diese automatisch verdeckt. Das Symbol der Skizze wird im Strukturbaum dann grau hinterlegt. Dieser Standard kann verändert werden bei *Tools > Optionen > Allgemein > Anzeige* unter *Strukturbaumdarstellung* bei *Anzeigen/Verdecken-Strukturbaum* oder unter *Darstellung*.

Jedes einzelne Element (Achse, Punkt, Skizze, Block, Körper, ...) hat eigene Eigenschaften, die verändert werden können. Die Farbe jedes Geometrieobjekts, einer Kurve, eines Grundkörpers oder einer seiner Oberflächen beispielsweise, kann mit *Bearbeiten > Eigenschaften > Grafik > Farbe* nach Wunsch gewählt werden. Auch die Strichstärke oder die Strichart für Skizzen oder Kurven können angepasst werden. Auf jeder Hierarchiestufe des Strukturbaums können Eigenschaften vergeben und geän-

dert werden. Übergeordnete Elementeigenschaften gelten vor untergeordneten und den Standardeigenschaften. Geänderte Eigenschaften bleiben auch bei untergeordneten Elementen erhalten. Mit *Bearbeiten > Objekt > Eigenschaften zurücksetzen* gelten wieder die Standardwerte.

Alle Elemente der Zeichnung (Achse, Skizze, Block, Hauptkörper, Bedingung,...) können temporär nicht mehr dargestellt, das heißt mit *Verdecken/Anzeigen* verdeckt werden. Auch dies ist sowohl bei unter- als auch bei übergeordneten Elementen und damit mehrfach möglich. Hier gilt immer das Übergeordnete. Wird zum Beispiel ein Grundkörper oder der übergeordnete Körper unsichtbar gemacht, verschwindet der ganze Körper vom Schirm. Sollen umgekehrt nur die Skizzenachsen ausgeblendet sein, muss dies in der Skizze selbst vereinbart werden. Sind dann Elemente auf mehreren Hierarchiestufen verdeckt worden, muss diese Eigenschaft auch in allen diesen Stufen rückgängig gemacht werden.

 Verdecken/Anzeigen

Geometrie ist standardgemäß immer auswählbar. Auch diese Eigenschaft kann mit *Bearbeiten > Eigenschaften > Grafik > Auswählbar* deaktiviert werden. Der betreffende Grundkörper kann danach nicht mehr als Geometrie mit der Maus ausgewählt werden. Auch diese Eigenschaft kann auf allen Stufen im Strukturbaum geändert werden, wobei das Übergeordnete wieder Untergeordnetes überlagert.

Neben Unifarben kann ein Körper auch mit *Material zuordnen* eine Materialtextur haben. Die Standardeinstellung für Körperdarstellung ist *Schattierung Gouraud* und zeigt die Farben. Für sichtbare Materialeigenschaften muss auf *Material* umgestellt werden.

 Material zuordnen

Die Anzeige wird mit der Funktion *Ansichtsparameter anpassen* oder mit dem Menü *Ansicht > Darstellungsmodus > Ansicht anpassen* im Dialog *Anzeigemodi anpassen* umgestellt.

 Ansichtsparameter anpassen

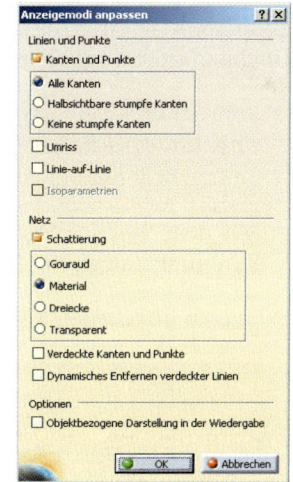

Übung Rundscheibe

Teile mit diesem Symbol ergeben eine Schnapp-schere als Baugruppe

Was wird geübt?

Skizzierer, Umgebung verlassen, Gitter, An Punkt anlegen, Verdecken/Anzeigen, Bedingungen, Kreis, Block, Tasche

Frei skizzieren
Abhängig skizzieren

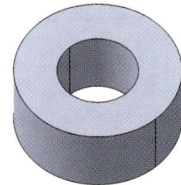

Eine runde Scheibe mit Innenloch zeigt, wie schnell ein Grobmodell eines Bauteils entstehen kann. In diesem ersten Schritt soll nur die Form entwickelt werden, Maße spielen noch keine Rolle. Diese können später genauer spezifiziert werden. Ein ebenes Kreisprofil mit Loch definiert durch senkrechtes „Verziehen" in den Raum mit der Funktion *Block* eine Scheibe (wie beim Zahnpastastrang).

⇨ Mit *Start > Programme > CATIA > CATIA V5* das Programm im Betriebssystem öffnen.

⇨ Meldet sich das Programm mit dem Dialog *Willkommen bei CATIA V5*, die Umgebung **Teilekonstruktion** (*Part Design*) auswählen.

⇨ Meldet sich das Programm automatisch mit einer Datei *Produkt1*, diese sofort mit *Datei > Schließen* löschen. Danach mit *Start > Mechanische Konstruktion > Part Design* ebenfalls die Umgebung **Teilekonstruktion** auswählen.

 Teilekonstruktion

In beiden Fällen wird mit der Funktionsumgebung auch eine Datei vom Typ *CATPart* geöffnet, erkennbar am Teilenamen *Part1* am Kopf des Strukturbaums. In diesem Dateityp entsteht die Geometrie des Bauteils. Für diese Beschreibung gelten die bei „Wie werden die Programmstandards für die Übungen vorbereitet?" festgelegten Umgebungsbedingungen.

⇨ Eine der drei weiß dargestellten Hauptebenen als Geometrieelement oder im Strukturbaum selektieren (mit linker Maustaste). Es könnte auch grundsätzlich eine andere beliebige Ebene sein.

 Skizzierer

⇨ Mit dem Symbol *Skizzierer* aus der Funktionsumgebung **Teilekonstruktion** in die Funktionsumgebung **Skizzierer** (*sketcher*) wechseln.

Skizzieren des ebenen Körperprofils:

Kreis

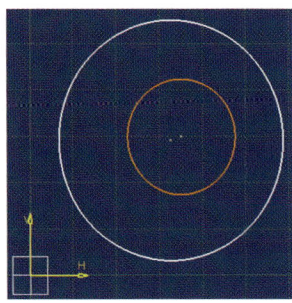

⇨ Nach der Methode **Funktion** ⇨ **Objekt zuerst** das Funktionssymbol *Kreis* selektieren. An gewünschter Stelle wird dann als Objekt mit Mausklick der Mittelpunkt des Kreises festgelegt. Durch Aufziehen entsteht der Kreis, der wieder mit Mausklick festgeschrieben wird. Zweiten Kreis ausmittig ins Innere zeichnen.

Falls die Mittelpunkte nicht miterzeugt werden, kann dies bei *Tools > Optionen > Mechanische Konstruktion > Sketcher > Sketcher > Geometrie > Kreis- und Ellipsenmittelpunkte erzeugen* aktiviert werden.

Hinweis:

Zur Orientierung beim Skizzieren wird ein Hilfsraster eingeblendet. *Gitter* aus der Funktionsgruppe *Skizziertools* schaltet dieses Raster aus und an. Zusätzlich kann das Raster aktiv sein. Dadurch werden freigesetzte Punkte automatisch auf den jeweils nächst gelegenen Rasterknoten umgelenkt. Stört dies, muss die Funktion *An Punkt anlegen* deaktiviert werden (das Symbol wird blau). Zur Orientierung empfiehlt es sich, die Achsen immer zu Beginn der Zeichnung am linken unteren Bildrand zu positionieren. Skizziert wird frei und unabhängig von den Achsen. Dadurch entsteht das Profil in Bezug auf sich selbst. Bleibt das Profil aber in der Nähe der Achsen, bleiben auch die intern benötigten Ordinatenwerte numerisch stabil.

 Gitter

 An Punkt anlegen

⇨ Skizze beenden mit *Umgebung verlassen*.

 Umgebung verlassen

Die Kreise erscheinen im Raum in der Umgebung **Teilekonstruktion**.

Körper in der Umgebung Teilekonstruktion erstellen:

⇨ Funktionssymbol *Block* auswählen und die gewünschte Skizze als *Profil* aktivieren. Vereinfachend übernimmt das Programm das zuletzt benutzte Objekt automatisch. Die Blockausrichtung wird mit einem Pfeil vom Profil aus angezeigt und ein Definitionsfenster wird eingeblendet. Der Block beginnt auf der Skizzenebene

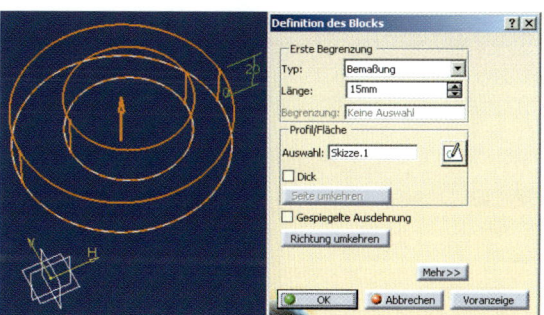

Block

und soll sich als *Erste Begrenzung* mit dem Typ *Bemaßung* in der *Länge* 15 mm erstrecken. An dieser Stelle muss der vorgegebene Wert abgeändert werden.

⇨ Mit *OK* bestätigen, um das Definitionsfenster zu verlassen. Aus dem Profil entsteht jetzt der Scheibenkörper im Raum.

⇨ Den Strukturbaum an der Kugel am Abzweig aufblättern. Im Strukturbaum ist der neu entstandene Block mit seiner Skizze im Hauptkörper verzeichnet. Die Skizze wird nach dem Einbau automatisch verdeckt. Zum Zeichen dafür wird das Symbol im Baum grau hinterlegt. Die Skizze lässt sich aber jederzeit aktivieren und mit *Verdecken/Anzeigen* auch im Raum sichtbar machen.

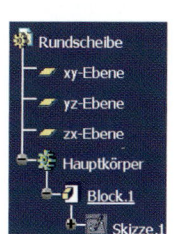

 Verdecken/Anzeigen

Hinweis:

Die senkrechten Linien im Strukturbaum wirken auch als Umschalter. Wird dort aktiviert, kann der Baum mit der mittleren Maustaste wie eine Geometrie verschoben und vergrößert werden. Währenddessen ist der ganze Geometriebereich abgedunkelt dargestellt. Durch abermaliges Umschalten an einer senkrechten Baumlinie wird die Geometrie wieder aktiv und farbig.

Skizze nachträglich verändern:

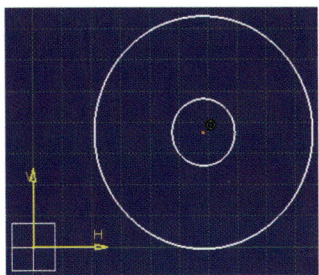

Da alle Maße als Parameter angelegt sind, kann die Größe der Scheibe leicht geändert werden. Wenn beide Kreise zusätzlich exakt ineinander liegen sollen, müssen die Mittelpunkte durch **explizite geometrische Bedingungen** aufeinander oder beide Kreise konzentrisch zueinander (mit gleichem Mittelpunkt) gelegt werden. All dies ist in der Skizzierumgebung möglich. Es ist bei diesen Regeln allerdings darauf zu achten, dass die Logik der Form nicht verletzt wird.

 Skizzierer

⇨ Die Skizze im Baum auswählen und mit dem Symbol *Skizzierer* wieder öffnen. Ein Doppelklick auf den Eintrag *Skizze* im Strukturbaum öffnet auch.

⇨ Nach der Methode **Objekt** ⇨ **Funktion** zuerst als Objekte einen Mittelpunkt selektieren (er wird orange hervorgehoben), den zweiten Mittelpunkt mit währenddessen gedrückt gehaltener *Strg*-Taste dazuwählen und dadurch gemeinsam der Funktion *Im Dialogfenster definierte Bedingungen* übergeben. Im Dialog die Bedingung *Kongruenz* auswählen. Die Kreise liegen dann exakt ineinander. Als Referenz der geometrischen Bedingung erscheint ein grünes Kreissymbol in der Zeichnung. Diese Festlegung wird im Strukturbaum in der Skizze unter Bedingungen gesammelt. Mit *OK* beenden.

Im Dialogfenster def. Bedingungen

Hinweis:

Erzeugte geometrische Bedingungen bleiben nur dann dauerhaft erhalten, wenn das Symbol *Geometrische Bedingungen* aus der Funktionsgruppe *Skizziertools* aktiv ist, also orange dargestellt. Diese Festlegung korrespondiert mit *Tools > Optionen > Mechanische Konstruktion > Sketcher > Sketcher > Bedingung > Erzeugt die geometrischen Bedingungen*.

 Geometrische Bedingungen

⇨ Die Geometrie der Skizze ist noch maßlich frei. Die Lage der Mittelpunkte und die Größe der Radien in der Skizze durch „Ziehen" ändern. Dieses Vorgehen ist für eine grobe Vordimensionierung ausreichend.

⇨ Welchen Wert die Radien aktuell haben, kann durch Doppelklick auf einen Kreis festgestellt werden. Im eingeblendeten Fenster *Kreisdefinition* werden die Lage im Achsensystem und der Radius angegeben. Hier können die Maße verändert werden. Diese Änderungen sind allerdings nur temporär gültig. Die Zeichnung kann jederzeit interaktiv geändert werden. Diese Funktionalität wird daher **nicht mehr** benutzt.

Hinweis:

In den Funktionen, die Körper erstellen, werden oft explizite Angaben zur Größe gemacht. Bei den Elementen der Skizze, könnte man meinen, ist dies nicht der Fall. Tatsächlich aber wird programmintern genauso mit den momentanen Koordinaten des Mittelpunkts und dem aktuellen Radius gerechnet. Geometrie kann nur aus Maßen und Koordinaten aufgebaut werden. Allerdings sind alle Größen in Parameterform angelegt und dadurch jederzeit veränderlich. Wo keine festen Maße in der Skizze vergeben sind, kann die Geometrie durch interaktives Ziehen mit der Maus direkt verändert werden.

⇨ Skizze verlassen mit *Umgebung verlassen*. Die Änderungen erscheinen im Raum.

 Umgebung verlassen

⇨ Um eine andere Variante für das Innenloch kennen zu lernen, die Skizze noch einmal öffnen.

⇨ Den Innenkreis aktivieren und mit *Bearbeiten > Löschen* oder der *Entf*-Taste löschen. Auch die davon abhängenden Bedingungen werden automatisch mitgelöscht.

⇨ Im Raum passt sich der Körper an und ist geschlossen.

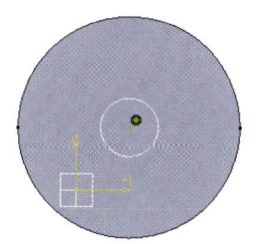

Durchgangsbohrungen als Tasche erzeugen:

⇨ Die Kreistasche beginnt auf der Oberfläche des Blocks. Daher diese Fläche aktivieren (der Kreisrand wird orange). Darauf mit der Funktion *Skizzierer* eine neue Skizze öffnen.

 Skizzierer

⇨ Einen *Kreis* auf die Blockfläche etwa in die Mitte des Blocks zeichnen.

 Kreis

⇨ Den Kreismittelpunkt selektieren (er wird orange hervorgehoben), *Strg*-Taste gedrückt halten, den durchscheinenden Rand des Kreisblocks selektieren (er wird rot hervorgehoben), *Strg*-Taste loslassen, die Symbolfunktion *Im Dialogfenster definierte Bedingungen* aktivieren und die Bedingung *Konzentrizität* auswählen. Die Kreise liegen exakt ineinander (konzentrisch oder mit gleicher Mitte). Mit *OK* beenden.

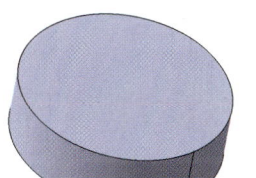

 Im Dialogfenster def. Bedingungen

⇨ Skizze verlassen mit *Umgebung verlassen*. Der Profilkreis ist im Raum sichtbar.

Umgebung verlassen

Hinweis:
Beim Arbeiten in der Skizze scheint die im Strukturbaum weiter oben liegende, also schon errechnete Raumgeometrie durch. Die Quaderkanten als Raumgeometrie (genaugenommen deren senkrechte Projektion) und ein Bohrungsmittelpunkt als ebener Punkt können mit geometrischen Bedingungen und Maßen verknüpft werden. Diese Bedingungen sind assoziativ, jede nachträgliche Maßänderung im Körper wird berücksichtigt und angepasst.

 Tasche

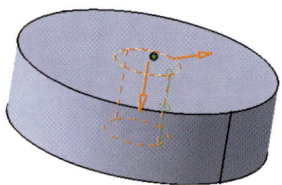

⇨ Die Funktion *Tasche* auswählen und die Kreisskizze aktivieren. Die Taschenausrichtung wird angezeigt und das Fenster *Taschendefinition* eingeblendet. Der Block beginnt auf der Skizzenebene und erstreckt sich bis zu *Erste Begrenzung* mit dem Typ *Bis zum nächsten*. Da die Dicke des bearbeiteten Körpers bekannt ist, wird auf das Objekt Block direkt bezogen. Ein neues Maß wird nicht vergeben, es könnte sogar zu falschen Ergebnissen führen. Der eine Pfeil muss in Richtung der entstehenden Taschentiefe und der andere auf die Taschenseite zeigen. Mit *OK* beenden.

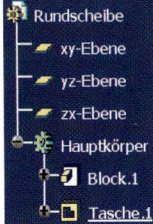

Im Strukturbaum bilden jetzt zwei Grundkörper, also der *Block* und die *Tasche*, den Hauptkörper des Bauteils. Die Ausführlichkeit der Darstellung kann an den Knotenkreisen im Baum auf- und zugeblättert werden. Im Bild ist der Teilename schon verändert.

Hinweis:
Jedes Bauteil sollte einen aussagekräftigen Namen haben (Scheibe, Grundplatte, ...), mit dem es eindeutig wieder gefunden werden kann. Der Bauteilname am Kopf des Baums, der voreingestellt *Part*n heißt, sollte gleich zu Beginn umbenannt werden. Er erscheint im Strukturbaum und ist zur Vermeidung von Fehlern **identisch** mit dem Ablagenamen der Datei im Betriebssystem (**keine Umlaute** oder **Sonderzeichen** verwenden, da sie zu Konflikten führen können).

Bauteilnamen ändern:

⇨ Das aktivierte *Part*n (es wird orange eingerahmt) mit *Bearbeiten > Eigenschaften > Produkt* bei *Teilenummer* (oder den Teilenamen) umbenennen in Rundscheibe. Mit *OK* bestätigen. Der neue Bauteilname erscheint nun am Kopf des Strukturbaums. Dasselbe ist auch im *Kontextmenü > Eigenschaften > Produkt* am Bauteilnamen möglich (rechte Maustaste über dem Teilenamen *Part1*).

Speichern des Bauteils:

⇨ Mit der Funktion *Datei > Sichern unter...* den Ablageordner im Dateifenster suchen und die Teiledatei mit demselben Namen auch im Betriebssystem ablegen.

Beenden der Arbeitssitzung:

⇨ Mit der Funktion *Start > Beenden* das Programm verlassen oder gleich weiterüben!

Übung Eckplatte

Was wird geübt?

Profil, Bohrung, Rechteckmuster, Konstruktionselement

Einzelbohrung erstellen
Bohrmuster nutzen

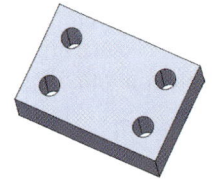

Jetzt wird eine Viereckplatte 60/40/15 mm mit vier Bohrungen D=8 mm konstruiert. Die Bohrungsmittelpunkte sollen jeweils 10 mm Randabstand haben. Die Platte wird als ebenes Profil skizziert und wieder durch senkrechtes „Verziehen" mit der Funktion *Block* zum Körper. Die Durchgangsbohrungen (ohne Gewinde) entstehen mit der Funktion *Bohrung*. Für mehrere Bohrungen wird ein *Muster* verwendet. Das Viereck soll in der Größe variabel sein und einen Eckwinkel kleiner als 90 Grad haben können.

⇨ Mit *Start > Mechanische Konstruktion > Teilekonstruktion* (*Part Design*) kann funktionsorientiert begonnen werden. Es wird automatisch die dazu passende Teiledatei geöffnet.

⇨ Den Teilenamen *Part1* am Kopf des Strukturbaums mit *Kontextmenü > Eigenschaften > Produkt > Teilenummer* umbenennen in Eckplatte.

Hinweis:
Ein Körper wird durch ein beliebiges **geschlossenes Profil** (meist in einer Skizzenebene liegend) aufgebaut. Der Körper entsteht durch Verziehen in den Raum. Das Profil wird ausschließlich aus sich selbst heraus beschrieben. Koordinaten und deren Achsen sind nur Hilfsmittel und insofern willkürlich. Beispielsweise wird im Fahrzeugbau bisher alle Geometrie durch gemeinsame Koordinaten beschrieben, die sich auf die vordere Achsmitte beziehen. Soll aber das Hinterrad an die Hinterachse angebaut werden, ist sicher nicht die entsprechende Koordinate hilfreich, sondern die Schraubenlöcher an der Hinterradaufhängung selbst. Das Beschreiben der Teilegestalt und deren Verwendung in der Maschine wird daher besser durch die Teilegeometrie selbst und den Flächenkontakt der Teile untereinander festgelegt. Und genau darauf hin ist das CAD-Programm ausgelegt. Daher kann für das Ausgangsprofil **jede beliebige Ebene** zum Skizzieren gewählt werden und das Profil selbst **beliebig zum Achsensystem** liegen.

⇨ Beliebige Ebene (beispielsweise eine Hauptebene) am Geometrieelement oder im Strukturbaum selektieren (linke Maustaste).

⇨ Aus der Funktionsumgebung **Teilekonstruktion** in die Umgebung **Skizzierer** wechseln.

 Skizzierer

Hinweis:
Erzeugte Bemaßungsbedingungen bleiben nur dauerhaft erhalten, wenn das Symbol *Bemaßungsbedingungen* aus der Funktionsgruppe *Skizziertools* aktiv ist, also orange dargestellt. Diese Festlegung korrespondiert mit *Tools > Optionen > Mechanische Konstruktion > Sketcher > Sketcher > Bedingung > Erzeugt die Bemaßungsbedingungen.*

 Bemaßungsbedingungen

Der Umriss wird mit der Maus annähernd maßstäblich **in einem Zug** skizziert. Das geschlossene Profil besteht aus vier Geraden, die parallel und zuerst rechtwinklig zueinander liegen. Dies wird grob skizziert und dann mit Regeln und Maßen genau festgelegt.

⇨ Das Symbol *Profil* selektieren. Folgende Skizze mit Hilfe der Maus als fortlaufenden Polygonzug zeichnen (ca. 40x60 mm mit Hilfe des 10 mm Rasters). Der erste Punkt liegt beliebig (Mausklick), der zweite Punkt um circa 40 mm entfernt (Mausklick). Weitere Punkte liegen entsprechend relativ dazu. Den letzten Punkt bewusst neben den ersten legen und den Linienzug mit Doppelklick beenden.

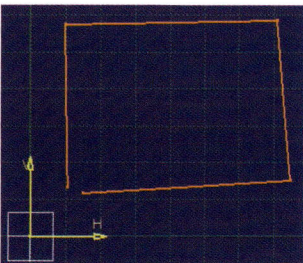

Profil

Hinweis:

Wenn die grobe Skizze ein genaues Rechteck werden soll, müssen **explizite geometrische Bedingungen** festgelegt werden. Zuvor hat das Programm durch **implizite Bedingungen** Linie mit Linie verbunden, was nicht mehr geändert werden kann. Durch Ziehen mit der Maus soll die Formstabilität der Skizze immer wieder überprüft werden. Es kann ein Eckpunkt oder eine Linie bewegt werden, jeweils mit unterschiedlichem Ergebnis. Ändert sich die Form, sind zu wenige geometrische Bedingungen gesetzt. Es dürfen nur höchstens so viele Bedingungen festgelegt werden wie geometrische Freiheitsgrade bestehen. Zusätzliche, widersprechende Bedingungen führen zu Fehlern. Die Geometrie wird dann violett dargestellt. Falsche Bedingungen sollten direkt gelöscht werden.

Um objektorientiert aber numerisch stabil zu bleiben, wird in der Nähe, aber bewusst neben die Achsen skizziert. Ein guter Ort für die Achsen ist unten links am Schirm.

Geometrische Bedingungen festlegen:

Das Profil muss geschlossen sein, die Seiten stehen aufeinander senkrecht und sind parallel. Diese geometrischen Bedingungen liefert die Funktion *Im Dialogfenster definierte Bedingungen*.

⇨ Anfangspunkt selektieren (er wird orange hervor gehoben), *Strg*-Taste gedrückt halten, Endpunkt selektieren und *Strg*-Taste loslassen, Symbolfunktion *Im Dialogfenster definierte Bedingungen* aktivieren und die Bedingung Kongruenz im eingeblendeten Fenster auswählen. Das Profil wird geschlossen.

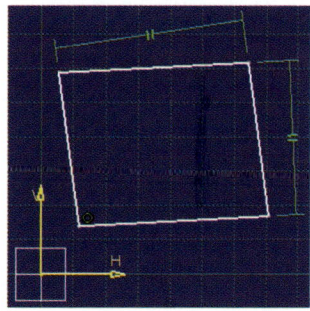

Im Dialogfenster
def. Bedingungen

⇨ Linke Linie und rechte Linie selektieren und mit der Bedingung *Parallelität* aneinander ausrichten, ebenso das andere Kantenpaar. Jetzt ist das Polygon ein Parallelogramm.

Hinweis:

Bei der Funktion *Im Dialogfenster definierte Bedingungen* müssen alle geometrischen Objekte, die die gewünschte Bedingung definieren, vor dem Aufruf der Funktion aktiviert werden. Die einzelnen Elemente werden in der von der Funktion erwarteten Reihenfolge mit gedrückt gehaltener *Strg*-Taste zusammengefasst und anschließend der Funktion übergeben (**Objekt** ⇨ **Funktion**). Viele Funktionen können auf diese Weise benutzt werden, indem zuerst die Objekte zusammengefasst und dann gemeinsam der Funktion übergeben werden. Dies empfiehlt sich besonders, wenn die Funktion mehrere Elemente als Gruppe gemeinsam bearbeiten soll.

Alternativ kann auch eine andere Verfahrensweise verwendet werden. Es wird zuerst die Funktion ausgewählt und danach werden die dafür benötigten geometrischen Elemente nacheinander aktiviert (**Funktion** ⇨ **Objekt**). Dabei unterstützt die Dialogzeile am unteren Bildschirmrand. Der unmittelbar nächste mögliche Arbeitsschritt wird dort vorgeschlagen. Bei dieser oben genannten Funktion ist dies allerdings nicht möglich.

Geometrische Bedingungen löschen:

Falls Fehler passiert sind, kann das zu löschende Element (beispielsweise das Symbol der Bedingung) selektiert und mit *Bearbeiten > Löschen* oder mit der *Entf*-Taste gelöscht werden.

Skizze bemaßen:

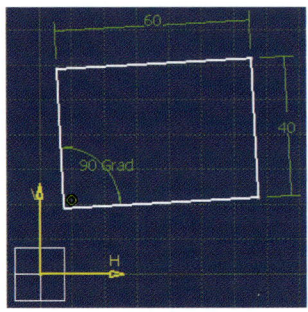

Bedingung

Der Querschnitt misst 40/60 mm. Die Bemaßung liefert die Funktion *Bedingung*.

⇨ Entsprechend der ersten Variante nacheinander die linke Linie und die zweite gegenüberliegende Linie selektieren (*Strg*-Taste). Die Funktion *Bedingung* auswählen. Das Maß „hängt" an der Maus und wird am gewünschten Platz durch Mausklick „abgelegt". Das gefundene Maß entspricht der aktuellen Zeichnung. Durch Doppelklick auf die Maßzahl das Fenster *Bedingungsdefinition* einblenden. Das Maß wird der Zeichnungsgröße entsprechend angegeben. Das Planmaß überschreibt den vorgeschlagenen Wert. Die Skizze passt sich automatisch an.

⇨ Entsprechend der alternativen Variante zuerst die Funktion *Bedingung* aktivieren. Nacheinander die untere Linie und die zweite gegenüberliegende obere Linie selektieren. Bei der ersten Linie wird sofort die gefundene Länge vermaßt und erst bei der zweiten Geraden auf Abstandsmaß umgeschaltet. Das Maß wieder ablegen und richtig stellen.

⇨ Die zu bemaßende untere Linie zusammen mit der zweiten rechts liegenden Linie selektieren und die Funktion *Bedingung* auswählen. Den aktuellen Winkel auf 90 Grad ändern.

Hinweis:
Es wird empfohlen, möglichst fertigungsgerecht zu bemaßen. Daher ist es sinnvoll, sich nicht auf die Eckpunkte oder auf die Länge einer Kante, sondern auf die Linien als „Kanten" der Seitenflächen zu beziehen. Durch Ziehen mit der Maus kann die Maßstabilität der Skizze überprüft werden. Ändert sich die Größe, sind zu wenige Maße vergeben. Bei Überbemaßung erscheinen die betroffenen Maße und die entsprechenden Linien und Punkte der Kontur in violetter Farbe. Die Überbemaßung sofort korrigieren.

Skizze prüfen und im Achsensystem festlegen:

Die Skizze ist fertig konstruiert, wenn der Umriss mit Regeln in sich formstabil festgelegt ist. Zusätzlich kann die erste Skizze eines Bauteils im Achsensystem fixiert werden.

⇨ Den Umriss an Eckpunkten und Kanten (mit linker Maustaste) hin- und herbewegen. Bleibt der Umriss **form-** und **maßstabil**, ist er richtig beschrieben.

⇨ Zwei Translationen und eine Verdrehung relativ zu den Achsen sind jetzt noch frei. Dazu kann beispielsweise der linke untere Eckpunkt in der Funktion *Im Dialogfenster definierte Bedingungen* mit *Fixieren* unverschiebbar im Achsensystem „festgepinnt" werden. Jetzt ist das Rechteck noch drehbar.

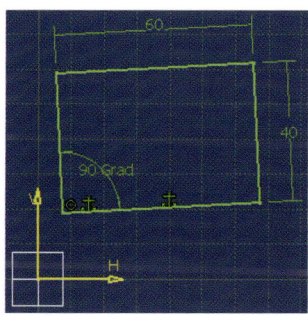

Im Dialogfenster def. Bedingungen

⇨ Zusätzlich kann die an den Punkt anschließende untere Gerade ebenfalls mit *Im Dialogfenster definierte Bedingungen* und *Fixieren* im Achsensystem festgelegt werden. Das Rechteck ist jetzt in der Skizzenebene **unbeweglich**, und die Kontur wird zum Zeichen dafür grün. (Diese Lösung ist empfehlenswert, da Konflikte mit der Achsengeometrie vermieden werden.)

⇨ **Alternativ** kann das in sich selbst geregelte Profil selbstverständlich auch auf die Achsen ausgerichtet werden. Einen Eckpunkt mit dem Achsnullpunkt in der Funktion *Im Dialogfenster definierte Bedingungen* mit *Kongruenz* zusammenlegen. Gleichermaßen eine daran anschließende Gerade kongruent zu einer Achse definieren. (Diese alternative Lösung ist nicht empfehlenswert, da spätere Profilbedingungen mit den Achsen in Konflikt kommen können.)

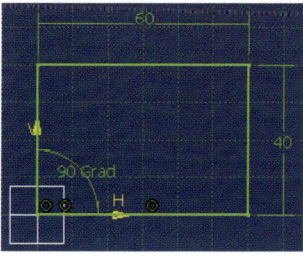

Alternative

 Umgebung
verlassen

⇨ Die Skizze beenden mit *Umgebung verlassen*. Das Profil erscheint im Raum in der Umgebung **Teilekonstruktion**.

Hinweis:

Das beschriebene Vorgehen wird grundlegend empfohlen und sollte bei jeder Profilskizze angewendet werden. Zuerst wird etwa maßstäblich skizziert. Dann wird die Form mit geometrischen Bedingungen zwischen den Elementen der Profilgeometrie selbst festgelegt und auf Formstabilität visuell geprüft. Danach sind die noch freien Abmessungen auf schon bestehende Nachbargeometrie auszurichten. Die jetzt noch freien Größen werden abschließend vermaßt, bis das Profil eindeutig festgelegt ist. Beim Arbeiten in der Planungsphase kann sogar auf Maße zu Anfang verzichtet werden, um variabel zu bleiben.

Die erste Skizze eines Bauteils ist jetzt noch als starrer Umriss in der Skizzenebene frei verschiebbar. Aus numerischen Gründen sollte der Umriss daher mit geometrischen Bedingungen im System der gelben Achsen festgelegt werden, möglichst in der Nähe des Ursprungs. Ist der Umriss unverschiebbar, wird er **grün** hervorgehoben. Damit bleibt die Skizze eine selbständige Einheit. Wird auf die weißen Hauptebenen des Bauteilachsensystems bezogen, ist die Skizze absolut fixiert. Die Skizze kann nicht mehr an neue Umgebungen angepasst werden.

2D-Zeichnungsableitung

Sollen vom Teil später auch 2D-Konstruktionszeichnungen abgeleitet werden, kann der Umriss in einen gewünschten Winkel zu den Achsen (0, 30, ...Grad) gedreht werden. Dies kann auch noch später verändert werden.

Körper in der Umgebung Teilekonstruktion erstellen:

 Block

⇨ Das Funktionssymbol *Block* auswählen und die gewünschte Skizze als *Profil* aktivieren (oder die zuletzt benützte Skizze wird automatisch übernommen). Die Blockausrichtung wird mit Pfeil angezeigt und ein Definitionsdialog eingeblendet. Der Block beginnt auf der Skizzenebene und erstreckt sich als *Erste Begrenzung* mit dem Typ *Bemaßung* in der *Länge* 15 mm von der Skizzenebene aus. Die *Zweite Begrenzung* ist standardgemäß immer 0 mm, sodass der Block ohne weitere Eingabe am gewünschten Ort der Skizzenunterlage beginnt.

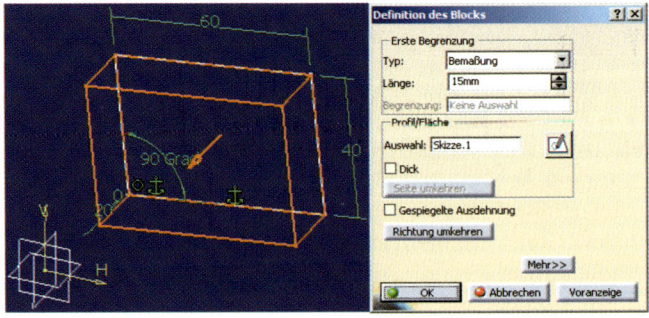

Hinweis:
Eine Bohrung ist vereinfacht ein Zylinderkörper, der vom vorhandenen Quaderkörper „abgezogen" werden muss. Dies kann auf verschiedene Arten geschehen:

- In der Profilskizze bewirkt ein zweites, innenliegendes Profil automatisch einen Abzug, ein Kreis erzeugt eine Durchgangsbohrung.
- Eine Durchgangsbohrung kann als kreisförmige Tasche beschrieben werden.
- Da Bohrungen mit unterschiedlichen Formen häufig vorkommen, werden in der Funktion *Bohrung* übliche Bohrlochformen als Formelement angeboten. Mit verschiedenen Parametern kann die Bohrtiefe, die Form und das Gewinde vereinbart werden. Das Programm erzeugt zum Einbau des Formelements automatisch eine Skizze mit dem Einsetzpunkt der Bohrung. Deren Ursprung und Mittelpunkt (als Stern dargestellt) liegen am ausgewählten Punkt. Ein Kreis wird nicht gezeichnet. Der vergebene Parameter Radius und das Element Kreis wären redundant mit der Bohrungsdefinition, also zweimal festgelegt. Um die Lage der Bohrung im Raum zu bestimmen, muss die Körperfläche, die gebohrt werden soll, bekannt sein. Für die Lage der Bohrung in der Skizzenebene muss der Einsetzpunkt auf Körperkanten bezogen werden.
- Eine Durchgangsbohrung kann auch als gesonderter Abzugskörper eigenständig vorbereitet und dann vom Block abgezogen werden. (Diese Variante wird später geübt.)

Durchgangsbohrungen direkt in der Skizze erzeugen (erste Art):

⇨ Die Ausgangsskizze mit der Funktion *Skizzierer* öffnen. Der Block verschwindet (er ist sozusagen noch nicht fertig) und die Profilebene wird eingeblendet.

⇨ Mit *Kreis* den Bohrkreis an gewünschter Stelle einzeichnen.

⇨ Mit *Bedingung* die Kreislinie aktivieren und den Radius auf 4 mm festlegen. Den Kreismittelpunkt mit der Seitengeraden zusammengefasst in der Funktion *Bedingung* mit dem Abstand 10 mm vermaßen. Ebenso verfährt man am anderen Viereckrand. Da der Kreis jetzt unverschiebbar ist, wird er grün.

⇨ Mit *Umgebung verlassen* die Skizze beenden. Automatisch wird der innen liegende Kreis als Profilabzug erkannt und als Durchgangsbohrung in den Block übernommen.

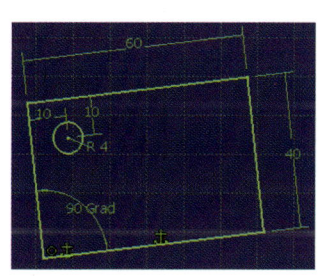

 Skizzierer

 Kreis

 Bedingung

 Umgebung verlassen

Durchgangsbohrungen als Tasche erzeugen (zweite Art):

⇨ Die Bohrungstasche beginnt auf der Oberfläche des Blocks. Daher auf dieser ebenen Fläche mit der Funktion *Skizzierer* eine neue Skizze öffnen.

 Skizzierer

 Kreis

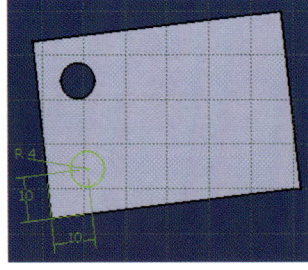

⇨ Einen *Kreis* auf die Blockfläche in eine andere Block- ecke skizzieren. Den Kreis mit der Funktion *Bedingung* auf r=4 mm festlegen. Mit derselben Funktion den Kreismittelpunkt auf die Seitenkanten im Abstand 10 mm vermaßen. Eine Kante wird beim Aktivieren rot hervorgehoben. Es kann auch eine entsprechende Seitenfläche aktiviert werden. Sie wird beim Aktivieren orange. Sind beide Abstandsmaße festgelegt, ist die Skizze am Körper angebunden, sie wird daher grün hervorgehoben.

 Umgebung verlassen

⇨ Skizze verlassen mit *Umgebung verlassen*. Der Profilkreis ist im Raum sichtbar.

Hinweis:
Das Auswählen von Geometrieelementen muss sorgfältig und eindeutig erfolgen. Dazu kann die Referenz des Elements im Strukturbaum oder direkt in der Zeichnung benutzt werden. Besonders wenn verschiedene Elemente nahe beieinander liegen, entstehen Konflikte. Diese sind lösbar durch Vergrößern oder auch räumliches Drehen der Skizze. Hervorhebung zeigt die gefundene Wahl an. Wird beispielsweise eine Zylinderdeckelfläche an ihrem Rand ausgewählt, zeigt die rote Hervorhebung an, dass der Kreis als Element gefunden wurde. Die orange Hervorhebung bedeutet, dass die Kreisebene gemeint ist. Unterschiedliche Auswahl führt zu unterschiedlichen Ergebnissen. Liegen mehrere Objekte dicht beieinander, können einzelne in besonderen Fällen auch mit *Verdecken/Anzeigen* temporär ausgeblendet werden.

 Tasche

⇨ Die Funktion *Tasche* auswählen und die Kreisskizze aktivieren. Die Taschenausrichtung wird angezeigt und der Dialog *Taschendefinition* eingeblendet. Die Tasche beginnt auf der Skizzenebene und erstreckt sich bis zu *Erste Begrenzung* mit dem Typ *Bis zum nächsten*. Da die Dicke des bearbeiteten Körpers bekannt ist, wird auf das Objekt Block direkt bezogen. Ein neues Maß braucht nicht vergeben zu werden.

Hinweis:
Das empfohlene Vorgehen bei der Skizzenerstellung wird wieder angewandt. Beim Kreis sind keine Formbedingungen nötig, da er in sich selbst formstabil ist. Nur seine Abmessung und der Mittelpunkt müssen mit Bedingungen und Maßen auf die Nachbargeometrie bezogen werden. Jetzt ist das Profil eindeutig festgelegt und wird grün. Bei dieser Vorgehensweise stören die Achsen die Eigenständigkeit des Profils. Sie haben in den Skizzen keine Bedeutung und können mit der Funktion *Verdecken/Anzeigen* von Anfang an ausgeblendet werden. Nur in der ersten Skizze wurde der Umriss aus numerischen Gründen an die Achsen der Skizze angehängt.

Um auch die Funktion *Bohrung* anzuwenden und zusätzlich die Anpassungsfähigkeit des Programms zu zeigen, werden die Durchgangsbohrungen wieder gelöscht.

⇨ Mit der Funktion *Skizzierer* in die Blockskizze wechseln. Der Kreis wird mit *Bearbeiten > Löschen* gelöscht (oder mit der *Entf*-Taste). Automatisch wird dadurch auch das abhängige Radiusmaß gelöscht. Zusätzlich wird das eigenständige aber assoziative Element „Mittelpunkt" mit seinen Randabständen gelöscht.

 Skizzierer

⇨ Skizze verlassen mit *Umgebung verlassen*.

 Umgebung verlassen

⇨ Im Raum die Tasche als Körper löschen. Dazu wird die Tasche im Strukturbaum oder als Geometrie aktiviert und mit der *Entf*-Taste gelöscht. Es ist auch möglich, die aktivierte Tasche mit dem *Kontextmenü > Löschen* (rechte Maustaste) zu entfernen. Im eingeblendeten Dialog können auch übergeordnete Elemente mitgelöscht werden. Wird *Exklusive Eltern löschen* aktiviert, betrifft dies auch die Skizze der Tasche selbst. Sonst bleibt die Skizze erhalten.

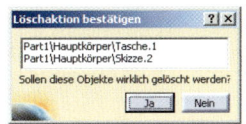

Bohrung frei erzeugen (dritte Art):

⇨ Die Funktion *Bohrung* aktivieren und danach die gewünschte Oberfläche selektieren. Eine Standardbohrung wird an der Auswahlstelle gezeichnet.

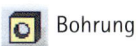 Bohrung

⇨ Im Fenster *Bohrungsdefinition* kann beim *Bohrtyp* die Ausdehnung *Bis zum nächsten* und der *Durchmesser* 8 mm, bei *Typ* die Bohrungsform *Normal* und bei *Gewindedefinition* die Art und Ausdehnung des Bohrungsgewindes festgelegt werden als *Gewinde inaktiv*. Alle Einträge prüfen und entsprechend abändern.

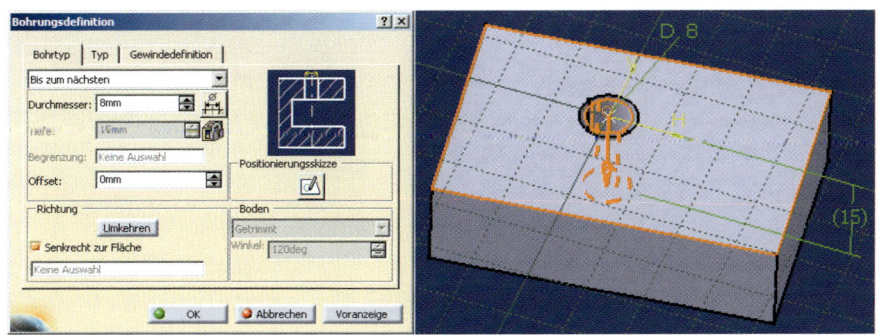

 Positionierungs-
skizze

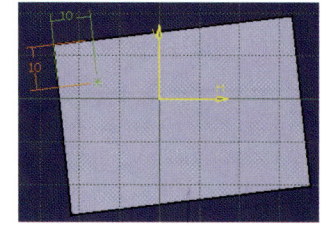

⇨ Zur Positionierung der Bohrung in der Fläche das Skizziersymbol im Dialogfenster *Bohrungsdefinition* bei *Positionierungsskizze* aktivieren. Die Bohrungs-skizze öffnet sich.

⇨ Die Skizze enthält nur den als Stern dargestellten Mittelpunkt oder Einsetzpunkt der Bohrung. Dieser Punkt wird mit *Bedingung* auf die Quaderkanten bemaßt.

 Bedingung

Umgebung
verlassen

⇨ Skizze verlassen mit *Umgebung verlassen* und den Dialog mit *OK* beenden.

Bohrungen auf Kanten bezogen erzeugen (alternative dritte Art):

Bohrung

⇨ Vorbereitend werden die beiden Bezugskanten und danach die Oberfläche zusammen aktiviert (mit der *Strg*-Taste) und dann der Funktion *Bohrung* übergeben.

⇨ Die automatisch gefundenen Maße werden mit Doppelklick abgeändert.

> **Hinweis:**
> Alle weiteren Bohrungen können nach derselben Art konstruiert werden. Geschickter werden die zusätzlichen Bohrungen in Form eines Rechteckmusters erzeugt. Die erste Bohrung dient dabei als Muster, aus dem die restlichen Bohrungen errechnet werden.

Bohrungen als Muster erzeugen:

 Rechteckmuster

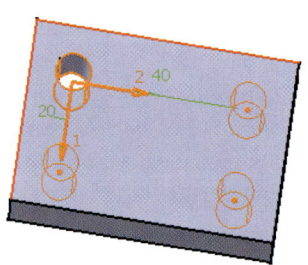

⇨ Die Funktion *Rechteckmuster* der Gruppe *Transformationskomponenten* blendet ein Definitionsfenster ein. Als *Objekt für Muster* die erste Bohrung aktivieren. Dazu muss das Eintragsfenster selbst aktiviert sein (blau). Für *Erste Richtung* eines Rechtecks als *Referenzrichtung* eine kurze Kante des Blocks angeben. Es sollen 2 *Exemplare* mit dem *Abstand* 20 mm in Richtung dieser Kante erzeugt werden. Für die *Zweite Richtung* eines Rechtecks wird als *Referenzrichtung* die zur ersten senkrechte lange Kante des Blocks angegeben. Es sollen wieder 2 *Exemplare* mit dem Abstand 40 mm erzeugt werden. Falls die Musterrichtung falsch ist, kann mit *Umkehren* im Dialog oder am Pfeil in der Zeichnung direkt korrigiert werden.

Um zu sehen, ob die Körperdarstellung parametrisiert und die Grundkörper zueinander assoziativ und damit variabel sind, soll aus dem Rechteck ein gelochtes Parallelogramm werden.

⇨ Die erste Skizze öffnen. In ihr ist der Umriss des Blocks beschrieben. Den Eckwinkel von 90 auf 60 Grad ändern. Die Auf- und Abpfeile am Maß ändern das Objekt auch simultan!

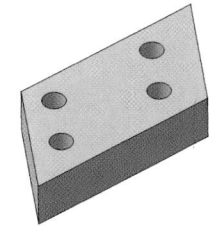

⇨ Skizze verlassen mit *Umgebung verlassen*. Im Raum wird der Block neu berechnet. Die auf die Kanten bezogenen Bohrungen werden assoziativ angepasst.

Hinweis:
An der Darstellung kann festgestellt werden, dass die Gestaltungsidee nicht gut umgesetzt wurde. Eigentlich sollte der Randabstand der Bohrung gleichmäßig auf den Rand bezogen sein, und die Ränder selbst sollten die ursprüngliche Kantenlänge beibehalten. Tatsächlich aber sind die Bohrungen und die Plattenbreite normal zu den Kanten bemaßt. Daher wird das Lochbild bei länger werdenden Kanten unregelmäßig. Wird variabel konstruiert, muss vor Beginn der Konstruktion genau geplant werden, welche Gestaltungsmerkmale verwirklicht werden sollen.

Alternative Gestaltungsvariante:

Alternative

Ähnlich wie beim Parallelogramm verhält es sich mit dem Randbezug des Bohrungsmusters und den Bohrungsabständen. Werden die Seiten länger, muss auch das Maß im Muster geändert werden. Eine Alternative wäre, alle Maße auf die Kanten zu beziehen. Da auf eine Gerade nur normal vermaßt werden kann, müssen jetzt Hilfslinien die Maßrichtungen vorgeben.

⇨ In der geöffneten Blockskizze müssen die Abstandsmaße gelöscht werden. Als Ersatz werden die Kanten selbst vermaßt. Durch das Löschen der Bemaßung ist auch die Bedingung *Parallelität* der gegenüberliegenden Kanten verloren gegangen. Dies muss erneut mit *Im Dialog definierte Bedingungen* geregelt werden.

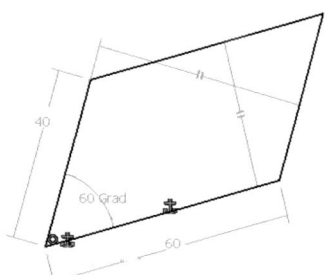

 Im Dialogfenster def. Bedingungen

Hinweis:
Eine Skizze besteht aus einem „geschlossenen" Umrissprofil aus Standardelementen, meist Linien in durchgezogener weißer Darstellung. (Eine Ausnahme ist die Bohrung, die nur einen Einsetzpunkt hat.) Sind Hilfskonstruktionen notwendig, dürfen diese das „geschlossene" Profil nicht stören. Dafür werden Konstruktionselemente verwendet, die gestrichelt grau dargestellt werden. Dies können Punkte oder Linien sein. Was Umriss oder Hilfslinie

wird, muss mit der Funktion *Konstruktions-/Standardelement* in der Funktionsgruppe *Skizziertools* bestimmt werden. Dieser Umschalter muss zum Zeichnen von Hilfsgeometrie beziehungsweise Konstruktionselementen aktiv sein (orange). Dies kann auch durch Öffnen des Objekts oder mit *Kontextmenü > Objekt > Definition* im Dialogfenster *Definition* bei *Konstruktionselement* umgestellt werden.

Konstruktions-element

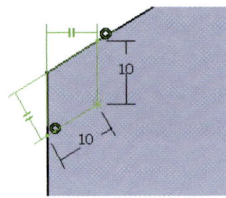

⇨ In der Bohrungsskizze soll kantenparallel vermaßt werden. Für Hilfslinien die Einstellung *Konstruktions-/Standardelement* aktivieren (orange). Mit der Funktion *Linie* je eine Linie vom Einsetzpunkt parallel zu den Kanten bis zum Rand zeichnen. Auf den ausgefüllten Zielkreis beim Einsetzpunkt achten.

⇨ Die Endpunkte an den Plattenkanten mit der Funktion *Im Dialog definierte Bedingungen* und der Bedingung *Kongruenz* jeweils anbinden.

Im Dialogfenster def. Bedingungen

⇨ Beide Hilfsgeraden sind zusätzlich zu den entsprechenden Kanten mit *Im Dialog definierte Bedingungen* und *Parallelität* jeweils kantenparallel.

⇨ Die Hilfsgeraden selbst als Abstandshalter vermaßen.

⇨ Skizze verlassen mit *Umgebung verlassen*.

Umgebung verlassen

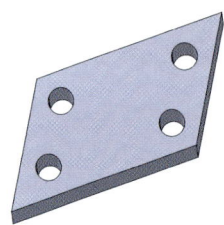

⇨ Durch Ändern des Eckwinkels und der Maße in der Skizze die Veränderlichkeit prüfen.

Speichern des Bauteils:

⇨ Mit der Funktion *Datei > Sichern unter...* die Teiledatei mit demselben Namen auch im Betriebssystem ablegen.

⇨ Mit der Funktion *Start > Beenden* Schluss machen oder die nächste Übung anpacken!

Übung Grafik

Das Teil Rundscheibe wird in seiner Darstellung am Schirm angepasst. Der Blick auf die Geometrie, die Lage der Geometrie im Raum, die Farbeigenschaften und Materialtexturen werden verändert.

⇨ Die Datei Rundscheibe mit *Datei > Öffnen* bereitstellen. Bauteil in Grafik umbenennen.

Blick auf das Bauteil frei ändern:

⇨ Körper mit der mittleren Maustaste festhalten und bewegen. Das Teil bewegt sich am Schirm, ohne die Geometrie zu verändern. Dasselbe ist mit *Schwenken* und der linken Maustaste möglich.

⇨ Mittlere und linke Maustaste festhalten und bewegen. Die Schirmanzeige wird wie mit einer Kugel verdreht. Man kann sich dies als Ball vorstellen, den der Mauszeiger am Boden entlang rollt. Nur dreht der Ball um seinen Mittelpunkt, der in der Bildmitte liegt. Wird der Ball in der Mitte angefasst, kippt das Bild räumlich, außen angefasst dreht es in der Schirmebene. (Der Vektor vom Mittelpunkt zum Mauszeiger bestimmt die Drehung.) Durch Klicken mit der mittleren Maustaste wandert die dabei ausgewählte Geometrie zur Bildmitte und wird neues Drehzentrum. Verdrehen ist auch mit der Funktion *Drehen* und der linken Maustaste allein möglich.

⇨ Körper mit der mittleren Maustaste festhalten und gleichzeitig mit der linken Maustaste kurz klicken. Ein Doppelpfeil wird sichtbar. Beim Bewegen nach oben wird die Darstellung des Körpers vergrößert und nach unten verkleinert. Dasselbe ist mit *Vergrößern* und *Verkleinern* in Stufen möglich.

⇨ Ist die Geometrie vom Blickfeld verschwunden, zeigt *Alles einpassen* wieder sämtliche sichtbare Geometrie.

Fester Blickwinkel:

⇨ Ein spezieller Blickwinkel ist mit der Funktion *Senkrechte Ansicht* möglich. Es wird auf eine ausgewählte ebene Fläche oder die Skizzierebene senkrecht geblickt. Beim nochmaligen Klick zeigt sich die Rückansicht. In der Skizzierebene verwendet, wird auf die Achsen ausgerichtet, sowohl von vorne betrachtet, wie auch von hinten.

⇨ Mit *Isometrische Ansicht* kann auf die Achsen bezogen, entsprechend den Regeln des technischen Zeichnens, dargestellt werden. Mehrere Ansichten sind verfügbar, wenn das schwarze Dreieck am Symbol benutzt wird.

Was wird geübt?
Material zuordnen, Ansichtsparameter, Verdecken/Anzeigen, Fliegen

Geometrie bewegen, vergrößern, einpassen Darstellungsmöglichkeiten kennen lernen

 Schwenken

 Drehen

Vergrößern

Verkleinern

Alles einpassen

Senkrechte Ansicht

 Isometrische Ansicht

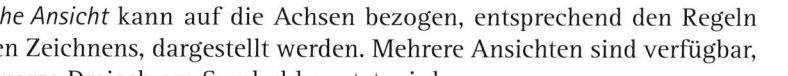

 Drahtmodell

 Ansichtsparameter ändern

Schattierung

Schattierung mit Kanten

Darstellung des Bauteils ändern:

⇨ Die Geometrie wird mit *Drahtmodell* nur durch Kanten ohne Oberflächen ersetzt. *Ansichtsparameter anpassen* und aktiviertes *Dynamisches Entfernen verdeckter Linien* zeigen das undurchsichtige Kantenmodell. Realistisch ist das schattierte Bild mit *Schattierung* ohne Kanten und mit hervorgehobenen Kanten bei *Schattierung mit Kanten*.

⇨ Mit *Ansicht > Wiedergabemodus > Perspektive* oder *Parallel* wird zwischen Parallel- und Fluchtpunktperspektive gewechselt.

Farbe des Bauteils ändern:

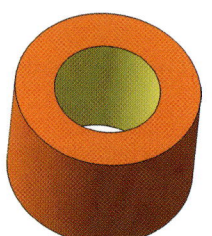

⇨ Den Hauptkörper aktivieren und mit *Bearbeiten > Eigenschaften > Grafik > Farbe* oder im Kontextmenü (rechte Maustaste) *Eigenschaften > Grafik > Farbe* neu einfärben. Dies wirkt sich auf den ganzen Körper aus.

⇨ Die Tasche gesondert einfärben. Jetzt sind zwei Farben gleichzeitig sichtbar.

⇨ Den Urzustand beim aktivierten Hauptkörper wiederherstellen mit *Bearbeiten > Objekt > Eigenschaften zurücksetzen*. Im eingeblendeten Dialog kann das untergeordnete Element Tasche wahlweise seine Farbe behalten.

 Material zuordnen

⇨ Dem Körper mit *Material zuordnen* Werkstoffeigenschaften geben. Im eingeblendeten Bibliotheksdialog den gewünschten Stoff auswählen. Im Strukturbaum wird dieses Material beim Körper eingetragen. Mit der Wahl sind neben der Textur auch andere physikalische Stoffeigenschaften übernommen.

⇨ Mit der Funktion *Schattierung mit Material* wird das Material angezeigt.

Schattierung mit Material

⇨ Die Textur kann am Körper auch dargestellt werden, wenn der Darstellungsfilter angepasst wird. Mit *Ansichtsparameter anpassen* öffnet sich der Dialog des Darstellungsfilters. *Schattierung* und *Material* aktivieren.

Ansichtsparameter anpassen

Elemente des Bauteils ausblenden:

⇨ Den Block mit *Verdecken/Anzeigen* temporär nicht darstellen.

⇨ Um nachzuprüfen, was alles verdeckt ist, kann mit dem Wechselschalter *Sichtbaren Raum umschalten* dargestellt werden, was sichtbar oder was verdeckt ist. Mit *Verdecken/Anzeigen* wechselt das Element seine Darstellungsform.

 Verdecken/An-zeigen

Sichtbaren Raum umschalten

> **Hinweis:**
> Über- und untergeordnete Elemente haben jeweils eigene grafische Eigenschaften. Individuell vereinbarte Eigenschaften gelten vor übergeordneten und bleiben beim Verändern der übergeordneten Eigenschaften erhalten. Daher kann es vorkommen, dass auf mehreren Stufen von oben nach unten geändert werden muss, bis die gewünschte Wirkung auftritt. Lediglich bei der Sichtbarkeit gilt die übergeordnete Einheit. Wird beispielsweise ein Grundkörper (*Block*) oder der übergeordnete Körper (*Hauptkörper*) mit *Verdecken/Anzeigen* unsichtbar gemacht, verschwindet der ganze Körper vom Schirm.

Durch das Bauteil „fliegen":

⇨ „Fliegen" lässt sich nur in Perspektive. Mit *Ansicht > Darstellungsmodus > Perspektive* von der Parallelprojektion zur Perspektive umschalten.

⇨ Mit der Standardfunktion *Modus 'Fliegen'* zum Flug durch das Bauteil bereitmachen. Mit den eingeblendeten Hilfen *Blickwinkel ändern*, *Fliegen*, *Schneller* und *Langsamer* durch die Bohrung fliegen. Es empfiehlt sich, mit *Fliegen* zu starten und langsam zu fliegen (*Langsamer* anklicken). Mit gedrückt gehaltener linker Maustaste beginnt es. Das eingeblendete Fadenkreuz dient zur Steuerung: Ist der Mauspfeil oberhalb, fliegt der Betrachter nach oben, beziehungsweise das Teil verschwindet nach unten. Mit *Modus 'Prüfen'* endet das Vergnügen.

 Modus `Fliegen`

 Fliegen

 Schneller

Langsamer

Blickwinkel ändern

 Modus `Prüfen`

Das Bauteil mit dem Kompass bewegen:

⇨ Den Kompass am roten Mastfuß bewegen und über eine Oberfläche des Teils führen bis er sich darauf ausrichtet. Durch Loslassen ablegen. Danach am roten Mastfuß zum Fixpunkt am Schirm oben rechts zurücklegen. Die Geometrie kann jetzt, bezogen auf diese Körperoberfläche, an den Segelkanten verdreht und verschoben werden. (Eigentlich wird die Beobachtungskamera relativ zur Geometrie bewegt.)

⇨ Wieder den Kompass auf eine Oberfläche des Teils legen und liegen lassen. Jetzt am Mast bewegen: Der Körper wird in dieser Richtung vom Koordinatenursprung weggeschoben. An einem Segelkreis drehen: Der Körper wird im Koordinatensystem verdreht. Die Geometrie verändert ihre Lage zum Ursprung.

> **Hinweis:**
> Durch das Bewegen kann das Bauteil aus der verwendeten Skizzenebene herausgedreht oder verschoben werden, wovor ein Fenster warnt. Wird trotzdem bewegt, liegt die Skizze in einer neuen Ebene. Wurde nicht objektorientiert konstruiert, kann die Geometrie durch solche Operationen auch in Unordnung geraten.

Wie werden Teile objektorientiert konstruiert?

Bei der Gestaltung von maschinenbaulichen Teilen bestimmt die Funktion des Bauteils dessen Gestalt. Unter möglichen Gestaltungsvarianten sollte sorgfältig ausgewählt werden. Auch bei der geometrischen Umsetzung im CAD sind meist verschiedene Aufbauvarianten möglich. Da im Entwurfsprozess mehrere Gesichtspunkte der Gestaltung zusammenfließen (Funktion, Festigkeit, Fertigung, ...), bleibt es während des Gestaltungsprozesses nicht aus, dass Änderungen an der Konstruktion vorgenommen werden. Das CAD-System *CATIA V5* nimmt diese Forderungen auf.

- Die Geometrie der Körper und eine Gruppe der Flächen werden durch geometrische **Parameter** beschrieben. Das sind durch die Funktion bestimmte Geometrieregeln (Geraden sind parallel, ein Punkt liegt mittig zwischen, ...), Maße und Operationen (Hinzufügen, Bohrungsabzug, ...). Diese Parameter können jederzeit geändert werden. Bei diesem Schutzblech liegen die Bohrungen mittig und das unabhängig von festgelegten Maßen.

- Die Geometrie baut sich aus geschlossenen Einheiten auf (Skizzen, Grundkörper, Körper, Teile, Produkte, ..., Punkte, Kurven, Flächen, ...). Diese sind **assoziativ** miteinander verbunden. Wird beispielsweise in der Skizze eines Grundkörpers auf Kanten eines anderen Grundkörpers bezogen und das Ausgangsmaß ändert sich, ändert sich auch die abhängige Geometrie. Vergrößert sich beim Radbeispiel der Durchmesser, passen sich die am Reifenrand angebundenen Taschen im Speichenbereich an.

Am Objekt orientierte Teile sind anpassungsfähig und variabel. Die Teile werden „clever".

Diese programmtechnischen Voraussetzungen führen erst dann zu anpassungsfähigen Konstruktionen, wenn **methodisch** gestaltet wird. Jede neue geometrische Einheit (Skizze, Block, Körper, ...) ist nicht selbständig, sondern entwickelt das Bestehende organisch weiter. Jedes neue **Objekt orientiert** sich an vorhandener Geometrie (das Objekt gibt seine Eigenschaften weiter). Mit CAD -auch mit CATIA- konstruierte Teile können „irgendwie" aufgebaut sein. **Nur der in diesem Buch beschriebene objektorientiert methodische Aufbau ergibt „clevere" Teile, die in ihrer Form „mitdenken".**

Wurde das Teil funktions- und objektorientiert aufgebaut, kann es im laufenden Gestaltungsprozess mit relativ geringem Aufwand an neue Anforderungen angepasst werden. Änderungen in den Abmessungen können sich konsequent über das gesamte Teil auswirken. Zusätzlich empfiehlt sich, beim Gestaltungsprozess **von der Grobgestaltung** mit vielen Variationsmöglichkeiten (grobe Klötzchen definieren die Gestaltvarianten...) **schrittweise zur Feingestaltung** mit eingeschränkten Varianten voranzugehen (endgültige Ausrundungen, Fasen, Entformungsschrägen, ...).

Schon ein Kind gestaltet objektorientiert, wenn es einen Turm aus Klötzchen baut. Das erste Klötzchen steht auf dem Tisch. Das nächste Klötzchen wird sorgfältig auf

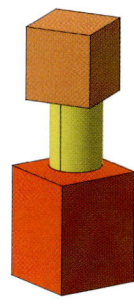

dem „Untermann" platziert. Und so alle weiteren Klötzchen, bis der Turm steht... Soll der Turm jetzt aber auf den Boden umgesetzt werden, braucht nur das unterste erste Klötzchen vorsichtig zum Boden bewegt werden. War der Turm stabil aufgebaut, gelingt das Unterfangen. Selbst Teile des Turms können nebeneinander gestapelt werden. Mit etwas Glück oder richtiger Platzierung bleiben alle Klötzchen aufeinander. Übertragen bedeutet dies: Der unterste Quader „steht" mit seiner Skizze auf einer Referenzebene im Achsensystem. Die nächste Säule „steht" mit ihrer Skizze auf einer Quaderoberfläche und richtet sich an den Quaderkanten aus. Und der Würfel „steht" wiederum auf der Säule... Wird ein Klötzchen umgesetzt, also mit seiner Skizze auf eine andere Ebene versetzt, wandern alle „darüber" gebauten Klötzchen mit und behalten ihren Platz auf dem „Untermann" bei. Ist dieser Grundgedanke verstanden, ist das Folgende nur noch ein Kinderspiel.

Wie wird objektorientiert gearbeitet?

Volumenmodelle oder Einzelteile werden aus einfachen Grundkörpern (*solids* oder *primitives*) zusammengesetzt. Von einem Basiskörper ausgehend entsteht die geplante komplexe Gestalt durch anzubauende Teilkörper. **Der eine Zweig objektorientierten Arbeitens**, die Zusammenbaulogik oder die Topologie der Geometrie (Vereinigen, Abziehen, ...) wird durch die körpererzeugenden Funktionen automatisch sichergestellt. **Der andere Zweig objektorientierten Arbeitens**, die geometrische Form der Teil- oder Grundkörper, entsteht mit Hilfe geometrischer Bedingungen, die auf schon bestehende Körperkanten oder Körperoberflächen Bezug nehmen. Das bedeutet, dass sich erweiternde Geometrie immer an schon Bestehendes anschließt und dessen Maße aufnimmt. Da ein Grundkörper aus einem Umriss und einer Verziehrichtung in den Raum aufgebaut wird, sind zwei wichtige Stellen der Objektorientierung die Umrissskizze und das Verziehen in den Raum.

Objektorientiertes Arbeiten ordnet den Teilezusammenhang topologisch und geometrisch

Liegt das Umrissprofil auf einer Skizzierebene, kann man sich diese als ein Blatt Papier vorstellen, auf dem das Profil mit aneinander hängenden Strichen gezeichnet wird. Im nebenstehenden Bild ist es der Kreis. Die Skizzenzeichnung ist mit den gelb dargestellten Achsen H und V verknüpft, kann sich aber relativ zu den drei Hauptebenen des Bauteils als Einheit verschieben. Dieses Blatt Papier braucht eine Unterlage oder einen „Tisch", also eine ebene Fläche im Raum. Im Bild liegt das gelbgrüne Skizzenblatt auf der Oberfläche des Quaders. Die Skizze des ersten Grundkörpers findet noch keine Unterlage vor und kann deshalb auf jeder beliebigen Ebene liegen.

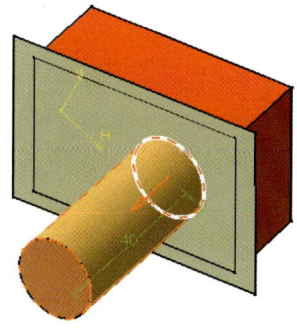

Jeder anbauende Grundkörper (im Bild baut der Kreiszylinder am Quader an) benutzt für sein Skizzenpapier als Unterlage die Anschlussfläche am schon vorhandenen

Grundkörper orientieren
sich in sich selbst und
am Nachbarn

Bauteil. Bei dieser objektorientierten, also auf den entstehenden Körper bezogenen Arbeitsweise, wird der geometrische Zusammenhang der Grundkörper (Objekte) auf diese unmittelbare Weise hergestellt. Weiterbauende **Grundkörper beziehen sich mit ihrer Profilskizze** immer geometrisch **auf das schon bestehende Einzelteil**. Ist an der Anschlussstelle nur eine gekrümmte Oberfläche, das ebene Blatt Papier kann also nicht aufgelegt werden, tritt an deren Stelle eine Hilfsebene, die am Körper anliegt und auf ihn bezogen ist. Dieses Blatt Papier der Skizze kann auch bei Bedarf später als Einheit auf eine andere Unterlage umgesetzt werden.

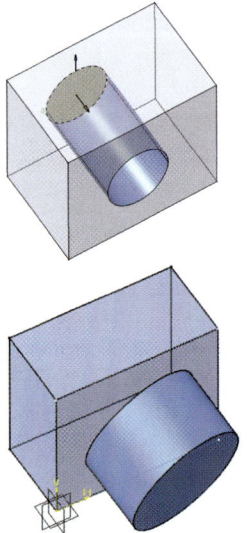

Auch die **Verziehrichtung in den Raum** orientiert sich am schon vorhandenen Körper. Beispielsweise führt eine Durchgangsbohrung von der Ansatzfläche bis zur gegenüberliegenden Bodenfläche. Die Raumausdehnung des Grundkörpers definiert sich dabei durch **geometrische Objekte**.

Jedes Einzelteil hat genau **ein** Achsensystem, dargestellt in den drei „weißen" Hauptebenen des Raumes. Jede Profilskizze ordnet ihre gelb dargestellten ebenen Achsen H und V normalerweise nach den räumlichen Bauteilachsen. Die Skizze des ersten Grundkörpers kann sich daran ausrichten, jeder weitere Anbaukörper jedoch orientiert sich besser am schon vorhandenen räumlichen Objekt. Im Bild liegt das neue Profil des blauen ovalen Zylinders auf der Oberfläche des Quaders und richtet sich mit geometrischen Bedingungen an den Rändern dieser Fläche aus.

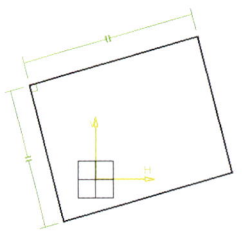

Da die Form der Bauteile bei objektorientiertem Arbeiten ausschließlich auf der Geometrie und den geometrischen Bedingungen der Grundkörper basiert, hat das Achsensystem (auch die Horizontale und die Vertikale) keinen Sinn mehr und sollte bei konsequentem Vorgehen von Beginn an ausgeblendet werden. Die beiden Achsensysteme des Raums und der Skizze stören sogar. Auch an ihnen nämlich kann sich die Geometrie mit Bedingungen orientieren (versehentlich oder beabsichtigt). Das entspräche dann zusätzlichen, nicht zum Bauteil direkt gehörenden Partnern und würde den Objektbezug aus folgendem Grund zerstören:

Der Körper kann sich im Raum relativ zu den Hauptebenen verschieben. Einerseits verschiebt sich der Grundkörper und damit seine Basisskizze durch geometrische Bedingungen im Raum. Andererseits bewirkt der auf den Körper abgelegte Kompass dasselbe. Das „Skizzenblatt" mit seinen Achsen verschiebt sich dadurch relativ zu den Hauptebenen. Die Basisskizze des Körpers kann auch ihre urspüngliche Entstehungsebene wechseln (mit *Bearbeiten > Objekt > Stützelement für Skizze ändern...*). Nur der rein objektorientiert aufgebaute Körper bleibt flexibel und in sich formstabil. Natürlich braucht das Programm die Koordinaten zur Berechnung der Teile. Daher soll das **erste oder Basisprofil** eines Bauteils **abschließend** mit geometrischen Bedingungen **an den Skizzenachsen angebunden** oder besser noch auf die Hauptebenen bezogen werden. Das schafft numerisch eindeutige Werte. Jedes Skizzenblatt ist normalerweise *Gleitend* angelegt, was bedeutet, dass es in den Hauptebenen des Bauteils verschiebbar bleibt. Diese Eigenschaft ist für objektorientiert variables Arbeiten vorteilhaft. Koordinatenbezogene Konstruktion aber führt oft zu Mehrdeutigkeiten und Fehlern. Will man unbedingt im Achsenbezug konstruieren, sollten die Skizzen explizit zu den weißen Hauptebenen *Positioniert* werden. (Skizzen die *Isoliert* sind, erreichbar mit *Skizzierer mit Definition einer absoluten Achse*, sind für objektorientierte Teile wertlos. Die Teile sind unflexibel und liegen absolut im Raum.)

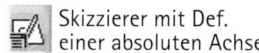
Skizzierer mit Def.
einer absoluten Achse

Zusammenfassung:

Der Benutzer gestaltet die **Geometrie in sich selbst** und kontrolliert dadurch deren Abhängigkeit. Dies betrifft sowohl das Umrissprofil als auch die Raumausdehnung. Als Gewinn objektorientierter Arbeitsweise bleiben die **Teile** während des Entwicklungsprozesses **variabel und anpassungsfähig**. Der Konstrukteur muss seine Teile jedoch durchdenken und systematisch aufbauen. Der zusätzliche Aufwand kommt erfreulicherweise der erstrebenswerten Teilesystematik zugute. Als Vorteil verfolgt jetzt das Programm alle geplanten Abhängigkeiten der Teile untereinander. Im Gegensatz dazu kann auch ohne Beziehungen der Körper untereinander (nicht objektorientiert) konstruiert werden. Als Konsequenz entsteht **nur genau die formulierte Gestalt**; Änderungen erzwingen oft eine Neugestaltung mit dazugehörigem Änderungsaufwand. Zwischen diesen Gegenpolen sind Mischformen der Handhabung möglich, aber nicht empfehlenswert.

An welchen Stellen wirkt sich Objektorientierung aus?

Die Bauteilgestalt wird aus einfachen Grundkörpern zusammengesetzt. Die einzelnen Teilkörper bauen auf schon Bestehendem durch Verknüpfung auf und haben immer geometrischen Bezug zueinander. Dies liefert eine erste Regel der Objektorientierung:

Jeder zusätzliche Teilkörper orientiert sich an Körperkanten und Körperoberflächen schon bestehender Teile.

Weiterbauende Objekte orientieren sich am Vorhandenen

Die im Strukturbaum später oder unterhalb hinzugefügten Teilkörper sind dadurch mit ihren Nachbarn geometrisch stabil verbunden. Werden geometrische Abhängigkeiten der Teile untereinander beschrieben, müssen diese eindeutig und sequenziell nachvollziehbar sein (entsprechend der Aufbaugeschichte). Dies liefert eine zweite Regel der Objektorientierung:

Eine Mutter gibt Gene an ihr Kind weiter, das Kind kann aber keine Gene an die Mutter zurückgeben (Mutter-Kind-Regel).

Strukturelle Ableitung kennt nur eine Richtung

Das bedeutet, dass geometrische Bedingungen nur von einer Einheit an eine davon abhängende Einheit weitergegeben werden können, nicht aber umgekehrt. Zum Beispiel sind die Quaderkanten eines Blocks (Mutter) der Parallelbezug für die Skizzengeraden einer Tasche im Quader (Kind). Die ursprüngliche Einheit darf keine Beziehungen zur von ihr abhängenden Einheit (oder auch deren Kinder) aufnehmen. Soll die aus der Skizze entstehende Tasche (Kind) ihr Tiefenmaß an den Ausgangsquader (Mutter) weitergeben, ist das nicht zugelassen. Um die geometrischen Abhängigkeiten der Teile untereinander jederzeit nachvollziehen zu können, müssen die bezogenen Objekte auch erhalten bleiben. Dies liefert eine dritte Regel der Objektorientierung:

Strukturelle Ableitung muß erhalten bleiben

Stirbt die Mutter, wird das Kind Waise.

Werden geometrische Objekte (Mütter), auf die sich nachfolgende Operationen beziehen, gelöscht oder durch andere ausgetauscht, fehlt die Ableitungsvorschrift für das abhängige Objekt (Kind); es kann nicht wieder hergestellt werden. Wird etwa eine Gerade aus einem Skizzenprofil für einen Block nachträglich entfernt, entfällt auch die daraus entstandene ebene Oberfläche. Lag darauf eine Bohrung, findet deren Skizzenblatt keine Auflage oder Stützfläche mehr; ein neuer „Tisch" muss gefunden werden. In der praktischen Anwendung ist Objektbezug an mehreren Stellen beschreibbar:

Die Profilskizze liegt am Körper

- Der Grundkörper liegt mit seiner definierenden **Skizze** lagerichtig auf einer Anschlussfläche des bestehenden Körpers. Dies ist eine ebene Oberfläche oder eine aus dem Körper abgeleitete Referenzebene:
  - Auf der als Basis geeigneten Ebene wird die neue Skizze angelegt.
  - Eine Skizze kann auf eine andere Ebene übertragen werden. Dies verändert die Form, bestehende geometrische Anbindungen müssen überprüft werden.

Das in sich geregelte Profil bindet sich an den Körper

- Das definierende **Profil** eines Grundkörpers wird zuerst in sich selbst als Gestalt geregelt und bemaßt. Erst dann wird auf schon bestehende Körpergeometrie Bezug genommen, also die relative Lage und Größe des neuen Teilkörpers mit geometrischen Bedingungen daran angepasst:
  - Das Profil ist in sich systematisch aufgebaut (mittig ausgerichtet, symmetrisch, durchlaufend gleich breit, ...). Anschließend legen Maße die Form in sich fest.
  - Erst dann nimmt das Profil Bezug zu benachbarten Körperkanten (kongruent mit, parallel zu, senkrecht auf, ...).

Räumliche Ausdehnung nimmt Bezug zum Körper

- Die Grundkörper beziehen sich in ihrer **Verziehrichtung** in den Raum (*Block*, *Rippe*, *Bohrung*, ...) auf schon definierte Nachbarn. Eine Durchgangsbohrung als Beispiel erstreckt sich von der Ober- bis zur Unterfläche eines Blechs.

Die Anordnung im Strukturbaum definiert die Gestalt

- Jeder neue Eintrag im **Strukturbaum** bezieht sich in seiner geometrischen Wirkung auf das schon Beschriebene. Ein neuer Block wird zum bisherigen Körper hinzu addiert oder eine Tasche wird davon abgezogen. In der Regel fügt sich der neue Eintrag an das Ende des gerade bearbeiteten Körpers. Mit dem Aufbau einer bestimmten Gestalt entsteht eine Hierarchie der Grundkörper oder die Aufbaugeschichte. Soll die Gestalt nachträglich gezielt verändert werden, kann bei Bedarf auch die Reihenfolge beim Zusammenbau verändert werden. Dabei gilt es, die geometrischen Beziehungen der Grundkörper untereinander, also die Mutter-Kind-Regel, zu beachten.

Übung Klötzchenturm

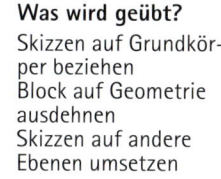

Um die objektorientierte „clevere" Arbeitsweise in ihrer Auswirkung zu erfahren, wird als Erstes einfach gespielt. Ein Turm aus drei Klötzchen wird aufgebaut. Der Turm entsteht dadurch, dass das unterste Klötzchen auf dem „Tisch" und die folgenden Klötzchen jeweils auf dem „Untermann" stehen. Aber nicht drei einzelne Klötzchen sollen das Augenmerk sein, sondern der Turm als eine Einheit, die geometrisch zusammengehört.

Was wird geübt?
Skizzen auf Grundkörper beziehen
Block auf Geometrie ausdehnen
Skizzen auf andere Ebenen umsetzen

Alle Klötzchen bilden einen **Hauptkörper** und werden jeweils als Block ausgeführt. Im Hauptkörper entsteht der Gesamtkörper als Turm aus zwei Entwicklungssträngen: Die **geometrischen Beziehungen** der Teilkörper zueinander und die Art der **topologischen Verknüpfung**. Da alle Grundkörper (Klötzchen) in der „Datenschachtel" Hauptkörper entstehen, sind sie von vornherein topologisch eine Einheit,
also ein Körper. Da die topologische Verknüpfung bei diesem Beispiel schon besteht, geht es nur um den Aspekt der objektorientierten geometrischen Beziehungen der Teile zueinander. Dieses Beispiel ist methodisch von grundsätzlicher Bedeutung. Wird es beim ersten Mal nicht ganz verstanden, empfiehlt es sich, nach den Bauteilübungen noch einmal darauf zurückzukommen.

⇨ Entweder bei Neubeginn mit *Start > Programme > CATIA > CATIA V5* starten. Im Dialog *Willkommen bei CATIA V5* die Umgebung **Teilekonstruktion** auswählen.

⇨ Oder mit *Datei > Neu* eine neue Datei mit dem Typ *Part* anlegen.

⇨ Den Teilenamen *Part1* am Strukturbaumkopf in Turm umbenennen.

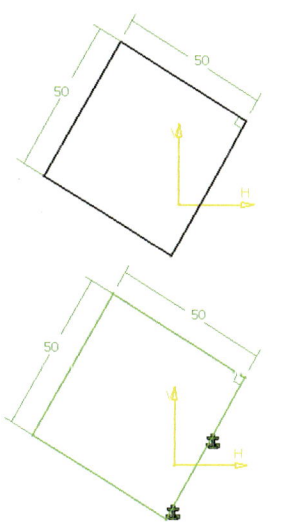

⇨ Den ersten Quader auf einer beliebigen Hauptebene als Umriss beginnen. Die Ebene als Geometrieelement aktivieren und mit der Funktion *Skizzierer* zur Profilebene machen.

⇨ In freier Lage mit der Funktion *Profil* ein geschlossenes Viereck zeichnen. Mit der Funktion *Im Dialogfenster definierte Bedingungen* die gegenüberliegenden Seiten mit *Parallelität* festlegen. Zwei Eckkanten sind rechtwinklig zueinander.

 Skizzierer

 Profil

Im Dialogfenster def. Bedingungen

⇨ Jeweils zwei parallele Geraden aktivieren und mit der Funktion *Bedingung* vermaßen. Die Kantenlänge beträgt 50 mm.

 Bedingung

⇨ Zum Abschluss einen Eckpunkt und eine daran an-

Im Dialogfenster def. Bedingungen

Umgebung verlassen

Block

schließende Gerade mit der Funktion *Im Dialogfenster definierte Bedingungen* und *Fixieren* am aktuellen Platz im Achsensystem der Skizze festlegen. Der Umriss wird **unverschiebbar** und grün.

⇨ Skizze verlassen mit *Umgebung verlassen*.

⇨ Im Raum das Quadrat mit der Funktion *Block* zum Quader entwickeln. Die zuvor erstellte Skizze ist das *Profil*. Der Körper wird als *Erste Begrenzung* mit dem Typ *Bemaßung* 60 mm hoch.

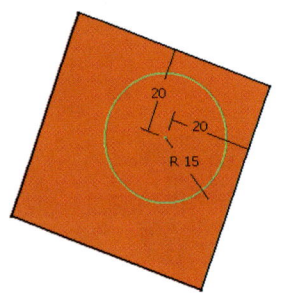

Skizzierer

Kreis

Bedingung

⇨ Die Säule steht auf dem Quader. Daher die Oberseite des Quaders als Geometrieelement aktivieren und mit der Funktion *Skizzierer* als Profilebene nutzen.

⇨ Mit der Funktion *Kreis* einen Kreis auf den durchscheinenden Quader zeichnen.

⇨ Mit der Funktion *Bedingung* den Kreisbogen aktivieren und vermaßen (r=15 mm). Den Kreis mit zwei Abständen (20 mm) vom Mittelpunkt zu den Quaderkanten vermaßen (diese werden beim Aktivieren rot). Der Säulenumriss liegt jetzt am Quader und im Skizzenblatt **unverschiebbar** fest und wird grün.

⇨ Skizze verlassen mit *Umgebung verlassen*.

Umgebung verlassen

Block

⇨ Im Raum das Kreisprofil mit der Funktion *Block* zur Säule entwickeln. Der Kreis ist das Profil und der Körper wird als *Erste Begrenzung* mit dem Typ *Bemaßung* 40 mm hoch.

Skizzierer

Profil

Im Dialogfenster def. Bedingungen

Bedingung

⇨ Der oberste Würfel steht auf der Säule. Daher die Säulenoberseite als Geometrieelement aktivieren und mit dem *Skizzierer* als Profilebene nutzen.

⇨ Mit *Profil* ein geschlossenes Viereck in freier Lage zeichnen. Mit *Im Dialogfenster definierte Bedingungen* die gegenüberliegenden Seiten mit *Parallelität* festlegen. Zwei Eckkanten sind *Rechtwinklig* zueinander.

⇨ Jeweils zwei parallele Geraden mit *Bedingung* vermaßen. Die Kantenlänge beträgt 40 mm.

Zum Abschluss wird das Quadrat in seiner Lage relativ zum Turm festgelegt. Das Quadrat soll mittig zur Säule liegen. (Die Darstellung am Schirm dazu leicht kippen.)

⇨ Zwei gegenüberliegende Geraden und danach den Zylindermantel der Säule aktivieren (der räumlich sichtbare Säulenmantel wird orange hervorgehoben). Mit *Äquidistanter Punkt* aus der Funktion *Im Dialogfenster definierte Bedingungen* liegt der projiziert gedachte Zylinderachspunkt mittig zu den Geraden. Dasselbe für das andere Geradenpaar wiederholen.

Hinweis:
Ein Zylinder ist geometrisch immer gekennzeichnet durch seine Drehachse, während der Radius und die Länge veränderlich sind. Jedesmal wenn zu einem Zylinder positioniert wird, ob im Raum oder in einer Skizzenebene, wird dabei stets auf seine Achse bezogen. Das optische und „greifbare" Merkmal ist der Zylindermantel. Im Falle der Skizze wird die räumliche Zylinderachse in die Skizzenebene projiziert und wird dadurch zum Punkt. Mit diesem Projektionsergebnis wird dann gearbeitet.

⇨ Das Quadrat ist jetzt noch frei drehbar. Daher zusätzlich einen Winkel zum darunter liegenden Quader festlegen. Jetzt ist auch dieses Quadrat **unverschiebbar** und wird grün. (Diese Bedingung wieder löschen, da sie spätere Aktionen behindern.)

⇨ Skizze verlassen mit *Umgebung verlassen*.

 Umgebung verlassen

⇨ Das Quadrat im Raum mit der Funktion *Block* zum Würfel machen. Das Quadrat ist wieder das *Profil* und der Körper wird als *Erste Begrenzung* mit dem Typ *Bemaßung* 40 mm hoch.

Block

Der Turm steht jetzt. Er ist abweichend von der Wirklichkeit ein Körper, also ein topologisch verknüpftes Bauteil aus einem Material. Die Teile oder Grundkörper des Turms sind in ihrer Form und Größe **parametrisiert** und dadurch jederzeit veränderlich. Die Lage und die geometrischen Beziehungen der Teile zueinander werden **assoziativ** verfolgt und bei Änderungen der Teile angepasst. Damit dies auch im konstruierten Bauteil entsprechend der Gestaltungsidee funktioniert, wird methodisch **objektorientiert** vorgegangen. Dies soll im Folgenden bewusst gemacht werden.

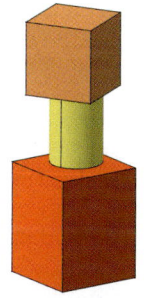

Der objektorientierte Aufbau wird automatisch kontrolliert

Der Turm steht auf dem „Tisch" der gewählten Ausgangsebene am festgelegten Ort. Er soll zuerst an eine andere Stelle auf dem Tisch umgesetzt werden. Wenn objektorientiert gestaltet wurde, verschiebt sich der untere Quader und mit diesem die auf ihm aufgebauten Teilkörper. Dazu muss der unterste Quader allerdings zuvor aus seiner Bindung zu den Achsen befreit werden.

⇨ Den Strukturbaum durch Aktivieren der Markierungen an den Kreuzungspunkten aufblattern bis die Skizzennamen sichtbar sind.

⇨ Durch Doppelklick auf den Eintrag *Skizze.1* im Strukturbaum die Skizze des unteren Quaders öffnen und damit in die Umgebung **Skizzierer** wechseln.

⇨ Die beiden Symbole *Fixieren* (grüne Anker) auswählen und löschen mit *Bearbeiten > Löschen*.

⇨ Den jetzt frei verschiebbaren Umriss „nach Belieben" bewegen.

⇨ Skizze verlassen mit *Umgebung verlassen*.

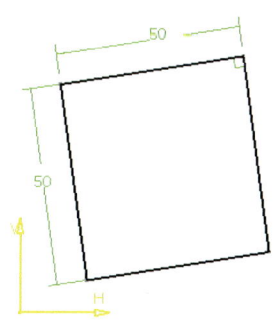

 Umgebung verlassen

Im Raum werden die Teile des Turms neu berechnet. Da alle aufliegenden Klötzchen objektorientiert mit den jeweiligen „Untermännern" verbunden sind, steht der Turm jetzt als Ganzes am neuen Ort. (Falls zu weit verschoben wurde, kann es vorkommen, dass die geometrischen Bedingungen anders als geplant berechnet werden. Dieses Problem wird später vertieft. Zur Behebung des Fehlers kann mit *Bearbeiten > Widerrufen* so lange zurückgeblättert werden, bis die Ausgangslösung sichtbar wird.)

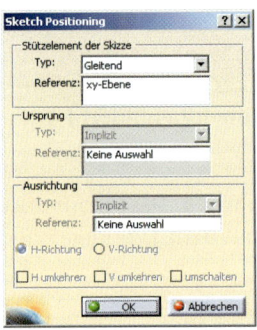

Vom „Tisch" soll der Turm auf den „Boden" einer anderen Hauptebene wechseln. Im Raum kann die Bezugsebene der aktivierten Umrissskizze des Quaders verlegt werden.

⇨ Mit *Bearbeiten > Objekt > Stützelement für Skizze ändern...* erscheint bei aktivierter Skizze ein Dialog zur Positionierung. Das *Stützelement der Skizze* ist vom Typ *Gleitend* und als *Referenz* kann eine beliebige Hauptebene gewählt werden.

Im Raum wird der ganze Turm auf der neuen Ebene wieder aufgebaut.

Was für den ganzen Turm gilt, muss auch für seine Teile gelten. Dies soll an der Säule kontrolliert werden, die an eine andere Seite des Quaders verschoben wird. Da die Säule auf den Quader bezogen ist, muss diese Bindung allerdings zuvor aufgelöst werden.

 Skizzierer

⇨ Die Skizze der Säule mit der Funktion *Skizzierer* öffnen und die Umgebung wechseln.
⇨ Die beiden Abstandsmaße zum Rand aktivieren und mit der *Entf*-Taste löschen. Jetzt ist der Säulenkreis beweglich.
⇨ Skizze verlassen mit *Umgebung verlassen*.

 Umgebung verlassen

⇨ Im Raum die Bezugsebene der aktivierten Säulenskizze verlegen. Mit *Bearbeiten > Objekt > Stützelement für Skizze ändern...* erscheint der Dialog zur Positionierung. Das *Stützelement der Skizze* ist vom Typ *Gleitend* und als *Referenz* wird eine beliebige Seitenfläche des unteren Quaders gewählt.

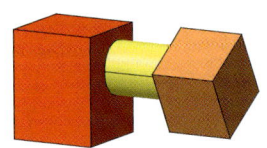

Im Raum wird der verschobene Teil des Turms auf der neuen Seitenfläche aufgebaut. Die seitliche Lage der Säule relativ zum Quader ist allerdings noch willkürlich.

⇨ Mit der Funktion *Skizzierer* in die Skizze der Säule wechseln. Den Kreis auf die durchscheinende Quaderfläche ziehen.
⇨ Skizze verlassen mit *Umgebung verlassen*.

 Skizzierer

 Umgebung verlassen

Im Raum erscheint die Säule auf der Seitenfläche. Der darüber liegende Würfel folgt seinen Bedingungen. Wohlgemerkt, bei dieser Übung geht es nur um die objektorientierte geometrische Anbindung der Grundkörper aneinander. Alle Grundkörper bilden, da sie im **Hauptkörper** liegen, von vornherein eine topologische Einheit.

⇨ Den Turmaufsatz wieder zurücksetzen mit *Bearbeiten > Objekt > Stützelement für Skizze ändern...* Das *Stützelement der Skizze* ist vom Typ *Gleitend* und als *Referenz* wird wieder die obere Deckfläche des unteren Quaders gewählt.

Hinweis:
Durch das Bewegen der Klötzchen verschieben sich die Skizzenblätter relativ zu den weißen Hauptebenen beziehungsweise den Teileachsen. Da die Skizzenblätter mit den gelben Skizzenachsen und dem Profil eine Einheit bilden, bewegen sich also die Skizzenachsen relativ zu den Hauptachsen. Der Begriff „Absolute Achse" im Strukturbaum für die Skizzenachsen ist irreführend. Es sind lokale Achsen.

Alternativer Koordinatenbezug

Alternative

Als Gegenprobe sollen die Profile der Klötzchen jeweils mit Koordinatenbezug aufgebaut werden.

⇨ Mit *Datei > Neu* eine neue Datei mit dem Typ *Part* anlegen und in TurmMitAchsen umbenennen.

⇨ Den ersten Quader wieder auf einer beliebigen Ebene (Hauptebene) als Umriss beginnen. Die Ebene als Geometrieelement aktivieren und mit der Funktion *Skizzierer* zur Profilebene machen.

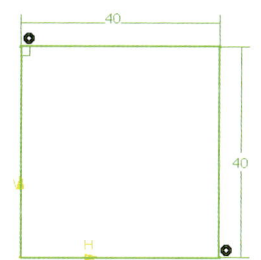

 Skizzierer

⇨ Vom Nullpunkt der Skizzenachsen aus mit der Funktion *Profil* ein geschlossenes Viereck zeichnen. Wie zuvor parallel ausrichten und vermaßen.

 Profil

⇨ Zwei Kanten sollen auf den Achsen liegen. Mit *Im Dialogfenster definierte Bedingungen* die linke Kante mit *Kongruenz* auf die V-Achse legen. Mit der unteren Kante und der H-Achse wiederholen.

 Im Dialogfenster def. Bedingungen

⇨ Skizze verlassen mit *Umgebung verlassen*.

 Umgebung verlassen

⇨ Im Raum das Quadrat mit der Funktion *Block* zum Quader entwickeln. Als *Erste Begrenzung* mit dem Typ *Bemaßung* gelten 60 mm.

 Block

Die Säule steht auf dem Quader. Die Skizze der Säule kann aber auch auf die Hauptebene, die auch der Quader benützt hat, gezeichnet werden. Sie hat dann nur einen (hoffentlich korrekten) Maßbezug zum Quader.

⇨ Mit *Skizzierer* die Säulenskizze auf die entsprechende Hauptebene legen.
⇨ Mit der Funktion *Kreis* einen Kreis zeichnen.

 Kreis

⇨ Mit der Funktion *Bedingung* den Kreisbogen mit r=15 mm vermaßen. Der Abstand

 Bedingung

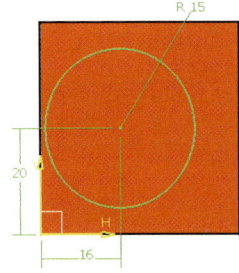

Umgebung verlassen

zur H-Achse beträgt 20 mm und zur V-Achse 16 mm. Da der Säulenumriss jetzt an den Achsen unverschiebbar festliegt, wird er grün.

⇨ Skizze verlassen mit *Umgebung verlassen*.

Block

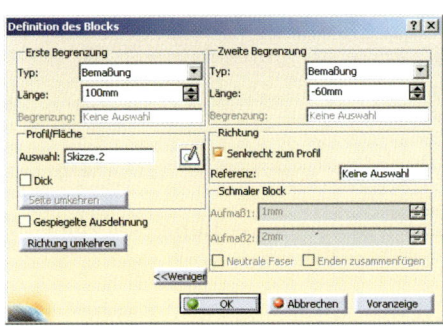

⇨ Im Raum das Kreisprofil mit der Funktion *Block* zur Säule entwickeln. Der Kreis ist das *Profil* und der Körper wird als *Erste Begrenzung* mit dem Typ *Bemaßung* 100 mm hoch, also Würfelhöhe plus 40 mm Säule. Als *Zweite Begrenzung* mit dem Typ *Bemaßung* wird die Unterkante -60 mm hoch auf den Quader angehoben. Mit dem Taster *Mehr* wird die zweite Begrenzung im Dialog angezeigt.

Der obere Würfel kann ebenfalls auf dieselbe Hauptebene skizziert werden. Die Lage des Profils richtet sich jetzt auch an den Skizzenachsen aus.

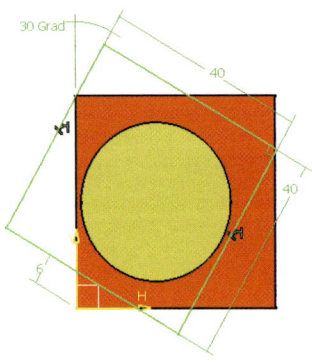

⇨ Mit *Skizzierer* die Würfelskizze wieder auf die entsprechende Hauptebene legen.
⇨ In freier Lage mit *Profil* ein geschlossenes Viereck zeichnen. Die Seiten sind parallel und zwei Eckkanten stehen rechtwinklig aufeinander.
⇨ Jeweils zwei parallele Geraden mit *Bedingung* vermaßen. Die Kantenlänge beträgt 40 mm.

Zum Abschluss wird das Quadrat in seiner Lage zu den Skizzenachsen festgelegt. Zum Nullpunkt sollen zwei Seiten mittig liegen und die dazu rechtwinklige Seite 6 mm Abstand haben. Der Würfel liegt um 30 Grad zur V-Achse gedreht.

⇨ Dazu zwei gegenüberliegende Geraden und danach den Nullpunkt der Achsen aktivieren. Mit *Äquidistanter Punkt* aus der Funktion *Im Dialogfenster definierte Bedingungen* liegt der Nullpunkt mittig zu den Geraden.
⇨ Mit *Bedingung* hat die im Bild untere linke Seite 6 mm Abstand zum Nullpunkt. Die obere linke Seite schließt einen Winkel von 30 Grad zur V-Achse ein. Darauf achten, dass dabei die gelbe Skizzenachse ausgewählt wird.
⇨ Skizze schließen mit *Umgebung verlassen*.

⇨ Im Raum das Profil mit der Funktion *Block* zum Würfel entwickeln. Er wird als *Erste Begrenzung* mit dem Typ *Bemaßung* insgesamt 140 mm hoch. Seine Unterkante wird mit *Zweite Begrenzung* mit dem Typ *Bemaßung* -100 mm hoch auf die Säule gelegt.

Der auf die Skizzenachsen bezogene, also nicht mehr geometrisch objektorientiert aufgebaute Turm soll verändert werden.

⇨ Die Skizze des mittleren Zylinders durch Doppelklick öffnen.
⇨ Die Abstandsmaße zu den Kanten löschen.
⇨ Das Kreisprofil beliebig aus der Quaderfläche hinausschieben.
⇨ Skizze verlassen mit *Umgebung verlassen*.

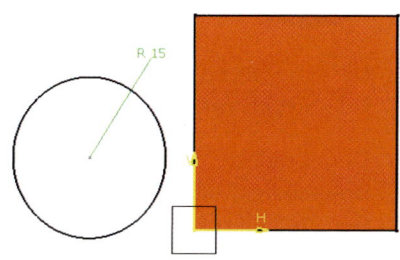

Da die einzelnen Grundkörper oder Klötzchen auf das Achsensystem bezogen sind, fällt der geometrische Aufbau auseinander. Andererseits bildet der Turm durch die Booleschen Verknüpfungen immer noch eine Körpereinheit, aber offensichtlich nicht mehr real.

Der obere Würfel soll zusätzlich mit den geometrischen Bedingungen, die es auch im Raum gibt, verschoben werden.

⇨ Im Raum eine Seitenfläche des Würfels zusammen mit einer Seitenfläche des Quaders auswählen. Mit der Funktion *Im Dialogfenster definierte Bedingungen* und der Auswahl *Parallelität* zueinander ausrichten.

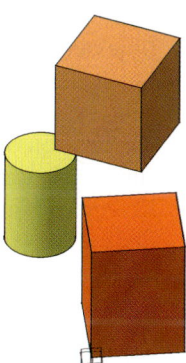

Obwohl sichergestellt wurde, dass alles auf die Achsen, also unverschiebbar ausgerichtet ist, verdrehen sich die Achsen des oberen Würfels. Der geometrische Aufbau ist vollends durcheinander. Die Achsen der Skizze sind also nur lokale Achsen und verbinden die Grundkörper nicht untereinander. Diese Bedingungen im Raum positionieren Grundkörper als starre Form. Die Eigenschaft der geometrischen Bedingungen, die Teile variabel zu gestalten, wird durchbrochen. Daher werden diese Bedingungen nicht mehr verwendet.

⇨ Und was passiert, wenn die Säulenskizze auf die Seitenfläche des Quaders gekippt wird?

Objektorientiertes und dadurch von den Achsen unabhängiges Konstruieren ist die variablere, stabilere und erfolgreichere Arbeitsmethode.

Objektorientiertes Arbeiten ist anpassungsfähig

Übung Distanzscheibe

Teile mit diesem Symbol ergeben eine Schnapp-schere als Baugruppe

Was wird geübt?
Standardablauf beim Körpererzeugen kennen lernen

 Skizzierer

 Bedingung

 Im Dialogfenster def. Bedingungen

 Umgebung verlassen

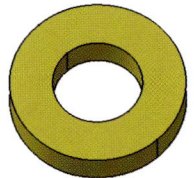

Eine Unterlag- oder Distanzscheibe soll später in eine Schnapp-schere eingesetzt werden, die zur Baugruppe zusammengebaut wird. Die Scheibe wurde zuvor schon als Rundscheibe gestaltet und jetzt nur noch vermaßt.

⇨ Die Datei Rundscheibe mit *Datei > Öffnen* im Ablageordner suchen und öffnen.

⇨ Den Strukturbaum an den Knoten soweit aufblättern, bis sich die Skizze zeigt.

⇨ Die aktivierte Skizze im Strukturbaum mit der Funktion *Skizzierer* (oder durch Doppelklick) öffnen. Es wird in die Umgebung **Skizzierer** gewechselt.

⇨ Den Außenkreis der Scheibe aktivieren und mit der Funktion *Bedingung* bemaßen. Der Radius beträgt 6 mm. Soll nicht der Radiuswert, sondern der Durchmesser angegeben werden, kann noch während der Funktionsausführung mit *Kontextmenü > Durchmesser* auf diese Einheit umgestellt werden. (Der Kreis als Objekt bekommt sein Originalmaß am besten direkt; daher nicht den Abstand zwischen den beiden Objekten Kreiskurve und Mittelpunkt vermaßen!)

⇨ Mit *Bedingung* auch den Innenradius auf 3,1 mm festlegen. Bei der Scheibe wurde zuvor nur die Bohrung zentrisch ausgerichtet. Durch die festgelegten Radien ist das Profil jetzt **form-** und **maßstabil**.

⇨ Um die Scheibe auch relativ zu den Achsen unverschiebbar zu machen, einen Kreismittelpunkt mit der Funktion *Im Dialogfenster definierte Bedingungen* und der Bedingung *Fixieren* an beliebiger Stelle in der Nähe des Nullpunkts der Skizze „anpinnen". Das **unverschiebbare** Profil wird grün hervorgehoben.

⇨ Die Anpassung der Skizze beenden mit *Umgebung verlassen*.

⇨ Auch die Scheibendicke muss angepasst werden. Den *Block.1* im Strukturbaum oder den Geometrieblock selbst durch Doppelklick öffnen.

⇨ Im eingeblendeten Definitionsfenster wird die *Erste Begrenzung* mit dem Typ *Bemaßung* zur Länge 2 mm.

⇨ Den Teilenamen im Strukturbaum aktivieren und mit *Bearbeiten > Eigenschaften > Produkt* die *Teilenummer* umbenennen in Distanzscheibe.

⇨ Mit der Funktion *Datei > Sichern unter...* den passenden Ablageordner im Dateifenster suchen und die Teiledatei mit demselben Namen auch speichern.

⇨ Mit der Funktion *Start > Beenden* Schluss machen oder gleich die nächste Übung in Angriff nehmen!

Übung Bolzen

Ein zylindrischer Bolzen soll als Drehelement in einen Hebel eingesetzt werden. Der Bolzen hat dazu eine in der Höhe mittig liegende Gewindebohrung. Über einem skizzierten Kreisprofil entsteht der Zylinder als senkrechter Block. Von der Mantelfläche aus erstreckt sich die mittig liegende Gewindebohrung als Abzugskörper.

Mit diesem Teil wird später ein Klapproller als Baugruppe zusammengebaut.

⇨ Eine neue Datei mit *Datei > Neu* mit dem Typ *Part* anlegen. In dieser Dateiart wird die Geometrie des Bauteils gespeichert.
⇨ Den Teilenamen *Part1* im Strukturbaum aktivieren und mit *Bearbeiten > Eigenschaften > Produkt* die *Teilenummer* umbenennen in Bolzen.

Teile mit diesem Symbol ergeben einen Roller als Baugruppe

Was wird geübt?
Bohrung auf Zylindern mittig setzen

> **Hinweis:**
> Da jedes Teil einen aussagekräftigen Namen haben soll, wird zur leichteren Benennung ein Namensdialog angeboten, der jeweils beim Anlegen einer neuen Datei erscheint. Dies kann aktiviert werden mit *Tools > Optionen > Infrastruktur > Teileinfrastruktur > Teiledokument > Beim Erzeugen eines Teils > Das Dialogfenster 'Neues Teil' anzeigen.*

⇨ Eine Hauptebene aktivieren und mit der Funktion *Skizzierer* in die Umgebung **Skizzierer** wechseln.
⇨ Mit der Funktion *Kreis* an gewünschter Stelle in der Nähe des Achsenkreuzes den Mittelpunkt des Kreises durch Mausklick festlegen. Durch Aufziehen entsteht der Kreis.
⇨ Den Kreis mit der Funktion *Bedingung* vermaßen. Der Zylinderradius beträgt 4,6 mm.
⇨ Um das noch beliebig bewegliche Profil numerisch abzusichern, den Mittelpunkt an beliebiger Stelle mit der Funktion *Im Dialogfenster definierte Bedingungen* und der Bedingung *Fixieren* unverschiebbar machen. Die Grünfärbung zeigt an, dass das Profil als Ganzes jetzt **unverschiebbar** ist.
⇨ Skizze beenden mit *Umgebung verlassen*. Der Kreis erscheint im Raum in der Umgebung **Teilekonstruktion**.

⇨ Die Funktion *Block* aktivieren und die Kreisskizze als *Profil* auswählen. Die Blockausrichtung wird mit Pfeil angezeigt und ein Dialogfenster eingeblendet. Der Block beginnt auf der Skizzenebene und erstreckt sich als *Erste Begrenzung* mit dem Typ *Bemaßung* in der Länge 18 mm.
⇨ Mit *OK* bestätigen um das Definitionsfenster zu verlassen.

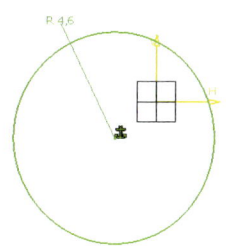

 Skizzierer

 Kreis

 Bedingung

 Im Dialogfenster def. Bedingungen

 Umgebung verlassen

 Block

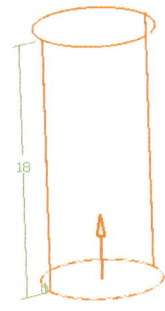

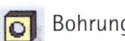 Bohrung

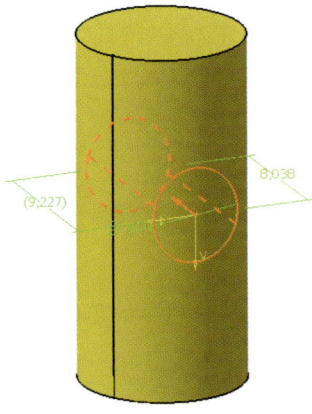

⇨ Die Funktion *Bohrung* aktivieren und danach die Mantelfläche des Zylinders auswählen. Eine Standardbohrung an der Auswahlstelle zeichnen. Eine Bohrung mit Gewinde bekommt am Symbol im Strukturbaum zusätzlich ein Gewindezeichen.

Hinweis:
Jeder Körper, also auch ein Bohrzylinder als Abzugskörper, wird durch eine ebene Skizze und seine Verziehrichtung dargestellt. Der Zylindermantel als Unterlage ist aber gekrümmt. Daher wird für die Bohrungsskizze automatisch eine tangierende Ebene am Auswahlpunkt erzeugt. In der Skizze erscheint nur der Einsetz- oder Mittelpunkt des Bohrungskreises. Da der Radius im Dialogfenster als Wert eingegeben wird, wäre der zusätzliche Kreis überflüssig oder redundant und könnte Konflikte machen.

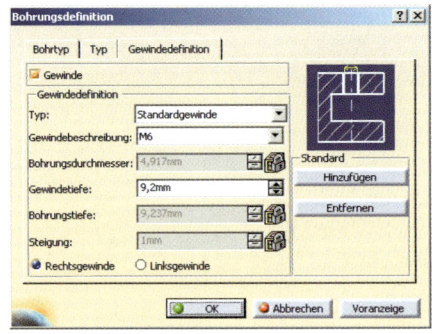

⇨ Im Fenster *Bohrungsdefinition* beim *Bohrtyp* die Ausdehnung *Bis zum nächsten* und beim *Typ* die Bohrungsform als *Normal* verlangen. Bei *Gewindedefinition* das *Gewinde* aktivieren und den Typ *Standardgewinde* mit dem Gewindedurchmesser *M6* als Rechtsgewinde festlegen. Die Bohrungstiefe ist bekannt und wird automatisch vergeben. Die Gewindetiefe kann größer oder gleich der Bohrungstiefe eingegeben werden. (Bei der Gewindedefinition wäre eine objektorientierte Eingabemöglichkeit wünschenswert.)

 Positionierungs-skizze

⇨ Im Fenster *Bohrungsdefinition* beim *Bohrtyp* das Skizzensymbol aktivieren, um die Bohrungsskizze im **Skizzierer** zu bearbeiten.

⇨ Den Mittelpunkt der Bohrung (Sternsymbol) auswählen und die Zylinderachse bei gedrückt gehaltener *Strg*-Taste hinzufügen. Die Zylinderachse wird gefunden, wenn der Zylindermantel ausgewählt wird. Dies wird der Funktion *Im Dialogfenster definierte Bedingungen* übergeben. Mit der Bedingung *Kongruenz* liegt die Bohrung zentrisch zum Zylinder. Wiederum durch gemeinsame Auswahl der oberen Deckelfläche, der unteren Deckelfläche und abschließend dem Mittelpunkt mit *Im Dialogfenster definierte Bedingungen* und der Bedingung *Äquidistanter Punkt* die Bohrung mittig zur Zylinderhöhe legen. (Die Auswahlreihenfolge ist immer **außen-außen-innen**.) Der Einsetzpunkt und damit die Bohrung ist jetzt **unverschiebbar** und der Punkt wird daher grün.

⇨ Die Skizze mit *Umgebung verlassen* beenden, um zum Definitionsfenster zurückzukommen.

⇨ Bohrungsdefinition beenden.

Hinweis:

Werden Körper in Skizzen zur Definition von geometrischen Regeln benutzt, steht das ganze so genannte Draht- und Flächenmodell zur Auswahl zur Verfügung. Anders ausgedrückt, neben dem Volumen kann auch auf die Eckpunkte, Kanten und Flächen sowie weitere definierende Geometrieelemente Bezug genommen werden. Gefundene Kanten werden rot hervorgehoben, die anderen Elemente, wie Punkte und Flächen, werden orange. Zylinder bieten neben den Deckelkanten und -flächen anstatt der Mantelfläche nur ihre Achse an, ebenso der Torus. Kugeln zeigen anstelle der Oberfläche nur ihren Mittelpunkt.

Die ausgewählte Körpergeometrie wirkt für die geometrischen Beziehungen immer in normaler (senkrechter) Projektion zur Skizzenebene.

Die Funktion *Im Dialog definierte Bedingungen* wird vorteilhaft für die geometrischen Bedingungen benützt, die Funktion *Bedingung* für die Maße. In beiden Funktionen wird jedoch jeweils wechselseitig dieselbe Funktionalität angeboten. Bei den Dialogbedingungen sind auch die Maße aufgelistet und bei Bedingung sind geometrische Regeln im Kontextmenü erreichbar.

⇨ Um die Darstellung am Schirm übersichtlicher zu machen, können die nicht mehr benötigten Hauptebenen aktiviert und mit *Verdecken/Anzeigen* ausgeblendet werden.

 Verdecken/Anzeigen

⇨ Mit der Funktion *Datei > Sichern unter...* den passenden Ablageordner im Dateifenster suchen und die Teiledatei mit demselben Namen speichern.

⇨ Mit der Funktion *Start > Beenden* Schluss machen oder gleich die nächste Übung bearbeiten!

Übung Kappe

Was wird geübt?

Achse, Skizziertools, Welle

Bohrung mit Gewinde ausstatten

Eine Kappe zur Befestigung entsteht als Drehteil. Am unteren Ende ist ein Innengewinde angebracht. Bei aufwändigeren Querschnittsformen empfiehlt es sich, den Drehkörper von seinem Rotationsprofil ausgehend als *Welle* zu entwickeln. Eine *Bohrung* definiert das Gewinde nachträglich.

⇨ Neue Datei mit dem Typ *Part* anlegen und das Teil Kappe nennen.

Nachfolgendes Profil für den Drehkörper wird als fortlaufender Profilzug etwa maßstäblich skizziert. Zusätzlich braucht ein Drehkörper eine Achse. Liegt ein geschlossenes Profil mit Abstand neben der Achse, entsteht dort eine runde Öffnung.

 Skizzierer

 Profil

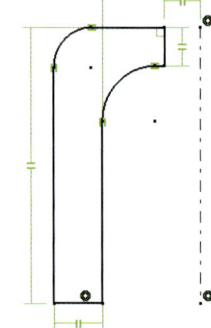

 Skizziertools

⇨ Die Funktion *Skizzierer* aktivieren und eine Hauptebene als Skizzierebene auswählen.
⇨ Die Funktion *Profil* selektieren. Automatisch erscheint jetzt in der Funktionsgruppe *Skizziertools* die Auswahl für das nächste Kurvenstück des Profils. Den Schluss bildet eine Gerade. Ohne Symbolvorwahl in den Skizziertools entstehen automatisch Geraden. Den Anfangspunkt in die Nähe der Achsen setzen (linke Maustaste) und danach jeweils die Übergangspunkte von Linie zu Linie. Jeweils nach dem Linienstart die Linienart aus den *Skizziertools* auswählen. Beim *Dreipunktbogen* ist ein Zwischenpunkt als Durchlaufpunkt des Kreises erforderlich. Der *Tangentialbogen* setzt die zuvor gezeichnete Linie tangential fort. Wird der Endpunkt des Profilzugs auf den Anfangspunkt gelegt (es zeigt sich ein blauer ausgefüllter Zielkreis), endet die Funktion automatisch. Andernfalls beendet ein Doppelklick. Es wird empfohlen, in etwa maßstäblich zu zeichnen (etwa 16 auf 6 mm). Dabei helfen das Skizzenraster oder die Längenangaben im Fenster der Funktionsgruppe *Skizziertools*.

> **Hinweis:**
> Die Funktionsgruppe Skizziertools wird durch verschiedene Funktionen dynamisch erweitert. Dabei werden die Symbolleistennachbarn verschoben. Daher ist es empfehlenswert, diese Gruppe am kurzen grauen Balken aus der Symbolleiste auf den Bildschirm zu platzieren. Eine gute Position ist unten links.

Achse

Im Dialogfenster def. Bedingungen

⇨ Die Drehachse der innen offenen Kappe mit der Funktion *Achse* als ein Geradenstück etwa so lang wie das Profil zeichnen.
⇨ Die Ausrundungskreise und die jeweiligen Geraden müssen mit *Im Dialogfenster definierte Bedingungen* und der Bedingung *Tangentenstetigkeit* jeweils tangential einmünden.
⇨ Zwei jeweils parallele Geraden zusammen aktivieren und mit der Funktion *Im Dialogfenster definierte Bedingungen* und der Bedingung *Parallelität* festlegen. Es

können alle zueinander parallelen Geraden zusammen ausgewählt werden. Dies gilt auch für die Achse der zylindrischen Kappe.

⇨ Zwei Geraden, die eine Ecke bilden, mit der Funktion *Im Dialogfenster definierte Bedingungen* und der Bedingung *Rechtwinklig* senkrecht zueinander stellen.

⇨ Damit die Achse (numerisch) am Profil hängt, sollten die Endpunkte der Achse und die entsprechenden senkrecht dazu stehenden Außengeraden des Profils mit *Im Dialogfenster definierte Bedingungen* und der Bedingung *Kongruenz* aufeinander liegen. Geraden wirken bei *Bedingungen* immer unendlich ausgedehnt.

⇨ Das Profil durch Ziehen mit der Maus auf **Formstabilität** prüfen.

⇨ Anschließend wird vermaßt. Die Achse und der Innenrand oben im Bild haben mit der Funktion *Bedingung* den Abstand 14,8 mm. Die Dicke des oberen Deckels beträgt 2 mm, die rohrförmige Wandstärke 3 mm, die Gesamthöhe 16 mm und der Innenradius des rohrförmigen Teils 17,5 mm.

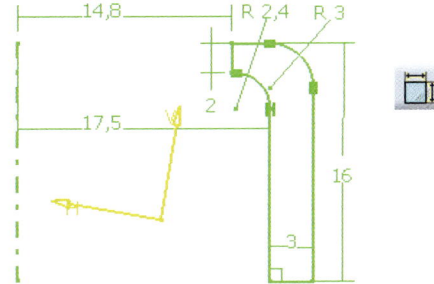

 Bedingung

⇨ Die Kreise bekommen mit *Bedingung* außen den Radius 3 mm und innen 2,4 mm.

⇨ Jetzt sollte das Profil auch **maßstabil** sein, aber noch in alle Richtungen starr verschoben werden können.

⇨ Um das noch bewegliche Profil numerisch abzusichern, eine Gerade mit der Funktion *Im Dialogfenster definierte Bedingungen* und der Bedingung *Fixieren* quer zu sich unverschiebbar machen. Das Profil kann jetzt nur noch in Richtung der Kante bewegt werden.

⇨ Deshalb zusätzlich einen der Endpunkte derselben Geraden mit *Im Dialogfenster definierte Bedingungen* und der Bedingung *Fixieren* festlegen. Die Grünfärbung zeigt jetzt an, dass das Profil als Ganzes **unverschiebbar** ist.

⇨ Skizze beenden mit *Umgebung verlassen*.

Umgebung verlassen

⇨ Mit der Funktion *Welle* die Skizze zum Drehkörper drehen. Im eingeblendeten Definitionsfenster endet die Welle nach einer vollen Drehung bei *Erster Winkel* 360 Grad und beginnt bei *Zweiter Winkel* 0 Grad. Die Funktion erkennt ein Drehprofil automatisch an der Achse, andernfalls müsste eine vorhandene Gerade bei *Achse* gesondert eingegeben werden.

Welle

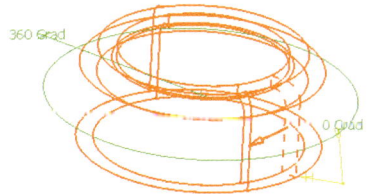

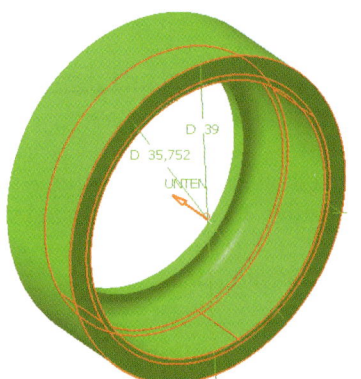

Bohrung

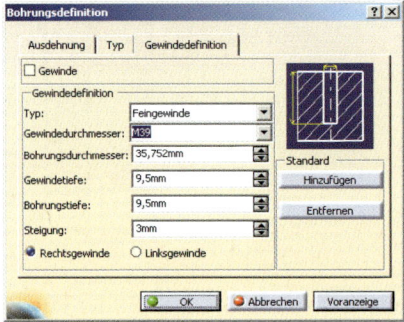

Die Kappe bekommt auf der Innenfläche eine Gewindebohrung M39. Diese setzt auf der Randebene zentrisch an und hat Feingewinde.

⇨ Eine Randkante der ebenen Randfläche auswählen (sie wird rot hervorgehoben) und mit der ebenen Randfläche selbst zusammenfassen (wird mit allen Rändern orange hervorgehoben). Die *Strg*-Taste muss dabei gedrückt sein. Beides der Funktion *Bohrung* übergeben. Dadurch wird automatisch eine zentrische Standardbohrung am Flächenrand erzeugt.

⇨ Im Dialog *Bohrungsdefinition* beim *Bohrtyp* die Ausdehnung *Sackloch* und beim *Typ* die Bohrungsform als *Normal* verlangen. Bei *Gewindedefinition* das *Gewinde* aktivieren und den Typ *Feingewinde* mit dem Gewindedurchmesser *M39* als *Rechtsgewinde* festlegen. Die Bohrungstiefe beträgt 9,5 mm. Die Gewindetiefe ist gleich der Bohrungstiefe, jeweils von der Skizze aus gemessen. Sie kann aber fertigungsbedingt auch nur 8,5 mm betragen.

Hinweis:
Eine schnelle und einfache Platzierung der Bohrung erfolgt, wenn die Geometrieeingabe vor dem Funktionsaufruf zusammengefasst wird. Die Startfläche der Bohrung und dazu die Kanten, auf die mit geometrischen oder maßlichen Regeln bezogen werden soll, definieren die Eingabe. Damit erzeugt die Funktion Bohrung automatisch eine geometrisch und maßlich geregelte Bohrungsskizze. Maßwerte können gegebenenfalls nachträglich korrigiert werden.

Verdecken/Anzeigen

⇨ Mit *Verdecken/Anzeigen* können die Hauptebenen ausgeblendet werden.

⇨ Mit *Datei > Sichern unter...* im passenden Ordner unter gleichem Namen speichern.
⇨ Mit *Start > Beenden* aufhören oder gleich zur nächsten Übung weiterblättern!

Übung Schutzblech

Ein Schutzblech soll konstruiert werden. Die gesamte Queransicht des Blechs wird in einem Zug skizziert, anschließend vermaßt und zum Block verzogen. Die zur Befestigung notwendigen Durchgangsbohrungen werden am Blech mittig angebracht. Für die Lochreihe wird ein Muster verwendet.

Was wird geübt?
Tangierende Bögen handhaben
Block mit offenem Profil anwenden

⇨ Neue Datei mit dem Typ *Part* anlegen und das Teil Schutzblech nennen.
⇨ Die Funktion *Skizzierer* aktivieren und eine Hauptebene als Skizzierebene auswählen.

Skizzierer

Nachfolgende Skizze der Blechseitenansicht als fortlaufenden Profilzug etwa maßstäblich zeichnen. Es wird vorgeschlagen, von außen oben links im Bild mit einer Geraden zu beginnen. Alle Kreise, außer am rechten Ende, tangieren die Nachbarn.

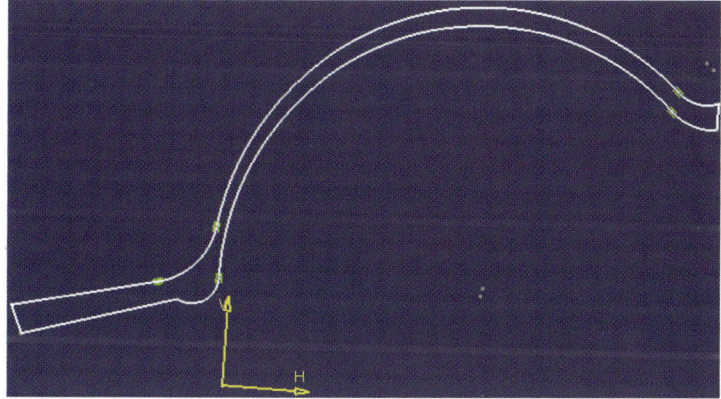

⇨ Die Funktion *Profil* selektieren. Automatisch erscheint bei *Skizziertools* die Auswahl für das nächste Kurvenstück (Gerade oder Tangentialbogen). **In etwa maßstäblich zeichnen!** Dabei helfen das Skizzenraster, die Koordinatenangaben am Mauszeiger oder die Längenangaben im Fenster der Funktionsgruppe *Skizziertools*.

Profil

⇨ Falls notwendig, die Skizze durch Ziehen der Objekte mit der Maus verschieben und dadurch die Form korrigieren. Eine Linie als Ganzes wird parallel bewegt, ein Zwischenpunkt bewegt die Nachbarn, ein Kreismittelpunkt verändert den Radius.
⇨ An der linken unteren Ecke der Skizze entsteht zwischen den Blechkanten ein rechter Winkel mit der Funktion *Im Dialogfenster definierte Bedingungen* und der Bedingung *Rechtwinklig*.

Im Dialogfenster def. Bedingungen

⇨ Die beiden langen geraden Blechkanten mit *Im Dialogfenster definierte Bedingungen* und der Bedingung *Parallelität* festlegen. Für die ineinander liegenden Kreisbögen entsprechend *Konzentrizität* fordern, um das Blech an den Ecken in gleicher Stärke umzubiegen (idealerweise).

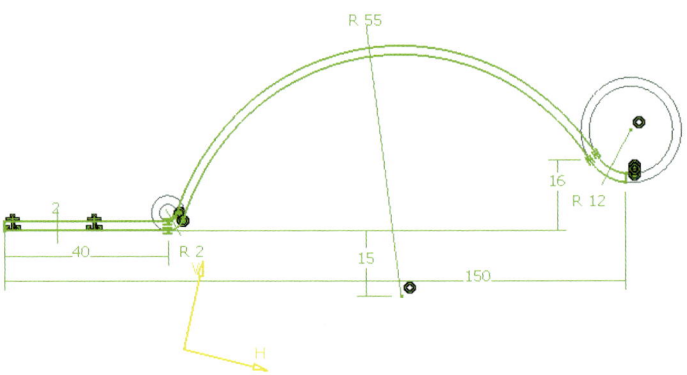

⇨ Alle Kreise münden jeweils mit der Bedingung *Tangentenstetigkeit* in die Nachbarlinien.

⇨ Damit das Blech auch am rechten Rand rechtwinklig zu sich endet, die kurze Endgerade und den Kreismittelpunkt der Endausrundung mit der Bedingung *Kongruenz* fluchtend legen. (**Alle Bedingungen gelten auch in gedachter Verlängerung.**)

⇨ Das Profil durch Ziehen mit der Maus auf **Formstabilität** prüfen.

 Bedingung

⇨ Anschließend mit der Funktion *Bedingung* die Länge des geraden Blechs durch Aktivieren der unteren Kante vermaßen. Das aktuelle Maß lässt sich durch Doppelklick im eingeblendeten Dialog auf 40 mm abändern. Nacheinander die beiden gegenüberliegenden geraden Kanten auswählen und mit 2 mm Abstand vermaßen. Die Kreise am Blech unten haben 2, 55 und 12 mm Innenradius. Der Mittelpunkt des großen Bogens liegt 15 mm unter dem geraden Blechstück. Der große Innenkreis endet auf der rechten Seite 16 mm darüber. Die Gesamtlänge des Blechs beträgt in Richtung des geraden Teils 150 mm.

⇨ Nachdem alle Maße festliegen, ist das Profil auch **maßstabil**. Dies durch „Ziehen" mit der Maus prüfen.

⇨ Um das noch bewegliche Profil numerisch abzusichern, eine Kante und einen der Endpunkte derselben Kante mit der Funktion *Im Dialogfenster definierte Bedingungen* und der Bedingung *Fixieren* an der aktuellen Position festsetzen. Die Grünfärbung zeigt jetzt an, dass das Profil als Ganzes **unverschiebbar** ist.

 Umgebung verlassen

⇨ Skizze beenden mit *Umgebung verlassen*.

 Block

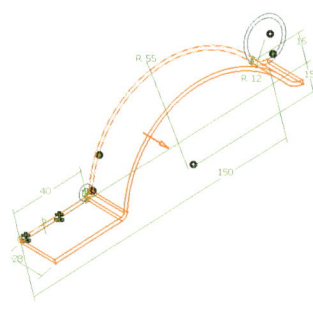

⇨ Die Funktion *Block* auswählen und die Skizze als Profil aktivieren. Der Block beginnt auf der Skizzenebene und erstreckt sich als *Erste Begrenzung* mit dem Typ *Bemaßung* in der *Länge* 28 mm.

Alternative

Alternativ ist es auch möglich, nur den unteren Randkurvenzug zu skizzieren (Radien 4, 55 und 14 mm). Mit *Block* und der Einstellung *Dick* unter *Profil/Fläche* kann bei *Dünner Block* mit dem *Aufmaß1* von 2 mm und *Aufmaß2* von 0 mm die Blechdicke erzeugt werden

(Seite beachten). Das Blech ist mit *Erste Begrenzung* und dem Typ *Bemaßung* 28 mm breit. Die Anfangsmeldung, dass der Rand ein offenes Profil ist, wird bestätigt.

Zur Befestigung sind zwei Bohrungen mit Durchmesser 6 mm im Abstand von 20 mm notwendig. Das erste Loch entsteht als Bohrung und das zweite als ein Bohrungsmuster.

⇨ Die Funktion *Bohrung* aktivieren und danach die ebene Oberfläche des Schutzblechs selektieren. Eine Standardbohrung an der Auswahlstelle zeichnen.

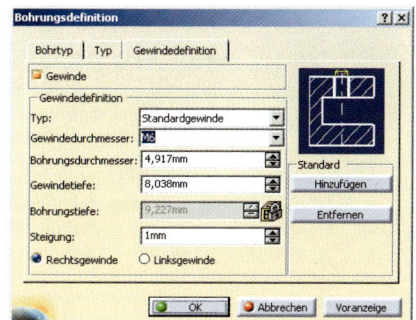
 Bohrung

⇨ Im Dialog *Bohrungsdefinition* als *Bohrtyp* die Ausdehnung *Bis zum nächsten* und den *Durchmesser* 6 mm wählen. Bei Typ gilt *Normal* und bei *Gewindedefinition* ist *Gewinde* inaktiv.

⇨ Bei *Positionierungsskizze* im Dialogfenster die Taste mit dem Skizziersymbol aktivieren. Die Bohrungsskizze öffnet sich. Die Bohrung kann jetzt innerhalb der Fläche positioniert werden.

 Positionierungs-skizze

⇨ Zu den gegenüberliegenden Außenkanten liegt der Einsetzpunkt der Bohrung mit der Funktion *Im Dialogfenster definierte Bedingungen* und der Bedingung *Äquidistanter Punkt* mittig.

⇨ Mit der Auswahl *Bedingung* hat der Einsetzpunkt zum linken Außenrand 10 mm Abstand.

⇨ Die Funktion *Rechteckmuster* blendet ein Dialogfenster ein. Das *Objekt für Muster* ist die erste Bohrung. Für *Erste Richtung* eines Rechtecks wird als *Referenzrichtung* eine der langen geraden Kanten des Blechs angegeben. Es sollen mit der Einstellung Parameter *Exemplar(e) & Abstand* 2 Exemplare mit dem *Abstand* 20 mm erzeugt werden. Die *Zweite Richtung* bleibt bei einer Bohrungsreihe frei.

 Rechteckmuster

⇨ Die Ausdehnungsrichtung gegebenenfalls mit dem Richtungspfeil umkehren.

⇨ Mit *Verdecken/Anzeigen* können die Hauptebenen ausgeblendet werden.

 Verdecken/An-zeigen

⇨ Mit *Datei > Sichern unter...* im passenden Ordner unter gleichem Namen speichern.
⇨ Mit *Start > Beenden* Schluss machen oder gleich die nächste Übung anpacken!

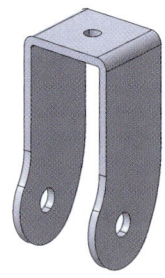

Übung Radhalter

Was wird geübt?

Ecke, Skizziertools

Alternative Skizzenausrundung kennen lernen
Offene Taschen nutzen

Ein bügelförmiges Blech soll als Radhalter eingesetzt werden. Der Radhalter hat dazu Bohrungen für die Achse und die Befestigung. Aus einem U-Profil als Skizze entsteht ein Strang (Prisma). Um den Achsvorlauf, bezogen auf die mittig angeschraubte Lenkerachse, zu konstruieren, wird ein offenes Taschenprofil in Form der seitlichen Ansicht vom Prisma abgezogen. Die Bohrungen werden separat erstellt.

⇨ Neue Datei mit dem Typ *Part* anlegen und das Teil Radhalter nennen.

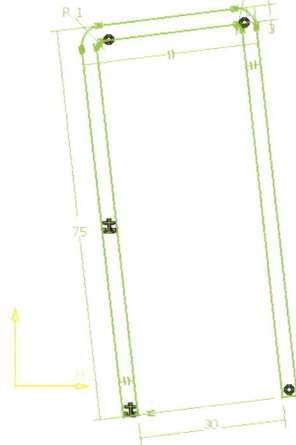

Das nachfolgende Profil eines U-förmigen Blechs wird als fortlaufender Profilzug etwa maßstäblich skizziert.

 Skizzierer

 Profil

⇨ Die Funktion *Skizzierer* aktivieren und eine Hauptebene als Skizzierebene auswählen.

⇨ Die Funktion *Profil* selektieren. Das Blechteil in etwa maßstäblich zeichnen. Zwischen Kreis und Gerade mit den *Skizziertools* jeweils auf *Tangentialbogen* umschalten. Der U-Bügel ist innen 30 mm breit, außen 75 mm hoch und das Blech 3mm stark. An den inneren Ecken wird das Blech mit 1 mm Radius umgebogen.

 Im Dialogfenster def. Bedingungen

⇨ Die Ausrundungskreise müssen mit *Im Dialogfenster definierte Bedingungen* und der Bedingung *Tangentenstetigkeit* jeweils tangential in die Kanten einmünden.

⇨ Die jeweils parallelen Blechkanten mit I*m Dialogfenster definierte Bedingungen* und der Bedingung *Parallelität* festlegen.

⇨ Eine Kante des Mittelteils zu einer Seitenkante mit derselben Funktion und der Bedingung *Rechtwinklig* festlegen.

⇨ Die unteren beiden Blechenden im Bild mit der Bedingung *Kongruenz* aufeinander ausrichten. Zusätzlich sind sie parallel zu einer oberen Kante.

⇨ Um das Blech an den Ecken in gleicher Stärke umzubiegen, müssen die beiden Kreismittelpunkte aufeinander liegen. Die beiden Kreise auswählen und mit *Konzentrizität* ineinander legen.

⇨ Durch Ziehen mit der Maus sollte das Profil auf **Formstabilität** geprüft werden.

 Bedingung

⇨ Anschließend mit der Funktion *Bedingung* die Höhe, Breite, die Blechdicke und die Innenradien (1 mm) vermaßen.

⇨ Jetzt sollte das Profil auch **maßstabil** sein, aber noch in alle Richtungen starr verschoben werden können.

⇨ Um das noch bewegliche Profil numerisch abzusichern, eine Kante und ihren End-

punkt mit der Funktion *Im Dialogfenster definierte Bedingungen* und der Bedingung *Fixieren* quer zu sich unverschiebbar festlegen. Die Grünfärbung zeigt jetzt an, dass das Profil als Ganzes **unverschiebbar** ist.

⇨ Skizze beenden mit Umgebung verlassen.

Alternative Lösung für Ausrundungen in einer Skizze. Das Profil wird zuerst vereinfacht in eckiger Ausführung erstellt. Erst nachträglich werden die gewünschten Ecken ausgerundet. (Zusätzlich ist wie zuvor ein „dicker Block" möglich.)

Alternative

⇨ Um das eckige Profil auszurunden, mit der Funktion *Ecke* den gewünschten Eckpunkt auswählen. Durch Verfahren mit der Maus kann der Ausrundungskreis dimensioniert und erstellt werden. Bei der Auswahl *Alle Elemente trimmen* in der Funktionsgruppe *Skizziertools* werden die Kanten automatisch gekürzt, bemaßt und mit Tangentenbedingungen versehen.

 Ecke

Skizziertools

⇨ Die Funktion *Block* aktivieren und das U-Profil zum Körper verziehen. Der Block beginnt auf der Skizzenebene und erstreckt sich als *Erste Begrenzung* mit dem Typ *Bemaßung* auf die *Länge* von 36 mm.

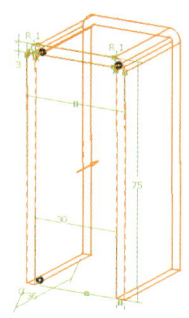 Block

Die Seitenflügel des U-Blechs sollen durchgehend 30 mm breit sein. Zusätzlich biegen sie nach vorne ab und sind am Ende verrundet. Dies wird mit einem nach außen offenen Taschenprofil erreicht.

⇨ Die Funktion *Skizzierer* aktivieren und eine der beiden Seitenflächen des U-Profils auswählen. Auf dieser ebenen Fläche liegt die Skizzierebene.

⇨ Die Funktion *Profil* selektieren. Nebenstehende Skizze als fortlaufenden Profilzug etwa maß-stäblich zeichnen, beginnend beispielsweise am

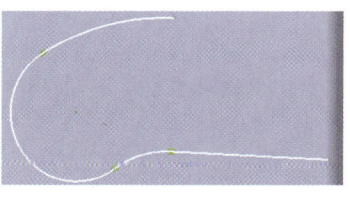

oberen Bogen im Bild entgegen der Uhr. Maßstäbliches Zeichnen ist bei tangierenden Bögen besonders wichtig. Mit dem *Dreipunktbogen* beginnen und daran einen gleichsinnigen *Tangentialbogen* anschließen. Daran schließt sich ein ebenfalls tangierender Gegenbogen an. Das Profil endet mit einer wieder tangierenden Geraden. Durch geschicktes Manövrieren mit der Maus lassen sich die Kreise wie gewünscht platzieren. Den Profilzug durch Doppelklick beenden. Eventuell zuviel gezeichnete Kurven können nach Beendigung des Profilzugs ausgewählt und mit

 Skizziertools

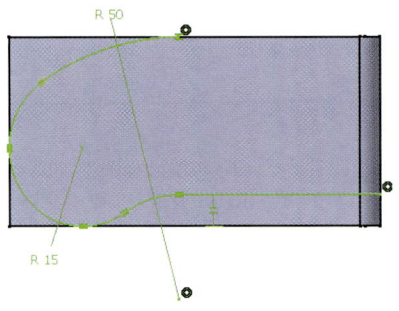

Bearbeiten > Löschen oder der Entf-Taste einzeln gelöscht werden.

⇨ Das Profil beginnt an der in der Darstellung oberen Kante. Diese Kante (bei der Auswahl wird eine Körperkante rot hervorgehoben) und den Kreisanfangspunkt mit Im Dialogfenster definierte Bedingungen und der Bedingung Kongruenz aufeinander legen.

⇨ Die obere Kante und den Kreis mit der Bedingung Tangentenstetigkeit zusätzlich ineinander einmünden lassen.

⇨ Die tangentiale Einmündung des zweiten, engeren Kreises an der linken und unteren Seitenkante wiederholen.

⇨ Die Endgerade mit der Bedingung Parallelität auf die untere Kante beziehen.

⇨ Den Endpunkt der Geraden mit der Bedingung Kongruenz bündig zur äußeren Zwischenfläche des U-Profils legen (bei der Auswahl wird eine Fläche orange hervorgehoben).

⇨ Damit das Blech in gleich bleibender Breite abbiegt, müssen die beiden gegenüberliegenden Kreisbögen (der in Aufbaureihenfolge erste und dritte Kreis) mit der Bedingung Konzentrizität ineinander liegen. Prüfen, ob das Profil **formstabil** ist.

⇨ Anschließend die Blechbreite von 30 mm festlegen, indem der Kreisbogen der Endausrundung mit der Funktion Bedingung den Radius 15 mm erhält.

⇨ Lediglich der kreisparallele Übergang am abbiegenden Ende ist noch frei. Den Außenbogen mit 50 mm Radius bemaßen.

⇨ Jetzt sollte das Profil auch **maßstabil** und **unverschiebbar** sein. Es ist objektorientiert vom vorhandenen Körper abhängig.

⇨ Skizze beenden mit Umgebung verlassen.

 Tasche

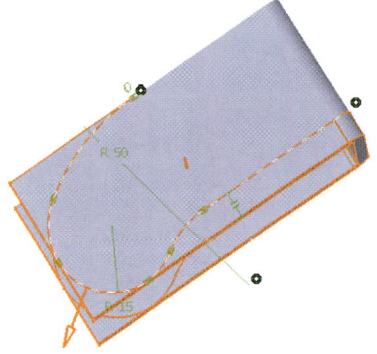

⇨ Das erstellte Abzugsprofil auswählen und die Funktion Tasche aktivieren. Mit einem Pfeil wird die Taschentiefe angezeigt, also die Richtung, in der vom bestehenden Körper abgezogen wird. Den Pfeil nach Bedarf in der Zeichnung oder mit Richtung umkehren im Definitionsfenster umsetzen. Mit einem zweiten Pfeil wird bei einem offenen Profil die Taschenseite angezeigt, also die Seite, die vom bestehenden Körper abgezogen wird. Den Pfeil selbst oder mit Seite umkehren umsetzen. Im Fenster Taschendefinition erstreckt sich die Tasche als Erste Begrenzung mit Typ Bis zum letzten zum gegenüberliegenden Seitenflügel und beginnt an der Zweiten Begrenzung Skizzierebene mit Offset 0 mm.

Hinweis:

Profile müssen geschlossen sein. Diese Regel bedeutet hier in erweiterter Form, dass das offene Profil mit der Berandung des Körpers abschließt, von dem die Tasche abgezogen werden soll. In sich geschlossene Taschen, auch mehrere zusammen, müssen im Innern oder auf dem Rand des betroffenen Körpers liegen. „Offene" Profile dürfen keine weiteren geschlossenen Profile enthalten.

Im Falle des Radhalters wird quer zur Auszugrichtung abgetrennt. Das Taschenprofil muss auch am Geradenende mit dem Körperrand abschließen. Voraussetzung ist dabei, dass das Querblech absolut rechtwinklig weiterführt und das muss aus den Bedingungen der Skizze erkannt werden. Falls dies zu Problemen führt, kann das Profil durch zwei weitere randparallele Geraden geschlossen werden. Oder Geraden stehen einfach mit Maß 1 mm über.

Die mittig zum Blech liegenden Achs- und Befestigungsbohrungen werden als Durchgangsbohrungen erzeugt.

⇨ Die Funktion *Bohrung* aktivieren und danach eine Seitenfläche des U-Blechs selektieren. Eine Standardbohrung wird an der Auswahlstelle gezeichnet.

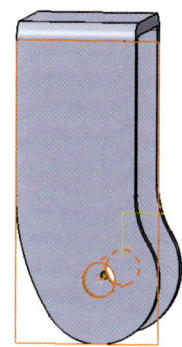 Bohrung

⇨ Im Fenster *Bohrungsdefinition* als Bohrtyp die Ausdehnung *Bis zum letzten* auswählen und den *Durchmesser* mit 8,2 mm festlegen. Bei *Typ* gilt *Normal* und bei *Gewindedefinition* ist *Gewinde* inaktiv.

⇨ Zur Positionierung der Bohrung innerhalb der Fläche die Bohrungsskizze direkt öffnen.

⇨ Den Einsetzpunkt der Bohrung zum Kreis der Endausrundung mit *Im Dialogfenster definierte Bedingungen* und der Bedingung *Konzentrizität* mittig legen.

⇨ Dasselbe für die Bohrung mit Durchmesser 6 mm im Mittelstück wiederholen. Diese durch Auswahl jeweils gegenüberliegender Außenkanten und des Einsetzpunkts mit der Bedingung *Äquidistanter Punkt* ins Zentrum des Zwischenblechs legen. Dies gilt für beide Richtungen.

⇨ Mit *Verdecken/Anzeigen* können die Hauptebenen ausgeblendet werden.

Verdecken/An-
zeigen

Als Alternative bietet sich auch an, das U nur als symmetrisch halben Winkel zu gestalten. Zur mittleren Schnittebene lässt sich dann das ganze gebohrte Blech spiegeln.

Alternative

⇨ Mit *Datei > Sichern unter...* im passenden Ordner unter gleichem Namen speichern.

⇨ Mit *Start > Beenden* aufhören oder gleich weiterüben!

Übung Stange

Was wird geübt?
Automatische Bedingungen
Skizze symmetrisch ausrichten

Das Mittelstück einer Lenkstange wird als Rohr konstruiert. An einem Ende ist eine geschlitzte Klemmschelle angebracht. Etwa in Rohrmitte wird eine äußere Nut für die Drehbewegung der Lenkstange benötigt. Am entgegengesetzten Ende ist das Rohr geschlossen und mittig gebohrt. Das Rohr wird wegen der Nut als schmaler rechteckiger Querschnitt um eine Achse zum Rotationskörper gedreht. Die Klemmschelle am oberen und der Stopfen am unteren Rohrende entstehen als Blöcke aus Profilen, die auf den Rohrdeckflächen liegen.

⇨ Neue Datei mit dem Typ *Part* anlegen und das Teil Stange nennen.

Das Programm unterstützt beim Skizzieren, indem es gefundene geometrische Beziehungen zu anderen Objekten automatisch in blauer Farbe anzeigt. Diese Vorschläge können angenommen oder auch durch Weiterbewegen der Maus verworfen werden. Um die gewünschten Regelvorschläge beim Skizzieren eines Profils zu nutzen, müssen die Linienendpunkte jeweils mit etwas Feingefühl positioniert werden. Beim Bestätigen der Vorschläge werden diese als explizite geometrische Bedingungen automatisch generiert. Diese Funktionalität wurde bisher nicht benützt, damit die geometrischen Bedingungen besser verstanden werden. Ab jetzt wird von dieser Erleichterung Gebrauch gemacht. Dazu muss sie aktiviert werden, kann aber jederzeit wieder deaktiviert werden.

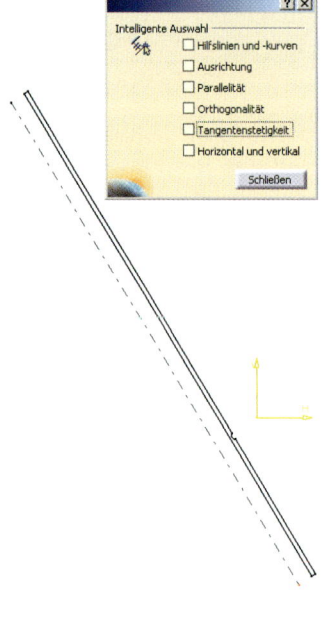

⇨ Unter *Tools > Optionen > Mechanische Konstruktion > Sketcher > Bedingung > Intelligente Auswahl...* im Dialogfenster die Bedingungen *Hilfslinien und -kurven, Ausrichtung* und *Parallelität, Rechtwinkligkeit und Tangentenstetigkeit* aktivieren. Die Auswahl *Horizontal und vertikal* wird nicht empfohlen, da bei objektorientierter Arbeitsweise nur auf eigene Körpergeometrie bezogen wird, nicht aber auf die Achsrichtungen.

Den folgenden Längsschnitt des Rohrs als fortlaufenden Profilzug etwa maßstäblich skizzieren.

⇨ Die Funktion *Skizzierer* aktivieren und eine Hauptebene als Skizzierebene auswählen.
⇨ Mit *Achse* die Drehachse des Rohres etwa maßstäblich zeichnen.
⇨ Die Funktion *Profil* selektieren. Vom Innenrand unten links im Bild ausgehend den rechteckigen Schnittquerschnitt mit dem Nutkreis skizzieren.

 Skizzierer

 Achse

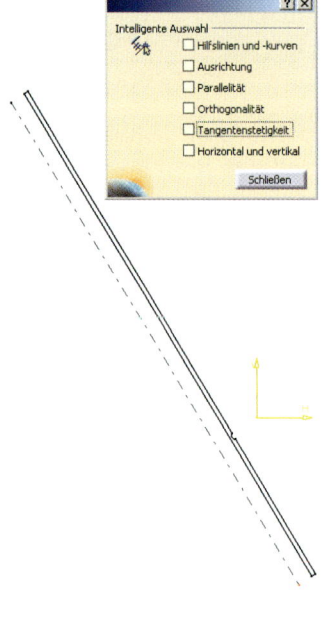 Profil

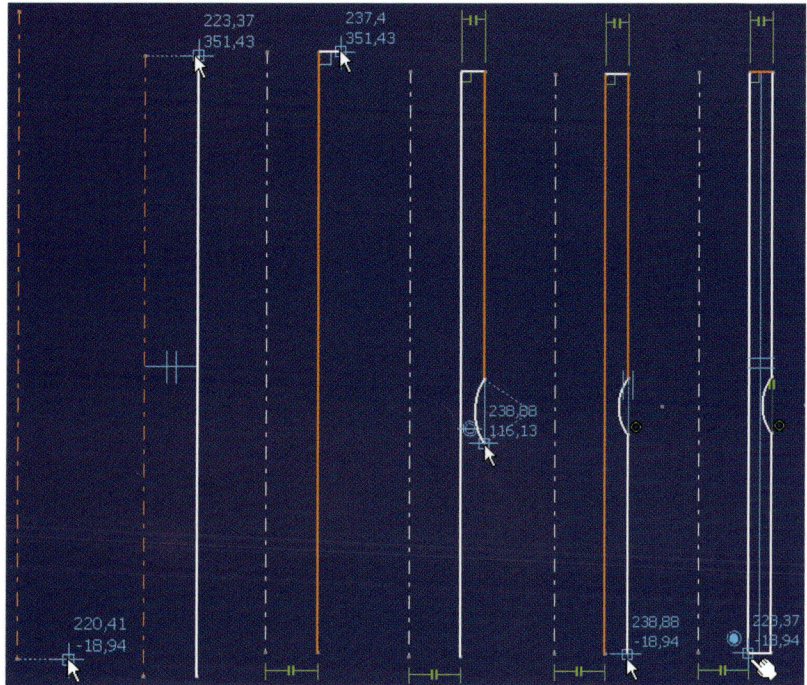

Automatisch generierte
Bedingungen

Das Programm macht jetzt Vorschläge für geometrische Bedingungen mit blauen Symbolen. In einer Bildfolge von links nach rechts sind die einzelnen Schritte des Profilzugs dargestellt. Bei der ersten Geraden wird am Startpunkt der Regelvorschlag gemacht, auf gleicher Höhe wie die links liegende Achse zu beginnen (1). Das Bezugselement erscheint rot. Auch den Vorschlag mit dem Symbol Parallelität zur Achse benutzen (2). Am Rohrende auf gleiche Höhe zur Achse (2) und beim kurzen Randstück auf die Rechtwinkligkeit achten (3). Eine weitere parallele Gerade einfügen. Beim Nutbeginn den Dreipunktbogen aus der Funktionsgruppe *Skizziertools* benutzen und das Ende auf die obere Gerade ausrichten (4). Das Ende der nächsten parallelen Geraden liegt auf gleicher Höhe wie der Innenrand (5). Der Profilzug endet am Anfang (6).

Beim Rohrquerschnitt müssen die Längsränder parallel sein und die Endkanten senkrecht dazu liegen. Am Kreis läuft der Außenrand durch. Aus numerischen Gründen wird empfohlen, die Achse auf Höhe der Endränder mit Bedingungen enden zu lassen.

⇨ Fehlende Bedingungen mit *Im Dialogfenster definierte Bedingungen* ergänzen und die **Formstabilität** prüfen.

⇨ Mit der Funktion *Bedingung* zwischen der Achse und dem Außenrand den Radius 14,6 mm bemaßen. Die Rohrlänge beträgt 400 mm und die Wandstärke 3,2 mm.

⇨ Der Nutmittelpunkt liegt 114 mm vom unteren Rohrende entfernt. Der Nutkreis dringt 1,6 mm vom Außenrand nach innen ein. Der Kreisradius beträgt 2,4 mm.

 Im Dialogfenster
def. Bedingungen

 Bedingung

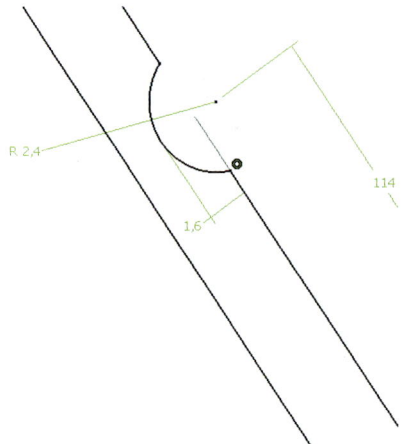

Das Profil ist jetzt **maßstabil**.

⇨ Das noch bewegliche Profil als **unverschiebbar** numerisch absichern. Eine Kante und ihren Endpunkt mit der Funktion *Im Dialogfenster definierte Bedingungen* und der Bedingung *Fixieren* festlegen.

⇨ Skizze beenden mit *Umgebung verlassen*.

⇨ Mit der Funktion *Welle* die Skizze zum Drehkörper drehen. Er endet nach einer vollen Drehung bei *Erster Winkel* 360 Grad und beginnt bei *Zweiter Winkel* 0 Grad.

 Umgebung verlassen

Welle

Die Klemmschelle liegt am oberen Ende des Rohrs. Das Außenprofil liegt direkt auf dessen Endebene. Die Schelle als Block ist ein Positivkörper und baut am schon vorhandenen Körper an, erweitert ihn also monolithisch (als ein Stück).

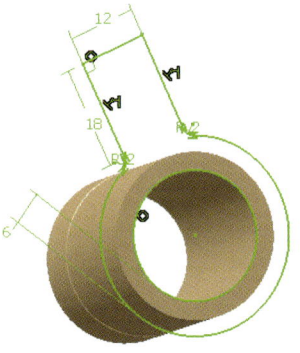

⇨ Die Funktion *Skizzierer* aktivieren und die obere Endebene des Rohrs auswählen. Auf dieser Fläche liegt die Skizzierebene. (Steht die obere Randkante nicht senkrecht zur Achse, ist diese Fläche ein Kegel. Dann lässt sich darauf keine Skizzierebene anlegen.)

⇨ Mit der Funktion *Kreis* den Innenkreis der Klemmschelle in die Nähe des Rohrinnenrands legen.

⇨ Mit der Funktion *Profil* nebenstehende Skizze als fortlaufenden Profilzug etwa maßstäblich zeichnen. Das Klemmteil ist ein Rechteck. Beim Profilzug können die tangierenden Eckausrundungen gleich mitskizziert werden. Sie lassen sich auch nachträglich mit der Funktion *Ecke* anbringen.

Kreis

⇨ Außenkreis und Innenkreis des Profils liegen mit *Konzentrizität* ineinander.

⇨ Die beiden parallelen Ränder des Klemmteils liegen zu den Kreismittelpunkten mit *Äquidistanter Punkt* mittig.

⇨ Das Profil ist jetzt in sich **formstabil** und sollte geprüft werden.

⇨ Anschließend wird vermaßt. Die Gesamtbreite der Klemmschelle mit der Funktion *Bedingung* als Abstand der beiden Kreise mit 6 mm festlegen.

⇨ Das Klemmteil ist 12 mm breit und ragt vom Ende der Eckausrundungen 18 mm aus. Die Eckausrundung selbst hat einen Radius von 2 mm.

⇨ Das jetzt noch frei bewegliche und im Durchmesser freie Profil wird mit Hilfe der Funktion *Im Dialogfenster definierte Bedingungen* am Innenkreis mit *Kongruenz* auf den Innenrand des Körpers bezogen (bei der Auswahl wird eine Körperkante rot hervorgehoben). **Maßstabilität** prüfen.

⇨ Jetzt ist das Profil objektorientiert auf das Rohr bezogen konstruiert. Trotzdem lässt es sich noch um die Rohrachse drehen, denn dafür ergibt sich keine Regel. Diese Drehung wird aus numerischen Gründen festgelegt durch ein beliebiges Winkelmaß zwischen einer Kante des Klemmteils und einer Skizzenachse. (Es kann auch beispielsweise *Vertikal* gewählt werden.) Jetzt ist das Profil **unverschiebbar** und wird grün.

⇨ Skizze beenden mit *Umgebung verlassen*.

⇨ Die Funktion *Block* aktivieren und das Profil der Klemmschelle zum Körper verziehen. Der Block beginnt auf der Skizzenebene und erstreckt sich als *Erste Begrenzung* mit dem Typ *Bemaßung* auf die *Länge* von 20 mm in Rohrrichtung.

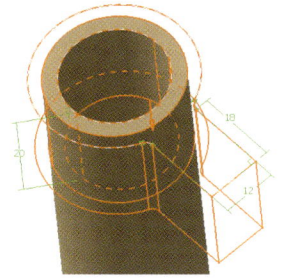

Block

Klemmschelle und Rohr sollen geschlitzt sein. Dazu wird ein Profil auf die Stirnfläche der Schelle gezeichnet. Es wird von dort normal auf den Rohrkörper projiziert und dann als Tasche von diesem abgezogen.

⇨ Die Funktion *Skizzierer* aktivieren und die Stirnfläche der Klemmschelle als Skizzierebene auswählen.

⇨ Mit der Funktion *Profil* das abgebildete Profil etwa maßstäblich skizzieren.

⇨ Die beiden parallelen Längsränder sind zum Mittelpunkt des Endkreises mit der Funktion *Im Dialogfenster definierte Bedingungen* und *Äquidistanter Punkt* symmetrisch.

⇨ Die Endkante steht mit *Rechtwinklig* senkrecht zu den Längsrändern. **Formstabiltiät** prüfen.

⇨ Mit der Funktion *Bedingung* wird vermaßt. Der Schlitz ist 2 mm breit, vom Beginn der Endausrundung aus gemessen 40 mm lang. Der Endkreis hat einen Radius von 5 mm. **Maßstabilität** prüfen.

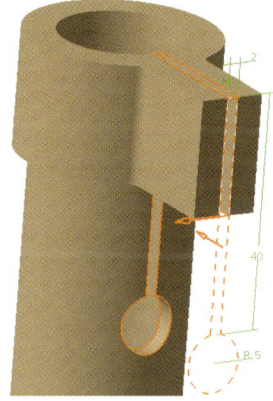

⇨ Um das Taschenprofil objektorientiert auf den Körper zu beziehen, die Endgerade des Schlitzes zur im Bild oberen kurzen Kante der Klemmschelle mit *Kongruenz* bündig legen. Das starre Profil kann sich nur noch parallel verschieben.

⇨ Daher den Kreismittelpunkt des Schlitzes auf die Zylinderachse des Rohrs (Mantelfläche auswählen) mit *Kongruenz* mittig legen. Das **unverschiebbare** Profil wird grün.

⇨ Skizze beenden mit Umgebung verlassen.

⇨ Mit der Funktion *Tasche* das Profil vom Körper abziehen. Im Dialog *Taschendefinition* erstreckt sich die Tasche von der Skizzierebene und dem *Offset* 0 mm bis zum Innenrohr als Typ *Bis zum nächsten*.

Tasche

Am unteren, der Nut näher gelegenen Rohrende wird ein Stopfen angebracht (einge-presst, geklebt oder verschweißt) und mit einer mittigen Gewindebohrung versehen.

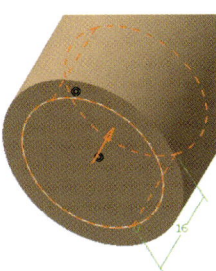

⇨ Die Skizzierebene mit der Funktion *Skizzierer* auf die Stirn-fläche des Rohres legen.

⇨ Mit der Funktion *Kreis* einen Kreis ins Rohr zeichnen.

⇨ Den Profilkreis und den Innenrand des Rohres mit der Funktion *Im Dialogfenster definierte Bedingungen* und *Kon-gruenz* bündig aufeinander legen. Das Profil ist jetzt **form-**, **maß-** und **lagestabil**.

⇨ Skizze beenden mit *Umgebung* verlassen.

⇨ Die Funktion *Block* aktivieren und das Kreisprofil zum Körper verziehen. Der Block beginnt auf der Skizzenebene und erstreckt sich als *Erste Begrenzung* mit dem Typ *Bemaßung* auf die *Länge* von 16 mm ins Rohrinnere.

Jeweils mittig zu den entsprechenden Ebenen liegen die Bohrungen an der Klemm-schelle und am Stopfen.

 Bohrung

⇨ Die Funktion *Bohrung* aktivieren und danach eine Seitenfläche der Klemmschelle selektieren. Eine Standardbohrung an der Auswahlstelle zeichnen.

⇨ Im Fenster *Bohrungsdefinition* als *Bohrtyp* die Ausdehnung *Bis zum letzten* und den Durchmesser 6,2 mm eingeben. Bei *Typ* gilt *Normal* und bei *Gewindedefinition* ist *Gewinde* inaktiv.

 Positionierungs-skizze

⇨ Zur Positionierung der Bohrung die *Positionierungsskizze* öffnen.

⇨ Zu den parallelen Rändern der ebenen Seitenfläche, beziehungsweise zwischen Rand und Rundungskante, liegt der Einsetzpunkt der Bohrung mit der Funktion *Im Dialogfenster definierte Bedingungen* und der Bedingung *Äquidistanter Punkt* jeweils mittig.

⇨ Die Gewindebohrung am anderen Rohrende mit *Bohrung* auf die Stopfenfläche legen.

⇨ Im Fenster *Bohrungsdefinition* beim *Bohrtyp* die Ausdehnung *Bis zum nächsten* und beim *Typ* die Bohrungsform als *Normal* verlangen. Mit *Gewindedefinition* das *Ge-winde* aktivieren und den Typ *Standardgewinde* mit dem Gewindedurchmesser *M6* als *Rechtsgewinde* festlegen. Die Bohrungstiefe wird automatisch vergeben. Die *Gewindetiefe* kann größer oder gleich der *Bohrungstiefe* eingegeben werden.

⇨ Den Einsetzpunkt der Bohrung zum Rand des Rohrs (rot hervorgehoben) mit *Im Di-alogfenster definierte Bedingungen* und der Bedingung *Konzentrizität* mittig legen.

 Verdecken/An-zeigen

⇨ Mit *Verdecken/Anzeigen* können die Hauptebenen ausgeblendet werden.

⇨ Mit *Datei > Sichern unter...* im passenden Ordner unter gleichem Namen speichern.

⇨ Mit *Start > Beenden* Schluss machen oder weiter geht's!

Übung Lenker

Der Lenker besteht aus zwei T-förmig zusammengeschweißten Rohren. Die Rohre werden in massiver Form als *Block* mit Kreisquerschnitt und aus einem um eine Achse zur *Welle* gedrehten Rechteckquerschnitt erzeugt. Aus den vollen Zylindern macht die Funktion *Schalenelement* dünnwandige Rohre.
Die automatisch vorgeschlagenen geometrischen Bedingungen sollen weiterhin aktiv sein.

Was wird geübt?
Schalenelement

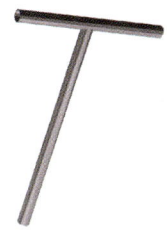

⇨ Neue Datei mit dem Typ *Part* anlegen und das Teil Lenker nennen.

⇨ Die Funktion *Skizzierer* aktivieren und eine beliebige Ebene als Skizzierebene auswählen.

 Skizzierer

⇨ Mit der Funktion *Kreis* an gewünschter Stelle in der Nähe des Achsenkreuzes den Mittelpunkt des Kreises durch Mausklick festlegen. Durch Aufziehen entsteht der Kreis.

 Kreis

⇨ Den Kreis mit der Funktion *Bedingung* vermaßen. Der Zylinderradius beträgt 11,2 mm. Das Profil ist jetzt **maßstabil**.

 Bedingung

⇨ Um den noch beweglichen Kreis numerisch abzusichern, den Mittelpunkt mit *Im Dialogfenster definierte Bedingungen* und der Bedingung *Fixieren* festhalten. Das Profil wird **unverschiebbar** und grün hervorgehoben.

 Im Dialogfenster def. Bedingungen

⇨ Skizze beenden mit *Umgebung verlassen*.

Umgebung verlassen

⇨ Die Skizze mit der Funktion *Block* zum Zylinder hochziehen. Er beginnt auf der Skizzenebene und erstreckt sich als *Erste Begrenzung* mit dem Typ *Bemaßung* in der Länge 300 mm.

 Block

Die quer liegende Lenkstange wird als Drehprofil direkt auf der Deckelfläche der senkrechten Zylinderstange konstruiert. Diese Deckelfläche liegt genau bündig zur Lenkstange. Aus dem mit einer Achse geschlossenen Profil wird eine *Welle*. Eine *Welle* als Positivkörper baut am schon vorhandenen Körper an und erweitert ihn monolithisch (als ein Stück).

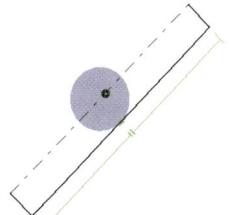

⇨ Die Funktion *Skizzierer* aktivieren und die obere Endebene des Zylinders auswählen. Auf dieser ebenen Fläche liegt die neue Skizzierebene.

⇨ Die Funktion *Profil* selektieren. Mit geschickter Nutzung der Regelvorschläge ein Rechteck über dem Zylinderdeckel skizzieren. Die grünen Regelsymbole Doppelstriche zeigen *Parallelität* an. Das Quadratsymbol im Geradeneck bedeutet *Rechtwinkligkeit*.

 Profil

⇨ Die auf der Mitte des Zylinders liegende Gerade auswählen und anschließend die Funktion *Achse* aktivieren. Im eingeblendeten Dialog *Achsenerzeugung* die Linie in eine Achse umwandeln. Achsen sind normalerweise strichpunktiert. Das jetzt in sich **formstabile** Profil sollte geprüft werden.

 Achse

> **Hinweis:**
> Ein Drehprofil muss geschlossen sein, entweder in sich oder begrenzt durch eine Drehachse. (Die Profilendpunkte sollten dann kongruent auf ihr liegen.) Die Achse kann zuerst als separate Gerade gezeichnet werden. Anschließend ergänzt das Profil darum herum. Manchmal ist es einfacher, eine Kante eines geschlossenen Profils nachträglich zur Achse zu erklären. Je Skizze ist nur eine Achse möglich. Auch eine Raumgerade kann Drehachse sein.

⇨ Der Radius des Drehteils ergibt sich aus dem Anschlusszylinder. Die Profilachse und die Zylinderachse (Zylinder am Mantel auswählen) mit der Funktion *Im Dialogfenster definierte Bedingungen* und *Kongruenz* aufeinander legen. Der Rohrradius wird vom Zylinder übernommen, indem die Profilkante mit dem Zylinderrand mit *Tangentenstetigkeit* festgelegt wird.

⇨ Der Lenker soll symmetrisch zur Stange liegen. Die beiden kurzen Außenkanten und die Achse des Stangenzylinders auswählen und mit *Äquidistanter Punkt* ausrichten. (Die Mantelfläche steht wieder stellvertretend für die Achse.)

⇨ Anschließend das Profil vermaßen. Die beiden Endgeraden werden mit der Funktion *Bedingung* im Abstand 300 mm festgelegt. Das Profil ist jetzt **maßstabil** und sollte geprüft werden.

⇨ Das noch drehbare Profil numerisch absichern. Dazu eine Kante und eine Skizzenachse mit *Im Dialogfenster definierte Bedingungen* und *Parallelität* ausrichten. Es wird **unverschiebbar**.

⇨ Skizze beenden mit *Umgebung verlassen*.

 Welle

⇨ Die Skizze mit der Funktion *Welle* zum vollen Zylinder drehen (*Erster Winkel* 360 Grad) und monolithisch (zu einem Stück) am vorhandenen Körper anfügen.

Das massive Stabkreuz muss noch zum Rohr ausgehöhlt werden. Dies ermöglicht die Funktion *Schalenelement*. Aus einem massiven Quader wird beispielsweise eine innen hohle Kiste. Zusätzlich kann dessen Deckel geöffnet werden.

 Schalenelement

⇨ Mit der Funktion *Schalenelement* den Körper aushöhlen. Ein Dialogfenster öffnet sich. Von der bestehenden Oberfläche aus mit *Standardstärke innen* 1 mm die Wandstärke festlegen. *Standardstärke außen* würde aufdicken. Damit ist der Lenker hohl und an den Rohrenden geschlossen. Bei *Zu entfernende Teilflächen* können, auch nachträglich, die drei Rohrdeckel angegeben und damit entfernt werden.

Verdecken/Anzeigen

⇨ Mit *Verdecken/Anzeigen* können die Hauptebenen ausgeblendet werden.

⇨ Mit *Datei > Sichern unter...* im passenden Ordner unter gleichem Namen speichern.

⇨ Mit *Start > Beenden* Schluss machen oder gleich die nächste Übung anpacken!

Übung Rad

Ein Rad entsteht als Drehteil aus dem halben massiven Querschnittsprofil. Die Speichen ergeben sich durch eine dreieckförmige Tasche. Diese Originaltasche wird als Kreismuster vervielfacht und abgezogen.

⇨ Neue Datei als Typ *Part* anlegen und das Teil Rad nennen.

Was wird geübt?
Linie, Konstruktionselement, Kreismuster
Hilfslinien zur Skizzenkonstruktion nutzen

Das dargestellte Profil eines Schnitts durch die Radmitte wird als fortlaufender Profilzug etwa maßstäblich skizziert.

⇨ Die Funktion *Skizzierer* aktivieren und eine Hauptebene als Skizzierebene auswählen.

 Skizzierer

⇨ Die Funktion *Profil* selektieren. Mit parallelen Geraden im Wechsel mit einem Dreipunktbogen entsteht das formstabile Profil fast automatisch mit den vorgeschlagenen geometrischen Bedingungen.

 Profil

⇨ Zwischen die beiden Nabenaußenkanten den dazu ausgewählten Mittelpunkt des Reifenkreises mit der Funktion *Im Dialogfenster definierte Bedingungen* und der Bedingung *Äquidistanter Punkt* mittig positionieren. Dasselbe für die Stegkanten wiederholen.

 Im Dialogfenster def. Bedingungen

⇨ Die Drehachse im Innern der Nabe mit der Funktion *Achse* als ein Geradenstück beliebiger Länge zeichnen.

 Achse

⇨ Die Endpunkte der Achse und die entsprechenden senkrecht dazu stehenden Außengeraden an der Nabe mit *Im Dialogfenster definierte Bedingungen* und der Bedingung *Kongruenz* aufeinander legen.

⇨ Noch fehlende geometrische Regeln mit *Im Dialogfenster definierte Bedingungen* ergänzen und die **Formstabilität** prüfen.

⇨ Anschließend mit der Funktion *Bedingung* die Nabenbreite 30 mm, deren Dicke 8 mm und das Wellenloch mit Radius 4,2 mm vermaßen. Der Steg misst 16 mm, der Reifen hat 11 mm Radius, und dessen Mittelpunkt hat 38 mm Achsabstand.

Bedingung

⇨ Jetzt sollte das Profil auch **maßstabil** sein, aber noch in alle Richtungen starr verschoben werden können.

⇨ Zur Absicherung in den Skizzenachsen eine Kante und deren Endpunkt mit der Funktion *Im Dialogfenster definierte Bedingungen* und der Bedingung *Fixieren* in der Nähe des Ursprungs festlegen. Das Profil wird **unverschiebbar** und daher grün gekennzeichnet.

⇨ Skizze beenden mit *Umgebung verlassen*.

 Umgebung verlassen

⇨ Mit der Funktion *Welle* die Skizze zum Rad drehen (*Erster Winkel* 360 Grad).

 Welle

Zwischen Reifen und Nabe sollen Durchbrüche Material sparen. Dadurch entstehen breite Speichen.

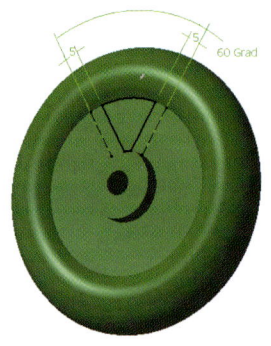

⇨ Auf der Stegfläche mit dem *Skizzierer* eine neue Skizze für die Durchbrüche anlegen.

⇨ Mit der Funktion *Profil* einen Profilzug aus zwei Geraden und zwei gleichsinnig gekrümmten Dreipunktbögen skizzieren.

⇨ Den langen äußeren Kreisabschnitt zur Innenkante am Reifen bündig legen mit *Im Dialogfenster definierte Bedingungen* und der Bedingung *Kongruenz*. Dasselbe für den inneren Kreis und die Nabenkante wiederholen.

⇨ Zwei Hilfsgeraden als *Linie* und der Einstellung *Konstruktionselement* jeweils parallel neben den Durchbruch skizzieren. Sie dienen als Speichenmitte.

 Linie

 Konstruktionselement

⇨ Die Endpunkte der Hilfsgeraden jeweils auf gleiche Innenkanten der Speichenfläche legen mit *Im Dialogfenster definierte Bedingungen* und der Bedingung *Kongruenz*.

⇨ Die Hilfsgeraden liegen zusätzlich jeweils mit der Zylinderachse der Nabe (Mantelfläche auswählen) mit *Im Dialogfenster definierte Bedingungen* und der Bedingung *Kongruenz* fluchtend. Die Zylinderachse ist in der Skizze eigentlich ein Punkt. **Formstabilität** prüfen.

⇨ Mit der Funktion *Bedingung* vermaßen. Die halbe Speichenbreite zwischen Hilfsgerade und Taschenrand misst 5 mm. Mit dem Winkel 60 Grad zwischen den Speichenmitten werden 6 Taschen geplant. **Maßstabilität** prüfen.

⇨ Das noch drehbare Profil numerisch absichern. Eine Kante und eine Skizzenachse mit *Bedingung* und beliebigem Winkel vermaßen. Das **lagestabile** Profil wird grün.

⇨ Skizze beenden mit *Umgebung verlassen*.

Tasche

⇨ Mit der Funktion *Tasche* das Profil vom Körper abziehen. Im Fenster *Taschendefinition* erstreckt sich die Tasche von der Skizzierebene (*Offset* 0 mm) bis zur Gegenseite (Typ *Bis zum nächsten*).

Aus einem Durchbruch als Muster werden durch Drehen um die Radachse sechs.

Kreismuster

⇨ Die Funktion *Kreismuster* aktivieren (erreichbar durch Aufklappen der Funktion *Rechteckmuster* am schwarzen Pfeil) und die Originaltasche als *Objekt für Muster* auswählen. Als *Parameter* kann *Vollständiger Kranz* mit 6 *Exemplaren* angegeben werden. Die Musterachse als *Referenzrichtung* ist die Radachse. Sie kann beispielsweise durch Auswahl der Mantelfläche des Nabenzylinders angegeben werden.

⇨ Mit *Verdecken/Anzeigen* können die Hauptebenen ausgeblendet werden.

Verdecken/Anzeigen

⇨ Mit *Datei > Sichern unter...* im passenden Ordner unter gleichem Namen speichern.

⇨ Mit *Start > Beenden* Schluss machen oder gleich weiterüben!

Übung Kipphebel

Der Kipphebel ist zu seiner Mittelebene symmetrisch und wird daher als „halber" Körper konstruiert. Dadurch ist es möglich, den mittigen Schlitz von der Mittelebene aus vom halben Körper als Tasche abzuziehen. Das Kipphebelprofil mit dem exzentrisch liegenden Bolzenloch wird als Profil vorbereitet und als *Block* zum halben Kipphebel räumlich verzogen. Der halbe Schlitz wird als eine offene *Tasche* davon abgezogen. Durch Ergänzen der einen Hälfte durch *Spiegeln* entsteht abschließend der ganze Kipphebel.

Was wird geübt?
Spiegeln

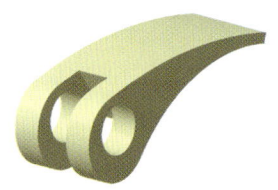

⇨ Neue Datei mit dem Typ *Part* anlegen und das Teil Kipphebel nennen.
⇨ Die Funktion *Skizzierer* aktivieren und eine beliebige Ebene als Skizzierebene auswählen.

Skizzierer

Das folgende Profil des Kipphebels wird als fortlaufender Profilzug etwa maßstäblich skizziert.

⇨ Die Funktion *Profil* selektieren und beispielsweise vom im Bild oberen großen Kreisabschnitt aus entgegen der Uhr beginnen. In der Funktionsgruppe *Skizziertools* muss dazu der Dreipunktbogen aktiviert werden. Mit dem Anfangs-, ungefähren Zwischen- und dem Endpunkt entsteht der erste Kreisabschnitt (Kreis 1). Weiter geht es zweimal mit der Auswahl *Tangentialbogen* (Kreis 2 und 3). Mit der kurzen Endgeraden schließt sich das Profil.
⇨ Mit der Funktion *Kreis* entsteht das Bohrloch im Innern (Kreis 4). Es liegt nicht konzentrisch zum Kreis 2.

Profil

Kreis

Da das Bohrloch exzentrisch liegen soll, werden zum Einmessen zwei Hilfsgeraden benutzt. Profile werden aus *Standardelementen* gebildet (als durchgezogene weiße Linien dargestellt). Zusätzliche Hilfsgeraden müssen *Konstruktionselemente* sein. Diese werden gestrichelt grau gezeichnet. Mit Konstruktionselementen kann beliebig und durchaus elegant geometrisch konstruiert werden. (Wie früher mit „Darstellender Geometrie"...)

⇨ Mit *Linie* und der Einstellung *Konstruktionselemente* eine Gerade vom Kreismittelpunkt der Bohrung bis zum Übergangspunkt der entsprechenden Kreise (Nummer 2 und 3 in der Zeichenreihenfolge) zeichnen. Auf den vorgeschlagenen ausgefüllten Zielkreis achten. Dadurch wird die Hilfsgerade automatisch mit diesem Punkt verbunden.
⇨ Eine weitere Hilfslinie soll wieder vom Kreismittelpunkt der Bohrung bis zum Exzenterpunkt (gedachter Punkt) auf Kreis 2 der Zeichenfolge führen. Beim Kreis zeigt der leere Zielkreis an, dass die Gerade mit dem Kreis verbunden wird.

Linie
Konstruktionselement

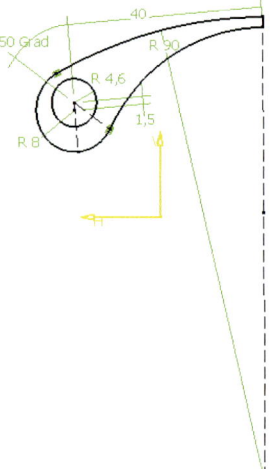

Im Dialogfenster
def. Bedingungen

⇨ Damit der zufällig gefundene Kurvenpunkt der tatsächliche Exzenterpunkt wird, muss der Mittelpunkt des Randkreises (Nummer 2 in der Zeichenreihenfolge) auf die zweite Hilfsgerade mit *Im Dialogfenster definierte Bedingungen* und der Bedingung *Kongruenz* gesetzt werden. Dieser Mittelpunkt liegt unterhalb des Bohrungskreises.

⇨ Der gerade Abschluss soll den Hebel „rechtwinklig" abschneiden. Dazu müssen die Mittelpunkte der beiden großen Kreise (Nummer 1 und 3 in der Zeichenreihenfolge) auf der Endgeraden mit *Im Dialogfenster definierte Bedingungen* und der Bedingung *Kongruenz* liegen, allerdings in deren Verlängerung. Zur Verdeutlichung ist im nebenstehenden Bild eine (nicht notwendige) Hilfsgerade als Verlängerung eingezeichnet.

⇨ Ob das Profil jetzt in sich **formstabil** ist, sollte geprüft werden.

Bedingung

⇨ Die Kreise (Nummer 1 und 2 in der Zeichenreihenfolge) und die Bohrung mit der Funktion *Bedingung* vermaßen. Kreis Nummer 1 misst 90 mm, Nummer 2 misst 8 mm und die Bohrung 4,6 mm im Radius.

⇨ Die relative Lage der beiden Mittelpunkte, nämlich zwischen dem Bohrungskreis und dem Kreis Nummer 2, definiert die Exzentrizität. Die beiden Mittelpunkte mit der Funktion *Bedingung* auf 1,5 mm Abstand festlegen.

⇨ Die Endgerade des Hebels misst 2 mm.

⇨ Wo der Exzenterpunkt genau liegt, bestimmt der Winkel zwischen den Hilfsgeraden. Diese schließen mit der Funktion *Bedingung* einen Winkel von 50 Grad ein.

⇨ Abschließend ist noch die Hebellänge festzulegen. Die Hilfsgerade am Exzenterpunkt und der obere Eckpunkt an der Endgeraden haben mit *Bedingung* 40 mm Abstand. Der Abstand Punkt-Gerade ist immer als kürzester (rechtwinklig zur Geraden gemessener) Abstand definiert.

⇨ Das jetzt **maßstabile** Profil prüfen.

⇨ Um das noch bewegliche Profil numerisch abzusichern, den Bohrungsmittelpunkt mit *Im Dialogfenster definierte Bedingungen* und der Bedingung *Fixieren* festhalten.

⇨ Die jetzt noch mögliche Drehung verhindern. Dazu die Endgerade mit *Im Dialogfenster definierte Bedingungen* und mit der Bedingung *Vertikal* parallel zur V-Achse drehen. Das Profil wird **unverschiebbar** und grün hervorgehoben.

Umgebung
verlassen

⇨ Skizze beenden mit *Umgebung verlassen*.

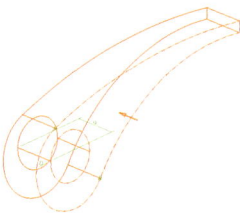

Das Profil wird zum symmetrisch „halben" Körper. Das Innenprofil wird automatisch als Loch davon abgezogen.

Block

⇨ Die Skizze mit der Funktion *Block* zum symmetrisch „halben" Körper entwickeln. Er beginnt auf der Skizzenebene und erstreckt sich als *Erste Begrenzung* mit dem Typ *Bemaßung* über eine *Länge* von 9 mm.

Mittig zum Kipphebel wird ein Schlitz angebracht. Zum „halben" Körper liegt dann der „halbe" Schlitz an der Symmetrieebene mittig. Er wird als offene Tasche in der Größe des Exzenterkreises erzeugt.

⇨ Auf einer Hebelseite mit *Skizzierer* zeichnen.

⇨ Mit *Linie* den Taschenrand quer zum Hebel skizzieren.

⇨ Eine weitere Hilfsgerade mit *Linie* und der Einstellung *Konstruktionselement* parallel dazu zeichnen. Damit wird später die Richtung des Taschenrands festgelegt.

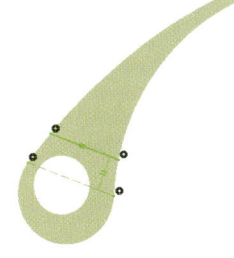

⇨ Mit *Im Dialogfenster definierte Bedingungen* und *Kongruenz* die Endpunkte dieser Hilfslinie jeweils auf die Übergangspunkte am Exzenterkreis legen (zwischen Kreis 1 und 2 und zwischen Kreis 2 und 3 in der Zeichenreihenfolge).

⇨ Der Taschenrand liegt mit der Bedingung *Tangentenstetigkeit* direkt am Exzenterkreis 2 an. Die Endpunkte der Profilgeraden liegen zusätzlich mit *Kongruenz* auf den Körperkanten. Die Profilgerade wird **unverschiebbar** und grün hervorgehoben.

⇨ Skizze beenden mit *Umgebung verlassen*.

Hinweis:

Die Bedingung Tangente an einen Kreis gibt es an zwei Positionen. Beim **Auswählen** der Objekte einer Bedingung wird **immer die näher liegende Lösung** gefunden. Da der Kreis 2 mehr als 180 Grad misst, wird die oben liegende Tangente gefunden, wenn in der Nähe der Kreisendpunkte ausgewählt wird. (Schlimmstenfalls könnte auch ein weiterer ganzer Hilfskreis auf den Kreis 2 gelegt werden. An diesen tangiert dann der Taschenrand sicher.)

⇨ Mit der Funktion *Tasche* das offene Profil vom „halben" Hebelkörper abziehen. Im Fenster *Taschendefinition* erstreckt sich die Tasche von der Skizzierebene beginnend (*Offset* 0 mm) mit Typ *Bemaßung* 3,5 mm in die Tiefe. Die Pfeile Tiefen- und Seitenrichtung prüfen und gegebenenfalls umkehren. Beide zeigen in Taschenrichtung.

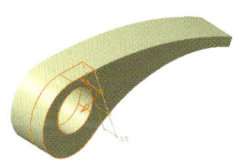

 Tasche

Der halbe Kipphebel wird an der mittleren Spiegelebene symmetrisch ergänzt.

⇨ Die Funktion *Spiegeln* aktivieren, und die Mittelfläche des Kipphebels auswählen. Ein Dialog wird eingeblendet. Als *Objekt für Spiegelung* wird automatisch der bearbeitete Körper übernommen. Wird diese Eingabezeile aktiviert, kann auch ein anderer Grundkörper zum Spiegeln ausgewählt werden. Als *Spiegelungselement* bei aktivierter Eingabezeile die geschlitzte Mittelfläche des Kipphebels auswählen.

 Spiegeln

⇨ Mit *Verdecken/Anzeigen* die Hauptebenen ausblenden.

 Verdecken/Anzeigen

⇨ Mit *Datei > Sichern unter...* im passenden Ordner unter gleichem Namen speichern.

⇨ Mit *Start > Beenden* Schluss machen oder gleich die nächste Übung anpacken!

Übung Trittbrett

Was wird geübt?

Aufbrechen, Drei-punktbogen, Trimmen, Schnelles Trimmen, Benutzermuster

Das Trittbrett für einen Klapproller besteht aus einem π-förmigen Strangprofil. Es wird durch Formausschnitte abgelängt. Für ein Rad und Anschlussteile werden Bohrungen angebracht. Das Trittbrett ist zur Längsmitte symmetrisch und wird nur als halber *Block* erzeugt. Von ihm werden die Ausschnitte als *Taschen* abgezogen. Dann wird gespiegelt. Erst am ganzen Brett entstehen die Bohrungen im oberen Brett als Benutzermuster.

⇨ Neue Datei mit dem Typ *Part* anlegen und das Teil Trittbrett nennen.

Das nebenstehende halbe Profil des prismatischen Brettkörpers wird als fortlaufender Profilzug etwa maßstäblich skizziert.

 Skizzierer

 Profil

⇨ Die Funktion *Skizzierer* aktivieren und eine beliebige Ebene als Skizzierebene auswählen.
⇨ Die Funktion *Profil* selektieren. Die geraden Berandungen können bei geschicktem Skizzieren mit den Regelvorschlägen des Programms vollständig formschlüssig erstellt werden.

 Im Dialogfenster def. Bedingungen

⇨ Noch fehlende geometrische Regeln mit *Im Dialogfenster definierte Bedingungen* ergänzen und die **Formstabilität** prüfen.

 Bedingung

⇨ Mit der Funktion *Bedingung* die Brettstärke mit 2 mm und die Stegdicke mit 3 mm vermaßen. Die halbe Brettbreite misst 55 mm, der Steg liegt 15 mm von der Außenkante entfernt und die Steghöhe ist 30 mm. **Maßstabilität** prüfen.
⇨ Eine Kante und ihren Endpunkt mit der Funktion I*m Dialogfenster definierte Bedingungen* und der Bedingung *Fixieren* **unverschiebbar** festlegen.

 Umgebung verlassen

⇨ Skizze beenden mit *Umgebung verlassen*.

 Block

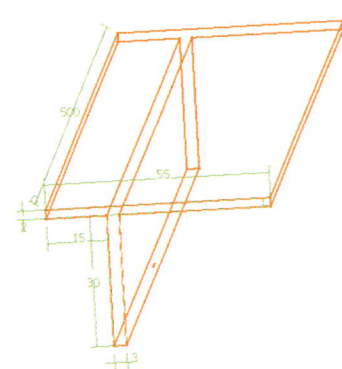

⇨ Die Skizze mit der Funktion *Block* zum Strang ziehen. Er beginnt auf der Skizzenebene und erstreckt sich als *Erste Begrenzung* mit dem Typ *Bemaßung* auf die *Länge* von 500 mm.

Das halbe Trittbrett muss an mehreren Stellen be-
schnitten werden. Der Beschnitt wird als offene Tasche vom Körper abgezogen. Da eine offene Tasche
nur ein Profilstück sein darf, sind mehrere Taschen
nötig.

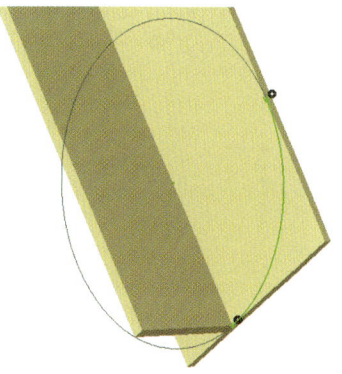

⇨ Die Außenfläche des Trittbretts auf der Stegseite
auswählen und mit der Funktion *Skizzierer* eine
neue Skizze für den Beschnitt anlegen.

⇨ Die Funktion *Dreipunktbogen* selektieren, erreichbar durch Aufklappen der Funktion *Kreis* am
schwarzen Dreieck. Durch Auswahl von Anfangspunkt, beliebigem Zwischenpunkt und Endpunkt
in ungefährer Lage skizzieren.

 Dreipunktbogen

⇨ Die Endpunkte zu den Brettkanten mit *Im Dialogfenster definierte Bedingungen* und
der Bedingung *Kongruenz* bündig legen. Der Kreis mündet zusätzlich mit der Bedingung *Tangentenstetigkeit* in die Ränder. **Formstabilität** prüfen.

⇨ Den Kreisradius festlegen, indem ein Kreisendpunkt auf den Eckpunkt Stegende/
Brettfläche gelegt wird mit der Funktion *Im Dialogfenster definierte Bedingungen* und
Kongruenz. Das jetzt auch **maß-** und **lagestabile** Profil wird grün.

⇨ Skizze beenden mit *Umgebung verlassen*.

⇨ Mit der Funktion *Tasche* wird das Profil vom Körper abgezogen. Im Fenster *Taschendefinition* erstreckt sich die Tasche von der Skizzierebene und dem *Offset*
0 mm bis zur Brettoberfläche mit dem Typ *Bis zum nächsten*.

 Tasche

⇨ Auf der unteren Außenfläche am anderen Ende des Trittbretts mit dem *Skizzierer* erneut eine Skizze für den Beschnitt auf der Stegseite anlegen.

⇨ Mit der Funktion *Profil* einen Profilzug nach nebenstehendem Bild erzeugen. Die Ausrundungen tangieren
jeweils die Geraden.

⇨ Die Endpunkte des Profilzugs (oben ein Kreis und unten
die Gerade) zu den Brettkanten bündig legen mit *Im
Dialogfenster definierte Bedingungen* und der Bedingung
Kongruenz. Die obere Endausrundung mündet zusätzlich
mit der Bedingung *Tangentenstetigkeit* in den Rand. Die
untere Gerade ist parallel zur Stegkante. **Formstabilität**
prüfen.

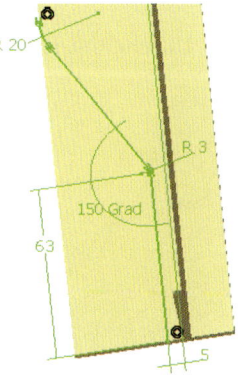

⇨ Mit der Funktion *Bedingung* vermaßen. Der innere Ausrundungsradius misst 3 mm,
der obere äußere 20 mm. Die Geraden schließen einen Winkel von 150 Grad ein,
die untere Gerade ist 63 mm lang und hat einen Abstand von 5 mm zur Innenkante
des Stegs. Das jetzt **maß-** und **lagestabile** Profil wird grün.

⇨ Skizzierer verlassen und das Profil mit der Funktion *Tasche* wieder abziehen.

⇨ Mit dem *Skizzierer* auf der Fläche zwischen den Stegen eine neue Skizze für den inneren Beschnitt anlegen.

⇨ Mit der Funktion *Profil* einen rechtwinkligen Profilzug nach nebenstehendem Bild erzeugen. Die Ausrundung tangiert die beiden Geraden.

⇨ Die Endpunkte des Profilzugs mit den Brettkanten bündig legen mit *Im Dialogfenster definierte Bedingungen* und der Bedingung *Kongruenz*. Die lange Gerade des Profilzugs und die Innenkante des Stegs liegen ebenfalls mit *Kongruenz* zusammen.

Jetzt ist nur noch die Länge des Ausschnitts offen. Er soll genau bis zum Eckpunkt der beiden gegenüberliegenden geraden Ausschnittkanten reichen. Dazu wird zu einem Trick gegriffen: Eine zusätzliche Gerade wird eingefügt, welche die noch freie Profilgerade verlängert. Deren Endpunkt liegt mit geometrischen Bedingungen auf beiden Ausschnittkanten.

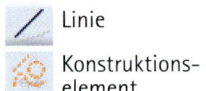 Linie

 Konstruktionselement

⇨ Mit *Linie* als *Konstruktionselement* eine Hilfsgerade vom Anfangspunkt der Ausrundung beginnend als tangentiale Verlängerung der kurzen Profilgeraden zeichnen.

⇨ Den Endpunkt der Hilfsgeraden nacheinander auf die schräge und längs gerichtete Kante des gegenüberliegenden Ausbruchs legen mit *Im Dialogfenster definierte Bedingungen* und der Einstellung *Kongruenz*.

⇨ Mit *Bedingung* bekommt der Ausrundungskreis den Radius 3 mm. Das **form-, maß-** und **lagestabile** Profil wird grün.

⇨ Skizzierer verlassen und das Profil mit der Funktion *Tasche* wieder abziehen.

Der Durchgang für die Radwelle wird als Bohrung am halben Teil angebracht.

▣ Bohrung

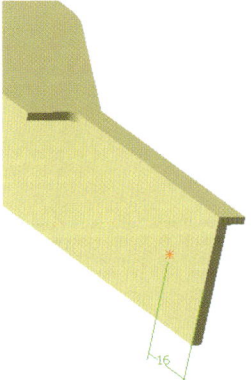

⇨ Die Funktion *Bohrung* auf der Innenfläche des Stegs aktivieren.

⇨ Im Fenster *Bohrungsdefinition* als *Bohrtyp* die Ausdehnung *Bis zum nächsten* und den *Durchmesser* 8,2 mm eingeben. Bei *Typ* gilt *Normal* und bei *Gewindedefinition* ist *Gewinde* inaktiv.

⇨ Die Bohrungsskizze öffnen.

⇨ Zu den parallelen Kanten der Oberfläche und am unteren Rand des Stegs liegt der Einsetzpunkt der Bohrung mit der Funktion *Im Dialogfenster definierte Bedingungen* und der Bedingung *Äquidistanter Punkt* mittig.

⇨ Vom im Bild rechten Stegrand bis zum Einsetzpunkt mit der Funktion *Bedingung* einen Abstand von 16 mm vermaßen.

Das halbe Trittbrett wird an der mittleren Spiegelebene symmetrisch ergänzt.

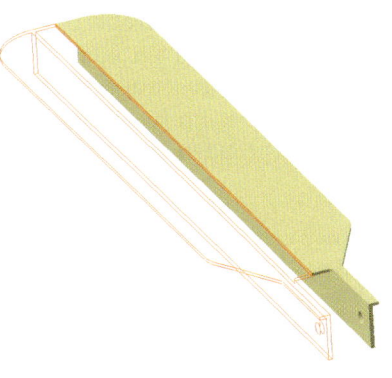

⇨ Die Funktion *Spiegeln* aktivieren und die schmale Mittelfläche des Trittbretts auswählen. Ein Definitionsfenster wird eingeblendet. Als *Objekt für Spiegelung* wird automatisch der bearbeitete Körper übernommen. Ist die Auswahl des zu Spiegelnden falsch, kann mit aktivierter Eingabezeile das *Spiegelungselement* als die geschlitzte Mittelfläche des Trittbretts korrigiert werden.

 Spiegeln

Auf dem Trittbrett sind fünf mittig zum Brett liegende Löcher zu bohren. Sie lassen sich mit einem benutzerdefinierten Muster in ihrer Lage beschreiben. Eine Skizze mit Beschreibungspunkt und vier Wiederholungspunkten für alle Bohrungen definiert solch ein Muster. Um

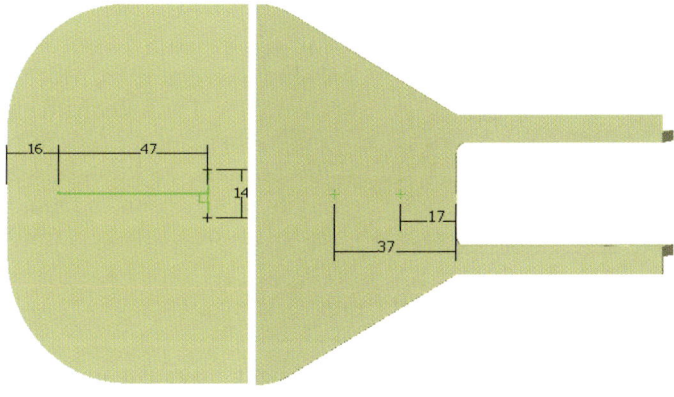

die Punkte festzulegen, werden (im linken Bild) Hilfsgeraden als Mittelgerade und Verbindungslinie der symmetrisch ausmittig liegenden Bohrungen benutzt.

⇨ Auf der Brettoberfläche mit der Funktion *Skizzierer* eine Skizze anlegen.
⇨ Mit der Funktion *Linie* und im Zusatzfenster *Konstruktionselement* eine Hilfsgerade zwischen die gedachten Mittelpunkte der beiden ausmittig liegenden Bohrungen zeichnen. (Im Bild oben linke Trittbrettseite.)
⇨ Mit *Linie* und *Standardelement* eine zweite Gerade als Mittellinie von der Mitte der ersten Hilfsgeraden rechtwinklig nach links zum Trittbrettrand ziehen. Mit einem ausgefüllten blauen Zielkreis wird angezeigt, wann der Mittelpunkt der (ersten) Geraden gefunden wird und zusätzlich, wann sie rechtwinklig aufeinander stehen. (Ein Endpunkt der Geraden wird Musterpunkt.)
⇨ Die zweite Gerade liegt mittig zum Brett, wenn die beiden Außenkanten in Längsrichtung und diese Hilfsgerade mit *Im Dialogfenster definierte Bedingungen* und *Symmetrie* ausgerichtet werden.
⇨ Mit *Punkt* und der Einstellung *Standardelement* zwei Punkte am rechten Trittbrettrand bündig zur vorigen Mittellinie setzen (auf die blauen leeren Kreissymbole achten). Die Endpunkte der kurzen quer verlaufenden Hilfsgeraden ebenfalls zu Standardelementen erklären. **Formstabilität** prüfen.

 Punkt

 Standardelement

⇨ Mit *Bedingung* vermaßen. Die rechte Gerade misst 14, die linke 47 mm. Der Abstand der linken Geraden vom linken Rand aus beträgt 16 mm. Vom rechten Aussparungsrand aus betragen die Abstände der Punkte 17 und 37 mm, also untereinander 20 mm. Das Profil ist **maß-** und **lagestabil**.

⇨ Skizze beenden mit *Umgebung verlassen*.

⇨ Mit der Funktion *Bohrung* auf der Trittbrettoberseite beginnen.

⇨ Im Fenster *Bohrungsdefinition* als *Bohrtyp* die Ausdehnung *Bis zum nächsten* und den *Durchmesser* 3 mm eingeben. Bei *Typ* gilt *Normal* und bei *Gewindedefinition* ist *Gewinde* inaktiv. Die Bohrungsskizze öffnen.

⇨ Die Bohrung als Musteroriginal sitzt mit der Funktion *Im Dialogfenster definierte Bedingungen* und der Bedingung *Kongruenz* auf dem Endpunkt der Mittelgeraden ganz links. Dieser Punkt zählt nicht mit zum Muster.

 Benutzermuster

⇨ Mit der Funktion *Benutzermuster* die fehlenden vier Bohrungen ergänzen. Als *Objekt für Muster* die Bohrung auswählen. Der *Anker* wird nicht gebraucht, da die Bohrung schon auf die Skizze bezogen ist. Als *Positionen* des Musters die Punkteskizze verwenden. Die *Anzahl* ergibt sich zusammen mit der Originalbohrung. Daher ist an dieser Stelle kein Punkt gesetzt worden.

Alternative

Alternative Lösung mit nur einer Gesamttasche:

Werden die Taschen der Randbeschneidung zu einem umlaufend geschlossenen Profil zusammengefasst, kann alles als eine Tasche abgezogen werden. Zusätzlich nimmt diese Tasche auch die Befestigungsbohrungen auf. Wenn am halben Trittbrett gearbeitet wird, sind die mittig liegenden Bohrlöcher allerdings nur halbe Kreise.

⇨ Die vorherigen Beschneidungstaschen, deren Skizzen und die Symmetrie im Strukturbaum aktivieren und löschen.

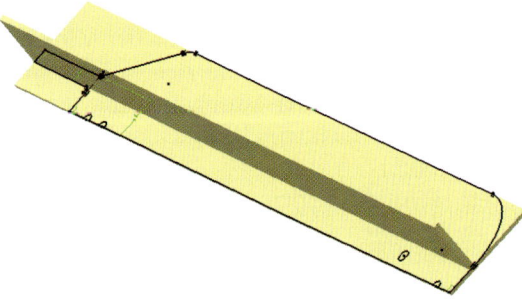

⇨ Mit *Skizzierer* eine Skizze auf die Brettunterfläche legen.

⇨ Mit *Profil* den gesamten Umriss einschließlich der schon bestehenden Randverbindungen als geschlossenen Profilzug skizzieren. Die entsprechenden geraden Kanten des Profils mit der geometrischen Regel *Kongruenz* am Trittbrettrand ausreichend befestigen. Die Mittelkante kann zuerst ohne die halben Bohrungen durchgehend gezeichnet werden.

⇨ Die ausmittige, also vollständige Befestigungs-
bohrung als Kreis ergänzen.

⇨ Mit *Dreipunktbogen* und Anfangs-, ungefährem Zwi-
schen- und Endpunkt jeweils einen halben Kreis
skizzieren. Die Endpunkte mit dem nicht ausgefüllten Zielkreis der vorgeschlagenen Bedingungen
automatisch auf die durchlaufende Gerade legen.

⇨ Den Kreismittelpunkt auf die durchlaufende Gerade
mit *Im Dialogfenster definierte Bedingungen* und *Kongruenz* legen, um einen Halbkreis zu definieren.

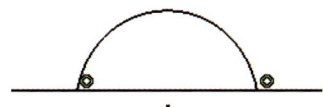

Jetzt muss noch die durchlaufende Gerade aus dem
Kreisinnern entfernt werden.

⇨ Mit der Funktion *Aufbrechen* die durchlaufende
Gerade aktivieren und an einem beliebigen Punkt
im Innern des Halbkreises aufbrechen. Jetzt ist die
Gerade in zwei Stücke geteilt. (Die Funktion *Aufbre-
chen* ist erreichbar durch Aufklappen der Funktion
Trimmen am schwarzen Dreieck.)

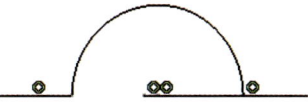

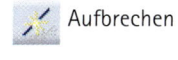 Aufbrechen

⇨ Mit der Funktion *Trimmen* und der Einstellung *Alle
Elemente trimmen* in der Funktionsgruppe *Skizzier-
tools* die überstehenden Linien am Schnittpunkt mit dem Halbkreis kürzen. Die beiden sich kreuzenden Linien nacheinander **dort auswählen, wo sie jeweils erhalten
bleiben sollen**. Sie werden automatisch durch eine implizite Regel verbunden. Für
die andere Kreisseite und die anderen Bohrungskreise wiederholen.

 Trimmen

Skizzier-
tools

⇨ **Alternativ** mit *Schnelles Trimmen* nur die durchgehende Gerade im zu löschenden
Bereich aktivieren. Die Gerade wird herausgelöscht und die Ecken werden durch
implizite Regeln zwischen Kreis und Geraden wieder verbunden. Aus der ursprünglichen entstehen dabei zwei Geraden.

Alternative

 Schnelles Trimmen

⇨ Das Profil wie zuvor ausrichten und vermaßen. **Form-**, **Maß-** und **Lagestabilität**
des Profils prüfen.

⇨ Skizzierer verlassen.

⇨ Die Skizze mit der Funktion *Tasche* als *Profil* abziehen.
⇨ Die andere Bretthälfte symmetrisch ergänzen.

⇨ Mit *Verdecken/Anzeigen* können die Hauptebenen ausgeblendet werden.

 Verdecken/An-
zeigen

⇨ Mit *Datei > Sichern unter...* im passenden Ordner unter gleichem Namen speichern.
⇨ Mit *Start > Beenden* abbrechen oder gleich wieder ans Werk gehen.

Übung Drehteller

▪▪▪▪▪▪▪▪▪▪▪▪

Was wird geübt?
Kantenverrundung
In der Skizze konstruieren

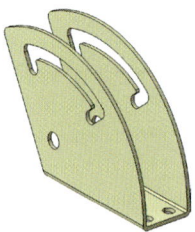

Ein bügelförmiges Blech soll als Dreh- und Einstellhilfe bei einem Klapproller eingesetzt werden. Als Führung für die Lenkstange sind Langlöcher und eine Achsenbohrung vorgesehen. Zusätzlich liegen im Mittelblech Löcher zur Befestigung. Der gesamte Drehteller mit den Führungen ist zuerst ein massiver *Block*. Zum Blech wird der Körper durch die Funktion *Schalenelement*. Zusätzlich kommen noch Ausrundungen an der Blechabkantung und Befestigungslöcher als *Tasche* hinzu.

⇨ Neue Datei mit dem Typ *Part* anlegen und das Teil Drehteller nennen.

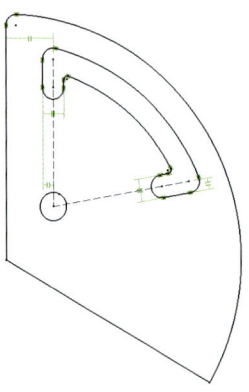

Nebenstehendes Profil der Seitenansicht des Drehtellers als Kreissektor und fortlaufenden Profilzug etwa maßstäblich skizzieren. Ein innen liegender Profilzug als Kulisse und ein Kreis als Bohrloch werden automatisch zu Abzügen.

 Skizzierer

 Profil

⇨ Die Funktion *Skizzierer* aktivieren und eine beliebige Ebene als Skizzierebene auswählen.
⇨ In der Funktion *Profil* entsteht durch Geraden im Wechsel mit Tangential- und Dreipunktbogen der Außenrand. Die linke Ecke ist auch Mittelpunkt. Maßstäblich skizzieren!
⇨ Ein weiterer Profilzug beschreibt die zum Außenrand konzentrische Führung. Alle Geometrieelemente gehen tangential ineinander über. Als Vorschlag beginnt der Profilzug am großen Dreipunktbogen. Die drei großen Kreise liegen konzentrisch ineinander und die Endstellungen haben parallele Ränder. Wird die Skizze bildfüllend vergrößert und geschickt manövriert, entstehen die meisten geometrischen Bedingungen automatisch.

 Kreis

 Linie

 Konstruktions-
element

 Im Dialogfenster
def. Bedingungen

⇨ Mit *Kreis* entsteht die Drehachsenbohrung.
⇨ Die Führung auf die Drehachsenbohrung ausrichten. Dazu zwei Hilfsgeraden mit *Linie* als *Konstruktionselement* jeweils von der Bohrungsmitte bis zum Mittelpunkt der äußeren Eckausrundung der Führung einzeichnen.
⇨ Die Mittelpunkte der inneren Ausrundung am Führungsende jeweils zusätzlich auf die Hilfsgeraden mit *Im Dialogfenster definierte Bedingungen* und der Bedingung *Kongruenz* bündig legen.
⇨ Die Hilfsgeraden jeweils zum äußeren geraden Rand am Ende der Führung mit *Im Dialogfenster definierte Bedingungen* und der Bedingung *Parallelität* ausrichten.
⇨ Die linke, im Bild senkrechte Hilfsgerade zur ausgerundeten Außenkante links mit *Im Dialogfenster definierte Bedingungen* und der Bedingung *Parallelität* ausrichten. **Formstabilität** prüfen und noch fehlende geometrische Regeln ergänzen.

⇨ Mit der Funktion *Bedingung* den Innenradius der Führung mit 55 mm, die Führungsbreite mit 6,4 mm und den Abstand runde Führung/Blechrand mit 7,8 mm vermaßen. Der gesamte Blechteilwinkel beträgt 120 Grad. Die Eckausrundung am Blechrand in der Skizze links oben hat 3 mm Radius. Die Endausrundung der Führung mit dem Radius 3,2 mm hat einen Abstand von 8 mm zur Eckausrundung, jeweils vom Mittelpunkt aus gemessen. Der Radius der Innenausrundung beträgt 0,5 mm. Die randparallele Hilfsgerade hat 14 mm Abstand zum linken Rand. Die andere schräg liegende Hilfsgerade schließt einen Winkel von 40 Grad zum unteren Rand ein. Die Kreisbohrung mit dem Radius 4,1 mm liegt im Abstand von 20 mm zur schrägen Kante des unteren Rands, vom Mittelpunkt aus gemessen. **Maßstabilität** prüfen.

⇨ **Unverschiebbar** wird die Skizze, wenn eine Gerade und deren Endpunkt mit *Im Dialogfenster definierte Bedingungen* und *Fixieren* an beliebiger Stelle festgelegt werden. Das Profil wird **unverschiebbar** und grün gekennzeichnet.

⇨ Skizze beenden mit *Umgebung verlassen*.

⇨ Die Skizze mit der Funktion *Block* zum Körper ziehen. Er beginnt auf der Skizzenebene und erstreckt sich als *Erste Begrenzung* mit dem Typ *Bemaßung* auf die *Länge* von 30 mm.

Der massive Block muss noch als Blech innen ausgehöhlt werden. Dies ermöglicht die Funktion *Schalenelement*. Die oben umlaufende Kante ist beim Blech natürlich zusätzlich offen. Außerdem soll die Blechabkantung durch Ausrundung der entsprechenden Kanten nachgebildet werden. Wird dies schon am Block vorgenommen, entsteht das Blech gleich abgerundet.

⇨ Die Funktion *Kantenverrundung* aktivieren. Die beiden Außenkanten des Blocks an der unteren Ebene als *Objekt für Ausrundung* auswählen. Im Dialogfenster als Radius 3 mm und als *Fortführung* Minimum eintragen.

⇨ Mit der Funktion *Schalenelement* den Körper aushöhlen. Ein Dialogfenster öffnet sich. Von der bestehenden Oberfläche aus mit *Standardstärke innen* 2 mm die Wandstärke festlegen. Bei *Zu entfernende Teilflächen* wird der Bogenrand aktiviert. Das Ergebnis des linken Bilds zeigt, dass auch Taschen einen Schalenrand haben können.

Bedingung

Umgebung verlassen

Block

Kantenverrundung

Schalenelement

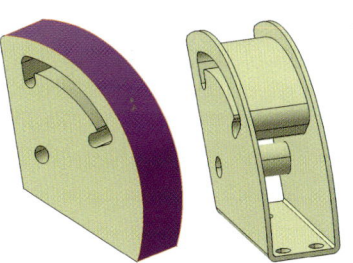

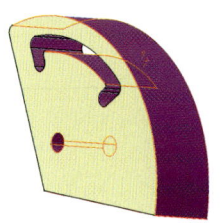

⇨ Dieser Fehler lässt sich leicht beheben. Den Eintrag *Schalenelement.1* im Strukturbaum öffnen (Doppelklick). Bei *Zu entfernende Teilflächen* die beiden fehlenden Innenflächen zusätzlich eintragen, wie auf dem rechten Bild dargestellt. Falsche Flächen können durch erneutes Auswählen wieder entfernt werden.

Im Blechmittelteil sind Befestigungsbohrungen anzubringen. Da diese nicht in ein Muster passen, empfiehlt sich ein Taschenabzug entsprechend dem beim Trittbrett.

 Kreis

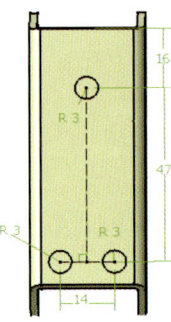

⇨ Die Außenfläche des Blechmittelteils auswählen und mit *Skizzierer* eine neue Skizze für die Bohrungstaschen anlegen.
⇨ Mit *Kreis* drei Bohrungskreise nach nebenstehendem Bild skizzieren. Die schräge gerade Seite des Drehtellers liegt oben.
⇨ Zur Strukturierung des Musters eine Hilfsgerade mit *Linie* und der Einstellung *Konstruktionselement* zwischen die beiden parallel liegenden ausmittigen Kreismittelpunkte legen. Eine zweite Gerade beginnt am Mittelpunkt der mittig liegenden Bohrung und endet in der Mitte der anderen Hilfslinie (auf blauen ausgefüllten Zielkreis achten).
⇨ Beide Hilfsgeraden stehen mit *Im Dialogfenster definierte Bedingungen* und *Rechtwinklig* senkrecht aufeinander. **Formstabilität** prüfen.
⇨ Die Bohrungsradien (3 mm) mit *Bedingung* vermaßen. Die parallelen Bohrungen haben 14 mm Abstand, der Abstand zur mittigen Bohrung beträgt 47 mm (jeweils bezogen auf die Mittelpunkte). **Maßstabilität** prüfen.
⇨ Zu den beiden Außenflächen des Drehteils hat die zu den Bohrungen mittig liegende Hilfslinie mit *Im Dialogfenster definierte Bedingungen* und *Symmetrie* ebenfalls eine mittige Lage.
⇨ Die separate, mittig liegende Bohrung hat mit *Bedingung* 16 mm Abstand zur oberen abgewinkelten Kante des Mittelblechs. Das jetzt **lagestabile** Profil wird grün.
⇨ Skizze beenden mit *Umgebung verlassen*.

 Tasche

⇨ Das Bohrmuster entsteht mit *Tasche*. Im Fenster *Taschendefinition* erstreckt sich die Tasche von der Skizzierebene mit *Offset* 0 mm bis zur Brettoberfläche mit Typ *Bis zum nächsten*.

 Verdecken/Anzeigen

⇨ Mit *Verdecken/Anzeigen* können die Hauptebenen ausgeblendet werden.

⇨ Mit *Datei > Sichern unter...* im passenden Ordner unter gleichem Namen speichern.
⇨ Mit *Start > Beenden* Schluss machen oder gleich die nächste Übung anpacken!

Übung Mutter M8

Eine Mutter M8 soll konstruiert werden. Der sechseckige Quader ist zusätzlich rundherum mit 30 Grad Neigung gefast. Die verbleibende ebene Oberfläche in Kreisform tangiert dabei das Sechseck. Zuerst wird der gefaste Körper als massive *Welle* erzeugt. Diese wird mit der Gewindebohrung versehen. Davon schneidet ein tangierendes Sechseck die Grifflächen in der entsprechenden Schlüsselweite als *Tasche* von oben ab. Da später auch eine Mutter M6 gebraucht wird, sind deren Maße in Klammern angegeben.

Was wird geübt?
Fase, Sechseck

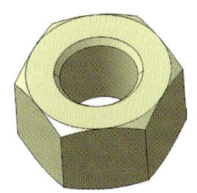

⇨ Neue Datei mit dem Typ *Part* anlegen und das Teil MutterM8 nennen.

Zuerst den massiven Fasenkörper als Drehkörper erzeugen. Die parallelen Geraden bilden die Deckelfläche des am Sechseck tangierenden Fasenkörpers.

⇨ Die Funktion *Skizzierer* aktivieren und eine beliebige Ebene als Skizzierebene auswählen.

 Skizzierer

⇨ Die Funktion *Profil* selektieren. Den nebenstehenden Profilzug als Ganzes skizzieren. Ober- und Unterkante der Mutter sind parallel und die Achse steht dazu rechtwinklig.

 Profil

⇨ Die Drehachse auswählen und nachträglich mit *Achse* im eingeblendeten Fenster *Achsenerzeugung* umwandeln.

 Achse

⇨ Zu den beiden parallelen Geraden liegt die Fasenspitze mit *Im Dialogfenster definierte Bedingungen* und der Bedingung *Äquidistanter Punkt* mittig. Zu den Endpunkten der beiden parallelen Geraden liegt die Fasenspitze ebenfalls mit *Äquidistanter Punkt* mittig. **Formstabilität** prüfen.

 Im Dialogfenster def. Bedingungen

⇨ Mit der Funktion *Bedingung* die Mutternhöhe mit 6,8 (5,2) mm, die halbe Schlüsselweite mit 6,5 (5) mm und die Fasenneigung mit 30 Grad vermaßen. **Maßstabilität** prüfen.

 Bedingung

⇨ Eine Kante und ihren Endpunkt mit der Funktion *Im Dialogfenster definierte Bedingungen* und der Bedingung *Fixieren* **unverschiebbar** festlegen.

⇨ Skizze beenden mit *Umgebung verlassen* .

 Umgebung verlassen

⇨ Mit der Funktion *Welle* wird die Skizze zum vollen Zylinder gedreht (*Erster Winkel* 360 Grad).

Welle

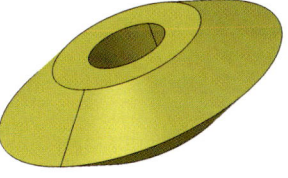

⇨ Mit der oberen Kreisebene als Fläche (wird orange) und deren Rand als Kante (wird rot) und der Funktion *Bohrung* eine zentrische Gewindebohrung erzeugen. Im Dialog *Bohrungsdefinition* beim *Bohrtyp* die Ausdehnung *Bis zum nächsten* und beim *Typ* die Bohrungsform als *Normal* verlangen. Bei *Gewindedefinition* das

Bohrung

Gewinde aktivieren und den Typ *Standardgewinde* mit dem Gewindedurchmesser *M8* (M6) als *Rechtsgewinde* festlegen. Die *Bohrungstiefe* wird automatisch vergeben, die *Gewindetiefe* ist gleich der Bohrungstiefe anzugeben.

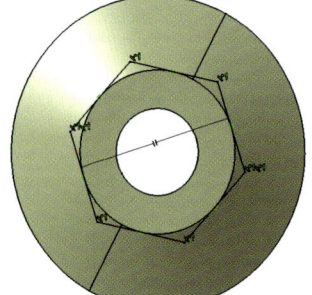

Der Fasenkörper wird mit einer tangierenden Sechsecktasche beschnitten.

 Sechseck

⇨ Mit *Skizzierer* auf der gebohrten Oberfläche eine neue Skizze anlegen.
⇨ Mit *Sechseck* (hinter dem *Rechteck*) die automatisch formstabile Tasche skizzieren. Den Mittelpunkt festlegen und danach die Sechseckweite aufziehen.
⇨ Eine der als parallel festgelegten Geraden und die Fasenkante mit der Funktion *Im Dialogfenster definierte Bedingungen* und *Tangentialität* aneinander schmiegen. Der Mittelpunkt des Sechsecks liegt mit *Konzentrizität* mittig zum Lochrand. Das Profil ist jetzt **maßstabil**.

Hinweis:
Falls das Sechseck fehlt, wird ein Profilzug als Sechseck skizziert. Alle Eckpunkte sind überlappend äquidistant. Zusätzlich liegen alle Geraden tangential zur Fasenkante.

⇨ **Unverdrehbar** und damit grün wird das Profil, wenn eine Gerade mit *Bedingung* einen beliebigen Winkel zu einer Skizzenachse erhält (aber nur „der Form halber").
⇨ Skizze beenden mit *Umgebung verlassen*.

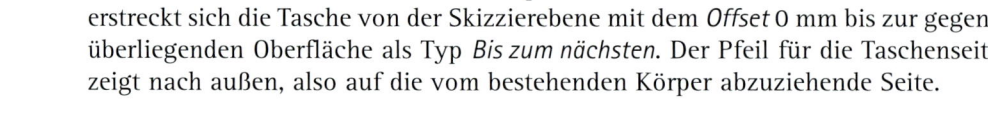 Tasche

⇨ Das Sechseck als *Tasche* vom Fasenkörper abziehen. Im Fenster *Taschendefinition* erstreckt sich die Tasche von der Skizzierebene mit dem *Offset* 0 mm bis zur gegenüberliegenden Oberfläche als Typ *Bis zum nächsten*. Der Pfeil für die Taschenseite zeigt nach außen, also auf die vom bestehenden Körper abzuziehende Seite.

 Fase

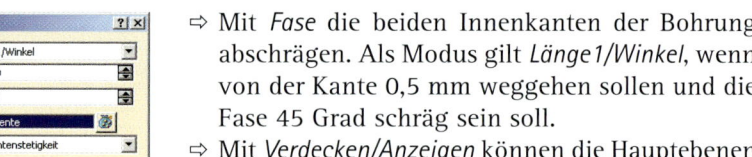

⇨ Mit *Fase* die beiden Innenkanten der Bohrung abschrägen. Als Modus gilt *Länge1/Winkel*, wenn von der Kante 0,5 mm weggehen sollen und die Fase 45 Grad schräg sein soll.
⇨ Mit *Verdecken/Anzeigen* können die Hauptebenen ausgeblendet werden.

 Verdecken/Anzeigen

⇨ Mit *Datei > Sichern unter...* im passenden Ordner unter gleichem Namen speichern.

⇨ Die Maße der ersten Skizze für die kleinere Mutter abändern. Auch das Gewindemaß in der Bohrung anpassen und den Namen ändern.
⇨ Mit *Datei > Sichern unter...* im passenden Ordner unter MutterM6 speichern.
⇨ Mit *Start > Beenden* Schluss machen oder gleich das nächste Kapitel beginnen!

Erweiterte Methoden für Körper

Wie werden Körper zusammengefügt?

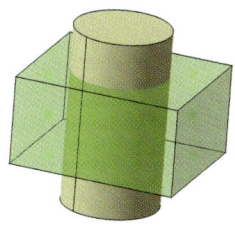

Bauteile entwickeln sich aus Teil- oder Grundkörpern. Aus diesen Grundkörpern entsteht durch **Boolesche Operation** ein topologischer Zusammenhang, der den Gesamtkörper bildet. Ein Quader und ein Zylinder beispielsweise können, bei entsprechender Vorbereitung, als Grundkörper unabhängig voneinander existieren, wie das obere Bild zeigt. (Der Quader ist im Bild durchsichtig, die Säule nicht.)

Bauteile entstehen mit Booleschen Operationen

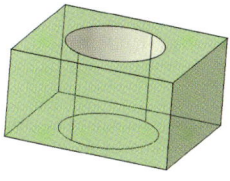

Beide Körper ergeben erst dann einen gebohrten Quader, wenn die beiden Körper als Mengen voneinander abgezogen werden. Dabei entstehen Schnittkanten und neu begrenzte Oberflächen. Die dazu gehörende Boolesche Operation ist die **Subtraktion**. (Beim gebohrten Quader im zweiten Bild übernimmt auch die Bohrung als Teil des jetzt gemeinsamen Körpers die durchsichtige Eigenschaft.)

Subtraktion

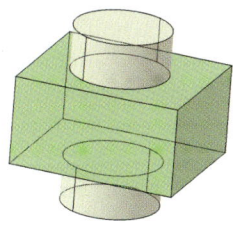

Die beiden Körper könnten aber auch mit **Vereinigung** zusammengesetzt werden. Überlappendes Material wird entfernt und alle Schnittkanten errechnet. (Im dritten Bild ist dieses Ergebnis sichtbar. Auch hier wird die Eigenschaft der Durchsichtigkeit weitervererbt.)

Vereinigung

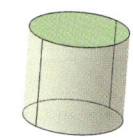

Auch die **Schnittmenge** oder das Gemeinsame beider Körper existiert. (Der übrig gebliebene Bohrkern als Körper hat im vierten Bild ebenso die durchsichtige Eigenschaft geerbt.)

Schnittmenge

Im Beispiel hängen die Körper, die miteinander topologisch verbunden werden sollen, auch geometrisch zusammen. Körper können aber auch räumlich getrennt nebeneinander liegen. Beim Vereinigen geht das im Prinzip, bei Subtraktion und Schnittmenge entstünde eine so genannte leere Ergebnismenge, also nichts. Solche topologischen Fehler werden vermieden, wenn **objektorientiert** konstruiert wird. Die Grundkörper bauen die Geometrie mit geometrischen Regeln formgerecht aneinander, wodurch die Topologie des Zusammenbaus unterstützt wird. Dabei sind grundsätzlich zwei Strategien zur Gestaltfindung komplexer Teile üblich, die je nach Anwendung auch gemischt auftreten:

Objektorientierter Körperaufbau vermeidet topologische Fehler

- Die Gestalt entsteht **aufbauend**. Von einem Kern ausgehend baut ein Grundkörper nach dem andern die endgültige Gestalt durch Hinzufügen auf; sie wird „zusammengeschweißt".

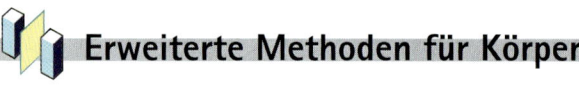
• Die Gestalt entsteht **abbauend**. Aus einer Rohform entsteht die Gestalt entsprechend dem Herstellungsprozess durch Abzugkörper; sie wird „gebohrt und weggefräst".

Zusammenbau durch Geometriefunktionen

Funktionen liefern Grund-
körper und bauen sie
automatisch ein

Im Programm wird die Boolesche Verknüpfung auf zwei verschiedenen Wegen angeboten. Der erste Weg verknüpft die Grundkörper automatisch. Die Funktionen *Block*, *Welle*, *Rippe*, *Versteifung* und *Volumenkörper mit Mehrfachschnitten* beispielsweise vereinigen den neuen Grundkörper mit dem schon beschriebenen Körper derselben „Datenschachtel" **Körper**. Die Funktionen *Tasche*, *Nut*, *Rille*, *Bohrung* und *Entfernter Volumenkörper mit Mehrfachschnitten* dagegen subtrahieren den neuen Grundkörper automatisch vom Bestehenden. Sie machen also ein „Loch". Die Funktion *Kombinierter Volumenkörper* berechnet das Gemeinsame oder die Schnittmenge zweier sich kreuzender Prismen. Diese beiden Prismen bilden sich durch Verziehen der beiden im Winkel zueinander stehenden Profile.

Zusammenbau durch separate Mengenoperation

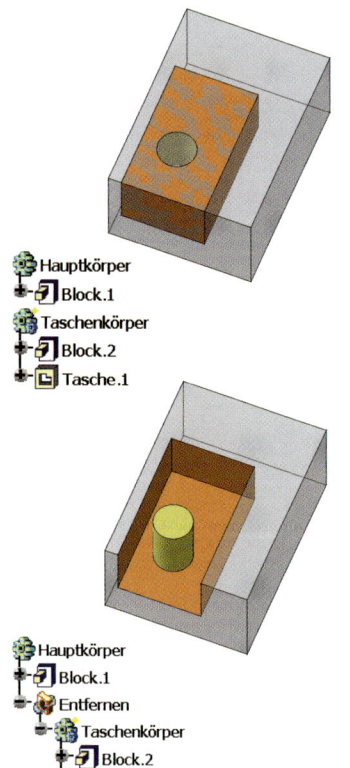

Zusatzkörper steuern
den topologischen
Aufbau

Ein anderer Weg baut die Verknüpfungen in Einzelschritten nach. Zuerst werden die neuen Grundkörper als eigenständige und hierarchisch nicht miteinander verbundene Körper erzeugt. Die Grundkörper müssen dazu in je einer eigenständigen „Datenschachtel" **Körper** abgelegt werden. Neue „Datenschachteln" können mit der Funktion *Einfügen > Körper* in den Strukturbaum eingetragen werden. (Beim dargestellten Auszug aus dem Strukturbaum gehören der graublaue und der rotbraune mit einer Tasche gelochte Block zu getrennten Körpern. Beide Körper sind aber geometrisch aufeinander bezogen. Beide Quader berühren sich an zwei Flächen.) Werden verschiedene Körper benützt, muss vor dem Erzeugen eines neuen Grundkörpers genau geprüft werden, welche „Datenschachtel" **Körper** gerade „offen" oder *in Bearbeitung* ist. Dies wird im Strukturbaum durch einen U̲n̲t̲e̲r̲s̲t̲r̲i̲c̲h̲ angezeigt. Der notwendige Wechsel erfolgt mit *Bearbeiten > Objekt in Bearbeitung suchen oder definieren...* oder beim aktivierten Körper im *Kontextmenü > Objekt in Bearbeitung definieren*.

Anschließend verknüpfen die Funktionen der Funktionsgruppe *Boolesche Operationen* die gewünschten Körper mit einer **expliziten Booleschen Operation** zu einem neuen Gesamtkörper. Als Operation gibt es *Hinzufügen*, *Entfernen*, *Zusammenbauen* (steht für Vereinigen entsprechend dem Vorzeichen) und *Verschneiden* (für Schnittmenge oder das Gemeinsame). Der zu verknüpfende „zweite" Körper wird nach dem Grundkörper, der gerade *In Bearbeitung* war, in den hierarchischen Ablauf der „Datenschachtel" des „ersten" Körpers eingefügt. Der zweite Körper mit all seinen Grundkörpern wird dadurch zu einem Teil des ersten Körpers.

Auch wenn die Grundkörper des zweiten Körpers zuerst hierachisch unabhängig erzeugt werden, sollen die neuen Grundkörper genauso **geometrisch objektorientiert** aufeinander bezogen werden wie bisher. Es empfiehlt sich, klar strukturierte Zusatzkörper zu konstruieren. So weit es die Konstruktionslogik gestattet, sollten alle diese Körper in sich selbst geometrisch bestimmt werden. Dann verweisen geometrische Regeln nur an wenigen Schnittstellen auf den Einbaukörper.

Zusatzkörper orientieren sich ebenfalls geometrisch auf den Gesamtkörper

Jede „Datenschachtel" **Körper** hat ein Vorzeichen. Der erste Grundkörper im Körper definiert dieses Vorzeichen. Ist er ein Block oder eine Welle, ist der Körper als Ganzes positiv oder baut dazu (wie beim vorigen Beispiel). Ist der erste Grundkörper aber eine Tasche oder eine Bohrung, dreht sich das Vorzeichen des Körpers um und dieser wirkt dann beim hierarchischen Einbau als Abzug. Folgerichtig kann der Hauptkörper, der das Bauteil als Gesamtkörper darstellt, nur positiv sein und somit nur mit einem positiven Grundkörper beginnen. Ein negativer Körper wird trotzdem wie ein positiver Körper dargestellt. Man kann sich diesen als Abzugkörper vorstellen. Das Vorzeichen aller im Körper folgenden Grundkörper dreht sich einfach um. Ein Block macht dann ein Loch im Abzugkörper. Dieser wird jetzt kleiner oder zieht später beim Einbau weniger Material ab.

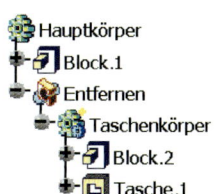  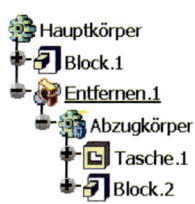

Im Beispiel des linken Strukturbaums ist der zweite Körper wie üblich positiv eigenständig als rotbrauner Quader (Block.2) mit einem runden gelben Taschenloch (Tasche.1) erzeugt. Beim Einbau wird durch *Entfernen* der positive Quader zum Abzug und die negative Tasche zum Zusatzkörper. Im mittleren Baum ist der zweite rotbraune Quader von vornherein als negativer Körper ausgelegt, da der Abzugblock gleich als Tasche (Tasche.1) definiert wurde. Alle Vorzeichen der folgenden Grundkörper kehren sich dann um (Block.2). Beim *Zusammenbauen* wird das Vorzeichen des Körpers berücksichtigt. Es entsteht dasselbe Ergebnis. Im rechten Baum wird der rotbraune Quader, der als Abzugkörper entstand, mit *Entfernen* eingebaut. Hier müsste der Quader strenggenommen als Abzug hinzugefügt werden. Aber das Ergebnis ist das gleiche.

Reihenfolge beim Zusammenbau

Jeder eigenständige Körper baut sich aus den einzelnen Grundkörpern und ihren Verknüpfungen streng sequenziell in der Entstehungsreihenfolge auf. Diese Entwicklungsgeschichte oder Aufbauhierarchie (*constructive solid geometry* CSG) wird bei jeder Aktualisierung nachvollzogen. Die Wirkungsweise erläutert ein Beispiel:

Jede Datenschachtel hat eigene Aufbaustruktur

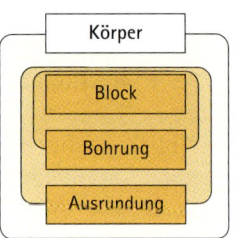

Wird ein neuer Grundkörper in den gerade entstehenden Körper eingefügt, erfolgt dies normalerweise am Ende des bis dahin vorhandenen Körpers. In der oberen Darstellung wurde die Rundscheibe an ihren beiden Deckelflächen zum Ausrunden ausgewählt und so als Ganzes ausgerundet. Anschließend wurde die Scheibe gebohrt. Da die Bohrung im Aufbau nach der Ausrundung erfolgt, entsteht die Bohrung mit scharfen Kanten.

Die Aufbaureihenfolge definiert das Teil

Sollen die Ränder der Bohrung ebenfalls in diese Körperausrundung einbezogen werden, muss die Bohrung in der Aufbaureihenfoge **vor** der Ausrundung stehen, wie im zweiten Bild dargestellt. Jeder neue Grundkörper wird normalerweise am Ende des Körpers eingefügt, genau genommen aber nach dem gerade „bearbeiteten" Grundkörper. Dieser Sachverhalt kann an der schon ausgerundeten Scheibe gezielt eingesetzt werden. Dazu muss, bevor gebohrt wird, der Grundkörper Block im Beispiel *In Bearbeitung* sein. Man kann sich vorstellen, die Aufbaugeschichte wird nach dem Block temporär angehalten, um etwas dazwischen zu schieben. Anders ausgedrückt wird die noch nicht ausgerundete „frühere" Scheibe gebohrt. Die Reihenfolge schon beschriebener Grundkörperoperationen lässt sich auch im Nachhinein ändern.

Die strenge sequenzielle Entstehungsgeschichte gilt für jede „Datenschachtel" **Körper** getrennt. In diesen hierarchischen Aufbau fügt sich nun jeder neue, zu vereinigende Körper genauso ein wie ein Grundkörper. Erst hier beim topologischen Verbinden der Körper muss entschieden werden, nach welchem Eintrag im Strukturbaum des aufnehmenden Körpers dies erfolgen soll, im Normalfall am Ende des Baums. Durch die Vereinigung entstehen zwei verschiedene topologische Abhängigkeiten. Im einzufügenden Körper sind alle Grundkörper streng hierarchisch hintereinander geordnet. Durch den Einbau fügen sich alle diese Grundkörper dort gleichrangig in den aufnehmenden Körper ein. Sie hängen jetzt vom bis zur Einfügestelle Vorhandenen ab und sind den nachfolgenden Grundkörpern als Gesamtkörper wieder übergeordnet.

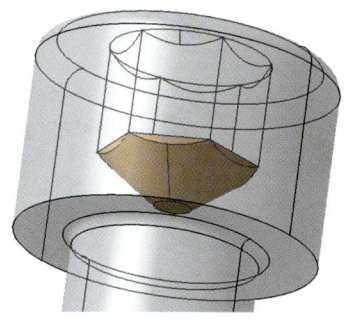

Aufgrund des bisher Dargestellten hat die Verwendung separater Körper zwei sinnvolle Anwendungen: Einmal wird sie geometrisch gebraucht. Manche Grundkörper müssen zuerst untereinander getrimmt werden, um die geplante Gestalt zu definieren. Erst der berichtigte Hilfskörper ist dann einbaufähig. Bei einer Zylinderschraube als Beispiel wird der Innensechskant durch einen Prägestempel eingepresst. Hier wird die Prägespitze durch einen Kegelstumpf abgeschlossen. Dieser ragt als Wellengrundkörper über die sechseckige Tasche für den Imbusschlüssel teilweise hinaus und muss beschnitten werden. Das gelingt nur, wenn dies zuvor in einem separaten Körper, getrennt von der rohen Schraube geschieht. Erst danach kann die entstandene Form eingebaut werden.

Die zweite Begründung für die Verwendung separater Körper liefert die Aufbaugeschichte. Jeder neue Grundkörper schafft eine neue Hierarchiestufe und verlängert dadurch den Strukturbaum. Bei größeren komplexen Teilen wächst dadurch der Änderungsaufwand, da bei Eingriffen in die Struktur alle Abhängigkeiten berücksichtigt werden müssen. Werden zusätzliche Körper eingefügt, lassen sich diese Abhängigkeiten verringern. Der Strukturbaum wird in seinem Hauptstrang kürzer, dafür ist er aber verzweigt. Auf möglichst wenige und einfache geometrische Beziehungen dieser Zusatzkörper zueinander sollte geachtet werden.

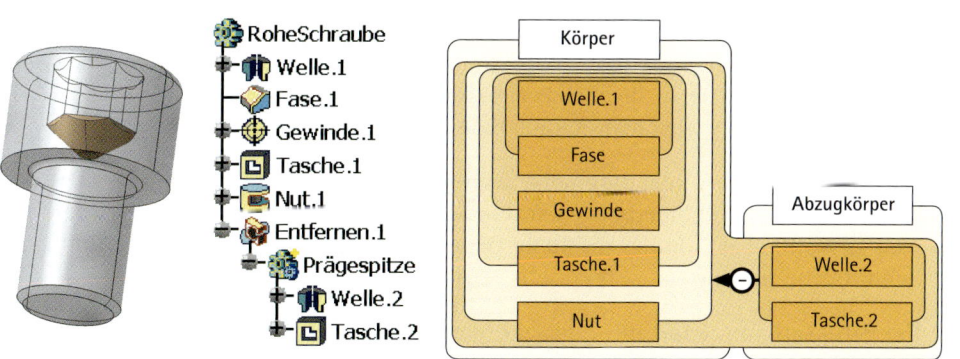

Strukturbaum ist linear

Für eine Zylinderschraube im oberen Bild wird der notwendige geometrische Hilfskörper für die Prägespitze verwendet. Er ist braun hervorgehoben. Der Baum hat im

Hauptstrang sechs Hierarchiestufen und besteht aus zwei Strängen. In der folgenden Darstellung wird die gesamte Prägespitze als eigenständiger Körper aufgebaut. Erst dann wird dieser Körper vom rohen Schraubenkörper abgezogen. Der Strukturbaum hat jetzt im Hauptstrang nur noch vier Stufen, der Nebenstrang wird dafür länger. Zusätzlich sollte sich auch die Objektorientierung darauf einstellen. Prägespitze und rohe Schraube haben nur zwei gemeinsame Verbindungen. Das Sechseck für den Imbusschlüssel liegt mittig zur Schraube und beginnt am Schraubenkopf.

Strukturbaum ist verzweigt in zusammenhängende Einheiten

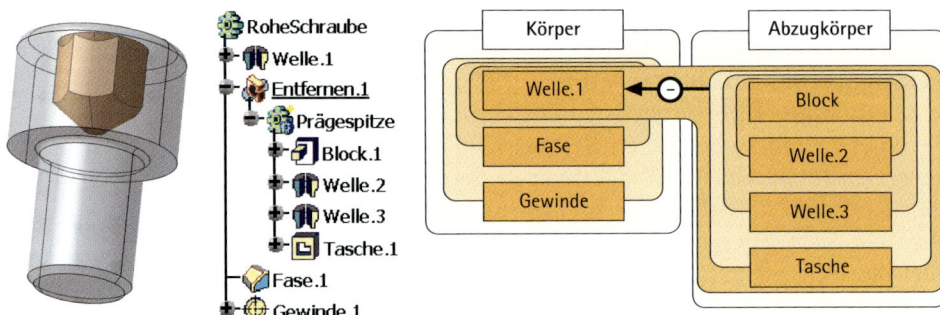

Sind spätere Änderungen an der Teilegeometrie auszuführen, ergeben sich unterschiedliche Konsequenzen durch den unterschiedlichen Aufbau der Struktur. Im ersten Fall betrifft jede Änderung der Grundkörper im Hauptstrang auch den Nebenstrang. Entsprechend muss in allen betroffenen Bedingungen und Skizzenunterlagen eine Korrektur erfolgen. Im zweiten Fall ergeben sich nur Korrekturen im Nebenstrang, wenn sich der erste Grundkörper verändert. Änderungen im Nebenstrang selbst können, wie beim Aufbau, völlig unabhängig vom Hauptstrang erfolgen. Dazu wird der Nebenstrang temporär aus seiner Vereinigung gelöst.

Aus den Zusammenhängen in der Aufbaustruktur von Körpern lassen sich Regeln für änderungsfreundliche, anpassungsfähige Konstruktionen ableiten:

Kurze Strukturbäume

- Strukturbäume sollen möglichst kurz und übersichtlich sein. Daher möglichst viel Definitionsgeometrie in die Skizzen aufnehmen. Nachfolgende Operationen, wie das Ausrunden, bei gleichem Radius möglichst zusammenfassen.

Wenige Abhängigkeiten mit Originalen

- Die Grundkörper sollen möglichst wenige Abhängigkeiten aufbauen. Dies gilt besonders bei der geometrischen Anbindung der Profilskizzen an den Körper. Soweit es wählbar ist, immer originale Geometrie möglichst weit oben im Baum als Schnittstelle nutzen.

Zusammenhängende Teilstrukturen separieren

- Der Strukturbaum kann mit Zusatzkörpern strukturiert und verkürzt werden. Der Gesamtkörper wird dazu in sinnvolle, voneinander wenig abhängige Hilfskörper aufgeteilt. Der Zusatzaufwand durch die Nebenstränge steht in Konkurrenz zu kurzen und ablesbaren Strukturbäumen. Daher empfehlen sich diese nur bei umfangreichen Strukturen.

Was muss im Strukturbaum beachtet werden?

Körper sind jeder für sich sequenziell von oben nach unten geordnet. Ein **neuer** Grundkörper wird in den gerade bearbeiteten Körper eingefügt, im Normalfall am Ende des Strukturbaums. Genaugenommen muss der Grundkörper vor der geplanten Einbaustelle *In Bearbeitung* sein. Soll ein **bestehender** Grundkörper nachträglich im Baum umsortiert und damit in der Aufbaulogik verändert werden, müssen zusätzlich dessen geometrische Bindungen an den Nachbarkörper korrigiert werden. Der Nachbarkörper hatte ja zum früheren Zeitpunkt der Aufbaugeschichte noch eine andere, einfachere Gestalt (im Beispiel der Rundscheibe war es zuerst nur ein Zylinder). Die dadurch fehlerhaft gewordenen geometrischen Bedingungen sind auf den früher vorhandenen Körper anzupassen. Bei zu verschiebenden Grundkörpern gilt es, Bindungen an mehreren Stellen zu beachten:

Die **Skizzenunterlage** selbst (auf welcher Stützebene liegt die Skizze des Grundkörpers), die **geometrischen Beziehungen** in der Skizze (Kongruenz, Parallelität,...), sowie die **Ausdehnung** des Grundkörpers **im Raum** (Begrenzung der Tasche bis Ebene, ...).

Um den Aufbau des Körpers und damit seine Gestalt zu manipulieren, kann auf verschiedene Art im Strukturbaum umsortiert oder modifiziert werden:

- Soll der neue Grundkörper „dazwischen geschoben" werden, muss zuerst der Grundkörper, nach dem der „neue" eingefügt werden soll, mit *Bearbeiten > Objekt in Bearbeitung definieren* bereitgestellt werden. Dann entsteht die neue Grundkörperoperation an der gewünschten Position.
- Ein bereits eingebauter Grundkörper wird mit *Bearbeiten > Objekt > Neu anordnen...* umsortiert.
- Über die „Datenschachtelgrenzen" hinweg verschiebt auch *Bearbeiten > Objekt > Körper ändern...*
- Innerhalb eines Körpers oder darüber hinaus kann auch umkopiert werden. *Bearbeiten > Kopieren* oder *Bearbeiten > Ausschneiden* nimmt ein Objekt auf und *Bearbeiten > Einfügen* überträgt an das Ende des aktivierten Körpers. Die Skizze des Grundkörpers bleibt zusätzlich im Ausgangskörper. Diese kann anschließend gelöscht werden.
- Durch „Ziehen" mit der linken Maustaste kann ein Objekt ebenfalls verschoben werden (mit zusätzlicher *Strg*-Taste auch als Kopie). Dem ungeübten Anfänger wird jedoch von dieser Funktion abgeraten, da zuviel unbeabsichtigte Fehlgriffe möglich sind (siehe auch „Wie werden die Programmstandards für die Übungen vorbereitet?").
- Ein bereits eingebauter Körper wird mit *Kontextmenü > Objekt...* gegen eine andere Operation ausgetauscht.

Übung Schneide

Was wird geübt?

Einfügen>Körper, Langloch, Hinzufügen

Zusatzkörper als Muster nutzen

Für eine Schnappschere werden zwei Schneiden mit ineinander greifenden Zähnen konstruiert. Die Grundform ist ein Block mit Langloch. Daran schließt das Profil eines Zahns objektorientiert an. Es kann beliebig längs der Grundform positioniert werden. Aus dem Profil wird ein Block mit gleicher Dicke wie die Grundform. Der Zahn wird als Muster vervielfacht. Die Gegenschneide ist eine Kopie, die in der Position des Zahns und der Anzahl des Musters verändert wird.

⇨ Neue Datei mit dem Typ *Part* anlegen und das Teil SchneideLinks nennen.

Zwei ineinander liegende Langlöcher und ein Kreis bilden die Grundform als Block.

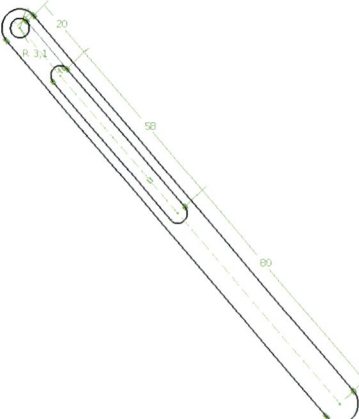

 Skizzierer

 Langloch

⇨ Die Funktion *Skizzierer* auf beliebiger Ebene aktivieren.
⇨ Den Umriss mit *Langloch* zeichnen. Dazu nacheinander die beiden Ausrundungsmittelpunkte und die Lochbreite auswählen.
⇨ Zweites *Langloch* für die Tasche zeichnen. Mit den automatischen Regelvorschlägen können die beiden Kreismittelpunkte auf die Mittellinie des ersten Lochs gelegt werden. Dadurch liegt die Tasche symmetrisch zur Außenkontur.
⇨ Die Bohrung mit *Kreis* einfügen. Dessen Mittelpunkt liegt auf dem Mittelpunkt der Ausrundung. Der Kreis orientiert sich tangierend am Langlochrand, Langloch und Bohrung sind also gleich breit.

 Kreis

⇨ Mit *Bedingung* Skizze vermaßen. Das Grundteil ist insgesamt 170 mm lang und 12 mm breit. Die Bohrung misst 3,1 mm. Das Innenlangloch beginnt nach 20 mm von der Ausrundung aus gemessen und ist selbst 58 mm lang (auf die Mittelpunkte bezogen).
⇨ Eine Gerade und ihren Endpunkt mit der Funktion *Im Dialogfenster definierte Bedingungen* und der Bedingung *Fixieren* festlegen.
⇨ Skizze beenden mit *Umgebung verlassen*.

 Bedingung

Im Dialogfenster def. Bedingungen

Umgebung verlassen

⇨ Die Skizze mit *Block* zum Körper ziehen. Er ist 2 mm dick.

 Block

Ein Zahn wird seitlich am Grundkörper angehängt. Der symmetrische Querschnitt wird als geschlossenes Profil erstellt. Damit der einzelne Zahn später als Muster vervielfältigt werden kann, muss er ein eigenständiger Körper sein.

> **Hinweis:**
> Da die Funktion *Block* automatisch mit schon Vorhandenem topologisch verknüpft, würde der Zahn mit dem Stab sofort zu einer Einheit. Daher muss dies unterbrochen werden, indem der neue Block in einer neuen „Datenschachtel" *Körper* topologisch eigenständig entsteht. Trotzdem soll der neue Körper objektorientiert mit dem Hauptkörper zusammenhängen. Daher wird der Zahnumriss auf einer Oberfläche des Ausgangskörpers angelegt und geometrisch auf diesen bezogen. Auch beim Extrudieren des Zahns wird objektorientiert vorgegangen. Die Extrusionslänge erstreckt sich von der Oberfläche der einen Seite des Ausgangskörpers bis zur gegenüberliegenden.
>
> Wenn die Funktion *Einfügen > Körper* fehlt, kann ein Trick angewendet werden: Der Hauptkörper wird mit *Bearbeiten > Kopieren* zwischengespeichert und mit *Bearbeiten > Einfügen* in das Bauteil (Bauteilnamen aktivieren) kopiert. Anschließend alle Einträge aus dem kopierten Körper löschen. Geht das nicht, muss der Körper erst mit *Bearbeiten > Objekt in Bearbeitung suchen oder definieren...* als „Datenschachtel" wirksam werden.

⇨ Mit *Einfügen > Körper* einen neuen Körper in den Strukturbaum einfügen. Dieser ist automatisch in Bearbeitung, also unterstrichen.

⇨ Neue Skizze mit *Skizzierer* auf die Oberfläche des Grundkörpers legen.

⇨ Mit *Profil* den aus zwei symmetrischen S-Formen bestehenden Zahn mit tangierenden Linien und Kreisabschnitten skizzieren.

⇨ Für die Symmetrieausrichtung hilft eine Hilfsgerade. Sie beginnt am Mittelpunkt der Endgeraden und endet am Mittelpunkt des Zahnendkreises (jeweils auf ausgefüllten blauen Zielkreis achten).

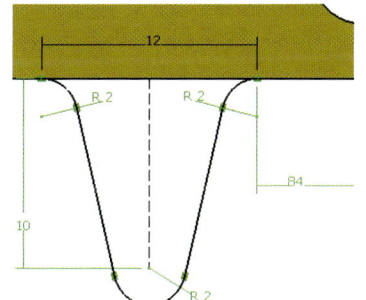

	Profil
	Linie
	Konstruktionselement
	Im Dialogfenster def. Bedingungen
	Bedingung

⇨ Die Endgerade und die Hilfsgerade mit *Im Dialogfenster definierte Bedingungen* und der Einstellung *Rechtwinklig* zueinander ausrichten. Dadurch ist die Symmetrie schon vorbereitet.

⇨ Mit *Bedingung* die Radien mit 2 mm, die tangierende Endgerade mit 12 mm und die Symmetriegerade mit 10 mm vermaßen.

⇨ Die Endgerade und die obere Außenkante mit *Im Dialogfenster definierte Bedingungen* und der Einstellung *Kongruenz* bündig aufeinander legen.

⇨ Mit *Bedingung* hat der Anfang des Zahns einen Abstand von 84 mm bis zum Mittelpunkt der Ausrundung des Grundteils auf der gelochten Seite (oder 91 mm bis zum Stabende). Das unverschiebliche Profil wird grün.

⇨ Skizze beenden mit *Umgebung verlassen*.

Block

 Rechteckmuster

 Hinzufügen

⇨ Die Zahnskizze mit *Block* zum Körper ziehen. Er erstreckt sich als *Erste Begrenzung* mit dem Typ *Bis Ebene* als *Begrenzung* bis zur unteren Fläche des Grundteils.

⇨ Mit *Rechteckmuster* sechs Zähne daraus vervielfältigen. Das Muster hat 12mm Abstand, also die Breite des Zahnfußes. Alle Zähne liegen als *Referenzrichtung* entlang der Schneidenkante.

⇨ Mit *Hinzufügen* aus der Funktionsgruppe *Boolesche Operationen* oder mit *Einfügen > Boolesche Operationen > Hinzufügen...* integriert sich der zweite Körper in den Hauptkörper zu einer topologischen Einheit.

Alternative

⇨ **Alternativ** gelingt die Übung auch ohne den zusätzlichen Zahnkörper. Im Dialog der Funktion *Rechteckmuster* kann als *Objekt für Muster* auch nur ein einzelner Grundkörper, hier also der Zahnblock, vervielfältigt werden.

⇨ Mit *Datei > Sichern unter...* im passenden Ordner unter gleichem Namen speichern.

Für die zweite Schneide wird lediglich der erste Zahn verschoben und die Anzahl der Musterexemplare geändert. Das schon gespeicherte Teil wird gleich angepasst und als weitere Schneide gespeichert.

⇨ Den Teilenamen mit *Bearbeiten > Eigenschaften* in SchneideRechts ändern.

⇨ Die Skizze des ersten Zahns im Strukturbaum öffnen.

⇨ Das Abstandsmaß zum Bohrungskreismittelpunkt um einen halben Zahn auf 90 mm ändern.

⇨ Skizze beenden mit *Umgebung verlassen*.

⇨ Das *Rechteckmuster* öffnen.

⇨ Die Anzahl der Exemplare auf 5 ändern.

⇨ Mit *Datei > Sichern unter...* im passenden Ordner unter dem geänderten Namen speichern. Andernfalls wird die Originaldatei überschrieben.

⇨ Mit *Start > Beenden* abschließen oder direkt weitermachen!

Wozu werden Referenzelemente gebraucht?

Ein Zylinder soll eine umlaufende Nut bekommen. Diese Nut braucht ein Skizzenprofil, das sich an der weichen Sichtkante des Drehkörpers anbinden kann und dessen „Skizzenblatt" so angeordnet ist, dass es genau auf die Zylinderachse trifft. Dazu wird Bezugsgeometrie benötigt, die sich aus dem Zylinderkörper ergibt, die so genannten **Referenzelemente**. Solche Bezüge auf schon vorhandene Geometrie können auch an anderer Stelle Vorteile bringen. Wird beispielsweise eine vorhandene Profilskizze von einem weiteren Grundkörper noch einmal verwendet, genügt eine Referenz auf diese gemeinsame Skizze als so genannte Referenzkopie. Oder die räumlichen Kanten eines Körpers umschließen eine Fläche und bilden anstelle der Skizze noch einmal ein Profil für einen weiteren Grundkörper.

Referenzelemente unterstützen die Objektorientierung

Bauteile entstehen aus Grundkörpern, die objektorientiert sowohl geometrisch als auch topologisch zusammenhängen oder aufeinander bezogen sind. Dieser assoziative Zusammenhang wird durch den Anbau an und den Bezug auf Punkte, Kanten und Oberflächen des schon vorhandenen Körpers hergestellt. Der objektorientierte Zusammenhang kommt in drei verschiedenen Arten vor:

- **Erstens** brauchen neue Profilskizzen am Nachbarkörper angebundene Ebenen. Ein neues „Skizzenblatt" liegt auf der ebenen Oberfläche eines Quaders. Bei gekrümmten Körperflächen versagt dieses einfache Vorgehen, wenn etwa die Anbauskizze auf dem krummen Mantel eines Zylinders liegen soll.
- **Zweitens** richten sich die Profile in den Skizzen an der Körpergeometrie aus. Ein neues Profil ist so breit wie ein Quader. Bei gekrümmten Körperflächen versagt dies wieder, wenn etwa das Anbauprofil die Breite des Zylinderdurchmessers haben soll.
- **Drittens** bezieht sich die Raumausdehnung weiterbauender Grundkörper auf den schon bestehenden Körper. Ein neuer Block erstreckt sich bis zur Oberfläche eines Quaders. Bei zusammengesetzten, gekrümmten Körperflächen gelingt dies nicht immer, wenn etwa die Tasche genau bis zur gegenüberliegenden, aus mehreren Flächenteilen zusammengesetzten Oberfläche reichen soll.

Referenzelemente sind geometrische Objekte einer alternativen assoziativen Beschreibungsart. Alle Geometrie, also Punkte, Geraden, Kurven, Flächen und Volumen, ist jetzt eingeordnet in eine Beziehungshierarchie (*bondary representation method* **B-Rep**). Geometrie dieser Beschreibungsart unterstützt, beziehungsweise ersetzt den Objektbezug der Körper, die in strenger Aufbauhierarchie (*constructive solid geometry* **CSG**) Körper mit Körper verbindet. Mit der Beziehung von Skizzen zu projizierten Körperberandungen, mit der bezogenen Körperausdehnung und mit diesen alternativen Objekten entstehen weitere Randbedingungen. Diese alternative Beziehungshierarchie (**B-Rep**) steht parallel zur Aufbauhierarchie der Körper (**CSG**).

Beziehungshierarchie (B-Rep) steht parallel zur Aufbauhierarchie (CSG)

131

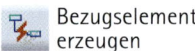
<table>
<tr><td>

Bezugselement
erzeugen

</td><td>

Diese alternative Geometrie hat aber nicht immer die erwünschte Eigenschaft, assoziativ zu sein. Mit der Funktion *Bezugselement erzeugen* wird dies gesteuert. Ist die Funktion standardgemäß deaktiviert (graues Symbol), entsteht die gewünschte abhängige Geometrie (*history mode*). Wird diese Funktion aktiviert (oranges Symbol), entsteht unabhängige, auf die Koordinaten bezogene absolute Geometrie (*datum mode*). Oder zuerst objektorientierte Geometrie wird mit *Bearbeiten > Objekt > Isolieren* aus diesen Beziehungen herausgelöst und ebenfalls absolut eingemessen. Die aus diesen Modifikationen resultierende Geometrie ist im Grunde wertlos und führt bei der vorgestellten objektorientierten Arbeitsweise zu Konflikten.

</td></tr>
</table>

Welche Referenzen gibt es und wie werden sie hergestellt?

In den zuvor beschriebenen Fällen werden **Referenzelemente** auch als Vermittler zum nicht unmittelbar anbindungsfähigen Körper gebraucht. Aus einer Skizze heraus kann nach der zweiten Art eine **Referenz zu Skizzen** oder **zu Körpern** direkt aufgebaut werden. In indirekter Form ist es eine **Referenz zu raumabhängigen Skizzenelementen**. Für die Unterlage eines „Skizzenblatts" nach der ersten Art, für geometrische Beziehungen aus der Skizze heraus nach der zweiten Art und für die Raumausdehnung der Körper nach der dritten Art ist die **Referenz zu Raumelementen** verfügbar. Dafür geeignete Formen sollen im Einzelnen dargestellt werden:

Referenz zu Skizzen

Skizzen mehrfach
nutzen

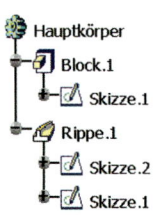
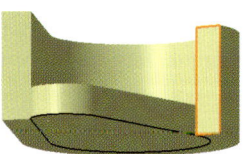

Wird eine Skizze ein weiteres Mal für einen Grundkörper als Profil oder als Führungskurve direkt genutzt, entsteht ein zweiter, identischer Eintrag im Strukturbaum unter dem neuen Grundkörper. Im Beispiel wird die vorhandene (schwarze) *Skizze.1* eines Topfbodens zusätzlich als Führungskurve des Topfstegs mit der neuen (roten) *Skizze.2* für die Funktion *Rippe.1* genutzt. Diese so genannte Referenzkopie (*instance*) ist dann an zwei Stellen im Strukturbaum als identische Geometrie verfügbar und veränderlich. Referenzkopien sind auch über die Grenzen der „Datenschachteln" *Körper* oder *Geometrisches Set* hinaus möglich.

Eine etwas andere Art der Referenz entsteht, wenn dieselbe Skizze mit *Bearbeiten > Kopieren* aufgenommen und mit *Bearbeiten > Einfügen Spezial...* und der Einstellung *Als Ergebnis mit Verknüpfung* in den Strukturbaum kopiert wird. Diese Skizze kann, wie zuvor beschrieben, in ähnlicher Weise im neuen Grundkörper eingesetzt werden. Sie ist hier jedoch nur als Abbild verfügbar, ist auf das Koordinatensystem bezogen und kann als Geometrie nicht verändert werden. Zusätzlich beschränkend ist, dass diese Skizze nicht mit geometrischen Bedingungen eingebunden werden kann. Damit scheidet diese Möglichkeit für streng objektorientierte Arbeitsweise aus.

Referenz zu Körpern

Aus der Skizzenebene heraus kann eine Referenz auf Körpergeometrie unmittelbar durch die Funktionen *Im Dialogfenster definierte Bedingungen* für geometrische Regeln und *Bedingung* für die Bemaßung erfolgen. Diese Verknüpfung ist assoziativ und bleibt auch bei Bewegung der Skizzenebene „sinngemäß" erhalten, solange eine Lösung existiert. Diese implizit verknüpften Elemente werden bei Fehlern in der Aufbaustruktur zu explizit projizierten Objekten und dann unter *Kanten verwenden* als zusätzliche Skizzenelemente erzeugt.

Im Dialogfenster def. Bedingungen

Bedingung

Im Bild soll eine Bohrung mittig zum Zylinder liegen, sowohl in Richtung der Mantellinien als auch quer dazu. Sie wird als (schwarzer) Kreis in einer Tangentialebene am Zylinder skizziert (schwarzes Ebenensymbol) und dann als Tasche durch den Zylinder gebohrt. Werden als Referenz zu Körpern die (orangefarbenen) Randkanten des Zylinders benutzt, um den Kreismittelpunkt der geplanten Tasche mit der Funktion *Im Dialogfenster definierte Bedingungen* mittig zur Zylinderlänge festzulegen, gelten die Kantenkreise als Geraden. Diese Lösung ist nur möglich, wenn die Skizze normal zum Zylinderkreis steht. Andernfalls entstünde eine Ellipse, zu der die Kreistasche nicht mehr mittig liegen kann.

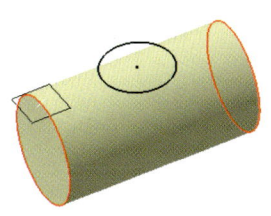

Skizzen beziehen sich direkt auf Nachbarkörper

Anders ist es mit der Referenz zu Körpern, wenn derselbe Mittelpunkt in Durchmesserrichtung mittig zur Zylinderachse gelegt wird. Diese Assoziation ist auch bei schräger Lage von Skizze und Körper zueinander möglich.

Referenz zu raumabhängigen Skizzenelementen

Aus der Skizzenebene heraus kann eine Referenz auf Körpergeometrie auch mittelbar erfolgen. Mit den Funktionen *3D-Elemente projizieren*, *3D-Elemente schneiden* und *3D-Silhouetten projizieren* wird Raumgeometrie normal zur Skizze als zusätzliche Geometrieelemente übertragen, die mit gelber Farbe gekennzeichnet sind (explizite verknüpfte Elemente). Diese Elemente sind assoziativ

3D-Elemente projizieren

3D-Elemente schneiden

3D-Silhouettenkanten projizieren

zu ihrer Quelle und erscheinen im Strukturbaum im Eintrag **Kanten verwenden**. Sie bleiben auch bei Bewegung der Skizzenebene „sinngemäß" erhalten. Diese Zusatzgeometrie ist redundant (doppelt) und sollte daher nur angewendet werden, wenn bei gekrümmten Körpern keine Kanten direkt verfügbar sind. Sie ist auch weniger stabil als direkt verwendete Geometrie.

Skizzen beziehen sich
auf projizierte Geo-
metrie

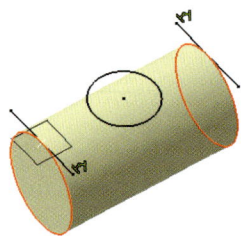

Im Bildbeispiel soll der (schwarze) Kreis einer Bohrung wieder mittig zum Zylinder liegen, sowohl in Richtung der Mantellinien als auch quer dazu. Hierfür können die beiden (orangefarbenen) Zylinderkanten mit der Funktion *3D-Elemente projizieren* als Hilfsgeraden in die Skizze übertragen werden (im Bild schwarz dargestellt). Diese zusätzlichen Geraden sind assoziativ zum Zylinder, machen dessen Änderungen also mit. Zu jeweils zwei diagonal liegenden Endpunkten der Hilfslinien ist der Kreismittelpunkt der Tasche als geometrische Regel mit der Funktion *Im Dialogfenster definierte Bedingungen* äquidistant.

Stellt sich die Skizzenebene schräg zum Zylinder, werden aus den projizierten Geraden wieder Ellipsen. Darauf aufgebaute geometrische Regeln können falsch werden.

Referenz zu Raumelementen

Neben Skizzen und Körpern, also den Geometriearten der Funktionsumgebung **Teilekonstruktion**, sind zusätzliche räumliche Elemente verfügbar, alles vom Punkt über Geraden und Kurven bis zum Volumen. Mit diesen Elementen der Beziehungshierarchie kann das so genannte Draht- und Flächenmodell aufgebaut werden, das unter anderem in der Funktionsumgebung **Drahtmodell und Flächenkonstruktion** (*Wireframe- and Surface Design*) verfügbar ist. Eine Untermenge daraus ist auch in der Teilekonstruktion als Funktionsgruppe *Referenzelemente* (Punkt, Gerade und Ebene) verfügbar. Diese Referenzelemente können ins Koordinatensystem **absolut** eingemessen werden. Sie können sich aber auch **relativ** auf schon definierte Körper beziehen und sind dadurch von diesen geometrisch abhängig. Diese zweite Eigenschaft soll als Referenzgeometrie genutzt werden. Immer dann, wenn die normale Körpergeometrie in der Profilskizze oder beim Erzeugen des neuen Grundkörpers nicht unmittelbar benutzbar ist, helfen diese Referenzelemente als Vermittler.

Referenzelemente als *Punkt*, *Linie* oder *Ebene* liegen im Raum und entwickeln sich aus dem Objekt, also dem Bauteil. Sie bleiben mit ihm assoziativ verbunden und machen daher Geometrieänderungen mit. Als Punkt *Auf Kurve* oder als Ebene *Tangential zu Fläche* etwa beziehen sie sich auf die entsprechenden Körperelemente. Um diese Funktionsgruppe *Referenzelemente* in der Funktionsumgebung **Teilekonstruktion** benutzen zu können, muss die Symbolleiste ergänzt werden. *Ansicht > Symbolleisten > Referenzelemente kompakt* (hintereinander oder *erweitert* nebeneinander angeordnet) zeigt sie an.

Referenzelemente sind Stellvertreter, wenn keine ebenen Oberflächen zur Verfügung stehen. Im nächsten Beispiel ist das (schwarze) Referenzelement *Ebene* Stützelement für die (orange) Skizze einer Nut. Das „Skizzenblatt" braucht eine ebene Unterlage. Diese

Ebene wird senkrecht zur oberen Zylinderkante erzeugt und in ihrer noch freien Lage um die Kante herum durch einen *Punkt* (schwarzes Kreuz) auf den Zylinderrand bezogen. Dieser Punkt wird zusätzlich genutzt, wenn die Skizze sich in ihrer Breite auf die „weiche" Sichtkante des Drehkörpers ausrichtet.

Neue Grundkörper beziehen sich auf Referenzelemente

Geometrische Referenz in erweiterter Form nutzt alle Elemente der alternativen Beziehungshierarchie. So kann sich ein **Profil** auch aus einem ebenen Raumkurvenzug zusammensetzen oder eine berandete Fläche bildet ein komplexes Grundkörperprofil. Eine **Führungskurve** für einen Grundkörper kann ein beliebig zusammenhängender **räumlicher Kurvenzug** sein; oder aus umlaufenden, zuvor abgeleiteten Kanten einer Fläche bestehen. Profilkurven, die aus mehreren Kurvenstücken bestehen, müssen zuvor mit *Zusammenfügen* zu einer Einheit werden. Ein Beispiel einer Führungskurve für einen geformten Drahtkörper

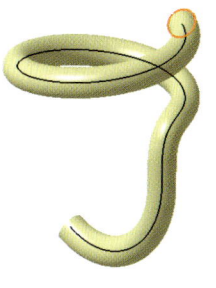

 Zusammenfügen

ist die Raumkurve Helix mit profilgebender ebener Skizzenkurve. Skizzeninhalte sind darüber hinaus genau wie Raumobjekte verwendbar, also als Punkte oder Kurven. Werden nur einzelne Objekte der Skizze gebraucht, müssen diese sinnvoll vereinzelt werden (zum Beispiel mit *Ableiten*). Diese Eigenschaft gilt nur für Standardelemente der Skizze (weiß durchgezogene Linien und Kurven als Kreuze).

Wie hängen die Referenzelemente mit dem Körper zusammen?

Profilgeometrie wird in der jeweiligen Skizze abgelegt. Man kann sich die Skizze auch als „Datenschachtel" für ihre Geometrie vorstellen. Körpergeometrie, die mit dieser Skizze durch Verziehen in den Raum entsteht, liegt in einer weiteren „Datenschachtel" **Körper**. Referenzelemente sind keine Körperelemente sondern Geometrie der alternativen Beziehungshierarchie. Sie

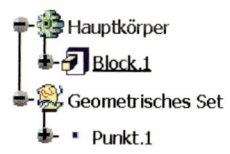

werden in der „Datenschachtel" **Geometrisches Set** abgelegt, einer Sammelstelle für alles was keinen Körper bildet. In früheren Versionen wurde dies auch **Offener Körper** genannt. Die Reihenfolge der Einträge im Geometrischen Set spielt im Gegensatz zur hierarchischen Ordnung der Körper keine Rolle. Die Reihenfolge im Geometrischen Set ist beliebig, hier sorgen die Beziehungen untereinander für Ordnung.

Draht- und Flächengeometrie liegt im Geometrischen Set

Referenzelemente und damit alle Geometrie der alternativen Beziehungshierarchie (B-Rep) stehen parallel zur Aufbauhierarchie der Grundkörper (CSG). Jedes Referenzelement hängt direkt von seiner erzeugenden Geometrie ab. Dies können ein oder mehrere Grundkörper mit ihren Kanten oder Oberflächen sein. Dadurch binden sich die Referenzelemente in die streng sequenzielle Aufbaustruktur der Körper ein.

Referenzelemente
hängen individuell
mit Körpergeometrie
zusammen

Referenzelemente können sich aber auch auf andere Referenzelemente beziehen. So entstehen individuelle Abhängigkeiten in den Geometrischen Sets. Je mehr solcher Abhängigkeiten untereinander bestehen, desto komplexer wird dieses Geflecht. Darunter leidet dann die Veränderbarkeit.

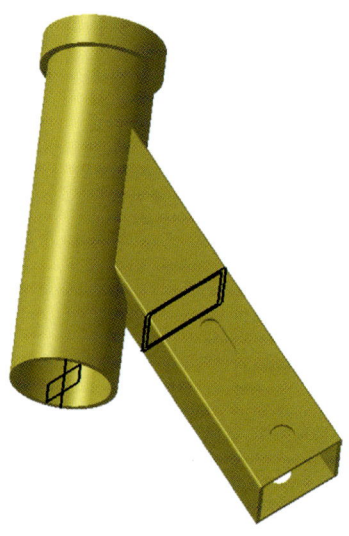

Beim abgebildeten Drehkreuz eines Rollers werden Referenzelemente zur Erzeugung der Geometrie genutzt. An das Rohr für den Lenker fügt sich ein Vierkant an. Er ist unter einem Winkel relativ zum Rohr geneigt. Zur Beschreibung des formbestimmenden Vierkantprofils dient eine Referenzebene. Diese definiert sich bezogen auf das Rohrende unten. Um die Schiefstellung zu beschreiben, kippt diese Definitionsebene für den Vierkant um eine Referenzgerade als Drehachse in ihre Winkellage. Eine Skizze auf der Fläche des unteren Rohrendes beschreibt diese im Raum verfügbare Gerade. Diese Hilfskonstruktion baut eine Hierarchie der Abhängigkeiten zwischen Elementen des Draht- und des Körpermodells auf. Die Drehachse bezieht sich auf das Rohr, ist also von diesem abhängig. Die Vierkantebene hängt von der Drehachse und von der unteren Rohrfläche ab, auf die sie sich mit einem Winkel bezieht. Und

der Vierkant selbst nutzt die Vierkantebene als Skizzenunterlage. Die beiden Referenzelemente hängen also individuell voneinander ab. Zusätzlich greifen sie in die sequenzielle Hierarchie der Raumelemente ein und sind von der Bezugsgeometrie und allen im selben Körper darüber liegenden Grundkörpern abhängig. Am Strukturbaum unten links lässt sich dies nur teilweise ablesen. Die rechte Abbildung zeigt die gegenseitigen Abhängigkeiten. Im **Körper** streng von oben nach unten hierarchisch geordnet, im **Geometrischen Set** individuell bezogen. Nach dem **Mutter-Kind-Prinzip** dürfen solche Bezugsketten nur in einer Richtung verlaufen. Beim Vierkant also über das Rohrgewinde zum Rohr und gleichgerichtet über die Vierkantebene zum Rohr. Andernfalls entstehen fehlerhafte Schleifenrelationen.

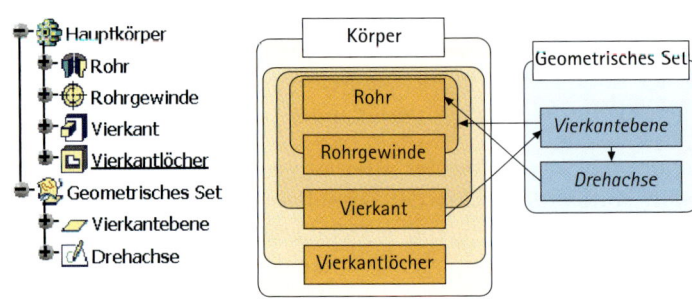

Um die Handhabung einfach zu gestalten und den Änderungsaufwand gering zu halten, sind einige Regeln hilfreich:

- Abhängigkeiten sollen mit möglichst wenig und mit originaler Geometrie aufgebaut werden. Eine Profilskizze ist numerisch einfacher als ein daraus entwickelter Grundkörper und dieser wiederum einfacher als eine aus dem Körper abgeleitete Körperkante.
- Abhängigkeiten sollen mit möglichst weit oben im **Körper** liegender, also im Konstruktionsablauf früh erstellter, Raumgeometrie aufgebaut werden. Der Bezug der beiden Referenzelemente zum Rohr beispielsweise kann am Rohr direkt oder erst später am Rohr mit Rohrgewinde aufgebaut werden. Im zweiten Fall führt sowohl eine Änderung des Rohrs als auch des Gewindes zur Nacharbeit.
- Referenzelemente sollen entsprechend ihrer Abhängigkeit übersichtlich in **Geometrischen Sets** strukturiert werden.

Um die allgemeinen Raumelemente einfacher in die Körperstruktur einzubinden, wurde zusätzlich die Hybridstruktur (*hybrid design*) eingeführt. Jedes räumliche Referenzelement wird dabei direkt in den Strukturbaum des Körpers eingefügt, und zwar nach denselben Regeln wie neue Grundkörper. Auf diese Weise folgt auch die Draht- und Flächengeometrie streng der Hierarchie des Körpers. Da dieser Eingriff in den Hierarchieaufbau das ganze Teil betrifft, muss die Art der Aufbauhierarchie schon beim Anlegen einer neuen Teiledatei mit *Datei > Neu* festlegen.

Hybridstruktur ist alternative Aufbaustruktur für Körper

Beim Beispiel des vorigen Drehkreuzes binden sich die Skizze der Drehachse und die Vierkantebene direkt an der Erzeugungsstelle in den Strukturbaum ein. Die Drehachse ist direkt auf das Rohr bezogen, die Vierkantebene dreht bezogen auf das fertige Rohr um diese Achse. Danach baut der Vierkantkörper weiter. Beide Referenzelemente fügen sich in die Körperhierarchie ein.

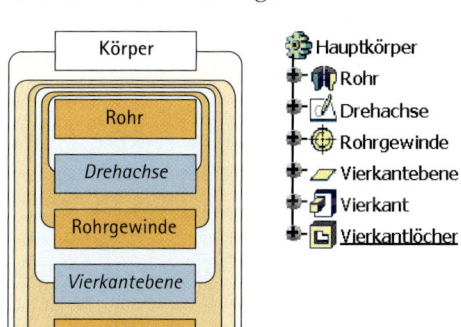

Referenzelemente hängen von hierarchischen Körpern ab

Eine weitere Variante der Hybridstruktur sieht vor, die beiden Geometriearten Körper- und allgemeine Raumelemente getrennt abzulegen. Der **Körper** nimmt wieder die Grundkörper und das **Geometrische Set** die Referenzelemente auf. Die Zuordnung der Referenzelemente zur Körperhierarchie entspricht aber jetzt derjenigen der Körperstruktur. Bei dieser Variante können die Referenzelemente des Geometrischen Sets in ihrer Reihenfolge nicht verändert werden. In den nächsten Bildern ist diese in das Geometrische Set ausgelagerte Struktur dargestellt.

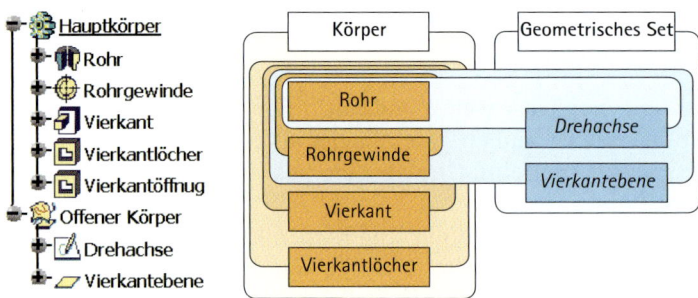

Der Strukturbaum ist wie beim Ausgangsbeispiel in eine Körperstruktur und ein davon getrenntes Geometrisches Set aufgeteilt. Der von außen gleich aussehende Strukturbaum folgt aber einer anderen inneren Aufbaulogik. Die Referenzelemente des Geometrischen Sets sind auf die Körperhierarchie bezogen und nur in diesem Zusammenhang veränderlich.

Der **Vorteil** der Hybridstruktur ist die einfachere Handhabung und die klarere Zuordnung im Strukturbaum. Ein **Nachteil** ist der dadurch länger werdende, aus unterschiedlichen Geometrieelementen aufgebaute Baum. Als weiterer **Nachteil** stellt sich heraus, dass die nachträgliche Pflege und Veränderbarkeit des Teils erheblich eingeschränkt ist. Ein Umsortieren der Referenzelemente auf beispielsweise originale, im Baum weiter oben liegende Bezugselemente ist deutlich erschwert.

Was ist Hilfs- was Nutzgeometrie?

Grundsätzlich sollte eine Teiledatei nur aus zur Konstruktion notwendiger Geometrie bestehen. Das bedeutet, es kann kein Geometrieelement entfernt, also gelöscht werden, ohne die Struktur zu zerstören. Die eigentliche **Nutzgeometrie**, also beim Körpermodell alle Grundkörper, die das Teil bilden, beim später vorgestellten Flächenmodell dann alle Flächenteile der Außenhaut, braucht zu ihrer Beschreibung aber **Hilfsgeometrie**. Wir kennen Hilfsgeomtrie, die sogenannten Konstruktionselemente, die nur in der Skizze selbst existieren. Die Hilfsgeometrie des Grundkörpers ist das Profil in Form einer ebenen Skizze oder auch als Kurvenzug aus Raumkurven. Auch die gerade vorgestellten Referenzelemente als Punkte, Geraden und so weiter sind Hilfsgeometrie. Sogar Hilfskörper oder -flächen werden eingesetzt. Als zum Aufbau der Konstruktion notwendig, kann Hilfsgeometrie nicht gelöscht, aber jederzeit verdeckt werden. Dem trägt das Programm Rechnung, indem Konstruktionselemente der Skizzen im Raum erst gar nicht erscheinen und Skizzen nach der Nutzung im Grundkörper automatisch ausgeblendet werden. Außerdem werden alle Referenzelemente als Hilfsgeometrie des Raumes nicht in der "Datenschachtel" **Körper**, sondern im **Geometrischen Set** abgelegt und lassen sich dann separat verdecken. Nur wenn beispielsweise Raumgeraden der einfacheren Konstruktion wegen in einer ebenen Skizze konstruiert werden, entsteht Referenzgeometrie, die sowohl im **Körper** als auch im **Geometrischen Set** abgelegt werden kann. Auch solche Skizzen sollten systematisch in das **Geometrische Set**.

Gute Konstruktionen kommen mit möglichst wenig Hilfsgeometrie aus

Wie können fehlerhafte Referenzen repariert werden?

Besonders bei nachträglichen Änderungen an der Geometrie können die hierarchischen Abhängigkeiten zwischen den Grundkörpern oder zu den Referenzelementen durcheinander geraten. Bei Grundkörpern betrifft dies die geometrischen oder auch die Maßbedingungen in den Skizzen. Die räumliche Bezugsgeometrie kann abhanden kommen, oder die räumliche Skizzenunterlage wird nicht mehr erkannt. Bei den Referenzelementen betrifft es die Erstellungsgeometrie. Diesen Fehlern ist gemeinsam, dass der geometrische Zusammenhang zerstört wurde. Lediglich ein Abbild des ursprünglichen Bezugselements als gelb dargestellte Geometrie bleibt erhalten. Es ist aber ohne Verbindung und damit wertlos. Solche Fehler lassen sich nachträglich reparieren.

- **Ein Referenzelement hat seine Raumgeometrie verloren:** Ein fehlerhaft geworden oder verloren gegangenes Bezugselement kann nach Öffnen des Referenzelements durch ein anderes, ersetzt werden. Danach ist das neu angepasste Referenzelement wieder verwendbar.

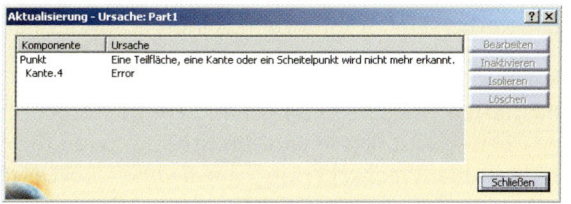

Referenzelement ersetzen

- **Eine Skizzenbedingung hat ihre Raumgeometrie verloren:** Das fehlerhaft gewordene oder verloren gegangene Bezugselement wird unter *Kanten verwenden* abgelegt. Nach Öffnen der fehlerhaften *Bedingung* mit *Mehr* kann das verloren gegangene Bezugselement aktiviert und mit *Verbindung erneut herstellen...* durch ein anderes, vom betroffenen Grundkörper unabhängiges, ersetzt werden. Danach ist die angepasste Bedingung wieder gültig. Zusätzlich sollte die wertlos gewordene Geometrie unter *Kanten verwenden* gelöscht werden.

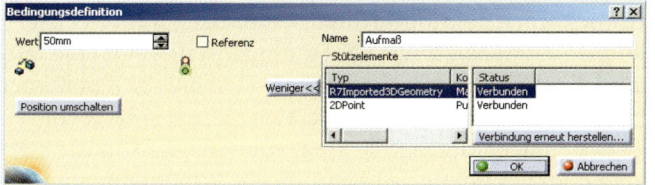

Raumbezug ersetzen

- **Eine Skizze hat ihr Stützelement verloren:** Im Kontextmenü der bezugslosen Skizze kann die verloren gegangene Skizzenunterlage mit *Objekt Skizze > Stützelement für Skizze ändern...* ersetzt werden. Der Typ der Skizze ist *Gleitend* und die neue, vom betroffenen Grundkörper unabhängige, ebene Unterlage wird als *Referenz* neu ausgewählt.

Skizzenebene ersetzen

Was muss im Strukturbaum beachtet werden?

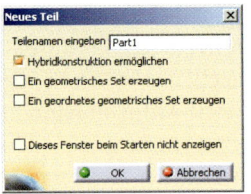

Beim Anlegen eines neuen Teils muss entschieden werden, nach welcher Art der Strukturbaum entstehen soll. Für die ursprüngliche Art muss bei *Tools > Optionen > Infrastruktur > Teileinfrastruktur > Teiledokument* unter *Hybridkonstruktion* das Feld *Hybridkonstruktion in Hauptkörpern und Körpern ermöglichen* inaktiv sein. Wird dieses Feld aktiviert, gilt es zu entscheiden, ob *In einem Körper* alles im Körper oder mit *In einem geometrischen Set* nach unterschiedlichen Geometriearten getrennt abgelegt wird. Beim Anlegen einer neuen Teiledatei mit Hybridstruktur erscheint nebenstehendes Dialogfenster und je nach Auswahl entsteht dann ein unterschiedlicher Strukturbaum. Wird ein bestehendes Teil unter falschen Voreinstellungen erneut geöffnet, erscheint das Körpersymbol im Strukturbaum in grauer Farbe.

Der Unterstrich im Strukturbaum regelt die Bearbeitung

Werden nach der ursprünglichen Art (nicht mit Hybridstruktur) verschiedene Elementarten erzeugt, muss genau geprüft werden, in welcher „Datenschachtel" gerade gearbeitet wird. Diese wird im Strukturbaum durch einen <u>Unterstrich</u> angezeigt. Der notwendige Wechsel erfolgt mit *Bearbeiten > Objekt in Bearbeitung suchen oder definieren...* oder beim aktivierten Körper im *Kontextmenü > Objekt in Bearbeitung definieren*. Auch die Funktionsgruppe *Tools* bietet als *Aktuelles Werkzeug auswählen* die gerade aktive „Datenschachtel" an und wechselt, wenn gewünscht. Skizzen können sowohl im **Körper** als auch im **Geometrischen Set** liegen; nur wenn sie in der „Datenschachtel" **Körper** liegen, kann daraus tatsächlich ein Körper werden. Beim Ausführen einer Grundkörperfunktion erfolgt der notwendige Wechsel zwischen den Ablageorten **Körper** und **Geometrisches Set** automatisch, wenn eine falsch abgelegte Skizze benutzt wird. Es wird eine zusätzliche Referenzkopie in den **Körper** gelegt. Geometrieelemente (Skizzen, Grundkörper) lassen sich gezielt mit *Bearbeiten > Objekt > Körper ändern...* zwischen den „Datenschachteln" umsetzen. Es müssen aber geometrische Abhängigkeiten berücksichtigt werden, indem Bindungen zuvor entfernt und danach wieder sinngemäß ergänzt werden.

Drahtmodell und Flächenkonstruktion

Flächenerzeugung

Ableiten

Zusammenfügen

Sollen darüber hinausgehend auch beliebige Raumkurven und Flächen genutzt werden, muss die Umgebung **Drahtmodell und Flächenkonstruktion** oder **Flächenerzeugung** aktiviert sein. Neben den Funktionen um Raumkurven und Flächen direkt zu erzeugen, lassen sich auch unter anderem mit *Ableiten* alle bestehenden Kanten und Oberflächen der Körper als Kurven und Flächen herauslösen und zu Referenzelementen vereinzeln und damit nutzen. Mehrere Kurven oder Flächen, die geometrisch aneinander anschließen, können, wenn dies erforderlich ist, mit *Zusammenfügen* zu einer (logischen, aber nicht geometrischen) Einheit verschmelzen.

Wie verknüpfte Objekte zusammenhängen, zeigt das *Kontextmenü > Eltern/Kinder...* Siehe dazu auch „Anpassungsfähige Flächen".

Übung Gleitring

Ein Gleitring hält die Lenkstange drehbar aber nicht längsverschiebbar im Drehkreuz fest. Zum Einbau ist der Gleitring offen und ausgerundet. Um eine maßlich definierte Öffnung zu erreichen, wird der Torusring aus einem Kreisprofil erzeugt, das entlang eines Kreisabschnitts als Führungskurve gleitet. Diesen Körper erzeugt die Funktion *Rippe*. Da Referenzelemente zum Aufbau des Körpers benötigt werden, muss entschieden werden, welcher Strukturbaum entstehen soll. Der Gleitring soll die Hybridstruktur verwenden.

⇨ Bei *Tools > Optionen > Infrastruktur > Teileinfrastruktur > Teiledokument* muss unter *Hybridkonstruktion* das Feld *Hybridkonstruktion in Hauptkörpern und Körpern ermöglichen* aktiv sein. Zusätzlich soll alle Geometrie im Körper abgelegt werden mit *In einem Körper*.

⇨ Neue Datei mit dem Typ *Part* anlegen und das Teil Gleitring nennen.

Hinweis:

Der Gleitring wird zum Körper, wenn ein Kreisquerschnitt um eine in der Kreisebene liegende Achse als Welle gedreht wird. Bei dieser Aufgabe müsste der Drehwinkel der Welle mit Hilfe der Ringöffnung errechnet werden.

Für eine definierte Öffnung ist eine andere Vorgehensweise günstiger: Ein Kreisprofil wird längs einer kreisförmigen Führungs- oder Zentralkurve als *Rippe* im Raum verzogen. Diese Zentralkurve kann eine Skizze oder auch eine Raumkurve sein. Werden Skizzen sowohl für das Profil als auch für die Führung benutzt, müssen sie in senkrecht zueinander stehenden Ebenen aufgebaut werden. Objektorientiert wird die abhängige Skizze in eine Referenzebene gelegt. Diese Referenzebene des Profils steht mit der Funktion *Senkrecht zu Kurve* wie gewünscht senkrecht zur Zentralkurve und verläuft durch einen der Endpunkte der Zentralkurve. Profil und Zentralkurve werden objektorientiert verknüpft. Um die lichte Ringöffnung von 26 mm zu erreichen, muss die Zentralkurve der Innendurchmesser des Gleitrings sein. Der Kreisquerschnitt liegt dann außen bündig an der Führung.

In der ersten Skizze wird die Zentralkurve des Strangkörpers als Teilkreis skizziert.

⇨ Mit *Skizzierer* Startskizze auf eine Ebene legen.
⇨ Mit *Dreipunktbogen* den Kreisabschnitt zeichnen.
⇨ Mit *Bedingung* den Radius mit 13 mm und die Öffnung zwischen den beiden Endpunkten mit 6 mm festlegen. Dies entspricht dann auch im Raum der Spaltöffnung des Rings.
⇨ Den Mittelpunkt mit *Im Dialogfenster definierte Bedingungen* und der Bedingung *Fixieren* festlegen. Das un-

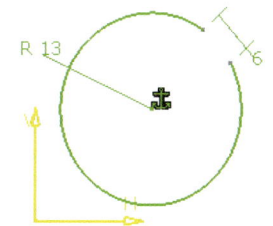

 Skizzierer

 Dreipunktbogen

Bedingung

 Im Dialogfenster def. Bedingungen

verschiebbare Profil wird grün. (Streng genommen müsste noch eine Hilfslinie vom Mittelpunkt zu einem Endpunkt des Kreises fixiert werden, damit der Kreis nicht in sich drehbar bleibt.)

 Umgebung verlassen

⇨ Skizze beenden mit *Umgebung verlassen.*

Fehlt die Funktionsgruppe *Referenzelemente* in der Spalte der Arbeitsfunktionen, muss die Symbolleiste ergänzt werden.

⇨ Mit *Ansicht > Symbolleisten > Referenzelemente kompakt* (oder *erweitert*) die Funktionsgruppe anzeigen. Als kompaktes Symbol können die verdeckten Funktionen hinter der Funktion *Punkt* aufgeblättert werden. Ist in der Symbolleiste kein Platz mehr, kann diese auch mehrspaltig aufgezogen werden.

Ebene

⇨ Die Funktion *Ebene* aktivieren. Im Dialog den Ebenentyp *Senkrecht zu Kurve* auswählen. Die *Kurve* ist die Skizze des Führungskreises. Als *Punkt* empfiehlt sich ein Endpunkt der Führung. Mit *Bewegen* (in der Zeichnung grün hervorgehoben) kann das Symbol der unendlich ausgedehnten Ebene beliebig in sich selbst günstiger positioniert werden.

Der Ringquerschnitt als Kreis wird in der neuen Referenzebene skizziert und damit objektorientiert an die Zentralkurve angebunden. Die zweite Skizze bezieht sich mit geometrischen Bedingungen auf die Raumgeometrie der ersten Skizze.

 Kreis

⇨ Mit *Skizzierer* eine neue Skizze auf die Referenzebene legen.

⇨ Mit *Kreis* das Querschnittsprofil des Gleitrings skizzieren.

⇨ Den Profilkreis am Endpunkt der Führung mit *Im Dialogfenster definierte Bedingungen* und *Kongruenz* anbinden. Der Profilkreis liegt von außen an der Führung an. Den Mittelpunkt des geschlossenen Kreises und den offenen Kreisbogen mit der Bedingung *Kongruenz* zueinander bündig legen. (Falls dies nicht funktioniert, liegt der Mittelpunkt ersatzweise auf derselben Geraden wie die beiden Endpunkte der Führung. Diese Gerade ist eine zusätzliche Hilfsgerade.)

⇨ Mit der Funktion *Bedingung* den Kreisradius von 2,2 mm festlegen. Das maßstabile und unverschiebbare Profil wird grün.

Hinweis:
Die Führung gibt die Form des Verlaufs des Strangkörpers vor, die relative Lage des Profils zur Führung den tatsächlichen Körper. Nur wenn Profil und Führung objektorientiert zusammenhängen, stimmt Form und Lage dauerhaft überein.

⇨ Die Funktion *Rippe* aktivieren und als *Profil* den geschlossenen Querschnittskreis und als *Zentralkurve* den offenen Kreisabschnitt auswählen. Unter *Profilsteuerung* kann der Winkel des Profils im Verlauf der Zentralkurve verändert werden. Der Gleitring soll immer eben bleiben. Daher wird die normale Zuordnung beibehalten.

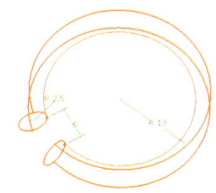

 Rippe

⇨ Die Funktion *Kantenverrundung* aktivieren. Die beiden Außenkanten an der Öffnung als *zu verrundende(s) Objekt(e)* auswählen. Der Radius ist 1 mm und die *Fortführung* braucht in diesem Fall nicht genauer bezeichnet zu werden. Diese klärt das Ausrundungsverhalten an Verzweigungsstellen.

 Kantenverrundung

Da mit Hybridstruktur gearbeitet wurde, haben sich die Raumelemente Referenzskizze und Ebene automatisch in den Ablauf der Körperstruktur eingefügt.

⚙ Hauptkörper
├ ▱ Ebene.1
├ Rippe.1
│ ├ Skizze.2
│ ├ Skizze.1
└ Kantenverrundung.1

⇨ Mit *Datei > Sichern unter...* im passenden Ordner unter gleichem Namen speichern.
⇨ Mit *Start > Beenden* Pause machen oder weiter zur nächsten Übung!

Übung Drehkreuz

Was wird geübt?
Gewinde
Geometrisches Set nutzen
Skizze als Referenzelement nutzen

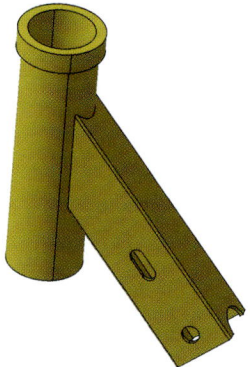

Als Drehkreuz für die Verbindung zwischen der Lenkstange und dem drehbaren Lenker fungiert ein zylindrisches Rohr mit schräg angeschweißtem Rechteckrohr. Das Rundrohr entsteht wegen des aufwändigen Querschnittprofils als *Welle*. Das Profil des Rechteckrohrs liegt auf einer zum Rundrohr schrägen Referenzebene. Der strangartige Körper schmiegt sich als offener *Block* an das Rundrohr an, ohne es zu durchdringen (wird außen angeschweißt). Am Lenkeranschluss wird ein Gewinde und zur Befestigung an der Trittbrettgruppe werden mit *Tasche* zwei Löcher angebracht. Zusätzlich sollen die Teile ab dieser Übung mit separater Struktur im *Körper* und im *Geometrischen Set* erstellt werden.

⇨ Bei *Tools > Optionen > Infrastruktur > Teileinfrastruktur > Teiledokument* muss unter *Hybridkonstruktion* das Feld *Hybridkonstruktion in Hauptkörpern und Körpern ermöglichen* inaktiv sein.

⇨ Neue Datei mit dem Typ *Part* anlegen und das Teil Drehkreuz nennen.

Der Querschnitt durch die Rohrwand wird als geschlossenes Profil durch die außerhalb liegende Achse zum innen hohlen Wellenkörper.

 Skizzierer

![Achse Symbol] Achse

![Profil Symbol] Profil

![Bedingung Symbol] Bedingung

![Im Dialogfenster Symbol] Im Dialogfenster def. Bedingungen

![Umgebung Symbol] Umgebung verlassen

![Welle Symbol] Welle

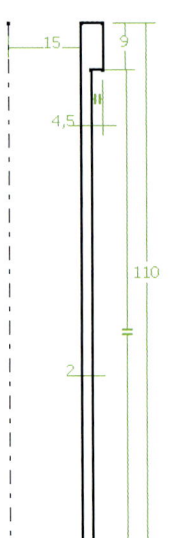

⇨ Mit *Skizzierer* die Startskizze auf eine Ebene legen.
⇨ Mit *Achse* die Drehachse maßstäblich skizzieren.
⇨ Mit *Profil* den Schnitt aus parallelen und normal zueinander stehenden Geraden aufbauen. Die Profilenden sollten mit der Achse bündig korrespondieren. Am Inneneck ist eine Ausrundung sinnvoll.
⇨ Mit *Bedingung* die Gesamtlänge mit 110 mm, die Wandstärke mit 2 mm, den Innenradius mit 15 mm und die Randverstärkung 4,5 mm dick und 9 mm lang vermaßen.
⇨ Eine Gerade und deren Endpunkt mit *Im Dialogfenster definierte Bedingungen* und *Fixieren* festlegen. Das unverschiebbare Profil wird grün.
⇨ Skizze beenden mit *Umgebung verlassen*.

⇨ Mit *Welle* zum Rohr um 360 Grad drehen.

Rund- und Rechteckrohr kann man sich als zwei nebeneinander stehende Türme vorstellen. Das Rechteckrohr (oder sein Querschnittsprofil) stünde dann auf derselben

Ebene wie das Rundrohr (also an dessen Stirnseite). Neigt sich die Querschnittsebene des Rechteckrohrs relativ zum Rundrohr, lehnt sich das Rechteckrohr schief gegen das Rundrohr. Dieses Bild wird übertragen auf folgende Hilfskonstruktion: An der Stirnseite des Rundrohrs wird eine Hilfsgerade in Durchmesserlage als Referenzelement konstruiert. Um diese Achse dreht sich die Ebene, auf der das schiefe Vierkantrohr stehen soll, relativ zur Stirnseite des Rundrohrs. Diese Drehachse kann als Raumgerade oder auch in einer Skizze konstruiert werden. Die Konstruktionselemente einer Skizze sind den Raumelementen gleichwertig.

⇨ Mit *Skizzierer* eine neue Skizze auf die Stirnseite des Rundrohrs legen.

⇨ Mit *Linie* eine Gerade quer zum Rohrkreis ziehen.

⇨ Die Gerade und die Rohrachse (Mantelfläche auswählen) mit *Im Dialogfenster definierte Bedingungen* und der Bedingung *Kongruenz* aufeinander bündig legen. Sie liegt dadurch mittig zum Rohr. Die Endpunkte an den Kreisrand mit *Kongruenz* binden. Die Gerade mit *Fixieren* sinnvoll ausrichten. Das Profil wird grün.

⇨ Skizze beenden mit *Umgebung verlassen*.

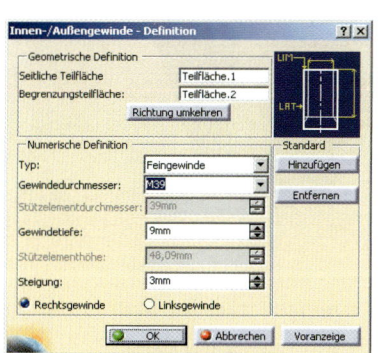

 Linie

⇨ Mit *Gewinde* auf die *Seitliche Teilfläche* außen am verstärkten Rand ein Gewinde Typ *Feingewinde* mit dem Gewindedurchmesser *M39* als *Rechtsgewinde* aufdrehen. Das Gewinde beginnt an der *Begrenzungsfläche* am Rohrende. Der *Stützelementdurchmesser* darf nicht kleiner sein als das Gewinde. Die *Gewindetiefe* ist 9 mm.

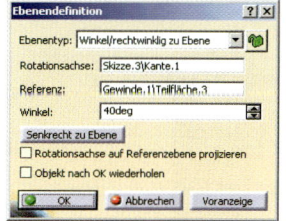 Gewinde

⇨ Mit der Funktion *Ebene* und dem Ebenentyp *Winkel/ rechtwinklig zu Ebene* die um 40 Grad geneigte Hilfsebene für das Rechteckrohr beschreiben. Als *Rotationsachse* dient die Skizze mit der Geraden. Die Stirnebene des Rundrohrs dient als *Referenz*, von der aus die Neigung gemessen wird.

 Ebene

Die Ebene als Referenzelement des Raumes wird bei der gewählten Voreinstellung zum Strukturbaum automatisch in ein *Geometrisches Set* abgelegt. Diese neue „Datenschachtel" wird am Ende des Strukturbaums eingefügt. Auch die Skizze mit der Drehachse wird nur als Referenzelement benutzt und sollte der Systematik wegen im

Geometrischen Set liegen. Die Skizze kann mit dem *Kontextmenü > Objekt > Geometrisches Set ändern...* in die Setreihenfolge übertragen werden, direkt vor die Ebene.

Hinweis:

Ein Referenzelement ist ein Raumelement der Beziehungshierarchie. In der „Datenschachtel" *Körper* werden nur Skizzen und Grundkörper abgelegt. Allgemeine Raumelemente oder alle „Nichtkörper" kommen in das *Geometrische Set*. Der Strukturbaum zeigt diesen an, jetzt mit einem Eintrag *Ebene*. Da nun zwei mögliche Ablageorte für neue Geometrie zur Verfügung stehen, muss in Zweifelsfällen klar sein, wohin das neue Element abgelegt werden soll. Durch den Unterstrich unter dem Eintrag im Strukturbaum wird festgelegt, welcher gerade in Bearbeitung ist. Dies wird beim aktivierten *Körper* umgestellt mit *Kontextmenü > Objekt in Bearbeitung definieren*.

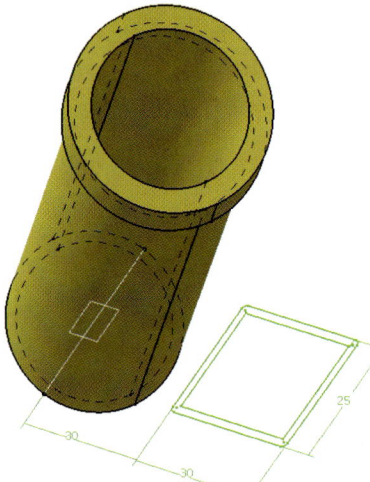

Das Profil des Rechteckrohrs wird in der Referenzebene skizziert. Es liegt mittig zum Rundrohr und hat einen Abstand zur Stirnseite.

⇨ Mit *Skizzierer* eine neue Skizze auf der Referenzebene anlegen.

⇨ Mit *Profil* den Außenrand als Rechteck skizzieren.

⇨ Zum Ausrunden des Außenrands (Radius 1 mm) die Funktion *Ecke* einsetzen.

⇨ Mit *Profil* den Innenrand rechteckig zeichnen.

⇨ Mit *Bedingung* das Rohr in der Breite 25 mm und der Höhe 30 mm jeweils außen vermaßen. Die Wandstärke beträgt 1,6 mm.

⇨ Die beiden längeren Außenkanten sind zur Rohrachse mit *Im Dialogfenster definierte Bedingungen* und der Bedingung *Symmetrie* parallel und mittig ausgerichtet.

⇨ Mit *Bedingung* den Abstand vom unteren Profilrand bis zur Stirnfläche (Gerade der Skizze am Rohrende) auf 30 mm vermessen. Das fixierte Profil wird grün.

⇨ Skizze beenden mit *Umgebung verlassen*.

Block

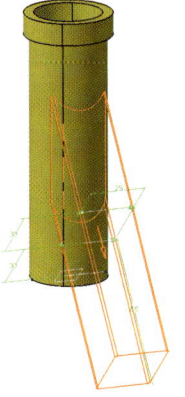

⇨ Den *Hauptkörper* aktivieren und mit *Kontextmenü > Objekt in Bearbeitung definieren* bereit stellen.

⇨ Die Skizze mit der Funktion *Block* zum Strang ziehen. Er erstreckt sich als *Erste Begrenzung* mit dem Typ *Bemaßung* mit der *Länge* 65 mm nach unten und beginnt als *Zweite Begrenzung* mit dem Typ *Bis Fläche* außen am Zylindermantel. Die zweite Begrenzung wird sichtbar mit der Taste *Mehr*.

Ecke

Im Rechteckrohr werden ein Langloch zum Feststellen und eine Bohrung zum Schwenken der Lenksäule als Tasche vorgesehen.

⇨ Mit *Skizzierer* eine neue Skizze auf die breite Seite des Rechteckrohrs legen.

⇨ Mit *Langloch* die erste Taschenform festlegen. Der erste und zweite ausgewählte Punkt definieren die Mittelachse und der dritte bestimmt den Halbmesser.

⇨ Mit *Kreis* die zweite Tasche auf die Mittellinie des Langlochs ausrichten.

⇨ Mit *Bedingung* vermaßen. Das Langloch ist 9 mm lang und hat einen Radius von 3,2 mm. Der Kreis misst 4 mm Radius und ist 32 mm vom Langloch entfernt (im Bild 41-9 mm). Es wird immer von den Kreismittelpunkten aus gemessen.

⇨ Zu den beiden Außenflächen ist die Mittellinie des Langlochs mit *Im Dialogfenster definierte Bedingungen* und der Bedingung *Symmetrie* parallel und mittig ausgerichtet.

⇨ Mit *Bedingung* hat der Kreismittelpunkt 10 mm Abstand zum Rohrende. Das unverschiebbare Profil wird grün.

⇨ Skizze beenden mit *Umgebung verlassen*.

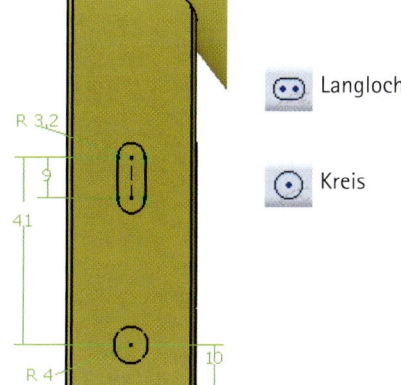

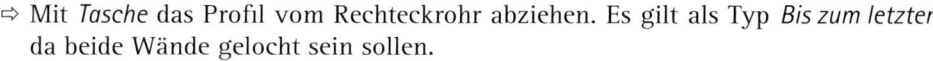 Langloch

Kreis

⇨ Mit *Tasche* das Profil vom Rechteckrohr abziehen. Es gilt als Typ *Bis zum letzten*, da beide Wände gelocht sein sollen.

Tasche

Im Rechteckrohr wird auf der Außenseite noch eine halbkreisförmige Tasche benötigt. Beim Schwenken der Lenksäule steht eine Befestigungsschraube im Weg.

⇨ Mit *Skizzierer* eine neue Skizze auf die schmale, äußere Seite des Rechteckrohrs legen.

⇨ Mit *Dreipunktbogen* einen Halbkreis am unteren Rohrrand zeichnen.

⇨ Die Endpunkte und der Mittelpunkt liegen auf dem Rand mit *Im Dialogfenster definierte Bedingungen* und *Kongruenz* bündig. Zu den beiden Seitenflächen ist der Mittelpunkt ein *Äquidistanter Punkt*.

⇨ Mit Bedingung den Kreis mit Radius 11 mm vermaßen.

⇨ Skizze beenden mit *Umgebung verlassen*.

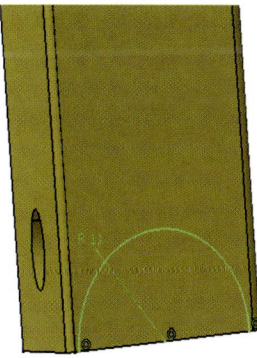

Dreipunktbogen

⇨ Mit *Tasche* den Halbkreis vom Rechteckrohr abziehen. Da nur eine Wand gelocht werden soll, gilt als Typ *Bis Ebene* und die innere Wandfläche wird ausgewählt.

⇨ Mit *Datei > Sichern unter...* im passenden Ordner unter gleichem Namen speichern.

⇨ Mit *Start > Beenden* aufhören oder gleich weiter üben!

Übung Eckknoten

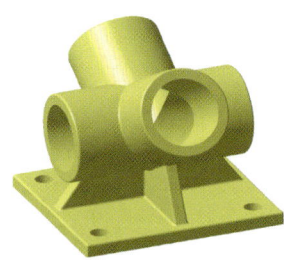

Was wird geübt?

*Punkt, Teil durch Skiz-
zierebene schneiden,
Versteifung, 3D-Ele-
mente projizieren*

Verschiedene Raum-
referenzen nutzen
Regeln zur Ausrundung
kennen lernen

Der Knoten als Verbindungselement eines räumlichen Stabsystems wird konstruiert. Rundstäbe lassen sich in die Anschlussmuffen einpressen, einschrauben oder mit Clipverbindung positionieren und befestigen. Der Knoten ist durch Versteifungsrippen an einer Wandplatte ange-schlossen. Das Grundelement entsteht als symmetrische Hälfte einschließlich der Wandhalterung. Eine zusätzliche Versteifungsrippe wird nachträglich eingefügt. Die schräg einmündenden Verbindungsmuffen sind unter variab-lem Winkel angeordnet. Für diese mittige Versteifung und für die schrägen Muffen stehen am Zylinder keine brauchbaren Körperkanten oder Ebenen zur Verfügung. Als Ersatz werden projizierte Skizzenelemente und Refe-renzelemente der Beziehungshierarchie verwendet.

⇨ Neue Datei mit dem Typ *Part* anlegen und das Teil Eckknoten nennen.

⇨ Die rechteckige halbe Wandplatte (80/45/6 mm) als *Block* in beliebiger Skizzenebene erzeugen.

 Block

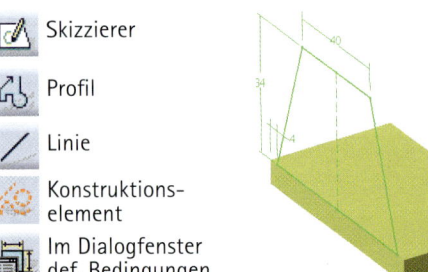

 Skizzierer

 Profil

Linie

Konstruktions-
element

Im Dialogfenster
def. Bedingungen

Bedingung

⇨ Mit *Skizzierer* eine neue Skizze auf der langen Schmal-seite der Wandplatte (Symmetrieebene) anlegen.

⇨ Mit *Profil* das Trapezprofil der Stützrippe frei skizzieren. Mit *Linie* und *Konstruktionselement* eine Hilfsgerade mittig an die gegenüberliegenden parallelen Geraden anbinden. Sie steht mit *Im Dialogfenster definierte Be-dingungen* zur Grundlinie *Rechtwinklig*. Die Höhe des Trapezes hat mit *Bedingung* 34 mm, die obere Breite (als Zylinderdurchmesser) beträgt 40 mm. Die Hilfslinie mit *Im Dialogfenster definierte Bedingungen* und *Symmetrie* mittig zu den kurzen Kanten der Wandplatte ausrichten. Einen Eckpunkt der Trapezgrundseite mit *Kongruenz* auf die Seitenoberkante legen. Er hat mit *Bedingung* 4 mm Abstand zur Wandplatte.

⇨ Skizze beenden mit *Umgebung verlassen*.

⇨ Zum 3 mm dicken *Block* zur Blockseite hin ergänzen.

⇨ Mit *Skizzierer* eine neue Skizze auf der Rückseite der Trapezplatte (Symmetrieebene) anlegen.

Umgebung
verlassen

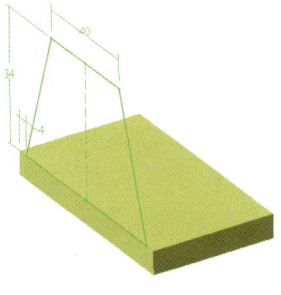

⇨ Mit *Kreis* den Umriss der Wellenführung skizzieren. Der Kreismittelpunkt und die obere Trapezkante sind mit *Im Dialogfenster definierte Bedingungen* und *Kongruenz*

Kreis

bündig. Ebenso die Eckpunkte des Trapezes mit dem Kreis. Dadurch definiert sich der Durchmesser.

⇨ Skizze beenden mit *Umgebung verlassen*.

⇨ Mit *Block* daraus den massiven Zylinder erzeugen. Er erstreckt sich als *Erste Begrenzung* mit Typ *Bemaßung* 40 mm zur Bodenplatte.

⇨ Auf den Zylinderdeckel einen zentrischen *Kreis* mit 5 mm Wandstärke skizzieren. Als *Tasche* das Wellenloch *Bis zum nächsten* abziehen.

Zwischen Wandplatte und Zylinder wird eine Versteifung vorgesehen. Damit diese genau in der Mitte der Wandplatte skizziert werden kann, ist dort eine Referenzebene notwendig. Für spätere Verwendung hilft auch ein mittig zur langen (linken) Kante liegender Punkt. Diese Hilfsgeometrie wird als Referenzelemente erzeugt und ist dadurch auf die Teilegeometrie objektorientiert bezogen.

Als Gegenstück für den unteren Kantenpunkt hilft zum Einmessen der Versteifung zwischen Platte und Zylinder ein Punkt auf dessen äußerem Rand. Dieser zur Wandplatte nächstgelegene Punkt am Zylinderrand liegt genau gegenüber dem Randmittelpunkt. Zusätzlich braucht die schräg sitzende Muffe eine geeignete Skizzierebene. Diese Ebene tangiert den Zylinder. Zur Definition der schrägen Lage ist ein „Aufhängepunkt" am Zylinderrand notwendig. Zu diesem Randpunkt kommt man über eine Hilfskonstruktion. Der untere Kantenmittelpunkt wird senkrecht auf die Zylinderrandkurve gelotet. Von dort aus liegt der „Aufhängepunkt" um den Faktor 0,3333*Kurvenlänge (120/360 Grad) in Zählrichtung auf der Kreiskurve entfernt.

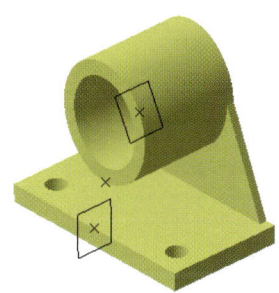

Hinweis:

Ein Punkt *Auf Kurve* wird von einem Referenzpunkt (grünes Viereck) aus in Pfeilrichtung gemessen. Dieser Referenzpunkt der Kurve liegt standardgemäß am Kurvenanfang (blaues Viereck). Dies kann bei geschlossenen Kurven programmdefiniert „irgendwo" sein. Um diesen Referenzpunkt auf die Geometrie zu beziehen, wird ein außen liegender Punkt (schwarzes Kreuz in der Skizze rechts) genutzt. Er wird senkrecht auf den Kreis projiziert und dadurch zur neuen Referenz. Jetzt kann von dieser aus gemessen werden.

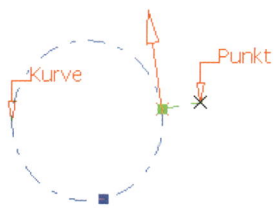

⇨ Mit der Funktion *Punkt* aus der Funktionsgruppe *Referenzelemente* zuerst den Mittelpunkt am Plattenrand erzeugen. Als Typ *Auf Kurve* den oberen Rand der Platte auswählen. Der Referenzpunkt liegt automatisch am Randanfang. Mit *Standard (Mitte)* oder im *Verhältnis der Kurvenlänge* und dem *Faktor* 0.5 der Kurvenlänge entsteht dann der eigentliche Raumpunkt.

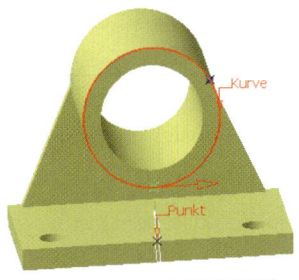

Auch den unteren Scheitelpunkt mit *Punkt* erzeugen. Den äußeren Zylinderrand als *Kurve* aktivieren. Der Referenzpunkt, auf den der eigentliche Raumpunkt bezogen ist, liegt „irgendwo". Diese *Referenz* jetzt auf den Mittelpunkt der unteren Kante umsetzen (sie wird auf das Mittellot gelegt). Mit dem *Faktor* 0 im *Verhältnis der Kurvenlänge* entsteht der gesuchte Raumpunkt am unteren Scheitelpunkt (im oberen Bild).

⇨ Der „Aufhängepunkt" der Muffenebene entsteht ebenfalls mit der Funktion *Punkt*. Als Punkttyp gilt *Auf Kurve*, der äußere Zylinderrand wird als *Kurve* aktiviert und bei *Referenz* dient als *Punkt* der neue Kreispunkt (oder wieder der Mittelpunkt der Bodenkante). Der Richtungspfeil der Zählrichtung sollte entgegen der Uhr zeigen. Mit *Faktor* 120/360 oder 0.3333 entsteht ein Raumpunkt bei 120 Grad vom untersten Punkt aus gemessen.

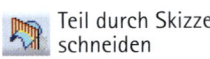 Ebene

⇨ Den Ebenentyp *Senkrecht zu Kurve* bei *Ebene* auswählen. Als *Kurve* wieder die vordere Bodenkante und als Punkt *Standard (Mitte)* oder besser den neuen Punkt benutzen. Die mittig liegende Referenzebene entsteht.

⇨ Mit der Funktion *Ebene* und dem Ebenentyp *Tangential zu Fläche* eine Referenzebene für die schräg sitzende Muffe erzeugen. Als *Punkt* dient der schräg liegende neue Referenzpunkt.

Die Versteifung entsteht, wenn der Hohlraum zwischen Muffenzylinder und Wandplatte gefüllt wird. Das Versteifungsprofil in der konstruierten Mittelebene muss einfach den Hohlraum mit einer Geraden nach außen hin abgrenzen, also den Hohlraum „dicht" abschließen. Die Dicke der Versteifung verteilt sich symmetrisch zur Ebene.

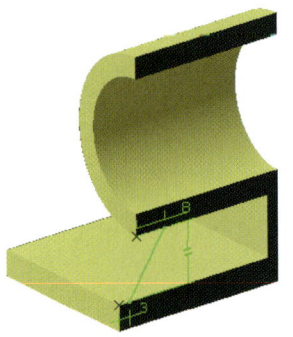

Teil durch Skizze schneiden

⇨ Mit *Skizzierer* eine neue Skizze auf die normal zur Wandplatte angeordnete Referenzebene legen.

⇨ Mit *Teil durch Skizzierebene schneiden* kann, wenn gewünscht, nebenstehende Darstellung verlangt werden.

⇨ Mit *Profil* einen Linienzug aus drei Geraden zeichnen.

⇨ Mit *Linie* und *Konstruktionselement* die erste und dritte Gerade als Hilfsgerade umwandeln. Mit *Im Dialogfenster definierte Bedingungen* und *Parallelität* beide Hilfsgeraden zueinander und eine davon zusätzlich zur Wandplatte ausrichten. Beide Endpunkte des Linienzugs liegen jeweils mit der Bedingung *Kongruenz* auf den vorbereiteten Referenzpunkten. Der Versteifungsrand ist im Bild unten mit *Bedingung* 3 mm und oben 8 mm vom Körperrand entfernt.

⇨ Skizze beenden mit *Umgebung verlassen*.

⇨ Mit der Funktion *Versteifung* das Blech erzeugen. Im Dialog ist *Von der Seite* aktiv für eine Dicke quer zur Skizze und das *Aufmaß1* beträgt 6 mm auf die *Neutrale Faser* bezogen.

 Versteifung

Die Wandplatte bekommt Befestigungsbohrungen. Sie liegen mittig zur Ecke.

⇨ Mit *Bohrung* ein Befestigungsloch ohne Gewinde auf die obere Wandfläche legen. Im Dialog *Bohrungsdefinition* als *Bohrtyp* die Ausdehnung *Bis zum letzten* und den Durchmesser 8 mm eingeben. Bei *Typ* gilt *Normal*.

 Bohrung

⇨ Im Fenster *Bohrungsdefinition* mit der Taste *Positionierungsskizze* die Skizze des Einsetzpunkts öffnen. Mit *Konstruktionselement* eine Hilfsgerade vom Einsetzpunkt (Stern) aus zeichnen. Den anderen Endpunkt mit *Im Dialogfenster definierte Bedingungen* und *Kongruenz* auf den Wandeckpunkt legen. Zu beiden Wandkanten ist die Hilfslinie mit *Symmetrie* winkelhalbierend.

 Positionierungsskizze

⇨ Mit *Bedingung* hat die Bohrung 10 mm Randabstand.
⇨ Skizze beenden mit *Umgebung verlassen*.

⇨ Die Bohrung aktivieren und mit *Spiegeln* zur mittig liegenden Referenzebene verdoppeln.

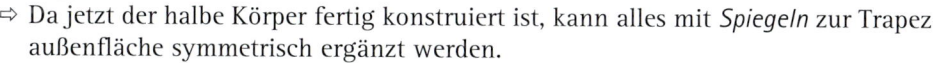 Spiegeln

⇨ Da jetzt der halbe Körper fertig konstruiert ist, kann alles mit *Spiegeln* zur Trapezaußenfläche symmetrisch ergänzt werden.

Die schräg sitzenden Muffen werden ergänzt. Das Profil des Zylinderblocks liegt geometrisch objektorientiert auf der Tangentialebene am Basisrohr. Alle Rohre sollen die gleiche Dimension haben. Der Kreis des Zylinderblocks, beziehungsweise der Kreistasche, muss also den Durchmesser des Basisrohrs geometrisch übernehmen. Diesmal soll **alternativ** eine ebene Skizze diese objektorientierte Information liefern. Sie liegt systematisch im *Geometrischen Set*.

⇨ Mit *Kontextmenü > Objekt in Bearbeitung definieren* das *Geometrische Set* öffnen.
⇨ Eine Skizze auf die Stirnfläche der Muffe legen.
⇨ Mit *Linie* und *Konstruktionselement* eine Hilfsgerade quer über das Rohr zeichnen.

⇨ Mit *Standardelement* die Endpunkte umwandeln. Sie werden zu Kreuzen und sind im Raum verfügbar.

⇨ Die Hilfsgerade mit *Im Dialogfenster definierte Bedingungen* und *Parallelität* an der schrägen Referenzebene ausrichten und zusätzlich mit *Kongruenz* auf die Zylinderachse (Zylindermantel auswählen) legen. Sie wird damit Halbmesser. Ein Endpunkt liegt mit *Kongruenz* auf dem Innenkreis und der andere auf dem Außenkreis.

⇨ Skizze beenden mit *Umgebung verlassen*.

⇨ Mit *Kontextmenü > Objekt in Bearbeitung definieren* den *Hauptkörper* bereitstellen.

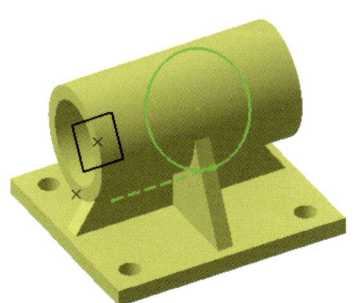

⇨ Mit *Skizzierer* eine neue Skizze auf die Tangentialebene am Zylinder legen.

⇨ Mit *Kreis* den Zylinderaußenrand beschreiben.

⇨ Mit *Linie* und *Konstruktionselement* eine Hilfsgerade tangierend vom Kreis aus zeichnen.

⇨ Mit *Im Dialogfenster definierte Bedingungen* und *Parallelität* ist die Hilfsgerade an der Zylinderachse (Mantelfläche auswählen) ausgerichtet. Der Endpunkt der Hilfsgeraden übernimmt mit der Bedingung *Kongruenz* auf den vorbereiteten Referenzpunkt den Außendurchmesser aus der vorigen Skizze. Der Kreismittelpunkt liegt mit *Kongruenz* auf der Zylinderachse (Mantelfläche auswählen). Zusätzlich nehmen die beiden Stirnflächen der Basismuffe den Kreismittelpunkt mit *Äquidistanter Punkt* in die Mitte.

⇨ Skizze beenden mit *Umgebung verlassen*.

⇨ Mit *Block* ragt die schräg sitzende Muffe als *Erste Begrenzung* 40 mm über den Basiszylinder hinaus und reicht als *Zweite Begrenzung* bis zu dessen äußerer Fläche.

Alternative

Alternativ zur direkten Verwendung der Stirnflächen für die Bedingungen, also die Referenz zu Körpern, lassen sich die Raumobjekte auch als Skizzengeometrie übernehmen. Beim Projizieren der räumlichen Elemente entstehen assoziative Skizzenelemente. Sie finden sich in der Skizze unter *Kanten verwenden* und werden gelb dargestellt.

3D-Elemente projizieren

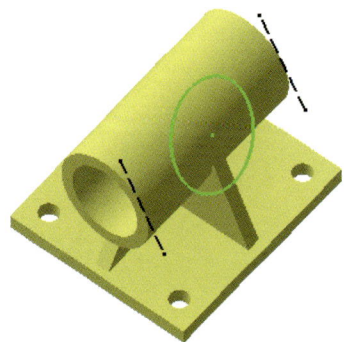

⇨ Mit *3D-Elemente projizieren* und der Einstellung *Konstruktionselement* die Außenränder des Zylinders als Hilfsgerade übertragen. Es entstehen neue Skizzenelemente in gelb.

⇨ Wieder nehmen die beiden Hilfsgeraden der Basismuffe den Kreismittelpunkt mit der Bedingung *Äquidistanter Punkt* in die Mitte.

Hinweis:
Mit der Funktion 3D-Elemente projizieren entstehen neue Elemente in der Skizze mit der assoziativen Eigenschaft, von der entsprechenden Geometrie abgeleitet zu sein. Ändert sich die Körpergeometrie, werden

die projizierten Elemente angepasst. Selbst wenn sich die Skizzenebene in ihrer Lage zum Körper ändert, wird entsprechend berichtigt. Steht dann der Kreis nicht mehr senkrecht zur Skizze, wird aus der Geraden eine Ellipse. Wird die Geradeneigenschaft benutzt, kann dies zu Konflikten führen.

⇨ Die Taschenskizze der schräg sitzenden Muffe ist mittig zum Zylinderdeckel. Mit der gleichen Hilfskonstruktion wie zuvor wird jetzt der Innenradius vom Basiszylinder übernommen.

⇨ Als *Tasche* mit *Erste Begrenzung* und *Bis Fläche* bis zur Innenfläche des Basiszylinders abziehen.

⇨ Den Zylinderblock und die Tasche aktivieren und mit *Spiegeln* zur mittig liegenden Referenzebene verdoppeln.

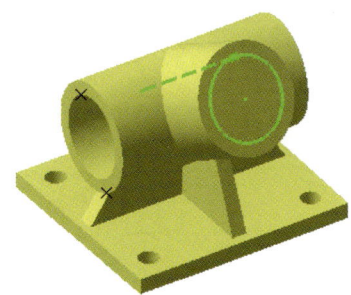

Alle Kanten bis auf die Muffeninnenränder und die Wandseite der Platte sollen mit dem Radius 1 mm ausgerundet werden.

⇨ Mit *Kantenverrundung* als *Zu verrundende Objekte* nacheinander die Oberflächen der Basismuffen mit der gemeinsamen Schnittkante, die schrägen Muffen, die schrägen Flächen der Versteifungen, die Wandplattenkanten und die Innenkanten an der Wandplatte angeben. Zum Abschluss die zu den Zylindern führenden kurzen Innenkanten.

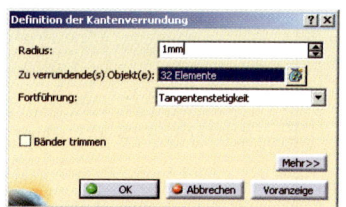

Kantenverrundung

Hinweis:
Um den Änderungsaufwand gering zu halten, sollten alle gleichen Rundungsradien in einer Funktion berechnet werden. Da die Ausrundung mit tangierenden Übergängen mathematisch durchaus anspruchsvoll ist, gelingt dies nur, wenn die Funktion sorgfältig geführt wird. Es entscheidet die Reihenfolge der Objekteingabe. Als Vorstellung hilft, eine Kugel entlang der Kanten rollen zu lassen. An „Stolperstellen" muss die Funktion Übergangsflächen einfügen. Wichtige Kriterien für die Bearbeitungsreihenfolge sind:
- Flächenzusammenhänge erkennen
- zusammenhängende Kanten gemeinsam eingeben
- Geometrisch schwierige Kanten zuerst
- Jeden zusätzlichen Kantenzug testen

⇨ Formstabiltät prüfen. Die Basismuffe ändert sich beispielsweise auf 60 mm Länge und der Aufhängepunkt der schrägen Muffe liegt bei 135 Grad.

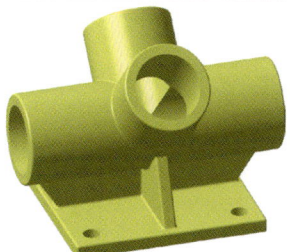

⇨ Mit *Datei > Sichern unter...* im passenden Ordner unter gleichem Namen speichern.

⇨ Mit *Start > Beenden* Schluss machen oder gleich weiterarbeiten!

Übung Zylinderschraube M8

Was wird geübt?
Nut, Entfernen, Nur aktueller Körper

Skizzen doppelt nutzen
Logisch eigenständige Körper erstellen
Körper mit Kompass verdrehen

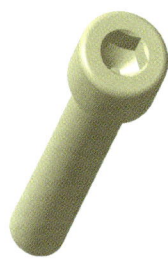

Eine Zylinderschraube mit Innensechskant entsteht aus einem halben Schnittprofil durch Drehen zur *Welle*. Von oben wird ein Sechskant als *Tasche* eingeprägt. Dessen Rand wird mit einem Dreieckprofil als *Nut* gefast. Die Spitze des sechseckigen Prägeteils als Abzugskörper muss erst eigenständig vorbereitet werden. Als separater Körper entsteht ein Kegelstumpf als *Welle*. Dieser wird mit dem vorhandenen Sechskant beschnitten. Dieser Kegel wird dann vom Gesamtkörper abgezogen.

⇨ Neue Datei mit dem Typ *Part* anlegen und das Teil Zylinder-schraubeM8 nennen.

In der ersten Skizze wird das halbe Schnittprofil des Drehkörpers skizziert. Es wird zur vollen Welle.

⇨ Skizzierer ⇨ Mit *Skizzierer* Startskizze auf eine Ebene legen.

⇨ Profil ⇨ Mit *Profil* den Schnitt aus parallelen und normal zueinander stehenden Geraden aufbauen.

⇨ Achse ⇨ Die innere Gerade mit *Achse* umwandeln.

⇨ Bedingung ⇨ Mit *Bedingung* die Schaftlänge mit 45 mm, den Schaftradius mit 4 (3) mm, den Kopfradius mit 6,5 (5) mm und die Kopfhöhe mit 8 (6) mm vermaßen. Die Ausrundung misst innen 0,4 (0,25) mm und außen 0,8 (0,5) mm als Radius. (Die Werte in Klammern gelten für M6.)

⇨ Im Dialogfenster def. Bedingungen ⇨ Eine Gerade und deren Endpunkt mit *Im Dialogfenster definierte Bedingungen* und *Fixieren* festlegen. Das unverschiebbare Profil wird grün.

⇨ Umgebung verlassen ⇨ Skizze beenden mit *Umgebung verlassen*.

⇨ Welle ⇨ Mit *Welle* zur Schraube um 360 Grad drehen.

⇨ Gewinde ⇨ Mit *Gewinde* auf die *Seitliche Teilfläche*, also den Schaft, ein Gewinde Typ *Standardgewinde* mit dem Gewindedurchmesser *M8* als *Rechtsgewinde* aufdrehen. Das Gewinde beginnt an der *Begrenzungsfläche* am Schaftende. Der *Stützelementdurchmesser* darf nicht kleiner sein als das Gewinde. Die *Gewindetiefe* ist 10 mm.

Hinweis:
Gewinde werden nicht als Geometrie dargestellt. (Wunsch an die Porgrammierer: Eine optionale Einfärbung des Rohzylinders der Schraube ist wünschenswert.) Als maschinenbauliches Element entspricht jede Gewindedefinition einer unterschiedlichen, aufwändigen Geometrie. Da Gewinde durch eine Fertigungsanweisung geschnitten werden, ist die eigentliche Geometriedefinition aber nicht von Interesse. Die Gewindedefinition ist daher nur ein geometrisches Attribut, das dem Schraubenzylinder zugeordnet ist. Als eine

Art Hinweisschild kann sie der Fertigung dienen. Außengewinde haben den Durchmesser der Gewindespitzen und Innengewinde den des Kerndurchmessers (Vorbohrlochs). In der Darstellung überlappt also der Schraubenschaft das Bohrloch um die Gewindetiefe.

Der Innensechskant wird als Sechseck auf der Kopfebene skizziert und als Tasche abgezogen.

⇨ Mit *Skizzierer* eine neue Skizze auf der Stirnfläche des Kopfs anlegen.

⇨ Mit *Sechseck* das Taschenprofil skizzieren.

⇨ Zwei diagonal liegende Eckpunkte und die Zylinderachse (Zylindermantel auswählen) mit *Im Dialogfenster definierte Bedingungen* und *Äquidistanter Punkt* mittig legen. Für ein weiteres Punktepaar wiederholen.

⇨ Mit *Bedingung* die als parallel gekennzeichneten Geraden mit 6 (5) mm als Schlüsselweite des Imbus vermaßen.

⇨ Eine Gerade mit *Bedingung* zur Achse unter einem Winkel festlegen. Das unverschiebbare Profil wird grün.

⇨ Skizze beenden mit *Umgebung verlassen*.

 Sechseck

⇨ Mit *Tasche* das Profil von der Schraube abziehen. Es gilt Typ *Bemaßung* mit 4,3 (3,3) mm.

 Tasche

Die kreisförmige Fase am Rand des Sechsecks wird als Dreieckprofil in Form einer Nut abgezogen. Das Nutprofil liegt in einer Ebene, die den Sechseckkörper an seiner breitesten Stelle halbiert. Diese Ebene entwickelt sich als Referenzebene aus der Geometrie.

⇨ Die Funktion *Ebene* und der Ebenentyp *Durch Punkt und Linie* liefern die Halbierungsebene. Der *Punkt* ist ein Eckpunkt des oberen Sechseckrandes und die *Linie* ist die dazu diagonal gegenüberliegende (linke achsparallele) Körperkante der Sechsecktasche.

 Ebene

⇨ Mit *Skizzierer* auf diese Referenzebene zeichnen.

⇨ Mit *Profil* ein rechtwinkliges Dreieck skizzieren. Die innere Gerade zur Achse umwandeln.

⇨ Mit *Bedingung* wird der Fasenwinkel 45 Grad.

⇨ Die Achse mit der Zylinderachse mit *Im Dialogfenster definierte Bedingungen* und *Kongruenz* bündig legen.

⇨ Den Eckpunkt an der Dreieckspitze mit dem Eckpunkt des Sechsecks in der Referenzebene mit *Im Dialogfenster definierte Bedingungen* und *Kongruenz* zusammenlegen. Dadurch bekommt das jetzt zentrisch liegende Dreieck objektorientiert seine Größe. Das unverschiebbare Profil wird grün.

⇨ Skizze beenden mit *Umgebung verlassen*.

⇨ Mit *Nut* daraus einen Drehkörper herstellen, der von der Gesamtschraube abgezogen wird.

 Nut

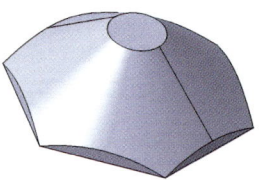

Die Kegelspitze des Prägekörpers, mit dem der Imbus hergestellt werden kann, wird in zwei Schritten erzeugt. Zuerst wird ein Kegelstumpf gedreht und davon dann ein Sechskant abgeschnitten. Dies muss vom bisherigen Körper getrennt ausgeführt werden, da sonst jeder neue Grundkörper sofort zur Schraube hinzugefügt oder abgezogen würde. Ein separater Körper wird eingefügt.

Hinweis:
Die Trennung in verschiedene Körper bezieht sich nur auf den topologischen Aufbau. Körper aus unterschiedlichen „Datenschachteln" könnten sich beliebig durchdringen, da sie voneinander unabhängig sind. Bei objektorientierter Gestaltung entsteht als Endergebnis immer **ein Bauteil** mit **einem Körper**. Zusätzlich sind alle Teilkörper miteinander durch geometrische Regeln verbunden. Dies gilt auch bei Verwendung dieser (temporären) „Datenschachteln".

⇨ Mit *Einfügen > Körper* einen neuen Körper für die Prägespitze in den Strukturbaum einfügen. Dieser ist automatisch in Bearbeitung, also unterstrichen.

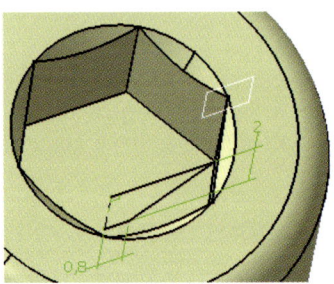

⇨ Mit *Skizzierer* eine neue Skizze auf der Referenzebene der Nut anlegen.
⇨ Mit *Profil* den halben Kegelstumpf skizzieren. Die innere Gerade wieder mit *Achse* umwandeln. Sie steht senkrecht zu den parallelen Deckelgeraden.
⇨ Mit *Bedingung* die Höhe mit 2 (1,6) mm und die obere halbe Breite des Kegelstumpfs mit 0,8 (0,5) mm vermaßen.
⇨ Die Achse und die Zylinderachse mit *Im Dialogfenster definierte Bedingungen* und *Kongruenz* bündig legen.

⇨ Den Eckpunkt am Kegelfuß mit dem inneren unteren Eckpunkt des Sechseckkörpers in der Referenzebene mit *Im Dialogfenster definierte Bedingungen* und *Kongruenz* zusammenlegen. Dadurch bekommt das jetzt zentrisch liegende Kegelprofil objektorientiert seine Größe und Lage am Boden der Sechsecktasche. Das unverschiebbare Profil wird grün.
⇨ Skizze beenden mit *Umgebung verlassen.*

⇨ Mit *Welle* zum Kegelstumpf um 360 Grad drehen.

Vom separaten Kegelstumpf wird, wie zuvor beim Schraubenkopf, ein Sechskantprofil als Tasche abgezogen. Dieses Mal jedoch liegt die Tasche außerhalb. Als Profil kann dieselbe *Skizze.2* wie beim Schraubenkopf benutzt werden.

⇨ Mit *Tasche* die Skizze der ersten Tasche auswählen und vom Kegelstumpf abziehen. Es gilt der Typ *Bis Ebene*. Die *Erste Begrenzung* ist die kleine Ebene am Kegelstumpf. Streng genommen ist dann die *Zweite Begrenzung* (in Pfeilrichtung näher am Profil) die große Ebene am Kegelstumpf. Der Taschenpfeile zeigt nach außen.

Hinweis:

Wird eine Skizze mehrfach verwendet, entstehen bei den entsprechenden Grundkörpern **Referenzkopien**, im Bild die *Skizze.2* im Prägekörper als Kopie derselben Skizze im Hauptkörper. Solche Referenzobjekte (*instances*) kommen häufig vor, besonders in Baugruppen. Diese Kopien von Objekten sind nur Verweise auf das gemeinsame Original. Änderungen am Original ändern alle Referenzkopien.

Es sind auch „normale" Kopien möglich, die nur zum Zeitpunkt der Kopie identisch sind. Es sind doppelte Daten. Nach dem Kopiervorgang kann jede Kopie eigenständig verändert werden, herstellbar beispielsweise mit *Bearbeiten > Kopieren* und *Bearbeiten > Einfügen*.

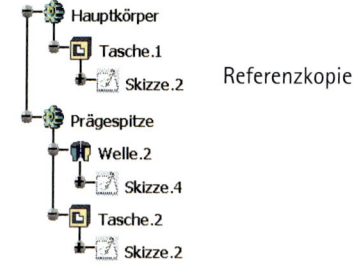

Referenzkopie

Die Spitze des Prägeteils muss jetzt noch in den Gesamtkörper integriert werden. Sie wird mit einer Booleschen Operation von der Schraube abgezogen.

⇨ Mit *Entfernen* aus der Funktionsgruppe *Boolesche Operation* den separaten Körper vom Hauptkörper abziehen. Der separate Eintrag im Strukturbaum wird unter *Entfernen.1* in den Hauptkörper eingefügt. Der separate Körper ist nicht mehr eigenständig, er ist jetzt Teil des Hauptkörpers.

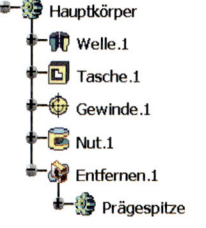

Entfernen

⇨ Mit *Datei > Sichern unter...* im passenden Ordner unter gleichem Namen speichern.

Für den Roller werden auch Imbusschrauben M6 gebraucht. Diese können, ohne neu konstruieren zu müssen, aus der Schraube M8 entwickelt werden.

⇨ Im jetzt gesicherten aber noch offenen Teil den Strukturbaum aufblättern.
⇨ Die Skizze der ersten Welle durch Doppelklick öffnen. Die nun sichtbaren Maße ebenfalls durch Doppelklick ändern. Die Maße der Schraube M6 sind bei der Erläuterung der Skizzen in Klammern angegeben. Skizze schließen.
⇨ Das Gewinde muss ebenfalls angepasst werden auf M6. Die Gewindelänge bleibt.

⇨ Bei der Imbustasche gilt eine neue Tiefe, eine neue Schlüsselweite und bei der Prägespitze gelten neue Maße.
⇨ Das Teil ZylinderschraubeM6X45 benennen.

⇨ Mit *Datei > Sichern unter...* im passenden Ordner unter gleichem Namen speichern.

Da dieselbe Schraube M6 auch in anderer Länge verbaut wird, muss eine weitere Kopie erstellt werden.

⇨ Die Skizze der ersten Welle durch Doppelklick öffnen. Die Schaftlänge durch Doppelklick auf 26 mm verändern.
⇨ Die Gewindelänge ebenfalls anpassen auf 24 mm.
⇨ Das Teil ZylinderschraubeM6X26 benennen.
⇨ Mit *Datei > Sichern unter...* im passenden Ordner unter gleichem Namen speichern.

Alternative

Alternative mit separatem Abzugkörper

Um die Abhängigkeiten unter den Grundkörpern bei komplexeren Teilen gezielt zu steuern, können zusätzliche Körper genutzt werden. Am relativ einfachen Teil Zylinderschraube soll dies exemplarisch gezeigt werden. Die gesamte Prägespitze wird als Abzugkörper begriffen und zuerst ganz bewusst unabhängig von der rohen Schraube konstruiert. Erst am Schluss werden die beiden Objekte mit Bedingungen zusammengeführt, und das möglichst weit oben im Strukturbaum.

⇨ Neue Datei vom Typ *Part* anlegen und das Teil ZylinderschraubeM8-1 nennen.

In der ersten Skizze wieder das halbe Schnittprofil des Schraubenkörpers skizzieren. Im Raum zur Welle ergänzen. Wie zuvor das Gewinde und eventuell eine Fase am Schaftende anbringen und alles nach den vorigen Angaben vorbereiten. Jetzt wird die Prägespitze in einem neuen Körper konstruiert. Dies soll, um ungewollte Verknüpfungen zu vermeiden, zuerst auf einer eigenen Ebene für den ersten Sechskantkörper beginnen. Erst die fertige Prägespitze wird nachträglich eingefügt.

⇨ Mit *Einfügen > Körper* einen neuen Körper für die Prägespitze in den Strukturbaum einfügen. Dieser ist automatisch in Bearbeitung, also unterstrichen.

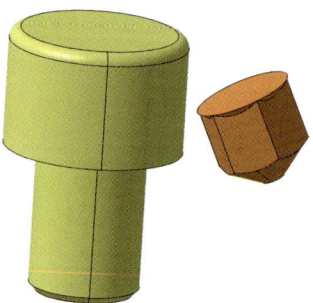

Der ganze Abzugkörper soll dieses Mal exemplarisch unabhängig vom Hauptkörper konstruiert werden. Um die fertige Prägespitze endgültig zu positionieren, wird die Manipulationsfähigkeit im Nachhinein genutzt.

⇨ Mit *Skizzierer* die Startskizze auf eine separate Hauptebene legen.
⇨ Mit *Sechseck* das Taschenprofil skizzieren. Es liegt bewusst neben, aber in der Nähe der rohen Schraube und bleibt vorläufig ohne Bezug zu dieser.

⇨ Mit *Bedingung* die als parallel gekennzeichneten Geraden mit 6 mm als Schlüssel-
weite des Imbus vermaßen.

⇨ Skizze beenden mit *Umgebung verlassen*.

⇨ Mit *Block* das Profil zum Prisma entwickeln mit dem Typ *Bemaßung* mit 4,3 mm.

⇨ Soll die Übersicht verbessert werden, können mit *Nur aktueller Körper* alle nicht
bearbeiteten Körper ausgeblendet werden.

Nur aktueller Körper

Die spätere kreisförmige Fase am Schraubenkopfende und die eigentliche Prägespitze
wieder als halbe Drehprofile erzeugen und in Form von Wellen zum Abzugkörper
hinzufügen. Deren Profilebene halbiert den Sechseckkörper an seiner breitesten Stelle.
Sinngemäß wie zuvor mit Bedingungen am sechseckigen Prisma anbinden. Es ist aber
auch möglich, beide Wellen zu einer zusammenzufassen.

⇨ Die Funktion *Ebene* und der Ebenentyp *Durch zwei Linien* liefern wieder die Halbierungsebene. Die beiden *Linien* sind diagonal gegenüberliegende (senkrechte)
Körperkanten des Sechsecks.

⇨ Mit *Skizzierer* eine neue Skizze auf diese Referenzebene legen.

⇨ Mit *Profil* den zusammengesetzten Umriss skizzieren.
Gegenüber der vorigen Lösung empfiehlt sich eine
zusätzliche achsparallele Gerade im Abstand der
Kegelstumpfspitze. Beim Konstruieren gleich auf
Parallelität und Rechtwinkligkeit achten. Die innere
Gerade zur *Achse* umwandeln.

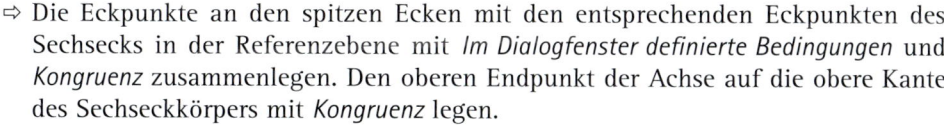

⇨ Mit *Bedingung* den Fasenwinkel auf 45 Grad festlegen und die Kegelstumpfmaße eintragen.

⇨ Die Eckpunkte an den spitzen Ecken mit den entsprechenden Eckpunkten des
Sechsecks in der Referenzebene mit *Im Dialogfenster definierte Bedingungen* und
Kongruenz zusammenlegen. Den oberen Endpunkt der Achse auf die obere Kante
des Sechseckkörpers mit *Kongruenz* legen.

⇨ Die gegenüberliegenden Körpereckpunkte des Sechsecks in der Skizzenebene und
den oberen Endpunkt der Achse mit *Im Dialogfenster definierte Bedingungen* und
Äquidistanter Punkt zueinander mittig ausrichten.Dadurch bekommt das jetzt zentrisch liegende Profil objektorientiert seine Größe. Das unverschiebbare Profil wird
grün.

⇨ Skizze beenden mit *Umgebung verlassen*.

⇨ Mit *Welle* daraus einen Drehkörper herstellen. Er baut am Sechseck weiter.

Der Kegelstumpf steht jetzt teilweise über den Abzugkörper über. Es würde mit dieser
Prägespitze also zuviel von der rohen Schraube abgezogen werden. Daher muss der
Überstand mit einer Außentasche abgetrennt werden.

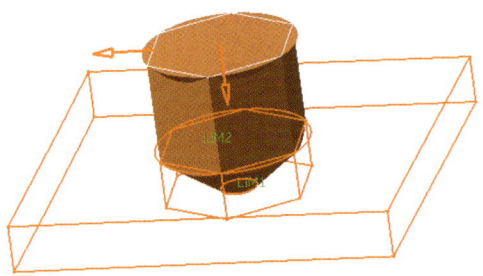

⇨ Mit *Tasche* die Skizze des sechs-eckigen Prismas auswählen und vom Hilfskörper abziehen. Es gilt der Typ *Bis Ebene*. Die *Erste Begrenzung* ist die kleine Ebene an der Spitze des Kegelstumpfs. Die *Zweite Begrenzung* (in Pfeilrichtung näher am Profil) ist die Ebene am Kegelstumpf, die be-reichsweise übersteht. Der Pfeil für die Richtung zeigt zum Kegel. Der Pfeil für die Anwendungsseite zeigt nach außen, wo die Tasche abgezo-gen werden soll.

Der jetzt fertige Abzugkörper wird abschließend an die rohe Schraube angebunden. Damit das Teil möglichst änderungsfreundlich bleibt, erfolgt der Einbau zum frühest möglichen Zeitpunkt im Strukturbaum. Dies ist direkt nach der Welle der Fall. Da in der Zwischenzeit weitergestaltet wurde, muss die Welle wieder *In Bearbeitung* gesetzt werden, um nach ihr einbauen zu können. Zum korrekten Einbau muss die erste Skizze der Prägespitze auf der Kopffläche der Schraube und mittig dazu liegen. Stehen beide Ebenen in einem Winkel zueinander, könnte der direkte Umbau zu Fehlern in den Grundkörperskizzen führen. Daher sollte der Abzugkörper zuerst mit dem Kompass an der rohen Schraube ausgerichtet werden. Dazu wieder alle Körper anzeigen.

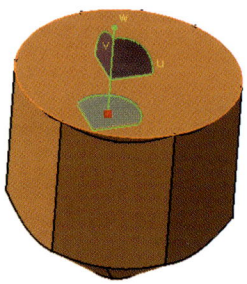

⇨ Den Kompass am Mastfuß mit der Maus bewegen und auf der Deckfläche des Abzugkörpers ablegen. Der Kompass steht dann normal zur Fläche. An der Mastspitze drehen. Dadurch bewegt sich der zweite Körper relativ zum Haupt-körper. Beide Deckflächen von Schraube und Prägespitze in etwa parallel ausrichten. Sollte ein Hinweisdialog an-gezeigt werden, einfach bestätigen.

Hinweis:
Beim Hin- und Herbewegen mit dem Kompass wird die erste Skizze des Körpers relativ zu den Hauptachsen bewegt. Dies ist bei Skizzen vom Typ *Gleitend* ohne weiteres möglich. Wird dabei allerdings gekippt, muss die Skizze aus ihrer Unterlage, also der Skizzenebene, herausbewegt werden. Die Skizze verliert ihren Ebenenbezug. Eine neue Ersatzebene kann diese Skizze später aber wieder aufnehmen.

⇨ Mit *Bearbeiten > Objekt in Bearbeitung definieren* die erste Welle des Hauptkörpers be-reitstellen. Dadurch wird der Abzugkörper unabhängig vom späteren Gewinde und der Fase eingebaut. Die Entwicklungsgeschichte wird „temporär angehalten".

⇨ Die Skizzenunterlage korrigieren mit *Bearbeiten > Objekt > Stützelement für Skizze ändern...* Für den Typ *Gleitend* als *Referenz* die ebene Kopffläche der Schraube aus-wählen.

⇨ Die Sechseckskizze des Abzugkörpers durch Doppelklick öffnen.

⇨ Zwei diagonal liegende Eckpunkte des Sechsecks und die Zylinderachse der Schrau-be mit *Im Dialogfenster definierte Bedingungen* und *Äquidistanter Punkt* mittig legen (Zylindermantel auswählen). Für ein anderes Punktepaar wiederholen.

⇨ Mit *Bedingung* eine Gerade des Sechsecks zu einer der Skizzenachsen mit einem Winkel bemaßen. Das unverschiebbare Profil wird grün. Jetzt ist der Abzugkörper nachträglich geometrisch abhängig eingebaut.

⇨ Skizze beenden mit *Umgebung verlassen*.

⇨ Mit *Bearbeiten > Objekt in Bearbeitung definieren* den letzten Grundkörper des Haupt-körpers bereitstellen. Die vollständige Geometrie ist wieder sichtbar.

⇨ Mit *Entfernen* die ganze Prägespitze von der rohen Schraube abziehen.

⇨ Mit *Datei > Sichern unter...* im passenden Ordner unter gleichem Namen speichern.

⇨ Mit *Start > Beenden* abbrechen oder gleich weiter zum nächsten Thema blättern!

Übung Zylinderfeder

Was wird geübt?
Umgebung, Helix, Verbindungskurve, Spline
Die Umgebung Drahtmodell nutzen
Raumkurven zeichnen
Mit Übergangskurven verbinden

Eine Zylinderfeder mit Endhaken entsteht als Körper, wenn ein Kreisbogen längs einer Mittellinie als *Rippe* im Raum verzogen wird. Die Mittellinie besteht aus einer räumlichen Schraubenlinie oder *Helix* und zwei ebenen Hakenskizzen. Zwischen der Schraubenlinie und den normal dazu stehenden Haken liegt ein Übergangsbogen. Er verbindet Haken und Schraubenlinie zu einem Kurvenzug. Die Hakenskizze liegt auf einem Referenzelement *Ebene*, das mit der Schraubenlinie als Grundelement objektorientiert verknüpft ist.

⇨ Neue Datei mit dem Typ *Part* anlegen und das Teil Zylinderfeder nennen.

Hinweis:
Die Helix ist als Raumelement in der Funktionsumgebung **Drahtmodell und Flächenkonstruktion** verfügbar. Da auch die gesamte Mittellinie zu einem allgemeinen Raumelement wird, ist es der Übersichtlichkeit halber empfehlenswert, auch die Skizzen für die Basisgeometrie der Helix und die Hakenösen ebenfalls dort abzulegen. Lediglich die Skizze des Kreisquerschnitts vom Federdraht wird direkt zum Körper. Daher wird die Konstruktion gleich in der Flächenumgebung gestartet.

 Drahtmodell und Flächenkonstruktion

⇨ Mit einem Symbol der Funktionsgruppe *Umgebung* zu **Drahtmodell und Flächenkonstruktion** wechseln (siehe Übung Funktionen).
⇨ Mit *Einfügen > Geometrisches Set* einen Drahtmodellspeicher einfügen. Er ist automatisch *In Bearbeitung*.

Die Schraubenlinie ist geometrisch bestimmt durch ihre Achse und den Anfangspunkt der Kurve. Der Abstand Achse-Punkt legt den Durchmesser fest. Die Wertangaben Steigung und Höhe bestimmen die Windungsanzahl.

 Skizzierer

 Profil

 Konstruktionselement

 Standardelement

 Bedingung

Im Dialogfenster def. Bedingungen

Umgebung verlassen

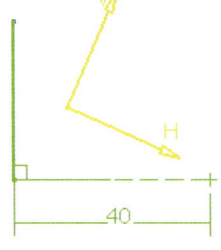

⇨ Neue Skizze in beliebiger Ebene anlegen. Falls die Funktion *Skizzierer* nicht verfügbar ist, diese mit *Ansicht > Symbolleisten > Skizzen* anzeigen.
⇨ Mit *Profil* zwei normal zueinander stehende Geraden zeichnen. Eine Gerade davon mit *Konstruktionselement* in eine Hilfslinie umwandeln. Deren außenliegenden Endpunkt in ein *Standardelement* als räumlich verfügbaren Startpunkt umwandeln.
⇨ Mit *Bedingung* hat die Hilfsgerade einen Abstand von 40 mm zum Startpunkt. Die andere Gerade ist beliebig lang.
⇨ Mit *Im Dialogfenster definierte Bedingungen* und *Fixieren* die Gerade und ihren Eckpunkt festlegen.
⇨ Skizze beenden mit *Umgebung verlassen*.

Die Helix wird mit 10 mm Drahtdurchmesser konstruiert. Die Steigung ist dann mindestens gleich dem Drahtdurchmesser. Für jede volle Windung wird einmal die Steigung verbraucht.

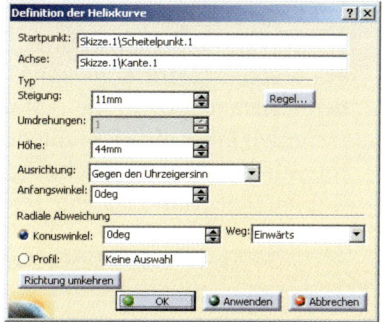

⇨ In der Funktion *Helix* als *Startpunkt* den Skizzenpunkt und als *Achse* die Skizzengerade auswählen. Die *Steigung* beträgt 11 mm (entspricht Durchmesser + 1 mm als Luftraum) und die *Höhe* 44 mm (4*11 mm). Die Helix hat keinen *Konuswinkel*, windet sich also gerade oder zylindrisch.

 Helix

Die Hakenöse steht senkrecht zur Helix und beginnt an deren Endpunkt. Für die Skizze des Hakens wird eine Referenzebene an die Helix angebunden.

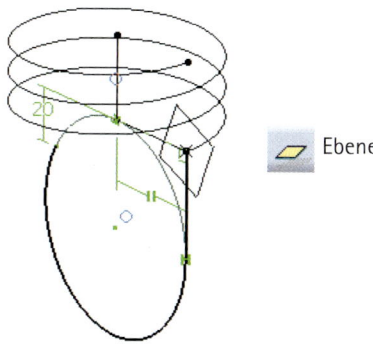

⇨ Mit *Ebene* die Skizzenebene als Ebenentyp *Durch Punkt und Linie* erzeugen. Die *Linie* ist die Skizzengerade als Helixachse. Der *Punkt* ist der Endpunkt der Helix.

Ebene

⇨ Mit *Skizzierer* eine Skizze auf die Referenzebene legen.
⇨ Die Hakenmittellinie entsteht mit *Profil* aus einer Geraden, die einen Kreisabschnitt tangiert. Gerade und Achse sind parallel. Zur Geraden steht eine Hilfsgerade auf dem Anfangspunkt rechtwinklig. Diese tangiert ebenfalls den Kreis.
⇨ Mit *Im Dialogfenster definierte Bedingungen* und *Kongruenz* den Kreismittelpunkt auf die Achse legen. Der Geradenanfang liegt zum Startpunkt der Helix kongruent. Dadurch liegt der Kreis genau bündig zur Helix.
⇨ Mit *Bedingung* misst die Hakenöffnung vom Kreisende bis zur Hilfsgeraden 20 mm. Die Skizze ist unverschiebbar angebunden und wird grün.
⇨ Skizze beenden mit *Umgebung verlassen*.

Die Ecke im Verlauf der Drahtmittellinie muss geglättet werden. Dazu werden zwei Startpunkte für einen glatten Übergang jeweils in die vorhandenen Kurven gelegt. Dazwischen ersetzt eine Übergangskurve die scharfe Ecke.

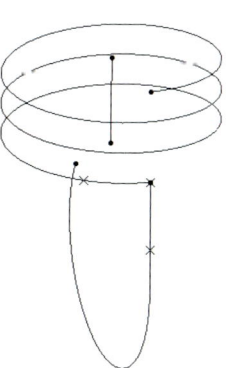

⇨ Ein *Punkt* liegt als Typ *Auf Kurve* auf der *Kurve* Helix. Als *Referenz* wird als *Punkt* der Startpunkt der Helix angeboten. Eventuell muss die Laufrichtung umgedreht werden. Der *Abstand auf Kurve* beträgt vom Startpunkt (Schnittpunkt der Kurven) aus 25 mm.
⇨ Für den andern Punkt auf der Hakenkurve wiederholen.

 Verbindungskurve

⇨ Mit der Funktion *Verbindungskurve* und dem Typ *Normale* als *Punkt* je Kurve einen der Kurvenpunkte auswählen. Die Trägerkurven werden automatisch übernommen. Als *Stetigkeit* wird *Krümmung* verlangt, um möglichst glatt zu verbinden. Mit höherer *Spannung* wird die Anfangskrümmung weiter in die Kurve hineingetragen. Eventuell muss die Richtung der Kurveneinmündung umgekehrt werden, wobei der rote Pfeil die Austrittsrichtung aus den Nachbarkurven angibt. Die überstehenden Kurvenenden mit *Elemente trimmen* abschneiden.

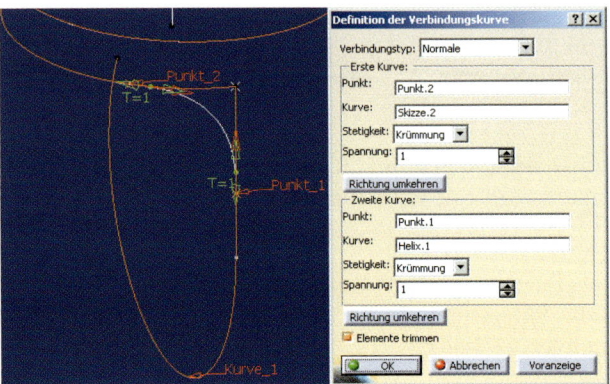

Die zwei Nachbarkurven werden mit einer Übergangskurve tangenten- oder krümmungsstetig verbunden. Die Kurve beginnt jeweils am vorgegebenen Punkt und mit vorgegebener Richtung. Zusätzlich können eventuelle Überstände „radiert" werden.

Hinweis:
Durch diese Funktion entsteht eine neue zusätzliche Kurve als Gesamtkurve aller Kurven, die auch als Eintrag *Verbinden* im Strukturbaum erscheint. Diese Kurve ist eine topologische Verknüpfung der drei Nachbarn. Die Kurvenarten werden nicht verändert. Die Ausgangskurven werden verdeckt, bleiben aber erhalten.

Alternative

Eine **alternative** Möglichkeit für den Übergang bietet die Funktion *Spline*. Damit kann die Kurve zusätzlich durch weitere Zwischenpunkte individueller gestaltet werden. Diese Funktion liefert nur eine Übergangskurve. Die einzelnen Kurvenstücke müssten abgetrennt und mit *Zusammenfügen* separat zu einer Einheit zusammengefasst werden.

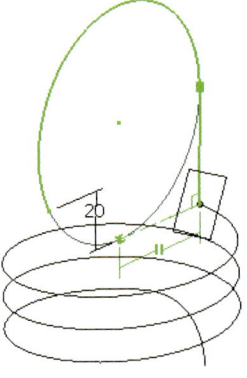

Der obere Haken ist spiegelbildlich gleich dem unteren. Er wird wiederum objektorientiert an der Helix angebunden.

⇨ Mit *Ebene* die Skizzenebene als Ebenentyp *Durch Punkt und Linie* erzeugen. Die *Linie* ist die Helixachse und der *Punkt* ist der obere Endpunkt der Helix.

⇨ Im *Skizzierer* die spiegelbildliche Hakenskizze erzeugen.

⇨ Im Raum denselben Übergang wie am unteren Ende schaffen. Wird die untere Federmittellinie *Verbinden.1* für die zweite Übergangskurve genutzt, entsteht wieder eine neue, jetzt durchlaufende Mittellinie als Einheit. Sie ist die Vereinigung aller fünf Kurven.

Der Federdraht entsteht, wenn ein Kreisquerschnitt entlang der Mittellinie bewegt wird. Den damit beschriebenen Körper bildet die Funktion Rippe. Da ein Körper erzeugt wird, muss zur Umgebung **Teilekonstruktion** gewechselt werden.

⇨ Mit *Ebene* die Skizzenebene des Querschnitts als Ebenentyp *Senkrecht zu Kurve* erzeugen. Die *Kurve* ist die Gesamtkurve *Verbinden.2* und der *Punkt* ist deren unterer Endpunkt.

⇨ Mit *Umgebung* zur **Teilekonstruktion** wechseln. Der *Hauptkörper* ist jetzt *In Bearbeitung*. Neue Skizzen werden dort abgelegt.

⚙ Teilekonstruktion

⇨ Im *Skizzierer* eine neue Skizze auf der normal liegenden Referenzebene anlegen.

⇨ Einen *Kreis* mit dem Durchmesser 10 mm zeichnen.

⇨ Der Kreismittelpunkt liegt mit *Im Dialogfenster definierte Bedingungen* und *Kongruenz* auf dem Anfangspunkt der Mittellinie.

⊙ Kreis

⇨ Skizze beenden mit *Umgebung verlassen*.

⇨ In der Funktion *Rippe* als *Profil* den geschlossenen Querschnittskreis und als *Zentralkurve* die geschlossene Mittellinie auswählen.

🗂 Rippe

Hinweis:
Die Mittellinie der Feder *Verbinden.2* und die Querschnittskizze liegen im *Geometrischen Set*. Alles was einen Körper ergeben soll, muss auch in dieser „Datenschachtel" *Körper* liegen. Daher werden automatisch so genannte Referenzkopien zum Bestandteil der neuen Rippe im *Hauptkörper*. Diese Kopien sind lediglich Verweise auf das Original der Skizze. Die Skizze als Objekt kann in beiden „Datenschachteln" liegen. Soll das Original nur einmal vorkommen, kann es mit *Bearbeiten > Objekt > Körper ändern...* auch aus dem *Geometrischen Set* entfernt werden.

Da jetzt objektorientiert gestaltet wurde, kann durch Öffnen der Helix deren *Höhe* beispielsweise auf 10 Windungen oder 110 mm erhöht werden. Oder der Durchmesser (Abstandsmaß zwischen Gerade und Punkt der ersten Skizze) wird auf 20 mm halbiert. Wird z.B. die *Höhe* der Helix auf 49,5 mm erhöht, liegen die Haken verdreht zueinander.

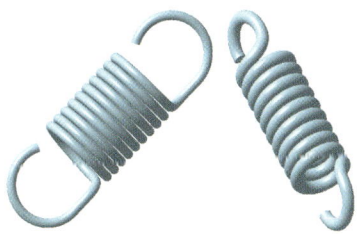

⇨ Mit *Datei > Sichern unter...* im passenden Ordner unter gleichem Namen speichern.

⇨ Mit *Start > Beenden* pausieren oder gleich das nächste Thema anpacken!

Wie kann Symmetrie genutzt werden?

 Bauteile können als Ganzes symmetrisch sein, also zu einer Ebene spiegelbildlich oder zu einer Achse rotationssymmetrisch. Oder Teile eines Körpers wiederholen sich regelmäßig spiegelbildlich oder rotationssymmetrisch. Auch in Baugruppen können sich Teile symmetrisch wiederholen. Allgemeine Geometrie, wie Punkte, Kurven und Flächen als Referenzgeometrie für einen Körper, kann ebenso spiegelbildlich, rotationssymmetrisch oder auch gegengleich also punktsymmetrisch sein. Die Symmetrieeigenschaft der Teile wird vorteilhaft zur Vereinfachung des Konstruktionsaufwandes ausgenutzt. Zum automatischen „Verdoppeln" der symmetrischen Geometrie stehen einige Funktionen zur Verfügung:

 Symmetrie

Drehen

- Für **Skizzen** die Funktionen *Symmetrie* aus der Gruppe *Operationen* zum Spiegeln an einer Achse und *Drehen* für Rotationssymmetrie. *Symmetrie* verdoppelt die Geometrie spiegelbildlich zu einer Geraden und behält die Eigenschaft symmetrisch zu sein. Ändert sich die Ausgangsgeometrie, ändert sich das Spiegelbild mit. Der Eindeutigkeit wegen sollte bei Mehrfachsymmetrie möglichst von der Quelle aus kopiert werden. *Drehen* versetzt oder vervielfacht (*Dupliziermodus*) die Geometrie bezogen auf einen Punkt und kann die geometrischen Bedingungen übernehmen (*Beibehaltung der Bedingungen*), vergibt aber keine Symmetrieeigenschaften.

Spiegeln

Kreismuster

☐ Gespiegelte Ausdehnung

- Für **Körper** im Raum die Funktionen *Spiegeln* aus den *Transformationskomponenten* bezogen auf eine Ebene, *Kreismuster* bezogen auf eine Achse und *Gespiegelte Ausdehnung* in einigen Funktionen für Körpererzeugung. Spiegeln verdoppelt die Geometrie an einer Spiegelebene im Raum und behält die Symmetrieeigenschaft bei. Die Aufbaugeschichte des Strukturbaums wird wiederholt (ein gespiegelter Block verdoppelt sich im bestehenden Körper, eine Tasche wird doppelt abgezogen). Die Funktion *Kreismuster* wiederholt mehrfach und behält die Mustereigenschaft bei. Es kann nur ein einzelner Grundkörper sein oder eine vorweg zusammengefasste Gruppe. *Gespiegelte Ausdehnung* schafft Symmetrie zum Definitionsprofil beim Verziehen eines Profils zum Körper.

Symmetrie von Komponente

Muster wieder- verwenden

- Für **Baugruppen** die Funktionen *Symmetrie von Komponente erzeugen* aus der Gruppe *Baugruppenkomponenten* bezogen auf eine Ebene und *Muster wieder verwenden* aus der Gruppe *Bedingungen* zum Verwenden eines *Kreismusters* eines Beispielkörpers für Rotationssymmetrie. *Symmetrie* verdoppelt die Teile assoziativ. Beim verwendeten Kreismuster entstehen mehrere neue Teile. Sie können ihre rotationssymmetrische Lage auch bei Änderungen beibehalten und die Teileanzahl anpassen.

Symmetrie

Drehen

- Für **Drahtgeometrie** und **Flächen** die Funktionen *Symmetrie* aus den *Operationen* für Spiegeln zu Punkt, Achse und Ebene und *Drehen*. *Symmetrie* verdoppelt im Raum und behält die Symmetrieeigenschaft bei. *Drehen* versetzt oder vervielfältigt im Raum, bezogen auf eine Achse und behält die Geometrieeigenschaft bei.

Übung Seilrolle

Eine mehrfach symmetrische Seilrolle soll so konstruiert werden, dass vorkommende Symmetrie ausgenutzt wird, um die Zeichenarbeit zu vereinfachen. Die verschiedenen prinzipiellen Alternativen werden durchgespielt.

Symmetrie in den Skizzen

Die Rolle wird als massive Welle aus dem symmetrischen Rollenquerschnitt gedreht. In der Wellenskizze wird nur die eine Hälfte konstruiert. Die andere Hälfte entsteht durch Übertragen mit *Symmetrie*. In der Mittelfläche der räumlichen Rolle werden die Bohrungsverstärkungen als symmetrische Blockskizzen angebaut. Alle Durchbrüche und Bohrungen werden als Taschenprofile spiegel- oder rotationssymmetrisch ebenfalls in der Mittelebene erzeugt, vervielfältigt und von der massiven Rolle abgezogen. Die Skizze des Rollenquerschnitts für eine *Welle* wird nur als rechte Hälfte formlich und maßlich konstruiert. Die linke Hälfte wird danach einfach symmetrisch übertragen.

⇨ Neue Datei mit dem Typ *Part* anlegen und das Teil SeilrolleSkizzensymmetrie nennen.

⇨ Mit *Skizzierer* eine neue Skizze auf eine Ebene legen.

⇨ Mit *Profil* die rechte Hälfte in einem Zug skizzieren. Begonnen wird vorteilhaft mit der Mittellinie. Die Rolle hat einen Gesamtradius von 170 mm. Die Stärke des Innenblechs beträgt 8 mm und die des Flügels 7 mm. Alle Ausrundungen haben 10 mm Radius, am Flügel wird innen gemessen. Die Flügel sind insgesamt 90 mm breit und 70 Grad geöffnet. Die Nabe hat außen eine Stärke von 6 mm und verstärkt sich nach innen um 2 Grad. Sie ist 60 mm breit mit einem Bohrungsradius von 18 mm.

⇨ Die Mittellinie in ein *Konstruktionselement* wandeln.

⇨ Mit *Im Dialogfenster definierte Bedingungen* noch fehlende geometrische Regeln ergänzen. Alle Kreise tangieren. Der Mittelpunkt der mittigen Ausrundung liegt mit *Kongruenz* auf der Mittellinie, die Flügelausrundung auf der zur Mittellinie parallelen Endkante.

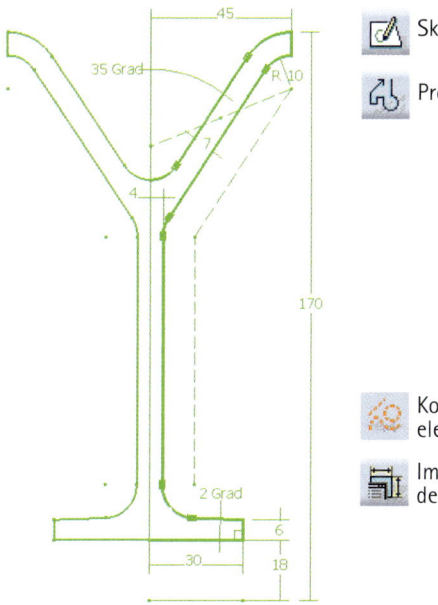

Skizzierer

Profil

Konstruktionselement

Im Dialogfenster def. Bedingungen

⇨ Sollen alle Ausrundungsradien gleich sein, kann eine Hilfskonstruktion genutzt werden. Mit *Profil* und *Konstruktionselement* drei Geraden als Verbindung der Mittelpunkte zeichnen. Diese Hilfslinien sind parallel zum Profil, beziehungsweise kreuzen es. Der Mittelpunkt der kreuzenden Geraden liegt in der Mitte der Flügelwand. Dieser kann als zusätzlicher Hilfspunkt mittig gesetzt werden.

 Achse

⇨ Mit *Achse* die Drehachse parallel zur unteren Kante des Profils zeichnen (Nabenbohrung). Auf die dazu rechtwinkligen Geraden begrenzen.

⇨ Alle Profilgeometrie ohne die Symmetrielinie zusammengefasst auswählen (mit *Strg*-Taste oder aufgezogenem Fangrahmen) und mit *Symmetrie* spiegelbildlich zur Mittellinie verdoppeln. Dadurch wird sowohl die Geometrie erzeugt, als auch mit geometrischen Bedingungen symmetrisch zur Ausgangsgeometrie festgelegt.

 Symmetrie

⇨ Skizze beenden mit *Umgebung verlassen*.

 Umgebung verlassen

> **Hinweis:**
> Wenn Symmetrie verwendet wird, empfiehlt es sich, alle geometrischen Bedingungen streng getrennt einer Originalhälfte zuzuordnen. Nur zum Abschluss wird die andere Hälfte der Geometrie symmetrisch zur Ausgangsgeometrie erzeugt. Andernfalls können wechselseitige geometrische Abhängigkeiten zu Konflikten führen.

 Welle

⇨ Mit *Welle* zur ganzen Seilrolle um 360 Grad drehen.

Auf die innere Wand werden Bohrungsverstärkungen als *Block* aufgebracht. Damit auch diese Verstärkungen symmetrisch zur Mittelfläche liegen, muss dort eine Referenzebene eingefügt werden.

 Ebene

⇨ Mit dem Referenzelement *Ebene* eine Mittelebene *Durch ebene Kurve* auf den Mittelkreis der Wellenbohrung bezogen erzeugen. Dieser Kreis entsteht, da das Profil dort als Hälfte unterbrochen war.

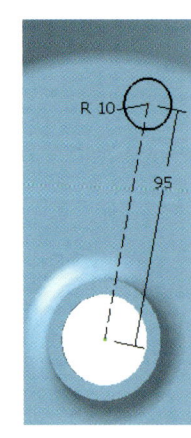

⇨ Mit *Skizzierer* eine neue Skizze auf diese Mittelebene legen.

⇨ Mit *Kreis* die Lochverstärkung erstellen.

⇨ Mit *Linie* und *Konstruktionselement* eine Hilfsgerade vom Kreismittelpunkt etwa zum Mittelpunkt des Wellenlochs ziehen.

⇨ Mit *Im Dialogfenster definierte Bedingungen* das untere Geradenende mit *Kongruenz* auf die Nabenachse beziehen.

⇨ Mit *Bedingung* den Kreis auf die Achse im Abstand 95 mm einmessen und mit 10 mm Radius versehen.

⇨ Mit *Linie* und *Konstruktionselement* eine weitere Hilfsgerade als Spiegelachse um 30 Grad nach links gedreht zeichnen und vermaßen.

⇨ Die noch frei bewegliche Skizze kann mit einem Winkel zur H-Achse fixiert werden. Damit wird die Geometrie unverschiebbar und grün dargestellt.

Kreis

Linie

Bedingung

⇨ Mit *Symmetrie* das Bild durch mehrfaches Spiegeln des Profilkreises und der notwendigen Hilfsgeraden vollständig ergänzen. Zur 30-Grad-Linie spiegelt sich der Ausgangskreis und die erste Hilfslinie (im Bild schwarz) nach links. Der neue Kreis und die Hilfslinie sind rot. Der rote Kreis spiegelt sich um die erste Hilfslinie nach rechts (blau). Die 30-Grad-Linie wird um die neue linke Hilfslinie (rot) noch einmal nach links gespiegelt (gelb). Diese Hilfslinie (gelb) ist nochmalige Achse für alle drei Kreise (weiß).

⇨ Skizze beenden mit *Umgebung verlassen*.

⇨ Kreisskizze mit *Block* und mit *Gespiegelte Ausdehnung* symmetrisch zur Mittelfläche als *Erste Begrenzung* 6 mm als Lochverstärkung ausdehnen.

 Block

Für die Ausschnitte an der Scheibe wird eine halbe Tasche und die Bohrung in der Verstärkung als Original konstruiert. Die restliche Skizzengeometrie entsteht durch Spiegeln. Die Gesamtskizze wird als *Tasche* abgezogen.

⇨ Mit *Skizzierer* auf die Mittelebene zeichnen.

⇨ Mit *Profil* die rechte Hälfte des Ausschnitts einschließlich der Mittellinie als geschlossenen Linienzug in einem Zug mit tangierenden Kreisen skizzieren.

⇨ Die Mittellinie zum *Konstruktionselement* wandeln.

⇨ Mit *Kreis* das Bohrloch erstellen.

⇨ Mit *Linie* und *Konstruktionselement* eine Hilfsgerade vom Mittelpunkt des Bohrungskreises in die Mitte des Wellenlochs ziehen.

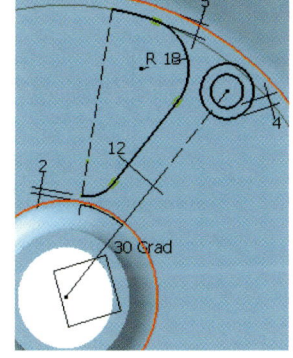

⇨ Mit *Im Dialogfenster definierte Bedingungen* den unteren Endpunkt der Geraden mit *Kongruenz* auf die Wellenachse beziehen (Zylindermantel). Der Bohrungskreis liegt mit *Kongruenz* mittig zur Verstärkung. Der gerade Rand des Ausschnitts rechts hat *Parallelität* zur Bohrungshilfslinie. Der Mittelpunkt der inneren Ausrundung des Ausschnitts liegt mit *Kongruenz* auf der halbierenden Hilfslinie, der von der oberen Ausrundung liegt auf dem Endpunkt der langen Hilfsgeraden.

⇨ Mit *Bedingung* die Randabstände vom oberen Taschenkreis zum äußeren Rand mit 5 mm und vom inneren Ausrundungskreis bis zum inneren Rand der ebenen Mittelplatte mit 2 mm vermaßen. Die obere Eckausrundung hat 18 mm Radius. Die Dicke der Bohrlochverstärkung beträgt 4 mm. Der verbleibende Steg zwischen den Ausschnitten misst 24 mm, also 12 mm bis zur Bohrungshilfslinie. Der skizzierte Sektor hat einen Winkel von 30 Grad.

⇨ Mit *Symmetrie* die Hilfslinie Bohrloch/Rollenachse an der Hilfslinie des Ausschnittprofils nach links spiegeln. Diese neue Hilfslinie wieder zur Hilfslinie Bohrloch/

Rollenachse nach rechts spiegeln. Damit sind die Symmetrievoraussetzungen geschaffen.

⇨ Jetzt nur noch die Profillinien des Scheibenausschnitts mit *Symmetrie* zur Profilmitte nach links spiegeln. Dann den ganzen Profilzug (nur die Umrisslinien) zur originalen Hilfslinie Bohrloch/Rollenachse nach rechts spiegeln. Das ganze rechte Profil zur kruzen Profilmittellinie nach links und dann alle drei Profile gemeinsam nach unten spiegeln.

⇨ Dasselbe mit dem Kreis der Tasche wiederholen.

⇨ Skizze beenden mit *Umgebung verlassen*.

Alternative

 Drehen

⇨ **Alternativ** kann auch durch *Drehen* die Geometrie mehrfach erzeugt werden. Beim Drehen 5 Duplikate im *Dupliziermodus* unter *Beibehaltung der Bedingungen* ohne die Eigenschaft *Versetzen* erzeugen. Der Wellenmittelpunkt ist die Rotationsachse für einen Winkel von 30 Grad. Diese Geometrie hat allerdings keine Symmetrieeigenschaft. (Daher wird diese Lösung nicht weiterverfolgt. Mit der vorigen Lösung den Lösungsweg fortsetzen.)

Hinweis:
Sollten widersprüchliche geometrische Bedingungen entstehen, muss die Ausgangsgeometrie weniger streng geregelt werden. Beispielsweise kann die Parallelität zweier Geraden auch weniger streng durch zwei Abstandsmaße von Endpunkten ausgedrückt werden.

Tasche

⇨ Im Raum die Profile als *Tasche* vom Rotationskörper abziehen. Die Ausdehnung erfolgt als *Erste Begrenzung* und *Bis Ebene* bis zur Oberfläche der Verstärkung in Ausdehnungsrichtung. Als *Zweite Begrenzung* und *Bis Ebene* gilt die gegenüberliegende Oberfläche der Verstärkung.

⇨ Mit *Datei > Sichern unter...* im passenden Ordner unter gleichem Namen speichern.

Symmetrie im Raum

Die Rolle wird als kleinster, nicht symmetrischer Teil als Körper aufgebaut. Dann wird mit *Kreismuster* und mit *Spiegeln* die ganze Seilrolle daraus. Die Geometrie wird strategisch so entwickelt: Der zur Mittelebene symmetrische Rollenquerschnitt wird nur halb erstellt und dann zum massiven Sektor von 30 Grad gedreht. Auf dessen Innenfläche werden die Bohrungsverstärkungen als Halbblock und die Taschen als Halbtaschen skizziert. Der fertige Sektor wird als Kreismuster wiederholt. Das unvollständige Muster wird durch Spiegeln zuerst zur halben und dann zur ganzen Rolle vollständig.

⇨ Neue Datei mit dem Typ *Part* anlegen und das Teil SeilrolleRaumsymmetrie nennen.

⇨ Mit *Skizzierer* eine neue Skizze auf eine Ebene legen.

⇨ Mit *Profil* die Hälfte des Rollenquerschnitts wie zuvor bei „Symmetrie in den Skizzen" in einem Zug zeichnen. (Es kann auch in der alten Datei so lange im Strukturbaum von unten her gelöscht werden, bis nur noch die „halbe" Skizze übrig bleibt.)

⇨ Alle notwendigen geometrischen Bedingungen und Maße festlegen.

⇨ Skizze beenden mit *Umgebung verlassen*.

⇨ Im Raum mit *Welle* zum 30 Grad Sektor drehen.

⇨ Einen halben Ausschnitt an der Seilrolle wie zuvor auf die Innenfläche legen, skizzieren, vermaßen und geometrisch regeln.

⇨ Im Raum als *Tasche* und als *Erste Begrenzung* zur Außenfläche *Bis Ebene* abziehen.

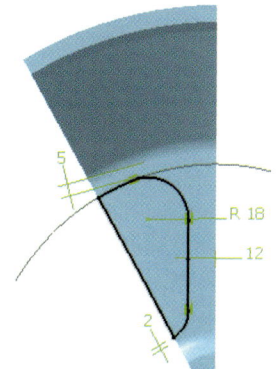

⇨ In gleicher Weise die halbe, geschlossene Bohrungsverstärkung auf die Oberfläche legen, geometrisch auf die Kante beziehen (Mittelpunkt und Eckpunkte liegen auf dem Rand) und zum 2 mm starken *Block* entwickeln.

⇨ In gleicher Weise auch die halbe konzentrische Bohrung in der Verstärkung mit dem Radius 6 mm erstellen. Sie liegt als Skizze auf der Bohrlochverstärkung und erstreckt sich als *Tasche* und *Erste Begrenzung* mit *Bis zur nächsten* zur Symmetrieebene.

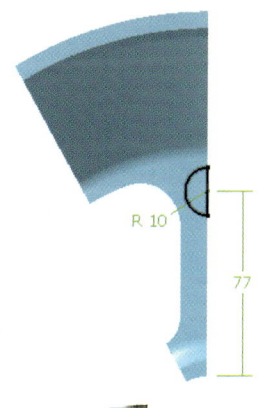

⇨ Aus dem Sektor mit der Funktion *Kreismuster* einen *vollständigen Kranz* mit 6 *Exemplaren* erzeugen. Musterobjekt ist der bestehende Körper. Als *Referenzrichtung* der Drehung dient die Innenfläche der Wellenbohrung. Deren Achse definiert das Kreismuster.

 Kreismuster

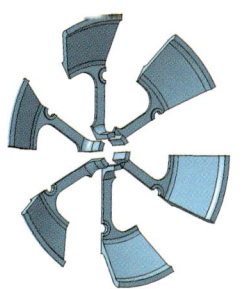

 Spiegeln

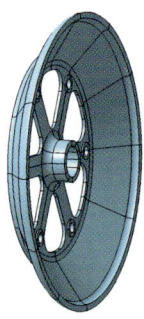

⇨ Bei aktiviertem *Spiegeln* die Spiegelebene des Ursektors auswählen. Damit den bestehenden, rotierten Gesamtkörper als *Aktuellen Volumenkörper* zur vollständigen halben Seilrolle ergänzen.

⇨ Nochmaliges Spiegeln zur Mittelebene vervollständigt die komplette Seilrolle.

⇨ Mit *Datei > Sichern unter...* im passenden Ordner unter gleichem Namen speichern.

Alternative

Alternativ kann die Seilrolle im Raum alleine durch *Spiegeln* entstehen. Der kleinste Sektor wird einmal als Gesamtkörper nach rechts und noch einmal als Ursektor mit den einzelnen Grundkörpern nach links gespiegelt. Dieses entstandene Gesamtachtel wird anschließend mehrfach zur Rolle gespiegelt.

⇨ In der Datei alle Einträge *Spiegeln* und *Kreismuster* im Strukturbaum löschen. Der Ursektor bleibt übrig.

⇨ Durch *Spiegeln* wird automatisch der vorhandene Körper vorgeschlagen und soll an der linken Querschnittfläche nach links gespiegelt werden.

⇨ Alle Grundkörper des Ursektors im Strukturbaum zusammengefasst auswählen und durch *Spiegeln* an der rechten Querschnittfläche nach rechts spiegeln.

⇨ Weiteres *Spiegeln* des vorhandenen Körpers zur Mittelfläche vervollständigt die Seilrolle schrittweise.

⇨ Nochmaliges *Spiegeln* an einer Querschnittfläche macht die halbe Seilrolle.

⇨ Nach dem letzten *Spiegeln* des halben Körpers ist die Seilrolle komplett.

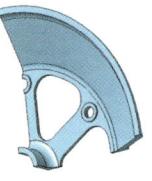  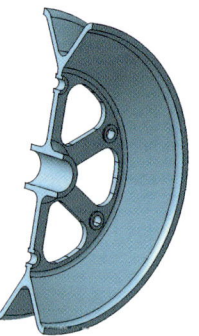 

Hinweis:
Es kann wie im Beispiel immer die gerade bestehende Geometrie als Ganzes gespiegelt werden. Dann wird nur die Spiegelebene ausgewählt und das Programm ergänzt automatisch den ganzen **Körper**. Einzelne oder vorher zusammen ausgewählte Grundkörper können auch selektiv gespiegelt werden. Eine Operation, wie das *Spiegeln* selbst, kann jedoch nicht einzeln gespiegelt werden.

⇨ Mit *Start > Beenden* Schluss machen oder gleich das nächste Thema anpacken!

Was sind systematisch aufgebaute Teile?

Bauteile bestehen im CAD aus einzelnen, einfach berandeten Grundkörpern. Mehrere solcher Grundkörper bauen die eigentliche komplexe Bauteilform auf. Grundkörper sind in sich selbst geometrisch regelmäßig und nach Gestaltungsvorstellungen aufgebaut. Ein Blech soll als Beispiel immer ein Rechteck bilden, eine Wandstärke an Blechabkantungen gleiche Dicke behalten oder ein Umriss in sich symmetrisch sein. Die untereinander verknüpften Grundkörper haben in der Regel ebenfalls geometrische Beziehungen und Abhängigkeiten untereinander. Im dargestellten Winkelhebel haben benachbarte Grundkörper die gleiche Stegbreite oder den gleichen Bohrungsdurchmesser oder überall gleiche Ausrundungen. Diese Abhängigkeiten in der Geometrie lassen sich bei der systematischen Vorbereitung der Konstruktion erkennen.

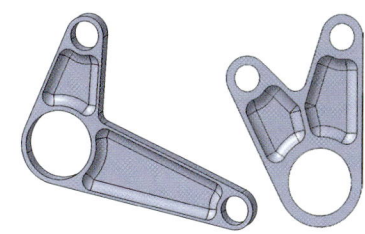

Gestaltungsziele systematisieren

Ein weiterer Aspekt ist die Klarheit und Ablesbarkeit eines Teils oder einer ganzen Konstruktion. In unserer arbeitsteiligen Welt müssen Konstruktionen auch anderer Urheber schnell erkannt und übersehen werden können. Daher sollen CAD-Modelle nur aus unmittelbar notwendigen Daten aufgebaut werden, also durch keine redundanten (doppelten) und unnötigen Daten aufgebläht sein. Sich selbst ähnliche Geometrie etwa sollte nicht mehrfach neu konstruiert werden. Dies gilt besonders, wenn Teilstrukturen symmetrisch zueinander sind oder zwei Nachbarkörper gleiche Längen besitzen.

Keine unnötigen Geometriedaten

Kurze Entwicklungszeiten setzen leicht veränderbare, anpassungsfähige Teile voraus. Durch eine modular aufgebaute Teilesystematik kommt man diesem Ziel ein wesentliches Stück näher. Dafür verwendbare systematische Teile sollen so konstruiert sein, dass nur noch **unabhängige Abmessungen** enthalten sind. Die abhängige Geometrie übernimmt ihre Abmessungen durch geometrische Regeln vom Ausgangsbauteil. Zur Kontrolle muss jede Maßänderung fehlerfrei nur genau diese einzelne Abmessung ändern, die sonstige Gestalt behält alle anderen formulierten Regeln bei. Im Beispiel des Winkelhebels soll die Stegbreite in den Schenkeln veränderlich sein, ohne die Wandstärke der Wellenaugen zu verändern. Wenn die Teilkörper voneinander geometrisch abhängig werden, muss die hierarchische Struktur dieser Abhängigkeiten genau geplant sein. Ein Grundkörper als Ausgangsteil gibt Geometrieinformationen vor, beispielsweise seine Länge und Breite und die Lage von Bohrungen oder Anbauteilen, die an die davon abhängenden Teilkörper weitergegeben werden. Die Weitergabe von Informationen ist nach der Mutter-Kind-Regel nur in eine Richtung möglich. (Siehe auch „Wie werden Teile objektorientiert konstruiert?") Ein systematischer Aufbau der Bauteile ist eine wichtige Vorbereitung, besonders wenn Bauteile zu parametrisierten oder modularen Teilen werden sollen. Die Anzahl der veränderlichen Parameter wird so auf das notwendige Maß reduziert. Dies verringert auch einen eventuellen Änderungsaufwand.

Unabhängige Abmessungen nur einmal definieren

Die Ansätze dieses Abschnitts, Teile systematisch aufzubauen, beschäftigen sich mit der Geometrie selbst. Dies ist mit den interaktiven Mitteln von CAD auch ein guter und sicher überprüfbarer Weg. Was sich visualisiert systematisieren lässt, sollte auch geometrisch wahrgenommen werden. Daneben stellen die Parameter eine zweite Schicht der Teilebeschreibung dar. Zwei Stegbreiten etwa können auch durch identische Parameter die gleiche Breite bekommen. Ein nicht geometrisch systematisch konstruiertes Teil kann auf diesem Weg voneinander abhängende Geometriebeziehungen erhalten. Diese Möglichkeit geschieht eher im Hintergrund und ist dadurch weniger transparent. Trotzdem sind auch die Parameter ein möglicher Weg.

Da Grundkörper in der Regel auf einem ebenen Profil oder Querschnitt aufbauen, das dann in die dritte Dimension entwickelt wird, können geometrische Abhängigkeiten in der Gestaltfindung an drei Stellen beschrieben werden: Im definierenden **ebenen Profil**, in der **räumlichen Ausdehnung** und durch **räumliche Referenzelemente**.

Abhängigkeiten im ebenen Profil:

Geometrische Beziehungen in der Ebene

Diese lassen sich mit Beziehungen zwischen ebenen Geometrieelementen beschreiben. Dazu gibt es explizite Regeln (Punkte oder Linien sind deckungsgleich oder kongruent, Linien sind parallel zueinander, Elemente liegen symmetrisch zu einer Geraden, ...). Mit geometrischen Beziehungen können auch Gesetzmäßigkeiten umgesetzt werden, der Strahlensatz oder die Selbstähnlichkeit etwa. Ein paar Beispiele sollen zum Weiterdenken anregen.

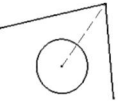

Eine Bohrung liegt „mittig" in einer Ecke.

(Zwischen den beiden Kanten liegt die Hilfslinie vom Eckpunkt zum Kreismittelpunkt als Symmetrielinie zu den Kanten.)

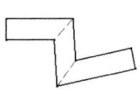

Eine Blechdicke läuft über Abkantungen „durch".

(Die parallelen Blechkanten werden in den Ecken durch Hilfsgeraden verbunden. Zwischen den Eckkanten ist die winkelhalbierende Hilfsgerade wieder Symmetrielinie zu den Kanten.)

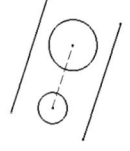

Bohrungen liegen mittig zum Blech.

(Zwischen den Blechkanten liegt die Hilfslinie, welche die Kreismittelpunkte verbindet, parallel und symmetrisch zu den Kanten.)

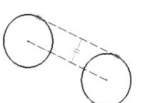

Bohrungen haben gleichen Durchmesser.

(Parallel zur Mittelpunktverbindung liegt eine zweite Hilfsgerade und tangiert die Kreise.)

Bohrungsdurchmesser wachsen gleichmäßig.

(Die zweite tangierende Hilfsgerade hat einen Winkel zur Mittelpunktverbindung. Dies entspricht dem Strahlensatz.)

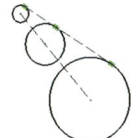

Bohrungen liegen in den Drittelspunkten.

(Eine Hilfslinie verbindet die parallelen Kanten. Zwei Hilfskreise auf
ihr tangieren jeweils die Kanten und verlaufen durch den Mittelpunkt
des Nachbarkreises. In diesen Mittelpunkten liegen die Mittelpunkte
der Bohrungskreise. Eine alternative Lösung sind Hilfspunkte auf der
Hilfslinie zwischen den Kanten. Überlappend liegen jeweils drei Nach-
barpunkte mit äquidistantem Punkt in gleichem Abstand.)

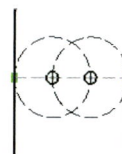

Abhängigkeiten in der räumlichen Ausdehnung:

Immer wenn sich das Einzelteil aus mehreren Grundkörpern oder aus mehreren Profilen zusammensetzt, gibt es Abhängigkeiten in der räumlichen Ausdehnung dieser Elemente untereinander. Zusammengehörende Körperumrisse oder voneinander abhängige Teilkörper lassen sich mit räumlichen Elementen aneinander koppeln. Beispielsweise schließen zwei Grundkörper an den Eckpunkten oder Kanten, an Ebenen oder an den Oberflächen der Nachbarkörper aneinander an. Dadurch sind Abhängigkeiten über die ebenen Skizzen hinweg möglich. Ein paar Beispiele sollen auch hier zum Weiterdenken anregen.

Geometrische Bezieh-ungen im Raum

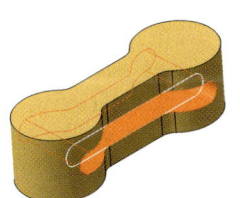
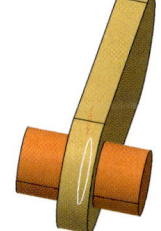

Ein angesetzter Zahn hat denselben Rand und dieselbe Dicke wie das Trägerrad	Eine Tasche verläuft von der Vorderseite bis zur Rückseite	Eine Verdickung liegt symmetrisch zur Mittelfläche

Abhängigkeiten durch räumliche Referenzelemente:

Sind für die räumlichen Abhängigkeiten keine Elemente der Körper selbst verfügbar, werden räumliche Referenzelemente eingesetzt. Diese Hilfspunkte, -linien und -ebenen beziehen sich auf diese Körpergeometrie oder entwickeln sich aus ihr, sie werden dadurch zu logischen „Körperteilen". Auch mit Referenzelementen werden geometrische Abhängigkeiten der Teilkörper untereinander festgelegt. Der Mittelpunkt und ein weiterer Referenzpunkt auf der Kreiskurve geben zum Beispiel den Kreisradius an andere Grundkörper weiter, oder eine Tangentialebene an eine Zylinderfläche bestimmt die Lage einer normal oder „senkrecht" herausgefrästen Nut.

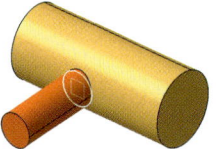

Ein Rohr verzweigt normal (oder schräg) zum durchlaufenden Zylinder

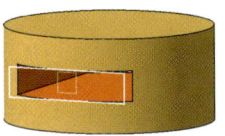

Eine Nut schneidet normal (oder unter einem Winkel) zur Oberfläche ein

Mit konsequent am Objekt orientierten und systematisch aufgebauten Bauteilen hat der Konstrukteur ein wirksames und spannendes Werkzeug in der Hand, dessen Vielfalt nicht immer gleich von Anfang an übersehen wird. Mit geometrischen Zusammenhängen der Teilkörper untereinander entstehen teilweise komplexe Beziehungen auf verschiedenen Ebenen. Für den Konstrukteur bedeutet dies, möglichst einfach zu strukturieren und mit jeweils in sich geregelten und abgeschlossenen Einheiten zu gestalten (in sich selbst geformte Skizze, die als „starre" Form an den Nachbarkörper angebunden wird; getrennt geformte Körper, die als Einheit mit Booleschen Operationen eingebunden werden;...). Wenn Beziehungen zu anderen Einheiten aufgebaut werden, zum Beispiel von einer Skizze zum Körper oder von Grundkörper zu Grundkörper, von Bauteil zu Bauteil, dann so weit als möglich nur in einer Richtung und mit einem Partner. Da das Programm von den französischen Entwicklern in bester Descartesscher Tradition systematisch angelegt ist, bringt eine daran orientierte systematische und strukturierte Arbeitsweise die besten Erfolge. Leider verschieben sich die Ziele neuerer Programmerweiterungen auf das Feld des Komforts, was mehr Verwässerung und Verwirrung erzeugt als konsequente Weiterentwicklung. Denn hat man einmal die objektorientierte Arbeitsweise schätzen gelernt, kommen schnell Wünsche nach echter **Programmerweiterung** hinzu. Wird beispielsweise eine Skizze konstruiert, sollte die definierte Form dauerhaft aus ihrem „logischen" Aufbau hergeleitet werden, obwohl Geometrie mehrdeutig ist. Beispiele zeigen dies:

Die Tangente an einen Kreis kennt vier Lagen. Der Konstrukteur sollte die bevorzugte Variante festschreiben können

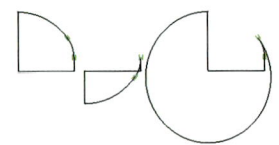

Ein umlaufend geschlossenes Profil kennt trotz Tangentialbedingungen mehrere Lösungen. Die Skizze sollte im Umlaufsinn eindeutige Übergangsbedingungen festschreiben können

Neue Skizzenprofile bauen an Körpern weiter und kennen zwei mögliche Lagen. Ein Anbauquerschnitt sollte immer außen, ein Abzugquerschnitt immer innen liegen

Übung Klemme

Die Klemme baut auf zwei separaten Körpern auf, die aus der seitlichen Ansicht und der Ansicht von oben als Prismen entstehen. Der Ergebniskörper setzt sich als Schnittmenge einer Booleschen Operation aus diesen beiden Ansichtskörpern zusammen.

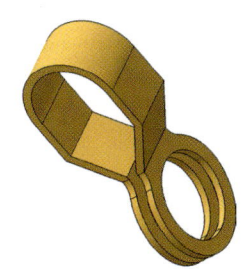

Was wird geübt?
Kombinierter Volumen-körper
Teile systematisch aufbauen

Beide Körper werden zuerst topologisch eigenständig, aber geometrisch einander zugeordnet konstruiert. Der zweite Körper ist in seinen Dimensionen vom Ausgangskörper abhängig (gleich lang, breit und hoch). Zusätzlich soll sich eine durchlaufende Blechdicke mit nur einer Maßangabe geometrisch fortsetzen. Die zu beschreibenden Maße, die später als Variantenparameter dienen können, werden so auf die unbedingt notwendige Anzahl unabhängiger Eingaben reduziert. Die Geometrie kann fast ganz ohne Maße konstruiert werden, nur der Gestaltvorstellung folgend. Als Anhalt für die Form kann gelten: Gesamtlänge 120 mm, Gesamthöhe 50 mm, Blechbreite am umgebogenen Ende 25 mm, Blechdicke 6 mm, Blechschräge zur Öse hin 40 Grad, Ösenspalt 8 mm, Ösendurchmesser 50 mm, Ösenrand 7 mm und die an der Abschrägung anschließende Eckausrundung 10 mm Radius.

⇨ Neue Datei mit dem Typ *Part* anlegen und U-Klemme nennen.

Die Skizze des „Draufsichtkörpers" entsteht als *Block*. Dieser Körper gibt die Gesamtlänge, die Klemmenbreite und die Ösenform vor.

⇨ Neue Skizze mit *Skizzierer* auf beliebiger Ebene anlegen.
⇨ Mit *Profil* den Umriss mit parallelen Kanten und mittig dazu liegender Öse skizzieren.
⇨ Zu den Klemmenkanten liegen die Ösenmittelpunkte mit *Im Dialogfenster definierte Bedingungen* und der Bedingung *Äquidistanter Punkt* mittig. Auch die Mittelpunkte der Eckausrundungen liegen zum Mittelpunkt der Öse äquidistant.
⇨ Wenn gewünscht, mit *Bedingung* die Skizze vermaßen.
⇨ Skizze beenden mit *Umgebung verlassen*.

⇨ Die Skizze mit *Block* zum Körper ziehen.

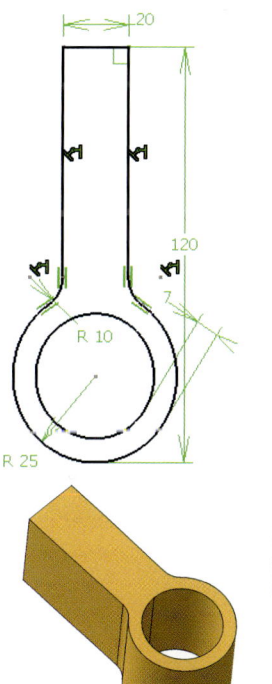

	Skizzierer
	Profil
	Im Dialogfenster def. Bedingungen
	Bedingung
	Umgebung verlassen
	Block

Mit der Seitenansicht wird ein neuer, topologisch eigenständiger Körper beschrieben. Objektorientiert beziehen sich beide Körper geometrisch aufeinander. Die zweite Skizze liegt auf der Seitenfläche des „Draufsichtkörpers" und übernimmt die Gesamtlänge und die Gesamthöhe. (Er könnte auch auf der Referenzebene in der symmetrischen Mitte liegen.) Der daraus entwickelte *Block* übernimmt in seiner Ausdehnung ebenfalls die Abmessungen der Draufsicht. Der Körper erstreckt sich bis zur gegenüberliegenden Ösenrundung und beginnt auch an dieser Rundung.

⇨ Mit *Einfügen > Körper* einen neuen Körper in den Strukturbaum einfügen. Dieser ist automatisch in Bearbeitung, also unterstrichen.

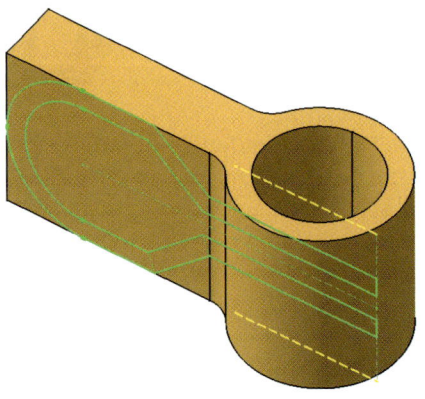

 Linie

 Konstruktions-
element

3D-Elemente
projizieren

⇨ Neue Skizze mit *Skizzierer* auf die Seitenfläche des „Draufsichtkörpers" legen.
⇨ Mit *Profil* den zur Höhenmitte symmetrischen und abgewinkelten Blechquerschnitt skizzieren.
⇨ Die durchlaufende Blechdicke festlegen. Dazu mit *Linie* und *Konstruktionselement* jeweils Hilfslinien zwischen die abknickenden Eckpunkte zeichnen. Zusätzlich eine Symmetrielinie vom Mittelpunkt der Klemmenausrundung bis zum Ösenende.
⇨ Um das Blech am Ösenrand zu begrenzen, mit *3D-Elemente projizieren* und der Einstellung *Konstruktionselement* die Außenränder des Zylinders als Hilfsgerade in die Skizze übertragen. Es entstehen neue Skizzenelemente in gelb.
⇨ Zwischen diesen äußersten Endpunkten der projizierten Hilfslinien mit *Linie* und *Konstruktionselement* eine weitere Hilfsgerade am Ösenende ziehen.
⇨ Die Skizze mit *Im Dialogfenster definierte Bedingungen* auf den „Draufsichtkörper" beziehen. Die obere Hälfte der Skizze mit folgenden Bedingungen geometrisch regeln: Mit *Kongruenz* die geraden Außenkanten der Skizze auf die entsprechenden Körperkanten, beziehungsweise auf die konstruierte Hilfslinie bündig legen. Mit *Tangentenstetigkeit* zum im Bild linken Rand übernimmt der Außenkreis die Gesamtlänge. Ebenfalls mit *Kongruenz* liegt der Eckpunkt der Blechschräge auf dem Rand der Ausrundung des Ausgangskörpers. Zu den abknickenden Blechkanten liegen die winkelhalbierenden Hilfsgeraden mit *Symmetrie* mittig. Dann noch fehlende Regeln an der unteren Hälfte mit Symmetrie ergänzen.
⇨ Wenn gewünscht, mit *Bedingung* vermaßen.
⇨ Skizze beenden mit *Umgebung verlassen*.

Alternative

Hinweis:
Die aus dem Raum projizierte Hilfsgeometrie ist zuweilen instabil. Folgender Trick ermöglicht eine andere Lösung: Im ersten Block wird die Skizze der Öse in zwei Teilkreise aufgelöst. Der trennende Punkt auf dem Außenkreis wird mit geometrischen Bedingungen in die symmetrische Mitte gelegt. Er bleibt auch im Raum als Punkt erhalten und definiert die größte Länge des Blocks. Daran kann sich der zweite Block direkt ausrichten.

⇨ Als *Block* erstreckt sich der Körper der Seitenansicht als *Erste Begrenzung* und *Bis Fläche* bis zur gegenüberliegenden Oberfläche des „Draufsichtkörpers". Als *Zweite Begrenzung* und *Bis Fläche* beginnt der Block an der vorderen Oberfläche.

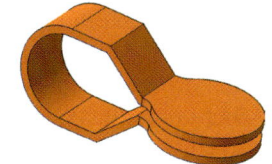

Alternative Lösung für die Körperausdehnung:

Alternative

> **Hinweis:**
> In manchen Versionen gelingt diese Lösung mit objektorientiertem Ausdehnen des zweiten Körpers nicht. Ersatz schaffen zwei den Zylinder des ersten Körpers tangierende Ebenen. Sie begrenzen auch die Ausdehnung *Bis Ebene* des abhängigen zweiten Körpers.

⇨ Auf die obere Ösenfläche eine Skizze legen.
⇨ Zwei *Punkte* als *Standardelement* auf den Außenkreis des Auges legen.
⇨ Diese Punkte mit einer Hilfslinie verbinden. Diese Hilfslinie mit *Kongruenz* auch auf den Kreismittelpunkt beziehen. Zusätzlich steht sie rechtwinklig zu den langen geraden Außenrändern.
⇨ Skizze beenden mit *Umgebung verlassen*.

■ Punkt

Standardelement

⇨ Mit *Ebene* und *Tangential zu Fläche* zwei Hilfsebenen durch diese Punkte an den Zylinder legen.
⇨ Damit wird der *Block* im zweiten Körper in der Raumausdehnung *Bis Ebene* sicher am ersten Körper begrenzt.

 Ebene

Jetzt sind die zwei Körper geometrisch voneinander abhängig. Als topologische Einheiten sind sie jedoch voneinander unabhängig. Daher müssen sie noch zu einem Körper verschmolzen werden und zwar so, dass übrig bleibt, was doppelt vorhanden war.

⇨ Mit *Einfügen > Boolesche Operationen > Verschneiden* den zweiten Körper mit dem *Hauptkörper* verbinden, es bleibt nur die gemeinsame Schnittmenge.

Um zu prüfen, ob auch maßunabhängig konstruiert wurde, jedes Bauteilmaß einzeln verändern. Die Form sollte sich wunschgemäß anpassen, ohne andere Abmessungen zu beeinflussen.

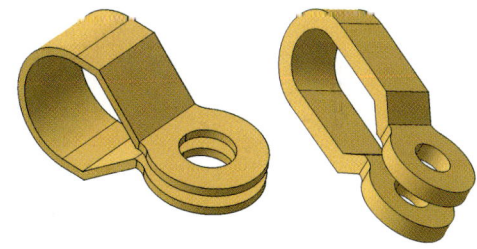

Alternative

Alternative Lösung mit einem Verschneidekörper:

Durchdringen sich zwei prismatische Körper, kann deren Schnittmenge direkt als neuer Körper berechnet werden. Die Klemme, vorher aus zwei separaten Grundkörpern aufgebaut, kann auf diese Weise auch ohne zusätzlichen Körper und extra Boolesche Operation entstehen. Dies gilt aber nur, wenn die zu schneidenden Körper jeweils mit nur einem Block beschrieben werden können. Bei aus mehreren Grundkörpern zusammengesetzter Gestalt muss weiterhin, wie zuvor dargestellt, vorgegangen werden.

Die Klemme definiert sich jetzt aus zwei zueinander rechtwinklig stehenden Profilen. Zusätzlich soll die Symmetrie ausgenutzt werden. Es braucht dann nur ein Viertel der Struktur beschrieben werden, da es zwei Symmetrieebenen gibt. Beide definierenden Profile sollen geometrisch zusammenhängen. Daher entsteht die zweite Skizze auf einer Ebene, die normal zur Ausgangsskizze steht.

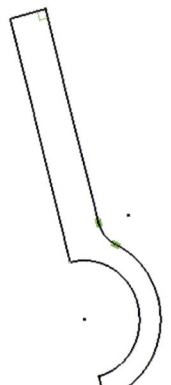

⇨ Neue Datei mit dem Typ *Part* anlegen und U-Klemme-1 nennen.
⇨ Neue Skizze mit *Skizzierer* auf beliebiger Ebene anlegen.
⇨ Mit *Profil* den Umriss des halben Ösenteils wieder mit parallelen Kanten, tangierenden Kreisen und der mittig dazu liegenden halben Öse skizzieren. Die Geraden durch den Ösenmittelpunkt definieren die halbe Blechbreite und gleichzeitig die normal dazu stehende erste Symmetrieebene.
⇨ Auf diesen Symmetriekanten liegen die Ösenmittelpunkte mit *Im Dialogfenster definierte Bedingungen* mit *Kongruenz* bündig.
⇨ Wenn gewünscht, mit *Bedingung* die Skizze vermaßen.
⇨ Skizze beenden mit *Umgebung verlassen*.

⇨ Mit *Ebene* und *Senkrecht zu Kurve* eine neue Profilebene vorbereiten. Dazu für die *Kurve* den Außenkreis der Öse in der ersten Skizze nutzen. Als *Punkt* dient der Kurvenendpunkt an der ersten Symmetrie (im oberen Bild unten).

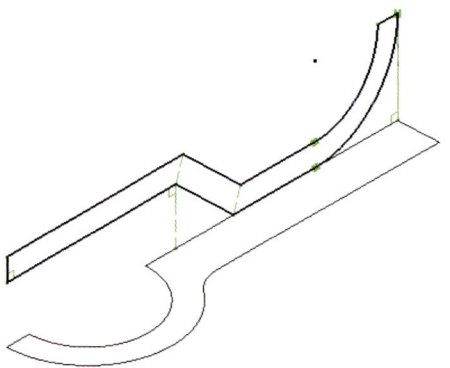

⇨ Neue Skizze mit *Skizzierer* auf dieser ersten Symmetrieebene anlegen.
⇨ Den halben Umriss des Klemmenteils mit *Profil* und parallelen Kanten wie bei der Originalklemme skizzieren.
⇨ Die kurze Endgerade am halben Klemmenbogen liegt in der zweiten Symmetrieebene. Mit *Im Dialogfenster definierte Bedingungen* ist diese Gerade parallel zu den langen Kanten vorn im Bild und mit *Kongruenz* verläuft sie durch die Kreismittelpunkte.

⇨ Mit *Linie* und *Konstruktionselement* zwei normal zur zweiten Symmetrieebene stehende Geraden zeichnen. Eine vom Eckpunkt des Außenbogens aus über die ganze Skizzenhöhe. Sie übernimmt die Klemmenlänge von der ersten Skizze. Die zweite Hilfsgerade beginnt am Außeneck des Ösenblechs in Bildmitte. Damit wird diese Kröpfstelle auf den Beginn der Ausrundung in der ersten Skizze bezogen.

⇨ Mit *Im Dialogfenster definierte Bedingungen* und *Kongruenz* liegt der Endpunkt der ersten Hilfsgeraden auf dem hinteren Eckpunkt der ersten Skizze und der Endpunkt der zweiten Hilfsgeraden auf der Projektion des Anfangspunkts der Ösenausrundung in der ersten Skizze. Zusätzlich liegt auch die linke kurze Endgerade des Blechs auf dem Eckpunkt an der Ösenmitte der ersten Skizze und übernimmt dadurch die Gesamtlänge.

⇨ Skizze beenden mit *Umgebung verlassen*.

⇨ Mit der Funktion *Kombinierter Volumenkörper* entsteht aus den beiden Skizzen automatisch die Schnittmenge oder das Gemeinsame der beiden gedachten Profilprismen.

⇨ Mit *Spiegeln* an der ersten Symmetrieebene wird aus dem Viertelkörper die halbe Klemme.

⇨ Mit einem weiteren *Spiegeln* an der zweiten Symmetrieebene wird aus dem Halbkörper die Klemme.

⇨ Mit *Datei > Sichern unter...* im passenden Ordner unter gleichem Namen speichern.

⇨ Mit *Start > Beenden* aufhören oder gleich die nächste Übung anpacken!

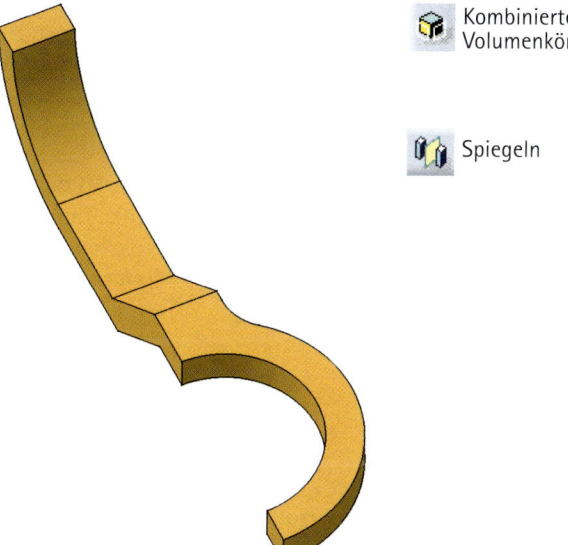

Kombinierter Volumenkörper

Spiegeln

Übung Winkelhebel

Was wird geübt?
Zusammenfügen

Aus stabilen Einheiten aufbauen
Profil aus Kurven zusammensetzen

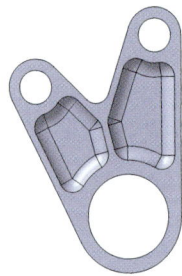

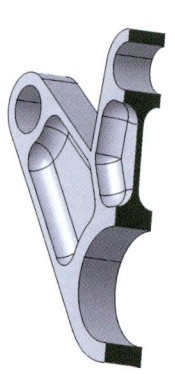

Ein Winkelhebel soll so konstruiert werden, dass die Gestalt mit geometrischen Regeln systematisch aufgebaut wird. Ziel ist, jeden Formparameter nur einmal als Maß vorzugeben und dann unabhängig ändern zu können. Zum Konstruieren sind Maßvorschläge in Klammern angegeben, es kann jedoch auch ganz auf Maße verzichtet und nur „in etwa" maßstäblich skizziert werden.

Die Gestalt des Winkelhebels wird durch die Formparameter großer Wellenlochradius mit Wandstärke (40/10 mm), kleiner Wellenlochradius mit Wandstärke (12/8 mm), den Wellenabständen (115/130 mm), dem Schenkelwinkel (45 Grad) und der Hebeldicke (24 mm) beeinflusst. Beim zur Mittelebene symmetrischen Teil sind zusätzlich symmetrische Taschen zur Gewichtsersparnis mit ihrer Tiefe (10 mm), der Kantenausrundung (Radien gleich der Taschentiefe) und der verbleibenden Stegbreite (5 mm) variabel.

Um ein möglichst geometrisch stabiles Teil zu erreichen, werden die einzelnen Gestaltkomponenten, so zum Beispiel die ausgerundeten Taschen oder der Mittelsteg, zuerst in einem separaten Körper erzeugt und danach in den Hauptkörper eingefügt. Dies insbesondere, weil je nach der Größe des Schenkelwinkels, der Mittelsteg oder die Ausrundung im Schenkelwinkel entfallen.

⇨ Mit *Datei > Neu* eine neue Datei mit dem Typ *Part* anlegen und Winkelhebel nennen.

Der kurze Schenkel des Hebels wird als eigenständiger massiver Block erstellt. Er gibt die große und kleine Wellenbohrung, die Wandstärke, eine Schenkellänge und die Dicke des Winkelhebels vor.

 Skizzierer

 Profil

 Kreis

 Umgebung verlassen

 Block

⇨ Neue Skizze mit *Skizzierer* auf beliebiger Ebene anlegen.
⇨ Mit *Profil* den Umriss aus zwei Kreisen und tangierenden Geraden skizzieren.
⇨ Mit *Kreis* die Bohrungen konzentrisch zu den Kreiskanten legen.
⇨ Skizze beenden mit *Umgebung verlassen*.

⇨ Die Skizze mit *Block* zum Prisma ziehen.

Der längere Schenkel beginnt mit seinem Profil auf der Mittelfläche des ersten Schenkelblocks. Er übernimmt die kleine Wellenbohrung mit ihrer Wandstärke geometrisch durch parallele tangierende Geraden. Neue Abmessungen sind die zweite Schenkellänge und der Schenkelwinkel.

⇨ Neue Skizze mit *Skizzierer* auf der späteren Mittelfläche (Unterseite) anlegen.

⇨ Mit *Profil* den Umriss aus Geraden und tangierenden Kreisen skizzieren. Die große Welle wird ausgespart.

⇨ Mit *Kreis* die kleine Bohrung konzentrisch zum Randkreis legen.

⇨ Zur geometrischen Übertragung von Bohrung und Wandstärke mit *Linie* und *Konstruktionselement* drei Geraden einzeichnen: eine Gerade vom neuen kleinen Kreismittelpunkt zum Gegenstück im Schenkel, eine tangierende Gerade von Außenrand zu Außenrand und eine von Bohrungskreis zu Bohrungskreis.

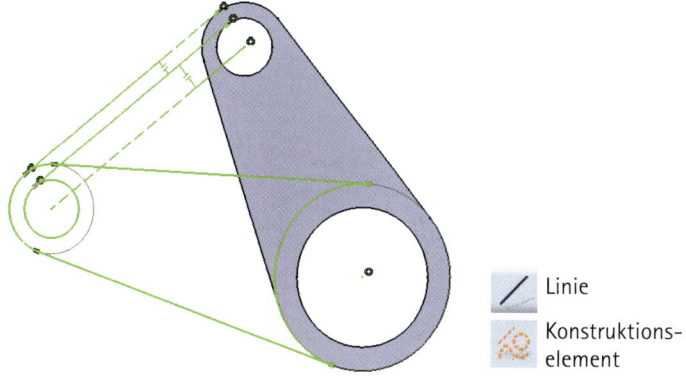

 Linie

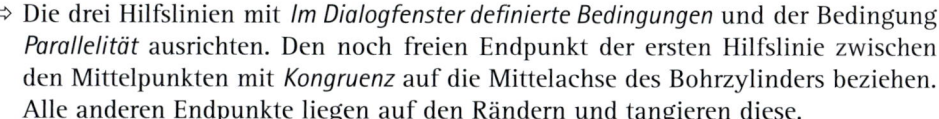 Konstruktions-element

⇨ Die drei Hilfslinien mit *Im Dialogfenster definierte Bedingungen* und der Bedingung *Parallelität* ausrichten. Den noch freien Endpunkt der ersten Hilfslinie zwischen den Mittelpunkten mit *Kongruenz* auf die Mittelachse des Bohrzylinders beziehen. Alle anderen Endpunkte liegen auf den Rändern und tangieren diese.

⇨ Skizze beenden mit *Umgebung verlassen*.

Im Dialogfenster def. Bedingungen

⇨ Die Skizze mit *Block* zum Körper ziehen. Für die *Erste Begrenzung* und *Bis Ebene* die gegenüberliegende Oberfläche (Oberseite) auswählen.

Hinweis:

Durch Ändern eines Maßeintrags soll sich die gesamte Geometrie entsprechend der Vorgabe anpassen, da die unabhängigen Maße nur einmal vorkommen. Beim Ändern des Winkels fällt unter Umständen der Steg weg. Dieser wird dann als Geometrie *inaktiv*. Beim Aufbau der Geometrie kann dies berücksichtigt werden, wenn möglichst autarke Teile oder Körper verwendet werden. Die Aussparungen und der Steg sind zusätzliche Körper. Mit wachsendem Winkel entfällt der Mittelsteg. Später trennen sich auch die Taschen. Bei gestrecktem Winkel entfällt die Ausrundung im Schenkelwinkel, wobei dann auch die geometrische Weitergabe der Stegbreite problematisch wird.

Die Taschen einschließlich der Ausrundungen werden als separate Körper erzeugt. Diese Taschen sind zuerst als Prismen positive Körper. Auf diese Weise kann die veränderliche Form stabil erzeugt werden. Als neue Abmessung ergibt sich hier die Tiefe und die Wandstärke an den Taschen.

⇨ Mit *Einfügen > Körper* einen neuen Körper in den Strukturbaum einfügen.

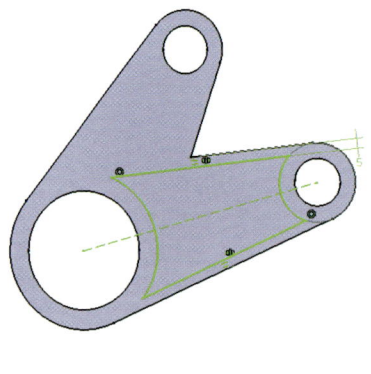

⇨ Neue Skizze mit *Skizzierer* auf die Außenfläche des Winkelhebels legen.

⇨ Mit *Profil* den parallel zum Rand und konzentrisch zu den Wellenwandungen des Basiskörpers verlaufenden Rand der Tasche skizzieren.

⇨ Mit *Linie* und *Konstruktionselement* zwischen den Bohrungen eine Symmetrielinie zeichnen.

⇨ Deren Endpunkte mit *Im Dialogfenster definierte Bedingungen* und *Konzentrizität* zu den Rändern der Wellenlöcher mittig festlegen.

⇨ Die beiden Randgeraden und die Symmetrielinie mit *Im Dialogfenster definierte Bedingungen* und der Bedingung *Symmetrie* ausrichten. Die Kreise liegen mit *Kongruenz* auf den Außenkanten der Wellenwandungen. Eine Taschenkante mit *Parallelität* auf den Schenkelrand ausrichten.

⇨ Skizze beenden mit *Umgebung verlassen*.

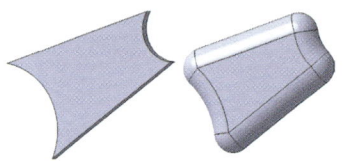

⇨ Die Skizze mit *Block* zum Körper ziehen.

 Kantenverrundung

⇨ Mit *Kantenverrundung* die innenliegende Fläche des Abzugsblocks mit der Fortführung *Tangentenstetigkeit* ausrunden. Das Ausrundungsmaß kann so nicht geometrisch weitergegeben werden.

⇨ Mit *Einfügen > Boolesche Operationen > Entfernen* den Taschenkörper abziehen.

⇨ Mit *Einfügen > Körper* einen neuen Körper in den Strukturbaum einfügen.

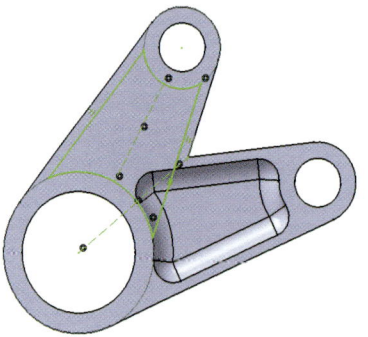

Der zweite Abzugskörper für die Tasche wird in gleicher Weise erstellt. Die schon definierte Wandstärke wird geometrisch übernommen.

⇨ Neue Skizze mit *Skizzierer* wieder auf die Außenfläche des Winkelhebels legen.

⇨ Mit *Profil* den Taschenrand skizzieren.

⇨ Mit *Linie* und *Konstruktionselement* zwischen der großen Bohrung und der Schenkelecke eine Hilfslinie zeichnen, außerdem eine zweite Hilfslinie als Symmetrielinie der Tasche von Kreisabschnittsmitte zu Kreisabschnittsmitte.

⇨ Die beiden Randgeraden und die Symmetrielinie mit *Im Dialogfenster definierte Bedingungen* und der Bedingung *Symmetrie* ausrichten. Die Kreise liegen mit *Kongruenz* auf den Außenkanten der Bohrwandung. Eine Taschenkante mit *Parallelität* auf den Schenkelrand ausrichten. Mit *Kongruenz* liegt ein Ende der ersten Hilfslinie auf der großen Bohrungsachse und das andere auf den beiden Außenkanten der Schenkel. An dieser Geraden richtet sich die Wandstärke aus.

⇨ Mit *Punkt* und *Konstruktionselement* einen Hilfspunkt auf die Hilfslinie legen.

▪ Punkt

⇨ Mit *Im Dialogfenster definierte Bedingungen* und *Kongruenz* liegt dieser Punkt zusätzlich auf dem neuen Profilrand der Tasche und auf der Randkante der Tasche im Raum. (Er stellt sozusagen ein Scherengelenk für den Steg dar.)

⇨ Skizze beenden mit *Umgebung verlassen*.

Hinweis:
Bei Varianten sollten alle geometrischen Regeln auf solche Geometrie bezogen werden, die innerhalb der Variationsbreite auch erhalten bleibt. Daher ist es nicht sinnvoll, den Eckpunkt im Schenkeleck zu benützen, da dieser bei zu großem Winkel entfällt. Besser ist es, das Ende der Hilfsgeraden auf die beiden Kanten zu legen. Der Schnittpunkt der Kanten ist dann nur im Fall paralleler Geraden nicht eindeutig. Stabiler ist die Lösung, die Stegbreite über einen zum großen Wellenloch konzentrischen Hilfskreis tangential zu übertragen. Dies entspricht der Lösung beim zweiten Schenkel.

⇨ Die Skizze mit *Block* und dem Typ *Bis Ebene* zum Boden der anderen Tasche ausdehnen.

⇨ Mit *Kantenverrundung* wieder ausrunden.

⇨ Mit *Einfügen > Boolesche Operationen > Entfernen* den Taschenkörper abziehen.

Alternative mit geometrisch weitergegebenem Ausrundungsradius.

Alternative

Das Taschenprofil kann wie zuvor auf der Schenkeloberfläche skizziert werden. Die Ecken werden zusätzlich ausgerundet. Um dieses Profil läuft ein weiteres Viertelkreisprofil als *Rippe* und erzeugt die senkrecht stehende Ausrundung. Den übrig bleibenden Zwischenraum füllt ein *Block*. Eine zusätzliche Skizze auf der Schenkeloberfläche wird gebraucht, um einen der Mittelpunkte der Eckausrundungen als Standardpunkt an das Viertelprofil weiterzugeben. Dieser Viertelkreis liegt in einer Hilfsebene normal zum Taschenprofil. (Die alternative Lösung beginnt nach dem Einfügen des ersten neuen Körpers. Dieser muss *In Bearbeitung* sein.)

⇨ Neue Skizze mit *Skizzierer* auf die Außenfläche des Winkelhebels legen.

⇨ Mit *Profil* den parallel zum Rand und konzentrisch zu den Wellenwandungen des Basiskörpers verlaufenden Rand der Tasche skizzieren. Die Ecken zusätzlich tangential ausrunden.

⇨ Mit *Profil* und *Konstruktionselement* einen parallelen Linienzug zwischen die vier Mittelpunkte der Eckausrundungen ziehen.

⇨ Mit *Linie* und *Konstruktionselement* zwischen den Bohrungen eine Symmetrielinie zeichnen.

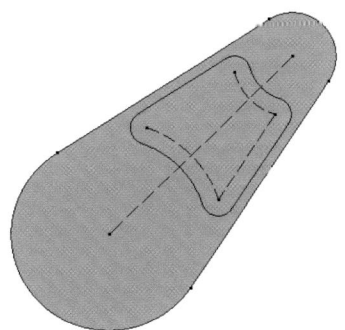

⇨ Die Endpunkte der Symmetrielinie mit *Im Dialogfenster definierte Bedingungen* und *Konzentrizität* zu den Rändern der Wellenlöcher mittig festlegen. Eine Randgerade des Taschenprofils mit *Parallelität* parallel zum Schenkelrand legen. Die beiden Randgeraden des Taschenprofils und die Symmetrielinie mit der Bedingung *Symmetrie* mittig legen. Die entsprechenden Kreise des Taschenprofils liegen mit *Kongruenz* auf den Außenkanten der Wellenwandungen. Eine Taschenkante mit *Parallelität* zum Schenkelrand festlegen. Den parallelen Hilfslinienzug mit *Konzentrizität* beziehungsweise *Parallelität* am Taschenprofil ausrichten.

⇨ Skizze beenden mit *Umgebung verlassen*.

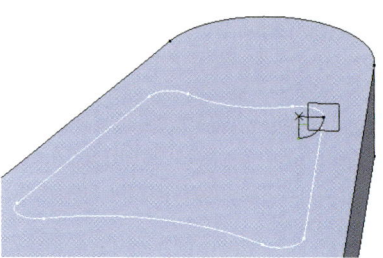

⇨ Noch eine Skizze mit *Skizzierer* auf die Außenfläche des Winkelhebels legen.

⇨ Mit *Punkt* und *Standardelement* einen Punkt in einen der Ausrundungskreise legen. (In nebenstehender Skizze als schwarzes Kreuz dargestellt.)

⇨ Diesen Punkt mit *Im Dialogfenster definierte Bedingungen* und *Konzentrizität* auf den Mittelpunkt des Ausrundungskreises legen. Der Punkt gibt den Radius und damit die Taschentiefe an die senkrechte Ausrundung weiter.

⇨ Skizze beenden mit *Umgebung verlassen*.

 Ebene

⇨ Mit *Ebene* und *Senkrecht zu Kurve* eine Referenzebene für das Viertelkreisprofil der ausrundenden Rippe erzeugen. Die Ebene verläuft durch einen Übergangspunkt zwischen Gerade und Ausrundungskreis am Taschenprofil.

⇨ Neue Skizze mit *Skizzierer* auf diese Referenzebene legen.

⇨ Mit *Profil* einen Viertelkreis mit zwei zueinander senkrecht stehenden Geraden schließen.

⇨ Den Kreismittelpunkt mit *Im Dialogfenster definierte Bedingungen* und *Kongruenz* auf den Eckpunkt der Geraden legen. Einen Anfangspunkt des Viertelkreises mit *Kongruenz* am Übergangspunkt des Taschenprofils anbinden. Den Eckpunkt der Geraden, beziehungsweise den Mittelpunkt des Viertelkreises mit dem Mittelpunkt der vorbereiteten Skizze (Ausrundungsmittelpunkt) mit *Kongruenz* bündig legen. Dadurch wird der Ausrundungsradius übernommen.

⇨ Skizze beenden mit *Umgebung verlassen*.

 Rippe

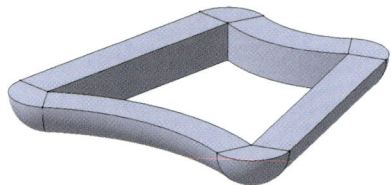

⇨ Mit *Rippe*, dem *Profil* Viertelkreis und der *Zentralkurve* Taschenprofil entsteht die Taschenausrundung. Es verbleibt ein Zwischenraum.

Der Zwischenraum wird mit einem Block gefüllt. Dafür könnte, wie gewohnt, eine Profilskizze eingesetzt werden, die sich am Ausrundungskörper orientiert. Einfacher ist es, die Innenkanten der Rippe als ebenen Linienzug zusammenzufassen und diese Einheit direkt als Profil zu verwenden.

⇨ Mit *Umgebung* zu **Drahtmodell und Flächenkonstruktion** wechseln.

  Drahtmodell und Flächenkonstruktion

⇨ Mit *Zusammenfügen* die vier Innenkanten des Rippenkörpers am Boden der Tasche zu einer Einheit zusammenfassen.

Zusammenfügen

⇨ Mit *Umgebung* zur **Teilekonstruktion** zurückwechseln.

 Teilekonstruktion

⇨ Mit *Block* und dem Profil *Verbindung.1* entsteht der Füllkörper. Er erstreckt sich als *Erste Begrenzung* und der Einstellung *Bis Ebene* zur Oberseite der Ausrundungs-rippe.

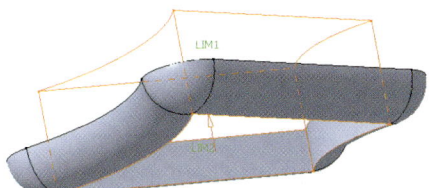

Auch die zweite Tasche übernimmt von der ersten alle Maße geometrisch. Dies entspricht der Lösung bei den Schenkeln. Damit endet der alternative Vorschlag.

Bei kleinem Winkel zwischen den Schenkeln wird ein kleiner Zwischensteg angeordnet. Dieser Steg liegt mittig zum Schenkeleck. Wird der Schenkelwinkel zu groß, ist der Steg geometrisch nicht mehr nötig. Er wird inaktiv gesetzt und dadurch nicht mehr beim Körper berücksichtigt. Trotzdem muss die Konstruktion der Geometrie möglich bleiben. Zusätzlich wird auch der Steg ausgerundet. Dabei kommt es vor, dass die zur Verrundung benutzten Schnittkanten zwischen Steg und Tasche geometrisch verschwinden.

⇨ Mit *Einfügen > Körper* einen neuen Körper in den Strukturbaum einfügen.

⇨ Neue Skizze mit *Skizzierer* wieder auf die Außenfläche des Winkel-hebels legen.

⇨ Mit *Profil* ein Rechteck als Mittelsteg skizzieren.

⇨ Mit *Linie* und *Konstruktionselement* eine Hilfslinie zwischen großer Bohrung und dem Schenkeleck als Mittellinie des Stegs zeichnen; zusätzlich eine kurze Hilfslinie am oberen Rand des Stegprofils. Sie beginnt am rechten Eck und wird später Winkelhalbierende. In der nächsten Vergrößerung ist diese rot dargestellt.

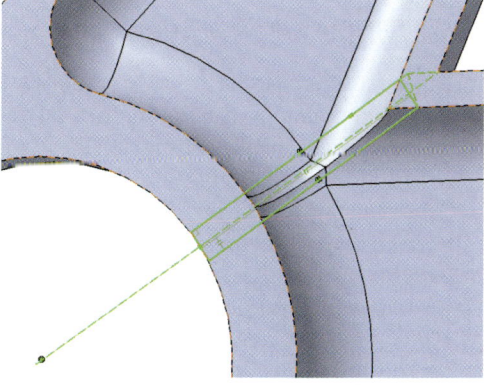

⇨ Den noch freien oberen Endpunkt der Mittellinie des Mittelstegs mit *Im Dialogfenster definierte Bedingungen* und der Bedingung *Kongruenz* auf die beiden Außenränder der Schenkel legen.

⇨ Die beiden langen Profilränder und die Mittellinie mit *Im Dialogfenster definierte Bedingungen* und der Bedingung *Symmetrie* mittig ausrichten. Die untere kurze Rechteckkante liegt mit *Tangentenstetigkeit* am großen Bohrungskreis. Das obere Ende des Rechtecks liegt mit seinem rechten Eckpunkt und *Kongruenz* auf dem Rand der Schenkeltasche. Die Breite des Mittelstegs ist jetzt noch frei.

Um die Stegbreite geometrisch weiterzugeben, lässt sich der Mittelsteg gedanklich weiterführen, indem er abgewinkelt und in gleicher Breite in den Schenkelsteg nach rechts oben abzweigt. Die rote Hilfslinie wird Winkelhalbierende zwischen dem Mittelsteg und dem nach rechts weiterführenden Taschensteg.

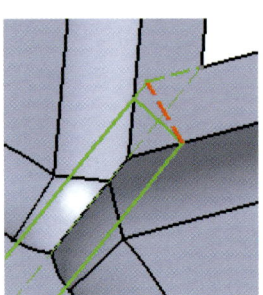

⇨ Den noch freien oberen Endpunkt der kurzen, roten Hilfslinie mit *Im Dialogfenster definierte Bedingungen* und *Kongruenz* auf die linke Randgerade des Profilrechtecks legen; ebenso auf die obere, nach rechts weiterführende Schenkelrandgerade.

⇨ Zwischen der rechten, langen Profilgeraden und dem nach rechts weiterführenden unteren Rand des Taschenstegs liegt die rote Hilfsgerade mit *Im Dialogfenster definierte Bedingungen* und *Symmetrie* als Winkelhalbierende. (Die beiden kurzen Hilfslinien als Weiterführung der oberen Stegränder dienen nur der optischen Vorstellung und brauchen nicht gezeichnet werden.)

⇨ Skizze beenden mit *Umgebung verlassen*.

⇨ Die Skizze mit *Block* zum Körper ziehen. Für die *Erste Begrenzung* als *Bis Ebene* den Taschenboden auswählen.

⇨ Mit *Einfügen > Boolesche Operationen > Einfügen* den Stegkörper anbauen.

 Kantenverrundung

⇨ Am jetzt eingefügten Mittelsteg bei kleinem Öffnungswinkel (circa 40 Grad) mit *Kantenverrundung* ausrunden. Als *Zu verrundende(s) Objekt(e)* solche Kanten auswählen, die immer verfügbar bleiben, solange ausgerundet wird. Danach muss die Ausrundung, abhängig vom Winkel, inaktiv gestellt werden. Es bietet sich die am Schenkelsteg außen liegende Schnittkurve zwischen Steg und Tasche an. Da mit Fortführung *Tangentenstetigkeit* gearbeitet wird, genügt nur eine Kurve je Seite.

⇨ Auch die Kante der spitz zulaufenden Innenecke am Schenkelwinkel mit *Kantenverrundung* ausrunden. Auch diese Verrundung entfällt bei großem Winkel.

 Spiegeln

⇨ Mit *Spiegeln* an der Unterfläche des halben Körpers als Spiegelebene entsteht der endgültige Winkelhebel

⇨ Mit *Datei > Sichern unter...* im passenden Ordner unter gleichem Namen speichern.

Um zu prüfen, ob maßunabhängig konstruiert wurde, kann jetzt jedes Bauteilmaß einzeln verändert werden, insbesondere der Schenkelwinkel. Die Form sollte sich verändern, ohne andere Abmessungen zu beeinflussen.

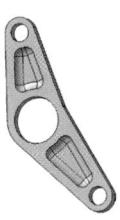 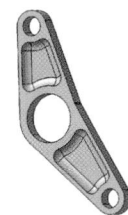  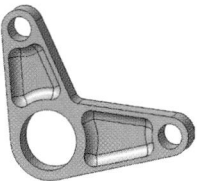 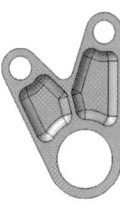

Hinweis:
Dieses Beispiel wurde methodisch so aufgebaut, dass alle gestaltbestimmenden Maße nur einmal explizit vergeben werden und an andere gleiche Elemente in der Skizze oder an andere Grundkörper auf geometrischem Weg weitergegeben werden. Dies ist in aller Regel möglich und hat den Vorteil, dass die Geometrie unmittelbar visuell überprüfbar ist. Da Geometrie für gleiche Bedingungen mehrere Lösungen kennt, muss teilweise aufwändig vorausgedacht werden. Trotzdem ist das methodische Ziel nicht durchgehend erreichbar, da in Funktionen mit Dialogfenstern meist konkrete Maße vergeben werden müssen. Es ist sinnvoll, einen Ausgleich zwischen geometrisch geregelter Geometrie und vergebener Maßordnung anzustreben.
Um diese Teile als Varianten weitergeben zu können, werden für die Grundmaße Parameter eingeführt, die in ihrer Kombination das gewünschte Teil bestimmen. Hier kann auch zusätzlich systematisiert werden. Die Wellenbohrungen, die Wellenabstände und der Schenkelwinkel sind Maße, die nach außen wirken. Diese äußeren Parameter dienen dem Anschluss des Teils an Nachbarteile. Die Taschengrößen und die Materialstärken wirken nach innen und sind durch Materialgüte oder durch Fertigungsgründe von den äußeren Parametern abhängig. Die äußeren Parameter können zur Verwendung beim Einbau in eine Baugruppe veröffentlicht werden, die inneren Parameter betreffen nur das Teil selbst.

Alternative mit Parametern:

Alternative

Um aufwändige geometrische Konstruktionen zu vermeiden, kann das variable Teil gleich von Beginn an mit Parametern konstruiert werden. Siehe dazu zuerst „Was sind parametrische Teile?".

⇨ Die notwendigen Parameter mit *Formel* einführen.

⇨ Die Teile mit den geometrischen Regeln gestalten, soweit es sinnvoll erscheint. Die übrig gebliebene freie Geometrie mit *Bedingung* vermaßen. Im geöffneten Dialog zum Maßeintrag anstelle eines konkreten Maßes gleich den Parameter eingeben. Mit *Kontextmenü > Formel bearbeiten...* kann der gewünschte Parameter aus dem Strukturbaum direkt in den Dialog übertragen werden.

f(x) Formel

⇨ Die äußeren Parameter (Wellendurchmesser, Schenkellängen und Winkel) können zusätzlich mit *Tools > Veröffentlichung* den Baugruppen bekannt gemacht werden.

 Regel

⇨ Die inneren Parameter aus den äußeren Parametern durch Formeln mit der Funktion *Formel* oder einer *Regel* errechnen. Insbesondere muss der Mittelsteg und die Ausrundung am Inneneck abhängig vom Schenkelwinkel als Operation *Einfügen* an- und abgeschaltet werden (activity = false/true).

⇨ Mit *Bearbeiten > Objekt > Verdecken* lassen sich die inneren Parameter ausblenden, sodass der spätere Anwender nur das Teil sozusagen „von außen" sieht.

⇨ Mit *Start > Beenden* Schluss machen oder gleich ans nächste Thema wagen!

Was sind Formteile?

Beim Gestalten von maschinenbaulichen Teilen werden oft Gestaltungselemente verwendet, die so oder in ähnlicher Form auch an anderer Stelle vorkommen. Der Clipkopf in der Darstellung etwa kann als Anbau an verschiedene Flächenformen, unter beliebigem Winkel und in variabler Größe, eingebaut werden. Werden solche Teile als **Wiederhol-** oder **Formteile** (*form feature* oder *power copy*) vorbereitet und zum Einbau in Bauteile zur Verfügung gestellt, steigert dies die Effizienz der Konstruktion. Diese Formteile können als benutzerdefinierte Teilkörper, sozusagen als komplexe Grundkörper verstanden werden. Beispiele dazu sind wieder verwendete Formen für Transportösen, Schmiernippel oder auch Einstichformen für Nuten. Formteile liefern nicht nur exakte Kopien einer Teilstruktur, sondern erzeugen im aufrufenden Bauteil das geometrische Ergebnis einer Gestaltungsidee.

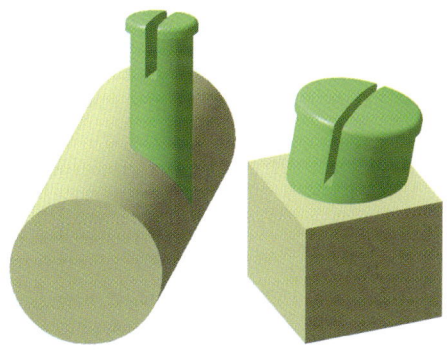

Formteile als anpassungsfähige vorgefertigte Teilstrukturen

Formteile sind eigenständige Einzelteile. Im Formteil gestaltet der Konstrukteur auf einer verallgemeinerten Geometriebasis oder Einbauschnittstelle aufbauend die gewünschte Struktur. Man könnte auch sagen, das Formteil entspricht einem als **Nutzgeometrie** herausgetrennten Abschnitt aus dem Strukturbaum. Dazu kommt, dass der Entwickler eines Formteils die möglichen Einbausituationen als klar definierte Schnittstelle mit **Hilfsgeometrie** nachstellt. Die Schnittstelle fasst die Geometrieelemente zusammen, die als **Eingabe** zur Erstellung des Formteils notwendig sind. (Im Beispiel ist das Formteil im oberen Bereich gleich aufgebaut, lediglich der Durchmesser wurde variiert, an der Schnittstelle zum Anbauteil dagegen ist es beliebig anpassungsfähig.) Für die Erzeugung von Formteilen stehen alle geometrischen Elemente zur Verfügung, die Grundkörper, die Drahtgeometrie und die Flächen, aber auch die veränderlichen Parameter, also auch die Maße.

Ein Formteil wird in einer Bauteildatei erzeugt und, entweder als Teiledatei (*CATPart*) oder eingefügt in eine Bibliothek (*Catalog*), zur Verfügung gestellt. Beim Einbau werden die geometrischen Elemente und sonstigen Werte der Schnittstelle als Eingabe abgefragt, aus denen sich das neue Formteil aufbaut und an die Umgebung anpasst. In einer Teiledatei können mehrere Formteile beschrieben werden, was allerdings die Übersichtlichkeit beeinträchtigt und nicht empfohlen wird.

Anwendungsempfehlungen:

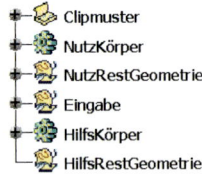

Zur Strukturierung und Ablesbarkeit der Gestaltungsidee empfiehlt es sich, mehrere Speicher für Daten vorzusehen. Im Speicher „Nutzgeometrie" wird alles untergebracht, was beim Anwenden des Formteils im aufrufenden Bauteil als Geometrie entstehen soll, getrennt nach Körpern oder Draht- und Flächenelementen. Die Geometrieelemente, die zur Definition im aufrufenden Bauteil eingegeben werden müssen, liegen im Speicher „Eingabe". Und sonstige Geometrie, beispielsweise um die Einbausituationen zu simulieren, kommt in den Speicher „Hilfsgeometrie".

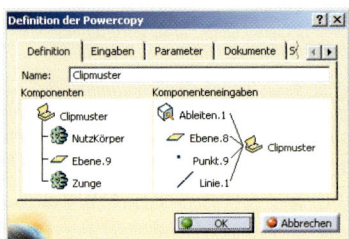

Bei der Definition des Formteils mit der Funktion *Einfügen > Wissenvorlagen > Power-Copy …* sind drei Gruppen von Informationen anzugeben. Es wird festgelegt, welche Geometrie (*Definition*) als Formteil kopiert werden soll, wie die Geometrieeingaben (*Eingaben*) zur Anbindung an das Empfängermodell heißen und welche Parameter (*Parameter*) das Geometrieergebnis verändern sollen.

Geometrieergebnis (*Komponente*) kann grundsätzlich jede Geometrie eines Bauteils sein, also zusammengesetzte Körper oder auch Draht- und Flächengeometrie. Geometrieeingabe (*Komponenteneingabe*) ist alles, was zum Aufbau des Geometrieergebnisses notwendig ist, also die im anwendenden Bauteil vorzugebende Einbaugeometrie. Das Programm verlangt im Dialogfenster *Komponenteneingaben* alle zum Aufbau des ausgewählten Formteils notwendigen geometrischen Elemente. Darunter kann auch Hilfsgeometrie sein, die sich aus dem Aufbau selbst errechnet, also nicht extra eingegeben werden soll. Diese lässt sich ins Fenster *Komponenten* verschieben und muss dann nicht mehr bei der Anwendung eingegeben werden. Dies gelingt aber nur, solange es nicht unabhängige und notwendige Erzeugungselemente sind.

Das Formteil entsteht in einem Einbauszenario

Damit nach dem Verschieben der Hilfsgeometrie nur die geplante Eingabe übrig bleibt, empfiehlt es sich, das Formteil in einem **Einbauszenario** aus den gewünschten Eingabeelementen aufzubauen. Bei der Verwendung der Eingabeelemente muss darauf geachtet werden, in welcher Form die Eingaben verwendet werden sollen. Setzt die Anwendungskopie etwa direkt auf einem Einsetzpunkt auf, kann dieser im Formelement auch direkt mit dem Formteil verbunden werden. Wird bei der Anwendung nur eine Richtung verlangt und im Formelement durch eine Gerade simuliert, darf dessen Geometrie nur auf die Richtung bezogen werden, also parallel sein oder senkrecht dazu stehen.

Übung Clipmuster

Ein Kunststoffclip wird als **Formteil** (*power copy*) erstellt, das später in verschiedenen Bauteilen in unterschiedlicher Größe eingesetzt werden soll. Als Einbauschnittstelle wird angenommen, dass der Clip an einer beliebigen Fläche angebaut, die Nut ausgerichtet, der massive Sockel variabel hoch und der Radius beliebig groß werden kann. Immer gleich bleibend dagegen ist die Kreisform und das Oberteil des Clips.

Was wird geübt?
Einfügen>Geometrisches Set, Ableiten, Power-Copy

Formteil im Aufbauszenario entwickeln

Zum Aufbau und zur besseren Visualisierung der Schnittstelle bilden eine einfache Grundplatte als Anbaufläche, eine Ebene für die Nuthöhe und eine beliebige Gerade für die Nutrichtung das Einbauszenario.

⇨ Neues Bauteil mit dem Typ *Part* anlegen und Clipmuster nennen.

⇨ Zur sinnvoll ablesbaren Struktur des Formteils den *Hauptkörper*, der die Ergebnisgeometrie aufnimmt, mit *Bearbeiten > Eigenschaften* umbenennen in Nutzkörper.

- ⊕ Nutzkörper
- ⊕ Eingabe
- ⊕ Hilfskörper
- ⊕ NutzRestgeometrie

⇨ Als Hilfsspeicher mit *Einfügen > Körper* einen zusätzlichen Speicher einfügen und Hilfskörper nennen.

⇨ Mit *Umgebung* zu **Drahtmodell und Flächenkonstruktion** wechseln.

 Drahtmodell und Flächenkonstruktion

⇨ Mit *Einfügen > Geometrisches Set...* zwei neue Speicher anlegen für die zum Aufbau notwendige Draht- und Flächengeometrie. Den einen zur Definition der Einbauschnittstelle Eingabe nennen. Der andere nimmt notwendige Hilfsgeometrie auf und kann NutzRestGeometrie heißen.

Die Zusatzspeicher sollen Ordnung und Übersicht schaffen, haben aber auf die Funktion des Formteils keinen Einfluss.

Das Einbauszenario in Form eines Blocks stellt die Basis zur Verfügung, auf der die Eingabegeometrie aufbauen kann. Sie kommt in den Hilfskörper. Alle Geometrieobjekte, die bei der Erstellung des angewendeten Formteils eingegeben werden müssen, liegen in der Eingabe. Die Eingabegeometrie ist im Formteil selbst beispielhaft eingefügt und soll nur **die Verbindung** zum Formteil aufnehmen, **die auch in der Anwendung geplant ist**. Die Nutrichtung etwa braucht als Beispielgeometrie nur die Eigenschaft zu haben, eine Richtung beschreiben zu können, sollte aber sonst im Formteil nicht weiter verwendet werden.

⇨ Mit *Kontextmenü > Objekt In Bearbeitung definieren* zur Eingabe wechseln.

⇨ Einen *Punkt* im Raum (0/0/0) einfügen. Er dient als späterer Einsetzpunkt in der Clipmitte. Er soll nur in seiner Projektion auf die Nutebene verwendet werden. Das hat den Vorteil, dass der Punkt der Anwendung nicht unbedingt direkt auf der Nutebene liegen muss.

 Punkt

Teilekonstruktion

⇨ Mit *Umgebung* zur **Teilekonstruktion** wechseln.
⇨ Mit *Kontextmenü > Objekt In Bearbeitung definieren* den Hilfskörper bereitstellen.

Block

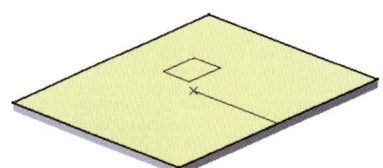

⇨ Einen *Block* mit den Abmessungen 6/6/0,2 mm auf einer beliebigen Hauptebene skizzieren, der die Einbausituation zur Orientierung darstellt. Die Skizze mittig zum Raumpunkt ausrichten.

⇨ Mit *Umgebung* zu **Drahtmodell und Flächenkonstruktion** wechseln.
⇨ Mit *Kontextmenü > Objekt In Bearbeitung definieren* die Eingabe bereitstellen.

Linie

⇨ Mit *Linie* und dem Typ *Punkt-Richtung* eine Gerade im Raum erzeugen. Als *Punkt* dient der Einsetzpunkt und als *Richtung* kann eine Blockkante benützt werden. Die Länge der Geraden ist beliebig (3 mm). Die Gerade bestimmt die spätere Nutausrichtung, wird also nur als Richtung genutzt. Weitere Bezüge zu dieser Geraden müssen vermieden werden.

Ableiten

⇨ Die Oberfläche des Blocks auf der Punktseite mit der Funktion *Ableiten* als Fläche aus dem Körpermodell extrahieren. Sie dient zur Eingabe einer beliebigen Teilefläche, an welche der Clip später anschließt. Auch diese Fläche geht sonst keine Beziehungen zum Formteil ein und wird in der Anwendung durch die dortige Fläche ersetzt. Soll immer nur an ebene Flächen angebaut werden, kann ersatzweise ausschließlich mit einer Hauptebene gearbeitet werden.

Ebene

⇨ Mit *Ebene* und dem Ebenentyp *Offset von Ebene* eine neue Ebene parallel zur *Referenz* mit 0,5 mm Abstand über der Blockoberfläche (auf der abgeleiteten Flächenseite) einfügen. Diese Ebene markiert die massive Sockelhöhe des Clips.

Im Nutzkörper entsteht die Geometrie, welche beim Anwenden des Formteils in die neue Teiledatei übertragen und eingebaut wird. Es wird angenommen, dass sich der Sockel des Clips unterhalb der Nutebene an die Anbaufläche anschmiegt. Oberhalb der Nut ist die Clipform gleich bleibend, nur der Radius kann geändert werden.

⇨ Mit *Umgebung* zur **Teilekonstruktion** zurück wechseln.
⇨ Mit *Bearbeiten > Objekt In Bearbeitung definieren* den Nutzkörper bereitstellen.

Skizzierer

Kreis

Im Dialogfenster def. Bedingungen

Bedingung

Umgebung verlassen

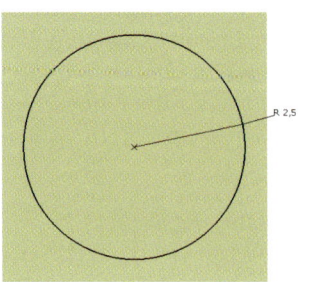

⇨ Mit *Skizzierer* eine Skizze auf der neuen Ebene anlegen. Darin mit *Kreis* den Clipgrundriss zeichnen. Mit der Funktion *Im Dialogfenster definierte Bedingungen* und der Bedingung *Kongruenz* den Kreismittelpunkt auf den Raumpunkt legen. Dadurch sitzt der Clip auch beim Anwenden mittig zum späteren Eingabepunkt. Mit *Bedingung* den Radius 2,5 mm eingeben.
⇨ Skizze beenden mit *Umgebung verlassen*.

Block

⇨ Zum *Block* mit dem Typ *Bis Fläche* bis zur abgeleiteten Fläche hin ausdehnen.

⇨ Neue Skizze mit *Skizzierer* auf die Oberfläche des Zylindersockels legen.

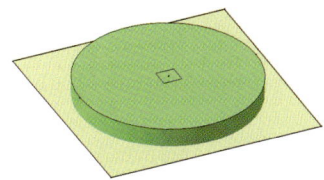

⇨ Eine Clipzunge als Grundriss mit *Profil* skizzieren.

⇨ Mit *Im Dialogfenster definierte Bedingungen* und *Parallelität* die Innengerade des Profils zur Raumgeraden als spätere Nutrichtung ausrichten.

⇨ Jetzt haben der Quaderblock, die abgeleitete Fläche, die Raumgerade und der Raumpunkt als Referenz ausgedient. Zum Schutz vor unbeabsichtigten Bezügen alle mit *Verdecken/Anzeigen* verbergen.

⇨ Mit *Im Dialogfenster definierte Bedingungen* und *Kongruenz* deckt sich der Kreisbogen mit dem Sockelrand und übernimmt dessen Abmessung (rot hervorgehobene Kante).

⇨ Den halben Spalt mit *Bedingung* im Abstand von 0,5 mm zum Kreismittelpunkt festlegen.

⇨ Skizze beenden mit *Umgebung verlassen*.

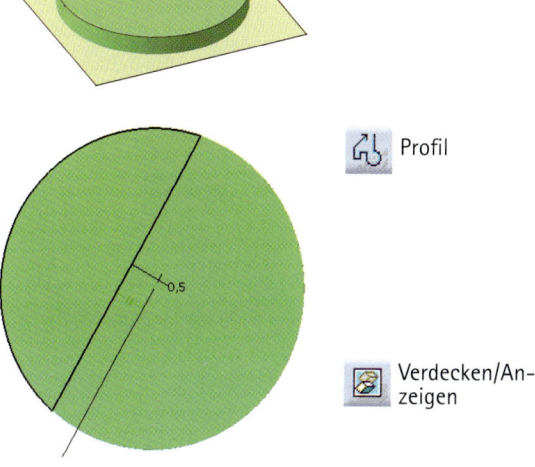

| | Profil |

| | Verdecken/Anzeigen |

⇨ Zum *Block* 3,5 mm hochziehen.

⇨ Neue Skizze für den „Hut" mit *Skizzierer* auf die Innenfläche der Clipzunge legen.

⇨ Das halbe Rotationsprofil mit *Profil* skizzieren. Es besteht aus zwei tangierenden Kreisbögen, die mit einer Geraden direkt am Zungeneck einmünden.

⇨ Mit *Im Dialogfenster definierte Bedingungen* und *Kongruenz* liegt der Mittelpunkt des großen Kreises auf der Achse (Symmetrie). Mit *Kongruenz* liegt die Drehachse bündig zur Drehachse des Halbzylinders. Zusätzlich liegt der untere Drehachsenpunkt mit *Kongruenz* auch auf der oberen Zungenkante. Der Außenrand des Drehprofils liegt mit *Kongruenz* auf der Seitenkante des Zungenkörpers.

⇨ Mit *Bedingung* bemaßen. Die Gerade ist 0,5 mm lang und die Radien sind 15 und 0,5 mm.

⇨ Skizze beenden mit *Umgebung verlassen*.

⇨ Um 180 Grad zur *Welle* drehen.

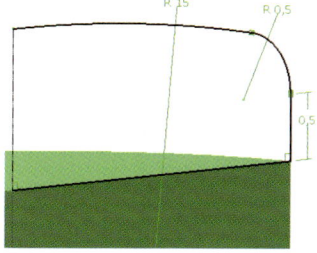

 Welle

Für die Spiegelung der linken Zunge nach rechts wird eine aus dem Körper heraus entwickelte Hilfsebene benutzt. Als Referenz wird der Mittelpunkt der Kreisscheibe gebraucht. Als eine Möglichkeit liegt dieser in einer Skizze.

 Punkt

 Standardelement

⇨ Eine Skizze auf die Oberfläche der Kreisscheibe legen.
⇨ Einen *Punkt* als *Standardelement* zeichnen. Mit *Im Dialogfenster definierte Bedingungen* und der Bedingung *Konzentrizität* den Punkt in die Mitte des Kreisplattenrands legen.
⇨ Skizze verlassen.

⇨ Mit *Kontextmenü > Objekt In Bearbeitung definieren* zur NutzRestGeometrie wechseln.
⇨ Um die fertige Zunge symmetrisch spiegeln zu können, eine Symmetrieebene mit *Ebene* und *Parallel durch Punkt* parallel zur Zungenfläche durch den Kreismittelpunkt erzeugen.
⇨ Mit *Kontextmenü > Objekt In Bearbeitung definieren* zum Nutzkörper wechseln.
⇨ Die beiden Grundkörper der Zunge zusammengefasst auswählen und mit der Funktion *Spiegeln* an der Symmetrieebene zum fertigen Musterclip verdoppeln.

Ebene

Spiegeln

Alternativen

Hinweis:
Beim Anwenden des Formelements werden besonders hohe Anforderungen an die Stabilität der geometrischen Bedingungen gestellt, da das Teil sich an ganz unterschiedliche Randbedingungen anpassen soll. Hier zeigen sich geometrische Mehrdeutigkeiten besonders deutlich:
Die Skizze des „Huts" der Zunge bezieht sich auf den Rand des halben Zylinders. Kanten von „halben" Rotationskörpern sind oft instabil. Abhilfe schaffen stabilere Geometrieabhängigkeiten.
Dies ermöglicht ein zusätzlicher Punkt in der Skizze für den Hilfspunkt auf der Kreisscheibe. Der neue Punkt liegt mit *Kongruenz* sowohl auf dem Scheibenrand als auch auf der geraden Kante des Zungenkörpers in der Ecke. Zu diesem Punkt liegt die kurze Außenkante der Hutskizze mit *Kongruenz* bündig.
Wenn das *Spiegeln* in der Anwendung nicht stabil läuft, kann auch alternativ vorgegangen werden. Die beiden Zungenkörper werden in einem eigenen Körper erzeugt. Dieser Körper wird dann gespiegelt. Danach erst wird er mit *Boolescher Operation* mit dem Hauptkörper vereinigt.
Wird auch das Profil der Zunge zum Vollkreis und die Gerade zum Punkt, kann ein konzentrischer Hilfskreis mit dem Radius 0,5 mm helfen. Ihn tangiert dann die Gerade (dadurch gibt es nur noch zwei verschiedene Lösungen für diese geometrische Aufgabe.)

Jetzt wird aus dem vorbereiteten Musterkörper des Clips das anpassungsfähig einsetzbare **Formteil**.

⇨ Mit *Einfügen > Wissenvorlagen > PowerCopy...* das Dialogfenster öffnen. In der Auswahl *Definition* wird alle Geometrie angegeben, die als Formteil übertragen werden soll. Für den Clip ist es der Nutzkörper.

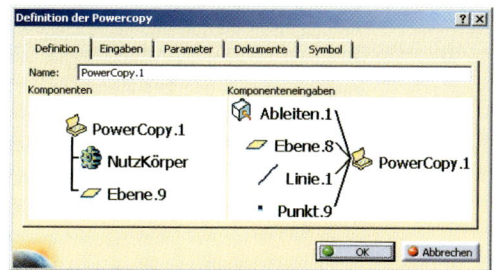

Hinweis:

Im Speicher *Komponenten* erscheint nach der Definition die Geometrie des Bauteils, die als Formteil ausgewählt wird. Wurden zum Aufbau dieser Geometrie weitere zusätzliche Elemente benutzt, werden diese automatisch als *Komponenteneingaben* aufgefasst. Alle andere Geometrie wird ignoriert. Alle Einträge bei *Komponenteneingaben* müssen bei der Anwendung des Formteils als Eingabe geliefert werden.

Ist bei *Komponenteneingaben* Geometrie enthalten, die sich direkt aus der Formteilgeometrie ergibt, braucht sie nicht separat als Eingabe verlangt zu werden. Diese Einträge können durch Aktivieren im Speicher *Komponenteneingaben* entfernt werden. Sie wechseln in den Ergebnisspeicher *Komponenten*, werden also beim Anwenden mit übertragen.

⇨ Als Eingabe sollen die Anbaufläche, der Einsetzpunkt, die Nutrichtung und die Nutebene verwendet werden. Alle anderen Einträge aus der *Komponenteneingabe* durch Auswählen entfernen, in unserm Fall die Symmetrieebene. Diese, nur zur Geometriebeschreibung aus ihr selbst entwickelten, notwendigen Elemente wechseln zu den *Komponenten*.

⇨ In der Auswahl *Eingaben* können „sprechende" Bezeichnungen für die Eingabe zur Erzeugung des Formteils vergeben werden. Die vier Eingabegrößen heißen Anschlussfläche, Nutebene, Nutrichtung und Clipmittelpunkt.

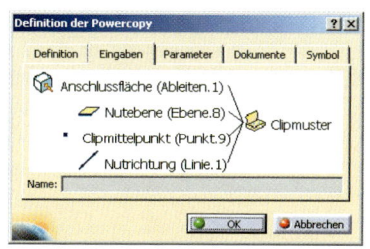

⇨ In der Auswahl *Parameter* können beispielsweise verwendete Maße als variabel veröffentlicht werden. Beim Einbau des Formteils können diese dann verändert werden. Beim Clip soll der Grundrissradius mit dem Namen Radius veröffentlicht werden. Der Parameter findet sich in der Profilskizze des Basisblocks.

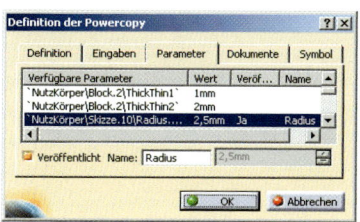

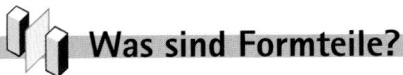

⇨ Vor dem Speichern können der ganze Hilfskörper und mit ihm alle Hilfselemente mit *Verdecken/Anzeigen* verdeckt werden.

⇨ Mit *Datei > Sichern unter...* im passenden Ordner unter gleichem Namen speichern.
⇨ Mit *Start > Beenden* unterbrechen oder doch gleich weitermachen?

Übung Clip

Ein Clip zum Verbinden von Scherenteilen wird mit einem vorbereiteten Formteil konstruiert. Dabei wird die Funktion *Einfügen > Exemplar von Dokument erzeugen...* eingesetzt. Als Vorbereitung wird der Kopf des Clips als *Welle* erzeugt. Auf diesen Kopf wird das fertige Clipmuster als Kopie aufgesetzt.

Was wird geübt?
Formteil anwenden

⇨ Neues Bauteil mit dem Typ *Part* anlegen und Clip nennen.

⇨ Mit *Skizzierer* eine Skizze auf einer Ebene anlegen. Darin entsteht das Kopfteil als halbes Drehprofil.

| | Skizzierer |

⇨ Mit *Profil* den halben Kopfquerschnitt skizzieren. Der Kopf als Scheibe ist oben als Kugelkalotte ausgebildet, die am Rand ausgerundet ist.

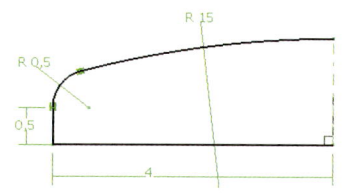

⇨ Die Drehachse als *Achse* umwandeln.

⇨ Mit der Funktion *Im Dialogfenster definierte Bedingungen* und der Bedingung *Kongruenz* den Mittelpunkt des großen Kreises auf die Achse legen.

⇨ Mit *Bedingung* die Radien mit 15 und 0,5 mm bemaßen. Die kurze Gerade ist 0,5 mm lang und der Kopfradius ist 4 mm.

⇨ Skizze beenden mit *Umgebung verlassen*.

⇨ Zur vollen *Welle* drehen.

Profil

Achse

Im Dialogfenster def. Bedingungen

Bedingung

Umgebung verlassen

Welle

Auf der ebenen Oberfläche des Kopfteils soll das Formteil Clipmuster eingesetzt werden. Von den vier Eingaben Anschlussfläche, Nutebene, Nutrichtung und Clipmittelpunkt fehlen noch der Clipmittelpunkt als Einsetzpunkt, die Nutebene und die Nutrichtung.

⇨ Den Einsetzpunkt mit dem Raumpunkt *Punkt* als *Kreis-/Kugelmittelpunkt* der entsprechenden Kopfkante erzeugen.

⇨ Für die Nutrichtung einen zweiten *Punkt* an beliebiger Stelle mit *Auf Kurve* auf die Randkurve legen.

⇨ Die Nutrichtung mit *Linie* und dem Verbindungstyp *Punkt-Punkt* als gerade Verbindung der beiden Raumpunkte herstellen.

⇨ Die Nutebene mit *Ebene* und *Offset von Ebene* als Parallelebene zur entsprechenden Oberfläche mit 2,5 mm Abstand erzeugen. (Der Clip soll insgesamt 6 mm hoch sein, und das Formteil misst 3,5 mm.)

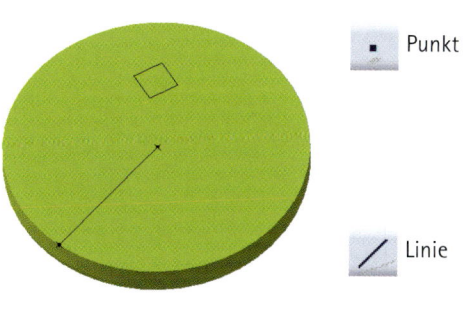

Punkt

Linie

Ebene

⇨ Mit *Einfügen > Exemplar von Dokument erzeugen...* im Dateidialog das „Clipmuster" öffnen. Das Formteil zeigt sich im Dialogfenster *Objekt einfügen*.

⇨ Als *Eingaben* werden nacheinander die *Anschlussfläche* (entsprechende Oberfläche des Clipkopfs), die *Nutebene* (die erzeugte Parallelebene), der *Clipmittelpunkt* (der erzeugte Raumpunkt) und die *Nutrichtung* (die Gerade) abgefragt.

⇨ Abschließend mit *Parameter* im eingeblendeten Dialog den Clipradius 3 mm überprüfen.

⇨ Mit *OK* das Muster erzeugen.

Die Kopie des Clipmusters wird als neuer eigenständiger Körper in den Strukturbaum eingetragen. Zusätzlich werden alle Hilfsgeometrieelemente, die zum Aufbau notwendig waren, in ein neues *Geometrisches Set* eingefügt.

⇨ Mit *Einfügen > Boolesche Operationen > Hinzufügen...* den zusätzlichen Körper mit dem Hauptkörper zu einem Teil vereinigen.

⇨ Mit *Datei > Sichern unter...* im passenden Ordner unter gleichem Namen speichern.

⇨ Mit *Start > Beenden* aufhören oder gleich mit dem nächsten Beispiel weiterüben!

Übung Stab

Der Verbindungsstab für ein Gelenkkreuz einer Schnappschere ist ein einfacher prismatischer Körper. Es wird das Formteil Clipmuster eingesetzt.

⇨ Neues Bauteil mit dem Typ *Part* anlegen und Stab nennen.

Was wird geübt?
Einfügen>Dokument von Exemplar erstellen
Formteil anwenden

⇨ Mit *Skizzierer* eine Skizze auf einer Ebene anlegen.

⇨ Mit *Profil* entsteht ein Rechteck, das an beiden kurzen Seiten tangierend ausgerundet ist (Langloch).

⇨ Mit *Kreis* eine Bohrung in die Mitte des Rechtecks legen. Eine zweite Bohrung liegt auf dem Mittelpunkt einer Ausrundung.

⇨ Mit *Im Dialogfenster definierte Bedingungen* und *Äquidistanter Punkt* liegt der Mittelpunkt des mittleren Kreises mittig zu den langen Rechteckseiten und mittig zu den Mittelpunkten der Ausrundungen.

⇨ Mit *Bedingung* haben die Bohrungskreise 3,1 mm Radius, der gerade Teil des Rechtecks ist 80 mm lang und 2x6 mm breit.

⇨ Skizze beenden mit *Umgebung verlassen*.

⇨ Mit *Block* ein 2 mm dickes Prisma erstellen.

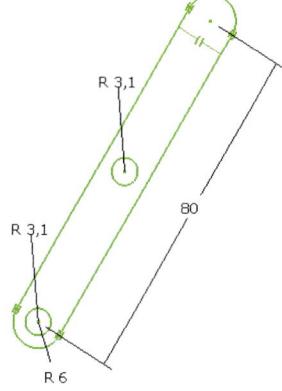

 Skizzierer

 Profil

 Kreis

 Im Dialogfenster def. Bedingungen

 Bedingung

 Umgebung verlassen

 Block

Auf der ebenen Oberfläche des Stabs soll das Formteil Clipmuster eingesetzt werden. Von den vier Eingaben Anschlussfläche, Nutebene, Nutrichtung und Clipmittelpunkt fehlt noch die Nutebene und der Einsetzpunkt.

⇨ Den Einsetzpunkt mit dem Raumpunkt *Punkt* als *Kreis-/Kugelmittelpunkt* der ungelochten Ausrundung erzeugen.

⇨ Die Nutebene mit *Ebene* und *Offset von Ebene* als Parallelebene zur entsprechenden Oberfläche mit 0,5 mm Abstand herstellen. (Der Clip soll insgesamt 4 mm hoch sein, und das Formteil misst 3,5 mm.)

⇨ Mit *Einfügen > Exemplar von Dokument erzeugen...* im Dateidialog das Clipmuster öffnen. Es wird im Dialog *Objekt einfügen* angezeigt.

⇨ Als Eingaben nacheinander die *Anschlussfläche* (entsprechende Oberfläche des Stabs), die *Nutebene* (die erzeugte Ebene), den *Clipmittelpunkt* (der erzeugte Raumpunkt) und die *Nutrichtung* (entsprechende Stabkante) angeben.

⇨ Abschließend mit *Parameter* im eingeblendeten Fenster den Clipradius 3 mm überprüfen.

⇨ Mit *OK* das Muster erzeugen.

 Punkt

 Ebene

Die Kopie des Clipmusters wird als neuer eigenständiger Körper in den Strukturbaum eingetragen. Zusätzlich werden alle Hilfsgeometrieelemente, die zum Aufbau notwendig waren, in ein neues *Geometrisches Set* eingefügt.

⇨ Mit *Einfügen > Boolesche Operationen > Hinzufügen...* den zusätzlichen Körper mit dem Hauptkörper zu einem Teil vereinigen.

⇨ Mit *Datei > Sichern unter...* im passenden Ordner unter gleichem Namen speichern.

⇨ Mit *Start > Beenden* Schluss oder gleich weiter machen!

Übung Griff

Die Griffe der Schnappschere sind einfache prismatische Körper. Die Griffspitze wird zuerst als Draufsichtprofil skizziert. Danach baut der Griff an der Nahtstelle objektorientiert an. Zusätzlich wird das Formteil Clipmuster an der Griffspitze eingefügt.

⇨ Neues Bauteil mit dem Typ *Part* anlegen und Griff nennen.

⇨ Mit *Skizzierer* eine Skizze auf einer Ebene anlegen.
⇨ Mit *Profil* entsteht ein Rechteck, das an einer Seite ausgerundet ist.
⇨ Mit *Kreis* eine Bohrung ins Rechteck legen.
⇨ Mit *Im Dialogfenster definierte Bedingungen* und *Äquidistanter Punkt* liegt der Mittelpunkt des Kreises mittig zu den langen Rechteckseiten und ebenfalls mittig zu den Endpunkten einer langen Geraden.
⇨ Mit *Bedingung* hat der Lochkreis einen Durchmesser von 6,2 mm, das Rechteckteil ist 80 mm lang und 2*6 mm breit.
⇨ Skizze beenden mit *Umgebung verlassen*.

⇨ Mit *Block* ein 2 mm dickes Prisma erstellen.

⇨ Mit *Skizzierer* die Skizze für das Griffprofil an der Stirnseite des Körpers platzieren.
⇨ Das an den Ecken ausgerundete Rechteck mit *Profil* zeichnen.
⇨ Mit *Linie* und dem *Konstruktionselement* beide Symmetrielinien jeweils von Kantenmitte bis Kantenmitte zeichnen.
⇨ Zur geometrischen Weitergabe des Ausrundungsradius kann mit *Profil* und *Konstruktionselement* ein Linienzug zusätzlich durch die Mittelpunkte gelegt werden.
⇨ Mit *Im Dialogfenster definierte Bedingungen* und *Symmetrie* liegen die Symmetrielinien mittig zu den Profilkanten und zu den Blockkanten.

Was wird geübt?
Formteil anwenden

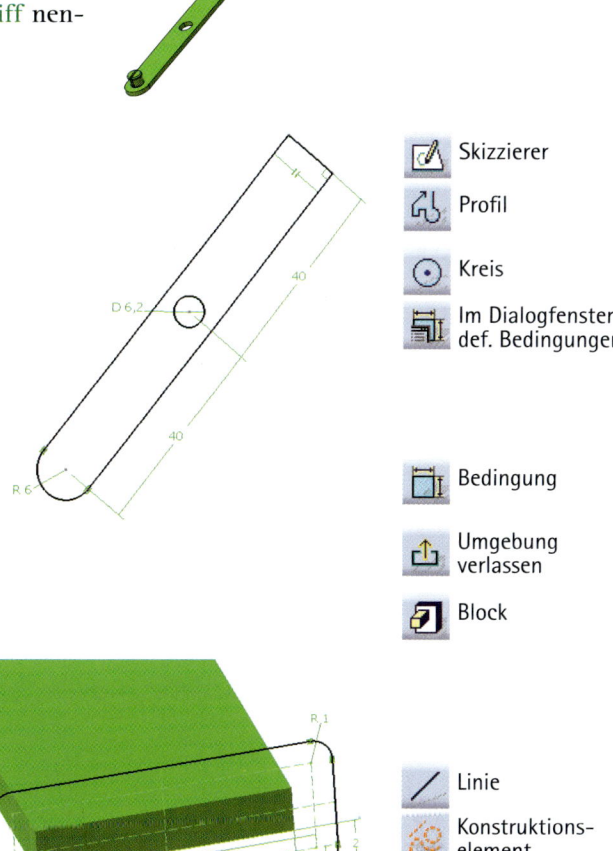

	Skizzierer
	Profil
	Kreis
	Im Dialogfenster def. Bedingungen
	Bedingung
	Umgebung verlassen
	Block
	Linie
	Konstruktionselement

Mit *Parallelität* liegen die Geraden durch die Mittelpunkte jeweils in Richtung der Profilkanten.

⇨ Mit *Bedingung* steht das Griffprofil jeweils 2 mm über. Der Ausrundungsradius beträgt 1 mm.

⇨ Skizze beenden mit *Umgebung verlassen*.

⇨ Mit *Block* einen 100 mm langen Griff ziehen.

Auf der ebenen Oberfläche des Griffstiels soll das Formteil Clipmuster eingesetzt werden. Zum Einbau fehlt noch die Nutebene und der Clipmittelpunkt als Einsetzpunkt.

Punkt

Ebene

⇨ Den Einsetzpunkt im Raum mit *Punkt* als *Kreis-/Kugelmittelpunkt* der Ausrundung erzeugen.

⇨ Die Nutebene mit *Ebene* und *Offset von Ebene* als Parallelebene zur entsprechenden Oberfläche mit 0,5 mm Abstand erzeugen. (Der Clip soll insgesamt 4 mm hoch sein, und das Formteil misst 3,5 mm.)

⇨ Mit *Einfügen > Exemplar von Dokument erzeugen...* das Clipmuster öffnen.

⇨ Als Eingaben zum Kopieren die *Anschlussfläche* als Oberfläche des Griffstiels, die *Nutebene* als die gerade erzeugte Ebene, den *Clipmittelpunkt* als den erzeugten Raumpunkt und die *Nutrichtung* als Stielkante eingeben.

⇨ Abschließend den *Parameter* Clipradius 3 mm überprüfen.

⇨ Den neuen Körper mit der Kopie des Clipmusters mit *Einfügen > Boolesche Operationen > Hinzufügen...* zum Hauptkörper hinzufügen.

⇨ Mit *Datei > Sichern unter...* im passenden Ordner unter gleichem Namen speichern.

⇨ Mit *Start > Beenden* abschließen oder gleich weiterlernen mit dem nächsten Thema!

Baugruppe

Was ist eine Baugruppe?

Eine **Baugruppe** ist die Zusammenstellung von funktionell zusammenhängenden, maschinenbaulichen Komponenten zu einer Einheit, sei es eine kleine Unterbaugruppe (Montageeinheit, Bausatz, ...) oder ein komplexes Produkt (Fahrzeug, Fräsmaschine, ...). Das Beispiel einer kleinen Maschine ist ein Abzieher, um Wälzlager vom Wellenende zu entfernen. Die Komponenten dieser Baugruppe sind die Spindel zum Herausdrehen, ein quer stehendes Rechteckrohr und zwei Klemmhaken. In der Baugruppendatei (*CATProduct*) werden alle Komponenten, die eine Baugruppe bilden sollen, im Strukturbaum zusammengefügt. Durch das Zusammenfügen werden die betreffenden Komponentendateien miteinander verknüpft. Durch sinnvolle Gruppierung von Bauteilen lassen sich Baugruppen erzeugen, die eigenständig konstruiert werden können oder in übergeordneten Baugruppen häufig wieder verwendbar sind. Auf diese Weise kann eine modular strukturierte Baugruppensystematik aufgebaut werden. Dies führt zu effektiver und rentabler Konstruktion.

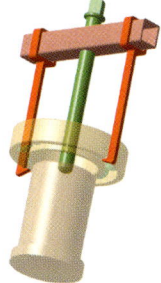

Baugruppe als funktionelle Einheit von Bauteilen

In der Funktionsumgebung **Produktstruktur** (*Product Structure*) wird der logische Aufbau des realen Produkts aus seinen Einzelteilen beschrieben und in der Baugruppendatei abgelegt. Dies ist eine grundsätzliche und weitreichende Festlegung für die Entwicklung des Produkts und den gesamten Arbeitsprozess. In dieser Funktionsumgebung werden die Geometriekomponenten eingefügt, entfernt und sortiert, also insgesamt verwaltet. Weitere, das Produkt definierende Daten können hinzukommen.

Produktstruktur

In der Funktionsumgebung **Baugruppenkonstruktion** (*Assembly Design*) wird einerseits der logische Aufbau der Baugruppe aus ihren Komponenten beschrieben. Dazu stehen einige Funktionen der Umgebung Produktstruktur zur Verfügung. Es kann auch ein zuvor dort erzeugtes Produkt benutzt werden. Andererseits werden die geometrischen Teile in ihrer räumlichen Lage zueinander angeordnet und festgelegt. Die Komponenten können Bauteile (*Part*) oder auch eigenständige Baugruppen (*Product*) als Untergruppen sein. In der Baugruppendatei selbst werden nur die Beziehungen (*links*) der Komponenten untereinander gespeichert. Zusätzlich kann bei Verwendung von Lageregeln (*assembly constraints*) auch die räumliche Lage der Komponenten zueinander festgelegt werden. Die Baugruppenstruktur und die Lageregeln sind Bestandteil der Baugruppendatei, die eigentliche Teilegeometrie wird hier **nicht** abgelegt. Beim Zusammenbau der Baugruppe wird auf die Geometrie der eingefügten Bauteile direkt zugegriffen, also auf die zugeordneten Bauteildateien selbst.

Baugruppenkonstruktion

Eine Baugruppendatei speichert die Beziehungen der Komponenten untereinander durch die Komponentennamen zusammen mit dem Dateinamen und dem Ablagepfad im Betriebssystem. Soll die Baugruppe auf die Komponenten zugreifen, müssen die Dateien der Komponenten auch im Ablagepfad des Betriebssystems wieder gefunden werden. Werden Komponentendateien in den Ablageordnern umsortiert, müssen diese Komponenten der Baugruppe als Dateien neu zugeordnet werden.

Wie wird eine neue Baugruppe mit den Komponenten strukturiert?

Baugruppendatei und Funktionsumgebung

Ein wichtiger Informationsstrang der Baugruppe ist ihre Struktur. Diese baut sich aus den Komponenten auf, die im Produkt Verwendung finden. Die Teilnehmer der Baugruppe und deren Ordnung untereinander festzulegen, ist der erste Arbeitsschritt. Funktionsorientiert wird mit der Hauptfunktion *Start > Mechanische Konstruktion > Assembly Design* die Funktionsumgebung **Baugruppenkonstruktion** bereitgestellt und gleichzeitig eine Arbeitsdatei vom Typ *CATProduct* angelegt. Dateiorientiert wird mit der Hauptfunktion *Datei > Neu* eine leere Arbeitsdatei vom Typ *CATProduct* angelegt und eine für den Dateityp passende Funktionsumgebung bereitgestellt. Mit *Datei > Öffnen* kann auch in einer schon bestehenden Baugruppe weiter gearbeitet werden. Es ist sinnvoll, der Produktdatei und damit der Baugruppe einen unverwechselbaren Namen zu geben, um die konstruierte Baugruppe eindeutig wieder finden zu können. Neben dem Namen der Baugruppe selbst sollte auch der Dateiname beim Ablegen im Betriebssystem eindeutig sein, möglichst identisch zum Baugruppennamen.

 Neue Komponente

 Neues Produkt

Teil

Die Arbeitsfunktionen *Neue Komponente*, *Neues Produkt* oder *Teil* aus der Funktionsgruppe *Tools für Produktstruktur* fügen einen Knoten mit dem Standardnamen des gewählten Typs in den Strukturbaum ein. Dieser Knoteneintrag wird mit dem Überbegriff Komponente bezeichnet. *Neue Komponente* fügt einen Komponentenknoten für eine **neue Komponente** des Produkts ein. Dieser Knoten strukturiert das Produkt in Unterbaugruppen, stellt aber keine eigenständige Produktdatei dar. *Neues Produkt* generiert ebenfalls einen Komponentenknoten für eine **neue Baugruppe** im Produkt und strukturiert das Produkt in Unterbaugruppen. Dieser Knoten repräsentiert jetzt eine neue eigenständige Arbeitsdatei eines zweiten Produkts. *Teil* stellt unter diesem Komponentenknoten einen weiteren Knoten als **neues Bauteil** bereit. Dieser steht für eine noch leere Arbeitsdatei eines neuen Körpers. Die Baugruppendatei kennt lediglich den Ursprung und die Achsen. Sie sind nicht als Geometrie verfügbar. Jede eingefügte Komponente orientiert sich an diesem Ursprung oder an den Achsen eines anderen, vom Benutzer angegebenen Teils. (Die Nullpunktlagen sind bei objektorientiert aufgebauten Teilen ohnehin unwichtig, da sie ja körperbezogen aneinander angebaut werden und nicht achsenbezogen.) Alle neu angelegten Arbeitsdateien sind noch nicht gespeichert. Dies kann durch *Datei > Sichern unter...* bei geöffneter Komponente für diese Datei separat oder auch gemeinsam mit der gesamten Baugruppe geschehen.

 Vorhandene Komponente

Mit der Arbeitsfunktion *Vorhandene Komponente* wird eine **gespeicherte Komponente** (Bauteil oder Baugruppe) ausgewählt und in die Baugruppe eingefügt. Dadurch wird im Strukturbaum ein zusätzlicher Knoten mit dem Komponentennamen unter der aktiven Baugruppe eingefügt. Die Komponentendatei wird in der Baugruppe geöffnet und die Geometrie eingeblendet. Es findet sich unter diesem Knoten im Strukturbaum die ganze Komponente selbst. Die Geometrie, oder allgemein ausgedrückt, alle Daten der Komponenten, sind nicht Bestandteil der Baugruppe. Das Koordinatensystem des Bauteils richtet sich an den Basisachsen aus. Da die Baugruppe selbst keine Achsen vorgibt, sind die Achsen des zuerst geladenen Teils die Basisachsen.

Ist eine **Normteildatei** (*Catalog*) verfügbar, können auch daraus Komponenten in die Baugruppe übertragen werden. Mit der Standardfunktion *Katalogbrowser* wird der Dialog *Katalogbrowser: name* eingeblendet. Die Normteildatei ist entsprechend einer Baumstruktur aufgebaut. Durch Öffnen der Kapitelbezeichnungen (Doppelklick) kann so lange in Unterkapiteln geblättert werden, bis das gesuchte Normteil gefunden ist. Mit *Bearbeiten > Kopieren* des Normteils und *Bearbeiten > Einfügen* am aktiven Knoten im Strukturbaum wird das Normteil übertragen. Auch Ziehen des Normteilnamens oder des Normteilbildes mit gedrückt gehaltener, linker Maustaste auf die Zielbaugruppe ist ein möglicher Weg. Das neue Normteil ist ein eigenständiges und bearbeitbares Bauteil. Es ist ein Duplikat und von der Normteilbibliothek abgetrennt. Stand hinter dem Normteil ein Teil mit Parametertabelle, verliert das eigenständige Bauteil diese Tabelle. Um die Anzahl der Duplikate gering zu halten, sollten die verwendeten Normteile in der eigenen Benutzerumgebung zentral gespeichert und dann von dort aus mehrfach benutzt werden.

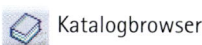 Katalogbrowser

Wie werden die Komponenten der Baugruppe zusammengebaut?

Wie die Komponenten relativ zueinander im Raum zusammengehören, ist ein zweiter wichtiger Informationsstrang der Baugruppe. Dazu gibt es grundsätzlich verschiedene Arbeitsweisen. Es kristallisieren sich zwei Hauptmethoden als sinnvoll heraus, die im folgenden Ablaufplan grün hervorgehoben sind. Zum einen werden die Teile eigenständig oder autark konstruiert und dann an ihren Kontaktstellen durch Lageregeln mit den Nachbarteilen zur Maschine zusammengebaut. Zum andern entsteht die Baugruppe simultan mit den Teilen, die gleich am Einbauort und geometrisch voneinander abhängig konstruiert werden.

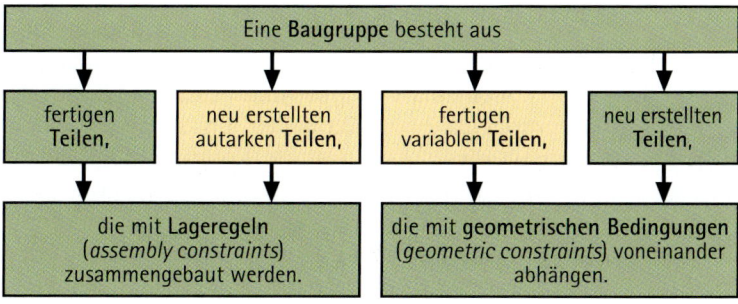

Im Abschnitt „Wie werden fertige Teile zur Baugruppe zusammengesteckt?" wird diese meistbenützte Methode, autarke Teile zusammenzubauen, in den Übungen angewandt. Sie entspricht dem linken grünen Weg im Ablaufplan. Im Abschnitt „Wie werden autarke Teile in der Baugruppe konstruiert?" wird gezeigt, dass mit derselben Methode auch neue Teile in der visuellen Kontrolle der Einbauumgebung konstruiert werden können. Es wird aber darauf geachtet, dass diese neuen Teile geometrisch voneinander unabhängig bleiben. Diese Methode entspricht der gelben Variante des linken Wegs im Ablaufplan.

Der Abschnitt „Wie werden abhängige Teile in der Baugruppe konstruiert?" zeigt die alternative Methode, wie eine Baugruppe entsteht, in der alle Teile variabel bleiben. Neue Teile entstehen an Ort und Stelle und beeinflussen sich geometrisch in ihrer Gestalt (*multi model link*). Ändert sich ein Teil, ändert sich die ganze Baugruppe systematisch mit. Diese Methode entspricht dem rechten grünen Weg im Ablaufplan. Werden Teile von ihren Anbindungsstellen an die Nachbarn aus geplant und konstruiert, können auch fertige Teile in der Baugruppe nachträglich geometrisch aufeinander bezogen werden. Dazu empfehlen sich zuvor festgelegte Schnittstellen zwischen den Teilen. Dieser vierte Weg ist rechts gelb dargestellt und wird in der Übung KugellagerAdapter aufgezeigt.

Was muss im Strukturbaum beachtet werden?

Baugruppen definieren einerseits eine Teilestruktur. Andererseits kann gleichzeitig in dieser Struktur konstruiert werden. Daher muss beim Arbeiten in der Baugruppe genau beachtet werden, welches Objekt (Gruppe oder Teil) mit welcher Arbeitsweise oder Funktionsumgebung (**Baugruppenkonstruktion, Produktbeschreibung, Teilekonstruktion, Drahtmodell und Flächenkonstruktion, ...**) anschließend bearbeitet werden soll. Dies muss vor jedem Arbeitsschritt im Strukturbaum festgelegt werden.

Was wird mit welchen Werkzeugen bearbeitet?

 Neuordnung des Grafikbaums

Der entstehende topologische Aufbau der Baugruppe wird im Strukturbaum protokolliert. Knoten auf derselben hierarchischen Stufe (kenntlich am doppelten Zahnradsymbol) sind gleichberechtigt und können jederzeit mit der Funktion *Neuordnung des Grafikbaums* untereinander verschoben werden, ohne dass sich die Geometrie dadurch ändert. Eigenständige Unterbaugruppen als Äste im Strukturbaum sind kenntlich am doppelten Zahnradsymbol ohne Dreibein, Komponenten als Gruppierungsäste haben das Doppelzahnrad ohne Dateiblatt und Baugruppenäste von Bauteilen am doppelten Zahnradsymbol mit rotem Dreibein. Unterhalb dieser Äste liegende Komponenten sind nur bedingt vertauschbar, denn sie können jeweils unterschiedlichen Gruppen zugeordnet sein. Um die Bauteile zueinander zu positionieren, werden Lageregeln festgelegt. Diese sind genau einer Baugruppe zugeordnet und gelten nur dort, also auf derselben hierarchischen Stufe. Trotzdem können auch tiefer liegende Komponenten zu anderen höher liegenden Knoten umsortiert werden. Allerdings müssen sie vorher aus den Lageregeln der ursprünglichen Umgebung herausgelöst werden.

Soll die **Struktur einer Baugruppe** bearbeitet werden, muss der entsprechende Baugruppenknoten dieser Komponente (Hauptbaugruppe, Unterbaugruppe, Bauteil), kenntlich am doppelten Zahnradsymbol, geöffnet werden mit Doppelklick oder mit *Bearbeiten > Objekt > Bearbeiten* in der Funktionsumgebung **Baugruppenkonstruktion** oder *Bearbeiten > Objekt in Bearbeitung suchen oder definieren...* in der Funktionsumgebung **Teilekonstruktion**. Dadurch bekommt der Knoten einen Rahmen (blau). Die voreingestellte Funktionsumgebung der Baugruppe wird eingewechselt. Nachfolgende Arbeiten beziehen sich auf diesen Knoten.

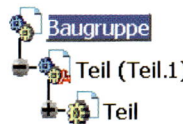

Struktur der Baugruppe bearbeiten

Soll dagegen ein **Bauteil** geometrisch bearbeitet werden, muss das Bauteil *(Teil)*, kenntlich am einfachen Zahnradsymbol, das unter dem entsprechenden Knoten *(Teil(Exemplar.1))* der Komponente liegt, geöffnet werden mit *Bearbeiten > Objekt > Bearbeiten* oder Doppelklick. Der Bauteilknoten und das Bauteil werden blau hervorgehoben. Die voreingestellte Funktionsumgebung des Bauteils wird eingewechselt. Nachfolgende Arbeiten beziehen sich auf dieses Bauteil. Zusätzlich müssen jetzt die Regeln der Funktionsumgebung **Teilekonstruktion** beachtet werden. Dies bedeutet, dass wieder kontrolliert werden muss, in welcher „Datenschachtel" *Körper* gearbeitet werden soll. Das ist am <u>Unterstrich</u> sichtbar, der in jedem Bauteil nur einmal vorkommt.

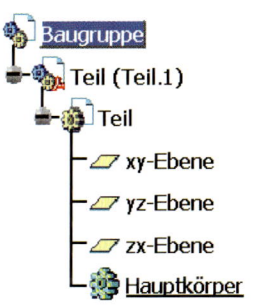

Bauteil konstruieren

Wie werden fertige Teile zur Baugruppe zusammengesteckt?

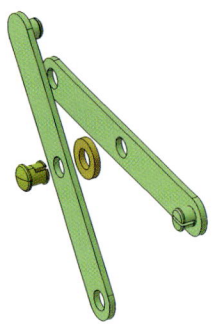

Eine einfache und stabile Art, Bauteile zu einer Baugruppe zusammenzustecken, wird mit **Lageregeln** (*assembly constraints*) erreicht. Die verwendeten Bauteile sind zuvor voneinander unabhängig konstruiert worden, als vom Produkt benötigte Neuteile, als Altteile aus anderen Produkten oder auch als Normteile. Alle verwendeten Teile zusammen definieren das Produkt oder die Baugruppe. Bei kleineren Produkten genügt es, alle Teile gleichberechtigt und ungeordnet in die Baugruppe aufzunehmen. Beim abgebildeten Gelenkkreuz gilt dies für die vier gleichrangigen Komponenten, die auf den Clip aufgefädelt und flächenbündig aneinander geschoben werden. Bei umfangreicheren Produkten entsteht eine Produktstruktur. Teile- oder Montagegruppen bilden separate Einheiten und stellen Äste im Strukturbaum der Baugruppe dar. Es entsteht eine Hierarchie der Teile innerhalb des Produkts. In der Umgebung **Baugruppenkonstruktion** werden fertige Teile zur Baugruppe zusammengebaut. Dies geschieht in zwei Schritten:

- Zuerst werden die Teile in die Baugruppenstruktur eingefügt. Sollen eigenständige Teilegruppen das Produkt zusätzlich strukturieren, sollten diese Unterbaugruppen zuvor vorbereitet und in den Strukturbaum des Produkts eingefügt werden. Die in die vorgesehene Gruppe des Strukturbaums eingefügten Komponenten liegen im Raum zunächst ungeordnet beieinander. Genau genommen sind diese so positioniert, dass die Teilehauptebenen übereinander liegen.

Manipulation

Kongruenz-
bedingung

Kontaktbedingung

Offset-Bedingung

Winkelbedingung

- Im zweiten Schritt können die Komponenten mit der Funktion *Manipulation* „von Hand" grob vorpositioniert werden. Anschließend werden die Nachbarn mit Lageregeln zueinander genau ausgerichtet. Die Funktionen aus der Funktionsgruppe *Bedingungen* positionieren Komponenten relativ zueinander. Diese können deckungsgleich oder achsbündig (*Kongruenzbedingung*), in Flächen- oder Linienkontakt (*Kontaktbedingung*), im Abstand (*Offset-Bedingung*) oder in einem Winkel (*Winkelbedingung*) zu einem Nachbarn sein. Oder anders ausgedrückt, es werden die maximal sechs räumlichen Freiheitsgrade der Bewegung zweier Nachbarn zueinander festgelegt. Nach Definition der Lageregeln passt sich die relative Lage der Teile jeweils an. Da jede Lageregel mehrere Freiheitsgrade gleichzeitig definieren kann, sollte darauf geachtet werden, nicht unnötig viele Zwänge aufzuerlegen.

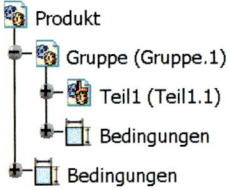

Die Lageregeln werden im gerade geöffneten Baugruppenknoten des Strukturbaums unter *Bedingungen* abgelegt. Sind mehrere Unterbaugruppen in größere Baugruppen eingebunden, hat jede Baugruppe eigene Lageregeln. In dieser hierarchischen Struktur finden sich Bedingungen in jeder Stufe. Jede Untergruppe ist eigenständig und verwaltet ihre eigenen Lageregeln. Eine Unterbaugruppe wirkt in der übergeordneten

Gruppe zuerst wie ein „starrer" Körper und kann wiederum nur mit höchstens sechs Freiheitsgraden in die übergeordnete Gruppe eingefügt werden. Soll sich die gesamte Baugruppe einschließlich aller Unterbaugruppen und Teile in der Art einer kinematischen Kette bewegen können, müssen alle Unterbaugruppen mit der Funktion *Flexible/starre Unterbaugruppe* beweglich gemacht werden. Diese Funktion wirkt als Umschalter zwischen den Zuständen. Das Symbol der Komponente im Strukturbaum zeigt den flexiblen Zustand an (eins der Zahnräder ist lila).

Flexible/starre Unterbaugruppe

Starre Baugruppe

Flexible Baugruppe

Aus praktischen Gründen, um etwa ein unbeabsichtigtes Verschieben der Teile zu vermeiden, empfiehlt es sich, **ein** bei Bewegungen ruhig bleibendes Teil als Basisteil der obersten Strukturebene mit *Komponente fixieren* festzumachen. Sind dagegen Teile einer Untergruppe fixiert, müssen diese Lageregeln vor dem Umschalten zur flexiblen Komponente gelöscht oder besser mit *Bearbeiten > Objekt > Inaktivieren* abgeschaltet werden. Lageregeln einer Gruppe können nur im starren Zustand gelöscht werden.

Komponente fixieren

Sind alle Teile einer Baugruppe zusammengesteckt und als Maschine beweglich, kann dies auch simuliert werden. Ein einfacher Weg ist die Funktion *Manipulation*. Werden bei dieser „Handbewegung" alle definierten Zwänge berücksichtigt, kann quasi eine Bewegung in die Baugruppe eingeleitet werden. Je nach Rechnerleistung wirkt diese immer erneuerte, simultane Lageänderung wie eine Bewegung. Dies geschieht alles vor dem Hintergrund variabler Form und nachvollzogener Lageänderung, jedoch ohne Rücksicht auf Geometriekollisionen. Besser bewegen kann die Umgebung **Kinematik-Umgebung für digitale Modellerstellung** (*DMU Kinematics*), die dafür vereinfachte, facettierte Körper und Bewegungsmechanismen benutzt.

Die Teile einer Baugruppe bleiben assoziativ und anpassungsfähig. Jedes Bauteil ist mit seiner Datei von der Baugruppe aus zugreifbar und kann jederzeit im Original geometrisch verändert werden. Die Änderungen müssen aber mit den bereits definierten Lageregeln vereinbar sein. Ändert sich durch korrigierte Geometrie eines Teils auch die Lage der Teile zueinander, muss die übergeordnete Baugruppe aktualisiert werden. Dieser Vorgang erfolgt automatisch, wenn unter *Tools > Optionen > Infrastruktur >Produktstruktur > Allgemein > Aktualisieren* die Einstellung *Automatisch* aktiviert wird. Andere Teile werden dadurch allerdings **nicht** geometrisch verändert.

Bauteile bleiben geometrisch flexibel

Der **Vorteil** dieser Arbeitsweise ist, dass die Komponenten geometrisch eigenständig sind, separat verändert werden können und auch anderweitig einsetzbar bleiben. Bei der Verwendung von Normteilen beispielsweise ist diese Arbeitsweise geboten. Der **Nachteil** ist, dass die mit Lageregeln zusammengebauten Teile nur in ihrer Lage zueinander beschrieben sind, eine geometrische Kontrolle der Passform der Anschlüsse aber nicht erfolgt. Die auf diese Weise beschriebene Baugruppe ist geometrisch ungeprüft. Lageregeln schließen eine Passung geradezu aus. Zum Beispiel kann eine Welle nicht mit Flächenkontakt der beiden Zylinder in ihrer Lagerbuchse liegen. Dies wäre nur im Falle exakt gleicher Durchmesser beider Teile möglich. Ändert sich die Welle im Durchmesser, müsste sich auch der Durchmesser der Buchse ändern. Oder es geht der Flächenkontakt in einen Linien- oder Punktkontakt über. Dies ist nicht vorgesehen, es gibt keine Lageregeln, die Geometrie ändern könnten.

Übung Gelenkkreuz

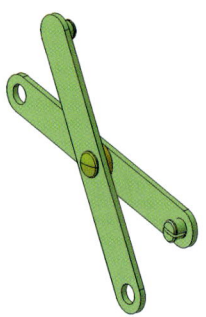

Was wird geübt?
Vorhandene Komponente, Komponente fixieren, Kongruenzbedingung, Schnelle Mehrfachexemplare, Manipulation, Versetzen, Alles Aktualisieren, Kontaktbedingung

Baugruppe zusammenbauen lernen
Teile relativ verschieben

Eine Baugruppe soll aus vorhandenen Einzelteilen zusammengesetzt werden. Das dabei entstehende Gelenkkreuz kann als Einheit in einer größeren Baugruppe, einer Schnappschere, verwendet werden. Die Schnappschere lässt sich durch den Einbau mehrerer solcher Gelenkkreuze verlängern. Daher ist es vorteilhaft, wenn das Gelenkkreuz als Einheit verwendet wird.

⇨ Mit *Start > Mechanische Konstruktion > Assembly Design* die Umgebung **Baugruppenkonstruktion** öffnen. Automatisch wird eine neue Datei vom Typ *Product* angelegt. Das Produkt am Kopf des Strukturbaums in Gelenkkreuz umbenennen.

Zuerst werden die benötigten Teile in der Ablage gesucht und in die Struktur der Baugruppe eingefügt. Dabei werden die Teiledateien geöffnet und deren Geometrie am Schirm angezeigt.

 Vorhandene Komponente

⇨ Mit *Vorhandene Komponente* das Einzelteil Clip im Dateidialog suchen und öffnen. Zuvor muss das Einbauziel, also der Komponentenknoten der Baugruppe, ausgewählt werden.

⇨ Nacheinander auch die Distanzscheibe und den Stab einfügen.

Hinweis:
Jetzt liegen alle Teile ungeordnet in der Baugruppe. Aus numerischen Gründen sollte ein Bezugsteil (das bei Bewegungen ruhig bleibt) zuerst mit der Lageregel *Komponente fixieren* an den Ursprung der Baugruppe angeheftet werden. Dann können sich alle anderen Teile mit Lageregeln am Bezugsteil ausrichten. Die Achsen der positionierten Teile verschieben sich entsprechend, bleiben jedoch im Basissystem der Baugruppe berechenbar.

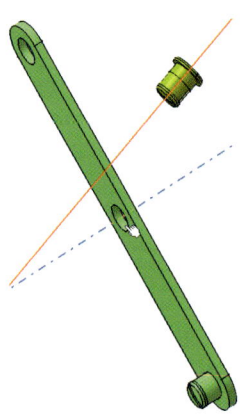

Die Teile werden nun als Baugruppe zusammengesetzt. Dazu stehen vier Funktionen *Kongruenz-, Kontakt-, Offset-* und *Winkelbedingung* als Lageregeln zur Verfügung.

 Komponente fixieren

 Kongruenzbedingung

⇨ Das Teil Clip aus numerischen Gründen mit *Komponente fixieren* in der Ausgangslage (Ursprung) anheften.

⇨ Alle Teile zuerst auf den Clip „auffädeln". Mit *Kongruenzbedingung* zuerst die Achse des Clipzylinders durch seine Mantelfläche auswählen und danach die Mantelfläche der mittleren Bohrung im Stab. Der Stab richtet sich achsenbündig am Clip aus (nicht als Flächenkontakt).

⇨ Anschließend die Scheibe in gleicher Weise am Clip ausrichten.

⇨ Ein weiterer gleicher Stab wird benötigt. Mit *Schnelle Erzeugung von Mehrexemplaren* den Stab auswählen. Er wird doppelt angezeigt. Dies ist allerdings nur eine Referenzkopie, die beiden Teile haben nur **eine** Ablagedatei. Es entsteht ein weiterer Eintrag im Strukturbaum. Beide Teile werden als Baugruppenkomponenten unterschieden durch einen Namenszusatz, der hochgezählt wird (*Teil(Exemplar.2)*).

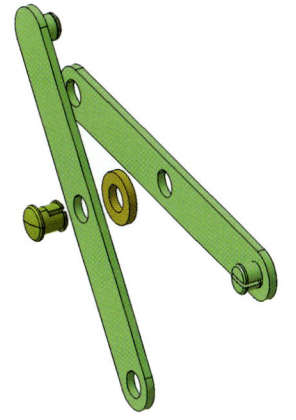

Schnelle Mehrfachexemplare

Die Anzahl der kopierten Exemplare und deren Lage zum Original wird festgelegt mit der Funktion *Erstellen mehrerer Exemplare definieren*. Diese Einstellungen gelten modal, also für alle folgenden Funktionsaufrufe.

Mehrere Exemplare definieren

Hinweis:
Die zwei Stabkopien sind **Referenzkopien**. Diese greifen auf dieselbe Teiledatei zurück. Würde eine in dieser Art verwendete Schraube geändert, würden sich alle Referenzkopien ändern. Im Gegensatz dazu sind die normalen Kopien zu sehen, die zum Beispiel beim Erzeugen der Schrauben mit unterschiedlicher Länge und Dicke benutzt wurden. Beim Kopieren sind dabei zwei Dateien entstanden und die Geometrie wurde verdoppelt. Natürlich kann jede normale Kopie anschließend eigenständig verändert werden.

Referenzkopie

⇨ Auch den zweiten Stab mit *Kongruenzbedingung* achsenbündig auf den Clip auffädeln.

⇨ Um Ordnung in die Einbauteile zu bringen, kann mit *Manipulation* sozusagen „von Hand" bewegt werden. Im eingeblendeten Dialog werden verschiedene Bewegungsarten angeboten. Die ersten 3*3 Felder sind für achsenbezogene Manipulation und die rechte Spalte für geometriebezogene Richtungen. Sinnvoll ist jetzt *Entlang einer beliebigen Achse* verschieben. Als gewünschte Achse dient jede Körperkante oder Drehachse. Zusätzlich sollen sich die Teile mit *In Bezug auf Bedingungen* nur in ihrem schon festgelegten Zusammenhang bewegen. Als Verschiebungsrichtung wird die Clipachse gewählt. Nacheinander werden alle Teile wie vorgesehen angeordnet.

Manipulation

Hinweis:
Um Flächen oder Kanten für die Lageregeln richtig auswählen zu können, müssen die Teile am Schirm oft gedreht werden. Genau genommen geht die Schirmkamera um die Teile herum. Das Drehzentrum liegt dabei in der Bildmitte. Fährt die Kamera näher ans Bild heran, drehen die Teile oft aus dem Bild. Dies wird verhindert, wenn das gewünschte Teil mit der mittleren Maustaste aktiviert wird. Die ausgewählte Stelle wird in die Bildmitte gerückt und dadurch zum neuen Drehpunkt.

Versetzen

⇨ Zeigt der Clip oder ein Stab in die falsche Richtung, muss gedreht werden. Dies kann wieder mit *Manipulation* durchgeführt werden. Geschickter ist dafür *Versetzen*. Beim Versetzen muss zuerst die Geometrie ausgewählt werden, die dann auf die danach angegebene Geometrie versetzt werden soll. Wird dagegen zweimal die gleiche Seitenfläche des Stabs aktiviert, zeigen sich in Richtung der Seite Bewegungspfeile. Wird der Drehpfeil aktiviert, klappt der Stab um 180 Grad.

⇨ Die vorher festgelegten Lageregeln sind verändert, aber nicht verletzt worden. Daher kann mit *Alles aktualisieren* berichtigt werden.

 Alles aktualisieren

 Kontaktbedingung

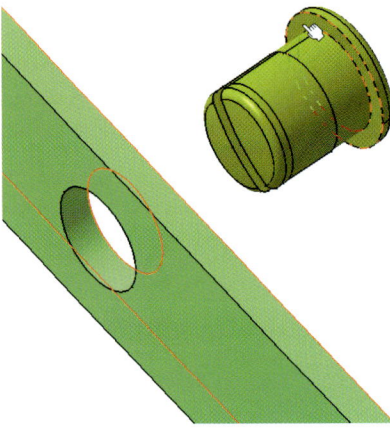

⇨ Mit *Kontaktbedingung* den ersten Stab (entsprechende Oberfläche aktivieren) an den Clipkopf anbinden (Clipinnenfläche aktivieren). Ebenso die Scheibe an den Stab und den zweiten Stab an die Scheibe anbinden.

⇨ Um den Zusammenbau abschließend zu prüfen, mit *Manipulation* um die Clipachse herum drehen. Im eingeblendeten Dialog wird *Um eine beliebige Achse drehen* angewendet (vierte Spalte unten). Damit die festgelegten Lageregeln auch geprüft werden, muss *In Bezug auf Bedingungen* aktiv sein.

⇨ Um die Baugruppe zu speichern, muss sie „in Bearbeitung" sein, kenntlich am blauen Rahmen um den Baugruppennamen im Strukturbaum. Der Bearbeitungsrahmen wird zur aktivierten Baugruppe umgesetzt mit *Bearbeiten > Objekt > Bearbeiten*.

⇨ Mit *Datei > Sichern unter...* diese *In Bearbeitung* stehende Baugruppendatei im passenden Ordner unter gleichem Namen speichern.

⇨ Mit *Start > Beenden* aufhören oder doch gleich weitermachen!

Übung Schnappschere

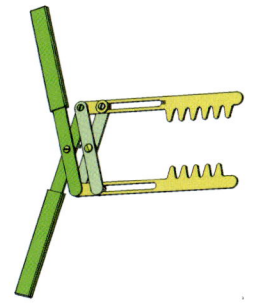

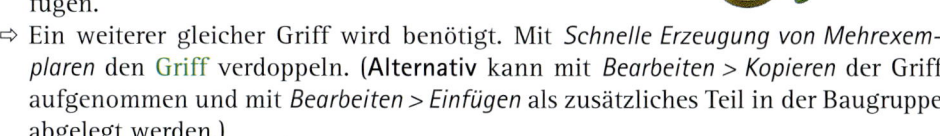

Eine Baugruppe wird aus vorhandenen Einzelteilen und einer vorhandenen Unterbaugruppe zusammengebaut. Die einzelnen Teile werden „per Hand" am Schirm in Einbaulage gebracht und mit Lageregeln endgültig zueinander positioniert. Der Zusammenhalt in den Verbindungen der Teile untereinander kann durch Bewegen geprüft werden. Alternativ lässt sich die Baugruppe durch mehrere Zusatzteile erweitern. Auch eine geometrische Änderung der Teile in der Baugruppe ist möglich.

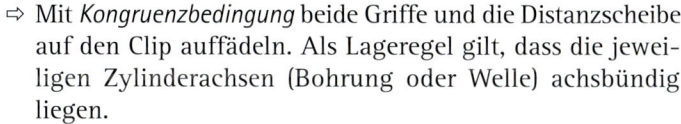

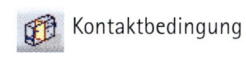

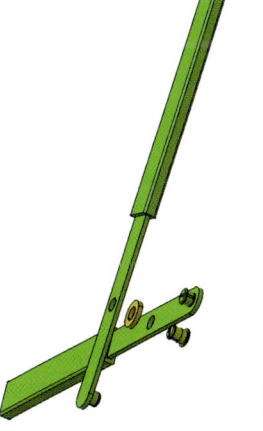

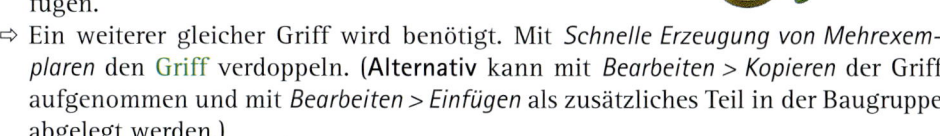

Was wird geübt?
Flexible/starre Unterbaugruppe, Bearbeiten> Suchen

Baugruppe mit Unterbaugruppe nutzen
In der Baugruppe konstruieren lernen

⇨ Mit *Datei > Neu* eine neue Datei mit dem Typ *Product* anlegen und die Gruppe Schnappschere nennen.

⇨ Mit *Vorhandene Komponente* das Einzelteil Griff im eingeblendeten Dateidialog suchen und öffnen. Zuvor muss das Einbauziel in der Baugruppe ausgewählt werden.

Vorhandene Komponente

⇨ Den Griff mit *Komponente fixieren* am Ursprung anheften.

⇨ Nacheinander auch die Distanzscheibe und den Clip einfügen.

Komponente fixieren

⇨ Ein weiterer gleicher Griff wird benötigt. Mit *Schnelle Erzeugung von Mehrexemplaren* den Griff verdoppeln. (**Alternativ** kann mit *Bearbeiten > Kopieren* der Griff aufgenommen und mit *Bearbeiten > Einfügen* als zusätzliches Teil in der Baugruppe abgelegt werden.)

Schnelle Mehrfachexemplare

⇨ Mit *Kongruenzbedingung* beide Griffe und die Distanzscheibe auf den Clip auffädeln. Als Lageregel gilt, dass die jeweiligen Zylinderachsen (Bohrung oder Welle) achsbündig liegen.

Kongruenzbedingung

⇨ Liegen die Teile nicht wunschgemäß zueinander, kann mit *Manipulation* zuvor verschoben und gedreht werden. Es muss zuerst die Richtung und dann das zu verschiebende Teil angegeben werden. Dies kann eine Achse oder besser eine Teilekante, Zylinderachse oder eine Teileebene sein. Dann kann das Teil der bearbeiteten Baugruppe relativ zu den andern in einer oder zwei Richtungen verschoben oder um eine Achse gedreht werden.

Manipulation

⇨ Endgültig mit *Kontaktbedingung* flächengleich zusammenlegen: Den Clipkopf auf den ersten Griff, obenauf die Distanzscheibe und wiederum darauf den zweiten Griff.

Kontaktbedingung

⇨ Sind die Teile zusammengefügt, kann gleich kontrolliert werden, ob die Bedingungen auch vollständig vergeben sind. Mit *Manipulation* und der Einstellung *In Bezug auf Bedingungen* mit den aktiven Lageregeln bewegen.

⇨ Die beiden Schneiden SchneideRechts und SchneideLinks mit *Einfügen > Vorhandene Komponente* in die Baugruppe laden.

⇨ Lagerichtig werden deren Bohrungen mit *Kongruenzbedingung* am Griffclip ausgerichtet. Die *Kontaktbedingung* schafft Flächenkontakt an den ebenen Oberflächen zwischen Griff- und Schneidenseitenfläche.

Die Schneiden werden durch ein Kreuz aus zwei verbundenen Stäben gehalten und bewegt. Sie wurden bereits als Baugruppe „Gelenkkreuz" vorbereitend zusammengefügt. Diese Baugruppe wird als Untergruppe mit eigenen Teilen in die Baugruppe aufgenommen.

⇨ Die Unterbaugruppe Gelenkkreuz mit *Vorhandene Komponente* zur Baugruppe hinzuladen.

⇨ Mit *Manipulation* in eine ungefähre Einbaulage bringen.

⇨ Die freien Bohrungen in den Stäben wieder mit der *Kongruenzbedingung* achsenbündig auf die freien Clips an den beiden Griffen auffädeln.

⇨ Das Gelenkkreuz noch mit *Kontaktbedingung* auf eine Schneide legen. Da das Kreuz schon als Einheit zusammengebaut ist, ist nur genau ein Flächenkontakt nötig.

⇨ Damit das Gelenkkreuz in den Schneiden gleitet, wird der Clipzylinder mit einer (ebenen) Innenfläche des Langlochs mit *Kontaktbedingung* verbunden. Die Körper liegen *Extern* zueinander.

Hinweis:
Die Teile der Unterbaugruppe sind durch Lageregeln verbunden, die zu dieser Unterbaugruppe gehören. Die Unterbaugruppe wirkt nach außen wie ein starrer Körper. Daher passen sich die Griffe an das Kreuz an, ohne dass dieses sich bewegt. Die neuen Lageregeln gehören der übergeordneten Baugruppe an, es existieren also Lageregeln auf zwei Hierarchieebenen. Wird jetzt ein Teil bewegt, so kommt es darauf an, welcher Gruppe das Teil angehört. Nur Teile derselben Gruppe bewegen sich gegeneinander.

Mit den Lageregeln sollen zwischen zwei Teilen genau sechs Freiheitsgrade der Bewegung festgelegt werden. Manche Regeln überlagern Freiheitsgrade, wodurch mancher Freiheitsgrad doppelt definiert ist. Das Programm meldet nur offensichtliche Widersprüche. In komplexeren Baugruppen kann das erst später zu Fehlern führen. Daher ist folgende Strategie beim Zusammenbau sinnvoll: **Die Teile so mit Lageregeln festlegen, wie sie auch real zusammengesteckt würden.** Um das noch Festzulegende zu erkennen und nicht unbeabsichtigt zu viele Freiheitsgrade einzugeben, hilft es, nach jeder vergebenen Regel mit der Funktion *Manipulation* und *In Bezug auf Bedingungen* zu prüfen.

⇨ Als Abschluss kommt je eine Distanzscheibe auf die Schneiden. Die Scheiben mit *Schnelle Erzeugung von Mehrexemplaren* aus einer vorhandenen Scheibe erzeugen.

⇨ Die Distanzscheibenbohrung mit *Kongruenzbedingung* auf den Clip fädeln. Die Distanzscheibe mit *Kontaktbedingung* auf die Schneide legen.

⇨ Um alle Teile als kinematische Kette bewegen zu können, muss die starre Untergruppe mit *Flexible/ starre Unterbaugruppe* flexibel werden. Das Baugruppensymbol im Strukturbaum ändert sich. Zusätzlich muss, wenn ein Teil der Unterbaugruppe fixiert war, diese Bedingung zuvor mit *Bearbeiten > Objekt > Inaktivieren* abgeschaltet werden. Jetzt kann das fertiggestellte Produkt als Ganzes mit *Manipulation* und *In Bezug auf Bedingungen* bewegt werden.

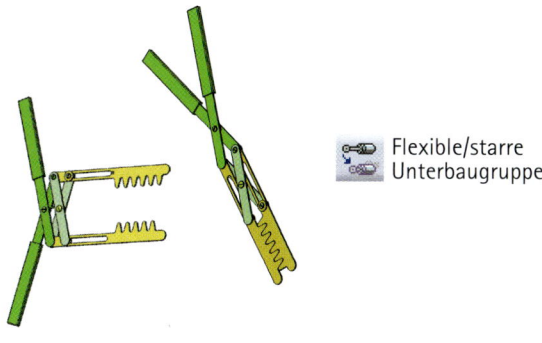

 Flexible/starre Unterbaugruppe

Stören die sichtbaren Hauptebenen der Teile, können alle gemeinsam verdeckt werden. *Bearbeiten > Suchen* findet alle Objekte gemeinsam. Diese aktivierte Gruppe wird der Funktion *Verdecken/Anzeigen* übergeben.

Verdecken/An-zeigen

⇨ Den aktivierten Strukturbaumknoten Schnappschere mit *Bearbeiten > Objekt > Bearbeiten* hervorheben.

Objekte suchen

⇨ Mit *Bearbeiten > Suchen > Allgemein* im eingeblendeten Dialogfenster nach dem gemeinsamen *Namen* (*-Ebene), oder dem Typ mit der zusätzlichen Einschränkung *Umgebung* (Part Design) und dem eigentlichen *Typ* (Ebene), oder nach der *Farbe* suchen. Die Taste *Suche* (Fernrohr) leitet den Vorgang ein, und mit *OK* wird die erfolgreiche Suche übernommen. Alle gefundenen (orangen) Objekte der Funktion *Verdecken/Anzeigen* übergeben. (Sind die gesuchten Objekte schon teilweise verdeckt gewesen, wechseln die verdeckten Teile in den sichtbaren Raum. Durch nochmaliges Suchen und Verdecken verschwinden dann alle diese Objekte vom Schirm.)

⇨ Mit *Datei > Sichern unter...* die *In Bearbeitung* stehende Baugruppendatei im passenden Ordner unter gleichem Namen speichern. Da alle verwendeten Teile aus der Ablage stammen, wird kein Teil überschrieben.

Hinweis:
Der Inhalt der Baugruppendatei besteht aus den Lageregeln und den Verweisen (*links*) auf die beteiligten Bauteile. Geometrie wird nicht in dieser Datei gespeichert. Die Baugruppe findet ihre Bauteile immer auf ihrem Ablagepfad im Betriebssystem. Beim Speichern einer Baugruppe werden auch alle untergeordneten Komponenten gesichert, sofern sich deren Inhalt geändert hat, und zwar normalerweise auf dem Pfad, woher sie kamen.

Alternative mit längerer Schere:

Alternative

Die Schnappschere kann mit mehr Gelenkkreuzen weiter ausholen. Da schon zusammengebaut ist, müssen zuerst die betreffenden Lageregeln zwischen den Griffen, Schneiden und Stäben gelöscht werden, um die Teile voneinander lösen zu können.

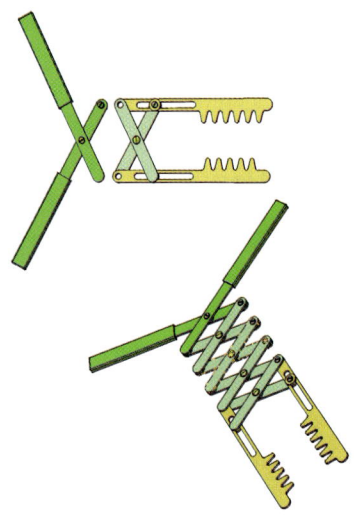

⇨ Die Baugruppe Schnappschere im *Kontextmenü > Objekt > Bearbeiten* bereitstellen.

⇨ Die Bedingungen der Baugruppe Schnappschere im Strukturbaum aufblättern (ganz am Ende). Die *Kongruenzbedingungen* Griff/Schneide und Griff/Stab im Strukturbaum aktivieren und löschen, ebenso die *Kontaktbedingungen* Griff/Schneide. Die anderen Bedingungen bleiben erhalten.

⇨ Da eine Kontaktbedingung an der Schneide verloren ging, die jetzt fehlende *Kontaktbedingung* zwischen Stab und Schneide ergänzen.

⇨ Mit *Manipulation* und *In Bezug auf Bedingungen* auseinander ziehen.

⇨ Mit *Schnelle Erzeugung von Mehrexemplaren* aus dem Gelenkkreuz drei weitere Referenzkopien erzeugen, diesmal als mehrere Untergruppen. Ebenso sechs zusätzliche Distanzscheiben.

Alternative

Alternativ vereinfacht es den Aufbau, das Gelenkkreuz und zwei daran angebaute Scheiben zuvor zu einer weiteren Unterbaugruppe zusammenzufassen.

⇨ Die Gelenkkreuze mit *Flexible/starre Unterbaugruppe* als flexibel festlegen.

⇨ Nacheinander die Kreuze und die Scheiben einbauen. Sinnvollerweise zuerst mit *Kontaktbedingung* die Flächenkontakte beschreiben. Dann liegen die Teile schon richtig zueinander, allerdings in der Berührebene verschoben. Danach die Bohrungen mit *Kongruenzbedingung* auf den Clip auffädeln.

⇨ Die fertige Schere mit *Manipulation* und *In Bezug auf Bedingungen* bewegen.

⇨ Die Baugruppe in SchnappschereGross umbenennen und wieder mit *Bearbeiten > Objekt > Bearbeiten* hervorheben. Mit dieser Einstellung die Baugruppe mit *Datei > Sichern unter...* mit dem neuen Namen speichern.

⇨ Mit *Datei > Schließen* die Arbeitsdatei beenden.

> **Hinweis:**
> Da diese zweite Baugruppe dieselben Bauteile benutzt hat wie die erste, wird nur die Baugruppendatei gesichert. Eine mehrfache Verwendung von Teilen in unterschiedlichen Baugruppen ist möglich.

Alternative

Alternative mit geänderten Teilen:

In der zusammengebauten kleinen Schere sollen die Schneiden geometrisch geändert werden. Jede Schneide erhält einen Zahn weniger. Diese Änderung wird direkt im Zusammenhang der Teile in der Baugruppe ausgeführt. Die Geometrieänderung greift dabei von der Baugruppe in die einzelnen Teiledateien und verändert nur diese.

⇨ Falls notwendig, Baugruppendatei Schnappschere mit *Datei > Öffnen* im Ablageordner suchen und bereitstellen.

Hinweis:
In der Baugruppe selbst werden nur die Teilnehmer und deren relative Lage zueinander gespeichert. Zusätzlich sind aber auch alle Teile mit ihrer Geometrie in separaten Arbeitsdateien verfügbar. In der Baugruppe können daher sowohl die Lageregeln untereinander als auch die Geometrie der Teile selbst manipuliert werden. Lageregeln werden in der Funktionsumgebung **Baugruppenkonstruktion** manipuliert, Körpergeometrie in der Funktionsumgebung **Teilekonstruktion**. Wechselt ein Eintrag im Strukturbaum *In Bearbeitung* (blauer Rahmen), wechselt auch die zugehörige Funktionsumgebung.

⇨ Um die Geometrie der SchneideLinks ändern zu können, muss dieses Teil im Strukturbaum aktiviert und mit *Bearbeiten > Objekt > Bearbeiten* hervorgehoben werden (blauer Rahmen). Automatisch zeigt sich die Funktionsumgebung **Teilekonstruktion**. Dieser Wechsel ist auch durch zweimaliges Öffnen (Doppelklick) der gewünschten Geometrie möglich.

 Teilekonstruktion

⇨ Jetzt wird wie gewohnt im Bauteil aber „innerhalb" der Baugruppe konstruiert. Den Körper des Zahns durch Aufblättern der Knoten im Strukturbaum sichtbar machen. Den Eintrag *Rechteckmuster* durch Doppelklick öffnen. Im Dialogfenster werden aus sechs nur noch fünf *Exemplare*.

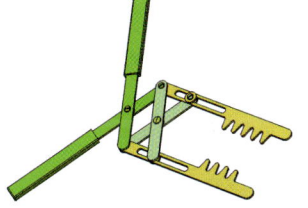

 Rechteckmuster

⇨ Entsprechend auch die rechte Schneide um einen Zahn reduzieren.

Hinweis:
Wird die alternative Baugruppe unter neuem Namen gespeichert, werden auch die geänderten Teile mitgesichert. Alle Teile werden normalerweise auf dem Pfad gesichert, auf dem sie geöffnet wurden. Die alten Teile werden überschrieben. Dies kann verhindert werden, wenn die geänderten Teile zuvor einzeln unter neuem Namen gesichert werden. Damit wird der Pfad (*link*) umgesetzt. Oder mit *Datei > Sicherungsverwaltung...* die Pfade insgesamt neu setzen.

⇨ Die Schneide als Teil (SchneideLinks) im Strukturbaum aktivieren und mit *Bearbeiten > Objekt > Bearbeiten* hervorheben.

⇨ Mit *Datei > Sichern unter...* mit neuem Namen als SchneideLinksKlein und SchneideRechtsKlein speichern. Sinnvollerweise zuvor auch den Teilenamen ändern.

⇨ Den obersten Baugruppenknoten im Baum in SchnappschereKlein umbenennen. Wieder mit *Bearbeiten > Objekt > Bearbeiten* hervorheben.

⇨ Mit dieser Einstellung die Baugruppe mit *Datei > Sichern unter...* mit dem neuen Namen speichern.

⇨ Mit *Start > Beenden* Schluss machen oder gleich weiterüben!

Übung Stangengruppe

Was wird geübt?
Offset-Bedingung
Baugruppe zusammen-
stecken lernen

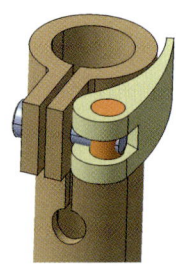

Ein Klapproller wird mit bereits vorhandenen Bauteilen zusammengebaut. Zur einfacheren Handhabung werden die Lenkeinheit und die Trittbretteinheit in getrennten Baugruppen sozusagen vormontiert. An der Lenksäule soll zusätzlich das Verlängerungsrohr Stange mit seinem Feststellclip eine eigenständige Untergruppe bilden. Die Baugruppe Stangengruppe besteht aus der Stange, einer Zylinderschraube M6X26, einem Bolzen und einem Kipphebel.

⇨ Mit *Datei > Neu* und dem Typ *Product* die Baugruppe anlegen und Stangengruppe nennen.

Vorhandene Komponente

⇨ Mit *Vorhandene Komponente* das Einzelteil Stange im eingeblendeten Dateidialog suchen und öffnen. Dazu muss der Baugruppenname im Strukturbaum als Ziel aktiviert werden.

Komponente fixieren

⇨ Die Stange mit *Konponente fixieren* am Ursprung anheften.

⇨ Nacheinander auch die ZylinderschraubeM6X26, den Bolzen und den Kipphebel einfügen. Liegen alle Teile im selben Ordner, können sie auch gemeinsam übertragen werden.

Kongruenz-bedingung

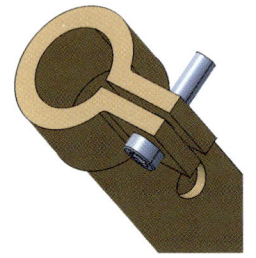

⇨ Mit der Lageregel *Kongruenzbedingung* richtet sich die Achse der Schraube auf die Bohrungsachse an der Schelle aus. Die Auswahl der Zylinderachsen erfolgt immer am Zylindermantel.

Kontaktbedingung

⇨ Endgültig mit *Kontaktbedingung* zusammenstecken. Der Schraubenkopf liegt an der Schellenebene an.

Manipulation

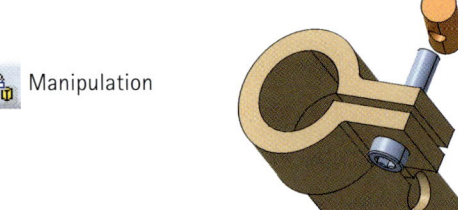

⇨ Mit *Kongruenzbedingung* auch den Bolzen mit seiner Bohrung auf die Schraube ausrichten.

⇨ Liegt der Bolzen nicht wunschgemäß, kann mit *Manipulation* verschoben und gedreht werden. Sinnvollerweise wird in vorgegebener Richtung entlang der Schraubenachse bewegt. Da schon Lageregeln vergeben wurden, kann mit der Einstellung *In Bezug auf Bedingungen* beim Bewegen gleich geprüft werden. Die Teile dürfen sich nur noch „nach Vorschrift" bewegen. Mit dieser Funktionalität immer wieder prüfen, was und wie noch bewegt werden kann.

⇨ Mit der Funktion *Kongruenzbedingung* den Bolzen in die Bohrung des Kipphebels stecken.

⇨ Mit der Funktion *Offset-Bedingung* die Bolzenoberseite bündig an der Kipphebelfläche ausrichten. Im eingeblendeten Dialog mit *Ausrichtung* die Flächenseite anzeigen (beide grünen Pfeile zeigen in die gleiche Richtung). Der Abstand (*Offset*) misst vom zuerst ausgewählten Objekt in Pfeilrichtung (im Bild vom Bolzen aus -4,836 mm). Diesen Abstand auf 0 mm verändern. (Bei ineinander steckenden Körpern wirkt die *Kontaktbedingung* nicht.)

Offset-Bedingung

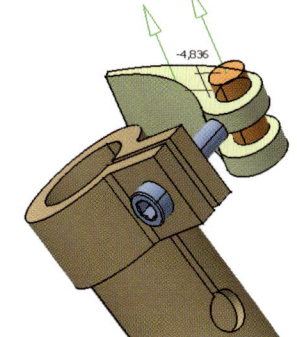

Der Kipphebel ist noch um die Schrauben- und um die Bolzenachse drehbar und längs der Schraube verschiebbar. Real liegt er direkt an der Schelle an, bleibt sonst aber beweglich.

⇨ Mit *Kontaktbedingung* die exzentrische Zylinderfläche des Kipphebels mit der Ebene der Schelle zusammenfügen. Der Zylinder berührt längs einer Mantellinie von außen oder *Extern*.

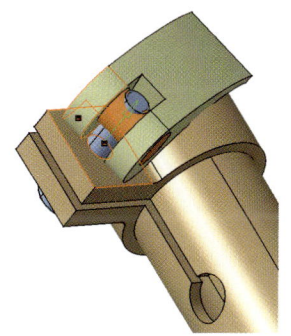

Die endgültige Drehlage des Kipphebels kann durch Handmanipulation eingerichtet werden, was die wirkliche Beweglichkeit richtig abbildet. Wenn der Kipphebel aber eine „ordentliche" Lage einnehmen soll, kann er an die Schelle angedrückt werden.

⇨ Die *Kontaktbedingung* fügt die Innenfläche des Kipphebels mit dem Außenzylinder der Schelle zusammen. Die Zylinder berühren sich wieder längs einer Mantellinie, diesmal von innen oder *Intern* (bezogen auf den zuerst ausgewählten Kipphebelzylinder). Der Kipphebel ist jetzt auch nicht mehr um die Schraubenachse drehbar.

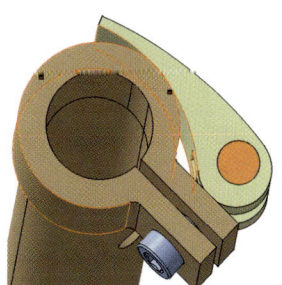

Hinweis:
Lageregeln verändern keine Geometrie, sie legen lediglich die relative Position starrer Teile fest. Daher ist ein Flächenkontakt zwischen zwei Zylindern nur möglich, wenn sie unterschiedliche Durchmesser haben. Dann berühren sie sich nur entlang einer Mantellinie. Beim tatsächlichen Flächenkontakt ineinander liegender Zylinder (Bohrung und Bolzen) würde die Änderung eines Zylinderradius auch die Änderung des Nachbarn bedeuten. Dies ist mit Lageregeln nicht möglich.

⇨ Mit *Manipulation* und *In Bezug auf Bedingungen* sollte abschließend der Zusammenbau geprüft werden. Nichts darf sich mehr bewegen.

⇨ Mit *Datei > Sichern unter...* die *In Bearbeitung* stehende Baugruppe im passenden Ordner unter gleichem Namen speichern. Alle geänderten Bauteile werden überschrieben.

⇨ Mit *Start > Beenden* abschließen oder gleich die nächste Gruppe zusammenstellen!

Übung Lenkergruppe

Winkel-Bedingung
Mit Hilfselementen
positionieren lernen

Ein Klapproller wird zusammengebaut. Zur einfacheren Handhabung werden alle Teile der Lenksäule als eigenständige
Baugruppen sozusagen vormontiert. Die Baugruppe Lenkergruppe besteht aus der Stangengruppe, dem Lenker selbst,
dem Drehkreuz, dem Gleitring, der Kappe, dem Radhalter,
dem Rad, aus zwei Zylinderschrauben M6X26 und M8 und
einer Mutter M8.

⇨ Mit *Datei > Neu* eine neue Datei mit dem Typ *Product* anlegen
und die Gruppe Lenkergruppe nennen.

⇨ Mit *Vorhandene Komponente* die Komponente Stangen-
gruppe im eingeblendeten Dateidialog suchen und öffnen.
Der Baugruppenname im Strukturbaum muss als Ziel ak-
tiv sein. Sind alle zusätzlich benötigten Teile im gleichen
Ordner, können diese gemeinsam zusammengefasst in die
Baugruppe eingetragen werden. Andernfalls nacheinan-
der Lenker, Drehkreuz, Gleitring, Kappe, Radhalter, Rad,
ZylinderschraubeM6X26, ZylinderschraubeM8 und eine
MutterM8 in die Baugruppe laden.

Vorhandene Kom-
ponente

⇨ Das Drehkreuz mit *Komponente fixieren* am Ursprung anheften.

Komponente
fixieren

Die Lenkstange ist in die Stange eingeschoben und wird an der Stangenschelle ausgerichtet.

⇨ Mit der Lageregel *Kongruenzbedin-*
gung die Zylinderachsen von Lenker
und Stange aufeinander legen.

Kongruenz-
bedingung

⇨ Zeigt der Lenker in die falsche Richtung, muss gedreht werden. Dies
kann mit *Versetzen* durchgeführt
werden. Zuerst den Lenker auswählen und danach die Längsstange,
die versetzt werden soll. Es zeigen
sich Richtungspfeile zum Bewegen.
Wird der grüne Drehpfeil aktiviert,
klappt der Stab um 180 Grad.

Versetzen

⇨ Die Querstange als Zylinderachse in ihrer eingesteckten Lage mit der *Offset-Bedin-*
gung um den Abstand 20 mm von der oberen Ebene der Schelle festlegen.

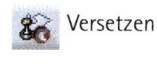
Offset-Bedingung

⇨ Die Achse der Querstange mit der *Winkelbedingung* zur geraden langen Oberkante
der Schelle um den Winkel 90 Grad verdrehen.

Winkelbedingung

f t i i

Der Gleitring ist über die Stange geschoben und sitzt bündig in der Nut.

 Manipulation

⇨ Mit *Kongruenzbedingung* den Gleitring und die Stangenachse zusammenstecken.

⇨ Mit *Manipulation* und *In Bezug auf Bedingungen* längs der Stangenachse vorpositionieren.

Hinweis:

Um den Gleitring genau in die vorgesehene Stangennut einzusetzen, gibt es explizit keine Lageregel. Da Lageregeln nur „starre" Körper in ihrer Lage zueinander positionieren, wäre ein Kontakt zwischen zwei Torusflächen nur bei genau vier gleichen Radien möglich. Bei Änderung eines einzigen Radius wäre diese Lageregel zerstört.

Daher wird ein anderer Weg eingeschlagen. Die beiden Mittelebenen vom Gleitring und der Nut werden als Hilfsmittel benutzt, um die Einbaulage zu beschreiben. Die Mittelebenen müssen dann mit dem Abstand 0 mm aufeinander liegen. Jede dieser Ebenen, als Stellvertreter ihres Teils, muss im eigenen Bauteil liegen. Im Bauteil Gleitring ist die Mittelebene als Ebene der Zentralkurvenskizze schon vorhanden, im Bauteil Stange muss eine zur Nut mittig liegende Ebene erst noch konstruiert werden.

 Sichtbaren Raum umschalten

 Verdecken/Anzeigen

⇨ Ist die benutzte Hauptebene der Zentralkurve des Gleitrings ausgeblendet, wird sie mit *Sichtbaren Raum umschalten* unter den ausgeblendeten Objekten gesucht. Dies ist auch im Strukturbaum am grau hinterlegten Skizzeneintrag erkennbar.

⇨ Mit *Verdecken/Anzeigen* die ausgewählte Ebene in „sichtbar" umwandeln.

⇨ Mit *Sichtbaren Raum umschalten* wieder zur sichtbaren Geometrie wechseln.

Die Mittelebene der Stangennut wird objektorientiert konstruiert: Die Mittelpunkte der kreisförmigen Nutränder werden zu Referenzpunkten. Dazwischen spannt sich eine Referenzgerade. Die Normalebene in deren „Kurvenmitte" ist die gesuchte Ebene.

⚙ Teilekonstruktion

⇨ Den Strukturbaum am Knoten Lenkergruppe aufblättern bis zum Bauteil Stange (Symbol mit einem Zahnrad). Mit *Bearbeiten > Objekt > Bearbeiten* die Teiledatei der aktivierten Stange öffnen. Die Umgebung **Teilekonstruktion** ist aktiv.

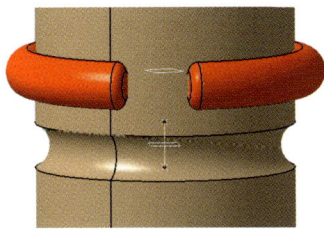

 Linie

⇨ Mit *Linie* und dem Linientyp *Punkt-Punkt* eine Hilfsgerade von Nutrand zu Nutrand ziehen. Den *Punkt1* mit *Kontextmenü > Punkt erzeugen* direkt konstruieren. Mit dem

Punkttyp *Kreis-/Kugelmittelpunkt* entsteht der Mittelpunkt am Nutrand. Auf der gegenüberliegenden Seite als *Punkt2* wiederholen.

⇨ Bei *Ebene* den Ebenentyp *Senkrecht zu Kurve* auswählen. Die *Kurve* ist die Gerade und der *Punkt* liegt in *Standard (Mitte)*. Diese Ebene ist die Mittelebene der Nut und wird Stellvertreter des Teils.

 Ebene

⇨ Für die Beschreibung weiterer Lageregeln die Baugruppe am Knoten Lenkergruppe auswählen und mit *Bearbeiten > Objekt > Bearbeiten* wieder bereitstellen. Die Umgebung **Baugruppenkonstruktion** wird angezeigt.

 Baugruppenkonstruktion

⇨ Mit der *Offset-Bedingung* liegen die beiden Ebenen im Abstand 0 mm voneinander. Im Strukturbaum auf die orange Hervorhebung achten, dass auch die richtigen Ebenen der beteiligten Bauteile ausgewählt werden.

Das Drehkreuz schiebt sich auf die Stange. Für die genaue Position am Gleitring gibt es wieder keine Kontaktregel. Der Torus berührt die obere Schellenebene. Ein Behelf ist der Abstand zwischen der Mittelebene des Gleitrings und der Schellenebene. (Genauer wäre ein Referenzpunkt auf dem Ausrundungsrand. Er muss von der Mittelebene um 90 Grad verdreht ganz außen liegen.)

⇨ Mit *Kongruenzbedingung* das Drehkreuz und die Stangenachse zusammenstecken.

⇨ Zeigt das Drehkreuz in die falsche Richtung, kann mit *Versetzen* um 180 Grad geklappt werden.

⇨ Mit der *Offset-Bedingung* liegen die Mittelebene des Gleitrings und die obere Ebene am Stangenende im Abstand 2,2 mm auseinander (gleich dem Radius des Gleitrings). Diese Position entspricht der tatsächlichen Lage, ist aber nicht objektorientiert. Der Radius wird doppelt vergeben. In Wirklichkeit würde der Gleitring zwischen der Stange und dem Ausrundungstorus in der Kappe hin und her pendeln.

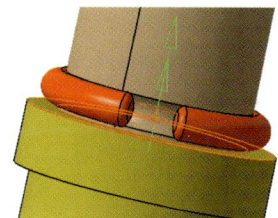

Die Kappe hält das Drehkreuz auf Höhe der Stangennut, wenn mit zwischengelegtem Gleitring verschraubt wird.

⇨ Mit *Kongruenzbedingung* die Kappe und die Stangenachse zusammenstecken.

⇨ Zeigt die Kappe in die falsche Richtung, kann wieder mit *Versetzen* um 180 Grad geklappt werden.

⇨ Mit der *Kontaktbedingung* liegt die Ebene am Ende des Gewindes in der Kappe an der obersten Ebene am Drehkreuz an.

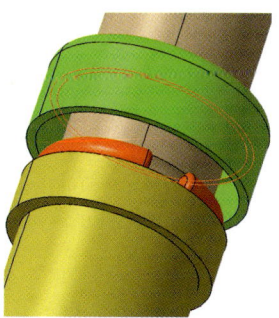

Der Radhalter wird von unten an die Stange angeschraubt (Zylinderschraube M6X26) und parallel zur Lenkstange ausgerichtet.

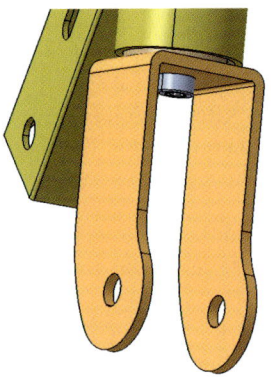

⇨ Die Oberseite des Radhalters und die Stabendfläche mit *Kontaktbedingung* aneinander legen.

⇨ Mit *Kongruenzbedingung* die beiden Bohrungen fluchtend positionieren.

⇨ Die Innenfläche am Schraubenkopf mit der Unterseite des Radhalters mit *Kontaktbedingung* zusammenfügen. Dadurch ist die Schraube zum Einstecken schon seitenrichtig positioniert.

⇨ Mit *Kongruenzbedingung* die Halterbohrung und den Schraubenschaft wieder fluchtend legen.

⇨ Die Achse der Lenkstange mit der *Winkelbedingung* zur vorderen Kante des Radhalters mit dem Winkel 0 (180) Grad parallel ausrichten.

Das Rad wird mit der Zylinderschraube M8 als Achse und einer Mutter M8 im Radhalter befestigt.

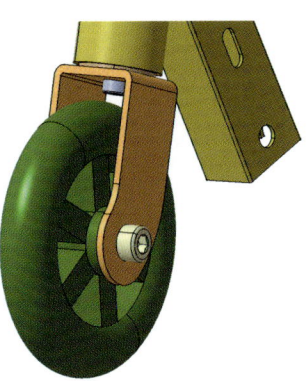

⇨ Die Außenseite der Radnabe mit der entsprechenden Innenfläche des Radhalters mit *Kontaktbedingung* aneinander legen.

⇨ Mit *Kongruenzbedingung* die beiden Bohrungen zueinander fluchtend positionieren. Hier erst wird die vorgesehene Position erreicht.

⇨ Die Innenfläche am Schraubenkopf mit der Außenseite des Radhalters mit *Kontaktbedingung* zusammenfügen.

⇨ Mit *Kongruenzbedingung* die Bohrung im Radhalter und den Schraubenschaft fluchtend legen.

⇨ Soll sich auch die Stange bewegen können, muss die starre Untergruppe mit *Flexible/starre Unterbaugruppe* flexibel werden. Zusätzlich muss, wenn ein Teil der Unterbaugruppe fixiert war, dies zuvor mit *Bearbeiten > Objekt > Inaktivieren* abgeschaltet werden.

⇨ Mit *Manipulation* und *In Bezug auf Bedingungen* sollte abschließend der Zusammenbau geprüft werden. Nur das Drehkreuz darf sich noch drehend bewegen.

⇨ Mit *Datei > Sichern unter...* die *In Bearbeitung* stehende Baugruppe im passenden Ordner unter gleichem Namen speichern.

⇨ Mit *Start > Beenden* aufhören oder den Roller weiterbauen!

 Flexible/starre Unterbaugruppe

Übung Trittbrettgruppe

Ein Klapproller wird zusammengebaut. Zur einfacheren Handhabung wird das Trittbrett mit seinen Anschlussteilen als eigenständige Baugruppe vormontiert. Die Baugruppe Trittbrettgruppe besteht aus dem Trittbrett selbst, dem Drehteller, dem Schutzblech, dem Rad, mehreren Zylinderschrauben und entsprechenden Muttern.

⇨ Mit *Datei > Neu* eine neue Datei mit dem Typ *Product* anlegen und die Gruppe Trittbrettgruppe nennen.

⇨ Mit *Vorhandene Komponente* und aktiviertem Baugruppennamen im Strukturbaum die Einzelteile in der Ablage suchen. Alle benötigten Teile dieses Ordners können zusammengefasst in die Baugruppe eingetragen werden. Andernfalls nacheinander Trittbrett, Drehteller, Schutzblech, Rad, je eine ZylinderschraubeM6X26 und ZylinderschraubeM8 und je eine MutterM6 und MutterM8 suchen und eintragen.

⇨ Das Trittbrett mit *Komponente fixieren* am Ursprung anheften.

Was wird geübt?
Muster wieder verwenden
Teile mehrfach einsetzen lernen

 Vorhandene Komponente

 Komponente fixieren

Der Drehteller liegt auf dem Trittbrett mit Flächenkontakt auf und wird zu den Bohrlöchern bündig positioniert.

⇨ Mit der Lageregel *Kontaktbedingung* liegt die mittlere Außenfläche des Drehtellers auf dem Trittbrett.

⇨ Mit *Kongruenzbedingung* zwei Bohrungspaare zwischen Drehteller und Trittbrett fluchtend legen. Das dritte Lochpaar würde überzählige Bedingungen schaffen. Passen die Bohrlöcher nicht aufeinander, müssen die Teile überprüft und eventuell korrigiert werden. Dies kann in der Baugruppe direkt geschehen.

 Kontaktbedingung

 Kongruenzbedingung

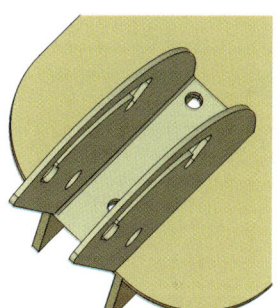

Das Schutzblech liegt ebenfalls auf dem Trittbrett mit bündigen Bohrlöchern.

⇨ Mit der *Kontaktbedingung* liegt das Anschlussblech des Schutzblechs mit den beteiligten Flächen auf dem Trittbrett.

⇨ Mit der *Kongruenzbedingung* beide Bohrungspaare von Schutzblech und Trittbrett fluchtend legen.

Die erste Schraube und zugehörige Mutter werden mit Lageregeln in das erste ganz links am Drehteller liegende Bohrloch eingesetzt. Die fehlenden vier Schrauben M6X26 mit den Muttern müssen dann nach und nach ergänzt und in die Bohrlöcher eingesetzt werden. Dies kann mit Kopien der Teile jeweils einzeln erfolgen. Einfacher ist es aber, die Vervielfältigung mit dem früher schon definierten Bohrungsmuster automatisch ausführen zu lassen. Mit dem so genannten Baugruppenmuster kann ein Teil mitsamt seinen Lageregeln mehrfach nach Vorschrift eines Musters eingefügt werden. Das Muster regelt dann die Teileanzahl und baut nach denselben Lageregeln ein, ohne diese explizit auszuweisen. Dies wird für die Muttern genutzt. Da die Schrauben an verschiedenen Blechen aufliegen, muss eine andere Variante benutzt werden. Es ist auch möglich, die Mehrfachteile gleich mit extra Lageregeln einfügen zu lassen. Diese Regeln müssen dann allerdings individuell angepasst werden.

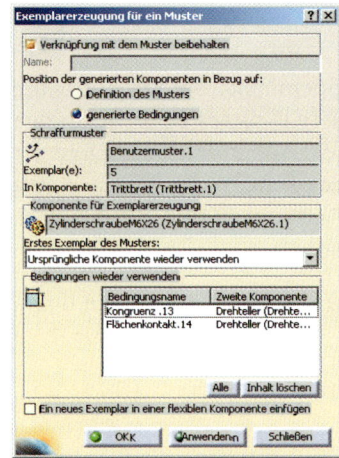

Muster wieder verwenden

⇨ Die Innenfläche der ersten Schraube am Schraubenkopf mit der Innenfläche des Drehtellers und der *Kontaktbedingung* zusammenfügen. Dadurch ist die Schraube zum Einstecken schon seitenrichtig positioniert.

⇨ Die einzelne linke Bohrung im Drehteller und den Schraubenschaft mit *Kongruenzbedingung* fluchtend legen. Damit liegt die Schraube in der Originalbohrung des Benutzermusters.

⇨ Mit *Muster wieder verwenden* entstehen die weiteren Schrauben. Die *Komponente für Exemplarerzeugung* ist die Schraube. Als *Schraffurmuster* das Benutzermuster des Trittbretts auswählen. Die Einstellung *Ursprüngliche Komponente wiederverwenden* bezieht das Original ein. Damit die Lageregeln an unterschiedliche Körper angepasst werden können, wird die Einstellung *Position der generierten Komponenten in Bezug auf: generierte Bedingungen* aktiviert. Als Ergebnis liegen alle Schrauben ineinander, da sie alle mit gleichen Lageregeln festliegen.

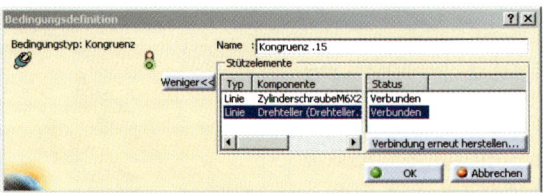

Um die Teile in ihre unterschiedlichen Positionen zu verschieben, müssen die schon vorbereiteten Bedingungen nur noch angepasst werden. Dazu lassen sich einfach die Kontaktstellen austauschen.

⇨ Die *Kongruenzbedingung* der zweiten Schraube durch Doppelklick öffnen. Mit *Mehr* zeigt sich der Definitionsdialog. Die falsche Anbindung an das Trittbrett aktivieren. Mit *Verbindung erneut herstellen...* die bisherige Verbindungsgeometrie durch die Zylinderachse der nächsten Bohrung ersetzen.

⇨ Alle anderen Schrauben in derselben Weise in die dafür vorgesehenen Bohrungen umsetzen.

⇨ Bei den beiden Schrauben am Schutzblech auch die *Kontaktbedingung* austauschen. Jetzt gilt die Oberfläche des Schutzblechs.

Das Baugruppenmuster zeigt sich als weiterer Eintrag *Baugruppenkomponenten* im Strukturbaum. Die Anzahl der Mehrfachkopien hängt damit vom verwendeten Muster ab und kann jederzeit verändert werden. Für die Muttern kann dasselbe Verfahren gewählt werden, noch etwas vereinfacht durch die gleichen Zusammenbaubedingungen der Muttern. Dabei regelt das verwendete Muster auch die Einbaulage.

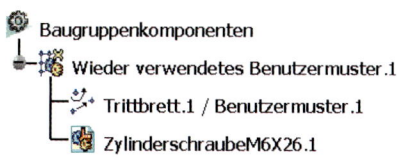

Baugruppenkomponente nutzt ein Muster für Mehrfachteile

⇨ Die erste Mutter an der Oberfläche mit *Kontaktbedingung* mit der Unterseite des Trittbretts zusammenfügen.

⇨ Die Bohrungsachse der Mutter und die Zylinderachse der Originalbohrung am Trittbrett mit *Kongruenzbedingung* fluchtend legen. Beide Bedingungen der Mutter gelten sinngemäß auch für die weiteren Mehrexemplare.

⇨ Mit *Muster wieder verwenden* entstehen die weiteren Muttern. Die *Komponente für Exemplarerzeugung* ist die Mutter. Als *Schraffurmuster* das Benutzermuster des Trittbretts auswählen. Die Einstellung *Ursprüngliche Komponente wiederverwenden* bezieht das Original ein. Damit keine zusätzlichen Lageregeln entstehen, wird die Einstellung *Position der generierten Komponenten in Bezug auf: Definition des Musters* gewählt. Die Kopien der Muttern entstehen an den gewünschten Orten.

Zuletzt wird das Rad eingefügt. Die Zylinderschraube M8 mit der Mutter M8 wird Drehachse. (Der Deutlichkeit halber fehlt im Bild das Trittbrett. Es ist auch ersichtlich, dass die Schrauben zu lang sind. Dies könnte durch weitere, etwas kürzere Schrauben behoben werden.)

⇨ Die Außenseite der Radnabe mit der entsprechenden Innenfläche an der Trittbrettversteifung mit *Kontaktbedingung* aneinander legen.

⇨ Mit *Kongruenzbedingung* die beiden Bohrungen fluchtend positionieren.

⇨ Die Innenfläche am Schraubenkopf mit der passenden Außenseite der Trittbrettversteifung mit *Kontaktbedingung* zusammenfügen.

⇨ Mit *Kongruenzbedingung* die Bohrung in der Trittbrettversteifung und die Schraube achsbündig legen.

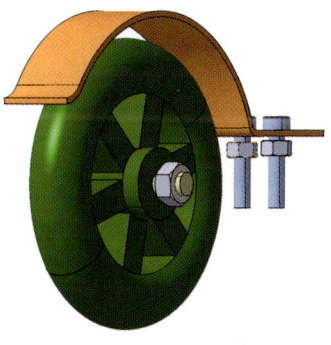

 Manipulation

⇨ Mit *Manipulation* und *In Bezug auf Bedingungen* sollte abschließend der Zusammenbau geprüft werden. Nur das Rad und die Schrauben dürfen sich noch drehen.

⇨ Mit *Datei > Sichern unter...* die *In Bearbeitung* stehende Baugruppe im passenden Ordner unter gleichem Namen speichern.

⇨ Mit *Start > Beenden* Schluss machen oder doch besser den Roller fertig bauen!

Übung Roller

Ein Klapproller wird zusammengebaut. Die vorbereiteten
Baugruppen Lenker und Trittbrett verbinden sich mit
einer Schraube und zugehörigem Kipphebel mit Bolzen.
Die Verbindungselemente bilden in der Baugruppe eine
eigenständige Gruppe, um einfacher damit umgehen zu
können. Der Roller kann sowohl zusammengelegt als auch
fahrbereit dargestellt werden. Beide Stellungen wechseln
hin und her, wenn die jeweils an den Stellungen beteiligten Lageregeln aktiv oder inaktiv sind. Die Baugruppe
Roller besteht aus der Lenkergruppe, der Trittbrettgruppe,
den Zylinderschrauben M6 und M8, dem Bolzen und dem
Kipphebel.

⇨ Mit *Datei > Neu* eine neue Datei mit dem Typ *Product*
anlegen und die Baugruppe Roller nennen.

⇨ Mit *Vorhandene Komponente* werden die Baugruppen
und die Teile Lenkergruppe, Trittbrettgruppe, Zylin-
derschraubeM8, MutterM8, ZylinderschraubeM6X45,
Bolzen und Kipphebel zusammengefasst oder einzeln
in die Baugruppe übertragen.

⇨ Die Zylinderschraube M8 mit *Komponente fixieren* am
Ursprung anheften.

Die Verbindungselemente werden vorab, am Schirm etwas seitlich von den anderen
Teilen, als separate Gruppe zusammengefasst und dann erst gemeinsam eingebaut.

⇨ Mit der Lageregel *Kongruenzbedingung* den Bolzen und
den Kipphebel ineinander schieben.

⇨ Mit der *Offset-Bedingung* beide ebenen Seitenflächen
im Abstand 0 mm bündig legen.

⇨ Mit *Kongruenzbedingung* die Schraube M6 in das Bol-
zengewinde „drehen".

⇨ Mit *Manipulation* und *In Bezug auf Bedingungen* vorpositionieren.

⇨ Mit *Gruppieren* die drei Verbindungsteile im eingeblendeten Dialog zu einer Gruppe zusammenfassen.
Die Gruppe bewegt sich gemeinsam, bleibt aber beweglich.

⇨ Mit *Kontaktbedingung* die Lenkergruppe mit der Trittbrettgruppe seitenrichtig zusam-
menführen. Die Innenfläche des Drehtellers berührt die entsprechende Seitenfläche
des Kantrohrs am Drehkreuz einseitig.

Was wird geübt?
Gruppieren
Baugruppe zusammen-
stecken und bewegen

 Vorhandene Kom-
ponente

 Komponente
fixieren

Kongruenz-
bedingung

Offset-Bedingung

Manipulation

Gruppieren

⇨ Mit *Kongruenzbedingung* die beiden Bohrungen von Drehteller und Kantrohr achsbündig legen.

⇨ Soll sich alles, soweit möglich, auch bewegen können, müssen alle starren Untergruppen mit *Flexible/starre Unterbaugruppe* flexibel werden. Daher alle Bedingungen *Fixieren* in den Unterbaugruppen mit *Bearbeiten > Objekt > Inaktivieren* abschalten.

⇨ Mit *Manipulation* und *In Bezug auf Bedingungen* lässt sich jetzt der Roller „dynamisch" in seiner Funktion prüfen. In zusammengeklappter Stellung belassen.

Die Schraube der Verbindungsgruppe steckt in der Kulisse am Drehteller in einer der Endpositionen. Gleichzeitig berührt der Schraubenschaft die Langlochseitenfläche am Drehkreuz. Dadurch ist der Roller in seiner Stellung arretiert. Gleiches gilt auch für die andere Endposition der Kulisse.

 Kontaktbedingung

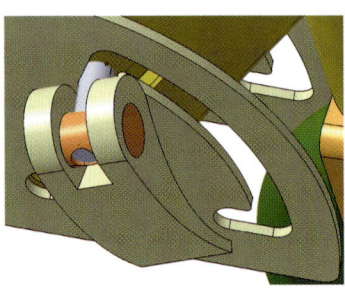

⇨ Mit *Kontaktbedingung* kann der Schraubenkopf an der Außenfläche des Drehtellers angelegt werden. Dadurch wird gleich die ganze Verbindungsgruppe positioniert.

⇨ Mit *Kongruenzbedingung* liegt die Schraubenachse achsenbündig zur Endausrundung der Kulisse im Drehteller, sodass der Roller zusammengeklappt wäre.

⇨ Mit *Manipulation* und *In Bezug auf Bedingungen* lässt sich jetzt der Kipphebel um den Bolzen und um die Schraube drehen und zwar so, dass er in Richtung Kantrohr zeigt und in etwa anliegt.

⇨ Die *Kontaktbedingung* fügt den Kipphebel mit der Außenfläche des Drehtellers zusammen. Der Zylinder der Exzenterfläche berührt längs einer Mantellinie von außen oder *Extern*.

⇨ Mit der *Winkelbedingung* können die Seitenfläche des Kipphebels und eine passende Kante am Kantrohr 0 Grad zueinander stehen.

⇨ Mit der *Offset-Bedingung* hält die Endkante des Kipphebels 1 mm Abstand zur Außenfläche am Drehteller (stabiler wäre ein Endpunkt der Kante). Der Kipphebel ist jetzt unbeweglich.

⇨ Mit der *Kontaktbedingung* zwischen der Schaftfläche der Schraube und der Seitenfläche am Langloch im Drehkreuz (*Extern*) den Roller festklemmen.

 Winkelbedingung

⇨ Zuletzt die Zylinderschraube M8 mit Mutter einfügen. Der Schraubenkopf liegt mit *Kontaktbedingung* auf der Oberfläche des Drehtellers und der Schraubenschaft mit *Kongruenzbedingung* mittig zur Bohrung.

⇨ Die Mutter M8 hat mit *Kontaktbedingung* Flächenkontakt zum Drehteller auf der gegenüberliegenden Seite. Deren Bohrung ist mit *Kongruenzbedingung* fluchtend zum Schraubenschaft.

⇨ Nach der Bewegungsprüfung diese Stellung wieder lösen. Die im Strukturbaum aktivierte Bedingung *Kongruenz* zwischen Zylinderschraube und Drehteller (an der Endausrundung der Kulisse) mit *Bearbeiten > Objekt > Inaktivieren* abschalten.

⇨ Ersatz schafft die *Kongruenzbedingung* zwischen der Schraubenachse und der Endausrundung der Kulisse auf der anderen Seite. Der Roller nimmt dort die Fahrstellung ein.

Um den Roller fahrbereit zu machen, wird der Lenker aus der Stange gezogen. Da die Lenkergruppe eigene Bedingungen hat, muss diese zum Ändern der Einträge *In Bearbeitung* sein.

⇨ Die Lenkergruppe mit *Bearbeiten > Objekt > Bearbeiten* bereitstellen.

⇨ Die Bedingung *Offset* zwischen Lenker und Stange durch Doppelklick öffnen und den Abstand im eingeblendeten Dialog auf 300 mm ändern.

⇨ Wird mit *Bearbeiten > Objekt > Bearbeiten* wieder in die Baugruppe Roller zurück gewechselt, ist dieser fahrbereit.

⇨ Mit *Datei > Sichern unter...* die *In Bearbeitung* stehende Baugruppe im passenden Ordner unter gleichem Namen speichern.

⇨ Mit *Start > Beenden* den Zusammenbau abschließen oder gleich das nächste Kapitel anpacken!

Wie werden autarke Teile in der Baugruppe konstruiert?

Eine typische Konstruktion des Maschinenbaus entsteht in mehreren Stufen. Nach einer gründlichen Vorplanung der Funktion und Gestalt des Produkts verläuft die eigentliche geometrische Gestaltfindung von einer Grobstruktur zur endgültigen Feingestaltung in mehreren Zyklen. Analysen und Simulationen begleiten diese Schritte.

Konstruieren in der Einbausituation

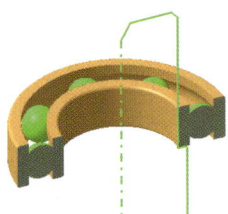

Auch die geometrische Beschreibung mit CAD unterstützt diese Arbeitsmethode. Die Bauteile einer Baugruppe können direkt in der Einbauumgebung konstruiert werden (*design in context with assembly constraints*). Das hat den wesentlichen Vorteil, dass direkt in der visuellen Kontrolle der Nachbar- oder Anschlussteile gestaltet und dimensioniert werden kann. Ein Wellenende entsteht geometrisch als Drehprofil direkt im Mittelschnitt durch sein Rollenlager und damit unmittelbar in dessen visueller Umgebung.

Zusätzlich wird vereinbart, dass die so konstruierten Bauteile eigenständig oder autark bleiben. Im Ergebnis entsteht dieselbe Baugruppe wie zuvor, es verbessert sich lediglich die Übersicht beim Konstruieren. Dies schafft auch die Möglichkeit, die Vordimensionierung in der Baugruppe zu beginnen und die Feingestaltung danach wahlweise getrennt von der Baugruppe weiterzuführen. Zusätzlich kann jedes Bauteil auch in anderen Produkten eingesetzt werden. Als Voraussetzung dazu muss unter *Tools > Optionen > Infrastruktur >Teileinfrastruktur > Allgemein* bei *Externe Verweise* die Funktionalität *Verknüpfung mit selektiertem Objekt beibehalten* ausgeschaltet sein.

Wie wird in der Baugruppe konstruiert?

Zuerst wird das neue Bauteil als Komponente an der gewünschten Stelle im Strukturbaum eingefügt. Automatisch wird eine Datei vom Typ *Part* bereitgestellt. Die neuen Achsen des Bauteils können vorläufig an den Basisachsen oder an einem gewünschten Punkt positioniert werden. Zum Erzeugen neuer Geometrie muss der Baugruppenknoten des Bauteils aufgeblättert und das leere Bauteil selbst geöffnet werden (Bauteilname ohne Zusatz) mit *Bearbeiten > Objekt > Bearbeiten* oder Doppelklick am Bauteil. Das Programm wechselt zur voreingestellten Funktionsumgebung der **Teilekonstruktion**. Jetzt kann in der Umgebung der Nachbarteile konstruiert werden.

Damit das neue, noch leere Anschlussteil direkt in der Einbausituation gestaltet werden kann, muss es positioniert werden. Die Ebene, auf der das Startprofil des neuen Teils skizziert werden soll, wird mit Lageregeln beispielsweise am Einbauort des Nachbarteils temporär positioniert. Das neue Teil kann dann in visueller Nachbarschaft mit dem Anschlussbauteil konstruiert werden. Es soll aber **kein geometrischer Bezug** zum Nachbarn durch geometrische Regeln genommen werden. (Für den Anfänger ist es aber einfacher und ebenso möglich, wenn das neue Teil ganz separat neben der schon konstruierten Baugruppe entsteht.)

Es bieten sich zwei grundsätzliche Vorgehensweisen an:

- **Es wird nur mit der Geometrie des Teils selbst gestaltet.** Notwendige Skizzenebenen und Körper liegen im eigenen Bauteil. Abmessungen von Nachbarn werden lediglich mit den Messfunktionen abgelesen und „von Hand" getrennt übertragen. Dadurch wird **kein geometrischer Bezug** zum Nachbarn mit geometrischen Regeln genommen. Der **Vorteil** dieser Vorgehensweise liegt darin, dass das neue Teil in der visuellen Kontrolle der Nachbarn entsteht. Es bleibt aber völlig eigenständig. Die Teile bauen sich nur aus originären Geometriedaten auf.

Das Teil entsteht nur aus sich selbst

- **Das Teil wird mit der Geometrie der Nachbarn gestaltet.** Beispielsweise können Linien der Profilskizze mit geometrischen Regeln quasi „kongruent" zu Kanten eines Nachbarteils gelegt werden. Oder eine Verziehlänge eines prismatischen Körpers in die dritte Dimension wird mit Kanten bzw. Flächen eines Nachbarteils begrenzt. Oder Körperkanten eines Nachbarn werden als Umrissskizze übernommen. Da die Baugruppe keine Geometrie enthält, bedeutet dies, dass Geometrie aus der Teiledatei des Nachbarn in das neue Teil kopiert werden muss. Diese kopierte Geometrie ist bei der jetzigen Voreinstellung vom Urbauteil entkoppelt, also nicht assoziativ, räumlich (Raumlinien, Flächen im Raum, ...) und redundant. Sie wird in einem **Geometrischen Set** zusätzlich im neuen Teil abgelegt. Diese Geometrie wird ins neue Koordinatensystem in der Lage übertragen, die das neue Teil gerade relativ zum Nachbarn eingenommen hat.

Das Teil benutzt beziehungslose Nachbargeometrie

Der **Vorteil** dieser Vorgehensweise gegenüber der erstgenannten liegt darin, dass Geometrie, ohne abzumessen, von anderen Teilen übernommen werden kann. Das neue Teil bleibt allerdings völlig eigenständig. Der **Nachteil** ist, dass zusätzliche, nicht assoziative Geometrie im neuen Teil abgelegt ist. Ändert sich der Nachbar in seiner Lage oder seiner Gestalt, wird die kopierte Geometrie nicht korrigiert. Das Kopierte wird wertlos und bläht die Datenmenge unnötig auf, wodurch die Übersichtlichkeit leidet (redundante Daten). Daher ist diese Arbeitsweise nicht empfehlenswert.

Das Anschlussteil mit seiner Startprofilebene war nur provisorisch am bestehenden Körper ausgerichtet. Erst wenn das Anschlussprofil zum Körper geworden ist, kann es mit Lageregeln endgültig eingebaut werden. (Zuvor muss die anfangs eingeführte Fixierung der ersten Profilebene wieder gelöscht werden.) Dazu muss in die übergeordnete Baugruppe und in die Funktionsumgebung **Baugruppenkonstruktion** gewechselt werden. Wird der übergeordnete Baugruppenknoten geöffnet mit *Bearbeiten > Objekt > Bearbeiten* (oder Doppelklick), wechselt auch die Funktionsumgebung. Der endgültige Einbau kann mit dem fertig konstruierten Bauteil, aber auch schon frühzeitig im Entwicklungsstadium mit einer Grobstruktur erfolgen.

 Baugruppenkonstruktion

Übung Abzieher

Was wird geübt?

Teil, Element messen, Messen zwischen

Teile am Einbauort in der Baugruppe konstruieren lernen

Ein Abzieher für Wellen soll als Baugruppe entstehen. Diese kleine Maschine kann Ringe, Lager, Radscheiben oder ähnliches von Zylindern abziehen. Sie besteht in diesem Fall aus einer Austriebsspindel und einem Rohrbalken mit Ösenklauen. Die Teile sollen aufeinander aufbauend direkt in der Baugruppe nach eigenen Vorstellungen konstruiert und bemaßt werden. Sie entstehen im Ansehen und in der direkten Abhängigkeit der Nachbarn, **ohne** allerdings die Geometrie der Nachbarn zu benutzen. Damit die Teile trotzdem zueinander passen, werden benötigte Abmessungen der Nachbarn mit den Messfunktionen *Element messen* und *Messen zwischen* ermittelt und im neuen Teil „von Hand" übertragen. Zusammengebaut wird mit den Lageregeln. Mit dieser Arbeitsweise entstehen autarke Teile. Sie sind voneinander unabhängig und können auch anderweitig genutzt werden.

Zur Erleichterung der Konstruktion wird vorgeschlagen, wieder ein Einbau- oder Funktionsszenario vorzubereiten. Das bietet den zusätzlichen Vorteil, das vollständig zusammengebaute Handhabungsgerät auch auf seine Funktionsfähigkeit hin zu prüfen. Ein Ring oder Rollenlager und ein Wellenstumpf stellen den Beginn des Konstruktionsvorgangs dar. Die eigentliche Maschine wird sinnvollerweise vom Wellenstumpf aus entwickelt, an den die Spindel anschließt. Das Vierkantrohr trägt die Abzugkraft nach außen zu den zuletzt gestalteten Klauen, die den Ring umfassen. (Es ist selbstverständlich auch möglich, ohne Szenario gleich mit den eigentlichen Teilen der Maschine zu beginnen.)

⇨ Damit die Teile **im Ansehen**, aber **ohne die Geometrie der Nachbarn** konstruiert werden, muss die Einstellung bei *Tools > Optionen > Infrastruktur >Teileinfrastruktur > Allgemein* in der Rubrik *Externe Verweise* die Funktionalität *Verknüpfung mit selektiertem Objekt beibehalten* ausgeschaltet sein. (Als Trick kann die Funktionalität *Externe Auswahl mit Verknüpfung auf veröffentlichte Elemente beschränken* in derselben Rubrik aktiviert werden. Da keine Geometrie veröffentlicht ist, wirkt dies, entgegen der Planung, als Schutz vor Fehlgriffen auf Nachbargeometrie.)

⇨ Mit *Datei > Neu* eine neue Datei mit dem Typ *Product* anlegen und die Baugruppe Abzieher nennen.

 Teil

⇨ Für den abzuziehenden Ring mit *Teil* ein Bauteil Ring in die Baugruppe einfügen. Darin ein Rechteck mit der Breite 25 mm und der Höhe von 22 mm skizzieren. Alle Ecken mit 2 mm ausrunden. Eine Achse im Abstand 30 mm von der Innenkante parallel dazu zeichnen. Sie verläuft sinnvoll von der Ringoberkante bis zur Unterkante. Zur Welle um 360 Grad drehen.

⇨ Schöner wird die Konstruktion, wenn ein Rollenlager mit den entsprechenden Maßen aus einer Normteilbibliothek verfügbar ist und mit dem *Katalogbrowser* gefunden wird (passend wäre ein Rillenkugellager, das auch für die Buchdarstellung benutzt wurde). Im eingeblendeten Dialog *Katalogbrowser* zuerst den entsprechenden Ablageordner mit *Anderen Katalog suchen* bereitstellen. In der Baumstruktur der Normteildatei so lange in den Kapiteln blättern und durch Doppelklick öffnen, bis das gesuchte Normteil gefunden ist. Durch *Bearbeiten > Kopieren* des Normteils und durch *Bearbeiten > Einfügen* in die Baugruppe übertragen. Dazu den Kopf des Strukturbaums aktivieren. Alternativ kann das Normteil auch durch Ziehen des Normteilnamens oder des Bildes mit gedrückt gehaltener, linker Maustaste auf die Zielbaugruppe übertragen werden.

 Katalogbrowser

⇨ Auch mit *Vorhandene Komponente* lässt sich das Kugellager als Gestaltungshilfe in die Baugruppe einfügen, falls es schon vorbereitet war. (Es lässt sich auch aus der Übung Kugellager mit entsprechend eingegebenen Tabellenmaßen entwickeln).

 Vorhandene Komponente

⇨ Mit *Teil* in die Baugruppe ein neues Teil Welle als weitere Gestaltungshilfe für das Wellenende einfügen. Die beim Einfügen eingeblendete Frage nach dem neuen Ursprung wird mit *Nein* beantwortet.

Hinweis:
Die Achsen des neuen Teils können beim Einfügen ausgerichtet werden. Beim Einfügen des Teils fragt ein Dialogfenster: Neuen Ursprung für das neue Teil definieren? Wird mit *Nein* geantwortet, liegen die neuen Hauptebenen über den Achsen des Basisteils der Baugruppe (es ist das erste geladene Teil, also der Ring). Bei *Ja* kann das Achsensystem an vorhandener Geometrie positioniert werden. Wird eine Komponente ausgewählt, liegen die neuen Hauptebenen auf denen der Komponente. Wird ein Punkt ausgewählt, liegen sie parallel zu den Basisachsen, und der gewählte Punkt ist der Nullpunkt. Die gefundene Lage der neuen Hauptebenen ist genau so temporär, wie bei anderen eingefügten Teilen oder Unterbaugruppen. Da die Teile ohnehin mit Lageregeln zusammengebaut werden, spielt die Lage der Achsen keine Rolle.
Zum Konstruieren des neuen Teils ist es hilfreich, wenn eine der Hauptebenen parallel zur vorgesehenen Bezugsfläche des Nachbarn liegt. Dazu empfiehlt es sich, den neuen Nullpunkt an einen Punkt der vorgesehenen Bezugsebene zu positionieren. Stimmt danach keine der Hauptebenen mit der Bezugsfläche überein, kann die gewünschte Ebene mit der Lageregel *Winkelbedingung* und 0 Grad temporär daran ausgerichtet werden. Da der neue, entstehende Körper später mit Lageregeln in seine tatsächliche Einbaulage eingebunden wird, muss diese Hilfsregel später wieder gelöscht werden.
Eine andere Strategie wäre, einfach optisch getrennt vom Nachbarn den ersten Anschlussgrundkörper grob zu skizzieren und zum Körper zu entwickeln. Anschließend wird der Körper mit Lageregeln in gewünschter Position eingebaut. In seiner jetzt richtigen Einbaulage wird das Teil nun in visueller Kontrolle durch die Nachbarn weiterkonstruiert.

Die neue Skizze auf einer Hauptebene des neuen Teils anlegen, die zum Ring günstig liegt, es also in etwa von der Seite zeigt. Das Profil wird neben der Einbaustelle skizziert, zur Welle gedreht und anschließend mit Lageregeln eingebaut.

 Teilekonstruktion

⇨ Um im neuen Teil arbeiten zu können, muss dieses im Strukturbaum aktiviert und mit *Bearbeiten > Objekt > Bearbeiten* bereitgestellt werden, kenntlich am blauen Rahmen. Automatisch wechselt die Funktionsumgebung zur **Teilekonstruktion**. Dieser Wechsel kann auch durch zweimaliges Öffnen (Doppelklick) der gewünschten Geometrie (eine der Hauptebenen) erreicht werden.

> **Hinweis:**
> Falls die neue Skizze versehentlich auf eine Hauptebene des Nachbarn gelegt wird, entsteht automatisch eine Kopie der Ebene in aktueller Lage im neuen Teil. Diese Ebene wird im *GeometrischenSet* abgelegt. Diese im Prinzip benutzbare Ebene ist ohne jeden Bezug im neuen Teil und daher ungeeignet. Immer wenn also ein *Geometrisches Set* mit den Einträgen *Kurve*, *Ebene* oder *Fläche* entsteht, sollte dieses sofort wieder gelöscht werden. (Es sei denn, es handelt sich um selbst konstruierte Referenzelemente.)
> Es soll also in der visuellen Kontrolle, aber ohne geometrischen Bezug zu den Nachbarn konstruiert werden.

 Skizzierer

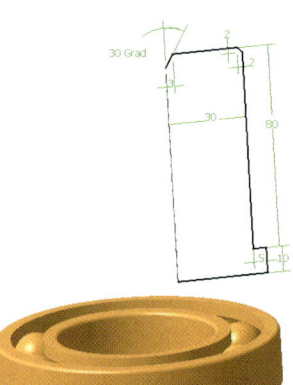

⇨ Mit *Skizzierer* eine Skizze auf einer Hauptebene anlegen, die den Ring in etwa von der Seite zeigt. Im Strukturbaum darauf achten, dass sie als eigene Ebene orange hervorgehoben wird.

 Profil

⇨ Mit *Profil* das Wellenende als Drehprofil in beliebiger, sinnvoller Lage neben dem Ring skizzieren.

Element messen

⇨ Den Innendurchmesser des Rings mit *Element messen* ablesen. Falls die beim Messen gezeigten Werte nicht ausreichen, kann mit *Anpassen* im eingeblendeten Dialog ein zusätzliches Dialogfenster geöffnet und ausgefüllt werden.

 Bedingung

⇨ Mit *Bedingung* die Maße in die Skizze eintragen. Die Welle hat eine gewisse Länge (80 mm), danach kommt ein Anschlag für den Ring (5 mm breit und 10 mm für einen angedeuteten Wellenrumpf). Vom Wellendrehen stammt ein Zentrierkegel (60 Grad Öffnung und 6 mm Durchmesser) und eine Fase (2 mm 45 Grad) am Wellenende.

Umgebung verlassen

⇨ Skizze beenden mit *Umgebung verlassen*.

Welle

⇨ Mit *Welle* zum vollen Wellenrumpf drehen.

Baugruppenkonstruktion

⇨ Zur aktivierten Baugruppe wechseln mit *Bearbeiten > Objekt > Bearbeiten*. Der Baugruppenname bekommt den blauen Rahmen. Die Umgebung **Baugruppenkonstruktion** wird eingewechselt.

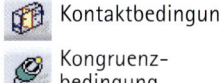

⇨ Mit *Kontaktbedingung* den Randstreifen am Wellenabsatz auf die Oberseite des Rings legen und dadurch am Anschlag positionieren.

⇨ Mit *Kongruenzbedingung* werden der Ring und die Welle achsbündig.

Kontaktbedingung

Kongruenz-
bedingung

Alternative zur Einbauskizze:

Alternative

Die Skizze soll direkt in der Einbauumgebung erstellt werden. Dazu wird beispielsweise eine der Hauptebenen des neuen Teils so positioniert, dass sie den Ring mittig schneidet. Als Bezug muss diese mittig liegende Ebene im Nachbarteil erst konstruiert werden. Es ist eine Normalebene zu einer Ringkante.

⇨ Mit *Bearbeiten > Objekt > Bearbeiten* zu dem im Strukturbaum aktivierten Teil Ring wechseln.

⇨ Mit *Punkt* mit dem Typ *Auf Kurve* einen Referenzpunkt auf eine der Kanten des Rings positionieren (*Nächstliegendes Ende*).

⇨ Am neuen Punkt eine Referenzebene mit *Ebene* und dem Ebenentyp *Senkrecht zu Kurve* (derselben Kante des Rings) als Positionierhilfe erzeugen.

Punkt

Ebene

⇨ Mit *Bearbeiten > Objekt > Bearbeiten* in die im Strukturbaum aktivierte Baugruppe wechseln.

⇨ Eine passende Hauptebene des neuen Teils mit der *Offset-Bedingung* und 0 mm auf die Hilfsebene im Teil Ring beziehen. Die Hauptebene des neuen Teils richtet sich am Nachbarn aus.

Offset-Bedingung

⇨ Mit *Bearbeiten > Objekt > Bearbeiten* ins neue Teil Welle wechseln.

⇨ Auf der eingerichteten, eigenen Hauptebene eine neue Skizze anlegen. Dabei ist im Strukturbaum zu prüfen, ob auch die eigene Hauptebene aktiviert wird.

⇨ Mit *Teil durch Skizzenebene schneiden* werden alle vorhandenen Baugruppenteile geschnitten. Dadurch wird die Einbausituation visuell klarer. Der Schnitt ist nur optisch.

⇨ Das Profil der Welle im Ring skizzieren. Der Durchmesser wird wieder nur abgemessen und „von Hand" in die Skizze übertragen.

⇨ Skizze beenden mit *Umgebung verlassen*.

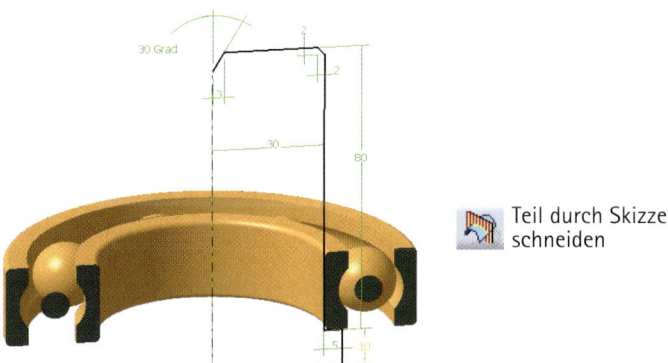

Teil durch Skizze
schneiden

> **Hinweis:**
> Wird in der direkten Umgebung des Nachbarn konstruiert, besteht die Gefahr, dass sich Maße oder geometrische Bedingungen auf den Nachbarn beziehen. Jeder Bezug kopiert projizierte Daten in das *Geometrische Set*. Diese unbrauchbaren redundanten Daten werden vermieden, wenn nur Objekte des eigenen Teils benutzt werden. Bei der Auswahl der Geometrie wird dies an der Hervorhebung (orange) im Strukturbaum erkannt.

⇨ Im Raum zur *Welle* drehen.

⇨ Mit *Bearbeiten > Objekt > Bearbeiten* zur aktivierten Baugruppe wechseln.

⇨ Die Welle ist optisch schon in richtiger Position. Ohne vollständige Lageregeln würde die Baugruppe aber später auseinander fallen. Daher muss die vorherige Bedingung *Offset* der beiden Ebenen wieder gelöscht werden, da sie nur zum besseren Zeichnen provisorisch positioniert war.

⇨ Danach die endgültige Position wie zuvor mit Lageregeln festlegen.

Die Spindel wird als Drehteil auf einer passenden, eigenen Hauptebene skizziert. Am abgeplatteten Spindelkopf wird ein Vierkant zum Drehen angebracht. Die Hauptebene wird direkt beim Anlegen auf die Hauptebenen der Rumpfwelle bezogen. Der fertige Körper positioniert sich mit Lageregeln an der Zentrierung in der Welle.

⇨ Mit *Teil* die Spindel in die Baugruppe einfügen. Bei der Antwort *Ja* auf die Frage nach der Ursprungslage werden die neuen Hauptebenen über die Hauptebenen der Rumpfwelle gelegt, wenn diese angewählt wird.

⇨ Mit *Bearbeiten > Objekt > Bearbeiten* ins neue Teil wechseln.

⇨ Mit *Skizzierer* neue Skizze auf einer geeigneten, eigenen Hauptebene anlegen. Die orange Hervorhebung im Strukturbaum beachten.

⇨ Mit *Profil* die Spindel etwas neben der Welle skizzieren. Die Spindel nach eigenen Vorstellungen gestalten. Am Spindelkopf ist eine plattenförmige Verstärkung mit Ausrundungen als Aufsatz für den Drehvierkant vorgesehen. (Ein Tipp: Parallele Hilfslinien durch die Mittelpunkte übertragen den Ausrundungsradius geometrisch.)

⇨ Skizze beenden mit *Umgebung verlassen*.

⇨ Mit *Welle* zum Körper drehen.

⇨ Mit *Skizzierer* neue Skizze auf den Spindelkopf legen. Darin entsteht ein konzentrisches Quadrat für den Vierkantblock. (Ein Tipp: Ein Hilfskreis berührt das Quadrat an den Ecken. Zwei Quadratseiten sind gleich lang, oder deren Eckpunkte sind äquidistant zur gemeinsamen Innenecke.)

⇨ Mit *Block* zum Vierkant verziehen.

⇨ Zur Positionierung des Gewindes an der Spindel eine *Ebene* vom Typ *Durch ebene Kurve* durch den oberen Kegelrandkreis legen. Dort beginnt das Gewinde.

⇨ Mit *Gewinde* auf die *Seitliche Teilfläche*, also den Schaft, einen Gewindetyp *Standardgewinde* als *Rechtsgewinde* aufdrehen. Der *Stützelementdurchmesser* darf nicht kleiner sein als der des Gewindes. Die *Begrenzungsfläche* für die *Gewindetiefe* ist die neue Ebene am Kegelrand.

Block

Gewinde

⇨ Mit *Bearbeiten > Objekt > Bearbeiten* zur aktivierten Baugruppe wechseln.

⇨ Mit den Lageregeln *Kongruenzbedingung* die Spindel zum Wellenrumpf parallel und mit der *Kontaktbedingung* das Kugelende mit dem Rand der Zentrierung als Linienkontakt verbinden.

Hinweise:
Die Lageregel *Kongruenzbedingung* setzt die Spindel mittig zur Welle. Die zusätzliche *Kontaktbedingung* schiebt beide Teile zusammen. Zusätzlich zentriert auch diese Bedingung, es sind also Freiheitsgrade doppelt vergeben. Von der zweiten Bedingung alleine aus gesehen bleibt nur eine (torkelnde) Verdrehung der Spindel frei. Da die Klauen später für die Achsparallelität von Welle und Spindel sorgen, muss spätestens dann die *Kongruenzbedingung* wieder gelöscht werden.

Das quer liegende Verbindungsrohr mit Rechteckquerschnitt wird als Block massiv erzeugt und als Schale ausgehöhlt. Mit einer mittig liegenden Gewindebohrung dreht die Spindel im Rohr. Da die Spindel und das Rohr kaum geometrisch übereinstimmen, kann wieder ganz separat neben der Baugruppe skizziert werden.

⇨ Mit *Teil* das Rohr in die Baugruppe einfügen.

⇨ Mit *Bearbeiten > Objekt > Bearbeiten* ins neue Teil wechseln.

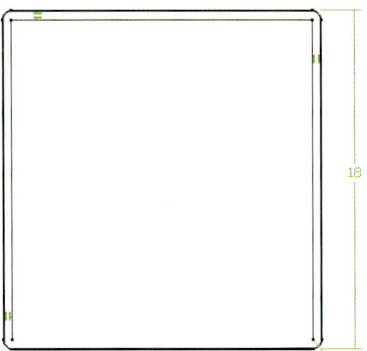

⇨ Mit *Skizzierer* neue Skizze auf beliebiger, eigener Ebene anlegen.

⇨ Mit *Profil* einen Quadratquerschnitt skizzieren. Er soll an den Ecken ausgerundet werden.

⇨ Skizze beenden mit *Umgebung verlassen*.

⇨ Zum *Block* mit ausreichender Länge aufziehen. Zum offenen Rohr wird der Block mit der Auswahl *Dick*. Bei *Schmaler Block* das passende äußere *Aufmaß2* eingeben und für das innere *Aufmaß1* den Wert 0 mm (Seite beachten).

⇨ Eine zur Spindel passende Gewindebohrung mit *Bohrung* ins Rohr *Bis zum letzten* durch beide Wände führen. Der Einsetzpunkt liegt in beiden Richtungen mittig zum Rohr.

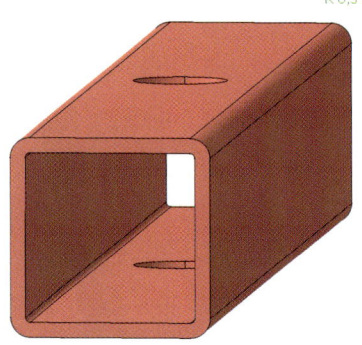

⇨ Mit Doppelklick zur Baugruppe wechseln.

⇨ Mit der Lageregel *Kongruenzbedingung* die Bohrung des Rohrs auf die Spindel achsbündig ausrichten. Da das Rohr auf der Spindel noch verschiebbar ist, kann es mit *Manipulation* und *In Bezug auf Bedingungen* in eine mittlere Lage geschoben werden.

Die Skizze der Klauenöse soll direkt in der Einbauumgebung erstellt werden. Als Vorschlag wird der Nullpunkt des neuen Teils so positioniert, dass die Achsen auf der Stirnfläche des Vierkantrohrs liegen. Die Öse wird als Strang erzeugt, der durch ein Rechteckprofil entsteht, das entlang des Rohrrands verläuft. Dieses Vorgehen ist immer angebracht, wenn ein aufwändiges Profil zu gestalten ist. Für eine Rechteckform wäre auch ein Gesamtblock mit einer Tasche in Rohrgröße ausreichend.

⇨ Mit *Teil* die Klaue einfügen und im Dialog *Ursprungspunkt* mit *Ja* starten. Einen Eckpunkt des Rohrs als Nullpunkt auswählen. Die Basisachsen erscheinen dort.

⇨ Wenn keine Hauptebene passend liegt, eine geeignete Hauptebene mit *Winkelbedingung* und 0 Grad deckungsgleich zur benutzten Stirnfläche des Rohrs legen.

⇨ Mit *Bearbeiten > Objekt > Bearbeiten* ins neue Teil wechseln.

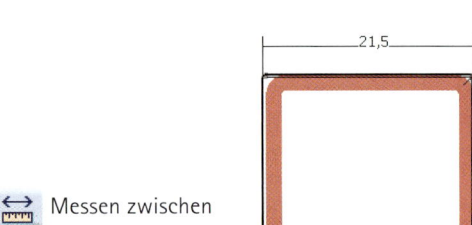 Winkelbedingung

 Messen zwischen

⇨ Mit *Skizzierer* neue Skizze auf der ausgerichteten eigenen Hauptebene anlegen.

⇨ Mit *Profil* entsteht das Ösenloch der Klaue als Rechteck mit Eckausrundungen. Es hat ausreichendes Spiel zum Rohr und wird zur Führungs- oder Zentralkurve des Strangs. Der notwendige Abstand kann mit *Messen zwischen* am Rohr abgemessen werden. Dieses Profil wird zur Zentralkurve der Rippe.

⇨ Skizze beenden mit *Umgebung verlassen*.

Eine zweite Skizze als Querschnitt des Strangs entsteht senkrecht zur Skizze der Zentralkurve. Die Skizzenebene und das Profil selbst werden am Mittelpunkt der oberen Kante der Zentralkurve angebunden.

⇨ Dazu einen Referenzpunkt mit *Punkt* und dem Typ *Zwischen* in die Mitte zwischen die Eckpunkte der oberen Randgeraden der vorigen Skizze legen.
⇨ Mit *Ebene* verläuft die Stützebene für die Querschnittsskizze *Senkrecht zu Kurve* durch den gerade erzeugten Mittelpunkt.

⇨ Mit *Skizzierer* eine neue Skizze auf dieser Hilfsebene anlegen.
⇨ Mit *Profil* den Rechteckquerschnitt des Strangs skizzieren und an den neuen Punkt der Zentralkurve mit *Kongruenz* anhängen. Es steht rechtwinklig zur Zentralkurve.
⇨ Skizze beenden mit *Umgebung verlassen*.

⇨ Mit der Funktion *Rippe* zum Strangkörper ziehen. Das *Profil* ist das Rechteck und die *Zentralkurve* ist das ausgerundete große Quadrat.

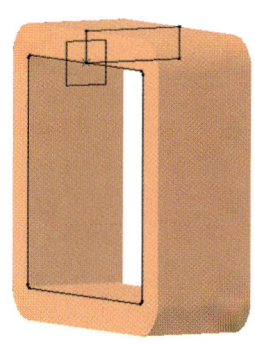

 Rippe

Der Haken schließt an der Unterseite der Öse an. Wegen seiner Form ist es sinnvoll, den Haken in derselben Hilfsebene zu skizzieren, die schon dem Ösenquerschnitt als Unterlage diente. Er liegt dadurch automatisch mittig.

⇨ Mit *Skizzierer* eine neue Skizze auf vorheriger Hilfsebene anlegen.
⇨ Mit *Profil* den Haken als Skizze gestalten. Er steht senkrecht zur Öse, also zu deren unterer Seite, und ist gleich breit, also sind die Eckpunkte des Profils kongruent zu den entsprechenden unteren Ösenkanten. Der Haken sollte den Ring gut umgreifen können (etwa entsprechend der Detailskizze).
⇨ Skizze beenden mit *Umgebung verlassen*.

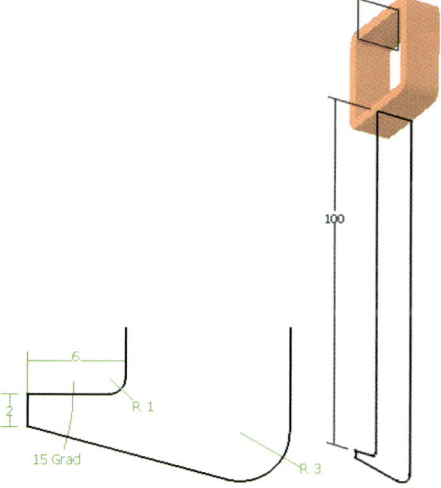

Kantenverrundung

Schnelle Mehrfach-
exemplare

⇨ Einen *Block* in gespiegelter Ausführung von der Mittelebene aus erzeugen.

⇨ Den Haken mit *Kantenverrundung* an den Außenkanten ausrunden. Alle Kanten lassen sich zusammengefasst in einer Operation bearbeiten.

⇨ Mit *Bearbeiten > Objekt > Bearbeiten* zur aktivierten Baugruppe wechseln.

⇨ Mit der Funktion *Schnelle Erzeugung mehrerer Exemplare* eine zweite Klaue als Referenzkopie der Originalklaue erzeugen.

⇨ Mit der Lageregel *Kontaktbedingung* die Ösen oben und seitlich flächenbündig zum Rohr einfügen. Sie sind dann noch auf dem Rohr verschiebbar.

⇨ Zuletzt haben die Klauen an der Unterseite des Rings und dessen Außenzylinder mit *Kontaktbedingung* Flächenkontakt. (Zuvor muss die *Kongruenzbedingung* der Spindel gelöscht werden.)

Hinweis:
Wenn die Öse aufgesteckt ist, kann die Klaue jeweils nur noch in einer Richtung von seitlich und von unten an das Lager herangefahren werden. Mit zwei Flächenkontakten werden aber jeweils drei Freiheitsgrade der Bewegung festgelegt. Daher kann es zu Konflikten kommen. Mit der *Offset-Bedingung* und dem Abstand 0 mm zwischen Punkt und Fläche wird nur ein Freiheitsgrad vergeben.

Manipulation

⇨ Jetzt hängen alle Teile des Abziehers wunschgemäß zusammen. Lag das Wellenende am Anschlag flächenbündig am Lager, muss zur Prüfung der Funktionsfähigkeit diese Bedingung mit *Bearbeiten > Objekt > Inaktivieren* ausgeschaltet werden. Dann kann mit *Manipulation* unter *In Bezug auf Bedingungen* die Spindel in Richtung des Lagers bewegt werden, bis das Wellenende zur Kontrolle der Funktion aus dem Lager „fällt".

⇨ Zum Abschluss die beiden Teile Ring und Welle aus der aktivierten Baugruppe mit *Bearbeiten > Löschen* entfernen, da das Einbauszenario nicht zum eigentlichen Abzieher gehört.

⇨ Mit *Datei > Sichern unter...* die *In Bearbeitung* stehende Baugruppe im passenden Ordner unter gleichem Namen speichern. Damit werden auch alle neuen Teile automatisch im gleichen Ablageordner gespeichert.

⇨ **Alternativ** kann mit *Datei > Sicherungsverwaltung...* im eingeblendeten Dialog jedes Teil in ein eigenes Ablageverzeichnis gespeichert werden.

⇨ Mit *Start > Beenden* aufhören oder gleich weiter zum nächsten Kapitel!

Wie werden abhängige Teile in der Baugruppe konstruiert?

Kurze Entwicklungszeiten für Produkte setzen leicht zu verändernde, anpassungsfähige Baugruppen voraus. Ein weiterer Schritt auf diesem Weg sind modular aufgebaute Einheiten, zum Beispiel für die Montage oder den Ersatzservice. Dies unterstützt CAD methodisch mit objektorientiert aufgebauten Baugruppen.

Konstruieren in der Einbausituation

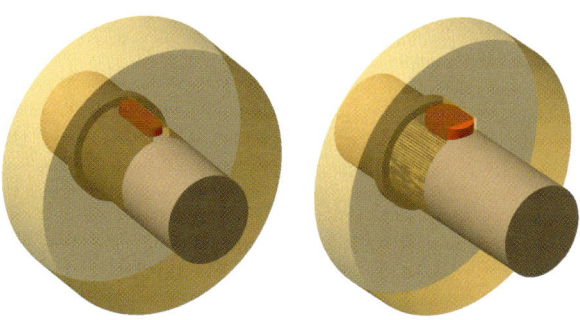

Die Welle-Zahnrad-Verbindung mit einer Feder etwa, kann so konstruiert werden, dass sie sich automatisch anpasst. Die Änderung des Wellendurchmessers, beziehungsweise das Maß für eine breitere Feder, verändert nicht nur die Komponente selbst, sondern alle abhängig konstruierten Nachbarn dieser Baugruppe.

Bei objektorientierter Arbeitsweise werden die Bauteile in der **Baugruppe** direkt in Interaktion miteinander konstruiert und die Bauteile untereinander mit **geometrischen Regeln** verknüpft (*design in context with geometric constraints*). Dies bedeutet, dass Nachbarn ein neues Bauteil maßlich beeinflussen und die Baugruppe dadurch automatisch „wächst". Beispielsweise sind ein Gehäusedeckel oder eine Feder aus einer Nut-Feder-Verbindung in ihren Abmessungen nicht eigenständig, sondern durch den Gehäusetopf oder durch die Nut geometrisch vorbestimmt. Diese Abhängigkeit betrifft in der Baugruppe nicht nur die Form und Abmessung der Teile, sondern gleichzeitig auch die Lage der Nachbarteile zueinander. All dies wird mit geometrischen Verknüpfungen oder externen Referenzen festgelegt.

Der Baugruppenzusammenhang entsteht mit den Bauteilen

Wie entstehen abhängige Baugruppeteile?

Zuerst muss die Option für voneinander abhängige Teile ausgewählt werden. Dann fügen sich neue Teile mit ihren Dateien vom Typ *CATPart* in die leere Baugruppendatei und in den Strukturbaum ein. Diese Dateien erstellt die Funktion *Teil*. Darin entstehen von einem Basisbauteil ausgehend, alle Nachbarbauteile einer **abhängigen Baugruppe** ähnlich wie zuvor bei den Grundkörpern kennen gelernt, als aufeinander objektorientierte bezogene Gruppenteile. Notwendige Eckpunkte, Kanten oder Flächen von Nachbarteilen werden genutzt, um die neue Einbaulage, die Form oder die Abmessung zu beschreiben. Dies wird beim Skizzenaufbau dadurch erreicht, dass die erste Skizze des neuen Teils auf der ebenen Anschlussfläche des Nachbarteils oder ersatzweise auf dessen tangierender Referenzebene liegt. Das Profil in der Skizze selbst

Objektorientierte Bauteile in objektorientierter Baugruppe

wird mit der Funktionsgruppe *Bedingungen* auf diesen Nachbarn ausgerichtet. So sind etwa die neuen Umrisskanten parallel zu Nachbarkanten, oder der neue Umriss liegt symmetrisch zum Nachbarn. Ebenso richten sich die Körperfunktionen *Block*, *Welle* oder *Tasche* in ihrer Ausdehnung in den Raum am Nachbarn aus. Ein Block reicht gegebenenfalls bis zur gegenüberliegenden Fläche des Nachbarn.

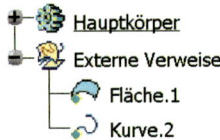

Der einzige, aber wesentliche Unterschied zu objektorientierter Teilekonstruktion ist, dass die Geometrie der Nachbarn nicht unmittelbar zur Verfügung steht, weil diese in einer anderen Teiledatei liegt. Da die Baugruppe selbst keine Geometrie enthält, muss die als Bezug ausgewählte Geometrie des definierenden Geberbauteils (Datenquelle) als Informationsträger in das neue Bauteil übernommen werden. Zum andern muss sich das Empfängerbauteil (Datensenke) merken, woher die Bezugsgeometrie stammt. Nur dann lassen sich spätere Änderungen nachvollziehen. Zur Rekonstruktion dieser Beziehungen verwendet das Programm den Eintrag **Externe Verweise** als „Datenschachtel" vom Typ *Geometrisches Set* für diese Kopien des fremden Draht- und Flächenmodells. Diese externen Verweise sind Abhängigkeiten (*links*) zwischen dem neuen und dem formgebenden Nachbarn. Für jedes benutzte geometrische Element eines Nachbarn wird eine separate Kopie als Verweis angefertigt. Durch die Verweisgeometrie entstehen Abhängigkeiten zwischen Bauteilen, die weit verzweigt sein können.

Abhängige Bauteile durch Externe Verweise

Die objektorientiert aufgebaute Baugruppe, also die Baugruppe mit von einander geometrisch abhängigen Teilen, folgt einer strengen Aufbaulogik. Von einem Basisteil aus entwickeln sich die Anschlussteile. Jedes Anschlussteil selbst entwickelt sich von seiner Anbaustelle aus. Man könnte auch sagen, zwischen den Nachbarteilen besteht eine eindeutige, hierarchische Ordnung mit funktionalen Schnittstellen. Wie bei den objektorientierten Bauteilen selbst, muss die **Mutter-Kind-Regel** unbedingt beachtet werden: ein Bauteil gibt die Form vor, und die anderen Bauteile sind davon abhängig, nicht aber umgekehrt. Die Verwendung und der Einsatz von Verweisgeometrie ist vom Konstrukteur steuerbar. Da jeder Bezug eines Teils auf die Geometrie des Nachbarn ein redundantes kopiertes Objekt zur Folge hat, empfiehlt es sich, von solchen Verweisen sparsamen Gebrauch zu machen. Daher ist neben der funktionalen auch eine geometrisch klar definierte Schnittstelle vorteilhaft.

Hierarchie der Abhängigkeiten erfordert Aufbaulogik

Um einfache und stabile Verbindungen zu gestalten, empfehlen sich einige Handhabungsaspekte. Es ist möglich, schon kopierte geometrische Verweise innerhalb derselben Teiledatei mehrfach zu nutzen. Auch können die in der Verweisgeometrie selbst enthaltenen Objekte zusätzlich genutzt werden. Ist so ein Verweis etwa eine Gerade, kann auch einer der Endpunkte für eine Positionsangabe weiterbenutzt werden; es ist kein zweiter Verweis notwendig. Davon sollte Gebrauch gemacht werden, um möglichst wenige Schnittstelleninformationen zwischen den separaten Teilen verwalten zu müssen. Ein weiterer Aspekt sind die Objekte selbst, die als Verweise dienen sollen. Um eine klare Verweisstruktur aufzubauen, soll sich ein Nehmerteil auf möglichst wenige Geberteile beziehen, und bei diesen Verweisen möglichst jeweils originale Geometrie verwenden. Ein Gesichtspunkt, nach dem eine solche Abhängigkeit aufgebaut werden kann, ist das funktionale Zusammenspiel der Teile in der Baugruppe. In einem Getriebe kann die Abhängigkeit von der Antriebswelle über das Antriebsrad zur Abtriebswelle weitergereicht werden. Im Gegensatz kann sich auch jedes Teil die notwendige geometrische Information ungeordnet suchen. Dies zeigen die folgenden schematischen Darstellungen.

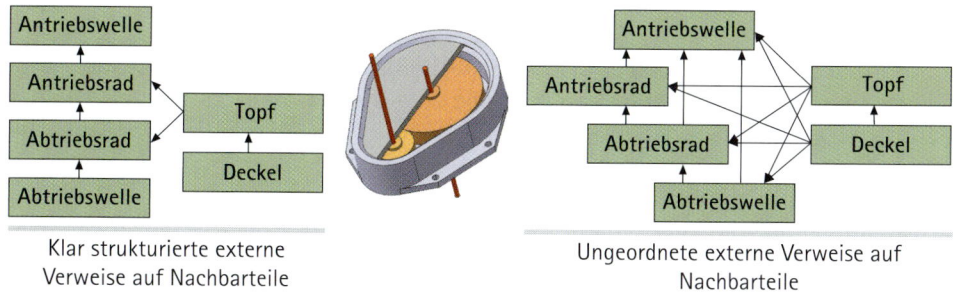

Klar strukturierte externe
Verweise auf Nachbarteile

Ungeordnete externe Verweise auf
Nachbarteile

Da jeder Verweis auf der Hierarchie des Geberteils fußt, sollte die Verweisgeometrie möglichst weit oben aus dessen Strukturbaum stammen. Dann wirken sich Änderungen gegebenenfalls nicht aus. Ähnlich ist es mit der Art der Verweisgeometrie. Je einfacher die Geometrie ist, desto stabiler ist sie gegen Änderungen. Ein Eckpunkt ist einfacher als eine Kante, eine Ebene einfacher als eine Fläche...

Diese von der Gestalt und der Verwendung geprägte Sicht der Teile hilft nicht nur beim Entwickeln im CAD-System, sondern schafft auch klar strukturierte, maschinenbauliche Konstruktionen. Als **Vorteil** dieser Arbeitsweise wird jede Änderung in der Gestalt der Teile in der Baugruppe protokolliert und korrigiert. Auf diese Weise konstruierte Baugruppen sind komplex, aber in ihrer Gestalt weitgehend variabel, sodass sie sich mit minimalem Aufwand in den einmal festgelegten Regeln weiterer notwendigen Gestaltänderungen anpassen. Ein **Nachteil** ist, dass abhängige Bauteile nicht mehr eigenständig sind.

Durch geometrische Bedingungen orientiert sich das Neuteil an der Geometrie des Nachbarn. Dies gilt für die Ausrichtung und Größe selbst (das Neuteil übernimmt Abmessungen), aber auch für die Lage der Bauteile zueinander (das Neuteil liegt richtig an der Anschlussstelle). Damit stehen die **geometrischen Bedingungen** in Konkurrenz zu den **Lageregeln**. Eine Mischung beider Regelarten, also Lageregeln und geometrische Bedingungen für ein und dasselbe Bauteil, ist problematisch und sollte vermieden oder zumindest sorgfältig geprüft werden.

Objektorientierung liefert Form und Einbaulage der Bauteile

Die *Externen Verweise* sind Einträge im Teil und sie werden in der Baugruppe verwaltet. Da Baugruppen und Teile als eigenständige Dateien unterschiedlich verwendet werden können, kommt es vor, dass sich Teileverweise nicht auflösen lassen. Man sagt auch

Komponente ohne
externe Verweise

 Komponente mit
intakten Verweisen

 Komponente mit
gestörten Verweisen

 Baugruppe in an-
derer Umgebung

die Teile stehen im falschen Kontext oder nicht in ihrer Entstehungsumgebung. Die Komponente *(Komponente(Exemplar))* zeigt mit ihrem Symbol an, in welchem Zustand die Verweise sind. Das gelbe Rad im Symbol zeigt an, dass der Baugruppenknoten keine externen Verbindungen hat, das grüne Rad zeigt an, dass die Baugruppenkomponente in die Baugruppe gehört und alle Verbindungen existieren, das braune Rad zeigt an, dass das Teil noch nicht in dieser Baugruppe benutzt wurde und/oder gestörte externe Verbindungen hat und das weiße Rad zeigt an, dass es dort noch nicht als Unterbaugruppe benutzt wurde. Reparierbare Verweise lassen sich mit *Bearbeiten > Komponenten > Kontext ändern...* in die aufnehmende Baugruppe einordnen.

Für die praktische Umsetzung dieser Arbeitstechnik bieten sich dieselben beiden Wege an, wie sie schon bei der autarken Baugruppe vorgestellt wurden. Es liegt nahe, in der Baugruppe zu beginnen und alle neuen Teile nacheinander in der visuellen Kontrolle und mit den Schnittstellenvorgaben der Nachbarn in der Einbausituation simultan zu konstruieren. Der Vorteil ist die direkte visuelle Kontrolle, der Nachteil der Zwang zu disziplinierter aufwändiger Handhabung in der Baugruppe. Aber es ist auch möglich, zuerst die Schnittstellen geometrisch genau zu definieren und dann jedes Teil für sich zu gestalten. Die vorgesehene Schnittstellengeometrie wird bei der Gestaltung durch einen Platzhalter (*dummy*) vorbereitet. Erst beim Einbau in die Baugruppe ersetzen externe Verweise diese Vorgaben (ähnlich dem Vorgehen bei der Variante der Zylinderschraube). Ein solcher Platzhalter für eine Nachbarfläche als Skizzenunterlage kann eine Hilfsebene sein oder ein Maß vertritt den Dimensionsbezug zum Nachbarteil. Der Vorteil ist jetzt die einfachere Handhabung, der Nachteil ist die Auswahl, das Vorhalten und das Ersetzen der Schnittstellengeometrie.

Wie muss die Baugruppenkonstruktion vorbereitet werden?

- Diese objektorientierte Arbeitsweise muss vorher unter *Tools > Optionen > Infrastruktur > Teileinfrastruktur > Allgemein* in der Rubrik *Externe Verweise* als Funktionalität *Verknüpfung mit selektiertem Objekt beibehalten* aktiviert oder eingeschaltet werden. Andernfalls entsteht keine Verknüpfung der Teile. Die ausgewählte Nachbargeometrie würde lediglich in ein *Geometrisches Set* als redundante, aber unnütze Raumgeometrie übertragen.
- Zusätzlich empfiehlt sich in der Rubrik *Aktualisieren* im selben Dialog die Einstellung *automatisch* zu aktivieren. Dies bezieht sich auf das Teil. Die Einstellung *Alle externen Verweise für Aktualisierung synchronisieren* passt alle Teileänderungen der Baugruppe gemeinsam an.
- Außerdem wird empfohlen, unter *Tools > Optionen > Infrastruktur > Teileinfrastruktur > Anzeige* in der Rubrik *Spezifikationsbaum* die Einstellung *Externe Verweise* zu aktivieren, um die Einträge auch im Spezifikationsbaum zu sehen.
- Mit der Einstellung *Externe Verweise im Modus „Anzeigen" erstellen* ist die kopierte Verweisgeometrie am Schirm zu sehen (gelb), sonst wird sie verdeckt abgelegt. Auf diese Verweisgeometrie kann mehrfach bezogen werden, um möglichst wenige

redundante (doppelte) Daten aufzubauen. Die Schnittstelle zu den Nachbarn ist dadurch einfacher.

- Da im Umfeld vorhandener Geometrie gearbeitet wird, kann Geometrie unterschiedlicher Teile übereinander liegen. Bei der Auswahl kommt es darauf an, nur genau die gewünschte Abhängigkeit mit dem Geberbauteil herzustellen. Dies kann im Spezifikationsbaum verfolgt werden (das gewünschte Bauteil wird orange hervorgehoben). Auch die aktivierte Einstellung *Bestätigen, wenn eine Verknüpfung mit einem ausgewählten Objekt erzeugt wird* macht in jedem Einzelfall mit einem Meldefenster darauf aufmerksam.

Übung Nietblech

Was wird geübt?
Baugruppe geometrisch
abhängig konstruieren

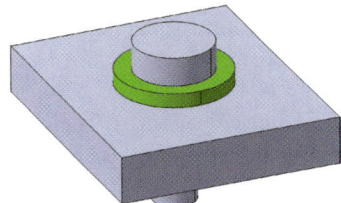

Die Baugruppe besteht aus einem Blech, einer Unterlegscheibe und einem Niet. Die drei Elemente
sollen lagerichtig zueinander positioniert werden
und durch geometrische und maßliche Bedingungen
voneinander abhängen. Die Bohrungen und der Niet
haben gleichen Durchmesser. Der Niet ragt mit 1,5-
fachem Durchmesser über das Blech hinaus. Die geometrische Abhängigkeit der Teile voneinander wird
mit so genannten **Externen Verweisen** erreicht.

⇨ Damit die Teile in geometrischer Abhängigkeit voneinander entstehen, müssen die
Einstellungen dazu richtig sein. Bei *Tools > Optionen > Infrastruktur >Teileinfrastruktur
> Allgemein* muss in der Rubrik *Externe Verweise* die Funktionalität *Verknüpfung mit
selektiertem Objekt beibehalten* eingeschaltet sein.

⇨ Mit *Datei > Neu* eine neue Datei mit dem Typ *Product* anlegen und die Baugruppe
Nietblech nennen.

 Teil

⇨ In die Baugruppe mit *Teil* die Teile Blech, Unterlegscheibe und Niet einfügen.

Hinweis:
Das erste Teil gibt seine Achsen als Basisachsen der Gruppe vor. Jedes später eingefügte,
neue Teil wird platziert. Die Frage *Neuen Ursprung für das neue Teil definieren?* wird mit
Nein beantwortet, also liegen alle Hauptebenen mit den Basisachsen zusammen. Würde
mit *Ja* geantwortet, könnte ein separater Bezugsort oder eine andere Achsrichtung gewählt
werden. Dies ist bei Leerteilen aber ohnehin nicht möglich und nicht notwendig.

Als erstes Bauteil wird das Blech mit mittiger Bohrung konstruiert. Dieses Teil gibt
die Geometrie der Bohrung an die Anschlussteile weiter.

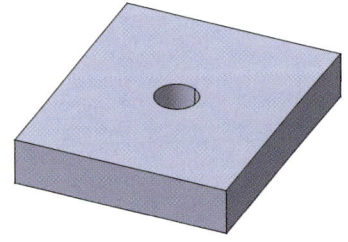

⇨ Das Teil Blech im Strukturbaum aktivieren und
mit *Bearbeiten > Objekt > Bearbeiten* bereitstellen.
Der blaue Rahmen wechselt dorthin.

⇨ Mit *Skizzierer* eine Skizze auf eine eigene Hauptebene legen. Diese muss zur Kontrolle auch im
Strukturbaum des Bauteils Blech hervorgehoben
sein (orange)

 Skizzierer

 Profil

⇨ Mit *Profil* das Quaderprofil 60/50 mm skizzieren.

⇨ Mit *Kreis* entsteht die mittig liegende Durchgangsbohrung (D=10 mm).

 Kreis

 Umgebung
verlassen

⇨ Skizze beenden mit *Umgebung verlassen*.

Block

⇨ Mit *Block* als 10 mm hohen Quader erzeugen.

Die Unterlegscheibe bezieht vom Blechteil die Lage auf der Fläche und den Durchmesser der Bohrung. Als Skizzenebene wird die Oberfläche des Blechs benutzt. Das
neue Skizzenblatt liegt dadurch geregelt auf dem Blech. Das neue Teil muss sich diese
Lage als externen Verweis merken.

⇨ Das Teil Unterlegscheibe aktivieren und mit *Bearbeiten > Objekt > Bearbeiten* bereitstellen.

⇨ Mit *Skizzierer* eine Skizze auf die
Blechoberfläche des Nachbarteils
Blech legen. Diese Geometrie-
information muss auch im Teil
Unterlegscheibe vorhanden sein,
also wird die Oberfläche des
Nachbarteils als Kopie in die
Unterlegscheibe übertragen. Die
Verweisgeometrie wird üblicher-
weise gleich im verdeckten Be-
reich abgelegt. Sie ist im Bild als
Hilfsfläche sichtbar gemacht. Auf
ihr entsteht die Unterlegscheibe.

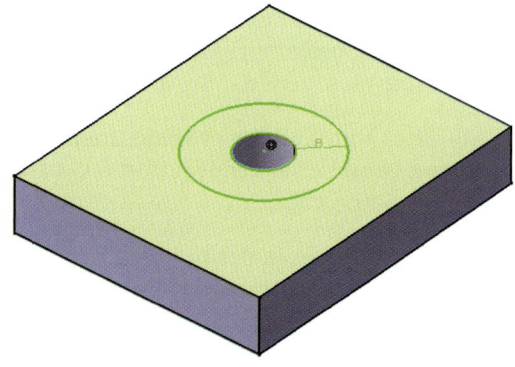

⇨ Mit *Kreis* den Innen- und Außenkreis zeichnen. Der Innenkreis ist deckungsgleich
zum Bohrlochrand des Blechs. Die Unterlegscheibe hat eine Ringbreite von 8mm.

⇨ Skizze beenden mit *Umgebung verlassen*.

> **Hinweis:**
> Bei der ersten Referenz auf Nachbargeometrie entsteht automatisch eine neue „Daten-
> schachtel" *Externe Verweise* im neuen Teil. In ihr sammelt sich beim Bezug auf Nachbar-
> geometrie jeweils eine Kopie. Diese Kopien sind assoziativ mit der Ausgangsgeometrie
> verknüpft. Jede Änderung des Nachbarn wird durch den externen Verweis auch in die
> abhängigen Teile weitergegeben. Alle Teile ändern sich mit. Im Beispiel entsteht der Eintrag
> *Fläche.1*. Auf dieser Oberfläche des Blechs liegt die Skizze der Unterlegscheibe. Dadurch
> ist die relative Lage der beiden Teile zueinander definiert.
> Es ist auch möglich, die Unterlegscheibe separat und damit unabhängig auf einer eigenen
> Ebene zu erstellen, und dann mit einer Lagebedingung auf die Blechoberfläche zu legen.
> Dies entspricht der Methode mit autarken Teilen. Trotzdem könnten die geometrischen
> Bedingungen für die Form und Abmessung der Nachbarn, wie in dieser Übung gezeigt,
> benutzt werden. Dies ist möglich, da sich die geometrischen Bedingungen in diesem
> Beispiel nur in den beiden anderen Dimensionen auswirken. Diese Mischform kann zu
> Konflikten führen und ist nicht systematisch. Daher wird davon abgeraten.

⇨ Mit *Block* zum Körper mit 3mm Dicke ausdehnen.

Alternative

Alternativ kann beim Erstellen des Blocks ganz auf eine Skizze verzichtet werden. Als Profil des Blocks wird jetzt die Kante des Bohrlochs im Blech direkt verwendet. Mit dieser übernommenen Kreiskante wird ein „dicker" Block zur Scheibe. Allerdings muss zuvor ein externer Verweis auf die Kante des Blechs als Geometriebezug hergestellt werden, da die Funktion Block nur mit vorhandenen Kurven und Skizzen etwas anfangen kann. Diesen Bezug liefert beispielsweise einer der später benötigten Referenzpunkte. (Auch die Funktion *Ableiten* der Gruppe *Operationen* in der Umgebung **Drahtmodell und Flächenkonstruktion** liefert diese Kurve).

Punkt

⇨ Mit *Punkt* aus der Funktionsgruppe *Referenzelemente* den Referenzpunkt erzeugen. Als *Kreis-/Kugelmittelpunkt* die Bohrungskante im Blech verwenden, dadurch wird die Kante zum Verweis. Sie erscheint als Eintrag *Kurve* unter *Externe Verweise*.

⇨ Mit *Block* zum Körper der *Länge* 3mm ausdehnen. Unter *Profil/Fläche* die *Kurve* aus *Externe Verweise* verwenden. Dort *Dick* aktivieren und bei *Dünner Block* die Aufmaße richtig eintragen.

Der Niet liegt mittig in der Bohrung, wenn die Skizze dieses Drehteils in einer Ebene liegt, die durch die Achse der Bohrung geht. Seine Größe passt dann geometrisch in die Bohrung, wenn sich die Nietskizze im Durchmesser nach der Unterlegscheibe und in der Länge nach dem Blech richtet. Der Niet soll mit 3-fachem Radius über das Blech hinausragen.

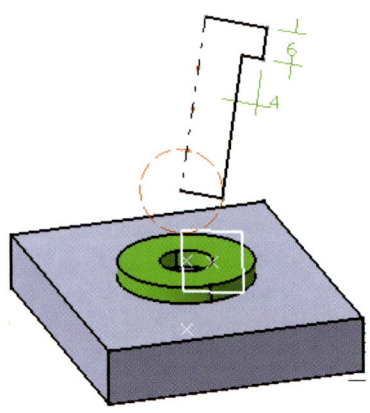

⇨ Vorbereitend mit *Punkt* und dem Punkttyp *Kreis-/Kugelmittelpunkt* einen Referenzpunkt im Raum am oberen Lochrand der Unterlegscheibe erzeugen (in der Skizze weiß). Für den Nietradius ebenfalls einen Punkt *Auf Kurve* am oberen Lochrand anlegen.

⇨ Das Teil Blech aktivieren und mit *Bearbeiten > Objekt > Bearbeiten* bereitstellen.

⇨ Auch dort für die Nietlänge einen Referenzpunkt im Raum mit *Punkt* als *Kreis-/Kugelmittelpunkt* am unteren Bohrungsrand erzeugen.

Hinweis:
Diese Vorbereitung der Punkte in den beiden Teilen ist nicht unbedingt erforderlich. Es ist auch möglich, den Kreismittelpunkt bezogen auf die Bohrungskante jetzt erst im Teil Niet zu erzeugen. Dazu würde diese Körperkante als externer Verweis Kurve entstehen. Aus systematischen und numerischen Gründen ist es jedoch besser, möglichst wenige und einfache Verweisgeometrie zu erzeugen. Punkte sind einfacher als Kurven, Ebenen einfacher als Flächen... Besonders in der nachträglichen Pflege und Änderung der Teile wirkt sich dies vereinfachend aus.

⇨ Das Teil Niet aktivieren und mit *Bearbeiten > Objekt > Bearbeiten* bereitstellen.

⇨ Eine *Ebene* mit dem Typ *Durch drei Punkte* durch die in den anderen Teilen vorbereiteten Punkte legen. Diese wird Stützfläche der Nietskizze.

Ebene

⇨ Mit *Skizzierer* eine Skizze auf diese Mittelebene legen, wodurch der Niet schon mittig zur Bohrung positioniert ist. Diesen als Drehprofil konstruieren. Der Kopf ist 6 mm hoch und hat 4 mm Überstand.

⇨ Die Baugruppe lässt sich mit *Teil durch Skizzenebene schneiden* besser übersehen.

Teil durch Skizze schneiden

Im Dialogfenster def. Bedingungen

⇨ Der Nietdurchmesser ergibt sich, wenn mit *Im Dialogfenster definierte Bedingungen* und *Kongruenz* die Achse der Skizze auf den Mittelpunkten und der Innenneckpunkt auf dem Randpunkt der Bohrung der Unterlegscheibe liegt.

⇨ Um auch die Schaftlänge (mit 3-fachem Radius überstehend) geometrisch zu realisieren, gibt es folgenden Trick:

⇨ Mit *Kreis* und *Konstruktionselement* einen Hilfskreis (rot) um den Innenpunkt am Schaftende zeichnen. Die Schaftaußenkante tangiert den Hilfskreis.

⇨ Drei Skizzenpunkte als *Konstruktionselement* kongruent auf die Achse legen (rot). Der erste Punkt liegt zusätzlich kongruent auf dem Hilfskreis. Er „übernimmt" dadurch den Radius. Die beiden anderen Hilfspunkte haben überlappend jeweils mit *Äquidistanter Punkt* gleichen Abstand untereinander.

⇨ Die Nietlänge liegt fest, wenn der zum Kopf nächstgelegene Hilfspunkt mit *Kongruenz* auf dem Mittelpunkt des untersten Bohrungsrands am Blech liegt.

⇨ Skizze beenden mit *Umgebung verlassen*.

⇨ Mit *Welle* zum Nietkörper drehen.

Welle

Hinweis:
Bei der Auswahl des Bezugselements gilt es, genau darauf zu achten, welches Element in welchem Bauteil gerade ausgewählt wird. Diese Wahl legt die Bauteilverbindung fest. Dies gilt sowohl für die Planung der Geberbauteile als auch für den Bezug beim Empfängerbauteil.

⇨ Zur Überprüfung der Anpassungsfähigkeit den Durchmesser der Bohrung und die Randabstände der Bohrung zum Blech ändern. Die geänderten Teile müssen in der Baugruppe aktualisiert werden.

⇨ Den Niet aus seiner Bohrung zu verschieben versuchen.

⇨ Mit *Datei > Sichern unter...* die *In Bearbeitung* stehende Baugruppe im passenden Ordner unter gleichem Namen speichern. Damit werden auch alle neuen Teile automatisch im gleichen Ablageordner gespeichert.

⇨ **Alternativ** kann mit *Datei > Sicherungsverwaltung...* im eingeblendeten Dialog jedes Teil in ein eigenes Ablageverzeichnis gespeichert werden.

Alternative

⇨ Mit *Start > Beenden* Schluss machen oder weiter geht's!

Übung Nut-Feder-Verbindung

Was wird geübt?
Senkrechte Ansicht
Baugruppe geometrisch
abhängig konstruieren

Die Baugruppe besteht aus den Teilen Welle, Passfeder und Rad. Die drei Bauteile sollen lagerichtig zueinander positioniert werden und in ihren Abmessungen voneinander abhängen. Dies wird durch geometrische Bedingungen und so genannte **Externe Verweise** erreicht.

⇨ Mit *Datei > Neu* eine neue Datei mit dem Typ *Product* anlegen und die Baugruppe NutFederVerbindung nennen.

⇨ In die Baugruppe mit *Teil* die Teile Welle, Passfeder und Rad einfügen.

 Teil

Die Welle ist ein Drehteil. Damit die Nut objektorientiert entsteht, wird eine Tangentialebene an den Wellenzylinder gelegt. Diese dient als Stützebene für die Tasche. Für die genauere Lagebestimmung dient ein beliebiger Punkt auf dem Zylinderrand.

⇨ Das Teil Welle im Strukturbaum aktivieren und mit *Bearbeiten > Objekt > Bearbeiten* bereitstellen.

 Skizzierer

 Profil

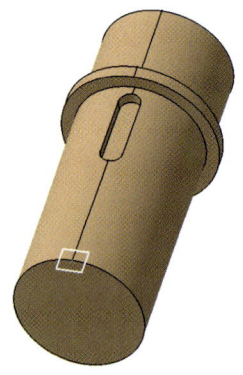

⇨ Mit *Skizzierer* eine Skizze auf eine Hauptebene des Teils Welle legen.

⇨ Mit *Profil* das halbe Wellenprofil skizzieren. Es hat einen Durchmesser von 60 mm, ist 150 mm lang und hat einen Radanschlag von 6 mm Höhe und 8 mm Breite im Abstand von 40 mm zum Wellenende.

⇨ Skizze beenden mit *Umgebung verlassen*.

⇨ Mit *Welle* um 360 Grad drehen.

⇨ Für die Tangentialebene mit *Punkt* einen Referenzpunkt im Raum vom Typ *Auf Kurve* auf den Zylinderrand setzen.

⇨ Eine *Ebene* mit dem Typ *Tangential zu Fläche* durch diesen Punkt legen. Diese wird als Stützfläche der Nietskizze genutzt.

 Umgebung verlassen

 Welle

 Punkt

Ebene

⇨ Mit *Skizzierer* eine Skizze auf die Tangentialebene der Welle legen.

⇨ Mit *Langloch* eine Nut 10/40 mm im Abstand von 4 mm zum Radanschlag zeichnen. Durch Anfangs- und Endpunkt der Mittellinie und den Ausrundungsbeginn ist das Langloch definiert.

 Langloch

⇨ Mit *Im Dialogfenster definierte Bedingungen* und *Kongruenz* liegt die Hilfsmittellinie auf der Wellenachse und damit mittig zur Welle.

 Im Dialogfenster
def. Bedingungen

⇨ Mit *Bedingung* ausreichend bemaßen.

 Bedingung

⇨ Skizze beenden mit *Umgebung verlassen*.

⇨ Mit *Tasche* wird die Nut 5 mm tief, von der Tangentialebene aus gemessen.

⇨ Das Teil Passfeder mit *Bearbeiten > Objekt > Bearbeiten* bereitstellen.

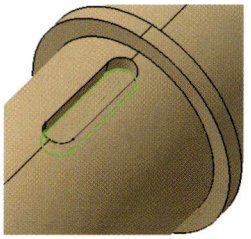

Tasche

Die Passfeder sitzt bündig in der Nut und ist 10 mm hoch.

⇨ Mit *Skizzierer* eine Skizze auf der Grundfläche der Nut öffnen. Dadurch wird eine Kopie der Nutfläche als *Externe Verweise* im Spezifikationsbaum angelegt. Somit hängt der Federboden mit dem Nutboden objektorientiert zusammen. (Wenn von der Rückseite der Welle auf die Skizze geschaut wird, kann mit *Senkrechte Ansicht* umgeschwenkt werden.)

Senkrechte
Ansicht

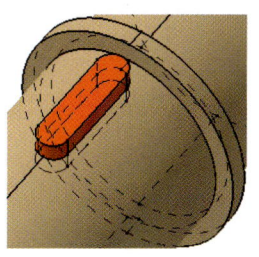

⇨ Wieder mit *Langloch* das Federprofil erstellen.

⇨ Mit *Im Dialogfenster definierte Bedingungen* und *Kongruenz* die Endpunkte einer Seitengeraden von Feder und Tasche aufeinander legen. Dies definiert Richtung und Länge der Feder. Einen Punkt der gegenüberliegenden Seitengeraden des Langlochs als Breitendefinition auf den passenden Punkt am Taschenboden legen. Durch jede Bedingung, die sich auf die Geometrie eines Nachbarteils stützt, wird neue Geometrie als *Externe Verweise* übernommen.

⇨ **Alternativ** kann die Skizze der Nut auch direkt benutzt werden. Dabei entsteht als neuer Eintrag in *Externe Verweise* eine assoziative Referenzkopie der Skizze. Die Feder erstreckt sich als *Block* mit *Erste Begrenzung* 5 mm von der Skizzenlage nach außen und als *Zweite Begrenzung* und *Bis Ebene* zum Nutboden.

Alternativen

⇨ **Alternativ** kann die Nutfläche in *Externe Verweise* direkt als *Profil/Fläche* benutzt werden. Dann ist zusätzlich eine Gerade (*Senkrecht zu Fläche*) für die Richtung der Blockausdehnung nötig. Es entstehen weniger redundante Daten.

⇨ **Alternativ** kann die Geometrie der Nutbodenfläche auch mit der Funktion *3D-Elemente projizieren* direkt übertragen werden. Es entstehen wieder Einträge in E*xterne Verweise*, und die übertragene, raumbezogene Skizzengeometrie ist gelb hervorgehoben. (Numerisch weniger stabil)

 3D-Elemente
projizieren

⇨ Skizze beenden mit *Umgebung verlassen*.

⇨ Mit *Block* zum Federkörper von der Skizzenebene aus 10 mm hoch erstrecken.

 Block

Das Rad steckt auf der Welle, liegt am Anschlag an und wird durch die Feder gehalten. Dazu hat das Rad eine gleich breite, aber etwas tiefere Tasche. Die Dicke des Rads richtet sich nach der Feder und steht auf beiden Seiten 4 mm über.

⇨ Das Teil Rad mit *Bearbeiten > Objekt > Bearbeiten* bereitstellen.

⇨ Das Rad liegt mit seiner späteren Oberfläche am Anschlag an. Mit *Skizzierer* dafür eine Skizze auf der Anschlagebene der Welle anlegen. Die Stützebene der Skizze muss wieder als *Externe Verweise* in das Rad übertragen werden. Dies ist durch die Mischfarbe im folgenden Bild am Anschlag zu erkennen.

Kreis

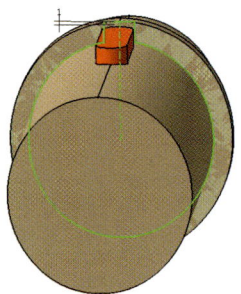

⇨ Mit *Kreis* entsteht der Außenkreis (D=150 mm) konzentrisch zum Anschlagrand.

⇨ Mit *Profil* das zum Außenkreis konzentrische Wellenloch skizzieren. Der Lochkreis hat eine rechteckige Aussparung für die Passfeder. Eine Hilfslinie, vom Kreismittelpunkt zum Mittelpunkt auf die Nutoberkantenmitte gelotet, schafft Symmetrie.

⇨ Mit *Im Dialogfenster definierte Bedingungen* und *Konzentrizität* den Außenkreis in den Innenkreis legen. Die beiden Außenränder der Nut und die Hilfslinie mit *Parallelität* zueinander positionieren. Externe Referenzen entstehen jetzt zur Welle: Mit *Kongruenz* den Innenkreis auf den Anschlagkreis der Welle und jede Nutseite auf den entsprechenden Randpunkt der Wellentasche legen.

⇨ Mit *Bedingung* hat die obere Seite der Nut 1 mm Abstand zu einem oberen Eckpunkt der Passfeder als weitere externe Referenz zur Passfeder.

⇨ Skizze beenden mit *Umgebung verlassen*.

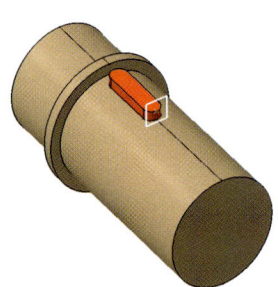

⇨ Mit Doppelklick auf den Teilenamen im Strukturbaum in das Teil Welle wechseln.

⇨ Mit *Punkt* einen Referenzpunkt in die Mitte der Randkante der Federausrundung legen (an der Oberseite vorn).

⇨ Durch diesen Punkt verläuft mit *Ebene* und *Tangential zu Fläche* die Hilfsebene, die den Ausrundungszylinder an seiner längsten Stelle tangiert.

⇨ Das Profil mit *Block* zum Rad ausdehnen. Das Rad richtet sich in seiner Dicke nach der Nutlänge, also erstreckt es sich mit *Bis Ebene* zur Hilfsebene. Auf die Bezugsebene einen zusätzlichen Abstand mit *Offset* 4 mm legen.

Alternative

Alternativ kann sich das Rad auch symmetrisch zur Federnut ausdehnen. Dies erspart die doppelte (redundante) Eingabe des Abstandwerts. Eine Hilfsebene in der Mitte einer Längskante des Nutrands definiert die Symmetrieebene. Diese Ebene ist *Senkrecht zu Kurve*. Der Block des Rads dehnt sich jetzt bis zur Symmetrieebene aus. Mit *Symmetrie* wird das Rad ergänzt.

> **Hinweis:**
> Auch in der Baugruppe muss die **Mutter-Kind-Regel** bei den geometrischen Beziehungen beachtet werden. Die Mutter gibt die Form für das Kind vor, umgekehrt gibt es keine Beeinflussung. Zusätzlich sollte bei mehreren gleichen Geometrieteilen immer auf dasselbe Ausgangsteil bezogen werden, um die Abhängigkeiten so klar strukturiert wie möglich zu gestalten. Die Feder hängt von der Welle ab und das Rad von Welle und Feder.

⇨ Nacheinander Nutlänge, Nutbreite und den Wellendurchmesser abändern und das Zusammenspiel aller Bauteile der Baugruppe beobachten. Die Baugruppe als Ganzes oder jedes Bauteil einzeln aktualisieren mit *Alles aktualisieren*.

 Alles aktualisieren

⇨ Automatisch aktualisiert wird, wenn mit *Tools > Optionen > Infrastruktur >Teileinfrastruktur > Allgemein* in der Rubrik *Aktualisieren* die Einstellung *automatisc*h aktiviert ist.

⇨ Mit *Datei > Sichern unter...* die *In Bearbeitung* stehende Baugruppe im passenden Ordner unter gleichem Namen speichern. Damit werden auch alle neuen Teile automatisch im gleichen Ablageordner gespeichert.

⇨ **Alternativ** kann mit *Datei > Sicherungsverwaltung...* im eingeblendeten Dialog jedes Teil in einem eigenen Ablageverzeichnis gespeichert werden.

⇨ Mit *Start > Beenden* Schluss machen oder weiter üben!

Übung Kunststoffgetriebe

Was wird geübt?

Auszugschräge, Schnitte, Trennen

Teile systematisch aufeinander beziehen können

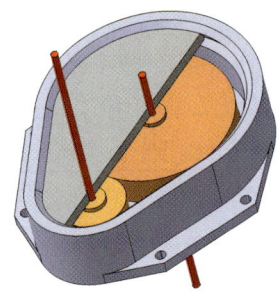

Die Baugruppe besteht aus einem Radsatz mit zwei Zahnrädern, die von einem Gehäuse umschlossen werden. Die Übung wird als Vordimensionierung verstanden, die in späteren Arbeitsschritten immer mehr konkretisiert werden kann. Dabei unterstützt die objektorientierte Gestaltung der Baugruppe. Wenige Maßvorgaben definieren die Aufgabe. Die Zahnräder haben als Berührungskreise verschiedene Durchmesser und sind gleich dick. Die Zahnräder werden im Wellenbereich verstärkt. Das Gehäuse hat einen seitlichen Abstand von den Seitenflächen der Räder, welcher der Wellenverstärkung entspricht. Senkrecht zu den Berührungsflächen hat das Gehäuse gleich bleibenden Abstand. Eine Wandstärke gilt im Plattenbereich und eine im Steg. Der Deckel soll eingedrückt werden und hat dazu ein Clipprofil. Die Wellen haben gleichen Durchmesser.

⇨ Mit *Datei > Neu* eine neue Datei mit dem Typ *Product* anlegen und die Baugruppe Kunststoffgetriebe nennen.

 Teil

⇨ In die Baugruppe mit *Teil* die Teile Welle1, Welle2, Ritzel, Rad, Topf und Deckel einfügen.

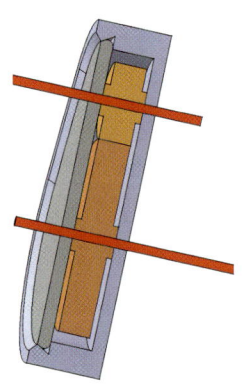

Hinweis:

Da die Teile voneinander abhängen, sollte eine Aufbaureihenfolge festgelegt werden, um möglichst wenige und eindeutige Abhängigkeiten der Teile untereinander zu haben. Ausgehend von der Antriebswelle über das Antriebsritzel zum großen Rad und weiter zur Abtriebswelle wird der Radsatz beschrieben. Der Gehäusetopf baut an das Antriebsritzel an, und der Deckel passt in die Deckelnut.

Um die Wellenverstärkungen geometrisch von der Vorder- zur gegenüberliegenden Rückseite zu übertragen, entstehen die Räder zuerst nur symmetrisch halb. Die Räder haben zur Vordimensionierung keine Zähne. Sollen diese später ergänzt werden, darf die Berührungsfläche nicht für Regeln genutzt werden, da diese mit dem Zahnkranz verschwindet. Eine separate Radskizze als Platzhalter kann dann die Verbindung schaffen.

⇨ Das Teil Welle1 im Strukturbaum aktivieren und mit *Bearbeiten > Objekt > Bearbeiten* bereitstellen.

 Skizzierer

⊙ Kreis

⬆ Umgebung verlassen

🔲 Block

⇨ Mit *Skizzierer* eine Skizze auf eine Hauptebene der Welle1 legen, mit *Kreis* den Wellenumriss zeichnen, mit dem Durchmesser 1,4 mm bemaßen und die Skizze beenden mit *Umgebung verlassen*.

⇨ Mit *Block* 50 mm ausdehnen.

⇨ Da die Welle 10 mm aus dem Rad (ohne Verstärkung) ausragen soll, wird mit *Ebene* eine Referenzebene mit *Offset von Ebene* im Abstand von 10 mm parallel zum Wellenende angelegt. Die Ebene wird Stützebene der Ritzelradskizze.

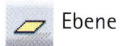 Ebene

Das Ritzel wird nur symmetrisch halb mit Verstärkung konstruiert und dann gespiegelt. Seine Berührkreisskizze liegt auf der Stirnseite.

⇨ Das Teil Ritzel mit *Bearbeiten > Objekt > Bearbeiten* bereitstellen.
⇨ Mit *Skizzierer* eine Skizze auf die Referenzebene der Welle legen.
⇨ Zwei konzentrische Kreise mit *Kreis* konstruieren. Der Berührkreis hat mit *Bedingung* 12 mm Durchmesser.
⇨ Mit *Im Dialogfenster definierte Bedingungen* und *Kongruenz* liegt das Wellenloch auf der Randkante der ersten Welle.
⇨ Die Skizze beenden mit *Umgebung verlassen.*

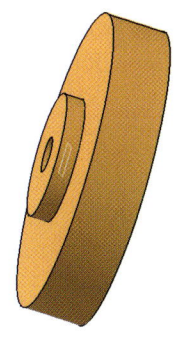

 Bedingung

Im Dialogfenster def. Bedingungen

⇨ Da die Räder symmetrisch zu ihrer Mittelebene sind, wird der Ritzelkörper mit *Block* nur bis zur halben Dicke t/2=2,5 mm aufgezogen. Der Körper dehnt sich in Richtung längeres Wellenende.

Hinweis:
Sollen die Räder später mit Zahnkranz ausgestattet werden, müsste das Profil des Berührungskreises eine Zahnform annehmen. Dadurch würde die geometrische Verknüpfung zwischen den Zahnrädern fehlen und die Baugruppe wäre zerstört. Die Skizze muss als Verbindung erhalten bleiben, sie wird zur Schnittstellenskizze. (Zur optischen und logischen Trennung empfiehlt es sich, solche nicht zu Körper werdenden Skizzen in ein separates *Geometrisches Set* zu legen.) Eine zweite, gleiche Skizze muss im Ritzel erstellt und auf die erste an der Bohrung und am Berührkreis mit geometrischen Bedingungen bezogen werden. Darin kann dann ein Profil mit Zahnkranz für den Radkörper entstehen.

Der erzeugte Radzylinder mit Berührkreis kann aber auch durch nachträglich angebrachte Taschen und Anbauten zum Zahnrad werden. Die Berührkreisskizze behält dann ihre Funktion und braucht nicht durch eine zweite Skizze ersetzt werden.

⇨ Auf der Seite des kurzen Wellenendes mit *Skizzierer* eine Skizze auf der Radfläche anlegen. Darin eine konzentrisch angeordnete Wellenverstärkung mit Bohrung für die Welle anbringen.
⇨ Mit *Im Dialogfenster definierte Bedingungen* und *Kongruenz* liegt das Wellenloch auf der Randkante des Rads. Die Verstärkung hat eine Materialbreite vom Bohrungs- zum Außenrand von 1,8 mm. Darauf achten, dass nur die Geometrie des eigenen Teils benutzt wird.
⇨ Die Skizze beenden mit *Umgebung verlassen.*

⇨ Mit *Block* zur 0,8 mm dicken Scheibe dehnen.

Das große Rad tangiert das Ritzel. Durch die Radgröße definiert sich der Wellenabstand. Beide Radkörper werden anschließend symmetrisch gespiegelt.

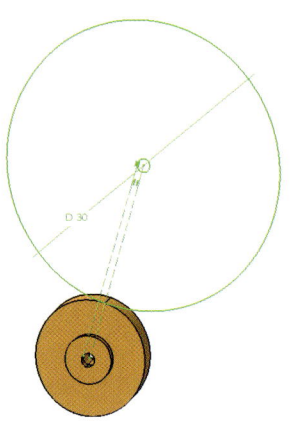

⇨ Das Teil Rad mit *Bearbeiten > Objekt > Bearbeiten* bereitstellen.

⇨ Mit *Skizzierer* eine Skizze auf die Oberfläche des Ritzelrades auf der Verstärkungsseite legen.

⇨ Zwei konzentrische Kreise mit *Kreis* konstruieren. Der Berührkreis hat 30 mm Durchmesser. Beide Wellen haben gleichen Radius. Das Wellenloch kann durch zwei parallele Hilfslinien geometrisch vom Ritzel übernommen werden. Mit *Linie* und *Konstruktionselement* eine Hilfsgerade vom Mittelpunkt des Wellenlochs zum Mittelpunkt der Ritzelbohrung ziehen. Eine zweite Hilfsgerade, die am Wellenloch beginnt und tangiert, wird als Parallele zur Ritzelbohrung gezogen.

⇨ Mit *Im Dialogfenster definierte Bedingungen* und *Kongruenz* die Mittelliniengerade auf die Bohrungsachse beziehen. Die tangierende Hilfslinie endet mit *Kongruenz* am Bohrungsrand und bindet mit *Tangentenstetigkeit* daran an. Wiederum mit *Tangentenstetigkeit* liegt der Berührkreis tangential am Rand des Ritzelkörpers. (Falls diese Lösung nicht stabil ist, hilft stattdessen folgende Variante: Einen Hilfspunkt auf die Linie zwischen den Bohrungsmittelpunkten legen und mit *Kongruenz* auch auf die beiden Berührkreise zwingen.)

⇨ Die Skizze beenden mit *Umgebung verlassen*.

⇨ Mit *Block* und *Bis Ebene* zur Symmetriefläche des halben Ritzelrads als Körper ausdehnen.

⇨ Eine Wellenverstärkung wie beim kleinen Rad anbringen und ebenfalls mit kongruentem Wellenloch versehen. Der gleiche Durchmesser der Verstärkung kann wieder ohne Maßangabe mit parallelen Hilfsgeraden auf die Verstärkung am kleinen Rad geometrisch bezogen werden. Eine Hilfsgerade verbindet die Mittelpunkte, und eine zweite parallele Hilfsgerade tangiert und endet an den Kreisrändern der Verstärkung.

⇨ Mit *Block* bis zur Ritzeloberfläche ausdehnen.

⇨ Mit *Spiegeln* zur Mittelfläche symmetrisch ergänzen.

Spiegeln

Die Abriebswelle soll gegengleich zur ersten Welle aus dem Rad herausragen. Dafür wird eine Referenzebene im Abstand 10 mm zur Stirnseite des großen Rads erzeugt. Auf ihr liegt die Kreisskizze der Welle, und von dort startet der Wellenkörper.

⇨ Mit *Ebene* und *Offset von Ebene* entsteht die Referenzebene im Abstand 10 mm zur jetzt symmetrisch ergänzten Radstirnfläche.

⇨ In das Teil Ritzel mit *Bearbeiten > Objekt > Bearbeiten* wechseln.

⇨ Das Ritzel ebenfalls mit *Spiegeln* symmetrisch zur Mittelebene ergänzen.

⇨ Mit *Bearbeiten > Objekt > Bearbeiten* zur Welle2 wechseln.

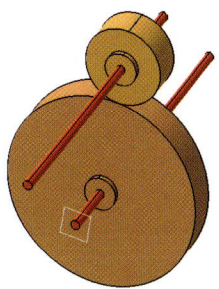

⇨ Mit *Skizzierer* eine Skizze auf die gerade konstruierte Referenzebene am großen Rad legen.

⇨ Mit *Kreis* den Wellenumriss zeichnen und kongruent zum Bohrungsrand im Bauteil Rad legen.

⇨ Die Skizze beenden mit *Umgebung verlassen*.

⇨ Mit *Block* 50 mm lang ausdehnen.

Der Getriebetopf wird zuerst als Bodenplatte hergestellt. Die Form ergibt sich aus den Radformen. Der Topfrand entsteht als umlaufender Profilstrang. Diese Vorgehensweise empfiehlt sich bei aufwändigen Profilformen, hier wegen der Deckelnut.

⇨ Mit *Bearbeiten > Objekt > Bearbeiten* zum Topf wechseln.

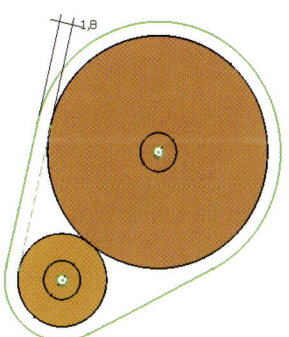

⇨ Mit *Skizzierer* eine Skizze auf die Außenfläche der Wellenverstärkung des Ritzels legen.

⇨ Das *Profil* aus zwei Kreisen und zwei tangierenden Geraden um die Räder herumführen.

⇨ Mit *Kreis* zwei zu den Profilkreisen konzentrische Wellenbohrungen zeichnen.

⇨ Mit *Linie* und *Konstruktionselement* eine randparallele Hilfsgerade ziehen. Damit wird der Rand vermaßt.

Linie

Konstruktionselement

⇨ Mit *Im Dialogfenster definierte Bedingungen* und *Kongruenz* endet die Hilfsgerade jeweils an den Rändern der Räder und mit *Tangentenstetigkeit* liegt sie tangential dazu. Die konzentrischen Wellenlöcher sind mit *Kongruenz* bündig zu den Bohrungsrändern der Zahnräder.

⇨ Zwischen Hilfsgerade und Profil mit *Bedingung* den Abstand 1,8 mm festlegen.

⇨ Die Skizze beenden mit *Umgebung verlassen*.

⇨ Mit *Block* den Topfboden 2mm stark nach außen ausdehnen.

> **Hinweis:**
> Soll der Zahnkranz später eingefügt werden, muss auch die Topfskizze darauf Rücksicht nehmen. Es darf kein Bezug auf die Lauffläche der Räder genommen werden. Die parallele Hilfsgerade zur Bestimmung der Topfgröße benutzt für den Regelbezug wieder die Platzhalterskizze.

Die Stegskizze liegt außen am Topfboden und rechtwinklig zum Rand. Dieses Profil wird als Strang entlang der Randkurve zum Körper. Der Steg ist mit der Deckelnut halb ausgeschnitten. Der Innenpunkt der Nut liegt also in Stegmitte, ebenso der oberste Punkt am Nutprofil. Die Nutposition richtet sich in ihrer Höhe nach der Kante der Wellenverstärkung des Ritzels. Dort liegt der Deckel auf.

⇨ Für die Stegskizze wird mit *Ebene* eine Referenzebene *Senkrecht zu Kurve* angelegt. Sie steht rechtwinklig zum Bodenrand und liegt sinnvollerweise an einem Endpunkt einer Randgeraden.

 Profil

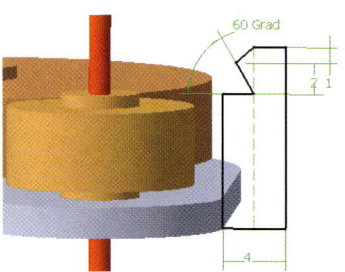

⇨ Mit *Skizzierer* eine Skizze auf diese Referenzebene legen.

⇨ Das *Profil* entspricht einem 4 mm breiten Rechteck, in das eine Nutform geschnitten ist. Unten schneidet diese rechtwinklig bis zur Mitte ein, geht dann unter dem Winkel 60 Grad und 2 mm nach oben und knickt zum Endpunkt des Ausschnitts ab. Der Endpunkt liegt wieder in der Mitte des Stegs (Gesamthöhe der Nut 3 mm).

⇨ Mit *Im Dialogfenster definierte Bedingungen* und *Kongruenz* den inneren Eckpunkt des Profils an den unteren Randpunkt des Topfbodens und die anschließende Gerade auf den oberen Randpunkt legen. Das jetzt angeschmiegte Profil erhält mit *Kongruenz* zwischen dem Nutboden und der Außenfläche der Ritzelverstärkung seine Höhe.

⇨ Die Skizze beenden mit *Umgebung verlassen*.

Die Skizze des Topfbodens soll Zentralkurve der Rippe sein. Dies gelingt nur, wenn die Skizze genau einen geschlossenen Profilzug enthält. Daher kann die Skizze des Topfbodens mit ihren Löchern nicht direkt benutzt werden. Sie wird kopiert und zum Original kongruent gesetzt. Es entfallen die Bohrungslöcher.

⇨ Die Skizze des Topfbodens mit *Bearbeiten > Kopieren* als normale, eigenständige Kopie erzeugen. Aus der Kopie werden die Bohrlöcher gelöscht. Drei Endpunkte des Profils liegen kongruent auf den Endpunkten der Bodenskizze.

⇨ Mit der Stegskizze als *Profil* und der kopierten Skizze des Bodens als *Zentralkurve* erstellt die Funktion *Rippe* den Steg.

 Rippe

Alternativ kann der untere Bodenrand auch als Raumkurvenzug aus dem Körper abgeleitet werden. Die Funktion *Zusammenfügen* aus der Umgebung **Drahtmodell und Flächenkonstruktion** fasst diese Außenkanten mit *Tangentenstetigkeit* zu einer neuen Einheit zusammen. Dies ist dann die altenative *Zentralkurve* des Gehäusestegs.

Alternative

Der Deckel liegt auf dem Boden der Nut. Sein Profil folgt dem Innenrand an der Nutspitze. Der dadurch nur „lose" in der Nut liegende Deckel wird als Block so hoch wie der untere Teil der Nut. Zusätzlich bekommt er eine Auszugsschräge von 30 Grad, und der spitze Rand wird ausgerundet.

⇨ Mit *Bearbeiten > Objekt > Bearbeiten* in das Teil Deckel wechseln.

⇨ Mit *Skizzierer* eine Skizze auf den Nutboden legen.

⇨ Das *Profil* aus zwei tangierenden Kreisen und zwei Geraden entlang der Nut zeichnen. (Im Bild ist die Nutfläche als externe Referenz zusammen mit dem Profil abgebildet.)

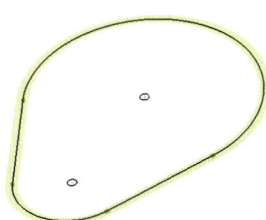

⇨ Mit *Kreis* zwei zum Profil konzentrische Kreise für die Wellenbohrungen zeichnen.

⇨ Mit *Im Dialogfenster definierte Bedingungen* und *Kongruenz* liegen die beiden Wellenbohrungen auf den Topfbohrungen. Ebenso liegen die Übergangspunkte des Deckelprofils auf den Übergangspunkten am Rand der inneren Nutspitze am Topfsteg. (Der Deckel könnte also gerade herausfallen.)

⇨ Die Skizze beenden mit *Umgebung verlassen*.

⇨ Der Deckel ist so dick wie die untere Nut. Daher für die Deckelhöhe mit *Ebene* eine Referenzebene *Durch ebene Kurve* auf Höhe des Eckkreises am Innenrand der Stegnut legen. Damit wird die mittlere Nutspitze als Höhenangabe geometrisch übernommen.

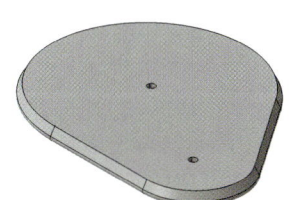

⇨ Mit *Block* und *Bis Ebene* zu dieser Referenzebene ausdehnen.

⇨ Mit *Auszugsschräge* und dem *Winkel der Auszugsschräge* von 30 Grad alle Seitenflächen des Deckels nach außen stülpen. Die obere Deckelfläche behält als *Neutrales Element* ihre Größe.

 Auszugsschräge

⇨ Mit *Kantenverrundung* die spitze Kante mit 0,5 mm Radius ausrunden.

 Kantenverrundung

Alternative

Alternative, durchgängig geometrische Lösung:

Um die Nutneigung nur durch geometrische Regeln weiterzugeben, wird der Dekkelblock wie zuvor hergestellt. Anstelle der Auszugsschräge wird, ähnlich wie beim Gehäusetopf, eine um den Deckelrand umlaufende Rippe eingesetzt. Am Deckel wird dazu wieder eine Hilfsebene senkrecht zum Deckelrand eingeführt. Darin entsteht der fehlende, schiefe Rand einschließlich der Ausrundung als Zusatzprofil. Das Profil ist kongruent zum Deckelrand, und die schiefe Gerade ist kongruent zur entsprechenden Flächenkante der Nut am Topfrand. Die Skizze des Deckels soll Zentralkurve der Rippe sein. Dies gelingt, wenn die Skizze des Deckels kopiert, zum Original deckungsgleich gesetzt und die Bohrungslöcher darin gelöscht werden. (Auch die vom Drahtmodell abgeleiteten Deckelkanten können eine Zentralkurve bilden.)

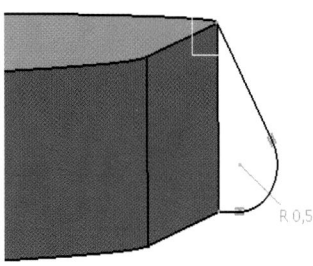

⇨ Für die Skizze des Deckelrands mit *Ebene* eine Referenzebene *Senkrecht zu Kurve* anlegen. Sie steht rechtwinklig zum Deckelrand und liegt sinnvollerweise an einem Endpunkt der seitlichen Geraden.

⇨ Mit *Skizzierer* eine Skizze auf diese Referenzebene legen.

⇨ Das *Profil* ist entsprechend der Skizze umlaufend mit einem rechten und einem spitzen Winkel und einem tangierenden Ausrundungskreis r = 0,5 mm versehen.

⇨ Mit *Im Dialogfenster definierte Bedingungen* und *Kongruenz* liegen die Endpunkte der randparallelen Geraden auf den passenden Punkten am Deckelrand oben und unten. Die schiefe Gerade ist mit *Kongruenz* bündig zur entsprechenden Flächenkante der Nut am Topfrand.

⇨ Die Skizze beenden mit *Umgebung verlassen*.

⇨ Die Skizze des Deckels mit *Bearbeiten > Kopieren* und *Bearbeiten > Einfügen* im selben Hauptkörper als normale, eigenständige Kopie erzeugen. Daraus die Bohrlöcher entfernen und durch die beiden Kreise mit *Im Dialogfenster definierte Bedingungen* und *Kongruenz* zum Deckel bündig setzen.

⇨ Mit der Verstärkungsskizze als *Profil* und der um die Bohrlöcher bereinigten Kopie als *Zentralkurve* eine *Rippe* anfügen.

Zum Befestigen bekommt das Getriebe eine Randverstärkung, so dick wie der Topfboden. Die Skizze liegt auf dem Topfboden, und der Körper erstreckt sich bis zur anderen Bodenseite.

⇨ Mit *Bearbeiten > Objekt > Bearbeiten* in das Teil Topf wechseln.

⇨ Mit *Skizzierer* eine Skizze auf die Außenseite des Bodens legen.

⇨ Mit *Profil* entsteht eine symmetrische Skizze der Befestigung. Eine Seite wird konstruiert, die andere gespiegelt. Der geschlossene Profilzug folgt dem Topfrand, tangiert und verläuft parallel. Die Bohrlöcher mit D=2 mm liegen mittig zur Stegbreite und auf der Winkelhalbierenden der Ecken. An der Ritzelseite knickt die Verstärkung um 30 Grad, am großen Rad um 45 Grad ab und ist 4 mm breit.

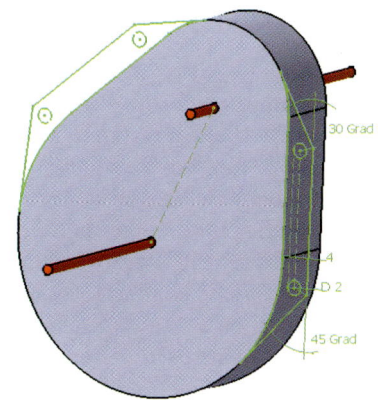

⇨ Zum Spiegeln der Skizze auf die andere Seite muss mit *Linie* und *Konstruktionselement* eine Spiegelgerade zwischen die beiden Bohrungsmittelpunkte im Topfboden gezogen werden.

⇨ Die Standardelemente der Skizze mit *Symmetrie* übertragen.

🔷 Symmetrie

⇨ Die Skizze beenden mit *Umgebung verlassen.*

⇨ Mit *Block* und *Bis Ebene* zum Topfboden ausdehnen.

⇨ **Alternativ** kann auch nur die erste Seite als Körper erzeugt werden. Das Gegenstück wird im Raum mit *Spiegeln* symmetrisch aus dem ersten Block ergänzt. Dazu muss allerdings mit *Ebene* eine Referenzebene *Senkrecht zu Kurve* und *Standard (Mitte)* auf einem Randkreis des Topfs erzeugt werden.

Alternative

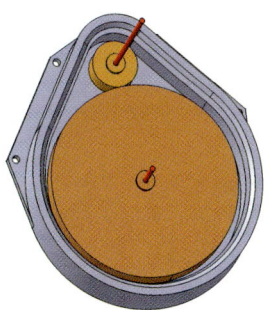

⇨ Jetzt können alle Konstruktionsmaße in den Skizzen geändert werden. Wenn richtig konstruiert wurde, wächst das Getriebe sinnvoll mit. Zum Beispiel können die Räder, die Wellenverstärkung oder der Wellendurchmesser geändert werden. Nach dem Aktualisieren der Baugruppe muss das Maß überall richtig geändert sein.

⇨ Mit *Datei > Sichern unter...* die *In Bearbeitung* stehende Baugruppe und damit auch alle neuen Teile automatisch im gleichen Ablageordner speichern.

⇨ **Alternativ** kann mit *Datei > Sicherungsverwaltung...* im eingeblendeten Dialog jedes Teil in ein eigenes Ablageverzeichnis abgelegt werden.

Alternative

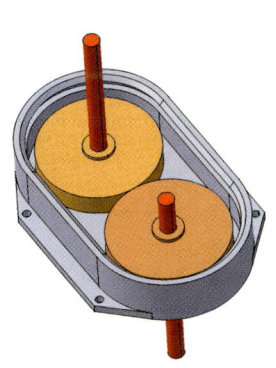

⇨ Mit *Start > Beenden* eine Pause machen oder gleich zum nächsten Thema greifen!

Wie werden Baugruppen noch effektiver?

Zusätzlich zu den vorgestellten Methoden, eine Baugruppe aufzubauen (im nachfolgenden Diagramm im oberen Bereich abgeschwächt dargestellt), helfen weitere Varianten, die Arbeit mit Baugruppen effektiver zu machen. Im Wesentlichen sind es drei verschiedene Erweiterungen, die in den beschriebenen Hauptmethoden mit Vorteil zusätzlich eingesetzt werden können. Eine eindeutige Schnittstelle zwischen den Teilen schaffen **veröffentlichte Objekte**, also beispielsweise die zur Verwendung freigegebenen Geometrieelemente der geplanten Schnittstellen. Neue Teile sind dann ausschließlich von zuvor genau festgelegter Geometrie abhängig. Ein Austausch von verschiedenen Anschlussteilen ist dadurch leichter möglich. Mit diesen Mitteln können so genannte **Skelett-** oder **Adaptermodelle** (*sceleton model*) als Grundstruktur einer Baugruppe definiert werden, in die sich austauschbare Varianten einbinden können. Mit **Baugruppenkomponenten** können Operationen, etwa Bohrungen oder das Trimmen, beziehungsweise Abschneiden mit einer Ebene, auf mehrere Teile gleichzeitig angewendet werden. Mehrere Varianten verwendeter Teile oder der ganzen Baugruppe werden durch eingeführte **Parameter** geordnet und kontrolliert.

Allerdings entstehen durch die Kombination der Möglichkeiten auch Konflikte. Ein streng methodisches Vorgehen ist empfehlenswert, Mischformen sollten vermieden werden. Im folgenden Ablaufplan werden die Varianten dargestellt und anschließend diskutiert.

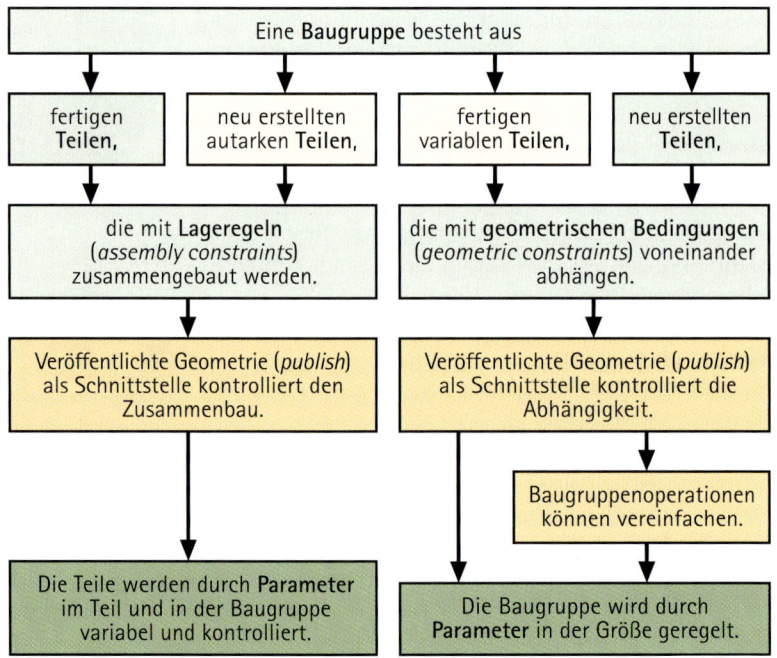

Geometrie wird veröffentlicht

Beim Konstruieren der einzelnen Teile einer Baugruppe sind deren Anschlüsse und Verbindungen
untereinander ein wesentliches Gestaltungskriterium.
Diese Schnittstellen zwischen Nachbarteilen sind
vor dem eigentlichen Gestalten also bereits maschi-
nenbaulich definiert. Dies soll CAD nachbilden. Um
einerseits eine klare Trennung der verbundenen Teile
voneinander und andererseits eine überschaubare
gemeinsame Schnittstelle untereinander zu erreichen, sollen nur zuvor festgelegte
Objekte (Geometrie oder auch Parameter) zum Anschluss oder zur Definition der
abhängigen Teile benutzt werden. Dies dient der **Beschränkung möglicher Abhängigkeiten**, unbeabsichtigte Fehlgriffe auf falsche Objekte können vermieden werden.
Zusätzlich werden modular aufgebaute Bausätze mit **austauschbaren Teilefamilien**
geschaffen, wenn die als Schnittstelle vorgesehenen Objekte veröffentlicht werden
(published objects). Mit *Tools > Veröffentlichung…* werden diese Elemente in den Geber-
oder Verbindungsteilen definiert und öffentlich gemacht. Als Schnittstellen kommen
in Frage:

Veröffentlichte
Anschlussgeometrie
modularisiert die Kon-
struktion

- Punkte, Kanten, Achslinien und Oberflächen gelten für die **Lageregeln** (*Kongruenz,
  Kontakt-, Offset-* und *Winkelbedingung*) der **Baugruppe mit autarken Teilen**. Diese
  definieren die relative Lage der Teile im Raum durch sechs Freiheitsgrade. Alle
  autarken Teile veröffentlichen die geometrischen Objekte (Punkte und Achsen für
  Kongruenz oder Offsetbedingung, Flächen für die Kontaktbedingung, …), mit denen sie später als Nachbarn zusammengefügt werden sollen. Beim anschließenden
  Zusammenbau in der Baugruppe (*Product*) benutzen die Lageregeln jetzt die veröffentlichte Geometrie. Eindeutige Objekte mit unverwechselbaren Namen vermeiden
  Konflikte (siehe Übung **Gesicherte Öse**).

Konstruktionen aus
Modulteilen mit veröf-
fentlichten Objekten

Autarke Austausch- oder **Ersatzteile** sind eigenständig konstruierte Teile und
veröffentlichen dieselben Objekte als Schnittstelle. Beim späteren Austausch der
Ersatzteile mit *Bearbeiten > Komponenten > Komponente ersetzen…* erkennen die
Baugruppenbedingungen die zusammenpassenden veröffentlichten Schnittstellenobjekte und ersetzen lagerichtig. Teile sind in diesem Zusammenhang nicht nur
die eigentlichen Teile (*Part*) selbst, es gelten auch Unterbaugruppen (*Product*) als
(starre/flexible) Einheit für sich.

Damit ausschließlich die veröffentlichten Objekte gelten, muss unter *Tools > Op-
tionen > Infrastruktur >Produktstruktur > Bedingungen* in der Rubrik *Erzeugen von
Bedingungen* die Einstellung *Eine beliebige veröffentlichte Geometrie verwenden* oder
Nur eine veröffentlichte Geometrie untergeordneter Komponenten verwenden aktiv sein.
Die Ersatzteile sind eigenständig konstruierte Teile und veröffentlichen dieselben
Objekte als Schnittstelle.

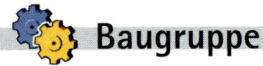
Eng verzahnte modulare Konstruktionen mit veröffentlichten Objekten

• Punkte, Kanten, Skizzen und Oberflächen gelten für die **Skizzenlage**, die **geometrischen Bedingungen** und die **Raumausdehnung der Grundkörper** bei der **Baugruppe mit abhängigen Teilen**. Bei der Vielfalt der für die *Externen Verweise* einsetzbaren Geometrie empfiehlt es sich, möglichst wenige und einfache Geometriearten zum Austausch vorzusehen. Beim Aufbau einer Baugruppe mit abhängigen Teilen veröffentlicht das Geber- oder Basisteil die vorgesehene Anschlussgeometrie. Dies führt zu einer hierarchischen Struktur voneinander abhängiger Teile. Sinnvoll ist auch, alle die Baugruppe bestimmenden Größen in einem so genannten **Adapter** zusammenzufassen, von dem dann alle Teile abhängen. Das oder die davon abhängigen Bauteile bauen ihre Gestalt in der Baugruppe auf der veröffentlichten Schnittstellengeometrie als *Externe Verweise* auf. Unbeabsichtigter Wildwuchs beim Verknüpfen wird automatisch verhindert, wenn nur die vorgesehene Geometrie aus dem Geberteil benutzt werden darf.

Abhängige Austausch- oder **Ersatzteile** entstehen am besten in der entkernten originalen Baugruppe. Die ursprünglichen Originalteile werden dazu gespeichert und aus dem Strukturbaum entfernt. Die Ersatzteile bauen sich aus denselben Schnittstellenobjekten auf. Beim späteren Austausch der Ersatzteile mit *Bearbeiten > Komponenten > Komponente ersetzen...* erkennen die *Externen Verweise* die zusammenpassenden veröffentlichten Schnittstellenobjekte. Selbst das formgebende Basisteil (Adapter) kann ausgetauscht werden. Die davon abhängigen Teile müssen dann allerdings die dritte Regel der Objektorientierung beachten (stirbt die Mutter, wird das Kind Waise). Das bedeutet, dass diese Teile sich vollständig neu aus der Schnittstellengeometrie des Basisteils aufbauen und daher keine eigenständige, abgeleitete Geometrie verwenden dürfen (siehe Übung **Mausgehäuse**).

Damit ausschließlich die veröffentlichten Objekte gelten, muss unter *Tools > Optionen > Infrastruktur >Teileinfrastruktur > Allgemein* in der Rubrik *Externe Referenzen* zusätzlich zur Einstellung *Verknüpfung mit selektiertem Objekt beibehalten* auch die Einstellung *Externe Auswahl mit Verknüpfung auf veröffentlichte Elemente beschränken* aktiv sein.

Als Voraussetzung für die Erzeugung veröffentlichter Geometrie muss unter *Tools > Optionen > Infrastruktur >Teileinfrastruktur > Allgemein* in der Rubrik *Externe Verweise* die Einstellung *Veröffentlichung von Teilflächen, Kanten, Scheitelpunkten und Achsenendpunkten zulassen* aktiv sein. Hat sich die Einbausituation der Teile gegenüber der Erzeugung geändert, passt *Bearbeiten > Komponenten > Kontext ändern...* die Baugruppenverweise wieder an. Durch die veröffentlichte Geometrieart und den zugeordneten Geometrienamen wird der Zusammenhang hergestellt. Dies muss eindeutig sein. Daher führen modulartige Austauschteile, die sich aus Anschlusteilen mit Mehrfachexemplaren aufbauen, zu Konflikten.

Baugruppenoperationen werden eingesetzt

Eine weitere Variante stellen die **Baugruppenkomponenten** dar. Auf mehrere Bauteile derselben und hierarchisch darunter liegender Baugruppen kann eine Baugruppenoperation gemeinsam angewendet werden. Dadurch wird beispielsweise eine Bohrung gleich durch mehrere Komponenten der Baugruppe geführt. Diese Baugruppenkomponente wird in der Baugruppe nur als Operation gespeichert und ist nur dort in ihrer Größe veränderlich (unteres Bild *Baugruppenloch.1*). Die betroffenen Bauteile mit ihren Bohrungen sind mit Verweis verbunden (*link*). Geometrisch wird die Bohrung als originale Profilskizze im Ausgangsbauteil abgelegt und ist nur hier in ihrer Lage veränderlich (oberes Bild *Skizze.12*). Zusätzlich ist die eigentliche Bohrung als Geometrie in allen beteiligten Bauteilen in Form einer Referenzkopie vorhanden (in den beiden oberen Bildern *Bohrung.1*). In allen abhängigen Bauteilen sichern *Externe Verweise* die geometrische Verbindung (mittleres Bild *Skizze.6*) zum Original. Ändert sich die Lage der Bauteile zueinander, werden die Teile nach dem *Aktualisieren* angepasst. Daher sollten die Lage der Teile zueinander und damit die Lage der Baugruppenkomponenten zuvor eindeutig geregelt sein.

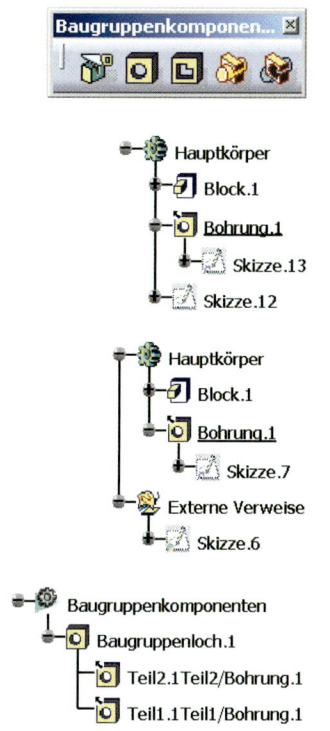

Baugruppenkomponenten sind Mehrfachoperationen

Die Baugruppenkomponenten haben einen sinnvollen Platz in der **Baugruppe mit geometrischen Bedingungen**. Hier fügen sich diese arbeitserleichternden Komponenten ohne Widerspruch ein. Anders ist es bei der Arbeitsweise mit autarken, nur in ihrer Lage zueinander geregelten Teilen. Es entsteht eine Mischform: Einerseits ist der Abzugskörper der Baugruppenkomponente durch geometrische Regeln mit dem Ausgangsbauteil verbunden, andererseits können die anderen betroffenen Teile durch Lageregeln festgelegt sein. Der Vorteil dieser Funktionalität ist die einfache Handhabung. Nachteilig ist, dass die betroffenen Teile nicht mehr geometrisch eigenständig sind. Die Bauteile haben Bearbeitungen, die nur in der Baugruppe sinnvoll sind. Ein zusätzlicher Nachteil ist, dass die Geometrie der Bauteile bei verwendeten Lageregeln nicht durchgängig modular und durch die Konstruktionslogik kontrolliert ist. Ändert sich die Lage der Teile zueinander, bleibt die Baugruppenoperation „stehen", und die Konstruktion wird fehlerhaft. Die Teile können anderweitig verwendet werden, sind aber von Änderungen in der Baugruppe abhängig.

Schnittdarstellungen prüfen die Baugruppe

Während des Gestaltungsprozesses muss der geometrische Zusammenhang innerhalb der Baugruppe simultan geprüft werden. Im Strukturbaum werden der korrekte Zusammenbau und die Verwendung der Nachbargeometrie beobachtet. In den Skizzen werden die Maßhaltigkeit und der Zusammenhang geprüft und an der räumlichen Geometrie selbst die konstruktive und funktionale Brauchbarkeit. Ein weiteres wichtiges maschinenbauliches Prüfmittel ist die Begutachtung von Schnitten durch die Konstruktion oder die Baugruppe. Erst beim Blick „mitten in die Struktur hinein" können Passform und Anschlussflächen ineinander greifender Teile visuell begutachtet und geprüft werden. Hierfür stehen mehrere Funktionen zur Verfügung.

Visueller Schnitt mit der Arbeitsskizze:

 Teil durch Skizze schneiden

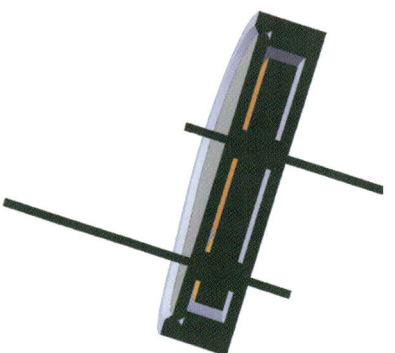

Beim Gestalten im Skizzierer wird die ganze Baugruppe mit *Teil durch Skizzenebene schneiden* simultan an der Skizzenebene geschnitten. Beim Anlegen eines neuen Skizzenprofils zeigt sich dadurch sofort die vorhandene Einbausituation und unterstützt so die weiterführende Konstruktionsarbeit. Diese Darstellung setzt aber das Vorhandensein einer Schnittebene voraus. Soll im Nachhinein an Schnittdarstellungen geprüft werden, empfiehlt es sich, wie beim dargestellten Getriebe eine Referenzebene oder eine „pro forma"-Skizze aufzubauen. Diese Referenzebene als Mittelebene könnte im Getriebebeispiel mit *Ebene* und dem Typ *Senkrecht zu Kurve* und dem Punkt *Standard (Mitte)* auf einem Randkreis des Topfs erzeugt werden.

Dynamischer Schnitt im Raum:

 Schnitte

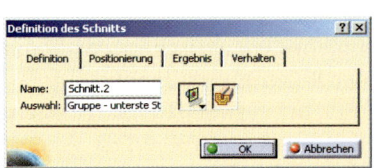

Die Funktion *Schnitte* aus der Gruppe *3D-Analyse* fügt eine temporäre bewegliche Schnittebene im Raum ein, wie das folgende linke Bild zeigt. An eingeblendeten Pfeilsymbolen und einem Achsenkreuz lässt sie sich positionieren. Der eingeblendete Dialog *Definition des Schnitts* ermöglicht weitere Darstellungsoptionen. Mit dem Taster *Positionierung > Geometrisches Ziel* beispielsweise kann eine sinnvolle ebene Körperfläche oder eine Hilfsebene ausgewählt werden, zu der die Schnittebene wechselt. *Ergebnis > Ergebnisfenster* zeigt in einem zusätzlichen Fenster simultan die errechneten Schnittkonturen (mittleres folgendes Bild).

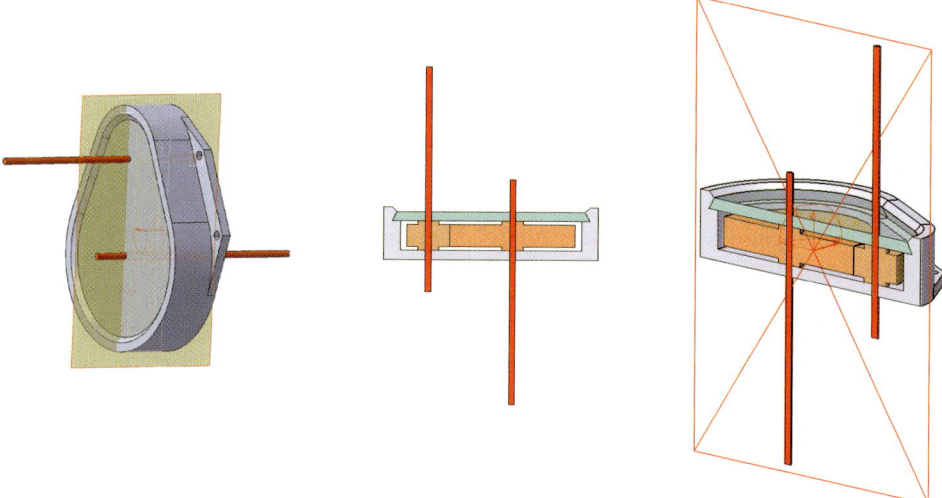

Die *Definition > Volumenschnitt* blickt in die Baugruppe hinein. Am eingeblendeten Achsenkompass kann die Schnittebene verdreht, mit den Pfeilen verschoben und angepasst werden (rechtes Bild). Alle Schnittdarstellungen werden im Strukturbaum unter *Applications* gesammelt und können dort auch gelöscht werden.

Volumenschnitt

Geometrieschnitt im Raum:

Eigentlich nicht für die Konstruktions-prüfung vorgesehen ist die Funktion *Trennen* aus der Funktionsgruppe der *Baugruppenkomponenten*. Da das Ergebnis recht anschaulich ist, soll diese Mög-lichkeit trotzdem hier erwähnt sein. Um diese tatsächliche geometrische Tren-nung auszuführen, muss eine geeignete Schnittebene vorhanden sein. Alle zu schneidenden oder betroffenen Teile der Baugruppe können im eingeblendeten Dialogfenster bestimmt werden. Sie müssen durch Pfeile ins untere Fenster übertragen werden.

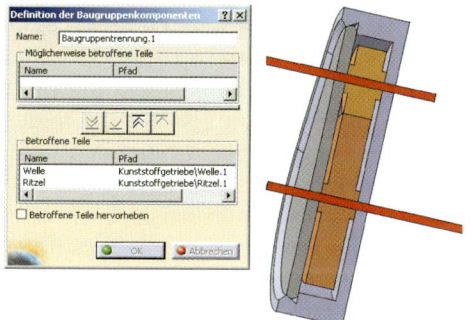
Trennen

In dem Teil, dem diese Schnittebene angehört, wird die Operation im Strukturbaum abgelegt, alle anderen Teile erhalten *Externe Verweise* darauf. Soll der Schnitt in der Baugruppe modifiziert oder wieder rückgängig gemacht werden, wird der Eintrag *Baugruppenoperation* im Strukturbaum aktiviert oder gelöscht. Beim Löschen ver-schwinden die Einträge in den einzelnen Teilen dann automatisch.

 **Baugruppe**

Baugruppenparameter variieren die Teileparameter

Wie das nächste Kapitel **Varianten** zeigt, lassen sich Baugruppen auch durch **Parameter** steuern. Alle im Modell vorhandenen Objekte haben Parameter. Die im folgenden beschriebenen Parameter können aber auch vom Benutzer eingeführte Steuergrößen sein. Parameter in **Baugruppen mit Lageregeln** kontrollieren die Teile sinnvoll dadurch, dass „äußere" Parameter die Schnittstellengeometrie zum Einbau in die Umgebung definieren und „innere" Parameter die Gestalt der einzelnen Teile selbst daraus ableiten. Die Baugruppe legt globale Parameter fest, die Teile ihrerseits die lokalen Parameter. Die Teile bleiben aber selbstbestimmt. Bei einem Getriebe als Gruppe etwa sind die zum Einbau wichtigen äußeren Parameter Wellendurchmesser, Wellenabstand und Übersetzungsverhältnis wichtig. Die inneren Parameter der Teile, für das Gehäuse die Wandstärke oder die Wandabstände oder für ein Zahnrad die Formparameter regeln die Teile selbst. Zusätzlich übernehmen die Teile die für sie ebenfalls formbestimmenden äußeren Parameter, für das Gehäuse etwa Wellenbohrungdurchmesser = Wellendurchmesser. Die Baugruppenparameter ordnen die Größen der verwendeten Teile, indem die Teileparameter auf die Verhältnisse der Gruppe angepasst werden. Beim Getriebe regeln die Baugruppenparameter die Teileparameter und dadurch die absolute Größe aller Teile. Vorteil dieser Vorgehensweise ist, dass die Geometrie der autarken Teile, die Lageregeln zum Zusammenbau verwenden, durch die Parameter festgelegt und dadurch kontrolliert wird. Als Zusatzeffekt wird dadurch auch die Baugruppe mit autarken Teilen variabel. Siehe dazu „Was ist eine parametrische Baugruppe?".

Bei **Baugruppen mit geometrischen Bedingungen** gilt es ebenfalls, zwischen äußeren und inneren Parametern zu unterscheiden. Innere Parameter erweitern lediglich die Möglichkeiten dieser ohnehin schon variablen Baugruppe. Beim Getriebe lässt sich die Gestalt und damit die relative Größe der Teile zueinander geometrisch beschrieben. Innere Parameter regeln nur noch deren absolute Größe, beispielsweise abhängig von Wellendurchmesser, Wellenabstand und Übersetzungsverhältnis. Soll eine solche Baugruppe als Modulbaustein in einer übergeordneten Baugruppe verwendet werden, müssen alle nach außen gestaltbestimmenden Größen geometrisch variabel bleiben (siehe Übung KugellagerAdapter). Werden die äußeren Parameter als Baugruppenparameter eingeführt, wirkt die Baugruppe nach außen wie ein selbst bestimmtes autarkes Makrobauteil. Auf diese Weise lassen sich Familien von Montageeinheiten aufbauen oder bestimmte Varianten in Tabellenform verfügbar machen. Durch Einführung von Baugruppenparametern wird die variable Baugruppe besser handhabbar. Siehe dazu „Was ist eine parametrische Baugruppe?"

Veröffentlichte Parameter variieren die Abmessungen modularer Konstruktionen

Veröffentlichungen
- 𝒫 Laenge
- 𝒫 Dicke

Parameter können auch veröffentlicht werden. Im Bild sind **veröffentlichte Parameter** Laenge und Dicke als Abmessungen einer Platte unter *Veröffentlichungen* im Strukturbaum sichtbar gemacht. Dies schafft die zusätzliche Möglichkeit, Module in Baugruppen gegeneinander auszutauschen. Die Module nehmen diese veröffentlichen Parameter als *Externe Parameter* auf. Im nächsten Bild werden die als *Externe Parameter* eingeführten Benutzerparameter Laenge und Dicke als veröffentlicht kenntlich gemacht. In Baugruppen mit autarken Teilen schafft diese Möglichkeit ungewollte Abhängigkeit. Hier werden besser die Baugruppenparameter zum Regeln der Teileparameter eingesetzt, wodurch die Teile autark bleiben. In Baugruppen mit abhängigen Teilen kann das Nehmerteil diese veröffentlichten Objekte als *Externe Parameter* für gemeinsame Abmessungen nützen.

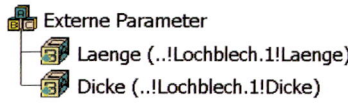

Teile übernehmen Nachbargeometrie durch *Einfügen > Spezial...*

Die Funktionen *Bearbeiten > Kopieren* und *Bearbeiten > Einfügen Spezial...* kopieren geometrische Objekte auch von Teil zu Teil. Wird beim Einfügen die Einstellung *Als Ergebnis mit Verknüpfung* aktiviert, entstehen Abbildkopien. Im Gegensatz zu den externen Referenzen in der Baugruppe ist diese Kopie lediglich ein assoziatives, also jeweils angepasstes Abbild des Originals, allerdings ohne Durchgriff zum Original. Das Kopierte landet im Empfängerteil in gleicher Lage zu den Hauptebenen wie im Senderteil. Es kann lediglich als starres Objekt im Achsensystem bewegt werden, was unter Umständen dessen Form ändert. Diese Kopie läuft neben den Mechanismen der Baugruppe ab und man könnte sie als „kleinen Dienstweg" der abhängigen Baugruppe sehen. Ein sinnvoller Einsatz ist nur denkbar, wenn sich das neue Teil um diese von anderer Stelle (Körper, Teil,...) vorgegebene „gesperrte" Schnittstelle herum aufbaut. Für streng objektorientierte Arbeitsweise ist diese Arbeitstechnik **nicht** zu empfehlen.

Zusammenfassung

Autarke Teile bilden stabile Baugruppen. Die objektorientiert gestalteten Teile sind mit Lageregeln funktionsgerecht zusammengesteckt. Die Lageregeln passen die Verbindungsanschlüsse bei Geometrieänderungen der Teile automatisch an. Veröffentlichte Geometrie legt die Anschlussschnittstellen genau fest und die Teile werden dadurch austauschbar. Sollen die Teile einerseits autark bleiben, sich aber andererseits den geometrisch veränderlichen Schnittstellen anpassen, regeln Baugruppenparameter die Teileparameter. Die Baugruppe wird variabel. Diese Arbeitsweise empfiehlt sich, wenn die Teile neben der gemeinsamen Verbindungsgeometrie **wenig geometrische Abhängigkeiten untereinander** haben.

Entsteht die Baugruppe aus geometrisch abhängigen Teilen, regeln externe Verweise auf Nachbarteile einerseits die geometrische Lage der Teile zueinander und andererseits wird die Teileform durch Nachbargeometrie mit beeinflusst. Dies entspricht objektorientierter Arbeitsweise über die Teilegrenzen hinweg auf der Stufe der Baugruppen. Baugruppenoperationen vereinfachen die Konstruktion zusätzlich. Veröffentlichen die Teile Geometrie und/oder Parameter, wird aus der Baugruppe ein modular austauschbarer Baukasten. Baugruppenparameter können globale Abmaße festlegen. Diese Arbeitsweise empfiehlt sich, wenn die Teile **starke geometrische Abhängigkeiten untereinander** haben.

f(x) Varianten

Was sind parametrische Teile?

Wiederholteile oder Normteile sind meist Bestlösungen für eine bestimmte Funktion. Diese Teile werden in verschiedenen Größen und eventuell auch mit mehreren Veränderungen in der Gestalt angewendet. Für die Modellierung mit CAD bietet sich an, solche variablen Teile einmalig grundsätzlich zu konstruieren und die benötigte konkrete Teilevariante jeweils aus diesem Urmodell abzuleiten. Dazu muss die gesamte Geometrie, angefangen von den Linien einer Skizze bis zu den Zusammenbauvorschriften der Körper, in parametrischer Form abgelegt und für den Konstrukteur verfügbar sein. Auf dieser Parameterdarstellung der Modelle entstehen Variantenteile.

Als Vorbereitung ist es sinnvoll, **Abhängigkeiten der Geometrie** im Körper, wie beispielsweise gleiche Blechstärke, symmetrisch liegende Teile, Ausrundungen mit gleichem Radius oder gleiche Abmessungen bei zusammengesetzten Teilkörpern zu erkennen und direkt bei Aufbau der Geometrie zu berücksichtigen. Bei einem idealen Kugellager zum Beispiel sind der Kugeldurchmesser, die Ringhöhe, -stärke, -durchmesser und die Kugelspaltbreite unabhängige Maße. Dass die Kugeln symmetrisch im Lager liegen und die Rillen vom Kugeldurchmesser abhängen ist konstruktiv vorgegeben. Diese geometrischen Forderungen können maßfrei direkt mit der Geometrie beschrieben werden. Siehe dazu „Was sind systematisch aufgebaute Teile?".

Teile systematisch aufbauen

Die übrig bleibenden Unabhängigen eines Bauteils, bei einer Mutter beispielsweise Bohrungsdurchmesser, Schlüsselweite und Mutternhöhe, können bei modular aufgebauten Teilefamilien mit Formeln berechnet oder in Tabellenform vorgegeben werden. Beim jeweiligen Einsatz des Teils werden die gewünschten Maße errechnet oder der entsprechenden Konstruktionstabelle entnommen und damit die Geometrie automatisch erzeugt. Man nennt dies eine **Maßvariante**.

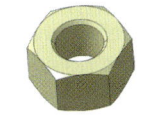

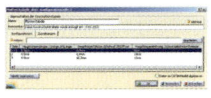

Die Teile ändern sich nur in den Abmessungen als **Maßvariante**

Bewirken veränderte Maße auch konstruktive Änderungen in der Teilegeometrie, müssen zusätzliche Regeln den Geometrieaufbau steuern. Bei dieser Lasche als Beispiel sind längenabhängig wegfallende Bohrungen und dickenabhängig eine Nut wegzunehmen. Die wegfallende Geometrie wird durch Regeln „abgeschaltet", wodurch die Logik des Zusammenbaus der Teilkörper beeinflusst wird. Man nennt ein solches Teil eine Gestaltvariante.

Die Teile ändern sich auch in der Form als **Gestaltvariante**

Welche Parameter gibt es?

Ein Bauteil entsteht aus Grundkörpern, die geometrisch zusammengehören und mit Booleschen Operationen verknüpft sind. Die Grundkörper wiederum entstehen aus ebenen Profilen und einer definierten Raumausdehnung. Die Profilskizzen ihrerseits setzen sich aus Punkten, Geraden und Kurven als Elemente dieser Skizzen zusammen. Geometrische Bedingungen und Maßbedingungen bestimmen deren Form. Zusätzlich können Punkte, Geraden, Kurven, Ebenen und Flächen als eigenständige Raumelemente dazukommen. Im Strukturbaum werden alle erzeugenden Objekte und Operationen dokumentiert und in „Datenschachteln" hierarchisch geordnet. Aus dieser Aufbauvorschrift entsteht die Geometrie.

Vorhandene interne Parameter

Zusätzliche Benutzer-parameter

Alle bei diesem Aufbau durch geometrische Regeln, Bemaßungen und Operationen festgelegten Geometrieobjekte sind als **interne Parameter** (*intrinsic parameter*) verfügbar. Diese Parameter entstehen beim Konstruieren automatisch und wurden beim interaktiven Verändern der Abmessungen oder durch Abschalten von Operationen in den Übungen bisher unbemerkt benutzt. Zusätzlich können **Benutzerparameter** (*user defined parameter*) eingeführt werden. Alle Parameter haben eine „Dimension" oder einen Typ (Ganze Zahl, Länge, Punkt, Masse, ...) und können durch die Änderung ihres Werts modifiziert werden. Sie stehen dem Benutzer in Form einer Gleichung zur Verfügung. Der linken Gleichungsseite mit dem **Parameter** wird der **Wert** auf der rechten Seite zugewiesen.

\Hauptkörper\Skizze.1\Aufmaß.1\Offset (**Parameter**) = 10 mm (**Wert**).

\Geometrisches Set\Punkt.1 (**Parameter**) = point (x, y, z) (**Wert**).

Diese internen Parameter der linken Gleichungsseite werden sinnvollerweise mit ihrer Originalbezeichnung benutzt. Sie können aber auch durch eine neue Bezeichnung überschrieben werden, was allerdings die Lesbarkeit und Zuordnung beeinträchtigt. Die internen Parameter können ergänzt werden durch Benutzerparameter. Diese werden im Dialog erzeugt oder entstammen einer importierten Textdatei. Für eine übersichtliche und korrigierbare Arbeitsweise empfiehlt es sich, die Parameterrechnung und die internen Parameter zu trennen. Auf diese Weise kann innerhalb der Benutzerparameter vorab geprüft werden, welche Ergebnisse erzielt werden. Die dann endgültige und geprüfte Lösung für die Benutzerparameter wird abschließend den internen Parametern gleichgesetzt und nimmt erst dadurch Einfluss auf die Geometrie.

Wie werden Parameter verändert?

Dem **Parameter** und damit der linken Gleichungsseite lässt sich als rechte Gleichungsseite oder als **Wert** Verschiedenes zuweisen:

- **Diskrete Werteingabe**
  Bemaßung in der Zeichnung
  Werteintrag in der Funktion *Formel*
  Abgemessene Geometrie in *Formel* (im *Kontextmenü > Messen* im Werteingabefeld)

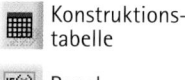

$f_{(x)}$ Formel

- **Mathematische Formel aus Werten, Parametern und Funktionen**
  Im Maßdialog mit *Kontextmenü > Formel bearbeiten...*
  Mit mathematischen Formeln errechneter Wert mit *Formel > Formel hinzufügen*
  Externer Parameter als beliebiger Parameter aus einer anderen Teiledatei
  Mit angebotenen Hilfsfunktionen aus der Geometrie errechneter Wert wie
  Länge *length(Kurve, ...)*, Punkt *point(x, y, z)*, Gerade *line(Punkt, Punkt)*,
  xy-Schaubild *Law.Evaluate(Zahl)*, ...

$f_{(x)}$ Formel > Formel hinzufügen

- **Werte einer Konstruktionstabelle aus einer externen Textdatei**

Konstruktionstabelle

- **Regeln mit logischen Abfragen** (aus der Umgebung **Konstruktionsratgeber** (*Knowledge Advisor*)

Regel

Wie werden Parameter eingesetzt?

Um mit Parametern zu arbeiten, ist es sinnvoll, das Teil interaktiv, objektorientiert und systematisch im Hinblick auf die geplante Variante aufzubauen. Erst beim fertig konstruierten Teil werden die Parameter anschließend mit den gewünschten Werten ausgestattet. Es ist aber auch möglich, alle zu variierenden Größen schon bei der Planung des Teils als Parameter zu definieren und mit Werten festzulegen. Das Teil wird so systematisch geordnet, bevor es überhaupt existiert. Anschließend entsteht die Geometrie direkt auf der Basis der eingeführten Parameter, also ohne diskrete Maße vergeben zu müssen.

Bei dieser systematischen Vorbereitung empfiehlt es sich, zwischen den **nach außen wirkenden** Objekten oder **Abmessungen** und den davon abhängenden **inneren Größen** zu unterscheiden. Mit dieser Unterscheidung wird eine Schnittstelle geschaffen, mit der sich das Teil in einen größeren Zusammenhang in das Produkt einbinden kann. Die äußeren Größen werden zu öffentlichen Parametern, die den Anschluss des variablen Teils an die Umgebung regeln. Die inneren Größen leiten sich daraus ab und können als *know how* auch verdeckt werden. Diese äußeren Parameter finden ihren sinnvollen Einsatz bei den mit autarken Teilen zusammengebauten Baugruppen. Mit ihnen wird die Geometrie kontrolliert verändert.

Äußere und innere Parameter

Übung Quader

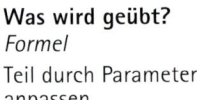

Was wird geübt?
Formel
Teil durch Parameter
anpassen

Bei diesem Quader sollen die unabhängigen Abmessungen Breite, Höhe und Dicke zu Benutzerparametern werden. Dadurch können aus dem Urmodell durch einfaches Ändern der Parameter beliebige Quader als so genannte **Maßvarianten** entstehen.

Hinweis
Die neuen Benutzerparameter sind Bestandteil des Bauteils. Sie werden, wie alle sonstigen teilebeschreibenden Informationen, im Strukturbaum abgelegt. Die Anzeige der Parameter muss separat aktiviert werden.

⇨ Mit *Tools > Optionen > Infrastruktur > Teileinfrastruktur > Anzeige* unter *Im Struktur-baum anzeigen* die Einträge *Parameter* und *Beziehungen* aktivieren und dadurch im Strukturbaum sichtbar machen.
⇨ Mit *Datei > Neu* das Teil Quader anlegen.
⇨ An beliebiger Stelle einen Quader als *Block* mit den Abmessungen 200/60/10 mm erzeugen und mit den drei Maßen versehen.

 Block

 Formel

⇨ Mit *Formel* den Formeldia-log öffnen. Der angezeigte Inhalt bezieht sich auf das gerade aktive Element im Strukturbaum und den im Dialog eingestellten *Filtertyp* der Anzeige.

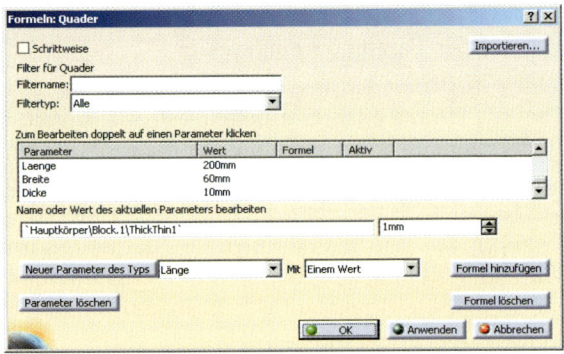

⇨ Drei neue Parameter Laenge, Breite und Dicke definieren. Bei *Neuer Parameter des Typs* zuerst *Länge* mit *Einem Wert* auswählen und dann erst die linke Dialogtaste aktivieren. Das Programm trägt den neuen Parameter `Länge.1` ein. Diesen Parameter aktivieren und im Feld *Name oder Wert des aktuellen Parameters bearbeiten* umbenennen, beispielsweise im Eingabefeld als Laenge und als Wert 200 mm eintragen. Mit *Enter* bestätigen.

Diese neuen Benutzerparameter sind jetzt lediglich bekannt gemacht, haben aber noch keine Wirkung auf die Geometrie. Sie erscheinen im Strukturbaum als Eintrag *Parameter*. In einem zweiten Schritt werden die Benutzerparameter als Wert den internen Parametern gleichgesetzt.

Hinweis

Alle internen Parameter, die das Bauteil definieren, können manipuliert werden (Abmessungen, Boolesche Operationen, ...). Da die gesamte Geometriebeschreibung assoziativ ist, sind dadurch vielfältige Möglichkeiten eröffnet. Beispielsweise sind die vom Programm generierten Längenparameter die mit Bedingung eingefügten Maße. Um diese internen Parameter durch von außen sichtbare Benutzerparameter ändern zu können, müssen die Maßwerte durch diese Benutzerparameter ausgedrückt werden. Es ist auch möglich, die internen Parameter (*'Hauptkörper\Skizze.1\...'*) mit einem neuen Namen zu überschreiben, sie bleiben aber trotzdem nach außen verdeckt. Dies ist der Übersichtlichkeit und Prüfbarkeit wegen jedoch nicht empfehlenswert. Besser werden neue Benutzerparameter eingeführt und diese dann den internen Parametern gleichgesetzt.

Die Anzeige der Parameter hängt vom ausgewählten Ast im Strukturbaum ab. Zusätzlich kann ein Suchfilter benutzt werden. Mit *Filter* wird die Art des Parameters ausgewählt. Empfohlen wird, das betreffende Geometrieelement direkt in der Zeichnung zu suchen.

⇨ Im angezeigten Formeldialog den Filtertyp *Länge* wählen, um den gewünschten Parameter ...*Offset* als Abstandsmaß zu suchen und auszuwählen. Mit *Formel hinzufügen* öffnet sich das Dialogfenster *Formeleditor*.

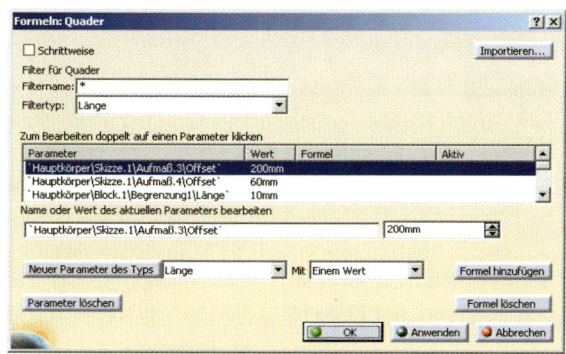

⇨ Dem internen Parameter ...*Offset* den Benutzerparameter Laenge gleichsetzen. Dem **Parameter** ...*Offset* als linker Gleichungsseite mit = den **Wert** des umbenannten Parameters Laenge als rechter Gleichungsseite übergeben. (Direkt eintragen oder im Strukturbaum bei *Parameter* sicherer auswählen, oder mit den Auswahlfenstern *Parameter > Umbenannte Parameter* suchen und durch Doppelklick übertragen). Für Breite und Dicke wiederholen. Die richtig zugeordneten Pa-

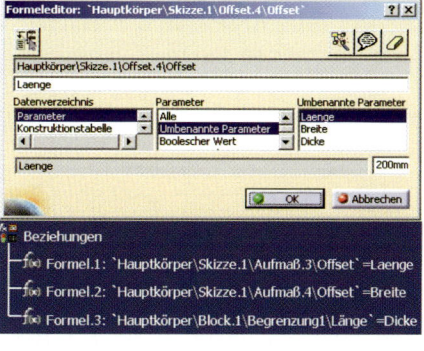

rameter erscheinen unter *Beziehungen* im Strukturbaum.

⇨ Die Auswirkungen der drei Benutzerparameter auf das Teil testen durch Öffnen und Ändern der drei Parameter im Strukturbaum.

⇨ Mit *Datei > Sichern unter...* im passenden Ordner unter gleichem Namen speichern.
⇨ Mit *Start > Beenden* Pause machen oder auf zur nächsten Tat!

Übung Rundblech

Was wird geübt?
*Regel, Ausgabekompo-
nente*

Teil durch grafische
Regel anpassen
Skizzenelemente ver-
einzeln

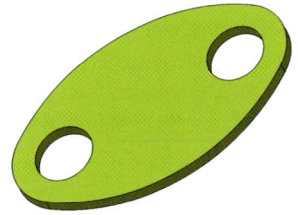

Das Rundblech soll nur in einem festen Verhältnis der Abmessungen vorkommen. Sind die Abmessungen untereinander durch mathematische Formeln berechenbar, kann dies programmiert werden. Diese Formeln sind Bestandteil des Bauteils. Als nach außen wirkende Parameter sind der Lochabstand und der Lochdurchmesser wichtig. Die Breite und Dicke sind eher für den internen Gebrauch und errechnen sich aus den äußeren Parametern. Die Breite soll dem dreifachen Lochdurchmesser entsprechen. Die Dicke ist 1/14 des Bohrungsabstands, abgerundet auf ganze Millimeter. Diese Parameter stehen am Beginn der Konstruktion. Die Geometrie übernimmt diese Parameter direkt als Maßvorgabe.

⇨ Mit *Datei > Neu* das neue Teil Rundblech anlegen.

> **Hinweis:**
> Alle Parameter können durch mathematische Formeln berechnet oder beeinflusst werden. Es sind auch Abhängigkeiten zwischen mehreren Parametern beschreibbar. In dieser Übung sollen der Bohrungsdurchmesser und der Lochabstand unabhängige Parameter sein. Der Lochrand ist fix. Die Dicke ist vom Lochabstand und die Breite vom Durchmesser abhängig. Um die Formelrechnung von den internen Parametern zu trennen, wird die Rechnung mit den Benutzerparametern durchgeführt. Formeln müssen genau den Wert liefern (in den notwendigen Einheiten), der zum errechneten Parameter gehört. Für Formeln gelten ähnliche Regeln wie beim Programmieren.
> Bei der Schreibweise ist darauf zu achten, dass Parameter ohne Sonderzeichen (Laenge) normal geschrieben werden können, Parameter mit Sonderzeichen (`Länge`) aber in Hochkommas eingeschlossen werden müssen.

ƒ(x) Formel

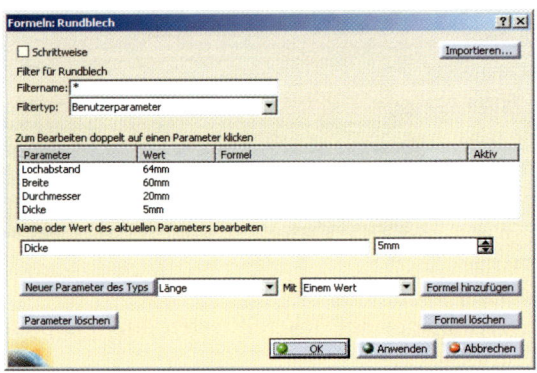

⇨ Mit der Funktion *Formel* den Formeldialog öffnen. Sein angezeigter Inhalt bezieht sich auf den aktiven Ast im Strukturbaum.

⇨ Neuen Parameter des Typs *Länge* mit *Einem Wert* erzeugen für den Durchmesser und den Lochabstand. Die Ausgangsmaße 20 mm und 64 mm vergeben. Für die Breite und Dicke sind die Werte zuerst frei.

⇨ Mit *Formel hinzufügen* den Dialog *Forme-leditor* öffnen. Den angezeigten Benut-zerparameter Dicke durch eine Formel als rechte Gleichungsseite berechnen. Das Ergebnis Dicke soll ganzzahlig sein. Dies liefert im Datenverzeichnis unter *Math* die Formel *int()* (*integer* oder ganz-zahlig). Eingabe für *int()* muss eine Zahl

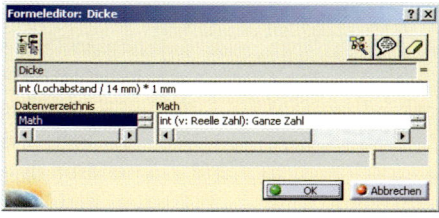

vom Typ *Reell* sein. Ausgabe ist eine *Ganze Zahl*. Der Lochabstand ist ein Maß, also muss durch Division mit 1 mm daraus eine Zahl vom Typ *Reell* entstehen. Das Ergebnis *Ganze Zahl* wiederum muss dann durch Multiplikation mit der Länge 1 mm wiederum zum Typ *Länge* werden. Die endgültige Formel Dicke = int (Loch-abstand / 14mm) * 1mm eintippen oder aus Vorhandenem zusammensetzen, was empfehlenswert ist, um die richtige Schreibweise zu übernehmen. Parameter oder mathematische Formeln beispielsweise können im *Datenverzeichnis* gesucht und durch Doppelklick übernommen oder auch im Strukturbaum oder der Geometrie ausgewählt werden.

⇨ Ebenso die Breite = Durchmesser*3 festlegen.

Alternativ kann eine Formel auch grafisch beschrieben werden. Ein xy-Schaubild mit Referenz als x-Kurve (Abszisse) in den Grenzen von 0 bis 1 und Definitionskurve (im Beispiel die schräge Kurve) liefert als y-Werte (Ordinatenwerte) das Ergebnis der Gesetzmäßigkeit. Dieses Schaubild kann durch Raumkurven oder als Skizze entstehen. Beide Kurven werden mit der Funktion *Regel* (*law*) aus der Umgebung **Flächenerzeugung** verbunden. Für das Rundblech sollen Durchmesser von 0 bis 1000 mm eine Breite von 0 bis 3000 mm liefern.

Alternative

Grafische Formel

⇨ Mit *Umgebung* zur **Flächenerzeugung** wechseln. Automatisch wird ein *Geometrisches Set* angelegt.

⇨ Eine Skizze auf beliebiger Ebene anlegen. Darin mit *Profil* ein rechtwinkliges Dreieck für eine lineare Beziehung zeichnen. Die x-Gerade kann beliebig lang sein (1 mm oder 1000 mm) und die maximale y-Gerade soll 3000 mm betragen.

⇨ Mit *Ausgabekomponente* aus der Funktionsgruppe *Tools* die Abszisse und die schräge Gerade der Skizze auswählen und so vereinzeln.

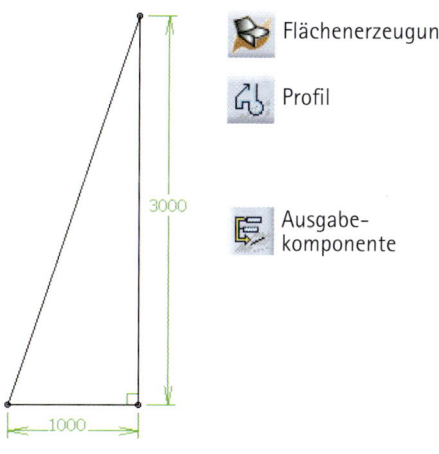

Flächenerzeugung

Profil

Ausgabe-komponente

Regel

⇨ Mit *Regel* die Abszisse als *Referenz* und die schräge Gerade als *Definition* auswählen. Diese Regel liefert für den Eingangswert zwischen 0 und 1 eine reelle Zahl zwischen 0 und 3000. Wurde die y-Gerade beispielsweise nur 1 mm lang gezeichnet, muss mit *Skalieren* und dem Wert 3000 korrigiert werden. Ist *X-Parameter bei Definition* aktiv, bezieht sich die Abszisse auf die Länge der Definitionskurve. Der Formelwert kann bei *Analyse* überprüft werden. Die entstehende Regel liegt im *Geometrischen Set*.

Teilekonstruktion

⇨ Mit *Umgebung* zur **Teilekonstruktion** wechseln.
⇨ Mit *Kontextmenü > Objekt bearbeiten* zum *Körper* wechseln.

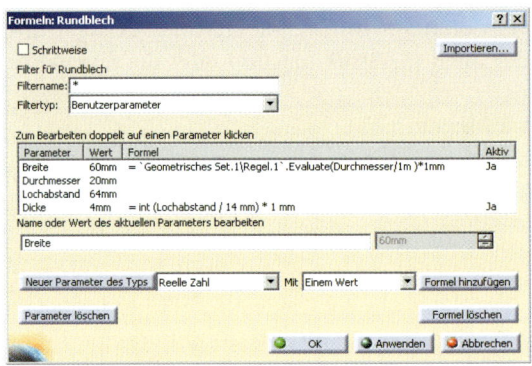

⇨ Dem Längenparameter Breite mit *Formel hinzufügen* die grafische Regel zuweisen. Im *Datenverzeichnis* unter *Regel* den Eintrag *Law->...* übernehmen. Für *Law* die neue Regel einfügen und zur Formel `Geometrisches Set.1\Regel.1`-> Evaluate(Durchmesser/1m) *1mm vervollständigen. Der Längenparameter Durchmesser muss noch durch den vorgesehenen Maximalwert 1 m dividiert werden um zur reellen Zahl zwischen 0 und 1 zu kommen. Das Ergebnis, wiederum eine reelle Zahl, wird durch Multiplikation mit 1 mm zum Maß.

Skizzierer

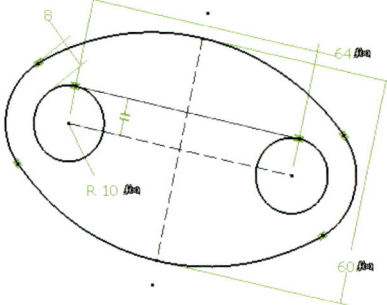

Bedingung

⇨ Mit *Skizzierer* eine Skizze auf einer Ebene anlegen.
⇨ Mit *Profil* entsteht der aus vier Kreisen bestehende symmetrische Umriss mit zwei konzentrisch liegenden Durchgangslöchern. Mit parallelen und tangierenden Hilfslinien wird der Radius geometrisch übertragen.
⇨ Mit *Bedingung* den Lochabstand bemaßen. Beim geöffneten und aktivierten Maß wird jetzt nicht der Wert eingetragen, sondern gleich der vorbereitete Parameter übernommen. Mit *Kontextmenü > Formel bearbeiten...* öffnet sich der Formeleditor. Auf die rechte Gleichungsseite wird der Parameter

Lochabstand übertragen. Gleichermaßen Breite und Durchmesser übertragen. Lediglich beim Kreis muss auf den Durchmesser geachtet werden. Der Lochrand ist konstant 8 mm breit.

⇨ Skizze beenden mit *Umgebung verlassen.*

Umgebung verlassen

Block

⇨ Mit *Block* ein Prisma erstellen. Der Dickenwert der Scheibe kann im *Kontextmenü > Formel bearbeiten...* auch wieder als Parameter im eingeblendeten *Formeleditor* übertragen werden.

Der Baum zeigt die definierten *Parameter* und *Beziehungen.* Ist dies nicht der Fall, muss mit *Tools > Optionen > Infrastruktur > Teileinfrastruktur > Anzeige* in der Rubrik *Strukturbaum* die Einstellung *Parameter* und *Beziehungen* aktiviert werden.

Beziehungen
- Formel.1: Breite=Durchmesser * 3
- Formel.2: Dicke=int (Lochabstand / 14 mm) * 1 mm
- Formel.3: `Hauptkörper\Block.1\Begrenzung1\Länge`=Dicke
- Formel.4: `Hauptkörper\Skizze.1\Radius.42\Radius`=Durchmesser / 2
- Formel.5: `Hauptkörper\Skizze.1\Aufmaß.43\Offset`=Breite
- Formel.6: `Hauptkörper\Skizze.1\Aufmaß.41\Offset`=Lochabstand

⇨ Da nur der Lochabstand und der Durchmesser nach außen wirken sollen, die anderen Parameter jeweils aktivieren und mit *Kontextmenü > Objekt > Verdecken* ausblenden. (Falls notwendig, kann dies bei aktiviertem *Parameter* mit *Kontextmenü > Objekt > Verdeckte Parameter* auch wieder rückgängig gemacht werden.)

⇨ Zum Ändern den Parameter Lochabstand selektieren und abändern. Das Teil wird den Formeln entsprechend neu berechnet. Die Parameterwerte Breite und Dicke lassen sich dagegen nicht mehr ändern, da diese über eine Formel festgelegt sind.

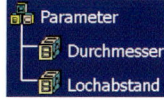
Parameter
- Durchmesser
- Lochabstand

⇨ Mit *Datei > Sichern unter...* im passenden Ordner unter gleichem Namen speichern.

⇨ Mit *Start > Beenden* Schluss machen oder gleich weiter zur nächsten Übung!

Übung Muttern

Was wird geübt?
Konstruktionstabelle,
Konstruktionsratgeber,
Regel
Teil durch Bedingungen anpassen

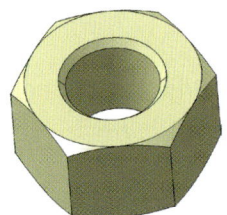

Muttern nach DIN 934 sollen als Normteile erstellt werden. An Hand des Benutzerparameters M*n* soll die entsprechende Mutter aus einer zugeordneten Konstruktionstabelle entnommen werden. Die internen Parameter für die Abmessungen werden in der Tabelle direkt verwendet.

d	e1	m1	s1	Gewin-desteigung	Auszug aus DIN 934
M4	7,66	3,2	7	0,7	
M5	8,79	4,7	8	0,8	
M6	11,05	5,2	10	1,0	
M8	14,38	6,8	13	1,25	
M10	19,6	8,4	17	1,5	
M12	21,9	10,8	19	1,75	
M16	27,7	14,8	24	2,0	
M20	34,6	18	30	2,5	
M24	41,6	21,5	36	3,0	

⇨ Mit *Datei > Öffnen* das Teil der Übung MutterM8 bereitstellen. Den Teilenamen ändern in Muttern.

⇨ Mit *Datei > Sichern unter...* diese neue Arbeitskopie zur Vermeidung von Konflikten mit dem neuen Teilenamen gleich im vorgesehenen Ordner speichern.

Konstruktions-tabelle

⇨ Mit *Konstruktionstabelle* eine neue Tabelle der benötigten Parameter mit dem Namen MutternTabelle erzeugen. Die Auswahl *Eine Konstruktionstabelle mit aktuellen Parameterwerten erzeugen* ist aktiv, da die Tabelle neu angelegt wird.

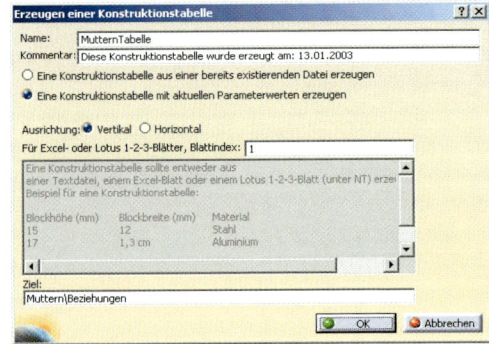

⇨ Die gewünschten internen Parameter für die Höhe *...Skizze.1\Offset.1\Offset*, die Schlüsselweite *...Länge.1\Länge* und die Standardbohrung *...Bohrung.1\ThreadDescription* auswählen und jeweils mit dem Pfeilsymbol in die Tabelle einfügen. Dazu die Auswahl mit dem Filtertyp *Länge* oder *Zeichenfolge* einschränken. Sicher findet sich der gesuchte Parameter direkt an der Geometrie. Dazu das gewünschte Objekt durch Doppelklick öffnen und den Maßeintrag auswählen.

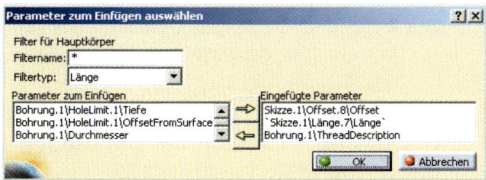

Hinweis:
Die Tabelle kann als Text-Datei (Endung .txt) oder als Excel-Datei (Endung .xls) erzeugt werden. In Abhängigkeit von dieser Erweiterung lässt sich die Datei mit einem Texteditor (.txt) oder mit Excel (.xls) bearbeiten.

⇨ Nach Bestätigung mit *OK* im Parameterdialog wird die neue Tabelle im eingeblendeten Dateidialog MutternTabelle benannt. Durch *Öffnen* wird die Tabelle abgelegt, ins Modell eingefügt und im Strukturbaum eingetragen (als Verweis auf den Ablagepfad). Gleichzeitig wird die Tabelle eingeblendet. Tabellenzeiger ist die erste Spalte *Zeile*. Die zuvor ausgewählten Parameter sind die weiteren Spalten. Die Zeilen definieren je einen Wertesatz (Die Zeile mit den spitzen Klammern ist aktiv).

⇨ Mit *Tabelle bearbeiten…* wird die Editorumgebung eingeblendet. Weitere Zeilen entsprechend der DIN-Tabelle editieren (M8, M10, M12, …). Mit *Datei > Beenden* oder *Sichern* den Editor verlassen. Mit *OK* auch den Dialog verlassen.

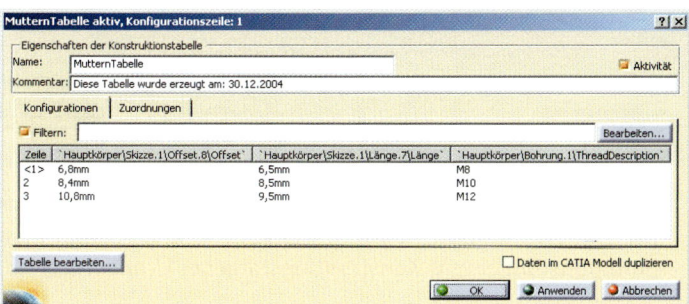

⇨ Im Strukturbaum erscheint unter *Beziehungen* die Muttern-Tabelle. Durch Öffnen der *Konfiguration* können die verschiedenen Varianten im Dialog *Konstruktionstabelle* ausgewählt werden. Durch Doppelklick auf MutternTabelle ist auch ein nachträgliches Bearbeiten der Tabelle möglich.

> **Hinweis:**
> Bei diesem Beispiel werden die internen Parameter direkt verwendet. Übersichtlicher ist es, mit sprechenden Namen Hoehe, Schluesselweite, Bohrung und Steigung versehene Benutzerparameter zuvor einzuführen. Nicht sinnvoll ist eine andere Möglichkeit: In der Tabelle werden die internen Parameter der Kopfzeile einfach mit neuen sprechenden Benutzerparametern überschrieben. Damit werden auch die internen Parameter überschrieben, und die Übersicht geht verloren.

Die Gewindetiefe ist auch bei Bohrungen *Bis zum Nächsten* nicht mit der Geometrie gekoppelt. Um Muttern aller Größen zu gestalten, muss daher diese Gewindetiefe mit der Mutternhöhe verbunden werden.

f(x) Formel

⇨ Mit *Formel* den Formeldialog öffnen. Dem Eintrag *Gewindebohrtiefe* mit *Formel hinzufügen* die Mutternhöhe aus der ersten Skizze zuweisen.

Ein neuer Parameter Normgroesse soll die Auswahl der Mutter erleichtern. Vom sprechenden Namen M8, M10, ... ausgehend werden dann die Einträge aus der Konstruktionstabelle automatisch ausgewählt.

⇨ Im Dialog *Formeln* zusätzlich einen neuen Parameter des Typs *Zeichenfolge mit Mehreren Werten* (M8, M10, M12, ...) einführen.

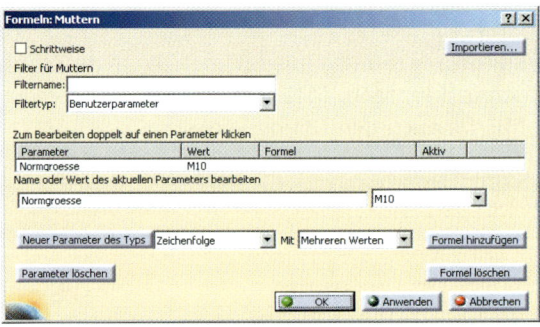
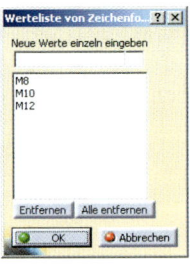

⇨ Im eingeblendeten Dialog *Werteliste* alle gewünschten Bezeichnungen eintragen. Die Zuweisung dieses Parameters zum Modell erfolgt erst anschließend über die Funktionsumgebung **Konstruktionsratgeber** (*Knowledge Advisor*).

> **Hinweis:**
> In früheren Versionen war die Bohrung nicht gut programmiert. Der Bohrungsdurchmesser (Gewindekern) wurde nicht automatisch durch die Standardgröße *Mn* errechnet. Dieser Parameter musste daher gesondert durch eine eigene Formel beschrieben werden. Abhilfe schaffen dort die zusätzlichen Parameter Nenndurchmesser und Steigung. Der Bohrkerndurchmesser lässt sich mit der Formel Nenndurchmesser-1,0825*Steigung errechnen.

Die Konstruktionstabelle ist dem Bauteil zugeordnet. Welche Tabellenzeile jeweils gültig ist, steht als Programmparameter *...Tabelle\Konfiguration* zur Verfügung. Dieser Pa-

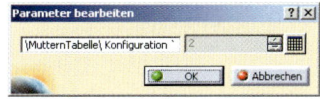

rameter lässt sich mit dem Parameter Mutterngroesse koppeln, um die gewünschten Maßeinträge zu steuern. Der neue Parameter wird den Tabelleneinträgen durch eine Formel zugeordnet. Im Beispiel der Konstruktionstabelle zeigt der Parameter *...Tabelle \Konfiguration* auf die gerade aktive *Zeile 2*. Also muss der Parameter M10 auf diesen zweiten Tabelleneintrag verweisen.

⇨ Mit *Umgebung* zum **Konstruktionsratgeber** wechseln. Ist die gesuchte Umgebung nicht im Dialog enthalten, mit *Ansicht > Symbolleisten > Anpassen > Menü Start* die Auswahl vervollständigen.

Konstruktions-ratgeber

⇨ Mit *Regel* sind Formelabfragen programmierbar. Im eingeblendeten Dialog *Regeleditor* den Regelnamen MutternRegel vergeben.

Regel

⇨ Im zweiten eingeblendeten Dialog *Regeleditor: Aktiv* die Regel schreiben. Die Fenster Datenverzeichnis und Parameter unterstützen dabei.

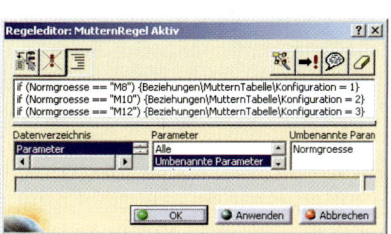

Falls der Parameter der Normgröße M10 ausgewählt ist, gilt die Zeile 2 und damit *Konfiguration*=2. Die Zeichenfolge "M10" muss mit Doppelhochkommas (als englische Gänsefüßchen) eingerahmt sein.

if (Normgroesse == "M8") {Beziehungen\MutternTabelle\Konfiguration = 1}
if (Normgroesse == "M10") {Beziehungen\MutternTabelle\Konfiguration = 2}
if (Normgroesse == "M12") {Beziehungen\MutternTabelle\Konfiguration = 3}

⇨ Mit dem Benutzerparameter Normgroesse kann jetzt jede in der Tabelle definierte Mutter ausgewählt werden.

⇨ Mit *Datei > Sichern unter...* im passenden Ordner unter gleichem Namen speichern.
⇨ Mit *Start > Beenden* Schluss machen oder gleich mit der nächsten Übung weitermachen!

Übung Lasche

Was wird geübt?
Regel, Prüfen
Teil in seiner Gestalt
anpassen

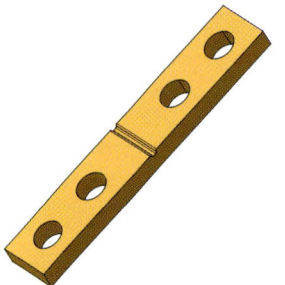

Ein Blech mit Bohrungen und einer Nut soll konstruiert werden. Die Blechbreite sei konstant und die Anzahl der Bohrungen durch die Blechlänge bestimmt. Abhängig von der Blechdicke soll eine zusätzliche, mittig und quer verlaufende Nut eingefügt werden. Man nennt ein solches Teil eine **Gestaltvariante**.

⇨ Mit *Datei > Neu* das neue Teil Lasche anlegen.

Hinweis:
Im vollständig assoziativen Körpermodell sind alle Operationen, die den Körper erzeugt haben, verfügbar und manipulierbar. Dies gilt nicht nur für Maße, sondern auch für Boolesche Verknüpfungen oder andere Parameter. Mit Regeln, die der Benutzer programmiert, kann die Bauteilform auf vielfältige Weise verändert werden. Diese Regeln können sowohl einfache mathematische Berechnungen mit den Maßparametern sein, als auch durch Berechnung erzeugte Geometrie, oder auch komplexe, logisch aufgebaute Programme mit Vorschriften zum Zusammenbau.

Die Lasche wird nur symmetrisch halb aufgebaut. Die variabele Anzahl der Bohrungen führt zu einer Ausgangsbohrung und einem zusätzlichen Bohrmuster. Dessen Musteranzahl kann später angepasst werden. Es soll gelten, dass die Löcher zur 2 mm breiten Nut einen Mindestabstand von 6 mm einhalten. Auch die Nut soll entfernt werden können. Daher entsteht sie als eigenständige Tasche.

 Skizzierer

 Bohrung

 Rechteckmuster

⇨ Mit *Skizzierer* ein 20 mm breites Rechteck auf eine beliebige Ebene skizzieren und mit *Block* als halbes Blech erzeugen.

⇨ Mit *Bohrung* die erste Randbohrung mit Durchmesser 10 mm am Blechende anbringen. Der Einsetzpunkt für die Bohrung liegt mittig zum Blech und hat 11 mm Abstand zur Endkante (6+5).

⇨ Mit *Rechteckmuster* mindestens 2 *Exemplare* aus der Originalbohrung in Richtung Blechlängsrand als *Erste Richtung* erzeugen. Der *Abstand* untereinander beträgt 20 mm.

⇨ Mit *Skizzierer* neue Skizze auf die Blechseitenfläche legen. Die Nut als halben Taschenquerschnitt (1x1 mm) mit tangierenden Kreisen (r=0,5 mm) als Nutrand skizzieren und bemaßen.

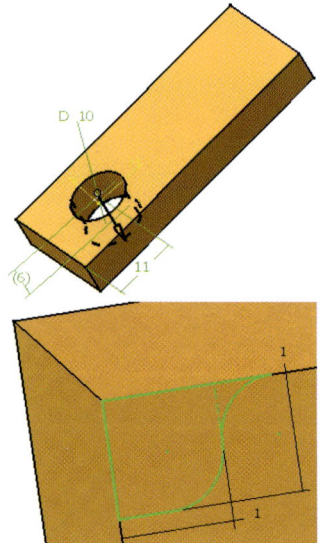

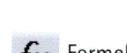

⇨ Mit *Tasche* die Skizze als *Erste Begrenzung* zur gegenüberliegenden Seite *Bis Ebene* abziehen.

Tasche

⇨ Mit *Spiegeln* den *Hauptkörper* an der Innenseite als Symmetrieebene verdoppeln. Dadurch werden auch alle Abzugskörper gespiegelt.

Spiegeln

⇨ Mit *Formel* lassen sich die für das Verbindungsblech notwendigen Parameter Laenge und Dicke als *Neuer Parameter des Typs* Länge mit *Einem Wert* erzeugen. Laenge entspricht der Gesamtlänge.

Formel

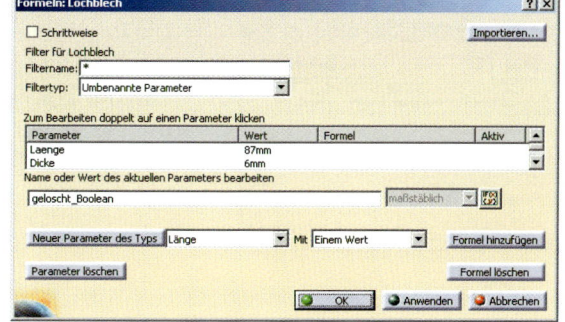

⇨ Den entsprechenden Maß- oder internen Parametern als linke Gleichungsseite mit *Formel hinzufügen* diese Parameter als Wert der rechten Gleichungsseite zuordnen. Die Maßparameter finden sich schnell, wenn in der geöffneten Skizze das entsprechende Maß ausgewählt wird.

`\Hauptkörper\Skizze.1\Offset.1\Offset` = Laenge/2

Alternativ kann der Benutzerparameter dem entsprechenden Maß auch direkt zugewiesen werden. Nach Öffnen der Bemaßung in der Zeichnung führt *Kontextmenü > Formel bearbeiten...* direkt zum Formeleditor.

Alternative

⇨ Das Lochmuster soll so geregelt werden, dass bei entsprechendem Längenwert zwei oder mehr Bohrungen je Seite entstehen. Das Muster öffnen und den internen Parameter *...\Rechteckmuster.1\ Anzahl in Richt1* auswählen. Mit *Formel hinzufügen* und dem Formeleditor eine Gleichung erstellen, die eine ganze Zahl als Anzahl der zulässigen Bohrungen einer Seite liefert. Dazu wird der Operator *int()* benutzt. Dies steht für *integer* oder ganzzahliger Teil.

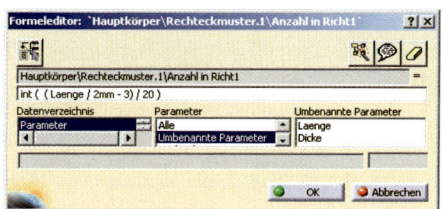

int ((Laenge /2mm - 3) /20)

Ist das Blech zu kurz, kann es vorkommen, dass kein Lochmuster mehr darstellbar ist, also die Musteranzahl kleiner als 2 ist. Das Lochmuster darf dann nicht mehr ausgeführt werden. Es wird deaktiviert mit Rechteckmuster\Aktivität = false. Dazu wird eine komplexe Regel benötigt. Dies ist wieder mit dem Regeleditor möglich, der in der Funktionsumgebung **Konstruktionsratgeber** angeboten wird.

Konstruktions-
ratgeber

Regel

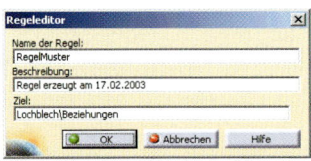

⇨ Mit *Umgebung* zum **Konstruktionsratgeber** wechseln.

⇨ Mit *Regel* den Regeleditor aufrufen. Der Regel einen
sprechenden Namen geben.

⇨ Die Regel so definieren, dass das Bohrmuster unter
der Schranke von 2 Stück nicht ausgeführt wird.
Für die korrekte Schreibweise empfiehlt es sich,
die Parameter und Werte aus dem Strukturbaum
oder dem Datenverzeichnis des Dialogs direkt zu
übernehmen.

```
if (`\Hauptkörper\Rechteckmuster.1\Anzahl in Richt1`< 2)
    {`\Hauptkörper\Rechteckmuster.1\Activity`=false}
else
    {`\Hauptkörper\Rechteckmuster.1\Activity`=true}
```

Wird das Blech kürzer als eine Untergrenze, kann gar
keine Bohrung mehr angebracht werden. Die Originalbohrung muss also zusätzlich deaktiviert sein.
Dies wird in die bereits beschriebene Regel zusätzlich
eingefügt. Bei der Beschreibung der Regel muss darauf
geachtet werden, dass nicht nur das Zurücknehmen
der Anzahl und der Bohrung an sich, sondern auch
das „Wiederanschalten" berücksichtigt wird.

⇨ Die Regel im Strukturbaum öffnen und den Zusatz
so definieren, dass die Bohrung unterhalb einer
Plattenlänge von 46 mm nicht mehr gezeichnet
wird. Er bindet sich in die vorige Regel ein, nachdem das Bohrmuster ausgeschaltet wurde.

```
if (`\Hauptkörper\Rechteckmuster.1\Anzahl in Richt1`< 2)
   {`\Hauptkörper\Rechteckmuster.1\Activity`=false
       if (Laenge<46mm)
           {`\Hauptkörper\Bohrung.1\Activity`=false}
       else
           {`\Hauptkörper\Bohrung.1\Activity`=true}
   }
else
   {`\Hauptkörper\Bohrung.1\Activity`=true
    `\Hauptkörper\Rechteckmuster.1\Activity`=true
   }
```

Abhängig von der Blechdicke soll die Nut wahlweise eingefügt werden. Dazu muss das Anbringen der Nuttasche als Aktivität manipuliert werden. Dies gelingt wieder mit einer Regel nach obigem Muster. Einfacher geht das mit einer Formel, die genau den Wert wahr oder falsch liefert. Die Abfrage Dicke >= 6mm liefert für Dicken ab 6 mm den Wert wahr und darunter den Wert falsch.

⇨ Mit *Formel* die Taschenparameter anzeigen. (Im Strukturbaum die Tasche auswählen.) Dem Parameter Tasche\Aktivität mit *Formel hinzufügen* die Abfrage zuordnen.

\Hauptkörper\Tasche.1\Activity = Dicke >= 6mm.

⇨ Die beiden unabhängigen Parameter Laenge und Dicke verändern und das Bauteil als Gestaltvariante überprüfen.

Hinweis:
Beim Anwenden einer Variante können unsinnige Parameterwerte verlangt werden. Um dies zu verhindern und die Variante sicherer zu machen, kann bei Überschreiten von Grenzwerten eine Fehlermeldung ausgegeben werden. Dazu werden Prüfbedingungen erzeugt. Diese Funktionalität wird wieder in der Umgebung **Konstruktionsratgeber** angeboten. Als Beispiel darf die Länge des Lochblechs einen Minimalwert nicht unterschreiten.

⇨ Mit *Umgebung* zum **Konstruktionsratgeber** wechseln.

⇨ Mit *Prüfung* den Dialog *Prüfeditor* aufrufen. Die Prüfregel mit sprechendem Namen versehen. Sie erscheint als Eintrag im Strukturbaum.

 Prüfung

⇨ Im Fenster *Prüfeditor: Aktiv* den Prüfungstyp *Warnung* (*Warning*) und eine entsprechende Nachricht eintragen. Die Prüfbedingung so erzeugen, dass die Mindestlänge von 20 mm nicht unterschritten wird. Die Warnung wird ausgegeben, wenn die Bedingungen nicht erfüllt sind.

Laenge >=20mm

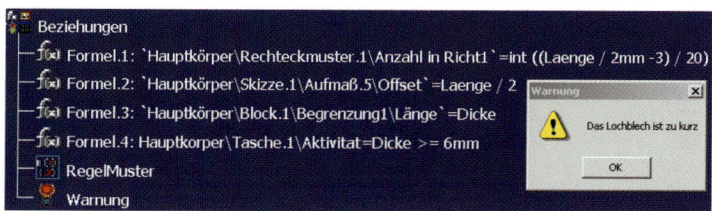

Im Strukturbaum wird die Prüfung grafisch dargestellt: Ein grünes Symbol für die *Warnung* bedeutet, dass die Prüfwerte eingehalten sind, rot zeigt eine Überschreitung an. Zusätzlich wird eine Warnung ausgegeben.

⇨ Mit *Datei > Sichern unter...* im passenden Ordner unter gleichem Namen speichern.
⇨ Mit *Start > Beenden* Schluss oder gleich mit dem nächsten Thema weitermachen!

Was ist eine parametrische Baugruppe?

In Baugruppen sind Bauteile durch konstruktive Bedingungen miteinander verknüpft und hängen maßlich voneinander ab. Im Beispiel soll die Öse mit unterschiedlichen Befestigungen ausgestattet werden können. Auch die Verbindungsmittel Bolzen und Klemme werden zusätzlich anderswo eigenständig gebraucht. Trotzdem soll eine Baugruppe entstehen, die in variabler Größe Verwendung findet. Dies wird realisiert mit parametrisierten Teilen, die zur Baugruppe zusammengebaut werden. Die Teileparameter der autarken Varianten werden durch Baugruppenparameter gesteuert.

Soll eine Baugruppe so aufgebaut werden, dass aus ihr beliebige Varianten entwickelt werden können, ist eine systematische Vorbereitung unabdingbar. Die Grundsätze, die schon für die Bauteile aufgezeigt wurden, gelten jetzt zusätzlich für mehrere Teile untereinander. Daher kommt sowohl der Analyse des Einzelteils als auch der Baugruppe eine große Bedeutung zu. Die folgenden Fragen sollten vor Beginn der Konstruktion der geplanten Baugruppe gestellt und beantwortet werden:

Was sind maßlich feststehende Teile (Muster- oder Normteile)?
Was sind veränderliche Teile bei der Verwendung in der Baugruppe?
Was sind bei voneinander abhängigen Teilen die abhängigen, was die fixen Maße?
Welche Abmessungen oder Verbindungen der Teile untereinander sollen als Schnittstelle quasi von außen durch gemeinsame Parameter gesteuert werden?
Fallen unter bestimmten Bedingungen Teile weg oder kommen andere Teile hinzu?

Zuerst können die Bauteile selbst, dann die Verbindungen der Bauteile untereinander und zuletzt die globalen Abmaße in der Struktur geordnet und festgelegt werden (*button up*). Oder die Baugruppe dimensioniert von ihren Gesamtabmessungen her die einzelnen Bauteile (*top down*). Dadurch entsteht eine modular aufgebaute Teilesystematik, ähnlich den Unterprogrammen beim Programmieren. Erst wenn das Konzept zu Ende gedacht ist, sollte konkret konstruiert werden. Für den Einsatz von Parametern zeigen sich zwei prinzipielle Alternativen:

- Die Baugruppe wird aus selbständigen, das heißt autarken Bauteilen aufgebaut. Die Teile haben für veränderliche Maße eigene Teileparameter. Die Teile werden als „starre" Teile mit Lageregeln zusammengesteckt. Die Baugruppe legt gemeinsame Baugruppenparameter fest, die dann die Teileparameter steuern. Zum Beispiel sind

Baugruppe systematisch vorbereiten

Baugruppe aus autarken Teilen

293

Schraube und Mutter eigenständig konstruiert und als M4, M6, ...M36 parametrisiert. In der Baugruppe werden sie mit Lageregeln zusammengesteckt. Dass zueinander passende Schrauben und Muttern das Gewinde M12 haben, regelt der Baugruppenparameter.

Geometrisch abhängige
Baugruppe

• Die Baugruppe ist objektorientiert aufgebaut. Die abhängigen Bauteile werden durch geometrische Bedingungen mit externen Verweisen automatisch verändert. Auch in ihrer relativen Lage zueinander werden die Teile durch geometrische Abhängigkeiten bestimmt. Baugruppenparameter regeln die endgültige Gestalt der abhängigen Bauteile. Als Anwendung soll ein Getriebe genannt werden. Die Zahnräder und das Gehäuse sind geometrisch abhängig konstruiert. Auch alle Anschlußteile werden in ihrer Größe geometrisch von den Zahnrädern bestimmt. Wie groß diese Zahnräder in der tatsächlichen Anwendung sein sollen, regeln Baugruppenparameter.

Beide Arbeitsweisen haben ihre eigenen Bedingungen und können jeweils in einer Baugruppe streng getrennt angewendet werden. Für die einfachere Logik der Teile und der Baugruppe hat die unabhängige Teilekonstruktion mit unabhängigen Parametern Vorteile. Für Baugruppen mit starker Abhängigkeit der Teile untereinander kann auch objektorientiert, also mit *Externen Verweisen* gearbeitet werden. Mischformen zwischen beiden Arbeitsweisen sind nur empfehlenswert, wenn in einer abhängigen Baugruppe streng getrennt, beispielsweise wenige Normteile eingesetzt werden sollen.

Es wird empfohlen, zwischen den Parametern der Geometrie, die das Programm verwendet und den steuernden Parametern, die der Benutzer vergibt, zu trennen. Der Vorteil liegt in der Fehlerkontrolle: das Modell bleibt unverändert, und der Benutzer kann seine eigene Parameterlogik unabhängig davon prüfen.

Wie wird eine Baugruppe mit autarken Teilen parametrisiert?

Werden Normteile und eigenständige Bauteile in der **Baugruppe** verwendet, werden die Teile untereinander **mit Lageregeln verbunden** (die starren Körper werden mit 6 Freiheitsgraden der Bewegung einander zugeordnet). Die Bauteile haben untereinander Flächenkontakt (zwei ebene Oberflächen liegen aneinander oder Oberflächen berühren sich längs einer gemeinsamen Linie oder an einem Berührpunkt), sind zueinander kongruent (Eckpunkt, Kante, Achse, ...), haben einen Abstand oder liegen in einem definierten Winkel zueinander. Geometrische Bedingungen der Bauteile untereinander bestehen nicht.

Baugruppenparameter
steuern Teile mit eigenen Parametern

Soll die Baugruppe variabel werden, sollten zuerst die Teile mit eigenen **Benutzerparametern** versehen und dadurch unabhängig voneinander variabel werden. Diese verschiedenen Teile mit eigenen Teileparametern werden dann durch Parameter der Baugruppe gemeinsam gesteuert. Es entsteht eine Kaskade von Parametern. Die Baugruppenparameter steuern die Untergruppenparameter und diese wiederum die Teileparameter. Der Aufwand entsteht beim Festlegen der Parameter, da für alle korrespondierenden Maße abhängiger Bauteile Parameter mit ähnlicher Bedeutung in jedem betroffenen Bauteil zu kontrollieren sind. Bei der Schraube und der Mutter ist der **Baugruppenbenutzerparameter** M12 für das gemeinsame Gewinde festgelegt, der den **Teile\Benutzerparameter** Bohrungsdurchmesser regelt und dieser wiederum die \Catia\Geometrie als Radiusmaß in der Skizze.

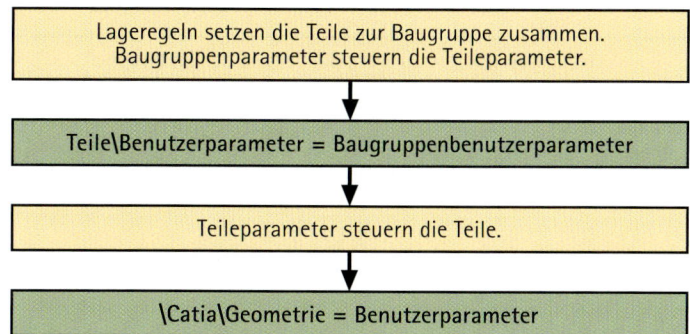

Wie wird eine Baugruppe mit abhängigen Teilen parametrisiert?

Werden voneinander abhängige Bauteile in der **Baugruppe** durch **geometrische Bedingungen** variabel aufgebaut, sind diese Bauteile durch *Externe Verweise* miteinander verbunden. Die relative Lage der Teile zueinander wird objektorientiert beschrieben. Jedes neue Teil baut auf einer Oberfläche des Nachbarteils als externem Verweis auf und richtet sich daran aus. Für die Maßvergabe bieten sich bei der Verwendung der Baugruppenparameter zwei Strategien an:

- Alles was sich geometrisch in den Bauteilen ändern kann, wird durch die geometrischen *Externen Verweise* automatisch angepasst. Die Baugruppenparameter steuern die Abmessungen dort, wo sie im Aufbauprozess erstmals benötigt werden. Nach der **Mutter-Kind-Regel** werden diese Abmessungen dann geometrisch weitergereicht. Es stehen die Abhängigkeiten der Teile untereinander im Vordergrund. Beim Beispiel Zahnradgetriebe geben die „Mütter" Zahnräder die Abmessungen an die „Kinder" Gehäuse und Wellen geometrisch weiter. Die **Baugruppenbenutzerparameter** bestimmen die Abmessungen der „Mütter" Zahnräder als \Catia\Geometrie in den Skizzen und den Körperfunktionen.

Baugruppenparameter steuern nur unabhängige Maße

- Immer wenn sich Abmessungen in den Teilen auf globale Schnittstellen beziehen lassen, werden die Baugruppenparameter eingesetzt. Die entstehenden Beziehungen konzentrieren sich dadurch mehr auf die gemeinsame Schnittstelle. Beim Beispiel Zahnradgetriebe regelt sich der komplexe Radsatz geometrisch aus den Wellen und einem Bewegungsraum. Das Gehäuse baut um diesen Bewegungsraum herum. Die **Baugruppenbenutzerparameter** legen nur die absolute Größe der Wellen und des Bewegungsraums als \Catia\Geometrie in Skizzen und Körpern fest. Auf diese

Baugruppenparameter steuern nur globale Schnittstellengeometrie

Weise kann der Radsatz als Ganzes durch einen anders aufgebauten Radsatz ersetzt werden. Solche Baugruppen haben eher wenige, unabhängige Maße, die durch Baugruppenparameter zu steuern sind. Der Aufwand entsteht bei der Beschreibung der geometrischen Beziehungen der Bauteile untereinander durch die *Externen Verweise*. Dem stehen wenige Baugruppenparameter gegenüber.

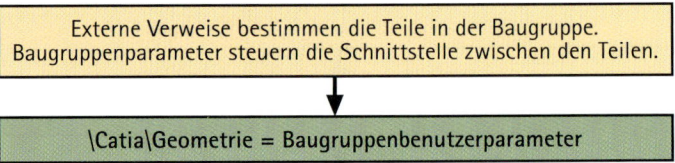

Übung Gesicherte Öse

Die Baugruppe besteht aus einer Öse, die durch einen Bolzen zusammengehalten wird. Der Bolzen wird durch eine Klemme gesichert. Die drei Teile werden unabhängig gestaltet und mit Parametern versehen. Jedes Teil regelt sich selbst in den Abmessungen durch eigene Teileparameter. In der Baugruppe werden sie mit Lageregeln zusammengebaut. Baugruppenparameter werden eingeführt, um die Teile an den Schnittstellen geometrisch zu kontrollieren. Die Baugruppenparameter regeln die Teileparameter, und damit die konkrete Gestalt der Teile. Bei dieser Arbeitsweise bleiben die Teile autark, und die Baugruppe ist trotzdem variabel.

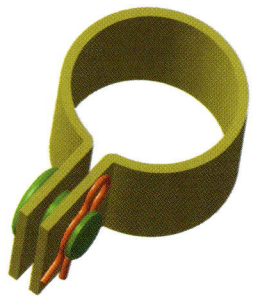

Was wird geübt?
Tools>Veröffentlichung
Baugruppenparameter regeln Teileparameter
Teile werden tauschbar
Getauschte Teile anpassen

Der Bolzen entsteht als Drehkörper. Er hat einen abgeflachten Rundkopf und eine vertiefte Nut für die Sicherungsklemme.

⇨ Mit *Datei > Neu* eine neue Datei mit dem Typ *Part* anlegen und Bolzen nennen.

⇨ Mit *Skizzierer* eine Skizze auf einer Ebene anlegen.

⇨ Mit *Profil* entsteht das halbe Drehprofil des Bolzens mit r=10 mm. Er ist gefast mit 1mm und 45 Grad und hat eine halbrunde Nut von r=1,5 mm, die 0,5 mm vertieft liegt und 3 mm vom Ende des Bolzens sowie

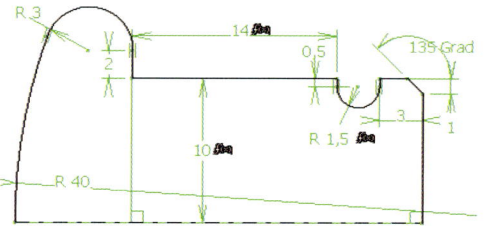

Skizzierer

Profil

14 mm vom Kopf entfernt beginnt. Der Bolzenkopf wird aus einem Kugelabschnitt mit r=40 mm gebildet, der am Rand mit einem tangierenden Kreis von r=3 mm ausgerundet ist und in einer 2 mm langen Geraden als Anschlagebene endet.

⇨ Mit *Bedingung* bemaßen. Diese Maße dienen als Grundlage für die Teileparameter
⇨ Skizze beenden mit *Umgebung verlassen*.

Bedingung

Umgebung verlassen

⇨ Mit *Welle* den Bolzen erstellen.

Welle

Für den späteren Einbau ist hilfreich, wenn in der Umrissskizze eine Ebene mittig durch den Nutring gelegt wird. Daran kann die Sicherungsklemme mittig zur Nut ausgerichtet werden.

⇨ Mit *Punkt* jeweils einen *Kreis-/Kugelmittelpunkt* auf die beiden Ränder der Nutfläche legen.
⇨ Mit *Linie* eine Verbindung *Punkt-Punkt* genau zwischen die beiden Referenzpunkte legen.

Punkt

Linie

 Ebene

⇨ Mit *Ebene* und *Senkrecht zu Kurve* entsteht mit dem Aufhängepunkt *Standard (Mitte)* die Mittelebene der Nut.

Die Nutzlänge vom Kopf des Bolzens bis zur Nut, der Bolzendurchmesser und der Nutdurchmesser werden als in die Baugruppe wirkende Abmessungen zu Benutzerparametern des Bauteils. Sie können unabhängig von den anderen Teilen festgelegt und geprüft werden.

 Formel

Bolzenparameter

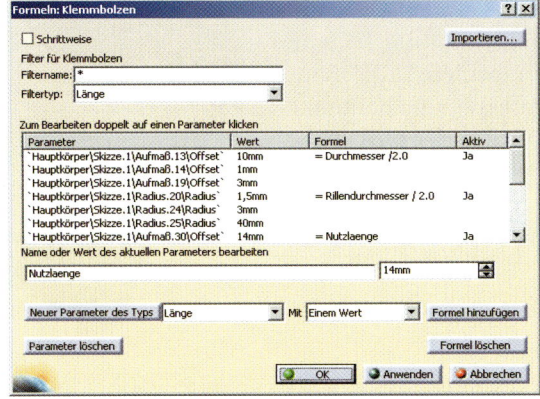

⇨ Mit *Formel* und *Neuer Parameter des Typs* entstehen die Benutzerparameter Nutzlaenge (14 mm), Durchmesser (2x10 mm) und Rillendurchmesser (2x1,5 mm). Es sind Parameter des Typs *Länge* mit *Einem Wert*. Alle anderen Maße bleiben fix.

⇨ Ergänzend den internen Maßparametern der Geometrie mit *Formel hinzufügen* die entsprechenden Benutzerparameter zuweisen.

⇨ Alle Parameter verändern und dadurch das Bauteil prüfen.

⇨ Mit *Datei > Sichern unter...* den Bolzen mit gleichem Namen im vorgesehenen Ordner speichern.

⇨ Mit *Datei > Schließen* das Teil weglegen.

Die Klemme wird durch eine Skizze mit einem Kurvenzug als Mittellinie und einer zweiten Skizze mit einem Kreis als Drahtquerschnitt erzeugt. Daraus wird mit der Funktion *Rippe* ein Strangkörper. Die Skizze der Zentralkurve liegt in einer Ebene, die normal (rechtwinklig) und mittig zum Drahtquerschnitt steht. Die Symmetrie wird genutzt, also nur die Hälfte gezeichnet.

⇨ Mit *Datei > Neu* eine neue Datei mit dem Typ *Part* anlegen und Klemme nennen.

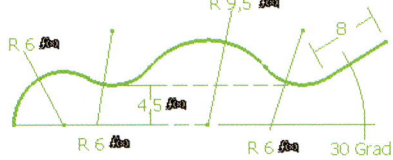

⇨ Mit *Skizzierer* eine Skizze auf einer Ebene anlegen.

⇨ Mit *Profil* entsteht die halbe Mittellinie aus tangierenden Kreisen (6/6/9,5/6 mm von links) und einer Endgeraden (8 mm lang und 30 Grad zur Mittelachse geneigt). Die Mitte öffnet sich an den Engstellen insgesamt mit 9 mm.

⇨ Skizze beenden mit *Umgebung verlassen*.

⇨ Mit *Ebene* eine Referenzebene zum Kreis *Senkrecht zu Kurve* durch den Endpunkt des Kurvenzugs legen.

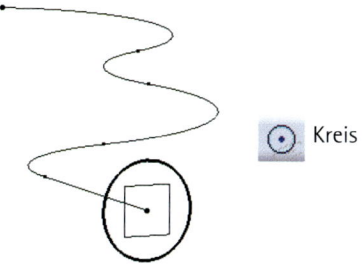

⇨ Mit *Skizzierer* eine Skizze auf die neue Normalebene legen.

⇨ Mit *Kreis* den Drahtquerschnitt D=3 mm zeichnen. Den Mittelpunkt mit Kongruenz auf den Kurvenendpunkt legen.

Kreis

⇨ Skizze beenden mit Umgebung verlassen.

⇨ Mit *Rippe* entsteht aus dem Kreis als *Profil* und der Mittellinie als *Zentralkurve* die halbe Klemme.

Rippe

⇨ Mit *Spiegeln* am federnden Ende ist die Klemme komplett.

Spiegeln

Die nach außen als Schnittstelle der Teile wirkenden Abmessungen der Klemme sind der Drahtdurchmesser selbst und der Klemmendurchmesser als Öffnung für den Bolzen.

⇨ Mit *Formel* entstehen die Benutzerparameter Drahtdurchmesser 3 mm und Klemmendurchmesser 19 mm. Es sind neue Parameter des Typs *Länge* mit *Einem Wert*.

Klemmenparameter

⇨ Ergänzend den internen Maßparametern der Geometrie mit *Formel hinzufügen* die entsprechenden Benutzerparameter zuweisen. Das Maß an der Klemmenöffnung wird zu Drahtdurchmesser*1,5. Der große Radius wird zu Klemmendurchmesser/2, die kleinen zu Drahtdurchmesser*2. Alle anderen Maße bleiben fix.

⇨ Alle Parameter verändern und das Bauteil dadurch prüfen.

⇨ Mit *Datei > Sichern unter...* die Klemme mit gleichem Namen im vorgesehenen Ordner speichern.

⇨ Mit *Datei > Schließen* das Teil weglegen.

Die Blechöse entsteht ebenfalls als symmetrisch halbes Teil. Das durchlaufende Blech erfordert konzentrische Kreise am Knick.

⇨ Mit *Datei > Neu* eine neue Datei mit dem Typ *Part* anlegen und Oese nennen.

⇨ Mit *Skizzierer* eine Skizze auf einer Ebene anlegen.

⇨ Mit *Profil* den halben Blechquerschnitt skizzieren. Das Blech ist 4 mm dick, der große Innenradius misst 32,5 mm, die kleine Ausrundung 1 mm innen, die gerade Schenkellänge 40 mm und die Schenkelöffnung insgesamt 6 mm.

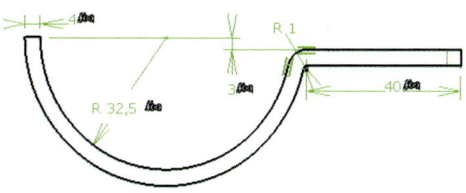

⇨ Skizze beenden mit *Umgebung verlassen*.

Block

Bohrung

⇨ Mit *Block* als 40 mm hohes Prisma erzeugen.

⇨ Die mittig zum ebenen Blech liegende *Bohrung* hat den Durchmesser 21 mm und verläuft *Bis zum nächsten.*

⇨ Mit *Spiegeln* an der Mittelebene die halbe Öse vervollständigen.

Die nach außen wirkenden Kenngrößen der Öse sind der Innendurchmesser, die Blechdicke, die Öffnung zwischen den Blechschenkeln und der Bohrungsdurchmesser für den Bolzen.

Ösenparameter

⇨ An der fertigen Öse entstehen mit *Formel* die Benutzerparameter Innendurchmesser 65 mm, Blechdicke 4 mm, Oeffnung 6 mm und Bohrungsdurchmesser 21 mm. Es sind neue Parameter des Typs *Länge* mit *Einem Wert.*

⇨ Ergänzend den internen Maßparametern der Geometrie mit *Formel hinzufügen* die entsprechenden Benutzerparameter zuweisen. Zusätzlich sollen die Schenkel am Blech doppelt so lang und breit sein wie der um 1 mm Luft reduzierte Bohrungsdurchmesser. Alle anderen Maße bleiben fix.

⇨ Alle Parameter verändern und das selbständige Bauteil dadurch prüfen.

⇨ Mit *Datei > Sichern unter…* die Öse mit gleichem Namen im vorgesehenen Ordner speichern.

⇨ Mit *Datei > Schließen* das Teil weglegen.

Die Baugruppe entsteht aus den jetzt autark konstruierten Teilen. Diese werden mit Lageregeln zusammengesteckt. Bis dahin entspricht das dem Vorgehen bei normalen Baugruppen. Ändert sich ein Teil geometrisch, könnte es nicht mehr in die Baugruppe passen. Dies bleibt unkontrolliert. Daher werden Baugruppenparameter eingeführt, die die Teileparameter geometrisch anpassen. Die Baugruppenparameter regeln aber nur die für den Zusammenbau notwendige gemeinsame Anschlussgeometrie. Die Teile finden ihre eigene Form aus der Anschlussgeometrie durch die eigenen Teileparameter.

⇨ Mit *Datei > Neu* eine neue Datei mit dem Typ *Product* anlegen und die Baugruppe GesicherteOese nennen.

 Vorhandene Komponente

⇨ Mit *Vorhandene Komponente* die Oese, den Bolzen und die Klemme in die Baugruppe einfügen. Liegen die Teile im selben Ordner, können sie auch gemeinsam übertragen werden.

 Kongruenzbedingung

 Kontaktbedingung

 Offset-Bedingung

⇨ Die autark konstruierten Teile mit Lageregeln zusammenbauen. Der Kopf des Bolzens liegt mit *Kontaktbedingung* auf dem Blech auf und ist mit *Kongruenzbedingung* achsbündig zur Bohrung. Die große Klemme mit ihrer Torusachse ist kongruent zur Bolzenachse. Mit der *Offset-Bedingung* und dem *Abstand* 0 mm liegen die vorbereiteten Mittelebenen der Klemme und der Nut zusammen. Mit dieser Hilfskonstruktion liegt die Klemme objektorientiert mittig in der Nut.

In der Baugruppe werden neue Benutzerparameter eingeführt. Sie sollten „Hauptparameter" sein, also die Baugruppe und damit deren Teile grob festlegen. In den einzelnen autarken Teilen wird dagegen feiner modelliert, alle Maße erfassend. Es entsteht eine Hierarchie der Parameter.

⇨ Um die Parameter im Strukturbaum der Baugruppe zu sehen, muss mit *Tools > Optionen > Infrastruktur > Produktstruktur > Anpassung der Baumstruktur* die Einstellung *Parameter* und *Beziehungen* aktiv sein (ja).

⇨ Mit *Bearbeiten > Objekt > Bearbeiten* oder Doppelklick die ausgewählte Baugruppe bereitstellen.

⇨ Mit *Formel* und *Neuer Parameter des Typs Länge* die Baugruppenparameter Oesendurchmesser mit 65 mm, Oesenblechdicke mit 4 mm, Oesenoeffnung mit 6 mm, Klemmendrahtdurchmesser mit 3 mm und Bolzendurchmesser mit 20 mm als Längenparameter mit entsprechenden Maßwerten einführen.

Baugruppenparameter

Die Baugruppenparameter werden dann den benutzerdefinierten Teileparametern zugewiesen, mit dem Bolzen beginnend. Der Bolzen hat die Schnittstellengrößen Durchmesser, Rillendurchmesser und Nutzlaenge.

⇨ Den Parameter Bolzen\Durchmesser mit *Formel* im eingeblendeten Fenster suchen. Als Filtertyp erleichtert die Auswahl *Umbenannte Parameter* das Finden. Der Eintrag *Parameter* kann im Strukturbaum auch direkt ausgewählt werden. Diesem Teileparameter mit *Formel hinzufügen* den Baugruppenparameter Bolzendurchmesser zuweisen. Ebenso errechnet sich der Parameter Bolzen\Nutzlaenge aus der Oesenoeffnung+2*Oesenblechdicke. Der Bolzen\Rillendurchmesser ist gleich dem Klemmendrahtdurchmesser.

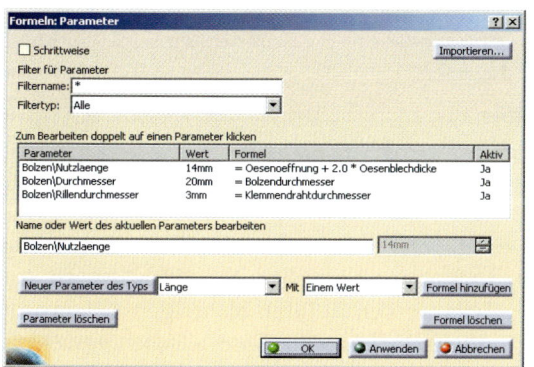

Bolzenparameter = Baugruppenparameter

Die Öse hat eine Schnittstelle zum Bolzen. Die anzupassende Größe ist der Bohrungsdurchmesser. Die anderen Parameter der Baugruppe Oesendurchmesser, Oesenblechdicke und Oesenoeffnung werden durchgereicht.

⇨ Mit *Formel* und *Formel hinzufügen* dem Oese\Bohrungsdurchmesser den Bolzendurchmesser+1 mm Spiel zuweisen. Die anderen benutzerdefinierten Parameter der Öse entsprechend zuordnen.

Ösenparameter = Bau-
gruppenparameter

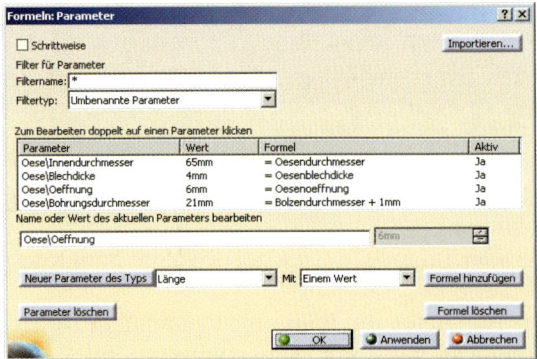

Die Klemme verknüpft sich mit den Nachbarn nach außen mit dem Drahtdurchmesser in der Nutbreite und dem Klemmendurchmesser in der Nuttiefe.

⇨ Mit *Formel* und *Formel hinzufügen* den Klemme\Drahtdurchmesser als Klemmendrahtdurchmesser errechnen. Den zweiten benutzerdefinierten Parameter der Klemme entsprechend zuordnen.

Klemmenparameter =
Baugruppenparameter

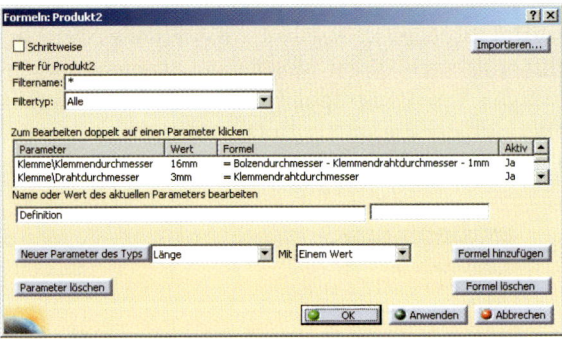

⇨ Anschließend alle Baugruppenparameter ändern und damit die Baugruppe und die Veränderbarkeit der abhängigen Teile prüfen.

⇨ Mit *Datei > Sichern unter...* die *In Bearbeitung* stehende Baugruppe im passenden Ordner unter gleichem Namen speichern. Auch die in ihren Parametern geänderten Teile werden in ihren bisherigen Ablagepfaden gespeichert.

⇨ Alternativ kann mit *Datei > Sicherungsverwaltung...* im eingeblendeten Fenster jedes Teil in ein eigenes Ablageverzeichnis gespeichert werden.

Die zuvor konstruierte Öse hat als Verbindungselement den Bolzen mit Sicherungsklemme. Daraus soll eine modular aufgebaute Ösenfamilie (Skelettmodell) mit verschiedenen Verbindungselementen werden. Zusätzlich wird die Öse in verschiedenen Größen verwendet. Dafür schaffen **veröffentlichte Objekte** eine gemeinsame Schnittstelle als Austauschbasis. Dies gilt für die Geometrie, mit der sich die Einbaulage der Verbindungselemente regelt, genau so wie für die Parameter, welche die Größe der Teile steuern. Mit der Einbauhilfe für die Lageregeln einer starren Unterbaugruppe „Verbindung" als einfachster Anwendung wird gestartet. Es steigert sich, bis die gesamte Baugruppe in Ausstattung und Größe zur vollständig variablen Modulöse geworden ist.

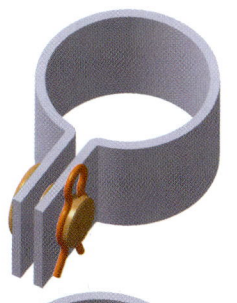

Veröffentlichte Objekte ermöglichen austauschbare Varianten

Die Teile der Ösenbaugruppe, die Mutter M8 und die Zylinderschraube M8 aus früheren Übungen, werden als Kopien übernommen. Die Öse sollte die Originalmaße haben und die Schraubenteile werden daran angepasst.

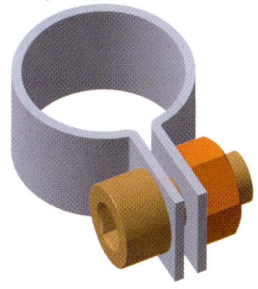

Alternative: Starre Baugruppe mit veröffentlichter Geometrie

Alternative

Zur Vorbereitung der Alternative wird eine neue Baugruppe erzeugt, die Oese eingefügt und eine neue Unterbaugruppe Klemmverbindung mit dem Bolzen und der Klemme aufgebaut. Diese Unterbaugruppe ist mit eigenen Lageregeln zusammengesteckt. Sie wird als starre Baugruppe in der Modulöse verwendet. Als austauschbare Schnittstelle zwischen den beiden Baugruppen werden veröffentlichte Elemente eingeführt. Das ist zum einen die Berührfläche am Bolzenkopf und zum andern die Achse am Bohrloch. Die Flächen sind direkt verfügbar, die Zylinderachsen können als Zusatzeigenschaft der Zylinder genutzt werden.

⇨ Mit *Datei > Neu* eine neue Datei mit dem Typ *Product* anlegen und die Baugruppe ModulOese nennen.
⇨ Mit *Vorhandene Komponente* die Oese in die Baugruppe einfügen.
⇨ Mit *Bearbeiten > Objekt > Bearbeiten* oder Doppelklick das Teil Oese bereitstellen.

⇨ Mit *Tools > Veröffentlichung...* die Ösenoberfläche auf der Kopfseite veröffentlichen. Unter *Optionen...* im Dialog den ursprünglichen Elementnamen beibehalten mit *Das Element umbenennen* und *Nie*. Die Oberfläche der Öse auswählen, die der Bolzenkopf berührt. Die Fläche wird im Dialog *Veröffentlichung* eingetragen. Durch Aktivieren der Zeile und danach des Namens diesen in *Kopffläche* umbenennen. Den Zylindermantel einer Bohrung auswählen. Mit dem *Kontextmenü > Andere Auswahl...* aus dem Dialog *Axis* die

Schnittstellen der Öse veröffentlichen

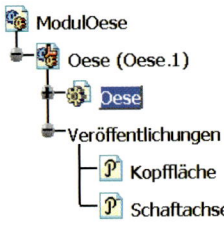

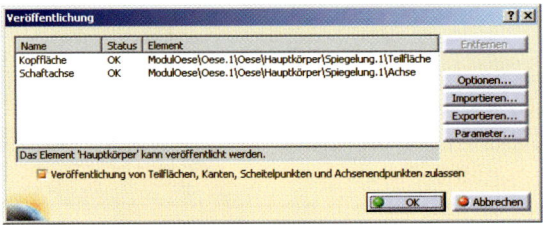

Bohrungsachse als Schaftachse veröffentlichen. Der Schalter *Eine Veröffentlichung von Teilflächen, Kanten, Scheitelpunkten und Achsenendpunkten zulassen* muss aktiv sein. Er korrespondiert mit demjenigen in *Tools > Optionen*.

⇨ Mit *Neues Produkt* die Klemmverbindung in die Baugruppe einfügen.

⇨ Die neue Unterbaugruppe mit *Bearbeiten > Objekt > Bearbeiten* bereitstellen.

⇨ Mit *Vorhandene Komponente* den Bolzen und die Klemme in die Unterbaugruppe einfügen.

⇨ Bolzen und Klemme in der Unterbaugruppe mit Lageregeln zusammenbauen. Die Klemme ist mit ihrer Torusachse und der Bedingung *Kongruenz* deckungsgleich zur Bolzenachse. Mit der *Offset-Bedingung* und dem *Abstand* 0 mm liegen die vorbereiteten Mittelebenen der Klemme und der Nut zusammen. Mit dieser Hilfskonstruktion liegt die Klemme objektorientiert mittig in der Nut.

Schnittstellen der Klemmverbindung veröffentlichen

⇨ Mit *Tools > Veröffentlichung...* die ebene Kopfinnenfläche des Bolzens als Kopffläche veröffentlichen. Die vorhandene Linie zur Bestimmung der Nutmitte als Schaftachse veröffentlichen. Es ist auch möglich, die Achse des Bolzenzylinders zu nutzen.

Hinweis:
Objekte können auf jeder Stufe innerhalb des Strukturbaums der Baugruppe veröffentlicht werden. Soll die Baugruppe mit Lageregeln eingebaut und auch als Ganzes ausgetauscht werden, müssen die veröffentlichten Gegenstücke auf gleicher Stufe zu finden sein. Eine Veröffentlichung im Teil Bolzen in der Unterbaugruppe würde mit der Veröffentlichung im hierarchisch höher stehenden Teil Öse nicht übereinstimmen.

⇨ Mit *Datei > Sicherungsverwaltung...* die noch unfertige Baugruppe im eingeblendeten Fenster in ein neues Unterverzeichnis speichern und mit *Verzeichnis weitergeben* alle Teile in dieses neue Verzeichnis kopieren. Dies schützt vor dem Überschreiben der Originale.

Neue Schraubverbindung erstellen

Eine Schraubverbindung als weitere Verbindungsvariante wird separat aufgebaut und später mit der Klemmverbindung ausgetauscht. Die verwendeten Teile Zylinderschraube und Mutter werden mit Parametern ausgestattet, damit sie in ihrer Größe variabel anpassungsfähig sind. Zur Vereinfachung sind alle relevanten Maße proportional zum Nenndurchmesser des Bolzenschafts. (Eine genauere, stufenartige Gestaltung kann der Übung Muttern entnommen werden.)

⇨ Mit *Datei > Neu* eine neue Datei mit dem Typ *Product* anlegen und die Baugruppe Schraubverbindung nennen.

⇨ Mit *Vorhandene Komponente* die früheren Übungsteile ZylinderschraubeM8 und MutterM8 aus der Ablage in die Baugruppe einfügen.

⇨ Mit *Bearbeiten > Objekt > Bearbeiten* das Teil ZylinderschraubeM8 bereitstellen.

⇨ Mit *Formel* und *Neuer Parameter des Typs Länge* mit *Einem Wert* entstehen die Benutzerparameter Nenndurchmesser (20 mm) und Nutzlaenge (14 mm).

⇨ Mit *Skizzierer* die Skizze der ersten Welle öffnen.

⇨ Das Radiusmaß des Schafts mit *Bearbeiten > Objekt > Formel hinzufügen* variabel machen. Die Proportionalformel lautet: Nenndurchmesser * (4/8). (4 steht für den aktuellen Radiuswert und 8 für den Nenndurchmesser des Originals.) Dasselbe für die Kopfhöhe und den Kopfradius entsprechend wiederholen.

⇨ Die Schaftlänge in gleicher Weise umwandeln mit der Formel: Nutzlaenge + Nenndurchmesser.

⇨ Skizze beenden mit *Umgebung verlassen*.

⇨ Die Sechseckweite im Taschenprofil proportional anpassen.

⇨ Ebenfalls in proportionaler Weise die Tiefe der Sechsecktasche anpassen. Alle anderen Werte bleiben konstant.

⇨ Das Gewinde lässt sich nicht proportional umrechnen. Der Einfachheit halber mit *Bearbeiten > Objekt > Inaktivieren* abschalten oder löschen.

Die Mutter M8 wird in gleicher Weise vereinfacht proportional angepasst. Anschließend entsteht die Schraubverbindung durch Auffädeln der Mutter auf die Schraube. Diese hat einen Abstand zum Zylinderkopf von 14 mm.

⇨ Mit *Bearbeiten > Objekt > Bearbeiten* das Teil MutterM8 bereitstellen.

⇨ Mit *Formel* und *Neuer Parameter des Typs Länge* mit *Einem Wert* entstehen der Benutzerparameter Nenndurchmesser (20 mm).

⇨ Beide Längenmaße der Skizze der ersten Welle variabel machen. Die Proportionalformel lautet diesmal für die Höhe: Nenndurchmesser * (6.8/8).

⇨ Vereinfachend auch das Gewinde aus der Bohrung entfernen. Der Bohrungsdurchmesser entspricht dem Nenndurchmesser. Alle anderen Maße bleiben konstant.

⇨ Mit *Bearbeiten > Objekt > Bearbeiten* die Baugruppe bereitstellen.

⇨ Schraube und Mutter mit Lageregeln zusammenbauen. Die Mutter ist mit ihrer Bohrungsachse und der Bedingung *Kongruenz* deckungsgleich zur Schraubenachse. Mit der *Offset-Bedingung* liegen die Kopfinnenseite und die Mutteroberfläche mit *Abstand* 14 mm auseinander. (Dies entspricht dem aktuellen Ösenmaß.)

⇨ Mit *Tools > Veröffentlichung...* die ebene Oberfläche an der Kopfunterseite als Kopffläche veröffentlichen. Die Zylin-

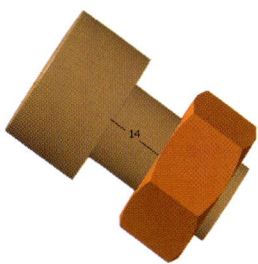

Schnittstellen der Schraubverbindung veröffentlichen

derachse des Schafts mit *Kontextmenü > Andere Auswahl...* und *Axis* als Schaftachse veröffentlichen.

⇨ Mit *Datei > Sicherungsverwaltung...* die Baugruppe der Verbindung im eingeblendeten Fenster in das neue Unterverzeichnis speichern und mit *Verzeichnis weitergeben* alle Teile in dieses neue Verzeichnis kopieren.

⇨ Mit *Datei > Schließen* die Baugruppe weglegen. Die Datei ModulOese zeigt sich.

Klemmverbindung einbauen

Jetzt sind die Baugruppen Öse mit Klemmverbindung und die separate Schraubverbindung vorbereitet. Die Unterbaugruppe Klemmverbindung der Modulöse wird als starre Baugruppe mit Lageregeln in die Öse eingesteckt. Da mit veröffentlichten Objekten gearbeitet wird, muss folgende Voreinstellung gelten:

⇨ Bei *Tools > Optionen > Mechanische Konstruktion > Assembly Design > Bedingungen* muss unter *Erzeugen von Bedingungen* die Einstellung *Nur eine veröffentlichte Geometrie von Kindkomponenten verwenden* aktiv sein.

⇨ Die ModulOese mit *Bearbeiten > Objekt > Bearbeiten* bereitstellen.

⇨ Die autark konstruierten Teile mit Lageregeln zusammenbauen. Die veröffentlichte Kopffläche des Bolzens (unter *Veröffentlichungen* auswählen) liegt mit *Kontaktbedingung* an der veröffentlichten Kopffläche des Ösenblechs. Mit der *Kongruenzbedingung* sind die beiden veröffentlichten Schaftachsen bündig zueinander.

Die Klemmverbindung ist jetzt eingebaut. Die Sicherungsklemme sitzt in der entsprechenden Bolzennut. Wenn die Parameter der Teile richtig aufeinander abgestimmt sind, liegt die Sicherungsklemme auch an der gegenüberliegenden Ösenfläche an. Dies wird aber nicht automatisch geprüft. Die alternative Befestigung Schraubverbindung lässt sich jetzt gegen die Klemmverbindung tauschen. Dazu wird die veröffentlichte Schnittstelle genutzt.

Schraubverbindung einbauen

⇨ Mit *Bearbeiten > Komponenten > Komponente ersetzen...* die Baugruppe Schraubverbindung im Dateidialog auswählen. Im Dialog zum Ersetzen werden alle Verbindungen aufgelistet. Die Frage *Sollen alle Exemplare wie das ausgewählte Produkt durch Referenzen ersetzt werden?* mit *Ja* beantworten und bestätigen.

Die Schraubvebindung wird in die Lageregeln der Klemmverbindung eingesetzt. Es ist eine starre Baugruppe, deren Mutter nur Dank der richtigen Schaftlänge bündig an der Öse anliegt. Ab jetzt sind Schraub- und Klemmverbindung in gleicher Weise austauschbar.

Alternative: Flexible Baugruppe mit veröffentlichter Geometrie

Alternative

Ändert sich das Basisteil Öse in seinen Maßen, passt sich die Verbindung beispielsweise nicht automatisch in der Länge an. Vergrößert sich mit dem Parameter Oeffnung der Schenkelabstand an der Öse, verbleiben Klemme und Mutter in ihrer alten Lage und damit innerhalb des Ösenschenkels. Der Wirklichkeit entsprechend müssen diese Sicherungselemente aber direkt an der Schenkeloberfläche anliegen. Dies ist nur möglich, wenn sich die Baugruppe der Verbindungselemente flexibel öffnet, wie in nebenstehendem Bild dargestellt. Dazu ist ein weiteres veröffentlichtes Element mit zusätzlicher Lageregel nötig. (Außerdem ist festzuhalten, dass die Klemme ihre Bolzennut verlässt.)

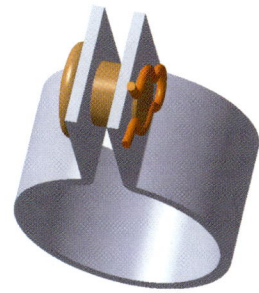

⇨ Das Teil Oese mit *Bearbeiten > Objekt > Bearbeiten* bereitstellen.
⇨ Den Parameter Oeffnung auf 10 mm verändern. Die Klemme verschwindet im Ösenblech.

Hinweis:
Um den sichtbaren Mangel zu beheben, muss eine zusätzliche Lageregel zwischen Öse und Klemme beziehungsweise Mutter eingeführt werden. Öse und Mutter haben eine gleichartige ebene Oberfläche als Schnittstelle, die Klemme aber ist zylindrisch. Die zusätzliche Lageregel zwischen Öse und Klemme führt zu Flächen- beziehungsweise bei Öse und Mutter zu Linienkontakt. Bei austauschbarer veröffentlichter Geometrie wird dies fehlerhaft. Daher wird eine Stellvertreterebene bei allen Teilen eingeführt, sodass gleiche Bedingungen vorliegen.

⇨ Mit *Ebene* und dem Typ *Durch zwei Linien* die Stellvertreterebene durch zwei Außenkanten des Schenkelblechs legen.
⇨ Mit *Tools > Veröffentlichung...* die Ebene als *Gegenfläche* veröffentlichen.

⇨ Mit *Bearbeiten > Objekt > Bearbeiten* die Klemme bereitstellen.
⇨ Die Führungskurve *Skizze.1* der Rippe sichtbar machen.
⇨ Mit *Punkt* und dem Typ *Auf Kurve* einen Referenzpunkt auf die Kreiskante am Ende der Klemme legen. Als *Referenz* gilt der Endpunkt der Führungskurve am entgegengesetzten Ende. Er wird in der Mittelebene liegend auf die Kante projiziert. Der eigentliche Punkt liegt im *Verhältnis der Kurvenlänge* bei 0.25

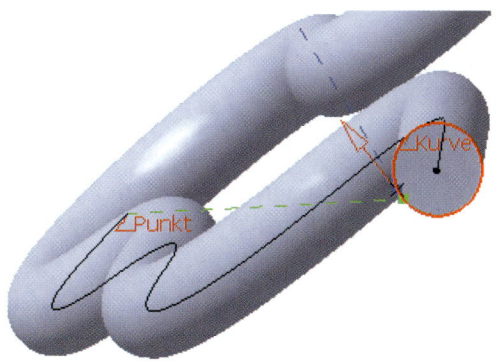

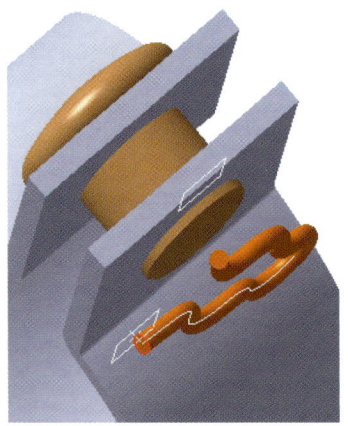

des Umfangs. Der Richtungspfeil zeigt zur Öse, sodass der Referenzpunkt am Scheitelpunkt auf der Ösenseite liegt.

⇨ Mit *Ebene* und dem Typ *Tangential zu Fläche* eine Stellvertreterebene auf den Zylinder am Klemmende legen. Diese Ebene durch den Referenzpunkt wird die Berührebene der Klemme.

⇨ Die Baugruppe Klemmverbindung mit *Bearbeiten > Objekt > Bearbeiten* bereitstellen.

⇨ Mit *Bearbeiten > Löschen* die Lageregel *Offset-Bedingung* entfernen.

⇨ Mit *Tools > Veröffentlichung...* die Ebene als *Gegenfläche* veröffentlichen.

⇨ Mit *Datei > Öffnen* die Datei Schraubverbindung anzeigen.

⇨ Mit *Bearbeiten > Objekt > Bearbeiten* das Teil MutterM8 bereitstellen.

⇨ Mit *Ebene* und dem Typ *Durch ebene Kurve* die Stellvertreterebene durch die Randkurve der Außenfase legen. Diese wird zur Berührebene.

⇨ Mit *Bearbeiten > Objekt > Bearbeiten* die Schraubverbindung bereitstellen.

⇨ Mit *Bearbeiten > Löschen* die Lageregel *Offset-Bedingung* entfernen.

⇨ Mit *Tools > Veröffentlichung...* die Ebene als *Gegenfläche* veröffentlichen.

⇨ Mit *Datei > Sichern* die Baugruppe Schraubverbindung ablegen.

⇨ Mit *Datei > Schließen* weglegen.

In der jetzt wieder aktiven Baugruppe ModulOese muss die Baugruppe der Verbindungselemente flexibel sein. Dann erst kann die neue Lageregel *Offset-Bedingung* zwischen den veröffentlichten Schnittstellenelementen der Stellvertreterebenen erzeugt werden.

Flexible/starre Unterbaugruppe

⇨ Mit *Bearbeiten > Objekt > Bearbeiten* die Baugruppe ModulOese bereitstellen.

⇨ Die Baugruppe Klemmverbindung mit *Flexible/Starre Unterbaugruppe* anpassungsfähig machen.

⇨ Mit *Offset-Bedingung* liegen die beiden veröffentlichten Ebenen Gegenfläche der Öse und der Klemmverbindung im *Abstand* 0 mm aneinander. (Die Klemme kann aus der Bolzennut rutschen.)

Wie bei der Alternative mit starrer Baugruppe kann das Verbindungselement ausgetauscht werden. Die veröffentlichte Geometrie regelt den korrekten Einbau. Die Eigenschaft, flexible Baugruppe zu sein, wird weitervererbt.

⇨ Mit *Bearbeiten > Komponenten > Komponente ersetzen...* die Baugruppe Schraubverbindung im Dateidialog auswählen. Die Frage *Sollen alle Exemplare wie das ausgewählte Produkt durch Referenzen ersetzt werden?* wieder bestätigen. Die Schraubverbindung wird automatisch zur flexiblen Baugruppe, und Schraube und Mutter sollten korrekt eingebaut sein. Eventuell durch Aktualisieren nachhelfen.

Hinweis:

Leider werden die Lageregeln nicht immer wie zu erwarten aktualisiert. Selbst wenn unter *Tools > Optionen > Mechanische Konstruktion > Assembly Design > Allgemein > Aktualisieren > Automatisch* eingetragen ist, muss zuweilen nachgeholfen werden. Dies ist für jede Bedingung einzeln möglich mit *Bearbeiten > Objekt > Aktualisieren* oder mit dem *Kontextmenü > Aktualisieren*. Auch das Öffnen und Bestätigen der fehlerhaften Bedingung korrigiert bisweilen. Manchmal hilft auch das Bearbeiten der betroffenen Baugruppe. Oder das Speichern, Schließen und wieder Öffnen.

Die Austauschbarkeit der Verbindungselemente sollte auch in veränderter Umgebung erhalten bleiben. Daher wird die Öffnung wieder auf den alten Stand zurückgeführt und noch einmal ausgetauscht.

⇨ Den Ösenparameter Öffnung auf 6 mm reduzieren. Die Verbindungselemente sollten sich anpassen.

⇨ Mit *Bearbeiten > Komponenten > Komponente ersetzen...* die Baugruppe Klemmverbindung austauschen. Eventuell muss mit Aktualisieren nachgeholfen werden.

Alternative: Baugruppe mit veröffentlichten Parametern

Alternative

Um auch die Wirkung von veröffentlichten Parametern kennen zu lernen, soll sich der Nenndurchmesser und die Nutzlänge der Verbindungselemente verändern. Diese Parameter werden von Teil zu Teil als *Externe Parameter* weitergegeben, ähnlich den *Externen Verweisen* bei der Geometrie. Dadurch werden die betroffenen Teile voneinander abhängig.

⇨ Mit *Tools > Optionen > Infrastruktur > Teileinfrastruktur > Allgemein > Externe Verweise* als Funktionalität *Verknüpfung mit ausgewähltem Objekt beibehalten* und *Nur die veröffentlichten Elemente für die externe Auswahl unter Beibehaltung der Verknüpfung verwenden* aktivieren.

⇨ Das Teil Oese mit *Bearbeiten > Objekt > Bearbeiten* bereitstellen.

⇨ Mit *Tools > Veröffentlichung...* den Parameter Blechdicke, Oeffnung und Bohrungsdurchmesser veröffentlichen.

⇨ Das Teil Bolzen mit *Bearbeiten > Objekt > Bearbeiten* bereitstellen.

⇨ Mit *Formel* dem Parameter Durchmesser mit *Formel hinzufügen* den veröffentlichten Parameter Bohrungsdurchmesser -1 mm zuweisen. Der Nutzlaenge die veröffentlichten Parameter Oeffnung + 2*Blechdicke zuweisen. (Das Baugruppensymbol zeigt den Verweis durch ein zusätzliches Kettensymbol an.)

⇨ Das Teil Klemme mit *Bearbeiten > Objekt > Bearbeiten* bereitstellen.

⇨ Mit *Formel* dem Parameter Klemmendurchmesser mit *Formel hinzufügen* den veröffentlichten Parameter Bohrungsdurchmesser -1 mm zuweisen.

 Komponente mit intakten Verweisen

⇨ Den veröffentlichten Parameter Bohrungsdurchmesser öffnen und auf 15 mm verkleinern. Die Verbindungselemente passen sich an und bleiben in ihrer vorgeschriebenen Position.

⇨ Mit *Datei > Sichern* die Baugruppe ablegen.

Jetzt kann die Verbindungseinheit ausgetauscht werden. Sie ist noch ohne Parameter und daher in der Ausgangsgröße. Erst im eingewechselten Zustand können die Externen Parameter eingefügt werden.

⇨ Mit *Bearbeiten > Komponenten > Komponente ersetzen…* die Baugruppe Schraubverbindung austauschen. Der Schaft passt nicht in die Bohrung.

⇨ Das Teil ZylinderschraubeM8 mit *Bearbeiten > Objekt > Bearbeiten* bereitstellen.

⇨ Mit *Formel* dem Parameter Nenndurchmesser mit *Formel hinzufügen* den veröffentlichten Parameter Bohrungsdurchmesser -1 mm zuweisen. Der Nutzlaenge die veröffentlichten Parameter Oeffnung + 2*Blechdicke zuweisen.

⇨ Dasselbe für den Nenndurchmesser bei der MutterM8 wiederholen.

⇨ Beim Wechsel in die Baugruppe ModulOese mit *Bearbeiten > Objekt > Bearbeiten* (oder Doppelklick) passen sich die Maße an.

⇨ Mit *Datei > Sichern* die Baugruppe Schraubverbindung ablegen.

Komponente mit gestörten Verweisen

 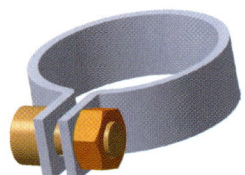

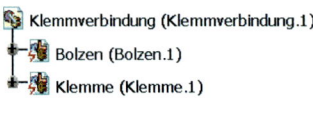

⇨ Mit *Bearbeiten > Komponenten > Komponente ersetzen…* die Baugruppe Klemmverbindung austauschen. Die Baugruppeneinträge *Bolzen* und *Klemme* zeigen einen nicht synchronisierten Zustand an. Die Baugruppeneinträge mit *Bearbeiten > Komponenten > Kontextverbindung definieren* aktualisieren.

⇨ Auch die *Externen Parameter* müssen bei Bedarf mit *Bearbeiten > Objekt > Synchronisieren* angepasst werden.

⇨ Eventuell in der Baugruppe ModulOese die Lageregeln mit *Kontextmenü > Aktualisieren* richtig stellen.

Den Durchmesserparameter und die Verbindungseinheiten beliebig verändern und austauschen. Leider aktualisiert sich die Baugruppe sehr umständlich. Aber die Modulbauweise kann so realisiert werden.

⇨ Bei *Tools > Optionen > Mechanische Konstruktion > Assembly Design > Bedingungen* muss unter *Erzeugen von Bedingungen* die Einstellung *Eine beliebige Geometrie verwenden* wieder aktiv gemacht werden.

⇨ Mit *Datei > Sichern* die Baugruppe ablegen.

⇨ Mit *Start > Beenden* ausruhen oder gleich die nächste Nuss knacken!

Übung Kugellager

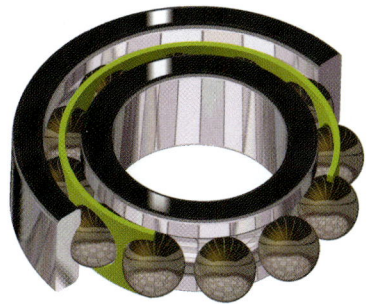

Die vier Teile eines vereinfachten Kugellagers mit Kugel, Innenring, Außenring und Kugelkäfig werden in ihrer Lage zueinander durch geometrische Bedingungen beschrieben. Die *Externen Verweise* auf andere Teile werden möglichst einfach strukturiert auf einander aufgebaut. Die Kugeln, an denen sich die anderen Teile anbinden, steuern die Form dieser Nachbarteile. Zusätzlich zur geometrischen Zuordnung der Teile regeln Baugruppenparameter als Maßschnittstelle alle gemeinsamen Abmessungen mit *Externen Parametern*. Mit diesen ist das Kugellager von außen in seiner Gestalt manipulierbar. Diese Parameter werden zu Beginn zur Verfügung gestellt und in den Teilen direkt als Ersatz für Maße eingesetzt.

Was wird geübt?
Baugruppenparameter regeln variable Teile
Adapterskizze einsetzen

Ein vereinfachter Kugelkäfig mit Lochmuster dient gleichzeitig als Schnittstelle für den Kugelsatz. Mit der Baugruppenkomponente *Muster wieder verwenden* entstehen aus dem Lochmuster des Käfigs zusätzliche lochfüllende Kugeln. Die Anzahl dieser neuen Teile als Referenzkopien entspricht der Lochanzahl. Die Kugeln sind relativ zu den Ringen gleich positioniert wie die Originalkugel. Als zusätzliche assoziative Teile ändert sich deren Anzahl, wenn sich das Muster im Kugelkäfig ändert.

Da mit Parametern und Beziehungen in der Baugruppe gearbeitet wird, so wie bei den Teilen mit *Externen Verweisen*, müssen die Voreinstellungen geprüft werden.

⇨ Bei *Tools > Optionen > Infrastruktur > Teileinfrastruktur > Allgemein* muss unter *Externe Verweise* die Einstellung *Verknüpfung mit ausgewähltem Objekt beibehalten* aktiv sein.

⇨ Mit *Datei > Neu* eine neue Datei mit dem Typ *Product* anlegen und die Baugruppe Kugellager nennen.

⇨ In der neuen Baugruppe mit *Formel* die Baugruppenbenutzerparameter Kugeldurchmesser 20 mm, Ringhoehe 30 mm, Ringbreite 10 mm, Ringinnendurchmesser 56 mm und Spaltweite 12 mm mit *Neuer Parameter des Typs* Länge *mit einem Wert* einführen. Die Kugelanzahl 12 ist eine ganze Zahl.

 Formel

⇨ Mit *Teil* die neuen Dateien Kugel, Innenring, Außenring und Kaefig in die Baugruppe einfügen. Die Ursprungslage ist bedeutungslos.

 Teil

Die erste Kugel entsteht als Halbkugel. Das hat den Vorteil, dass die Kugelgeometrie für die Nachfolgeteile verfügbar ist. Die ganze Kugel wird am Ende symmetrisch vervollständigt.

⇨ Mit *Bearbeiten > Objekt > Bearbeiten* das aktivierte Bauteil Kugel bereitstellen (oder mit doppeltem Doppelklick).

 Skizzierer

 Profil

 Bedingung

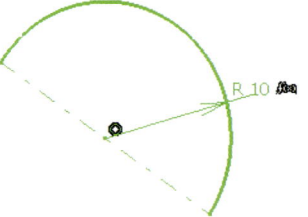

⇨ Mit *Skizzierer* eine Skizze auf einer Ebene anlegen.
⇨ Mit *Profil* das halbe Drehprofil der Halbkugel zeichnen. Die Drehachsengerade mit *Achse* umwidmen.
⇨ Mit *Bedingung* den Radius bemaßen. Nach dem Öffnen der Maßzahl mit *Kontextmenü > Formel bearbeiten…* in den Formeleditor wechseln. Durch Auswahl des Baugruppenparameters Kugeldurchmesser im Strukturbaum erfolgt im Teil ein Eintrag Externer Parameter\Kugeldurchmesser auf der rechten Seite der Gleichung. Das Maß wird als Radius noch halbiert. Dieser Verweis wird im Strukturbaum des Teils als *Externe Parameter* eingetragen.
⇨ Skizze beenden mit *Umgebung verlassen*.

 Umgebung verlassen

 Welle

⇨ Mit *Welle* um 180 Grad zur Halbkugel drehen.

Im Bauteil Kugel wird zusätzlich eine Schnittstellenskizze für die gemeinsame Drehachse des Lagers angelegt. Die Skizze wird nicht zu einem Körper und dient dazu, zwei Geraden vorzuhalten, zum einen als Spaltmitte und zum andern als Lagerachse. Im Raum sind die Standardelemente einer Skizze verfügbar, die Konstruktionselemente oder Hilfslinien aber nicht. Zur Ablage dieser räumlich verwendeten Skizzen bietet sich ein *Geometrisches Set* an. Dies erleichtert auch das *Anzeigen/Verdecken* der Körper.

⇨ Mit *Einfügen > Geometrisches Set* einen neuen Speicher in den Strukturbaum einfügen. Er ist automatisch in Bearbeitung.

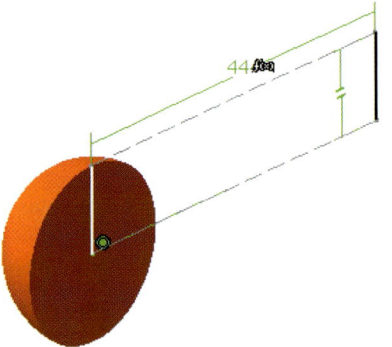

⇨ Mit *Skizzierer* eine Skizze auf der Kugelebene anlegen.
⇨ Mit *Profil* entsteht ein langes Rechteck. Die beiden langen Seiten werden in *Konstruktionselemente* umgewandelt.

Im Dialogfenster def. Bedingungen

⇨ Mit *Im Dialogfenster definierte Bedingungen* und *Konzentrizität* liegt ein Eckpunkt der Geraden in Spaltmitte im Kugelzentrum. Mit *Kongruenz* liegt das andere Ende dieser Geraden auf dem Halbkugelrand.
⇨ Mit *Bedingung* den Achsabstand zur gegenüberliegenden kurzen Geraden als Lagermittelachse vermaßen mit *Kontextmenü > Formel bearbeiten…* Die rechte Gleichungsseite wird zu Ringinnendurchmesser/2 + Ringbreite + Spaltweite/2, wobei die Einträge im Struk-

turbaum zur exakten Schreibweise übernommen werden sollten.

⇨ Skizze beenden mit *Umgebung verlassen*.

Der Innenring entsteht auf der Mittelfläche der Kugel. Er richtet sich an der Mittelachse im Spalt aus und dreht um die Lagerachse.

⇨ Mit *Bearbeiten > Objekt > Bearbeiten* in das Bauteil Innenring wechseln.

⇨ Mit *Skizzierer* eine Skizze auf die ebene Halbkugel-fläche legen. Dadurch erscheint der Eintrag *Externe Verweise* im Strukturbaum mit dem Eintrag *Fläche.1*. Diese Fläche mit *Verdecken/Anzeigen* sichtbar machen. Die Fläche erscheint in gelber Farbe.

⇨ Mit *Profil* das Innenringprofil zeichnen. Es ist ein Rechteck mit mittig liegender Kreisnut.

⇨ Dazu nehmen die beiden kurzen Geradenpaare mit *Im Dialogfenster definierte Bedingungen* den eigenen Kreismittelpunkt als *Äquidistanten Punkt* in die Mitte. Der Nutkreis liegt zusätzlich mit *Kongruenz* auf dem Kugelrand der gelben Verweisfläche. Auf die richtige Auswahl im Strukturbaum achten (eventuell vereinfachend dazu die Kugel *Verdecken*). Die Spaltgerade an der Spaltmittelgeraden der Schnitt-stellenskizze im Teil Kugel mit *Parallelität* zuein-ander ausrichten.

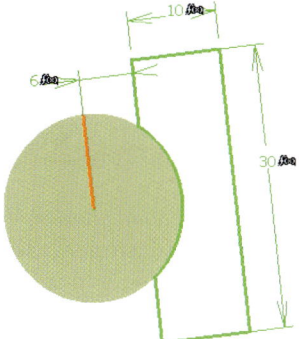

⇨ Mit *Bedingung* die Ringbreite, die Ringhöhe und den Spalt vermaßen. Dabei wird mit dem *Kontextmenü > Formel bearbeiten...* gleich auf die Baugruppenparameter Ringbreite, Ringhoehe und Spaltweite zugegriffen. Die halbe Spaltweite als Maß bezieht sich auf den entsprechenden Geradeneintrag in den *Externen Verweisen*.

⇨ Skizze beenden mit *Umgebung verlassen*.

⇨ Mit *Welle* um 360 Grad Innenring drehen. Dazu die Lagermittelachse der Schnittstellenskizze vom Teil Kugel benutzen.

⇨ Sicherheitshalber die gelbe Verweisfläche mit *Verdecken/Anzeigen* ausblenden.

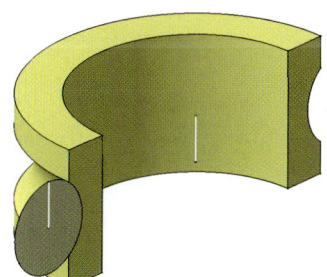

 Verdecken/An-zeigen

Der Außenring entsteht ähnlich wie der Innenring. Er liegt spiegelbildlich zum In-nenring, ohne diese Eigenschaft geometrisch zu nutzen. Er übernimmt die Baugrup-penparameter in gleicher Weise wie der Innenring.

⇨ Mit *Bearbeiten > Objekt > Bearbeiten* in das Bauteil Außenring wechseln.

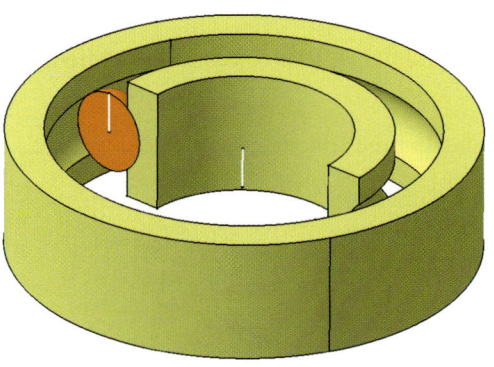

⇨ Mit *Skizzierer* eine Skizze auf die ebene Halbkugelfläche legen.

⇨ Mit *Profil* entsteht der Außenring spiegelbildlich zum Innenring. Die beiden kurzen Geradenpaare nehmen den eigenen Kreismittelpunkt mit *Im Dialogfenster definierte Bedingungen* als *Äquidistanter Punkt* in die Mitte. Der Nutkreis liegt mit *Kongruenz* auf dem Kugelrand der gelben Verweisfläche und der Spalt richtet sich mit *Parallelität* aus.

⇨ Mit *Bedingung* unter Verwendung der Baugruppenparameter vermaßen. Für die halbe Spaltbreite wieder den *Externen Verweis* nutzen.

⇨ Skizze beenden mit *Umgebung verlassen*.

⇨ Mit *Welle* um 360 Grad zum ganzen Außenring drehen. Dazu wieder die Lagermittelgerade der Schnittstellenskizze vom Teil Kugel verwenden.

Der Käfig hat als Querschnitt vereinfachend ein schmales Rechteck. Es liegt mittig zum Spalt, soll 1/6 der Spaltbreite messen und 4 mm kürzer sein als die Ringhöhe.

⇨ Mit *Bearbeiten > Objekt > Bearbeiten* in das Bauteil Kaefig wechseln.

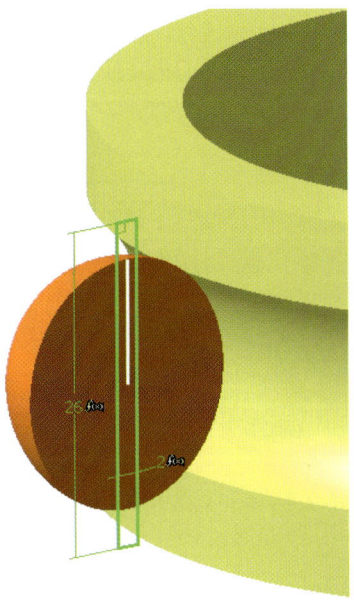

⇨ Mit *Skizzierer* eine Skizze auf die ebene Halbkugelfläche legen.

⇨ Mit *Profil* entsteht ein schmales Rechteck. Es liegt mittig zur Spaltmittelgeraden.

⇨ Die beiden langen Rechteckränder richten sich mit *Im Dialogfenster definierte Bedingungen* und *Symmetrie* an der Spaltmittelgeraden aus. Die beiden kurzen Rechteckränder richten sich mit *Äquidistanter Punkt* auf den mittigen Endpunkt der Spaltmittelgeraden aus. Dazu die Kurve aus den *Externen Verweisen* benützen.

⇨ Mit *Bedingung* die Breite des Käfigs mit 1/6 der Spaltbreite bemaßen. Die Käfighöhe entspricht der Ringhöhe - 4 mm. Dabei wieder mit *Kontextmenü > Formel bearbeiten...* gleich auf die entsprechenden Baugruppenparameter zugreifen.

⇨ Skizze beenden mit *Umgebung verlassen*.

⇨ Mit *Welle* um die Lagerachse der Kugelskizze zum ganzen Käfig drehen.

Die Tasche für die Kugel liegt in einer Tangentialebene an den Käfig. Aus diesem Urmodell entsteht das Muster der Käfiglöcher.

⇨ Mit *Ebene* und *Tangential zu Fläche* liegt die Referenzebene am Käfigzylindermantel und als *Punkt* am unteren Endpunkt der Spaltmittelgeraden. Dazu die Kurve aus den eigenen *Externen Verweisen* benützen.

 Ebene

⇨ Mit *Skizzierer* eine Skizze auf diese Referenzebene legen.
⇨ Mit *Kreis* das Bohrloch zeichnen.
⇨ Mit *Im Dialogfenster definierte Bedingungen* und *Kongruenz* liegt der Mittelpunkt auf dem unteren Endpunkt der Spaltmittelgeraden. Dazu die Kurve aus den eigenen *Externen Verweisen* benützen.
⇨ Mit *Bedingung* den Radius festlegen. Er wird gleich dem Kugeldurchmesser/2 + 0.5 mm. Dabei mit *Kontextmenü > Formel bearbeiten...* auf die Baugruppenparameter zugreifen.
⇨ Skizze beenden mit *Umgebung verlassen*.

 Kreis

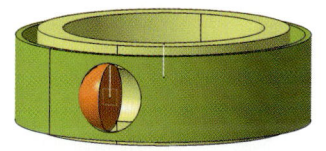

R 10,5

⇨ Mit *Tasche* und *Bis zum nächsten* auf beide Käfigflächen ausdehnen. Es entsteht das Musterloch.
⇨ Mit *Kreismuster* und *Vollständiger Kranz* die Kugellöcher erzeugen. Die Anzahl *Exemplare* als ...\Winkelnummer wird mit *Kontextmenü > Formel bearbeiten...* vom Baugruppenparameter Kugelanzahl übernommen. Die eigene Referenzachse des Käfigzylinders als Referenz benutzen.

Tasche

Kreismuster

Die Kugel als symmetrisch ergänztes Ganzes wird in der Baugruppe mit der Baugruppenoperation *Muster wieder verwenden* mehrfach erzeugt. Die Funktion aus der Gruppe *Bedingungen* erstellt nach vorgegebenem Muster mehrere kopierte Bauteile mit zugehörigen Lageregeln. Diese Kugeln bleiben assoziativ zum Muster. Wenn sich das Muster in der Anzahl ändert, werden auch die zugehörigen Bauteile ergänzt.

⇨ Die Kugel als Teil mit Doppelklick öffnen.
⇨ Mit *Spiegeln* die Kugel ergänzen.

 Spiegeln

 Muster wieder verwenden

⇨ Mit Doppelklick auf Kugellager in die Baugruppe wechseln.

⇨ Mit *Muster wieder verwenden* das Kreismuster des Käfigs als *Schraffurmuster* auswählen. Die *Komponente für Exemplarerzeugung* ist der Hauptkörper aus dem Bauteil Kugel. Die neuen Kugeln sollen mit der Einstellung *Ursprüngliche Komponente wieder verwenden* entstehen. Im Strukturbaum erscheinen die Kugeln als neue Teile und zusätzlich der Eintrag *Baugruppenkomponenten*.

 Kantenverrundung

⇨ Abschließend die Ringe jeweils im Teil ausrunden mit *Kantenverrundung* an allen vier Außenkanten. Wieder beim Radiusmaß mit *Kontextmenü > Formel bearbeiten...* gleich auf die Baugruppenparameter zugreifen und Ringbreite/6 einfügen.

⇨ Jetzt ist das Kugellager parametrisiert und kann verändert und geprüft werden. Dabei sind die geometrischen Abhängigkeiten der Größen untereinander zu berücksichtigen. Andernfalls entstehen unsinnige Formen oder Fehler.

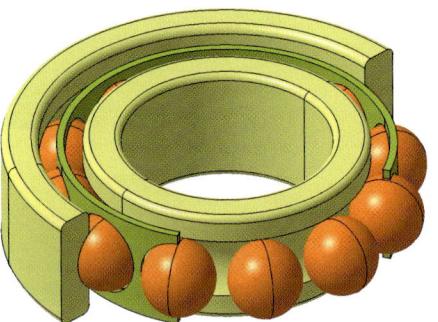 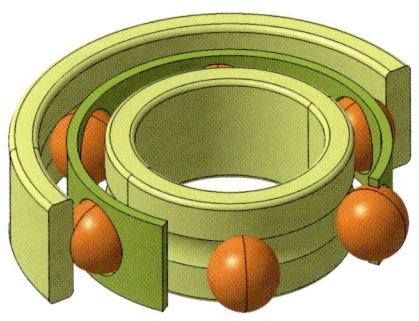

Der parametrisierten Baugruppe kann, genau wie dem Bauteil, eine Wertetabelle zugeordnet werden, um eine Teilefamilie zu gründen. Das Kugellager wird zum Wiederhol- oder Normteil und kann in einem Teilekatalog allgemein zur Verfügung gestellt werden.

Alternative

Alternative: Adapterteil als geometrische Schnittstelle

Das zuvor konstruierte variable Kugellager kann bei konkreter Verwendung in einer Maschine mit seinen Parametern in die gewünschte Form gebracht werden. So verwendet, ist die Kugellagerbaugruppe eine autarke Einheit unter anderen in einer unabhängigen Maschine. Sie wird mit Parameterwerten auf ihre jeweilige Größe gebracht. Soll die aufnehmende Baugruppe aber als Ganzes geometrisch abhängig aufgebaut sein, empfiehlt sich eine andere Vorgehensweise. Die Anbindungsgeometrie im Kugellager wird so ausgelegt, dass alle maßgebende Geometrie nachträglich mit geometrischen Bedingungen an die Maschinenbaugruppe angepasst werden kann. Die

Wirkungsweise ist wie die beim nachträglichen Einbau des BG-Prägespitzenkörpers in die Sechskantschraube. Nur jetzt entstehen geometrische Abhängigkeiten über die Teile hinweg. Wird variabel vorgegangen, empfiehlt sich ein streng strukturierter Ausbau. Alle variablen Geometriegrößen werden daher in ein **Adapter-** oder **Schnittstellenteil** aufgenommen, während sich die eigentlichen Lagerteile ausschließlich dort anbinden. Die externen Verweise sind dann leichter überprüfbar. Daneben gibt es mit der Kugelanzahl auch einen rein numerischen Wert. Auch dieser soll als Parameter aus der Adaptergeometrie direkt abgeleitet werden. Um zusätzlich Klarheit zu schaffen, werden alle definierenden Größen des Adapters veröffentlicht.

Adapter- oder
Schnittstellenteil

⇨ Bei *Tools > Optionen > Infrastruktur > Teileinfrastruktur > Allgemein* muss unter *Externe Verweise* zusätzlich die Einstellung *Nur die veröffentlichten Elemente für die externe Auswahl unter Beibehaltung der Verknüpfungen verwenden* und *Veröffentlichung von Teilflächen, Kanten, Scheitelpunkten und Achsenendpunkten zulassen* aktiv sein.

⇨ Mit *Datei > Neu* eine neue Datei mit dem Typ *Product* anlegen und die Baugruppe KugellagerAdapter nennen.
⇨ Mit *Teil* die neuen Dateien Adapter, Innenring, Kugel, Kaefig und Außenring in die Baugruppe einfügen. Die Ursprungslage der Teile ist bedeutungslos.
⇨ Mit *Bearbeiten > Objekt > Bearbeiten* das Teil Adapter (Name ohne Klammerergänzung) in Bearbeitung setzen. Der blaue Rahmen hinterlegt den Teilenamen.

Der Adapter besteht im Wesentlichen aus einer Skizze, die als Geraden die Lagerachse und die Spaltmitte, und als Punkte die Spaltbreite, Ringbreite und den Kugelradius enthält. Da die Skizze lediglich als Drahtmodell benutzt wird, liegt sie sinnvollerweise im *Geometrischen Set*. Die Kugelanzahl ergibt sich daraus, dass die Kugeln mindestens den Kugelradius als Abstand haben. Die maßgebenden Geraden und Punkte werden als Geometrie veröffentlicht und die Kugelanzahl ist ein öffentlicher Parameter.

⇨ Mit *Einfügen > Geometrisches Set* einen zusätzlichen Speicher in den Strukturbaum einfügen. Er ist automatisch in Bearbeitung.

⇨ Mit *Skizzierer* eine Skizze auf einer beliebigen Ebene anlegen.
⇨ Mit *Profil* entsteht ein langes Rechteck. Die beiden langen Seiten werden in *Konstruktionselemente* umgewandelt. Die linke Gerade entspricht der halbhohen Spaltmitte, die rechte der halbhohen Lagerachse.

Konstruktionselement

⇨ Mit *Punkt* und *Standardelement* die zwei Markierungen für die Spaltbreite und die Ringbreite auf die obere Hilfsgerade setzen und den Radiuspunkt auf die linke Gerade der Spaltbreite. Darauf achten, dass die dahinterstehenden Körper sinnvolle Größen bekommen. Die Skizze braucht nicht vermaßt zu werden, um anbindungsfähig zu bleiben.
⇨ *Skizzierer* verlassen.

Punkt

Standardelement

Die Kugelanzahl soll aus der Geometrie nach der Formel $2\pi R/3r$ errechnet werden, wobei R dem Lagerspaltradius und r dem Kugelradius entspricht. Für die Formelrechnung könnten die Maße der Skizze als eigenständige Parameter direkt benützt werden. Eingetragene Maße legen die Geometrie aber fest, wodurch eine rein geometrische Verwendung des Kugellagers nicht möglich wäre. Daher muss ein Längenmaß direkt aus der Geometrie abgeleitet werden. Da zur Berechnung einer Länge nur der Abstand zweier Punkte längs einer Geraden genutzt werden kann, müssen die für die Längenberechnung notwendigen Punkte und Hilfsgeraden zusätzlich erzeugt werden.

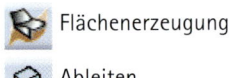 Flächenerzeugung

 Ableiten

Linie

⇨ Mit *Umgebung* zu **Flächenerzeugung** wechseln.

⇨ Mit *Ableiten* die Spaltgerade, den unteren Endpunkt der Spaltgeraden, den Radiuspunkt und den unteren Endpunkt der Achse als zusätzliche Geometrie erzeugen.

⇨ Mit *Linie* und *Punkt-Punkt* eine zweite Gerade im Raum zwischen die unteren Geradenendpunkte ziehen.

⇨ Mit *Formel* den Benutzerparameter Kugelanzahl mit *Neuer Parameter des Typs* als *Ganze Zahl mit einem Wert* einführen und Kugelanzahl nennen.

⇨ Mit *Formel hinzufügen* die untenstehende Formel eingeben. Dabei unterstützt unter *Datenverzeichnis* und *Messungen* ein vorgefertigtes Formelgerüst *length(Kurve, Punkt, Punkt): Länge*, das noch ausgefüllt werden muss. Als *Kurve* gilt die Gerade zwischen den zu messenden Abstandspunkten. Sie können an der Geometrie oder im Strukturbaum durch Doppelklick ausgewählt werden.

Kugelanzahl = int (2*3.14*length (Adapterskizze\Linie.1, Adapterskizze\Ableiten.2, Adapterskizze\Ableiten.4)/(3*length (Adapterskizze\Ableiten.1, Adapterskizze\Ableiten.2, Adapterskizze\Ableiten.3)))

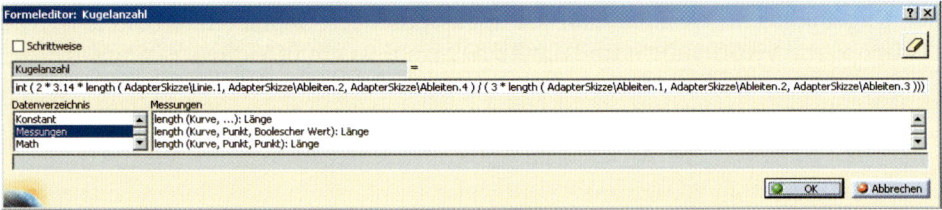

Diese Adapterinformationen können, um Klarheit zu schaffen, veröffentlicht werden. Um später nur genau die gewünschten Informationen auszuwählen, werden die Definitionsskizze und die Hilfspunkte im *Geometrischen Set* nach Veröffentlichung verdeckt. Alle waren als Geometrie nur zur Veröffentlichung für die Kugelanzahl notwendig.

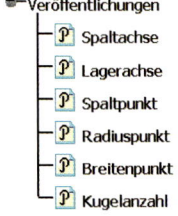

⇨ Mit *Tools > Veröffentlichung...* die linke Skizzengerade als *Spaltachse*, die rechte Skizzengerade als *Lagerachse*, den Punkt nahe der Spaltgerade als *Spaltpunkt*, den Punkt auf der Spaltgeraden als *Radiuspunkt*, den inneren Punkt zwischen den Geraden als *Breitenpunkt* und den Parameter *Kugelanzahl* jeweils für die Verwendung in den Teilen zur Verfügung stellen. (Jeweils Zeile und Name der Geometrie aktivieren und benennen.)

Damit der Innenring an seiner geometrischen Position im Lager entsteht, muss aus den beiden Achsgeraden eine Skizzenebene vorbereitet werden. Dafür und in der Skizze selbst, beschränkt man sich auf die veröffentlichten Geometrieelemente. Zur Vereinfachung wird nur die symmetrische obere Hälfte skizziert.

⇨ Mit Doppelklick in das Bauteil Innenring wechseln.

⇨ Mit *Ebene* und *Durch zwei Linien* eine Hilfsebene erzeugen. Als Linien aus *Veröffentlichungen* die *Spaltachse* und die *Lagerachse* auswählen.

⇨ Das untere Ende der Spaltgeraden mit *Ableiten* als Punkt vereinzeln um die Kugelrille positionieren zu können.

⇨ Mit *Umgebung* zu **Teilekonstruktion** wechseln.

 Teilekonstruktion

⇨ Mit *Skizzierer* eine Skizze auf der konstruierten Hilfsebene anlegen.

⇨ Mit *Profil* den Rechteckumriss mit zwei tangierenden Ausrundungen und der Kugelnut zeichnen.

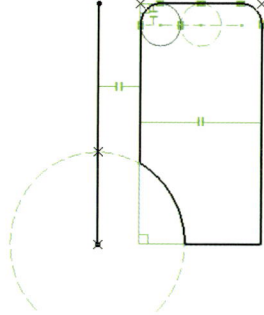

⇨ Zwischen die Mittelpunkte der Ausrundungskreise mit *Linie* und *Konstruktionselement* eine Hilfsgerade zeichnen. Die Gerade beginnt und endet an den Mittelpunkten.

⇨ Die Hilfsgerade richtet sich zum oberen Rand mit *Im Dialogfenster definierte Bedingungen* und *Parallelität* aus. Damit sind beide Ausrundungen gleich groß.

⇨ Mit *Kreis* und *Konstruktionselement* dessen Mittelpunkt auf die Mitte der Hilfsgeraden (gefülltes blaues Symbol) legen und bis zum linken Ausrundungskreis tangierend aufziehen. Damit wird der Ausrundungsradius auf 1/6 der Ringbreite getrimmt.

⇨ Der Mittelkreis berührt mit *Im Dialogfenster definierte Bedingungen* und *Tangentenstetigkeit* zusätzlich den oberen Rand.

⇨ Den linken Rand und die Gerade der Spaltmitte mit *Im Dialogfenster definierte Bedingungen* und *Parallelität* ausrichten. Um nur die notwendigen Verweise zu generieren, die Gerade aus den *Externen Verweisen* noch einmal benutzen. Die obere Kante liegt mit *Kongruenz* bündig zum *Spaltpunkt*, die linke Gerade liegt auf dem Verweis auf den Spaltpunkt und die rechte Gerade auf dem *Breitenpunkt*.

⇨ Den unteren Symmetrierand und den abgeleiteten Punkt mit *Im Dialogfenster definierte Bedingungen* und *Kongruenz* aufeinanderlegen. Ebenfalls den Mittelpunkt der Kugelnut. Zusätzlich muss dieser Kreis auch auf dem *Radiuspunkt* liegen.

⇨ Skizze beenden mit *Umgebung verlassen*.

⇨ Mit *Welle* zum Ring entwickeln. Drehachse ist die Lagerachse aus den *Externen Verweisen.*

⇨ Den ganzen Ring durch *Spiegeln* an der unteren Randfläche fertigstellen.

⇨ Mit Doppelklick in das Bauteil Kugel wechseln.

⇨ Wieder mit *Umgebung* zu **Flächenerzeugung** wechseln.

⇨ Den Innenring ausblenden.

⇨ Wie beim Innenring mit *Ebene* die *Spaltachse* und die *Lagerachse* auswählen und eine Hilfsebene erzeugen.

⇨ Zusätzlich den unteren Endpunkt der Spaltachse aus den *Externen Verweisen* mit *Ableiten* vereinzeln.

⇨ Mit *Umgebung* zu **Teilekonstruktion** wechseln.

⇨ Mit *Skizzierer* eine Skizze auf der Hilfsebene anlegen.

⇨ Mit *Profil* das Drehprofil der Halbkugel zeichnen. Die Gerade als *Achse* umwidmen.

⇨ Den Kreismittelpunkt mit *Im Dialogfenster definierte Bedingungen* und *Kongruenz* auf den abgeleiteten Endpunkt legen. Der obere Kreisendpunkt liegt mit *Kongruenz* auf dem *Radiuspunkt.*

⇨ *Umgebung verlassen* schließt die Skizze.

⇨ Mit *Welle* zur Kugel drehen.

Der Käfig hat als Querschnitt vereinfachend ein schmales Rechteck. Es liegt mittig zum Spalt, soll 1/6 der Spaltbreite messen und 4 mm kürzer sein als die Ringhöhe. Für die Kugel hat er ein mittig liegendes Lochmuster.

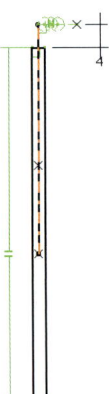

⇨ Mit Doppelklick in das Bauteil Käfig wechseln.

⇨ Wieder mit *Umgebung* zur **Flächenerzeugung** wechseln.

⇨ Die Kugel ausblenden.

⇨ Wieder wie beim Innenring mit *Ebene* die *Spaltachse* und die *Lagerachse* auswählen und eine Hilfsebene erzeugen.

⇨ Unteren Spaltachsenpunkt aus den *Externen Verweisen* vereinzeln.

⇨ Mit *Umgebung* zu **Teilekonstruktion** wechseln.

⇨ Mit *Skizzierer* eine Skizze auf der Hilfsebene anlegen.

⇨ Mit *Profil* entsteht ein schmales Rechteck mittig zur Spaltachse.

⇨ Die beiden langen Rechteckränder richten sich mit *Im Dialogfenster definierte Bedingungen* und *Symmetrie* an der Spaltachse aus. Die beiden kurzen Rechteckränder richten sich mit *Äquidistanter Punkt* auf deren abgeleiteten unteren Endpunkt aus.

⇨ Mit *Bedingung* zwischen die obere Käfigkante und den oberen Endpunkt der Spaltachse 4 mm Abstand vermaßen.

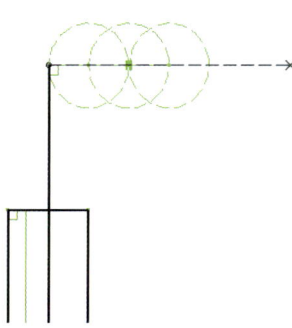

⇨ Für die Käfigbreite mit *Linie* und *Konstruktionselement* eine Gerade ziehen (im rechten Bild oberhalb des Käfigs).

⇨ Mit *Im Dialogfenster definierte Bedingungen* und *Kongruenz* liegt der rechte Endpunkt auf dem *Spaltpunkt*. Zur Spaltachse aus den *Externen Verweisen* steht die Hilfsgerade *Rechtwinklig* und mit *Kongruenz* liegt auch das linke Ende der Hilfsgeraden zu ihr fluchtend.

⇨ Mit *Kreis* und *Konstruktionselement* den Mittelpunkt auf die Mitte der Hilfsgeraden legen (blaues ausgefülltes Kreissymbol beachten). Einen zweiten Hilfskreis im linken Drittel der Hilfsgeraden zeichnen, der den ersten tangiert. Einen dritten Hilfskreis auf die berührenden Kreise und die Hilfsgerade zeichnen.

⇨ Mit *Im Dialogfenster definierte Bedingungen* und *Kongruenz* liegt der linke Hilfskreis links am Endpunkt der Hilfsgeraden. Der Mittelpunkt des mittleren Kreises liegt mit *Kongruenz* auf beiden anderen Kreisen an deren Berührpunkt. Zusätzlich verläuft der mittlere Kreis mit *Kongruenz* durch beide Mittelpunkte der anderen Kreise. Dadurch wird die Strecke der halben Spaltbreite in sechs gleich große Teile geteilt. Mit *Kongruenz* liegt auch der rechte lange Käfigrand auf dem Mittelpunkt des linken Kreises. Der Käfig hat dann 1/6-tel Spaltbreite.

⇨ Skizze beenden mit *Umgebung verlassen*.

⇨ Mit *Welle* um die *Lagerachse* zum Käfig drehen.

Die Tasche für die Kugel liegt wieder in einer Tangentialebene an den Käfig. Aus diesem Urmodell entsteht das Muster aller Käfiglöcher.

⇨ Mit *Ebene* und *Tangential zu Fläche* liegt die Referenzebene am Käfigzylindermantel und als *Punkt* am abgeleiteten unteren Endpunkt der Spaltachse.

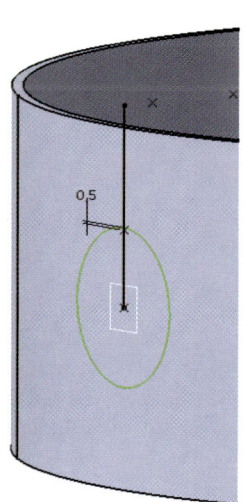

⇨ Mit *Skizzierer* eine Skizze auf die neue Tangentialebene legen.

⇨ Mit *Kreis* das Bohrloch zeichnen.

⇨ Mit *Im Dialogfenster definierte Bedingungen* und *Kongruenz* liegt der Mittelpunkt auf dem abgeleiteten unteren Endpunkt der Spaltmittelgeraden.

⇨ Mit *Bedingung* den Kreis festlegen. Er ist 0,5 mm größer als der Radiuspunkt.

⇨ Skizze beenden mit *Umgebung verlassen*.

⇨ Mit *Tasche* und *Bis zum nächsten* auf beide Käfigflächen ausdehnen.

⇨ Mit *Kreismuster* und *Vollständiger Kranz* die Kugellöcher erzeugen. Bei Anzahl *Exemplare* die *Kugelanzahl* als *Externen Parameter* auswählen.

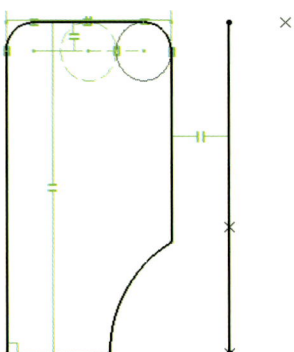

Das Teil Außenring wird in gleicher Weise konstruiert wie der Innenring. Lediglich der Bezug zu Spaltpunkt und Breitenpunkt regelt sich anders. Das Profil liegt jetzt symmetrisch auf der Gegenseite der Spaltachse.

⇨ Mit Doppelklick auf Kugellager in die Baugruppe wechseln.
⇨ Mit *Muster wieder verwenden* das Kreismuster des Käfigs als *Schraffurmuster* auswählen. Die *Komponente für Exemplarerzeugung* ist die Kugel.

Das nun fertiggestellte, geometrisch vollkommen variable Kugellager unterscheidet sich vom Ausgangsbeispiel. Die alternative Lösung kann jetzt rein geometrisch in *Externen Verweisen* verwendet werden. Es ist so zu einem geometrischen Modul für Lager mit Kugeln geworden.

⇨ Mit *Datei > Sichern unter…* die Baugruppe und dadurch automatisch alle Teile in einem neuen Ordner unter gleichem Namen speichern.
⇨ Mit *Start > Beenden* durchschnaufen oder sich gleich den Flächen zuwenden!

Anpassungsfähige Flächen

Was sind Flächen?

Maschinenbauliche Teile sind grundsätzlich räumlich, und es sind **Körper**. Teile entstehen aus Grundkörpern (*primitives*), die geometrisch zusammenhängen und topologisch verknüpft sind. Grundkörper definieren sich aus einem geschlossenen Profil, das in die dritte Dimension zum eigentlichen Volumen ausgedehnt wird. Jedes Volumen besteht seinerseits aus Eckpunkten, Kanten und Oberflächen. Im Volumenmodell integriert, kann man sich aus den Punkten und Kanten ein Drahtgitter oder **Drahtmodell** zusammengesetzt denken. Alle Volumenoberflächen können auch als geschlossener Flächenverband oder als **Flächenmodell** verstanden werden.

Körperflächen

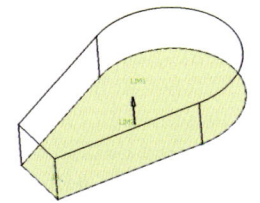

Profil und Verziehen zum
Volumen

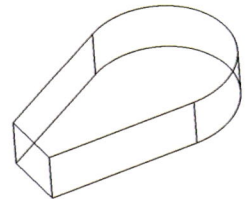

Draht- oder Kantenmodell

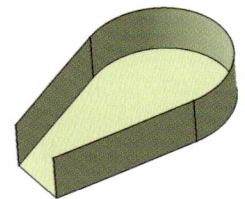

Flächenmodell
(teilweise)

Mit dieser Methode ist allerdings nur eine eingeschränkte Menge von Volumen als Regelkörper beschreibbar. Ein anderer Weg zur Volumenerzeugung baut auf mehreren Schritten auf. Zuerst wird durch Punkte, Geraden und Kurven das Drahtmodell im Raum beschrieben. Dann füllen Flächen jeden geschlossenen Kantenzug. Sind alle Oberflächen des Volumens als Zusammenhang beschrieben, wenn also nirgends Material „auslaufen" kann, wird mit Material gefüllt. Dann wird daraus auch ein Volumen. Diese Methode ist aufwändiger und wird daher nur angewandt, wenn die Oberflächenform dies erfordert. Ein Tetraeder könnte so ein Fall sein. Dieser könnte aber auch aus einem prismatischen fertigen Volumen durch Ebenen zurechtgeschnitten werden. Anders ist es, wenn die Oberfläche des Volumens nicht durch räumliches Verziehen eines Profils entlang einer Verziehkurve beschrieben werden kann. Beim Verziehvolumen Quader sind die Oberflächen eben, beim allgemeinen Prisma oder beim Zylinder entstehen die Verziehflächen aus parallelen Geraden, beim Drehvolumen sind es parallele Kreise und beim allgemeinen Strang sind es parallele Kurven. Wenn diese Formen nicht ausreichen, müssen so genannte **Freiformflächen** eingefügt werden. Dann wird der zweite Weg beschritten.

Freiformflächen

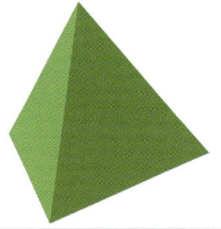

Tetraeder aus ebenen Flächen

Volumen mit einer frei geformten Fläche

Die Geometriebeschreibung im Maschinenbau dient der Herstellung von Teilen und Produkten. Diese sind immer Körper. Notwendige freie Flächenformen werden meist ergänzend gestaltet und dann in den Körper integriert. Solche Formen können durch Trennen eines Volumens durch eine Fläche, durch Aufdicken einer Fläche zum Volumen oder durch Füllen eines geschlossenen Flächenzugs erreicht werden. In den folgenden Bildern ist außer dem Volumen jeweils auch die beteiligte Fläche an der Farbmischung erkennbar. Wie schon bei den Körpern kennen gelernt, entstehen diese ergänzenden Flächen sinnvollerweise **objektorientiert** in geometrischer Abhängigkeit mit dem Anbauvolumen. In die Topologie des Körpermodells mit seinen Booleschen Verknüpfungen binden sich Flächen mit einer alternativen Topologie der Beziehungen entweder direkt als zusätzliche Berandung ein oder es wird erst das fertig geformte Teilvolumen mit dem Körper verknüpft. Dabei wird unterschiedlich in die Aufbaulogik des **Körpers** eingegriffen, worauf später eingegangen wird.

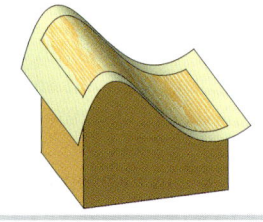

Abtrennen

Aufdicken

Füllen

Wie entsteht eine Fläche?

Freiformflächen entstehen aus Kurven

Frei geformte Flächen entstehen im CAD üblicherweise, indem Kurven im Raum als Profile quer zu sich entlang von Führungskurven „bewegt" werden, womit eine Fläche aufgespannt wird. Dies ist vergleichbar mit dem Gestell eines Regenschirms, über den Stoff gespannt ist. Gibt nur eine Profilkurve die Form vor, entsteht eine Translations- oder Rotationsfläche, geben mehrere Profilkurven den Flächenverlauf vor, wird daraus eine Spantfläche (*loft*) oder *Fläche mit Mehrfachschnitten*. Spantflächen entstehen beim Schiffsbau, wenn Bretter, längsschiffs über die Querspante genagelt, den Schiffsrumpf ergeben. Knüpfen Profile als Kurvenschar mit einer ersten Richtung und Führungskurven quer dazu als zweite Richtung ein vollständiges Netz zusammen, kann daraus eine Netzfläche werden (Coonssches Netz). Alle diese Flächen sind daher von „oben" betrachtet immer vierseitig oder haben vier Ränder. Man könnte sich ein Handtuch vorstellen, das im Raum gedehnt und gekrümmt wird. Als Sonderform kann auch einer der Ränder zu einem Punkt verstümmeln, es entsteht eine Dreieckform. Dies kommt häufig bei Rest- oder Zwickelflächen vor, also beim „Füllen" von drei, fünf oder mehr Außenrändern mit einer einzigen Fläche. Diese „Dreieckformen" sind aus mathematischen Gründen weniger glatt als „Rechteckformen".

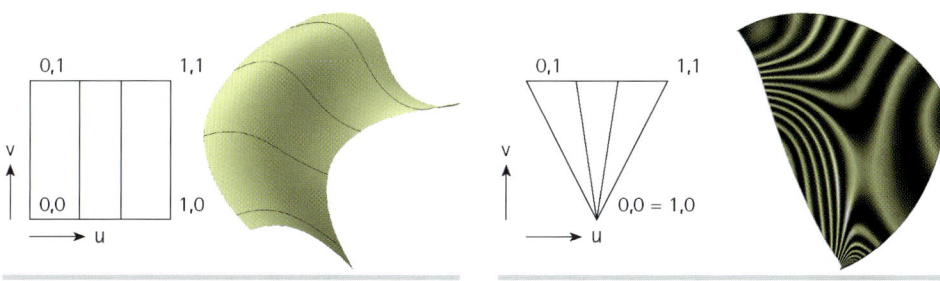

Fläche spannt über Profile als „Rechteckform"

Fläche füllt Außenränder als „Dreieckform" (mit Schattenlinien)

Mathematisch gesehen sind diese Flächen in „Rechteckform" Funktionen zweier Parameter f(u,v). Die vorgegebenen Profilkurven stellen die u-Richtung dar, ausgedrückt in speziellen Polynomfunktionen. Die Führungskurven beschreiben das Polynom in v-Richtung. Diese Kurvenpolynome werden in ihrer Kurvenaufteilung und dem Polynomgrad als Grundlage für die Flächenfunktion übernommen. Lässt sich jedoch aus beiden Kurvenscharen keine übertragbare Flächenfunktion finden, wird angenähert. Man kann sich diese Flächenfunktion als ein quadratisches Parameterfeld in u und v vorstellen, das auf die verwendete Geometrieform transformiert wird. Die Parameter haben Werte von 0 bis 1, wie in den oberen Bildern dargestellt. Da die Flächenfunktion und damit die Flächenform von der Vorgabe dieser Profil- oder Führungskurven direkt abhängt, muss auf die Form der Kurven besonders geachtet werden. Glatte und mit den anderen Vorgaben harmonierende Kurven ergeben auch glatte und gut angepasste Flächen.

Flächenfunktion als Parameterrechteck

Die erste Art der angebotenen Flächen basiert in der Regel auf so genannten Bézier-Polynomen. Diese Flächen spannen immer über Kurven. Durch Profilkurven in einer u-Richtung und eventuell zusätzliche unterstützende Führungskurven in einer dazu „senkrechten" v-Richtung entsteht das Flächenpolynom in möglichst guter Übereinstimmung mit dem Polynomgrad der Vorgaben in „Rechteckform". Die Fläche im Innern wird ausschließlich durch die Kurven bestimmt. Änderungen in der Form lassen sich nur durch modifizierte Kurven erreichen. Will man **Flächen neu formen**, wird vorwiegend die Methode, Flächen durch kennzeichnende Kurven zu gestalten, eingesetzt. Diese Einführung übt nur diese Erstellungsmethode.

Flächen neu formen mit Bézier-Flächen

Eine Sonderform dieser Flächenfunktion kommt noch hinzu. Einerseits sollen sich die Flächen, und als Grundlage deren Kurven, an möglichst viele Vorgaben anpassen, etwa einem Messprofil genau folgen. Dies erfordert Polynome mit hohem Polynomgrad. Andererseits sollen die Kurven möglichst glatt sein. Das wiederum gelingt nur mit niedrigem Polynomgrad. Dies führt zu dem Kompromiss, dass eine Profilkurve als Einheit aus mehreren einfachen Polynomen „glatt" zusammengesetzt wird. Dass die Kurve glatt verläuft, verdankt sie einer krümmungsausgleichenden Glättung. Bilden solche Profilkurven eine Fläche, hat auch die Flächenfunktion in sich als Einheit mehrere einfache Unterflächen mit geringem Polynomgrad (*multipatch*).

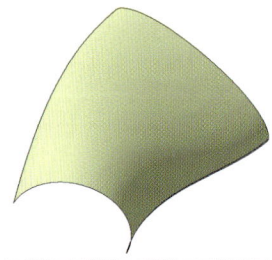 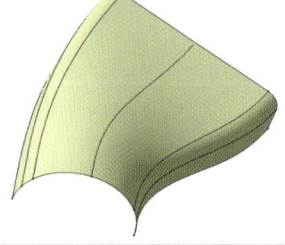

| Ein Polynom | Mehrere einfache Polynome |

Flächen formen mit NURBS-Flächen

Eine zweite Art, Flächen zu beschreiben, geht von einer anderen mathematischen Polynomfunktion in „Rechteckform" aus, der so genannten NURBS-Funktion (*Non Uniform Rational B-Splines*). Die Mathematik dieser Funktion liefert als analoge (gleichwertige) Darstellung der Kurven und Flächen eine Anzahl Kontrollpunkte. Bei der Kurve ist es ein die Kurve begleitendes Polygon mit Kontrollpunkten, bei der Fläche ist es ein Gitternetz von Kontrollpunkten. Den Kontrollpunkten ist noch ein Knoten- und ein Gewichtungsvektor zugeordnet. Die Anzahl der Kontrollpunkte korrespondiert mit den Polynomgraden in u und v (Grad+1). Diese Kontrollpunkte lassen sich räumlich verschieben, wodurch sich die Flächenform im Ganzen verändert. Unterschiedliche Gewichtungsvektoren verändern die Flächenform lokal. Diese Flächenart ist auf zwei Wegen einsetzbar:

Flächen neu formen

- Zur Beschreibung einer neuen Flächenform dienen NURBS-Kurven (meist in der Form NUBS, also ohne die zusätzlichen Vektoren), eine andere anzunähernde Flächenart, oder eine ebene NURBS-Basisfläche mit vorgegebenem Polynomgrad. Durch Verschieben der Kontrollpunkte im Raum, einzeln oder auch in Bereichen, wird die Form der Fläche verändert. Mit etwas mathematischem Verständnis, Erfahrung und Geschick kann dieses Vorgehen zu brauchbaren Ergebnissen führen. Man kann sich das als ein ebenes oder über mehrere Bögen gespanntes Handtuch vorstellen. Das Handtuch wird an mehreren Stellen am Rand oder im Innern angefasst und als krumme Form angehoben.

- Eine ebene NURBS-Basisfläche passt sich möglichst genau an eine vorhandene Geometrie an und erhält dadurch ihre Form. Durch Approximation (Annäherung) mit einer Genauigkeitstoleranz entsteht eine angeschmiegte NURBS-Fläche ohne assoziative Verbindung zum Annäherungsobjekt. Dazu kann man sich vorstellen, das Handtuch falle über einen Stapel Kleider. Als Formgeber können eine Fläche, eine Schar Kurven oder eine Punktewolke dienen. Will man **Flächen abformen**, wird vorwiegend die Methode eingesetzt, Flächen an eine vorgegebene Form anzunähern. Dies wird auch beim Gestalten der Außenhaut von Fahrzeugen angewandt. Ein Tonmodell liefert eine beliebig dichte Punktewolke durch Abtasten oder fotogrammetrische Messung. Aus dieser Punktewolke entsteht bei der so genannten Flächenrückführung das mathematische Abbild als Flächenmodell. Dieses dient dann als Arbeitsgrundlage für die weiteren Gestaltungs- und Herstellungsprozesse.

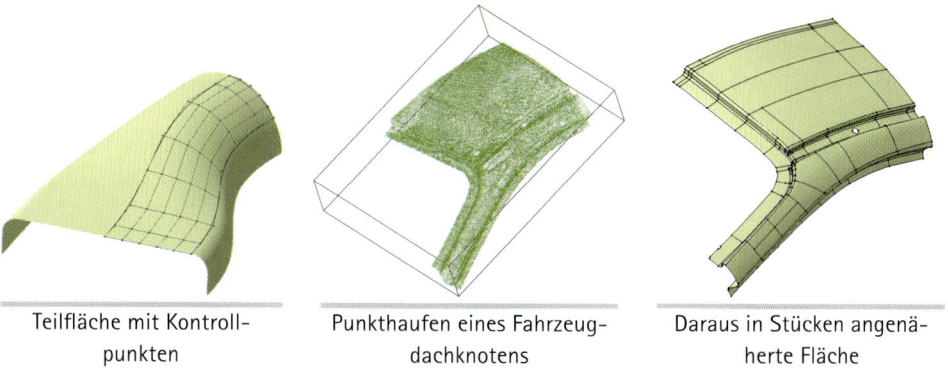

Flächen abformen

Teilfläche mit Kontroll-
punkten

Punkthaufen eines Fahrzeug-
dachknotens

Daraus in Stücken angenä-
herte Fläche

Für beide Flächenarten gilt, dass mit einer einzigen mathematischen Fläche nur **eine** „Rechteckform" der zu gestaltenden Oberfläche beschreibbar ist. Die Form eines solchen Flächenstücks muss in sich eine homogene Charakteristik haben, also in der Krümmung des abzubildenden Bereichs nicht zu stark schwanken. Andere Bereiche derselben Oberfläche mit anderer Charakteristik in der Form werden besser durch weitere „Flächenrechtecke", getrennt von der ersten Fläche, beschrieben. Dadurch entsteht ein Fleckenteppich unterschiedlicher „Rechteckformen". Außerdem spielt die Gesamtform mit ihrer Berandung eine wesentliche Rolle für die Aufteilung in solche Flächenstücke. Dies sind nur einige Aspekte der Flächengestaltung. Durch diese Aufteilung in „Rechteckformen" werden Trennstellen in einer tatsächlich fortlaufenden Oberfläche provoziert. Die Gestaltung eines glatten Übergangs an diesen Trennstellen kommt als zusätzliche Aufgabe hinzu. Zur Beurteilung der Qualität eines Übergangs von verschiedenen Kurven, beziehungsweise Flächen wird die Stetigkeit der mathematischen Beschreibung herangezogen:

Flächenstücke mit
Übergängen

- Der Übergang hat einen Spalt. Dies ist der Normalfall, da jede mathematische Beschreibung zu Abweichungen in einem Toleranzbereich führt. Werden Schwellenwerte überschritten, sind solche Flächenübergänge nicht tolerabel.
- Der Übergang ist punktstetig. Die Ränder aneinander stoßender Flächen sind unterhalb einem Schwellenwert gleich. Die Punkte (Kurven) als nullte Ableitung der beiden Kurven (Flächen) sind identisch (*Continuity* 0).

- Der Übergang ist tangentenstetig. Die Ränder aneinander stoßender Flächen haben im ganzen Randbereich dieselbe Tangente. Ihre Tangenten als erste Ableitung der beiden Flächen sind identisch (*Continuity* 1).
- Der Übergang ist krümmungsstetig. Die Randzonen aneinander stoßender Flächen sind in den zweiten Ableitungen der beiden Flächen quer zum Rand identisch (*Continuity* 2).

Sind Flächen durchgehend tangentenstetig, erscheint dies für das Auge als glatt übergehend. Lediglich mit zusätzlichen Hilfsmitteln, wie parallelen Lichtquellen, wird auch die Krümmungsstetigkeit optisch wahrgenommen. Entsteht die Gesamtform aus Flächenstücken, die auf Kurven aufbauen, können diese Übergänge verfahrensbedingt besser ausfallen, wenn Nachbarn auf derselben Kurve beginnen und enden. Individuell angenäherte Flächenstücke haben üblicherweise keine gemeinsame Kante, sie überlappen sich sogar häufig. Ein Übergang muss erst geschaffen werden. Dies wird umso schwieriger, je schräger die Parameterkurven der Nachbarn zueinander stehen. Ein Flächenmodell setzt sich aus einem mehr oder weniger gleichmäßig verteilten Fleckenteppich aus „rechteckigen" einzelnen Flächenstücken zusammen. Die sinnvolle Einteilung in solche „Rechteckformen" ist die Kunst des Formgestalters.

| Ein „Rechteckfleck" als Einheit | Mehrere „Rechteckflecken" sind notwendig |

Wie entsteht eine Kurve?

Kurven zur
Flächendefinition

Kurven als Strakkurven (*splines*) sind mathematisch gesehen ebenfalls Polynome, meist als aneinandergesetzte Bézier-Polynome jeweils vom Grad 5. Bézier-Kurven kennen Durchlaufpunkte für die Kurve und zusätzlich die Ableitungen an diesen Punkten als Tangenten- oder Krümmungsforderungen in Form von Randbedingungen. NURBS-Kurven kennen das Kontrollpolygon, einen Knoten- und einen Gewichtungsvektor. Das Kontrollpolygon bestimmt grundsätzlich die Kurvenform, der Knotenvektor ändert die lokale Verteilung der Kurventeile, und der Gewichtungsvektor zieht die Kurve näher an die Kontrollpunkte. CATIA bietet diese erweiterten Möglichkeiten der Gewichtungsvektoren nicht an.

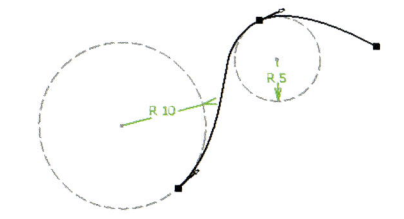

Bézier-Kurve mit Punkt, Tangente und Krümmungskreis

NURBS-Kurve mit Kontrollpolygon

Polynome neigen dazu, bei höherem Polynomgrad wellig zu werden, daher werden bevorzugt niedrige Polynomgrade verwendet. Kurven sollen aber oft viele Vorgaben erfüllen (verlaufen beispielsweise durch viele Punkte eines Messprofils). Diesem Dilemma wird Rechnung getragen, indem mehrere Teilkurven mit niedrigem Polynomgrad möglichst glatt und stetig aneinander gesetzt werden und dadurch erst die Kurve ergeben. Die notwendige Aufteilung in Teilkurven und der Kurvenverlauf werden durch die vorgegebenen Durchlaufpunkte und eine Glättungsfunktion bestimmt. Der Begriff Strakkurven kommt auch aus dem Schiffsbau, wo glatte Kurven mit einer biegeweichen Latte gezeichnet werden. Die Kurvenform orientiert sich an der Krümmungssteifigkeit der Latte.

In welchen Umgebungen entstehen Flächen?

Flächengeometrie baut entweder ausschließlich ein Flächenmodell auf, oder einzelne Flächen ergänzen Volumenmodelle dort, wo frei gekrümmte Oberflächen zu integrieren sind. Auch Flächen sind Geometrie für ein Bauteil und werden daher ebenfalls in Dateien vom Typ *Part* abgelegt. Im gleichen Bauteil kann sowohl mit Körpern als auch gleichzeitig mit der Draht-, Flächen- und Volumengeometrie gearbeitet werden. Alle Geometriearten ergänzen sich, auf deren Unterschied wird noch eingegangen. Die Umgebungen zur Flächenbeschreibung sind in der Themengruppe **Flächen** zusammengefasst. Die zum Gestalten der Flächengeometrie notwendige Funktionsumgebung kann mit *Start > Flächen…* oder mit dem jeweiligen Umgebungssymbol gewechselt werden.

- In der Umgebung **Flächenerzeugung** (*Generative Shape Design*) entstehen Flächenmodelle durch aufspannende Kurven. Kurven und Flächen sind in der Regel aus gewichteten B-Splines aufgebaut. Der Verlauf der Kurven gestaltet die Form der Fläche. Die Form kann an der Fläche selbst nicht mehr korrigiert werden. Diese Flächenbeschreibung setzt voraus, dass formgebende Kurven bekannt sind. Es können vorhandene Volumenberandungen sein, die durch eine freie Flächenform ergänzt werden sollen. Oder es stehen wenige exemplarische Messpunkte für die Kurvenerzeugung zur Verfügung. Die Flächen dieser Funktionsumgebung sind assoziativ zu ihren Erzeugenden. Wenn sie objektorientiert an Volumen angebunden werden, können sie mit ihnen geometrisch „wachsen". Es sind Translations- und Rotations-

Flächenerzeugung

flächen, flächennormale Abstandsflächen, über mehrere Profile (Spanten) gezogene Spantflächen, Füllflächen und Übergangsflächen zwischen Nachbarn verfügbar.

Drahtmodell und Flächenkonstruktion

• Die Umgebung **Drahtmodell und Flächenkonstruktion** (*Wireframe and Surface Design*) stellt eine Untermenge der Funktionen von Flächenerzeugung zur Verfügung und wird daher nicht gesondert erwähnt.

Freiformflächen

• In der Umgebung **Freiformflächen** (*Free Styler*) werden hauptsächlich NURBS-Funktionen als Polynome für Kurven und Flächen verwendet. Kurven und Flächen dieser Art sind in ihrem Innern nachträglich durch Kontrollpunkte in der Form veränderlich und nicht assoziativ. Eine wesentliche Anwendungsmethode dieser Flächenart ist, zuerst eine ebene Basisfläche über andere Objekte aufzuspannen. Im zweiten Schritt passt sich die NURBS-Fläche in einem Approximationsschritt möglichst genau an die Vorgabe an und erhält dadurch ihre Form. Als Formgeber kann eine Fläche, eine Schar von Kurven oder eine Punktewolke dienen. Außerdem können beliebige Flächen direkt in eine NURBS-Fläche umgewandelt und dadurch weiterbearbeitet werden. Die Originale bleiben erhalten. Die abgeformte Kopie ist nicht assoziativ.

Daneben bietet diese Umgebung auch Translations- und Rotationsflächen, Drehflächen, flächennormale Abstandsflächen, Füllflächen und Übergangsflächen zwischen Nachbarn an. Ergänzt wird die Palette durch Netzflächen und eine spezielle Fläche aus einem Profil, die über Leitkurven die Fläche beschreibt. Werden diese Flächen nicht aus NURBS-Kurven erzeugt, sind es teilweise assoziative Bézier-Flächen.

Diese Umgebung bietet eine Fülle von Hilfsmitteln zur Visualisierung und Analyse von Kurven und Flächen. Denn der Verlauf, die Ausgewogenheit und Glätte der Kurven und Flächen prägen die Güte des Flächenmodells.

Digitale Flächenaufbereitung

• Die Umgebung **Digitale Flächenaufbereitung** (*Digitized Shape Editor*) stellt Funktionen für die Verarbeitung von Messpunkten, den so genannten Punktewolken, zur Verfügung. Diese meist großen Datenmengen entstehen bei der Flächenrückführung gemessener Modelloberflächen. Die Datenmenge wird unterteilt und reduziert. Durch eine Punktewolke können spezielle ebene „Kurven" gelegt werden, so genannte *scans*. Alle benachbarten, zufällig verteilten Punkte werden auf eine Bezugs- oder Schnittebene übertragen, auf der dann dieser Polygonzug liegt. Diese Auszugskurven müssen noch zu mathematischen Kurven weiterverarbeitet werden. Es können auch Profilkurven direkt auf Schnittebenen erzeugt werden. Bei hoher Punktezahl entstehen allerdings wellige Kurven mit vielen Polynomstücken.

Wie sind Flächenmodelle strukturiert?

Objektorientierte und daher anpassungsfähige **Flächengeometrie** (ohne das NURBS-Polynom) baut assoziativ aufeinander auf. Ein Punkt ist Eckpunkt eines Volumens, liegt auf einer Kurve oder in einer Fläche. Eine Kurve führt durch Punkte, liegt auf einer Ebene oder entsteht als Schnittkurve zweier Flächen. Und eine Fläche spannt sich über Kurven oder ist Abstandsfläche zu anderen Flächen. Oder ein Volumen definiert sich durch einen Linienzug als Umriss, der sich längs einer Kurve räumlich ausdehnt. Datentechnisch sind diese geometrisch in der so genannten Randdarstellung (*boundary representation method* **B-Rep**) beschriebenen Objekte zusätzlich mit ihren logischen Beziehungen gekoppelt. Dies schafft für zusammengesetzte Geometrie eine nachvollziehbare Ordnung. Ein neues Geometrieelement (Kind) erwächst aus vorhandenen Elementen (Mutter). Es entsteht eine Beziehungshierarchie (*history mode*), die sich lediglich auf die aufeinander aufbauenden einzelnen Geometrieobjekte stützt. Anders ausgedrückt: Direkte **Mutter-Kind-Beziehungen** steuern den inneren Aufbau dieses Geometriemodells.

Hierarchie durch Geometriebeziehungen

Es ist aber auch möglich, Geometrie zu erzeugen, die absolut im Raum positioniert ist (*datum mode*). Das wäre beispielsweise ein Punkt in seinen absoluten Koordinaten. Oder eine Fläche wird aus ihrer Beziehung zu den definierenden Kurven isoliert. Diese absolut beschriebene Geometrie verliert bei der geringsten Geometrieänderung den Zusammenhang. Daher wird diese Variante nicht weiter verfolgt.

Die in den ersten Kapiteln beschriebenen **Körper** stehen parallel zur Geometrie, die nach der Beziehungshierarchie aufgebaut ist (siehe auch „Wozu werden Referenzelemente gebraucht?"). In beiden Fällen wird Geometrie beschrieben, teilweise dieselben Volumen, das Modellergebnis aber ist ein unterschiedliches. Am Beispiel des Volumens lässt sich dies veranschaulichen. Die geometrische Form eines Quaders entsteht in Randdarstellung als geschlossener Umriss, der, entlang einer Geraden verschoben, das Volumen umschreibt (beispielsweise eine *Volumentranslation*). Mit der Beziehungshierarchie werden Umriss und Gerade zu Bestimmungsstücken des Volumens. Das Volumen selbst steht nur für sich alleine. War der Umriss etwa die Umrandung eines anderen Quaders, hängen beide Quader formlich assoziativ zusammen, bleiben aber zwei unabhängige Volumen. Sollten sie als gemeinsam verschmelzen, müsste eine extra Boolesche Vereinigung individuell formuliert werden. Anders bei der Aufbauhierarchie (*constructive solid geometry* **CSG**) der Körper. Auch hier entsteht die geometrische Form in Randdarstellung mit geschlossenem Umriss und Gerade als Verziehvolumen (beispielsweise eine *Rippe*). Umriss und Gerade bleiben Bestimmungsstücke des Volumens. Durch die Aufbauhierarchie aber wird der jüngere zweite Quader automatisch mit dem älteren Quader durch Boolesche Vereinigung verknüpft. Der Körper wird als Volumen größer beziehungsweise kleiner, je nach Vorzeichen des zweiten Quaders; es entsteht eine neue Einheit.

 *Volumentranslation*

Rippe

Flächen oder die gesamte in der Beziehungshierarchie beschriebene Geometrie werden datentechnisch im so genannten **Geometrischen Set**, früher auch **Offener Körper** genannt, gespeichert. Mit der Aufbauhierarchie beschriebene Körper liegen in der anderen „Datenschachtel", dem **Körper**. Neben diesen Grundformen der Datenspeicher gibt es das **Geordnete geometrische Set**, das für eine Erstellungsreihenfolge im Set sorgt und die hybriden Modelle, in denen notwendige Referenzelemente (also Nicht-körper) in die Aufbauhierarchie der Körper eingegliedert werden. Daher bieten sich zur Beschreibung der eigentlichen Draht-, Flächen-, Volumen- und Körpergeometrie sowie der Darstellung und Ordnung im Strukturbaum mehrere Möglichkeiten an. Das bei der Modellierung angestrebte Ziel, ein Flächen- oder ein Körpermodell aufzubauen, entscheidet bei der Auswahl:

Geometrisches Set

Geometrisches Set als variabler Ablageort für Kurven, Flächen und Volumen

- Wird das Geometriemodell ausschließlich als reines Flächenmodell gebraucht, nimmt das **Geometrische Set** alle Objekte auf. Die Reihenfolge im Set und welches Geometrische Set genutzt wird, ist für die Geometriebeschreibung unerheblich, nur die Beziehungen der Objekte untereinander legen die Ordnung fest. Dies ist eine Chance, die Geometrischen Sets dazu zu benutzen, Zusammengehörendes sinnvoll zu gruppieren. Neben Kurven und Flächen gibt es auch Volumen, und damit steht im Prinzip auch die Welt der „Körper" zur Verfügung. Diese Volumen „ohne Werk-stoffeigenschaften" sind lediglich Einzelobjekte und haben keinen hierarchischen Zusammenhang untereinander. Diese Arbeitsweise entspricht dem linken grün hervorgehobenen Pfad in der folgenden Übersicht und ist **empfehlenswert**.

Geordnetes geometrisches Set

Geordnetes geometri-sches Set mit Erstel-lungsordnung

- Eine weitere Möglichkeit für reine Flächenmodelle bieten die **Geordneten geo-metrischen Sets**. In dieser „Datenschachtel" werden die Objekte entsprechend der Entstehungsreihenfolge und ihrer Abhängigkeit absteigend geordnet. Nachträglich können diese geordneten Objekte nicht im Strukturbaum verschoben werden. Es ist aber wie bei den Körpern möglich, nachträglich neue Objekte in die Ablauffordnung einzufügen, also sozusagen „dazwischen zu schieben". Dann muss die Entwicklungs-geschichte einfach mit *Kontext > Objekt > In Bearbeitung* temporär angehalten wer-den. Es entsteht eine Mischform nachträglich verschiebbarer und unverschiebbarer Objekte. Geordnete Geometrische Sets schaffen wohl eine oberflächlich sichtbare Ordnung, eine klare Modellstruktur, die der Konstrukteur im Kopf hat, ist allemal überlegen. Diese Arbeitsweise entspricht dem schwach dargestellten linken Pfad in der folgenden Übersicht und wird, da mehr Verwirrung als Klarheit entsteht, **nicht empfohlen**.

Flächen und Volumen im Geometrischen Set

- Körper mit ergänzenden Flächenteilen entstehen als „neutrale" Volumengeometrie im **Geometrischen Set**. Das Ergebnis wird mit dem **Körper** „mit Werkstoffeigenschaften" durch Boolesche Operationen verknüpft. Diese Variante schafft die Möglichkeit, die Geometrie vorteilhaft nur jeweils innerhalb einer Aufbaulogik zu erstellen. Die Beziehungen innerhalb einer Aufbauart sind stabiler als bei Wechselbeziehungen. Diesen **Vorteilen** steht gegenüber, dass aufwändige Volumenformen im **Körper** ein-facher entstehen. Diese Arbeitsweise entspricht dem schwach dargestellten rechten Pfad der Übersicht.

- Die gesamte Körperform entsteht simultan aus Volumen der „Datenschachtel" **Körper** und Kurven und Flächen des **Geometrischen Sets**. Beide Aufbaulogiken konkurrieren jetzt miteinander, vergleichbar der Verwendung von Referenzelementen bei Körpern. Alles, was einen Körper bildet (*Block, Nut, Hinzufügen, …*), wird in der „Datenschachtel" **Körper** und alles, was die Flächen bildet (*Punkt, Spline, Füllen, Ableiten, …*), im **Geometrischen Set** gesammelt. Für Körper gilt die strenge hierarchische Ordnung in der „Datenschachtel" **Körper**, für Kurven und Flächen im **Geometrischen Set** ist es unbedeutend, wo sich ein Geometrieobjekt in der Abfolge der Einträge im Set findet. Die Verwendung der Volumen der „Datenschachtel" **Körper** im Zusammenhang mit **Geometrischen Sets** ist vorteilhaft, da diese Arbeitsweise dem Benutzer alle Möglichkeiten der Einflussnahme belässt. Diese Arbeitsweise ist bei Volumen mit wenigen ergänzenden Flächen recht anschaulich, entspricht dem rechten grün hervorgehobenen Pfad, und ist **empfehlenswert**.

Flächen im *Geometrischen Set* und Volumen im *Körper*

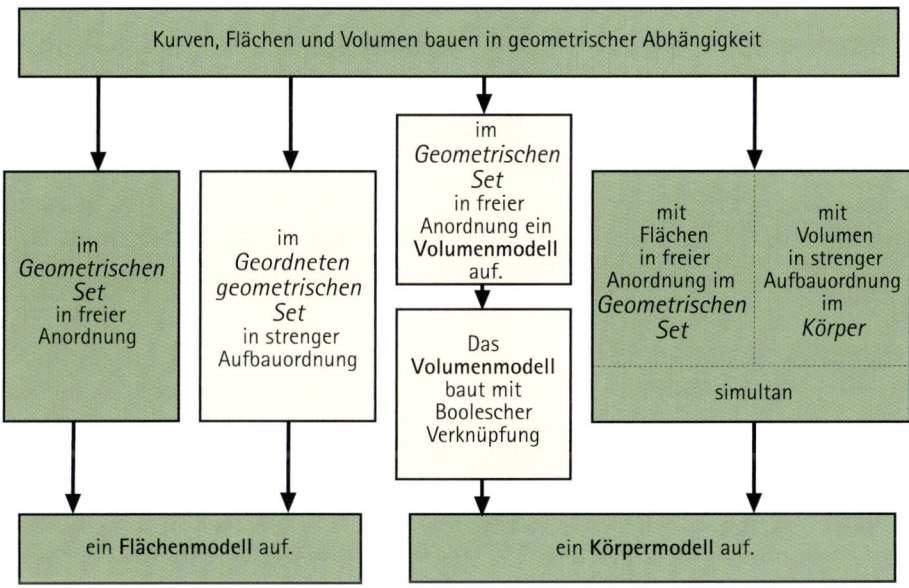

Was ist im Strukturbaum zu beachten?

Die für objektorientierte Konstruktion notwendige geometrische Abhängigkeit kann bei komplexen Modellen sehr verzweigt, unübersichtlich und verschachtelt werden. Um Klarheit in das Beziehungsgeflecht zu bringen, leiten sich einige methodische Grundsätze ab:

- Anpassungsfähige Draht-, Flächen- und Volumenmodelle benutzen die Assoziativität der Geometrieelemente (*history mode*). Die Funktion *Bezugselement erzeugen* ist inaktiv (blau).
- Die Beziehungen der Geometrie untereinander sollten klar, direkt und einfach strukturiert aufgebaut werden.

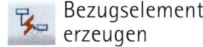

Bezugselement erzeugen

- Um den Überblick über die abhängigen Daten zu behalten, sollten keine redundanten Daten erzeugt werden. Das besagt, die Geometrie der Bezugselemente möglichst direkt, also ohne Zwischenschritte zu benutzen.

- Die Abhängigkeiten so weit wie möglich visualisieren. Dazu stehen die Namensgebung der Elemente, die örtliche Gruppierung im Strukturbaum und die Gruppierung durch benannte *Geometrische Sets* zur Verfügung.

- Ab einer gewissen Größenordnung der Modelle steht die Entscheidung an, die Assoziativität und damit die Anpassungsfähigkeit an Geometriekorrekturen zu verlieren oder das Modell in mehrere kleinere assoziative, durch geometrische Schnittstellen verbundene Modelle zu strukturieren.

Schnelle Auswahl

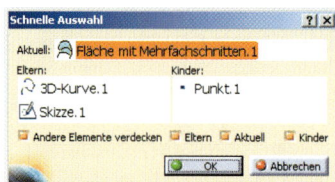

Die Beziehungshierarchie ist im Strukturbaum direkt kaum ablesbar. Eine einfache Möglichkeit, abhängige Geometrie sichtbar zu machen, bietet die Funktion *Schnelle Auswahl*. Sie zeigt in einem Dialogfenster an, welche über- und untergeordneten Elemente zum aktivierten Element gehören. Im Bild ist ein *Punkt* Teil einer *Fläche mit Mehrfachschnitten*. Sie ist selbst definiert durch eine *Skizze* und eine *3D-Kurve*.

Geometrische Abhängigkeiten anzeigen

Etwas ausführlicher und übersichtlicher zeigt das Dialogfenster der Funktion *Kontextmenü > Eltern/Kinder...* die Beziehungen an.

Die Ordnung der Objekte im *Geometrischen Set* kann nach längerer Konstruktionsarbeit oder mehreren Änderungen verloren gehen. Das *Kontextmenü > Objekt* mit Untermenü *Kinder neu ordnen* oder auch *Automat. sortieren* schafft wieder Übersicht.

Nachträgliche Änderung von Objekten

Die Draht-, Flächen- und Volumengeometrie stellt sich dar durch aufeinander aufbauende Geometrieelemente (*features*), die anpassungsfähig bleiben und jederzeit editiert oder verändert werden können. Spannt sich beispielsweise eine Fläche über eine Reihe von Skizzenkurven, kann der Inhalt einzelner Skizzen gelöscht und durch andere Kurven ausgetauscht werden. Oder die Stützpunkte der Kurven werden verändert, um die Kurven- und damit die Flächenform zu gestalten. Oder auch die veränderte relative Lage der definierenden Kurven zueinander modelliert die Fläche. Oder weitere dazwischen geschobene Stützkurven verfeinern den Flächenverlauf. Alle diese sind geeignete Maßnahmen zur Modellierung. Kaum eine Flächenform gelingt auf Anhieb. Geschehen diese Korrekturen unter Beachtung der Bedingungen des übergeordneten Aufbaus, kann sozusagen „am offenen Herzen" operiert werden. Werden Flächen und Körper gemeinsam verwendet, mischt sich die auf Einzelobjekten basierende Beziehungshierarchie mit der sequenziellen Aufbauhierarchie der konstruktiven Körpergeometrie (CGS). Auch für die Mischung beider Hierarchiearten gilt das Mutter-Kind-Prinzip.

Sind bei diesen Operationen zum Beispiel durch Ersetzen Elemente entstanden, die keine Bedeutung mehr in der Modellstruktur haben, können sie gelöscht werden. Eine automatische Erkennung bietet das Hauptmenü *Tools > Unnötige Elemente löschen...*

Wie entstehen Körper mit abhängigen Flächen?

Körper entstehen in der Umgebung **Teilekonstruktion** in der „Datenschachtel" **Körper.** Haben Körper wenige „krumme" Flächen, können sie entweder in Teilbereichen durch frei geformte Flächen ersetzt oder ergänzt werden. Ein Körper kann aber auch aus einem Flächenverband durch „Füllen mit Material" entstehen. Die dazu notwendige Flächengeometrie wird in der „Datenschachtel" **Geometrisches Set** als Draht-, Flächen- und Volumenmodell gesammelt. Die Flächen aus der Funktionsumgebung **Flächen-erzeugung** und alle nicht NURBS-Flächen aus der Umgebung **Freiformflächen** sind genauso objektorientiert verwendbar wie das Körpermodell selbst. Wird so konstruiert, kann sich die Flächenform nachträglicher Geometrieänderung anpassen.

Flächen in Körper integrieren

Die **objektorientierte Arbeitsmethode**, um Flächen in Körper zu integrieren, kann wie folgt lauten: Der Körper wird so aus Grundkörpern oder Volumen aufgebaut, dass alle Teile als Objekte zusammenhängen. Später einzufügende frei geformte Flächenstücke werden vorbereitend durch ein Platzhaltervolumen erfasst, im linken Bild transparent dargestellt. Die fehlenden Flächenstücke schließen an vorhandene Körperkanten an und gestalten die Oberflächen nach den konstruktiven Vorgaben mit den Flächenfunktionen. Dabei unterstützt die Körper- beziehungsweise Volumen-geometrie bei der Orientierung im Raum immer dann, wenn für formgebende Kurven

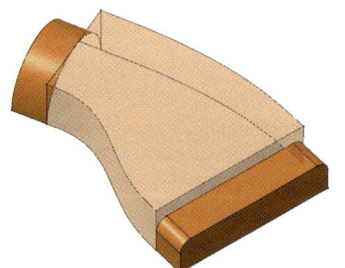

Das objektorientierte Körpermodell mit einem „Platzhalter"

Die gestaltete Übergangsfläche integriert sich objektorientiert in den Körper

oder Flächen glatte Anschlüsse an Volumen zu gestalten sind. Kurven können aus dem Volumen abgeleitet oder neue freie Kurven können daran angebunden werden. Nach der Flächengestaltung und anschließendem Verschneiden oder Vereinigen neu entstandener Volumenteile mit dem Körper entsteht das endgültige Bauteil. Es ist in seinen Maßen jederzeit anpassungsfähig. Die Flächenteile können den Körper durch direkten Beschnitt formen. Es ist aber auch möglich, den Flächenteil bis einschließlich entstehendem Volumen im Geometrischen Set aufzubauen und dann erst durch Boolesche Operation mit dem Restkörper zu vereinigen. Auch die in der Funktionsum-gebung **Freiformflächen** angebotenen NURBS-Flächen können mit Volumen integriert werden. Flächen dieser Umgebung sind jedoch nicht assoziativ zu anderer Geometrie und machen Geometrieänderungen nicht mit.

Übung Tetraeder

Ein gleichseitiges Tetraeder wird als Drahtmodell erzeugt, in ein Flächenmodell umgewandelt und abschließend als geschlossenes Volumen zum Körper. Um das Volumen von nur einer Kantenlänge abhängig zu machen, baut sich das Drahtmodell über dem Grundriss des gleichseitigen Dreiecks auf. Darüber steht rechtwinklig ein zweites Dreieck genau über dem Schwerpunkt. Das Tetraeder wird zum Körper, wenn das fertige Volumen zum Hauptkörper hinzugefügt wird. Das Teil soll in Hybridstruktur entstehen. Mit *Tools > Optionen > Infrastruktur > Teileinfrastruktur > Teiledokument > Hybridkonstruktion* die *Hybridkonstruktion in Hauptkörpern und Körpern ermöglichen*. Alle Objekte liegen *In einem Körper*.

Was wird geübt?
Füllen, Fläche schließen
Ein Drahtmodell in ein Volumenmodell überführen
Adapterskizze einsetzen können

⇨ Mit *Start > Flächen > Generative Shape Design* eine neue Datei vom Typ *Part* anlegen, und das neue Teil Tetraeder nennen.

Im *Hauptkörper* entsteht das Drahtmodell beginnend mit einer Skizze des gleichseitigen Dreiecks für die Bodenfläche. Später wird daraus der Körper.

⇨ Mit *Skizzierer* eine Skizze auf eine Ebene legen.
⇨ Mit *Profil* ein Dreieck zeichnen.
⇨ Mit *Im Dialogfenster definierte Bedingungen* und *Äquidistanter Punkt* nehmen zwei Eckpunkte den dritten in die Mitte. Dies überlappend mit den Eckpunkten wiederholen. Es entsteht dadurch ein gleichseitiges Dreieck.
⇨ Mit *Ausgabekomponente* jede Gerade für den Raum als gesonderte Ausgabe vereinzeln.
⇨ Skizze beenden mit *Umgebung verlassen*.

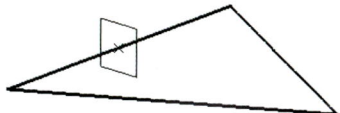

 Skizzierer

 Profil

 Im Dialogfenster def. Bedingungen

 Ausgabe-komponente

Umgebung verlassen

Für eine senkrecht zur Grundebene stehende vierte Kante wird deren wahre Größe in einer weiteren Skizze konstruiert. Die Skizzenebene ist die Normalebene in der Mitte einer Kante und enthält gleichzeitig deren gegenüberliegenden Eckpunkt. Eine gleichseitige Pyramide entsteht, wenn die Spitzen des Tetraeders jeweils über den Drittelspunkten (Schwerpunkten) der Grundflächen liegen.

⇨ Mit *Punkt* und dem Typ *Auf Kurve* einen Referenzpunkt bei *Abstand zu Referenz* als *Mittelpunkt* zeichnen. (Der Punkt kann auch direkt in der Funktion *Ebene* im Kontextmenü erzeugt werden.)
⇨ Mit *Ebene* eine solche *Senkrecht zu Kurve* auf die Ausgabegerade der Skizze durch den erzeugten Punkt legen.

 Punkt

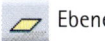 Ebene

Standardelement

 Konstruktions-
element

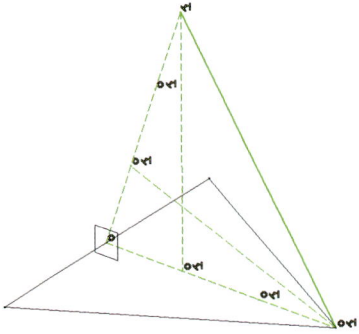

⇨ Mit *Skizzierer* auf dieser Ebene konstruieren.

⇨ Mit *Profil* ein Dreieck zeichnen. Die Kante in wahrer Länge (zwischen den Spitzen) bleibt *Standardelement*, die beiden anderen Kanten werden *Konstruktionselemente*. Von den Spitzen aus je eine Hilfsgerade bis zum gegenüberliegenden Drittelspunkt skizzieren. Diese Geraden stehen jeweils rechtwinklig zur Basisgeraden.

⇨ Mit *Punkt* einen weiteren Drittelspunkt auf die Linien setzen.

⇨ Mit *Im Dialogfenster definierte Bedingungen* und *Äquidistanter Punkt* nehmen jeweils zwei Punkte den dritten in die Mitte. Dies überlappend auf beiden Basisgeraden wiederholen. Jetzt treffen sich die inneren Hilfsgeraden im Schwerpunkt des Tetraeders.

⇨ Skizze beenden mit *Umgebung verlassen*.

 Linie

 Füllen

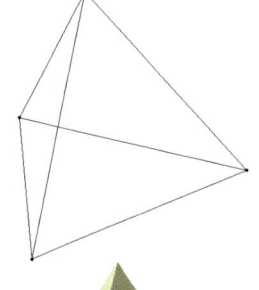

⇨ Mit *Linie* im Raum die beiden noch fehlenden Kanten mit *Punkt-Punkt* ergänzen.

⇨ Mit der Funktion *Füllen* aus der Gruppe *Flächen* lassen sich die vier Flächen erzeugen. Im eingeblendeten Dialog werden jeweils die drei beteiligten Kanten hinzugefügt. Die Funktion sucht nach der minimalen Flächenform, die die Randbedingungen verbindet. Dies ist hier die ebene Fläche.

⇨ Die Flächen sind Einzelstücke. Mit *Zusammenfügen* zu einer (topologischen) Einheit, also zum eigentlichen Flächenmodell, aneinander binden.

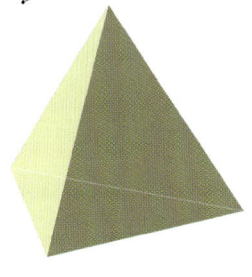 Zusammenfügen

Damit ist das Volumenmodell beschrieben. Als Formelement kann es, mit Boolescher Operation eingefügt, in Körpern verwendet werden. Nur die Grundskizze müsste noch mit geometrischen Bedingungen am Einsatzort angebunden werden.

 Teilekonstruktion

 Fläche schließen

⇨ Mit *Umgebung* zur **Teilekonstruktion** wechseln.

⇨ Mit der Funktion *Fläche schließen* aus der Gruppe *Auf Flächen basierende Komponenten* wird aus dem Flächenverband ein Körper.

 Verdecken/An-
zeigen

⇨ Mit *Verdecken/Anzeigen* alles außer dem Körper *Fläche schließen.1* ausblenden.

⇨ Das gleichschenklige Tetraeder in der ersten Skizze in seinen Abmessungen verändern. Das Flächenmodell und der Körper wachsen sinngemäß mit!

⇨ Mit *Datei > Sichern unter...* das Bauteil unter gleichem Namen speichern.

⇨ Mit *Start > Beenden* aufhören oder gleich Neues üben!

Übung Rohrverbindung

Diese Übung hat zum Ziel, ein Kreisrohr glatt mit einem flachen Rechteckrohr zu verbinden. Die Anschlussrohre sind Körper und der Übergang, der von der Fläche gefüllt werden soll, ist als Platzhalter ein Volumen. Die Rohrverbindung wird als halbes symmetrisches Oberteil gestaltet und abschließend als dünnwandige Schale gespiegelt. Die Übergangsfläche zwischen den Rohren leitet sich aus der Volumengeometrie ab und entsteht als Spantfläche. Die Ränder der Ausgangsgeometrie geben die Übergangsform im Groben vor. Die Qualität des Flächenübergangs, Nachbarn möglichst glatt zu verbinden, wird durch zusätzliche Führungskurven und Übergangsbedingungen unterstützt. Alternativ wird eine spezielle Funktion zum Verbinden von Flächen eingesetzt. Auch bei dieser Funktion wird die Grundlösung durch Übergangsbedingungen an das konkrete Problem angepasst. Der objektorientierte Zusammenhang von Körper, Volumen und Fläche wird durch nachträgliche Änderungen der Ausgangsgeometrie, wie Rohrdurchmesser, Abstand der Rohrenden oder die Schiefstellung der Anschlüsse überprüft. Dieses Mal soll ein *Geordnetes geometrisches Set* verwendet werden.

⇨ Mit *Datei > Neu* eine neue Datei als *Part* anlegen und Rohrverbindung nennen.
⇨ Falls notwendig, mit *Umgebung* zur **Teilekonstruktion** wechseln.

Begonnen wird mit dem halben Rohr als massivem Körper. Auf seinem Mittelschnitt als Symmetrieebene baut die Skizze des Platzhaltervolumens auf. Die seitlichen Kanten sind Strakkurven (*splines*), die tangential in das Rohrvolumen einlaufen. An der dem Kreisrohr gegenüberliegenden Seite des Platzhaltervolumens schließt das Rechteckrohr an, das seine Breite von der Übergangsskizze bezieht.

⇨ Mit *Skizzierer* eine Skizze auf einer Ebene anlegen.
⇨ Mit *Profil* ein halbes Kreisprofil skizzieren, dessen Mittelpunkt auf der halbierenden Geraden liegt. Der Radius beträgt 30 mm.
⇨ Skizze beenden mit *Umgebung verlassen*.

⇨ Mit *Block* zum 30 mm langen Körper dehnen.
⇨ Mit dem Umgebungssymbol zur **Flächenerzeugung** wechseln.
⇨ Mit *Einfügen > Geordnetes geometrisches Set...* eine Flächenablage zur Verfügung stellen. Es ist automatisch *In Bearbeitung*.

⇨ Mit *Skizzierer* eine Skizze auf die Symmetrieebene am halben Rohr legen. (Es ist besser, zuerst etwas neben dem Körper zu zeichnen und das fertige Profil am Schluss an den Körper zu binden.)

Was wird geübt?
Spline, Fläche mit Mehrfachschnitten, Volumenextrusion, Fläche schließen, Übergang, Analyse der Isophotenzuordnung, Volumenextrusion

Körper durch gekrümmte Flächen ergänzen können

⚙ Teilekonstruktion

✏ Skizzierer

🔒 Profil

⬆ Umgebung verlassen

▦ Block

◈ Flächenerzeugung

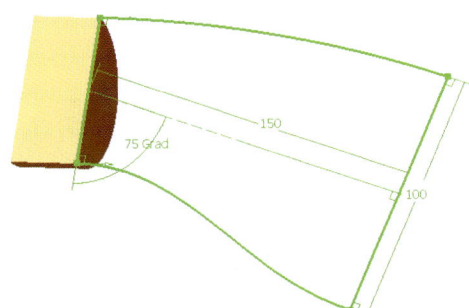

Spline

Linie

⇨ Die Seitenkanten des Übergangsbereichs mit *Spline* als Strakkurve mit zwei Punkten einfügen. Die Kurven sind zuerst gerade, da nur zwei Stützpunkte verwendet und damit ein Polynom 1.Grades beschrieben wurde.

⇨ Mit *Linie* zwei Geraden als Querverbindung zwischen die Endpunkte der Strakkurven zeichnen. Sie werden später zu den Anschlusskanten an das Rohrvolumen. In Rohrlängsrichtung palallel der Strakkurven eine Hilfsgerade von Geradenmitte zu Geradenmitte ziehen.

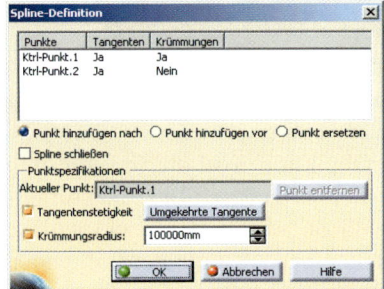

⇨ Die Strakkurve *Spline* öffnen. Im Dialog einen Endpunkt in der eingeblendeten Liste aktivieren. Mit der Einstellung *Tangentenstetigkeit* die Endtangente verlangen. Diese zeigt sich als Pfeil am aktiven Punkt. Eine Steigerung für den glatten Übergang ist die Vorgabe eines *Krümmungsradius* (sehr groß, wie bei den Anschlussflächen). Für die anderen drei Endpunkte wiederholen.

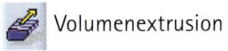
Im Dialogfenster def. Bedingungen

Bedingung

⇨ Mit *Im Dialogfenster definierte Bedingungen* die Tangentenvektoren als *Rechtwinklig* auf die Profilgeraden ausrichten. Mit *Kongruenz* liegt eine Gerade auf der Rohrquerkante und deren Endpunkte auf den beiden Rohrlängskanten.

⇨ Mit *Bedingung* die mittlere Hilfsgerade unter den Winkeln 75 Grad am Kreisrohr und 90 Grad am Rechteckrohr neigen. Die Breite der späteren Rechteckrohrkante beträgt 100 mm, und die Hilfsgerade ist 150 mm lang.

⇨ Skizze beenden mit *Umgebung verlassen*.

Volumenextrusion

Teilekonstruktion

⇨ Mit *Volumenextrusion* die Skizze entsprechend wie das Halbrohr zum Volumen dehnen. Es wird automatisch normal zur ebenen Skizze extrudiert.

⇨ Mit *Umgebung* zur **Teilekonstruktion** wechseln.

⇨ Mit *Bearbeiten > Objekt in Bearbeitung definieren* den *Hauptkörper* bereitstellen.

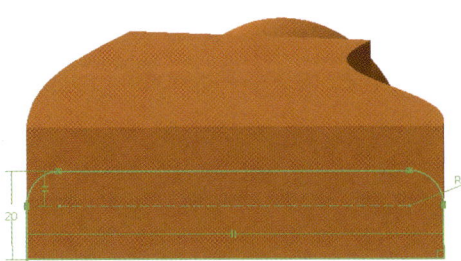

⇨ Mit *Skizzierer* auf die dem Kreisrohr gegenüberliegende Stirnfläche des Platzhaltervolumens zeichnen.

⇨ Mit *Profil* das halbe Rechteck mit Eckausrundungen zeichnen.

⇨ Mit *Im Dialogfenster definierte Bedingungen* die beiden Eckpunkte des Rechtecks mit *Kongruenz* auf die Eckpunkte der Volumenskizze legen.

⇨ Mit *Bedingung* die Höhe des halben Rechteckrohrs mit 20 mm und den Ausrundungsradius mit 8 mm bemaßen.

⇨ Skizze beenden mit *Umgebung verlassen.*

⇨ Mit *Block* zum ebenfalls 30 mm langen Körper dehnen.

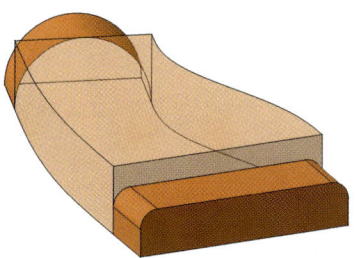

Für die Übergangsfläche stehen vier Ränder des Platzhaltervolumens zur Verfügung, die beiden Längskurven an der Symmetrieebene und die beiden Rohrquerschnitte. Diese vier Ränder begrenzen die „Rechteckform" der mathematischen Fläche in u- und v-Richtung. Zusätzlich soll die Fläche möglichst glatt in die Rohre einmünden. Aus diesen Informationen werden zwei Strategien entwickelt:

- Die Strakkurven der Längsränder des Platzhaltervolumens sind Profile oder Schnitte, über die sich eine Fläche quer zum Rohr spannt. Zusätzlich stehen die Rohrquerschnittskanten als Führung zur Verfügung.
- Die beiden Kanten der Rohrquerschnitte sind formgebende Profile. Die Fläche spannt sich längs zum Rohr. Die beiden Längsränder des Platzhaltervolumens stellen dann die Führungselemente dar.

⇨ Mit dem Umgebungssymbol zur **Flächenerzeugung** wechseln.

⇨ Mit *Kontextmenü > Objekt in Bearbeitung definieren* das *Geordnete geometrische Set* bereitstellen.

⇨ Mit *Zusammenfügen* müssen die inneren Kanten des Rechteckrohrs als Teilkurven zu einer topologischen Einheit werden (ohne die Gerade an der Symmetrieebene), damit sie als formgebendes Profil benutzbar sind. Die Teilkurven bleiben geometrisch eigenständig. Die neuen Gesamtkurven entstehen zusätzlich assoziativ zur Ausgangsgeometrie.

 Zusammenfügen

⇨ Mit der Funktion *Fläche mit Mehrfachschnitten* die Fläche beschreiben. Als *Schnitt* werden die formgebenden Profile bezeichnet (obere Einträge für die u-Richtung). Die unteren Einträge sind die zu den Schnitten „senkrechten" Kurven oder *Führungselemente* für die v-Richtung. Bei den Profilen ist auf gleiche Kurvenrichtung zu achten, die durch Pfeile gezeigt wird (von v=0 bis v=1 verlaufend). Die Pfeile können umgedreht werden.

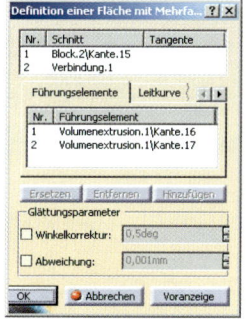

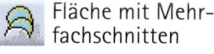 Fläche mit Mehrfachschnitten

⇨ Beide oben vorgestellten Strategien durchspielen.

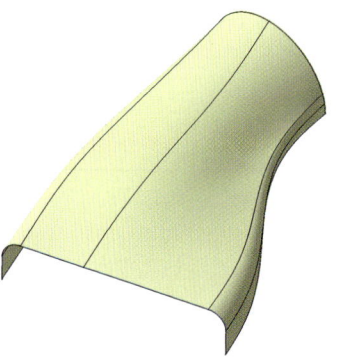 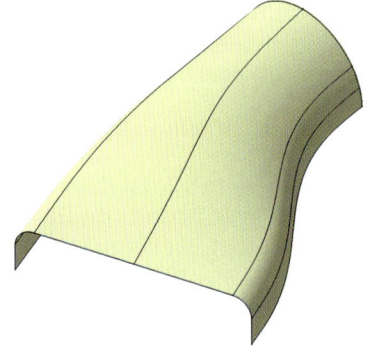

Das linke Bild zeigt die Lösung nach der ersten Strategie mit den Längsrändern als Schnitte und das rechte die Querprofile als Schnitte. Die zweite, für dieses Beispiel bessere Strategie wird weiterverfolgt. Die Verbindung der Rohrmitten wird zur Verbesserung der Flächenqualität als weitere Führungskurve erzeugt. Als räumliche Strakkurve kann sie stetig sein im Anschlusspunkt, mit der Tangente und in der Krümmung. Der dazu notwendige, mittig liegende Punkt braucht nur noch an Kreis und Rechteck konstruiert zu werden.

⇨ Mit *Punkt* und dem Typ *zwischen* an der geraden, oberen Kante des Rechteckrohrs einen *Mittelpunkt* erzeugen. Das Gegenstück am Kreis des Halbrohrs ebenfalls erzeugen.

 Spline

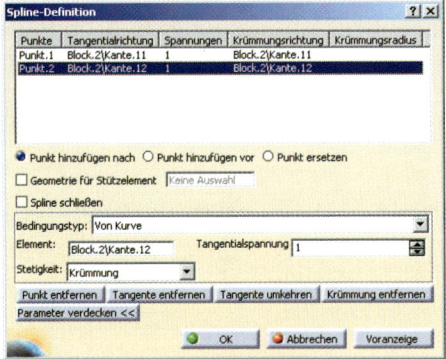

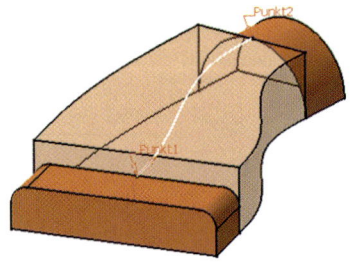

⇨ Mit *Spline* im Raum den ersten Punkt am Rohr vorgeben und als *Tangentialrichtung* eine Rohrkante benutzen. Mit *Parameter hinzufügen* als *Bedingungstyp: Von Kurve* auswählen und als *Stetigkeit: Krümmung* verlangen. Die *Tangentialspannung* kann größer als 1 sein. Größere Werte tragen die Tangente weiter in die Kurve hinein. Soll der *Krümmungsradius* angegeben werden, muss als *Bedingungstyp: Explizit* gewählt werden. Wo der Mittelpunkt des *Krümmungsschmiegkreises* liegt, muss als *Krümmungsrichtung* bekannt sein. Am gegenüberliegenden Endpunkt wiederholen.

⇨ Die Fläche selbst oder den Eintrag *Fläche mit Mehrfachschnitten* im Strukturbaum öffnen. Die neue Kurve bei *Führungselemente* mit *Hinzufügen* als weiteres Führungselement eintragen.

Hinweis:
Es werden die Daten der berührenden Objekte Punkt, Rand und Fläche der weiterführenden Rohrfläche interpretiert. Dies setzt voraus, dass der Punkt ein „Kind" der „Mutter" Randkurve ist und diese wiederum ein „Kind" der „Mutter" tangentiale Fortführungsfläche.

Bisher erfüllt die Flächenfunktion innerhalb einer Toleranzschwelle die Forderungen der Definitionskurven. Das bedeutet, dass die Nachbarflächen nur in der Umgebung der Kurven auch tangential (krümmungsstetig) ineinander übergehen. Im Zwischenbereich der Ränder ist eine Abweichung in der Stetigkeit möglich. Um auch im Flächenverlauf stetig zu verbinden, kann für jede Kurve zusätzlich gefordert werden, dass die neue Fläche in die Nachbarflächen tangential einmündet. Dies ist besonders sinnvoll für die Flächenränder. Dazu müssen diese Nachbarn als Flächeneinheit verfügbar sein.

⇨ Mit *Zusammenfügen* die einzelnen Flächenstücke des Rechteckrohrs (ohne die Symmetrieebene) zu einer Einheit verbinden.

⇨ Die *Fläche mit Mehrfachschnitten* öffnen und im Dialog jeweils der aktivierten Randkurve die passende Nachbarfläche als *Tangente* mitgeben. Bei den Rändern an der Symmetrieebene gibt die Seitenfläche des Platzhaltervolumens die *Tangente* vor. Dies empfiehlt sich, um Knicke an der Symmetrieebene zu vermeiden.

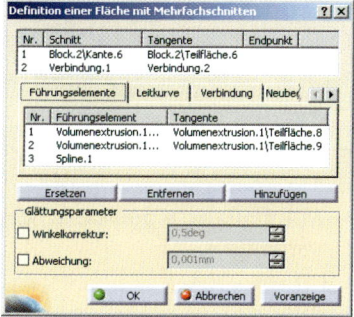

Der Spantfläche kann auch eine „Generalrichtung" für die Charakteristik der Flächenform quer zu den Schnitten in Form der Leitkurve mitgegeben werden. Diese (einzige) tangentenstetige Leitkurve muss alle ebenen Profile so verbinden, dass sie deren Ebenen senkrecht durchdringt. Damit können die Ergebnisse zusätzlich beeinflusst werden.

⇨ In *Fläche mit Mehrfachschnitten* als *Leitkurve* alle drei längslaufenden Führungskurven testen. (Alle stehen senkrecht zu den Schnitten. Die mittlere Strakkurve sollte die Charakteristik der Fläche am besten vermitteln.)

Zusätzlich kann man sich die Fläche in Richtung der Leitkurve aus Streifen zusammengesetzt denken. Die Streifenbreite kann bei *Verbindung* beeinflusst werden. Die Stetigkeit an den Streifen kann modifiziert werden, oder Punktepaare definieren pro Schnitt neue Streifen. Enden die Leit- und Führungskurven nicht an den Endschnitten, kann mit *Neubegrenzung* darauf Rücksicht genommen werden. Dieser Aspekt wird später in der alternativen Lösung aufgegriffen und ist sinngemäß übertragbar.

Die gefundene Übergangsfläche wird zum neuen Übergangsvolumen. Dazu muss die Fläche in der Symmetrieebene verfüllt werden. Mit der Übergangsfläche zusammen entsteht eine Hülle, die an den Enden noch offen ist. Daraus entsteht das Volumen. Durch Boolesche Einbindung in den *Körper* entsteht das halbe Massivrohr. Dieses kann,

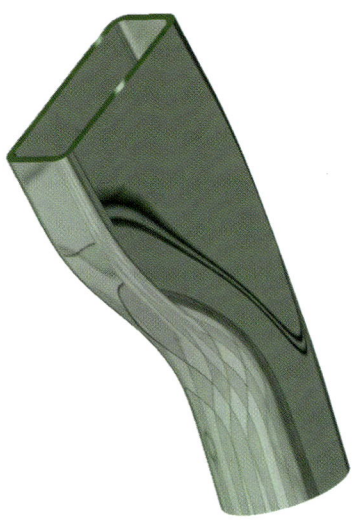

symmetrisch ergänzt, auch zu einer Schale werden. Je besser die Flächenqualität ist, desto dicker kann auch die Schale ausfallen. Dies ist durchaus ein Qualitätskriterium, da zu große Knicke im Flächenverlauf von dieser Funktion abgelehnt werden.

 Füllen

 Zusammenfügen

 Fläche schließen

⇨ Mit *Füllen* die Übergangsskizze (oder die zweite Skizze in der Entstehungsreihenfolge) zur Fläche machen.
⇨ Mit *Zusammenfügen* beide Flächen zu einer Einheit verbinden (sie formen ein Halbrohr).
⇨ Mit *Fläche schließen* aus der Gruppe *Volumen* entsteht das Volumen.

⇨ Mit dem Symbol *Umgebung* zur **Teilekonstruktion** wechseln.
⇨ Mit *Kontextmenü > Objekt in Bearbeitung definieren* den *Hauptkörper* bereitstellen.
⇨ Mit *Einfügen > Boolesche Operationen > Hinzufügen...* das Volumen mit dem Körper vereinigen.

 Spiegeln

 Schalenelement

⇨ Mit *Spiegeln* das entstandene Volumen vervollständigen.
⇨ Mit *Schalenelement*, einer *Standardstärke innen* und zusätzlich offenen Rohrseiten entsteht das Rohr. Da objektorientiert konstruiert wurde, kann jetzt die Form variiert werden.

⇨ Mit *Datei > Sichern unter...* das Bauteil im passenden Ordner unter gleichem Namen speichern.

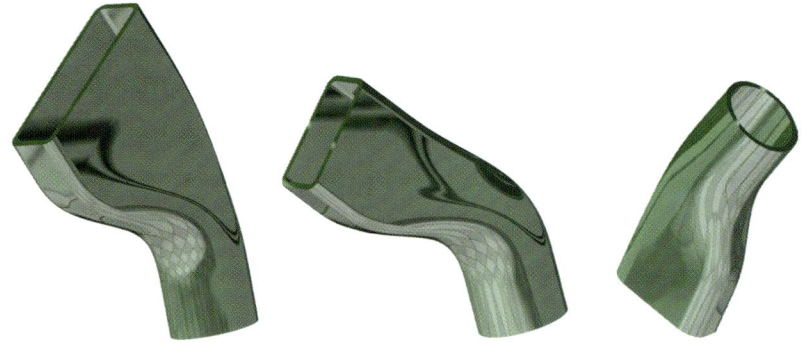

Alternative Lösung mit einer Übergangsfläche:

Speziell für den Übergang zwischen zwei Flächen gibt es die Funktion *Übergang*. Typischerweise werden damit zwei begrenzte Flächenstücke mit ungefähr gleich langen Rändern miteinander verbunden. An der Rohrverbindung soll als spezieller Fall betrachtet werden, dass beide gegenüberliegenden Ränder geschlossene Kurven sind. Zur Vereinfachung des Arbeitsaufwands wird das gerade bearbeitete Modell weiterbenutzt. Diesmal wird der Zwischenbereich am ganzen Rohr mit einer Fläche in einem Zug gefüllt.

⇨ Im Bauteil Rohrverbindung alle Einträge löschen bis auf die drei Volumen im Hauptkörper und im Set und die Punkte an den Rohren.

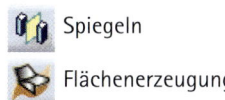 Spiegeln

⇨ Mit *Spiegeln* zum ganzen Rohr ergänzen.

⇨ Mit dem Symbol *Umgebung* zur **Flächenerzeugung** wechseln.

 Flächenerzeugung

Für die Übergangsfläche werden die zwei zu verbindenden Ränder der Rohre gebraucht und zusätzlich für die Übergangsqualität die Fortführungsflächen. Um diese Objekte als Ganzes benutzen zu können, müssen alle Definitionsgrößen auch zusammengefasst als Einheit auswählbar sein.

⇨ Mit *Zusammenfügen* alle Flächenstücke des Kreisrohr- volumens und danach die des Rechteckrohrs zusam- menfassen. Die Flächen werden automatisch aus dem Volumen abgeleitet.

 Zusammenfügen

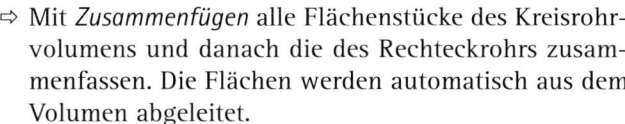

⇨ Die benötigten Ränder der Rohre mit *Ableiten* und dem Fortführungstyp *Tangentenstetigkeit* extrahieren. Es hilft bei der Auswahl, das Vo- lumen mit *Anzeigen/Verdecken* auszublenden. (Eine *Zusammenführung* würde daraus ein nur noch als Ganzes wirkendes Element machen.)

 Ableiten

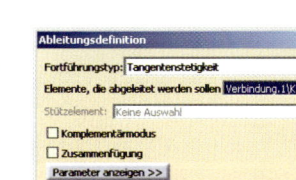

⇨ Die Funktion *Übergang* verbindet beide abgeleiteten Flächen an ihren Rändern als *Erste Kurve* mit dem Kreis und als *Zweite Kurve* mit dem Rechteck. Für die Beschrei- bung der tangentialen Fortführung die zusammengefassten Rohrflächen als *Erstes* und *Zweites Stützelement* eingeben. Mit *Basis* wird die Stetigkeit der Fortführung je Rand als *Tangentenstetigkeit* oder *Krümmung* angegeben. Mit *Begrenzung* festlegen, dass die Kurve mit *Beide Endpunkte* ineinander übergeht. Ist die Übergangsfläche geschlossen, wird bei *Endpunkte* der Beginn der geschlossenen Kurve durch Aus- wahl des entsprechenden Punkts am Rand beeinflusst. Liegen sich die automatisch vorgeschlagenen Endpunkte der Randkurven nicht gegenüber, wird die Fläche ver- dreht. Besser ist es, selbst Punkte anzugeben. Die beiden mittig gegenüberliegenden Punkte der räumlichen Strakkurve der vorigen Lösung oder die Volumenpunkte auf der Symmetrieebene bieten sich an.

Übergang

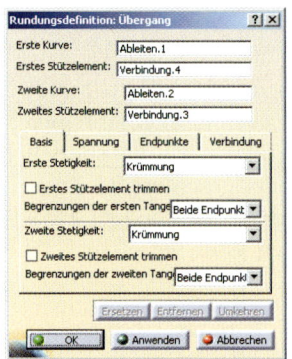

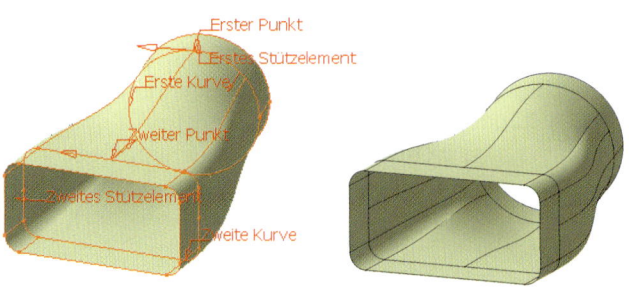

Mit *Spannung* kann die tangentiale Form bei *konstant* und *linear* weiter in die Übergangsfläche hineinreichen.

Die Flächenstreifen, die von den Ausrundungen des Rechtecks ausgehen, bilden im Bereich der starken Krümmung Knicke. Eine bessere Lösung entsteht, wenn sich die durch das Rechteckrohr bedingten Streifen im Verlauf zum Kreisrohr besser ausbreiten. Dies gelingt durch Verbindungen gegenüberliegender Punktepaare auf den Profilkurven. Der von einem Punkt am Rechteckrohr ausgehende Streifenübergang endet dann an einem definierten Punkt am Kreisrohr.

⇨ Mit *Punkt* und *Auf Kurve* einen neuen Punkt auf die Ableitung des Rohrkreises als *Kurve* legen. Als *Referenz* kann der Volumenpunkt auf der Symmetrieebene dienen. Als *Abstand zu Referenz* den Faktor 0,1 wählen. Einen zweiten Punkt auf etwa 0,18 der Bogenlänge legen.

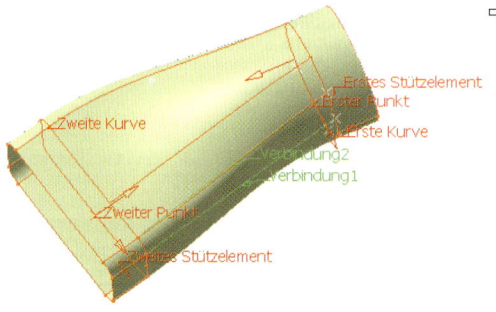

⇨ Den *Übergang* öffnen und bei *Verbindung* die Einteilung in Flächenstreifen beeinflussen. Nacheinander den entsprechenden neuen Punkt auf der Kreiskurve als *Erste Kurve* und danach den Übergangspunkt Gerade/Kreis auf der Rechteckkurve als *Zweite Kurve* auswählen. Eine Gerade zeigt die Einteilung bei aktiver *Verbindungskurve anzeigen*. Weitere sinnvolle Verbindungen einfügen.

Die Streifenpunkte auf dem Kreis können nachträglich verändert werden. Ihre Lage ist durch die Bogenlänge beschrieben und lässt sich anpassen. Da alle Objekte voneinander abhängen und assoziativ sind, entsteht die Fläche jeweils angepasst neu.

⇨ Zur Optimierung der Flächenqualität die gewünschten Punkte öffnen und verschieben. (Mit den beiden Pfeilen größer/kleiner im Maßdialog kann die Wirkung interaktiv geprüft werden.)

Wieder den Schalentest am Volumen durchführen (je dicker die Schale herstellbar ist, desto „glatter" ist die Ausgangsfläche). Vorteilhaft dabei ist, dass die Zwischenfläche von vornherein geschlossen ist.

⇨ Die Fläche mit *Fläche füllen* aus der Gruppe *Volumen* als Volumen erzeugen.

⇨ Mit *Umgebung* zur **Teilekonstruktion** wechseln.
⇨ Mit *Kontextmenü > Objekt in Bearbeitung definieren* den *Hauptkörper* bereitstellen.
⇨ Das Volumen mit *Einfügen > Boolesche Operation > Hinzufügen...* zum Körper ergänzen.
⇨ Mit *Schalenelement*, einer *Standardstärke innen* und offenen Rohrquerschnitten entsteht das Rohr. Hier zeigen sich glatte Flächen besser geeignet, große Wandstärken aufzutragen. Bei welligen oder geknickten Flächen gelingt das nicht immer.

⇨ Mit *Umgebung* zu **Freiformflächen** wechseln.
⇨ Mit der Funktion *Analyse der Isophotenzuordnung* aus der Funktionsgruppe *Formanalyse* kann die Flächenqualität mit Lichtstreifen begutachtet werden. An den Schiebereglern des Dialogs sind Lage, Streifenbreite, Anzahl und Scharfkantigkeit veränderlich. Zur Anzeige muss in der Funktionsgruppe *Anzeigemodus* bei *Ansichtsparameter* die Anzeigeoption *Material* eingestellt sein. Die Analyse zeigt sich auch im Strukturbaum, wo die Darstellung bei Bedarf wieder gelöscht werden kann. (Auch die Funktion *ACA-Hervorhebung* ist hilfreich.)

 Freiformflächen

 Analyse der Isophotenzuordnung

Breite Streifen zeigen wenig gekrümmte Flächen quer zu den Streifen, parallele Streifen zeigen wenig Änderung in der Krümmung parallel zu den Streifen an. Knicke in den Streifen deuten verschiedene Krümmung an. Anders ausgedrückt sind die Flächen am Knick tangentenstetig (C1) aber nicht krümmungsstetig (C2). Sprünge in den Schattenlinien zeigen Knicke in der Fläche auf, also ist die Fläche dort nur punktstetig (C0).

Wellige Flächen führen zu unregelmäßig verlaufenden, nicht parallelen Schattenlinien. Werden glatte Flächen angestrebt, ist eine möglichst harmonische Verteilung der Streifen das Ziel.

⇨ Mit *Datei > Sichern unter...* im passenden Ordner unter neuem Namen speichern.
⇨ Mit *Start > Beenden* aufhören oder sich gleich an die nächste Übung machen!

Übung Maus

Was wird geübt?
Trennen, Verschneidung, Drehen, Translation, Extrapolieren

Körper durch Flächen in Form trimmen

Eine PC-Maus wird, ausgehend von einem umschließenden prismatischen Orientierungsvolumen, mit zusätzlicher frei geformter Oberfläche gestaltet. Das symmetrische Volumen entsteht nur als Hälfte. Das fertige Gehäuse besteht aus einem Deckel, der durch einen Spalt davon abgetrennten Unterschale und aus den Tasten. Dies sind insgesamt fünf Körperteile. Soll die Schale in ihre Teile aufgetrennt werden, entstehen fünf Körper. Diese können nach der Oberflächengestaltung zur Kunststoffschale werden. Hier beginnt die Baugruppe...

Die Grundform entsteht durch Beschneiden eines prismatischen Basisvolumens. Der Grundblock wird durch die als „Rechteckfläche" vorgestaltete gekrümmte Deckfläche durch Abtrennen beschnitten. Das jetzt gekrümmt geformte Volumen bleibt anpassungsfähig. Auch die Griffmulden der Tasten entstehen am Volumen durch Abschneiden mit einer kreisförmigen Trennfläche. Die fertige Oberfläche des Gesamtvolumens dient später als Urform für die fünf Teile einer Kunststoffschale. (Für die restlichen Flächenübungen wird nur das änderungsfreundliche *Geometrische Set* verwendet.)

⇨ Mit *Datei > Neu* eine neue Datei mit dem Typ *Part* anlegen und Maus nennen.

Durch die Konstruktion im Draht-, Flächen- und Volumenbereich entstehen viele Einträge im Strukturbaum. Anders als bei den *Körpern*, spielen die „Datenschachteln" *Geometrisches Set* keine Rolle für den hierarchischen Aufbau. Sie können daher frei eingesetzt werden, um Struktur und Ordnung in die Konstruktion zu bringen.

 Teilekonstruktion

⇨ Falls notwendig, mit *Umgebung* zur **Teilekonstruktion** wechseln.
⇨ Mit *Einfügen > Geometrisches Set...* ins *Stammelement* Maus drei neue Einträge in den Strukturbaum aufnehmen. Die drei Speicher Obere_Fläche, Mittlere_Mulde und Seitliche_Mulde nennen. Den Hauptkörper umbenennen in Gehäuse.
⇨ Mit *Kontextmenü > Objekt in Bearbeitung definieren* zum Gehäuse wechseln.

Der Mauskörper wird als halber Grundriss angelegt und als Block zum Körper.

 Skizzierer

 Verdecken/An-zeigen

⇨ Mit *Skizzierer* eine Skizze auf einer Ebene anlegen.
⇨ Da wie immer **objektorientiert** konstruiert werden soll, entsteht alle notwendige Geometrie aus dem Teil selbst. Daher jetzt alle Hauptebenen zur Vermeidung von Konflikten mit *Verdecken/Anzeigen* ausblenden.

 Profil

⇨ Mit *Profil* die 112 mm lange Mittellinie und ein Kreisstück mit dem Radius 65 mm anhängen, der 30 mm von der Mitte entfernt endet.

 Spline

⇨ Die fehlende Seitenkante mit *Spline* über vier Punkte vom Endpunkt der Geraden zum Kreisende skizzieren. Die zwei Zwischenpunkte so positionieren, dass eine

348

gleichmäßig nach außen gebogene (konvexe) Strakkurve entsteht (in etwa mit den Punkten 28/32 und 31/77 mm von der Mitte und dem Kurvenanfang aus gemessen).

⇨ Die Strakkurve *Spline* öffnen. Im Dialog für den Anfangspunkt der Strakkurve an der Geraden die *Tangentenstetigkeit* fordern. Automatisch wird der Tangentenvektor eingefügt.

⇨ Mit *Im Dialogfenster definierte Bedingungen* den Tangentenvektor mit *Rechtwinklig* auf die Mittelgerade ausrichten. Den Kreismittelpunkt mit *Kongruenz* auf die Mittellinie und damit auf die spätere Symmetrieebene legen.

⇨ Skizze beenden mit *Umgebung verlassen.*

⇨ Mit *Block* zum 33 mm hohen Prisma ausdehnen.

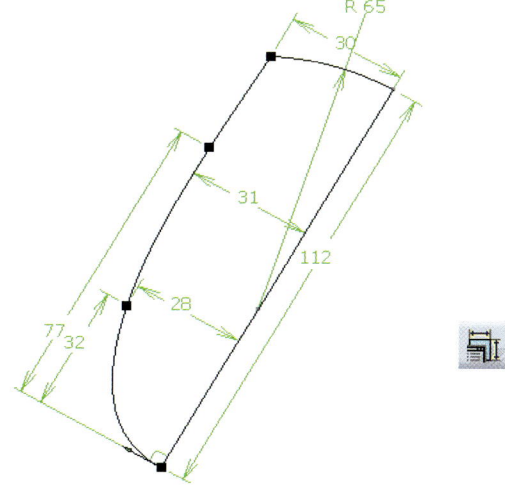

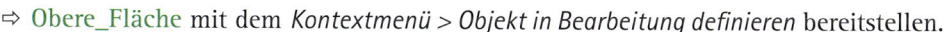

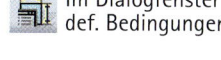 Im Dialogfenster def. Bedingungen

 Umgebung verlassen

 Block

Eine obere gekrümmte Fläche soll den Basiskörper abrundend abschneiden. Sie entsteht durch drei Profilschnitte und eine Führungskurve. Diese Führung ist ein Kreisbogen in der Symmetrieebene, der am oberen Rand tangiert. Die Profilschnitte entstehen an den Enden und am höchsten Punkt dieser Führungskurve als gleich breite Strakkurven. Sie stehen senkrecht zur Symmetrieebene.

⇨ Obere_Fläche mit dem *Kontextmenü > Objekt in Bearbeitung definieren* bereitstellen.

⇨ Mit *Skizzierer* eine Skizze auf die Symmetrieebene legen.

⇨ Mit *Dreipunktbogen* einen Teilkreis über die ganze Breite zeichnen. Er tangiert die obere Kante und ist am breiten Körperende 15 mm (im Bild hinten) und am schmalen 16 mm von der unteren Kante entfernt.

⇨ Skizze beenden mit *Umgebung verlassen.*

⇨ Mit *Punkt* und dem Typ *Tangente auf Kurve* den oberen Berührungspunkt der Führungskurve mit der Blockkante erzeugen.

⇨ Mit *Ebene* des Typs *Senkrecht zu Kurve* drei Normalebenen zur unteren geraden Körperkante zeichnen. Die erste Ebene geht durch den Geradenendpunkt am breiten Ende (im nächsten Bild **1**), die zweite durch den Berührungspunkt des oberen Kreises und die dritte durch den anderen Endpunkt der unteren Gerade.

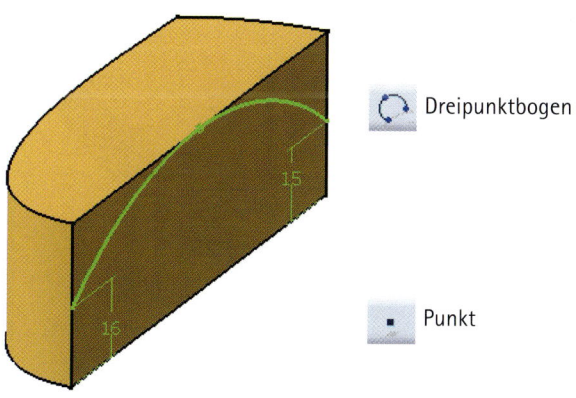

 Dreipunktbogen

Punkt

 Ebene

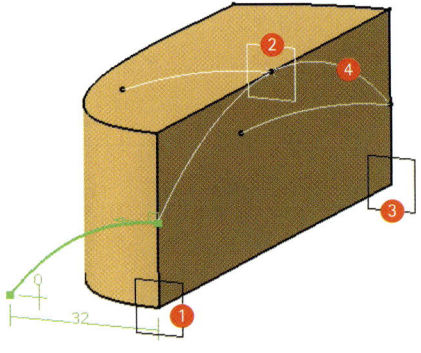

1 hintere Ebene
2 mittlere Ebene
3 vordere Ebene
4 Scheitelbogen

⇨ Mit *Skizzierer* eine Skizze auf die Hilfsebene **1** legen (im Bild vorn).

⇨ Mit *Spline* eine Kurve mit zwei Punkten vom vorderen Endpunkt des Scheitelbogens **4** über den Blockrand hinaus zeichnen. Die Anfangstangente am vorderen Endpunkt steht rechtwinklig zur Symmetrieebene. Der zweite Punkt ist 32 mm von der Kante der Symmetrieebene entfernt und 0 mm über der Bodenfläche des Blocks.

⇨ Skizze beenden mit *Umgebung verlassen*.

⇨ In der mittleren Ebene **2** (Breite 32 / Höhe 27 mm) und in der Ebene **3** (32/7 mm) am Endpunkt des Scheitelbogens **4** in jeweils neuen Skizzen die Strakkurven *Spline* mit neuen Maßen wiederholen.

⇨ Mit *Umgebung* zur **Flächenerzeugung** wechseln.

 Flächenerzeugung

 Fläche mit Mehrfachschnitten

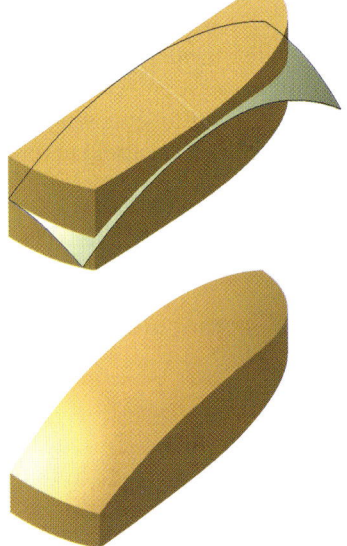

⇨ Mit der Funktion *Fläche mit Mehrfachschnitten* über diese drei ebenen Profile eine Fläche legen. *Schnitte* sind die Strakkurven, der Scheitelbogen **4** ist ein *Führungselement*, und die untere gerade Kante des Blocks an der Symmetrieebene dient als *Leitkurve*.

⇨ Mit *Umgebung* zur **Teilekonstruktion** wechseln. Das Gehäuse als einziger Körper ist automatisch *in Bearbeitung*.

⇨ Mit *Trennen* den oberen Teil des Körpers mit der Spantfläche abschneiden. Der Pfeil zeigt zu der Seite, die stehen bleibt.

⇨ Die Spantfläche und die Profilskizzen mit *Anzeigen/Verdecken* ausblenden. Sie werden nicht mehr gebraucht.

 Trennen

 Verdecken/Anzeigen

Die Maustasten haben jeweils eine kreisförmige Mulde mit Endausrundung als Tastengriff. Die Mulde entstünde, wenn sich eine Kugel entlangrollend einpressen würde. Diese Mulde entsteht als Fläche auch, wenn ein Kreis in die seitlichen Randkurven eingehängt wird und dann „wie auf Schienen" entlanggleitet. Bei der Endausrundung dreht dann ein Kreisabschnitt um eine normal stehende Achse. Diese Achse liegt gleichzeitig in einer Normalebene zum Muldenrand und in der Symmetrieebene. Breite und Länge der Mulde sind als Grundrissmaß bekannt. Der Übergangspunkt zwischen

Mulde und Ausrundung ist der Start für die Flächen, im Detailbild zeigt die Schiebefläche nach vorn und die Kugelfläche nach hinten. Die entstehende Gesamtfläche schneidet die Mulde wieder vom Körper ab.

⇨ Wieder mit *Umgebung* zur **Flächenerzeugung** wechseln.

⇨ Mittlere_Mulde mit dem *Kontextmenü > Objekt in Bearbeitung definieren* bereitstellen.

⇨ Mit *Ebene* und *Offset von Ebene* zwei Begrenzungsebenen, eine parallel zur Symmetrieebene (mit 6,5 mm Abstand für die halbe Muldenbreite) als Ebene **5** und die andere parallel zur Ebene **3** als Ebene **6** erzeugen (mit 25 mm Abstand für die Trennstelle Ausrundung/Mulde). Die Ebenen beschreiben die Muldenausdehnung im Grundriss.

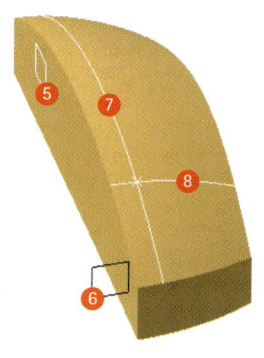

Ebene

5 Ebene Muldenrand mittig
6 Ebene am Rundungs-
　übergang
7 Muldenrand mittig
8 Muldenendkurve

Verschneidung

Trennen

⇨ Mit *Verschneidung* zwischen den Ebenen **5** und **6** und der gekrümmten Oberfläche zwei Hilfskurven auf der Körperoberfläche erstellen.

⇨ Mit *Trennen* den längs zur Maus verlaufenden Muldenrand **7** an der Querkurve **8** abschneiden. (Im Detailbild wird von der Tastenseite aus auf die Maus geblickt. Links ist die Symmetrieebene zu erkennen. Die beiden weißen Kurven auf der Oberfläche sind die Hilfskurven. Die tatsächlichen Muldenränder sind die vorderen, abgetrennten Kurvenstücke.

⇨ Mit *Ebene* und dem Typ *Senkrecht zu Kurve* eine Normalebene **9** auf die gekürzte Muldenkante am neuen, inneren Endpunkt legen. Sie wird die Skizzenebene des Muldenkreises in wahrer Größe.

⇨ Mit *Skizzierer* auf diese Hilfsebene **9** zeichnen.

⇨ Mit dem *Dreipunktbogen* ein Kreisstück von der Symmetrieebene bis etwa 1 mm über den Endpunkt des Muldenrands hinaus (rechts im Bild) reichen lassen. Der Mittelpunkt und der linke Endpunkt liegen mit *Im Dialogfenster definierte Bedingungen* und *Kongruenz* auf der Symmetrieebene. Der Kreis selbst verläuft mit *Kongruenz* durch den Endpunkt des Muldenrands und der Muldenradius beträgt 12 mm.

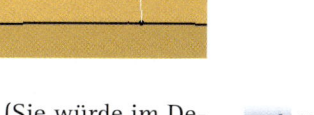

9 mittlere Normalebene

⇨ Skizze verlassen mit *Umgebung* verlassen.

⇨ Mit *Skizzierer* eine zweite Skizze auf diese Ebene **9** legen.

⇨ Mit *Linie* eine Gerade als Drehachse der Ausrundung zeichnen. (Sie würde im Detailbild „senkrecht" stehen.) Das eine Ende mit *Im Dialog definierte Bedingungen* und *Kongruenz* auf das Kreisende in der symmetrischen Mitte und das andere Ende mit *Konzentrizität* auf den Mittelpunkt des Muldenteilkreises legen.

Linie

⇨ Skizze verlassen mit *Umgebung* verlassen.

 Drehen

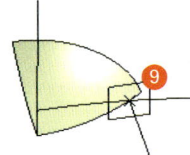

⇨ Mit *Drehen*, dem erzeugten Teilkreis als Profil und der Geraden am Kreisende als Rotationsachse die Ausrundungsfläche zeichnen (90 Grad Drehung).

 Translation

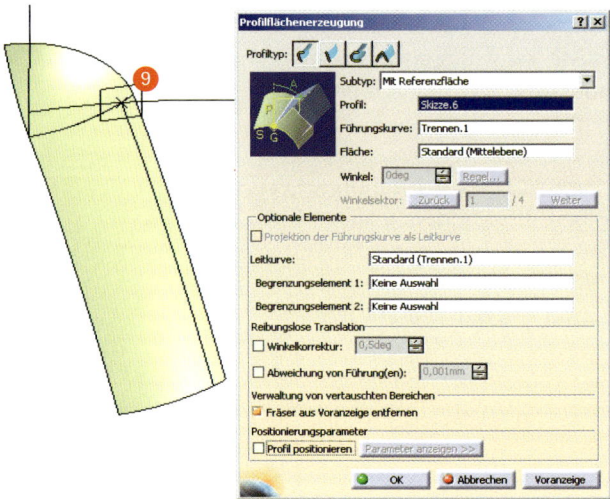

⇨ Mit der Funktion *Translation* und dem Profiltyp *Explizit* den Kreisbogen wieder als *Profil* an der Randkurve der Griffmulde als Führungskurve entlang schieben. Ohne weitere Optionen entsteht eine Fläche. Der Subtyp *Mit Referenzfläche* beispielsweise kann eine zusätzliche Verdrehung des Profils, die *Begrenzungselemente* können die Flächenausdehnung beschreiben.

 Extrapolieren

⇨ Mit *Extrapolieren* diese entstandene Fläche um mindestens 2 mm verlängern. Als *Begrenzung* gilt der vordere Rand. Als Stetigkeit *Krümmung* verlangen.

⇨ Die Dreh- und die Extrapolationsfläche mit *Zusammenfügen* als Einheit definieren.

⇨ Mit *Umgebung* zur **Teilekonstruktion** wechseln.

⇨ Mit *Kontextmenü > Objekt in Bearbeitung definieren* das *Gehaeuse* bereitstellen.

⇨ Mit *Trennen* die Fläche vom Körper abziehen.

Hinweis:
Beim Trimmen von Flächen und besonders im Zusammenhang mit Körpern kommt es gern zu numerischen Unstimmigkeiten im Rahmen von Toleranzschwellen. Daher kragen Trennflächen besser über den eigentlichen Nutzbereich hinaus.

Die zweite, seitlich gelegene Griffmulde wird gleichartig konstruiert. Der Muldenkanal verläuft jetzt über zwei seitliche Ränder. Diese sind wegen der stark gekrümmten Fläche nicht parallel sondern räumlich „windschief" zueinander. Daher wird ein Kreisbogen über zwei „Schienen geschoben". Die Endausrundung ist wieder eine Kugel, diesmal mit quer liegender Achse. Diese Fläche schneidet wieder eine Mulde vom Körper ab.

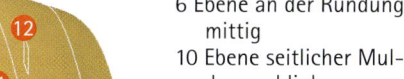

⇨ Mit *Umgebung* zur **Flächenerzeugung** wechseln.

⇨ Mit *Kontextmenü > Objekt in Bearbeitung definieren* die Seitliche_Mulde bereitstellen.

⇨ Mit *Ebene* und *Offset von Ebene* drei Begrenzungsebenen parallel zur Ebene **5** des ersten Muldenrands erzeugen. (Im Bild im oberen Bereich.) Die erste von links **10** für den linken Rand der seitlichen Mulde liegt 6 mm davon entfernt. Die zweite für die Mitte **11** und die dritte für den rechten Muldenrand **12** haben jeweils untereinander weitere 6,5 mm Abstand nach rechts.

⇨ Mit *Verschneidung* drei Hilfskurven für die Griffmulde mit den Ebenen auf der gekrümmten Oberfläche erzeugen.

⇨ Mit *Trennen* die mittlere Längskurve (aus Ebene **11** gewonnen) an der Querkurve **8** abtrennen. Das im Bild vordere, auf der Fingerseite gelegene Teil behalten.

⇨ Mit *Ebene* und dem Typ *Senkrecht zu Kurve* eine Normalebene auf diese Kurve der Muldenmitte durch deren inneren Endpunkt legen. (Im Bild vorne rechts Ebene **13**.) In dieser Ebene liegt der Muldenkreis. Gleichzeitig ist dies die Trennstelle zwischen der hinteren Kugelausrundung und dem vorderen Muldenkanal.

⇨ Mit *Trennen* die beiden Randkurven der Mulde mit derselben Hilfsebene **13** kürzen. Wieder den im Bild vorderen, auf der Fingerseite gelegenen Teil behalten.

⇨ Alle drei Kurven mit *Extrapolieren* am vorderen Ende um mindestens 5 mm mit der Stetigkeit *Krümmung* verlängern.

⇨ Mit der Funktion *Translation*, dem Profiltyp *Kreis* und dem Subtyp *Zwei Führungselemente und Radius*, den Muldenrändern als Führungen und der Mittellinie als *Leitkurve* eine Fläche konstruieren. Der *Radius* beträgt 12 mm. Mit *Anwenden* kann zur passenden *Lösung(en)* durchgeblättert werden. Mit *Regel* könnte der Radius seinen Wert im Verlauf der Translation verändern.

6 Ebene an der Rundung
  mittig
10 Ebene seitlicher Muldenrand links
11 Ebene seitlicher Muldenrand mittig
12 Ebene seitlicher Muldenrand rechts
13 Ebene an der Rundung
  rechts

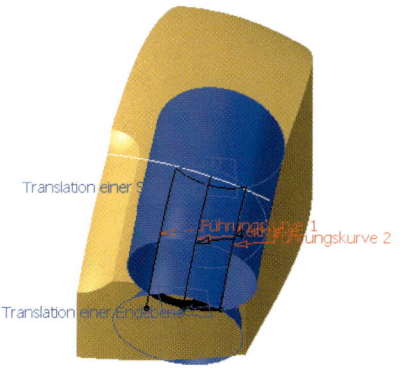

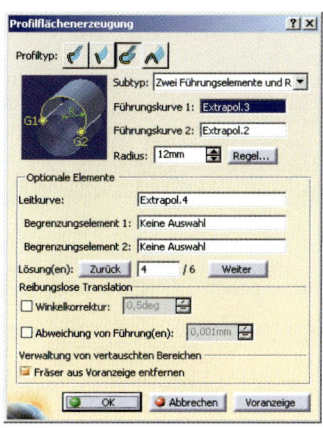

Die Endausrundung der Griffmulde erfolgt dieses Mal durch Querdrehung. Dazu wird die im Detailbild obere Randkurve der gerade erzeugten Muldenfläche direkt benutzt. Die für die Drehung zur Kugelfläche erforderliche Achse in Querrichtung durch den Mittelpunkt dieses Kreises wird als Skizze konstruiert.

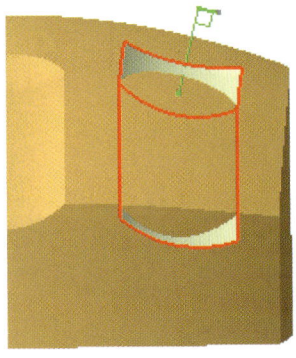

⇨ Mit *Skizzierer* eine Skizze auf die Hilfsebene **13** am Ende der Mittellinie legen.

⇨ Mit *Linie* und *Konstruktionselement* eine Hilfsgerade vom inneren Endpunkt der Mittelkurve der Mulde nach oben skizzieren.

⇨ Mit *Im Dialogfenster definierte Bedingungen* liegt der obere Endpunkt der Hilfsgeraden mit *Konzentrizität* auf dem Kreismittelpunkt des Randkreises der gerade erzeugten Fläche.

⇨ Mit *Linie* ein kurzes Stück Drehachse am oberen Endpunkt der Hilfslinie rechtwinklig zu ihr anbringen. Beliebig vermaßen.

⇨ Skizze beenden mit *Umgebung verlassen*.

⇨ Mit *Drehen* den Teilkreis um die konstruierte querliegende Drehachse ca. 40 Grad zur Muldenausrundung vervollständigen.

⇨ Beide Flächen mit *Zusammenfügen* zur Einheit machen.

Hinweis:
Wie bei der Endausrundung der mittleren Mulde hätte auch eine Drehung um 180 Grad um eine senkrecht stehende Achse zu einer Lösung geführt. Allerdings entstünden am Übergang der beiden Flächen Probleme. An der einen Hälfte des gemeinsamen Randes zeigt die Kugelfläche von der Schiebefläche weg, an der anderen Hälfte aber auf sie zu. Dies kann zu numerischen Problemen führen.

⇨ Mit *Umgebung* zur **Teilekonstruktion** wechseln.

⇨ Mit *Kontextmenü > Objekt in Bearbeitung definieren* das *Gehaeuse* bereitstellen.

⇨ Mit *Trennen* die zweite Muldenfläche vom Körper abziehen.

 Kantenverrundung

⇨ Mit *Kantenverrundung* die Bodenkanten und die Eckkante nach oben mit R=4 mm ausrunden.

⇨ Mit *Kantenverrundung* alle anderen Kanten, außer den Kanten auf der Symmetrieebene, mit R=2 mm ausrunden.

⇨ Mit *Datei > Sichern unter...* das Bauteil im passenden Ordner unter gleichem Namen speichern.

⇨ Mit *Start > Beenden* ausspannen oder die Maus gleich als Baugruppe zusammenbauen!

Übung Mausgehäuse

Das Gehäuse der Maus besteht aus fünf Teilen, der unteren und oberen Schale und den drei Tasten. Das Gehäuse ist daher eine Baugruppe. Alle Teile sind formlich bestimmt durch die gemeinsame Außenhaut. Im Innern der Teile können bei der Feingestaltung Anbauten und Verbindungselemente hinzukommen. Da alle Teile derselben Form gehorchen und gemeinsame Trennstellen haben, empfiehlt sich hier die Baugruppe mit abhängigen Teilen oder externen Referenzen. Das ganze Gehäuse bleibt dadurch maßlich variabel und dauerhaft anpassungsfähig. Die Außenhaut und die Trennstellen definieren eine gemeinsame Schnittstelle. Um Fehlgriffe in der Geometrienutzung zu vermeiden, wird das Ausgangsmodell von den Teilen getrennt als formgebendes Urmodell festgeschrieben, das alle Elemente der Schnittstelle veröffentlicht. Zusätzlich hat die Baugruppe für alle Teile die gemeinsamen Benutzerparameter Spaltbreite und Schalendicke.

Was wird geübt?

Verschieben, Offset von Ebene, Symmetrie, Aufmaßfläche, Symmetrie von Komponente

Flächenmodell in Baugruppe überführen
Form als Adapter nutzen

Vorbereitung des Urmodells:

Das Urmodell definiert die gemeinsame Außenhaut, die Symmetrieebene, die Trennfläche zwischen dem Ober- und dem Unterteil und zwei Trennebenen senkrecht zum Mausboden, jeweils in der Mitte der Tastenspalten. Die Trennfläche zwischen Ober- und Unterteil liegt parallel zur gekrümmten Mausoberfläche. Die querliegende Trennebene zwischen Tasten und Oberschale liegt parallel zum Übergang Ausrundung/Tastenmulde. Die längs verlaufende Trennebene zwischen den Tasten liegt mittig zu den Muldenrändern. Die Symmetrieebene definiert sich aus der Körperschnittebene.

⇨ Mit *Datei > Öffnen* die Datei Maus bereitstellen.

⇨ Falls notwendig, mit *Umgebung* zur **Flächenerzeugung** wechseln.
⇨ Zur besseren Übersicht einen neuen Eintrag mit *Einfügen > Geometrisches Set* in den Strukturbaum aufnehmen und Schnittstelle benennen.

Flächenerzeugung

⇨ Mit *Ableiten* und dem Fortführungstyp *Tangentenstetigkeit* die Außenhaut ohne die Fläche in der Symmetrieebene (als Hülle) extrahieren.
⇨ Mit *Verschieben* die erste Mehrfachschnittfläche der Übung Maus als *Element* noch einmal um 5,5 mm tiefer in Richtung Bodenfläche zusätzlich erzeugen. Verschoben wird mit *Richtung, Abstand* entlang der *Richtung* Eckkante zwischen Symmetrieebene und der Fläche an der Griffseite vorn. Diese Trennfläche definiert die Mitte des Gehäusespalts.

Ableiten

Verschieben

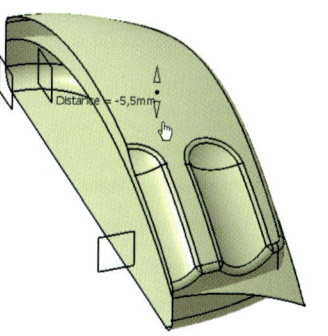

 Ebene

⇨ Mit *Ebene* und dem Typ *Offset von Ebene* und dem *Abstand* 0 mm zur Körperebene entsteht die Symmetrieebene (im vorigen Bild hinten links).

⇨ Mit *Ebene* und dem Typ *Offset von Ebene* entsteht parallel zur Ebene **6** der Übung Maus am Übergang Ausrundung/Tastenmulde im Abstand 12,5 mm in Richtung Mausmitte entfernt die Trennebene zwischen Tasten und Oberschale (vordere Ebene im Bild).

Auf die beiden Ebenen der Muldenränder zwischen Mitte **5** und Seite **10** werden Hilfspunkte gesetzt. Dazwischen liegt ein mittlerer Hilfspunkt. Durch diesen Hilfspunkt führt die Mittelebene der Muldenränder als Spaltmitte zwischen den Tasten.

Punkt

⇨ Mit *Punkt* und dem Typ *Auf Ebene* auf die Ebene **5** am Muldenrand einen Hilfspunkt legen. Als *Referenz* den Eckpunkt der Grundrissskizze der Maus an der Mittelgeraden auf der Handrückenseite auf die Ebene projizieren. Dabei ist der Relativabstand null in H und V.

⇨ Einen zweiten Hilfspunkt in gleicher Weise auf die Ebene **10** am gegenüberliegenden Muldenrand zeichnen.

⇨ Mit *Punkt* und dem Typ *zwischen* und *Standard (Mitte)* ergibt sich der Hilfspunkt, der mittig im Tastenspalt liegt.

⇨ Mit *Ebene* und dem Typ *Parallel durch Punkt* entsteht parallel zur Ebene am Muldenrand die mittige Trennebene durch den mittleren Hilfspunkt.

Nur diese neu erzeugten Geometrieelemente sollen als Schnittstelle des Urmodells von den Teilen der Baugruppe benutzt werden. Daher werden sie veröffentlicht. Die Einstellungen dafür müssen aktiviert werden.

⇨ Bei *Tools > Optionen > Infrastruktur > Teileinfrastruktur > Allgemein* muss unter *Externe Verweise* die Einstellung *Eine Veröffentlichung von Teilflächen, Kanten, Scheitelpunkten und Achsenendpunkten zulassen* aktiv sein.

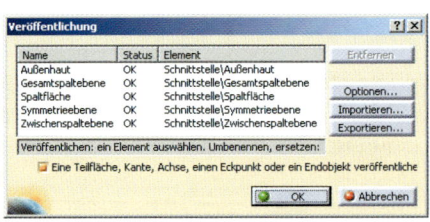

Veröffentlichungen
- 𝒫 Spaltfläche
- 𝒫 Gesamtspaltebene
- 𝒫 Zwischenspaltebene
- 𝒫 Außenhaut
- 𝒫 Symmetrieebene

⇨ Mit *Tools > Veröffentlichung…* zeigt sich ein Dialog. Das gewünschte Geometrieelement auswählen. Es wird mit dem Teilenamen eingetragen. Da der veröffentlichte Name sprechend sein sollte, wird umbenannt. Soll sich dadurch auch der Teilename ändern, muss bei *Optionen > Namen ändern: immer* aktiv sein.

⇨ Durch Auswählen des Elementeintrags im Dialog und Aktivieren von *Name* die Namen ändern. Der Eintrag kann einfach mit neuem Namen überschrieben werden. Nacheinander die Außenhaut, die Spaltfläche, die Symmetrieebene, die Gesamtspaltebene zwischen den Tasten und dem oberen Schalendeckel und die Ebene Zwischenspaltebene zwischen den Tasten als Geometrie veröffentlichen und benennen. Es entstehen neue Einträge im Strukturbaum unter *Veröffentlichungen* (*publication*).

⇨ Mit *Datei > Sichern unter...* das Bauteil speichern.
⇨ Mit *Datei > Schließen* die Bauteildatei weglegen.

Vorbereitung der Baugruppe:

Das Gehäuse als Baugruppe besteht aus dem Urmodell und fünf neuen Teilen. Beim Konstruieren der von der Urform abhängigen Teile soll nur die veröffentlichte Schnittstellengeometrie als *Externe Verweise* verwendet werden. Zusätzlich haben alle Teile dieselbe Spaltbreite und Schalendicke. Dies lässt sich vereinheitlichen durch Baugruppenparameter.

⇨ Bei *Tools > Optionen > Infrastruktur > Teileinfrastruktur > Allgemein* müssen unter *Externe Verweise* die Einstellung *Verknüpfung mit ausgewähltem Objekt beibehalten* und die Einstellung *Nur die veröffentlichten Elemente für externe Auswahl unter Beibehalten der Verknüpfung verwenden* aktiv sein.
⇨ Und falls noch nicht geschehen, mit *Tools > Optionen > Infrastruktur > Produktstruktur > Anpassung der Baumstruktur* die Einträge *Parameter* und *Beziehungen* zur Anzeige im Strukturbaum aktivieren.

⇨ Mit *Datei > Neu* eine neue Datei mit dem Typ *Product* anlegen und die Baugruppe Mausgehaeuse nennen.
⇨ In der neuen Baugruppe mit *Formel* die Benutzerparameter Spaltbreite (1 mm) und Schalendicke (0,8 mm) mit *Neuer Parameter des Typs Länge mit einem Wert* einführen.

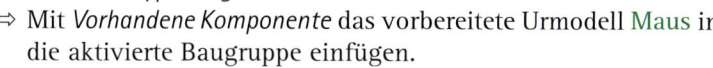 Formel

⇨ Mit *Vorhandene Komponente* das vorbereitete Urmodell Maus in die aktivierte Baugruppe einfügen.

 Vorhandene Komponente

⇨ Mit *Teil* die neuen Dateien Unterschale, Oberschale, RechteTaste und MittlereTaste in die aktivierte Baugruppe einfügen. Die Ursprungslage ist bedeutungslos.

 Teil

Im Teil Unterschale entsteht der Schalenkörper, indem die Außenhaut mit der Spaltfläche beschnitten wird. Da diese in Spaltmitte liegt, muss sie um die halbe Spaltbreite verschoben werden. Der Beschnitt wird an der Symmetrieebene gespiegelt und zur Einheit zusammengeführt. In der **Teilekonstruktion** wird daraus mit dem Parameter Schalendicke ein Aufmaßkörper.

⇨ Falls notwendig, mit *Umgebung* zur **Flächenerzeugung** wechseln.
⇨ Mit *Bearbeiten > Objekt > Bearbeiten* das aktivierte Bauteil Unterschale bereitstellen (oder mit Doppelklick).

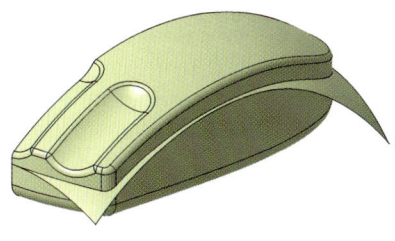

Trennen

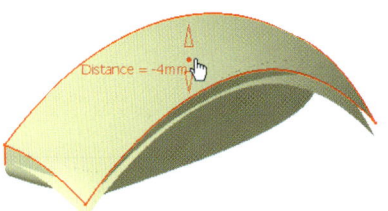

 Offset

⇨ Mit *Trennen* die Außenhaut aus den Veröffentlichungen mit der Spaltfläche beschneiden. Durch diese Operation werden beide Elemente als *Externe Verweise* in das Teil Unterschale übertragen und so mit dem Urmodell verbunden.

⇨ Mit *Offset* die Spaltfläche aus den *Externen Verweisen* normal zu sich nach unten verschieben. Dies kann an den angezeigten Pfeilen mit der Maus zuerst ungefähr geschehen. Das exakte Maß bei aktiviertem Maßeintrag und *Kontextmenü > Formel bearbeiten...* im Dialog als Spaltbreite/2 eintragen. Dazu kann der Parameter im Strukturbaum direkt übernommen werden. Es entstehen die Einträge *Externe Parameter* und *Beziehungen* im Strukturbaum.

Externe Parameter
— Spaltbreite
— Schalendicke

Beziehungen

— *fco* Formel.1: `Geöffneter Körper.1\Verschieben.1\Länge` = - `Externe Parameter\Spaltbreite` / 2

— *fco* Formel.2: `Hauptkörper\Aufmaßfläche.1\strTopOffset` = `Externe Parameter\Schalendicke`

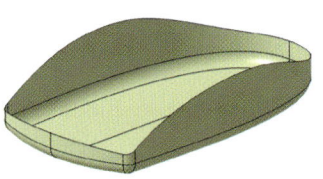

⇨ Mit *Trennen* die Unterschale noch einmal mit der neuen Trennfläche beschneiden. Die halbe Außenhaut der Unterschale ist fertig.

⇨ Mit *Symmetrie* diese Schale zur Symmetrieebene des Urmodells spiegeln.

⇨ Mit *Zusammenfügen* aus den beiden Hälften die untere Außenhaut bilden.

 Symmetrie

 Zusammenfügen

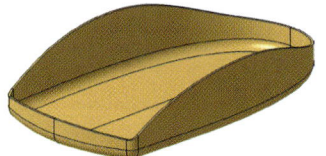

 Teilekonstruktion

 Aufmaßfläche

⇨ Mit *Umgebung* zur **Teilekonstruktion** wechseln.

⇨ Mit *Aufmaßfläche* aus der Zusammenfügung und der *Schalenstärke innen* den unteren Schalenkörper herstellen. Der Parameter Schalendicke kann wieder als Maß direkt im *Kontextmenü > Formel bearbeiten...* übernommen werden.

⇨ Das *Geometrische Set* und die *Externen Verweise* mit *Verdecken/Anzeigen* ausblenden.

 Verdecken/Anzeigen

Hinweis:

Das Flächenmodell der Außenhaut wird in der Baugruppe ans Nachbarteil weitergereicht. Es ist im *Externen Verweis* als eine *Fläche* zusammengefasst und kann nur über den Verweis zum Original mit seiner Entwicklungsgeschichte aktualisiert werden. Dies lässt sich auch in umgekehrter Weise nutzen. Wird diese *Fläche* mit *Bearbeiten > Objekt > Körper ändern...* in ein *Geometrisches Set* verschoben, verliert die Fläche ihren Verweis und kann nicht mehr verändert werden. Dadurch entsteht ein anonymes Flächenmodell zur Weitergabe an Nachbearbeitungsprozesse. Es brauchen nur noch alle anderen Operationen aus dem Weitergabemodell entfernt werden.

⇨ Mit *Bearbeiten > Objekt > Bearbeiten* das aktivierte Bauteil Oberschale bereitstellen.

⇨ Mit *Umgebung* zur **Flächenerzeugung** wechseln.

⇨ Mit *Ebene* und *Offset von Ebene* die Gesamtspaltebene aus den *Veröffentlichungen* verdoppeln. Als Abstandsmaß gilt Spaltbreite/2 in *Richtung* Mausmitte für die hintere Trennebene (rote Ergebnisebene vorn im Bild).

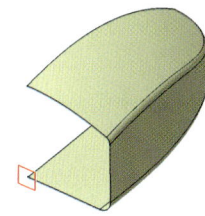

⇨ Die Außenhaut aus den *Veröffentlichungen* mit *Trennen* und der neuen Trennebene beschneiden. Die hintere Hälfte bleibt erhalten.

⇨ Mit *Offset* die Spaltfläche aus den *Veröffentlichungen* normal zu sich nach oben verschieben. Das exakte Maß bei aktiviertem Maßeintrag und *Kontextmenü > Formel bearbeiten...* im Dialog als Spaltbreite/2 eintragen.

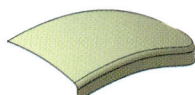

⇨ Mit *Trennen* die Oberschale noch einmal mit der neuen Trennfläche beschneiden.

⇨ Mit *Symmetrie* diese Schale zur Symmetrieebene des Urmodells spiegeln.

⇨ Mit *Zusammenfügen* aus den beiden Hälften den oberen Deckel bilden.

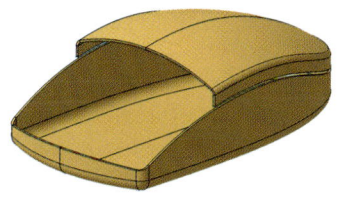

⇨ Mit *Umgebung* zur **Teilekonstruktion** wechseln.

⇨ Mit *Aufmaßfläche* aus der Zusammenfügung und der *Standardstärke innen* den oberen Schalenkörper erzeugen.

⇨ Das *Geometrische Set* und die *Externen Verweise* mit *Verdecken/Anzeigen* ausblenden.

⇨ Mit *Bearbeiten > Objekt > Bearbeiten* das aktive Bauteil RechteTaste bereitstellen.

⇨ Mit *Umgebung* zur **Flächenerzeugung** wechseln.

⇨ Mit *Ebene* und *Offset von Ebene* die Gesamtspaltebene aus den Veröffentlichungen verdoppeln. Als Abstandsmaß gilt Spaltbreite/2 in *Richtung* Tasten für die vordere Trennebene, im Bild die rechte rote Ebene.

⇨ Die Außenhaut aus den *Veröffentlichungen* mit der neuen Ebene *Trennen*. Die vordere Hälfte bleibt erhalten.

⇨ Mit *Offset* die Spaltfläche aus den *Veröffentlichungen* normal zu sich nach oben verschieben. Das exakte Maß bei aktiviertem Maßeintrag und *Kontextmenü > Formel bearbeiten...* im Dialog als Spaltbreite/2 eintragen.

⇨ Mit *Trennen* die Oberschale noch einmal mit der neuen Trennfläche beschneiden.

⇨ Mit *Ebene* und *Offset von Ebene* die Zwischenspaltebene aus den *Veröffentlichungen* verdoppeln. Das Maß Spaltbreite/2 gilt in *Richtung* rechte Taste (linke vordere rote Ebene im Bild).

⇨ Mit *Trennen* die Tasten noch einmal mit der neuen Trennebene beschneiden. Die rechte Taste bleibt.

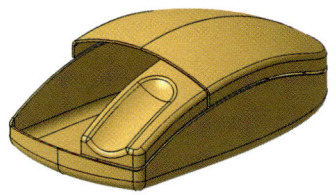

⇨ Mit *Umgebung* zur **Teilekonstruktion** wechseln.

⇨ Mit *Aufmaßfläche* aus der Zusammenfügung und der Standardstärke innen die rechte Taste erzeugen. Der Parameter Schalendicke kann wieder als Maß direkt im *Kontextmenü > Formel bearbeiten...* übernommen werden.

⇨ Das *Geometrische Set* und die *Externen Verweise* mit *Verdecken/Anzeigen* ausblenden.

⇨ Mit *Bearbeiten > Objekt > Bearbeiten* das aktivierte Teil MittlereTaste bereitstellen.

⇨ Mit *Umgebung* zur **Flächenerzeugung** wechseln.

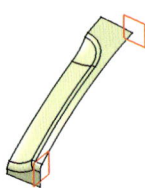

⇨ Dieselben Arbeitsschritte wie bei der rechten Taste wiederholen. Dies gilt bis zum Verschieben der Zwischenspaltebene.

⇨ Mit *Ebene* und *Offset von Ebene* die Zwischenspaltebene aus den *Veröffentlichungen* verdoppeln. Als Abstandsmaß gilt Spaltbreite/2 in *Richtung* Mitte für die innere Trennebene (die vordere rote Ebene im Bild).

⇨ Mit *Trennen* die Tasten noch einmal mit der neuen Trennebene beschneiden. Die halbe mittlere Taste bleibt.

⇨ Mit *Symmetrie* diese Schale zur Symmetrieebene des Urmodells spiegeln.

⇨ Mit *Zusammenfügen* aus den beiden Hälften die mittlere Taste bilden.

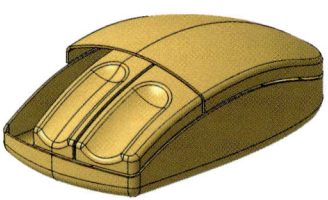

⇨ Mit *Umgebung* zur **Teilekonstruktion** wechseln.

⇨ Mit *Aufmaßfläche* aus der Zusammenfügung und der Standardstärke innen die mittlere Taste erzeugen.

⇨ Das *Geometrische Set* und die *Externen Verweise* mit *Verdecken/Anzeigen* ausblenden.

⇨ Mit *Bearbeiten > Objekt > Bearbeiten* die Baugruppe bereitstellen.

 Symmetrie von Komponente

⇨ Mit der Baugruppenkomponente *Symmetrie von Komponente* entsteht die linke Taste als zusätzliches Teil. Es ist eine symmetrische Kopie der rechten Taste. Im Dialog die Spiegelebene und die Komponente angeben. Im Assistenten bedeutet *Spiegeln, neue Komponente*: zwei Teile zu erhalten, *Verknüpfung in dieser Position beibehalten*: eine Kopie immer in der spiegelbildlichen Lage zu erhalten und *Verknüpfung mit Geometrie beibehalten*: die geometrischen Änderungen in der Kopie nachzuvollziehen.

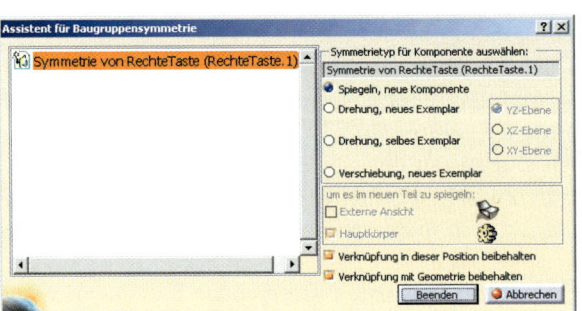

⇨ Das neue Teil umbenennen in LinkeMaustaste.

⇨ Das *Geometrische Set* und die *Externen Verweise* mit *Verdecken/Anzeigen* ausblenden.

Die Baugruppe ist jetzt als Schale fertig konstruiert. Durch die anpassungsfähige, am Objekt orientierte Arbeitsweise kann die gesamte Form des Gehäuses optimiert und verändert werden. Wird das Urmodell maßlich verändert, ändern sich alle Teile über die gemeinsame Schnittstelle mit. Schalendicke und Spaltbreite als Baugruppenparameter können die Teile zusätzlich direkt in der Baugruppe gemeinsam verändern. Im Bild sind die Länge der Blockskizze des Urmodells als Längenmaß, die mittlere Griffmulde durch Verschieben der Randebene und die Spaltenbreite als Wert verändert worden. Die gesamte Baugruppe macht dieses konfliktfrei mit.

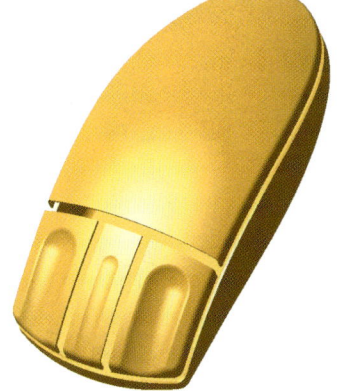

An allen Teilen der Baugruppe kann jetzt im Innern weitergestaltet werden. Dies kann an jeder einzelnen Taste unabhängig von den anderen Teilen geschehen.

⇨ Mit *Datei > Sichern unter...* die Baugruppe und die neuen Teile im passenden Ordner unter gleichem Namen speichern.

Hinweis:

Das Urmodell definiert mit seiner Außenhaut und den zusätzlichen Trennflächen die Einzelteile der Maus. Diese geometrischen Vorgaben sind eine veröffentlichte Schnittstelle. Der besondere Vorteil dieser Vorgehensweise liegt darin, dass die Einzelteile der Maus durch eine Art Bildungsgesetz aus der Urform entstehen. Da die Schnittstelle veröffentlicht ist, kann das ursprüngliche Modell ohne weiteres durch ein anderes formgebendes Modell mit derselben Schnittstelle ausgetauscht werden. Es entsteht ein so genanntes **Skelett-** oder **Adaptermodell**. Es schafft die Möglichkeit, im Austausch unterschiedlicher Mausformen ganz automatisch verschiedene Gehäuseformen nach dem gleichen Bildungsgesetz zu verwalten. Allerdings sind ausgehend von der Mausform (Mutter) enge Grenzen für die Gehäuseteile (Kinder) gesetzt. Da auch die dritte Regel der Objektorientierung gilt (stirbt die Mutter, wird das Kind Waise), müssen sich die Teile vollständig aus den Schnittstellendefinitionen ergeben, wenn die Urform ausgetauscht werden soll. Eigenständige Weiterkonstruktionen am Teil finden bei geänderter Grundform keine Anschlussbedingungen mehr vor. Hier wäre eine Verbesserung durch die Programmentwickler wünschenswert.

Als weitere Variante des Skelettmodells sind die einzelnen Teilkörper (Oberschale, Taste, ...) auch jedes für sich austauschbar. Bei vorgegebener Grundform kann jedes Teil im Detail unterschiedlich ausgeformt werden. Und davon können unterschiedliche Austauschteile existieren. Dies ist beliebig möglich, solange die Urform beibehalten wird.

Vorbereitung des Austauschmodells:

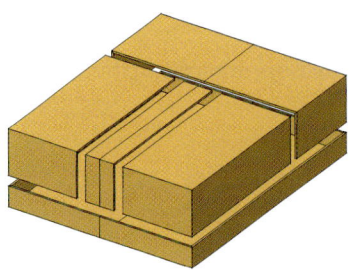

Um die Leistungsfähigkeit des Skelettmodells zu verdeutlichen, wird ein Austauschmodell mit anderer Formgebung vorbereitet. Die Form des Mausgehäuses verändert sich dadurch. Das Bildungsgesetz für die Gehäuseteile dagegen bleibt erhalten. Es wird also weiterhin die halbe Form durch eine Spaltfläche in eine obere und untere Hälfte aufgeteilt. Von der oberen Hälfte trennt sich die Handauflage. Die vordere Schale wiederum trennt sich in drei Tasten. Diese Bauvorschrift ist durch die veröffentlichten Objekte gesichert. Zusätzliche Baugruppenparameter regeln die Breite der Spalte zwischen den Schalenteilen und die Schalendicke.

Das Austauschmodell ist der Einfachheit halber ein symmetrisch halber Quader. Auch die Trennflächen dieses Modells sollen einfache Ebenen sein.

⇨ Mit *Datei > Neu* eine neue Datei vom Typ *Part* anlegen und MausEckig nennen.
⇨ Falls notwendig, mit *Umgebung* zur **Teilekonstruktion** wechseln.

 Teilekonstruktion

⇨ Einen Quader mit den Abmessungen 30/40/100 mm als Block erstellen.

 Flächenerzeugung

⇨ Mit *Umgebung* zur **Flächenerzeugung** wechseln.
⇨ Zur besseren Übersicht einen neuen Eintrag mit *Einfügen > Geometrisches Set* in den Strukturbaum aufnehmen. Mit *Kontextmenü > Eigenschaften > Komponenteneigenschaften* umbenennen in Schnittstelle.

Ebene

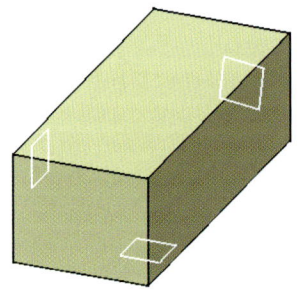

⇨ Mit *Ebene* und dem Typ *Offset von Ebene* entsteht parallel zur oberen Körperfläche im *Abstand* 20 mm die Trennebene zwischen Ober- und Unterschale (Ebenensymbol vorne rechts im Bild).
⇨ Mit *Ebene* und dem Typ *Offset von Ebene* entsteht parallel zur rückwärtigen Körperfläche im Abstand 34 mm die Trennebene zwischen Tasten und Oberschale (Ebenensymbol hinten rechts im Bild).
⇨ Mit *Ebene* und dem Typ *Offset von Ebene* und dem *Abstand* 8 mm zur Symmetrieebene des Körpers (im Bild die verdeckte linke Fläche) die Zwischenspaltebene der Tasten festlegen (Ebenensymbol vorne links im Bild).
⇨ Mit *Verschneidung* die erste Ebene (Ebenensymbol vorne rechts im Bild) mit dem Körper verschneiden. Ergebnis sind vier zusammenhängende Geraden.

 Verschneidung

⇨ Mit *Füllen* die vier Geraden zu einer ebenen Fläche zusammenfassen. Sonst passt der Typ der Spaltfläche nicht zur krummen Maus.

 Füllen

⇨ Mit *Zusammenfügen* die Außenhaut ohne die Fläche in der Symmetrieebene zu einer Einheit zusammenfassen. Die Flächen werden automatisch extrahiert.

 Zusammenfügen

Mit diesen neu erzeugten Geometrieelementen soll das Austauschmodell die Schnittstelle des Urmodells füllen und ersetzen. Daher werden sie namensgleich veröffentlicht.

⇨ Mit *Tools > Veröffentlichung...* zeigt sich ein Dialog. Die Ebenen in der Entstehungsreihenfolge, die Zusammenfügung der Außenhaut und die noch freie Körperfläche als Symmetrieebene eintragen.

⇨ Durch Auswählen des Elementeintrags im Dialog und Aktivieren von *Name* die Namen ändern in Spaltfläche, Gesamtspaltebene, Zwischenspaltebene, Außenhaut und Symmetrieebene. Der Eintrag kann einfach mit neuem Namen überschrieben werden. Es entstehen neue Einträge im Strukturbaum unter *Veröffentlichungen* (*publication*).

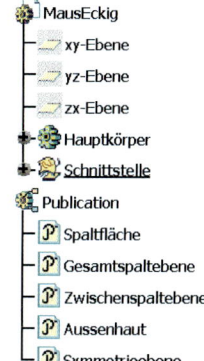

⇨ Mit *Datei > Sichern unter...* das Austauschteil im passenden Ordner unter gleichem Namen speichern.

In der Baugruppe Mausgehaeuse soll jetzt die Gehäuseform ausgetauscht werden. Das Urmodell wird ersetzt durch das Austauschmodell. Die gemeinsame Schnittstelle regelt den korrekten Einbau. Zusätzlich können die Baugruppenparameter Spaltbreite und Schalendicke variiert werden.

⇨ Mit *Datei > Öffnen* die Datei Mausgehaeuse bereitstellen.

⇨ Mit aktivierter Maus und *Bearbeiten > Komponenten > Komponente ersetzen...* den Dateiauswahldialog öffnen. Dort die Datei MausEckig auswählen. Automatisch wird die Austauschform übernommen. Die Teile werden erneut durchgerechnet und entstehen in neuer Form.

⇨ Mit *Start > Beenden* ausspannen oder sich gleich dem nächsten Thema widmen!

Wie entsteht ein anpassungsfähiges Flächenmodell?

Blechteile oder Gehäuse sind wesentlich durch ihre Flächenform bestimmt. Ihre Körperwirkung zeigt sich allenfalls durch die Materialdicke. Eine spätere Einbindung in ein Produkt, das mit Einbauten oder Anschlussteilen Bezug auf die Flächengestalt nimmt, kann sich anschließen. In einem ersten Gestaltungsschritt stehen daher die Flächen im Vordergrund, die in einem reinen Flächenmodell abgelegt werden. Der Anforderungskatalog an solche Flächen besteht meist aus bekannten Berandungen und Vorstellungen darüber, wie die Fläche im Innern geformt sein soll.

Flächen zu modellieren ist eine Kunst, und dieses Wort stammt nicht umsonst von Können ab. Dieses Können ist aber nicht nur der übende und wiederholende Fleiß, es kommt ein Gespür für Form und Geometrie dazu. Die Sprache „Geometrie", die auch schon beim Gestalten mit Körpern ihren Ausdruck findet, muss beim Formen von Flächen erweitert werden. Die Handhabung und Funktionalität erlernt sich schnell, das Denken und „Sich Ausdrücken" im Raum und in der Form braucht Erfahrung. Und mit den ersten Übungen baut sich schon ein Stück davon auf...

Flächen als Fleckenteppich mit Kurvengerüst

Ein anpassungsfähiges Flächenmodell setzt sich immer aus einem mehr oder weniger gleichmäßig verteilten Fleckenteppich aus „rechteckigen" einzelnen Flächenstücken zusammen. Für diese Unterteilung ist der Charakter der Flächenform ausschlaggebend. Besonders die Krümmung und deren gleichmäßiger Verlauf entscheiden. Die sinnvolle Einteilung in solche „Rechteckformen" ist wesentlich für die Flächenqualität. Mit einer Strategie für die Aufteilung der Gesamtfläche in beschreibbare „Rechteckflächen" und mit den Meß- oder Vorgabepunkten wird im Raum ein Gerüst aus definierenden Kurven aufgebaut. Zusätzlich sind oft konstruktive Merkmale im Verlauf solcher Gesamtflächen nutzbar. Bei Karosserieblechen etwa sind das die Abkantungen an Fenstern, Türrahmen oder Wasserrinnen. Diese Merkmale schaffen Kriterien für die Formgebung als so genannte **Formleitlinien**, also zusätzliche Kurven. Zwischen die Kurven spannen sich Stück für Stück die mathematischen „Rechteckflächen". Durch Aneinanderreihen oder durch Verschneiden und Trimmen mit den Nachbarn entsteht das Flächenmodell. Die anpassungsfähigen Flächen können durch Vorgabekurven (Spanten und Führungen) und Übergangsbedingungen (zu Nachbarflächen) in ihrem Formverlauf beeinflusst werden. Werden diese Vorgabekurven verändert, passt sich die Flächenform an. Die Flächen sind also über das Kurvengitter optimierbar.

Im Gegensatz dazu stehen die NURBS-Flächen. Sie sind nicht assoziativ zu anderen Flächen. Sie werden für nur genau eine Flächenlösung getrimmt. Es stehen sehr differenzierte Möglichkeiten zur Verfügung, den Flächenverlauf zu beeinflussen. Die Kontrollpunkte im Flächeninnern erlauben lokales und bereichsweises Verbessern der Form. Aber dies ist wesentlich aufwändiger. Auch bei dieser Flächenart können mehrere „Rechteckflächen" gemeinsam verbessert werden.

Es ist schwierig, exakte Regeln anzugeben, wie Formvorstellungen in „Mathematik" zu übertragen sind. Allerdings gibt es eine Reihe von Ratschlägen, die in diese Richtung weisen. Bei den Ratschlägen gibt es auch Zielkonflikte. Ein sinnvoller Kompromiss muss Ausgleich schaffen:

- Berandungskurven bestimmen wesentlich die Form.
- Alle Kurven beeinflussen die Fläche. Je besser und glatter sie im Sinne von Ausgeglichenheit im Krümmungsverlauf sind, desto bessere Flächen entstehen daraus.
- Kurvenscharen, die eine Fläche bestimmen, sollten gleichartigen Verlauf haben.
- Kurven mit weniger Zwängen (Durchlaufpunkte, Tangentenrichtungen, Krümmungen) lassen der Flächenfunktion mehr Freiheit. Die Flächen werden glatter.
- Eine Kurve sollte möglichst genau vielen gemessenen Punkten folgen.
- Hohe Polynomgrade der Flächenfunktion erlauben mehr Vorgaben, erzeugen aber höhere Welligkeit.
- Eine Gesamtfläche sollte möglichst in gleichmäßige „Rechteckformen" als mathematische Flächen unterteilt werden.
- Eine Gesamtfläche sollte zusätzlich zu konstruktiv bedingten Profilen oder Formleitlinien möglichst wenig in weitere „Rechteckformen" unterteilt werden. Jede Unterteilung schafft Übergangsprobleme.
- Wenn schon „Rechteckformen" notwendig sind, sollten diese direkt aneinander anschließen. Überlappende Übergänge lassen sich schwieriger glatt gestalten.
- Bei einer Gesamtfläche zuerst die einfach und direkt umsetzbaren Flächenstücke erzeugen. Die Restbereiche werden anschließend von den bestehenden Nachbarflächen aus angenähert oder gefüllt.

Beispielhafte Ansätze für mögliche Lösungswege

Für das gesamte Flächenmodell dieses Blechteils empfiehlt es sich, in der Form gleichbleibende oder ähnliche Querschnitte im Zusammenhang zu beschreiben. Das Öffnerauge und der Griff dieses Flaschenöffners können im wesentlichen durch Spantflächen beschrieben werden. Es bleibt ein Restbereich als Problemzone übrig.

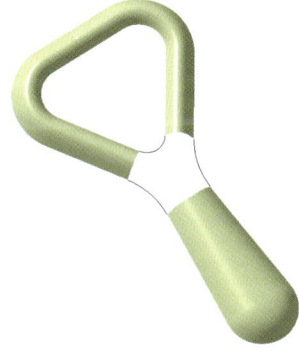

Die Randbereiche dieses Herzstücks sind ähnlich gekrümmt. Daher verbinden sie die bestehenden Flächen sinnvoll mit Spantflächen. Es verbleibt ein Rest in Form eines spitz zulaufenden Dreiecks. Dieses neigt zu Welligkeit. Über seine Form im Innern kann keine Aussage gemacht werden.

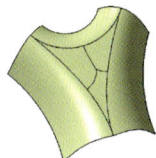

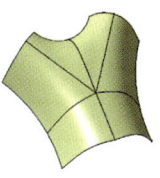

Eine Aufteilung in „Rechteckflächen", die an einem Punkt zusammenlaufen, schafft numerisch besser handhabbare Flächen. Allerdings sollten die „Rechtecke" keine zu spitzen Winkel aufweisen. Die inneren Stützkurven müssen zusätzlich geformt und festgelegt werden. In diesem Fall sind diese Stützkurven eben und dadurch einfacher beschreibbar. Die Auswirkung ihrer Formgebung auf die Flächenform muss abgeschätzt werden.

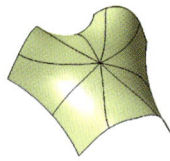

Eine gemischte Aufteilung in „Rechtecke" und „Dreiecke", die an einem Punkt zusammenlaufen, ist eine Alternative. Zwei Nachteile sind festzuhalten: Die Stützkurven sind räumlich und daher komplexer in ihrer Beschreibung und die Dreiecke sind in der Regel numerisch schlechter.

Übung Radsattel

Ein Radsattel soll als Flächenmodell erzeugt werden. Die Form baut sich aus einem Mittenprofil **4** durch die symmetrische Mitte, in der zweiten Skizze blau markiert, und dem seitlichen Rand **3/5** auf. Die seitliche, in der Skizze rote Randkurve als Raumkurve kann durch ihren Verlauf, in der Draufsicht **1** und in der Seitenansicht **2** in punktierter Darstellung, bestimmt und aus diesen Angaben zusammengeführt werden. In der Längsrichtung ist der Sattel schwach gekrümmt. Diese Richtung empfiehlt sich daher als Führungsrichtung der Fläche. Die stark, aber im Verlauf ähnlich gekrümmte Querrichtung stellt die Schnittprofile dar. Um den Beschreibungsaufwand möglichst gering zu halten und trotzdem einen glatten Verlauf zu erzielen, wird der innere Bereich des Sattels als ein „Rechteckbereich" vorweg gestaltet. Dazu werden zwei grün skizzierte Schnittprofile **6/7** senkrecht zum Längsschnitt eingeführt. Da die Schnittstellen willkürlich sind, soll deren Lage zur Optimierung des Flächenergebnisses variabel bleiben. Diese Schnitte orientieren sich an den blauen und roten, längs verlaufenden Formleitlinien. Die Restbereiche an der Sattelspitze vorn und der hintere Abschluss führen die Mittelfläche tangential fort. Damit die Fläche im Ganzen symmetrisch bleibt, wird mit symmetrischen Kurven geformt.

Was wird geübt?

Krümmungsanalyse mit Stacheln, Kombinieren, Material zuordnen

Flächen aus zusammenhängenden Kurvenscharen entwickeln können

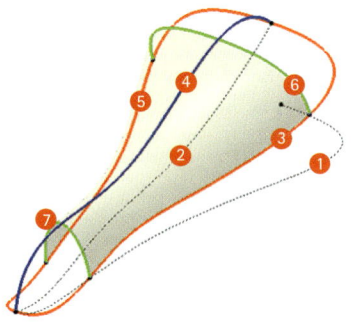

1 Randgrundriss
2 Randseitenriss
3 Kombinationsrand rechts
4 Mittenprofil
5 Kombinationsrand links
6 Querprofil hinten
7 Querprofil vorn

Zur besseren Handhabung und Ordnung im Strukturbaum werden, soweit als möglich, sprechende Namen für die Geometrieelemente und die *Geometrischen Sets* der Schnittprofile und der Flächen benutzt. Die halbe Draufsicht als seitliche Randkurve wird zuerst gestaltet. Aus ihr und dem Aufriss, jeweils als ebene Strakkurven konstruiert, fügt sich der räumliche Rand zusammen.

⇨ Mit *Datei > Neu* eine neue Datei mit dem Typ *Part* anlegen und Radsattel nennen.
⇨ Mit *Umgebung* zur **Flächenerzeugung** umschalten.
⇨ Das *Geometrische Set* mit *Kontextmenü > Eigenschaften > Komponenteneigenschaften* zur besseren Übersicht umbenennen in Drahtmodell.
⇨ Mit *Skizzierer* eine Skizze auf einer Ebene anlegen.
⇨ Da wie immer **objektorientiert** konstruiert werden soll, entsteht alle notwendige Geometrie aus dem Teil selbst. Daher alle nicht benutzten Hauptebenen zur Vermeidung von Konflikten mit *Verdecken/Anzeigen* ausblenden.

 Flächenerzeugung

 Skizzierer

 Verdecken/Anzeigen

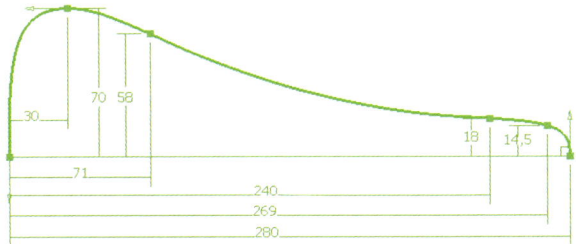

 Spline

⇨ Mit *Spline* den halben Randgrundriss **1** als ebene Strakkurve über sechs Punkte legen. Eine Hilfsgerade zwischen die Endpunkte zur Orientierung zeichnen. Die Strakkurve (oder den Strakpunkt selbst) öffnen. Im Dialog *Tangentenstetigkeit* für die Endpunkte fordern. Am dritten Punkt (in der Erstellungsreihenfolge der Skizze von rechts nach links gezählt), dem Punkt der größten Breite, ebenfalls die Tangente fordern. Die beiden Endtangenten stehen *Mit im Dialog definierte Bedingungen* genau *Rechtwinklig* zur Hilfsgeraden der symmetrischen Mitte. Die Tangente an der größten Breite hat *Parallelität* zur Hilfsgeraden. Ein Vorschlag für die Punktelagen ist (Länge/Breite) 280/0, 269/14.5, 240/18, 71/58, 30/70, 0/0 mm.

 Im Dialogfenster def. Bedingungen

 Umgebung verlassen

⇨ Skizze beenden mit *Umgebung verlassen*.

Hinweis:

Das gefundene Ergebnis sollte der vermaßten Skizze ähneln. Die Strakkurve ist ein Polynom vom Grad 5 und erst eindeutig festgelegt, wenn die Punktelage, ihre Tangenten und die Krümmungen definiert sind. Da jetzt noch einige Parameter frei sind, können Unterschiede auftreten. Besonders wenn eng beieinander liegende Punkte starke Krümmungen bewirken, schwingt ein anschließender glatter Bereich aus. Daher kann in Richtung ausgeglichener, wenig wechselnder Krümmung optimiert werden, wenn weitere Zwänge eingefügt werden. Es bietet sich an, die Krümmung am Punkt eins genauer mit *Krümmungsstetigkeit* festzulegen, den Punkt zwei in der Erstellungsreihenfolge in seiner Lage zu optimieren oder eine zusätzliche Tangente am Punkt drei mit kleinem Winkel in Richtung Breite einzufügen.

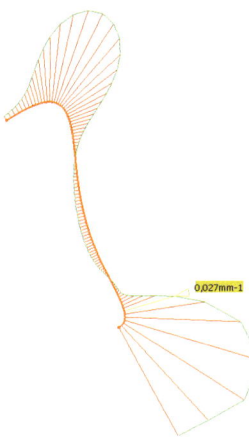

Die Kurven sollten möglichst glatt verlaufen, um ein brauchbares Flächenergebnis zu erhalten. Bei der Beurteilung der Kurvenqualität hilft die *Krümmungsanalyse mit Stacheln* in der Funktionsgruppe Analyse. Der aufgezeigte Krümmungsverlauf in Form von Stacheln in Radien- oder Krümmungslänge (1/R) sollte möglichst gleichmäßig sein. Unnötige Wechsel im Vorzeichen der Krümmung zeigen auf welligen Kurvenverlauf mit Wendepunkten hin. Nicht so sehr der absolute, sondern eher der relative Verlauf der Krümmung ist aussagekräftig.

 Krümmungsanalyse mit Stacheln

⇨ *Krümmungsanalyse mit Stacheln* zeigt mit dem Typ *Krümmung* im Dialog deren Verlauf für die aktivierte Kurve an. Mit *Dichte* wird die Stachelanzahl gesteuert. Die

Analyse begleitet die Optimierung. Nach endgültigem Gebrauch kann der entstandene Eintrag im Strukturbaum wieder gelöscht werden.

Der Randseitenriss **2** des Sattels als ebene Strakkurve liegt in der Symmetrieebene. Diese wiederum steht rechtwinklig zur Grundrisskurve. Ihre Maße beziehen sich ebenfalls auf die Grundrisskurve.

⇨ Mit *Ebene* und dem Typ *Senkrecht zu Kurve* auf der Grundrisskurve eine Normalebene am Kurvenanfangspunkt anbringen. Diese wird die Symmetrieebene.

    Ebene

⇨ Mit *Skizzierer* eine Skizze auf die Symmetrieebene legen.
⇨ Mit *Spline* eine Strakkurve über sechs Punkte zeichnen. Zwischen die beiden Endpunkte zwei rechtwinklig zueinander stehende Hilfsgeraden einzeichnen. Es entsteht dadurch eine in sich festgelegte Skizze, die autark vermaßt werden kann.

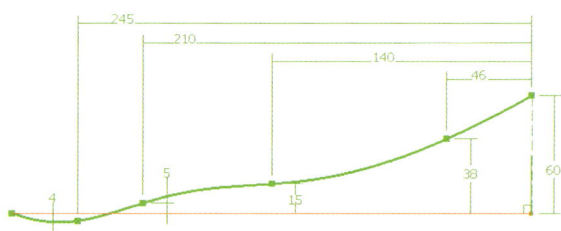

⇨ Von links beginnend haben die Punkte mit *Bedingung* von der rechten Hilfsgeraden die Abstände Länge/Höhe frei, 245/-4, 210/5, 140/15, 46/38, 0/60 mm.
⇨ Erst dann liegt der linke vordere Endpunkt der Strakkurve mit *Im Dialog definierte Bedingungen* und *Kongruenz* auf dem vorderen Endpunkt der Grundrisskurve. Der Eckpunkt an den Hilfsgeraden rechts liegt mit *Kongruenz* auf dem hinteren Ende der Grundrisskurve.
⇨ Skizze beenden mit *Umgebung verlassen*.

    Bedingung

⇨ Mit *Kombinieren* und dem Kombinationstyp *Senkrecht* wird aus den beiden Kurven Grund- und Seitenriss der räumliche Kombinationsrand **3** des Sattels.

    Kombinieren

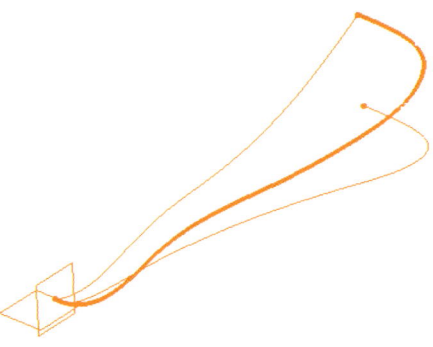

Die seitliche Ansicht des oberen Sattelrands als Mittenprofil **4** entsteht in der Symmetrieebene.

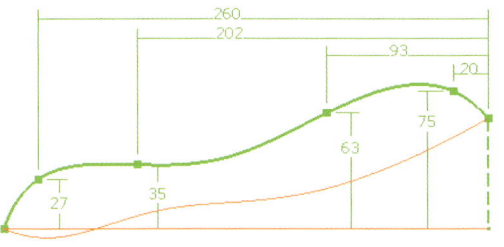

⇨ Mit *Skizzierer* eine Skizze auf die Symmetrieebene legen.
⇨ Mit *Spline* die Strakkurve wieder über sechs Punkte zeichnen. Zwischen die beiden Endpunkte zwei rechtwinklig zueinander stehende Hilfsgeraden einzeichnen.
⇨ Wieder von links beginnend haben die Punkte mit der Funktion *Bedingung* von der rechten Hilfsgeraden die Abstände Länge/Höhe frei, 260/27 202/35, 93/63, 20/75 mm.
⇨ Erst dann liegt der linke vordere Endpunkt der Strakkurve mit *Im Dialog definierte Bedingungen* und *Kongruenz* auf dem vorderen Endpunkt der Grundrisskurve. Der Eckpunkt an den Hilfsgeraden liegt auf dem hinteren Ende der Grundrisskurve und der Endpunkt am Strak rechts hinten liegt mit *Kongruenz* auf dem Endpunkt des Seitenrisses.
⇨ Skizze beenden mit *Umgebung verlassen*.

Die endgültigen Kombinationsränder **3/5** und das Mittenprofil **4** werden als Führungskurven verwendet. Dazu muss der Kombinationsrand **3** symmetrisch vervollständigt werden. Zwei Querprofile **6/7** zwischen den drei Abschnitten der Gesamtfläche spannen sich quer zu den drei Längskurven als Strakkurven. Diese Profile liegen sinnvollerweise in Normalebenen zum Mittenprofil **4** und stützen sich auf die Kombinationsränder. Als Verbindungselemente dienen Hilfspunkte auf den Kombinationsrändern.

 Symmetrie

. Punkt

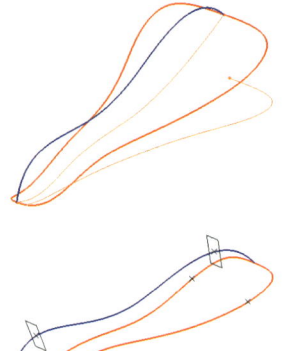

 Verschneidung

⇨ Mit *Symmetrie* den räumlichen Kombinationsrand **3** (rot) an der Symmetrieebene ergänzen.
⇨ Mit *Punkt* und *Auf Kurve* zwei Hilfspunkte auf das Mittenprofil **4** (blau) legen. Den *Abstand zu Referenz* etwa 50 und 250 mm zum vorderen Ende legen. Durch diese Punkte werden Normalebenen errichtet.
⇨ Mit *Ebene* und dem Typ *Senkrecht zu Kurve* zwei Normalebenen auf das Mittenprofil legen. Sie schneiden die Hilfspunkte heraus.
⇨ Mit der *Verschneidung* zwischen Kombinationsrand und Normalebene entsteht ein Punkt auf dem Sattelrand. Für die weiteren drei Punkte auf dem Sattelrand wiederholen.

⇨ Mit *Skizzierer* eine Skizze auf die vordere Normalebene legen.

⇨ Mit *Spline* eine Strakkurve über drei Punkte
zeichnen. Die Strakpunkte liegen mit Kongruenz auf den vorbereiteten Hilfspunkten
der Randkurven. Für die beiden Endtangenten
mit *Im Dialog definierte Bedingungen* die *Tangentenstetigkeit* fordern und diese mit der Bedingung *Parallelität* auf die Symmetrieebene
ausrichten. In der Mitte können zusätzlich die
Tangentenstetigkeit und ein *Krümmungsradius*
vorgeschrieben werden.

⇨ Skizze beenden mit *Umgebung verlassen*.

⇨ Für die zweite Normalebene und das zweite
Querprofil wiederholen.

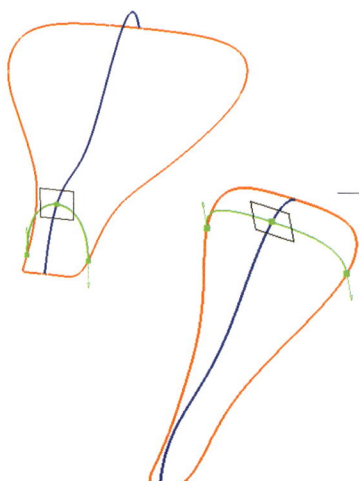

Da die Längsrichtung gleichmäßig schwach gekrümmt ist, empfiehlt es sich, die Querprofile als Schnitte einer Spantfläche zu nutzen. Die beiden Querschnitte entsprechen
in der als Parameterquadrat versinnbildlichten Flächenfunktion die u-Richtung. Die
drei Längskurven beschreiben dann die v-Richtung, wobei der linke Rand die u=0-
Linie darstellt.

⇨ Mit *Einfügen > Geometrisches Set* zur besseren Übersicht ein zweites einfügen und mit
*Kontextmenü > Eigenschaften > Komponentenei-
genschaften* umbenennen in Mittelfläche.

⇨ In der *Fläche mit Mehrfachschnitten* sind die
beiden Querprofile die *Schnitte* und die Längskurven sind die *Führungselemente*. Zusätzlich
kann das Mittenprofil *Leitkurve* sein, da es die
beiden Profilebenen senkrecht durchstößt.

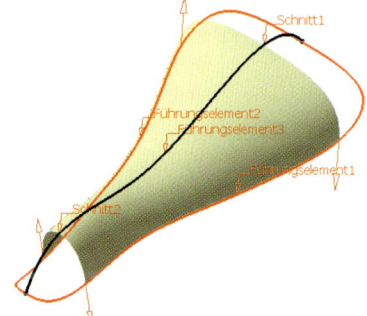

 Fläche mit Mehr-
fachschnitten

Die beiden Endflächen benutzen jeweils ein Übergangsprofil zur mittleren Fläche
und die Kombinationsränder 3/5 als zusätzliches Schnittprofil. Für die vordere Kappe
ist dieses Profil der vordere Teil des roten Sattelrands im Bild. Dieser muss zuerst in
richtiger Länge abgeschnitten und aus den beiden Hälften zu einer Einheit zusammengesetzt werden. (Man kann sich die beiden Profile als offenes Maul vorstellen. Beide
Zahnreihen stellen die im idealen Parameterquadrat der mathematischen Funktion sich
gegenüberliegenden Ränder u=0 und u=1 dar. Beide Scharniergelenke verkümmern
als Ränder v=0 und v=1 zu Punkten.)

⇨ Mit *Einfügen > Geometrisches Set* einen dritten Eintrag im Strukturbaum erzeugen
und umbenennen in VordereKappe.

⇨ Mit *Trennen* am vorderen Originalprofil der Mittelfläche die rechte rote Randkurve
3 abtrennen. Das vordere Stück behalten. Für das Spiegelbild auf der linken Seite
wiederholen.

 Trennen

 Zusammenfügen

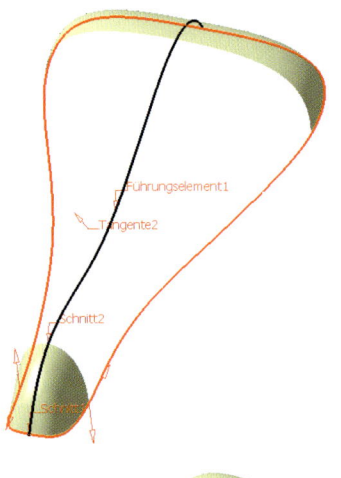

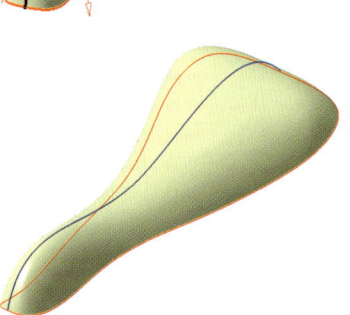

⇨ Mit *Zusammenfügen* aus beiden Teilstücken eine Einheit machen (untere „Zahnreihe").

⇨ In der *Fläche mit Mehrfachschnitten* sind die neu geschaffene Einheit und das vordere Querprofil die *Schnitte*. Die Richtungspfeile der Schnittkurven vorn zeigen am „Scharnier" in gleiche Richtung. Zusätzlich kann das schwarze Mittenprofil **4** ein mittleres *Führungselement* sein und mit *Tangente* die Fortführung der Innenfläche am Querprofil gefordert werden. Das Mittenprofil **4** kann keine *Leitkurve* sein, da sie den vorderen Schnitt nicht senkrecht durchstößt.

⇨ Mit *Einfügen > Geometrisches Set* ein viertes Set einfügen als Abschlussfläche.

⇨ Für die hintere Endfläche das Herausschneiden und Zusammenfügen der Randkurven mit der hinteren Profilebene sinngemäß wiederholen. Ebenso die hintere Fläche als *Fläche mit Mehrfachschnitten* entwickeln.

⇨ Mit *Einfügen > Geometrisches Set* ein fünftes Set einfügen als Gesamtfläche.

⇨ Mit *Zusammenfügen* aus allen drei Flächen die Sattelfläche erzeugen.

Da objektorientiert assoziativ konstruiert wurde, kann die Flächenform jetzt optimiert werden. Durch Verschieben der Strakpunkte der Ausgangsrisse wird die Lage der Führungselemente und dadurch die Gesamtform beeinflusst. Durch Verschieben der Bezugspunkte der Schnittebenen auf dem Symmetrieschnitt können auch die Flächenbereiche angepasst werden. Das fertige Flächenmodell lässt sich jetzt ablegen oder noch zum Körpermodell weiterentwickeln.

 Teilekonstruktion

 Aufmaßfläche

 Material zuordnen

⇨ Mit *Umgebung* in die **Teilekonstruktion** wechseln.

⇨ Mit *Kontextmenü > Objekt in Bearbeitung definieren* den *Hauptkörper* bereitstellen.

⇨ Mit *Aufmaßfläche* und *Material zuordnen* kann ein Stück Leder daraus werden.

⇨ Mit *Datei > Sichern unter...* das Teil unter seinem Namen speichern.

⇨ Mit *Start > Beenden* ausspannen oder langsam zum Endspurt ansetzen!

Übung Flaschenöffner

Was wird geübt?
Strategien zur Flächen-
modellierung

Ein Flaschenöffner wird als Blechteil in Form eines
Flächenmodells gestaltet. Da der Flaschenöffner
symmetrisch zur Mittelebene ist, wird soweit möglich, nur eine Hälfte konstruiert. Zur Gestaltung des
ganzen Blechteils ist eine Strategie zur Unterteilung
in Flächenstücke notwendig. Der Öffner lässt sich
nicht aus einem einzigen „Rechteckfleck" erzeugen.
Erst mehrere „Rechteckflecke" zusammen beschreiben das Blechteil. Mit den geometrisch einfachen
Bereichen wird begonnen. Das Hebelauge kann
mit gleichbleibendem Profil aus **einer** Flächenform
erstellt werden. Der Griff hat eine Endausrundung
und einen sich verjüngenden Steg. Hier bieten sich
eine Translationsfläche und die Spantfläche an. Im
Herzstück des Öffners sind **mehrere** Flächenstücke
notwendig. Verschiedene Varianten sind möglich.
Zum einen wird der Bereich entlang des Rands mit
einer Spantfläche weitergeführt und die dreieckför-

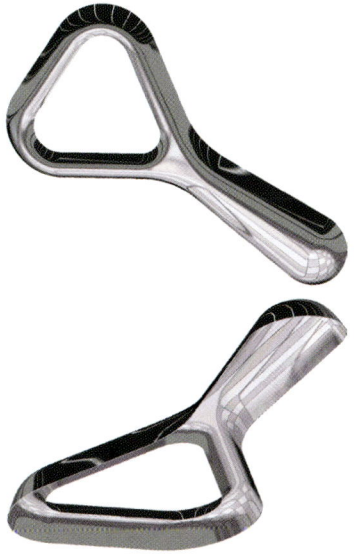

mige Mitte einfach ausgefüllt. Zum andern bietet sich die Unterteilung einer Hälfte
in drei Spantflächen an. Auf diese Weise ist der Übergang stärker modellierbar. Im
Hebelauge fehlt noch ein wesentliches Element zum Öffnen...

Die Gesamtform ist durch den umlaufenden ebenen Außenrand des Blechs definiert.
Der Innenrand am Hebelauge ist ebenfalls eben und 2 mm höher gelegen. Zur Beschreibung der Hilfsgeometrie wird ein eigenes *Geometrisches Set* angelegt und sprechend
benannt. Auch die einzelnen Geometrieelemente können für eine bessere Übersicht
eigene Namen haben.

⇨ Mit *Datei > Neu* eine neue Datei mit dem Typ *Part* anlegen und Flaschenoeffner
  nennen.

Flächenerzeugung

⇨ Mit *Umgebung* zur **Flächenerzeugung** umschalten.
⇨ Das *Geometrisches Set* zur besseren Übersicht umbenennen in Drahtmodell.

⇨ Mit *Skizzierer* eine Skizze auf einer
  Ebene anlegen.

Skizzierer

⇨ Mit *Profil* den halben Außenriss
  aus drei Geraden und dazwischen liegenden tangierenden
  Kreisen zeichnen. Mit einer 77,7
  mm langen Mittellinie schließen.
  Diese wird Hilfslinie. Die Gerade
  am Hebelauge misst 8,5 mm und

Profil

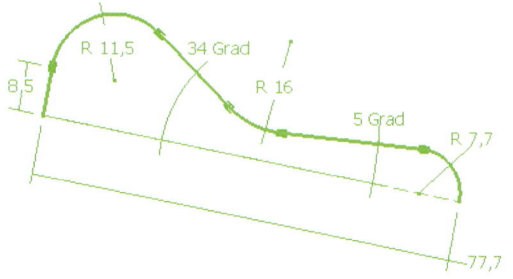

steht rechtwinklig zur Mittellinie. Der Radius am Auge misst 11,5 mm, in der Mitte 16 mm und am Griff 7,7 mm. Der Griffrand ist um 5 Grad und der Augenrand um 34 Grad zur Mittellinie geneigt.

⇨ Skizze beenden mit *Umgebung verlassen*.

 Umgebung verlassen

1 grüne Ebene
2 rote Ebene
3 blaue Ebene
4 Symmetrieebene

 Ebene

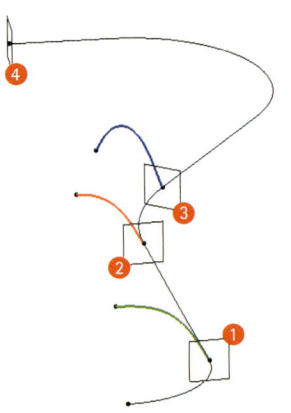

Zur weiteren Bearbeitung werden Hilfsebenen eingeführt, eine Mittel- oder Symmetrieebene und drei Ebenen für die Profilkurven der Blechform. An den Übergängen zu den Kreisen liegen am Griff unten das grüne Profil **1** für die Ausrundung, in der Mitte das rote Profil **2** für den Griff und am Beginn des Auges das blaue Profil **3** für das ganze Hebelauge.

⇨ Mit *Ebene* und dem Typ *Senkrecht zu Kurve* auf der Skizzenkurve vier Normalebenen konstruieren. Als *Punkt* die drei Übergangspunkte der Skizzenkreise für die notwendigen Profilebenen und den Anfangspunkt des Hebelauges für die Symmetrieebene **4** verwenden.

Die Profile am Griff bestehen aus einer Strakkurve über drei Punkte. Die Tangenten der Randpunkte werden ausgerichtet.

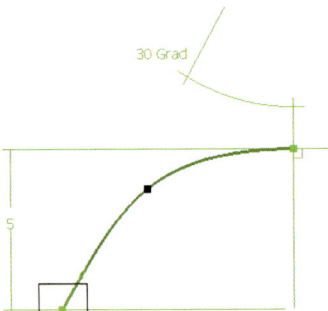

 Spline

⇨ Mit *Skizzierer* eine Skizze auf die grüne Ebene **1** legen.
⇨ Mit *Spline* das Profil der Griffhälfte über drei Punkte zeichnen. Durch Öffnen lassen sich im Dialog die Tangentenvektoren mit *Tangentenstetigkeit* aktivieren. Die Randpunkte liegen mit *Im Dialog definierte Bedingungen* und *Kongruenz* auf dem Randpunkt und auf der Symmetrieebene. Eine Tangente steht *Rechtwinklig* auf der Symmetrieebene. Die andere ist mit *Bedingung* unter 60 Grad zum Außenriss geneigt. Der Punkt an der Symmetrieebene liegt 5 mm über dieser Skizze. Den mittleren Punkt sinnvoll ausrichten und mit der *Krümmungsanalyse mit Stacheln* überprüfen.
⇨ Skizze beenden mit *Umgebung verlassen*.

⇨ Für das 4,4 mm hohe rote Profil **2** entsprechend wiederholen.

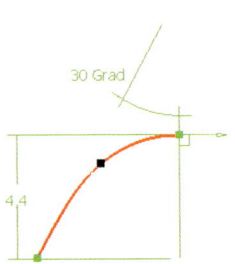

Das blaue Profil besteht aus zwei Strakkurven über je drei Punkte. Dadurch kann sich das Profil im mittleren Herzstück leichter für zwei Flächenstränge aufteilen. Der Hochpunkt hat eine zur Umrissebene parallele Tangente.

⇨ Mit *Skizzierer* eine Skizze auf die blaue Ebene **3** legen.

⇨ Mit *Spline* zwei Strakkurven über je drei Punkte aneinander zeichnen. Durch Öffnen der Kurven wieder die Endtangenten mit *Tangentenstetigkeit* aktivieren. Der rechte Randpunkt liegt mit *Im Dialog definierte Bedingungen* und *Kongruenz* auf dem Übergangspunkt am Außenriss. Die beiden Endpunkte des Profils sind unter 65 und 60 Grad zum Außenriss geneigt. Der linke Innenpunkt liegt mit *Bedingung* 2 mm über dem Außenriss und ist 6 mm vom anderen Profilende entfernt. Dazu eine Hilfsgerade durch den rechten äußeren Profilpunkt rechtwinklig zum Außenriss einfügen. Der Übergang zwischen den Profilkurven hat zwei Tangenten. Diese liegen mit *Kongruenz* aufeinander und *Rechtwinklig* zur Symmetrieebene. Der Zwischenpunkt liegt 4 mm über dem Außenriss. Die freien Profilpunkte sinnvoll ausrichten und überprüfen.

⇨ Skizze beenden mit *Umgebung verlassen*.

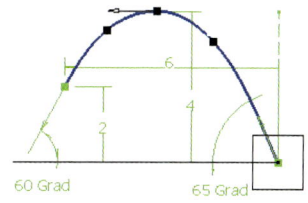

Im Dialogfenster def. Bedingungen

Bedingung

Die Griffausrundung und die Fläche am Hebelauge entstehen durch Profile, die längs Führungskurven verschoben werden. Diese bestimmen die Flächenlänge. Der Griff ist durch zwei Profile geprägt und kann als Spantfläche die Ausrundungsfläche tangieren. Die Flächen werden übersichtlich in einem eigenen *Geometrischen Set* abgelegt.

⇨ Mit *Trennen* den Außenriss (*Skizze.1*) als Bereich des Hebelauges am blauen Übergangspunkt kürzen. Auf das richtige Kurventeil achten. Ebenso zusätzlich den Ausrundungskreis am Griff abtrennen.

⇨ Mit *Einfügen > Geometrisches Set...* eine neue Ablage in den Strukturbaum aufnehmen und *Flächen* benennen. Als *Stammelement* gilt das Teil. Die Ablage ist automatisch in Bearbeitung.

⇨ Mit *Translation* und dem Profiltyp *Explizit* die blaue Profilskizze als Profil entlang der ersten Trennkurve als *Führungskurve* zur Fläche verschieben. Optionen werden nicht gebraucht.

⇨ Für die grüne Profilskizze und die Trennkurve an der Ausrundung wiederholen.

⇨ Mit *Fläche mit Mehrfachschnitten* entsteht der Übergang, wenn das rote und das grüne Profil die *Skizzen* und der Außenriss das *Führungselement* sind. Zusätzlich kann beim grünen Schnitt als *Tangente* die Ausrundungsfläche mitgegeben werden. Der Außenriss kann auch *Leitkurve* sein.

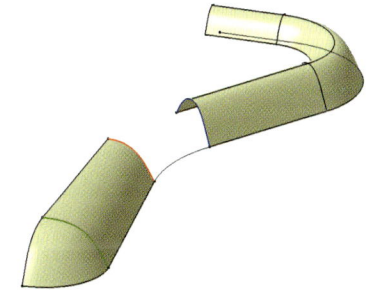

Trennen

Translation

Fläche mit Mehrfachschnitten

Hinweis:
Wird für die Spantfläche am Griff eine tangentiale Fortführung der Ausrundungsfläche zur Verbesserung des Flächenergebnisses vorgesehen, weicht der mittlere Längsrand der

Fläche von der Symmetrieebene ab. Eine Führungskurve auf der Symmetrieebene behebt das Problem. Allerdings verjüngt sich der Griff vom grünen zum roten Profil auch in der Höhe. Die Tangentenrichtung am Rand der Ausrundung bleibt aber auf derselben Höhe, also parallel zur Außenrissebene. Daher muss die zusätzliche Führungslinie in der Symmetrieebene eine Kurve sein. Diese kann als Strakkurve in einer Skizze konstruiert werden.

Für das Herzstück zwischen Griff und Hebelauge sind zwei Strategien zur Flächengestaltung sinnvoll:

Randbereiche definieren zu füllende Innenzone

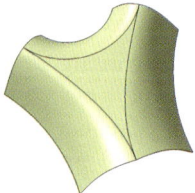

• Die Randbereiche des Herzstücks entwickeln sich entsprechend der schon gestalteten Flächen. Die Randstreifen werden sinngemäß fortgeführt. Im Innern verbleibt eine Restfläche, die als Ganzes (nicht symmetrisch geteilt) ausgefüllt wird. Die Funktion *Füllen* hat bei spitz zulaufenden Rändern, besonders bei gekrümmten Dreieckformen, numerische Grenzen. Diese Strategie wird als Grundlösung ausgeführt.

Kurvengerüst trägt Flächenbereich

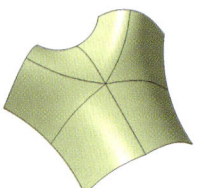

• Das Herzstück wird symmetrisch als halbes Teil gestaltet. In der Symmetrieebene ist eine zusätzliche Profilkurve nach dem Charakter der anderen Profile aus zwei Teilen einzufügen. Der Übergangspunkt der beiden Teilprofile wird zum Kreuzungspunkt weiterer Teilflächen. Vom Kreuzungspunkt aus teilen zwei weitere Kurven die Fläche in drei vierseitige Stücke. Alle sollen tangential ineinander münden und symmetrisch zur Mitte sein. Eine ebene Kurve unterteilt die Außenrandkurve und eine Kurve verläuft als Höhenlinie (räumliche Strakkurve) zum blauen Profil. Diese Strategie ist alternativ.

Als **Grundlösung** verbinden Randstreifen die Anschlussprofile am Herzstück. Für den seitlichen Streifen wird vom blauen Profil nur die äußere Hälfte gebraucht. Dann werden alle Flächen zur Mitte gespiegelt. Für den Rand am Auge wird ein verbindender tangierender Kreis zwischengeschaltet. Er liegt in der Innenrandebene. Der Randstreifen am Auge entsteht durch Translation um diesen Rand.

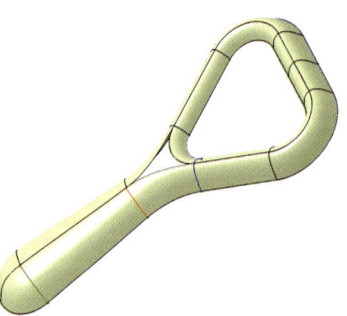

⇨ Mit *Kontextmenü > Objekt in Bearbeitung definieren* das Drahtmodell bereitstellen.
⇨ Mit *Trennen* das blaue Profil am mittleren Übergangspunkt halbieren. Dies für das zweite Kurvenstück wiederholen und mit *Andere Seite* die gewünschte auswählen.
⇨ Mit *Kontextmenü > Objekt in Bearbeitung definieren* die Flächen bereitstellen.
⇨ In der Funktion *Fläche mit Mehrfachschnitten* sind das rote **2** und das halbe blaue Profil **3** die *Schnitte* und das abgetrennte Randstück des Außen-

risses das *Führungselement*. Zusätzlich können bei den Schnitten die Nachbarflächen als *Tangente* angegeben werden. Der Außenriss kann auch *Leitkurve* sein.

⇨ Mit *Zusammenfügen* die Flächenstücke am Hebelauge, am Griff und den neuen Randstreifen zu einer Einheit machen.

 Zusammenfügen

⇨ Mit *Symmetrie* wird die Verbindung an der *Referenz* Symmetrieebene **4** ergänzt.

Symmetrie

⇨ Mit *Kontextmenü > Objekt in Bearbeitung definieren* das Drahtmodell bereitstellen.

⇨ Mit *Ebene* und dem Typ *Durch ebene Kurve* ergibt sich mit der inneren Ausrundung am Hebelauge (im vereinfachten Bild innen rechts) die Stützebene für die innere Randkurve.

⇨ Mit *Skizzierer* auf diese Hilfsebene zeichnen.

⇨ Mit *Dreipunktbogen* einen tangierenden Teilkreis zeichnen. Das rechte Ende im Bild liegt mit *Im Dialog definierte Bedingungen* und *Kongruenz* auf dem Eckpunkt des Innenrands. Der Kreismittelpunkt liegt ebenfalls mit *Kongruenz* auf der Symmetrieebene. Das rechte Ende hat *Symmetrie* zum linken Randpunkt, bezogen auf die Symmetrieebene.

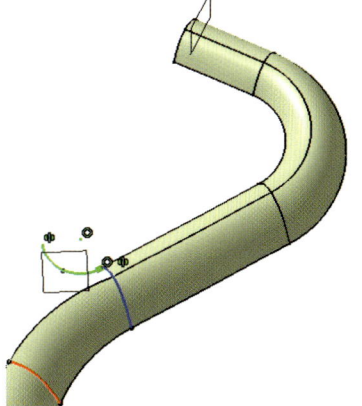

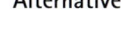 Dreipunktbogen

⇨ Skizze beenden mit *Umgebung verlassen*.

⇨ Mit *Kontextmenü > Objekt in Bearbeitung definieren* die Flächen bereitstellen.

⇨ Mit *Translation* und dem Profiltyp *Explizit* wird die kleinere halbe blaue Profilskizze **3** entlang des Randkreises als *Führungskurve* zur Fläche. Das Herzstück bleibt offen.

⇨ **Alternativ** ist auch eine *Fläche mit Mehrfachschnitten* möglich. Das halbe blaue Profil und sein symmetrisches Gegenstück sind *Schnitte*, der Innenkreis ist *Führungskurve* und *Leitkurve*. Eine tangentiale Weiterführung in die Nachbarflächen hinein ist optional.

Alternative

⇨ Mit *Füllen* den Restbereich schließen. Die *Kurven* sind die drei Innenkanten und die *Stützelemente* sind die daran anschließenden Flächen als tangentiale Fortführung. Wird die Dreiecksfläche im spitzen Eck nicht glatt (Flächenfunktion f(u,v)), liegt das an den Randstreifen. Mehr geometrischer Aufwand schafft eine bessere Lösung.

 Füllen

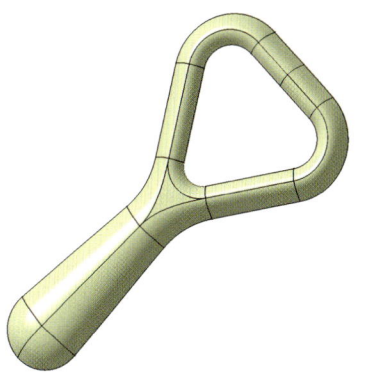

⇨ **Alternativ** liefert die Funktion *Füllen* aus der Umgebung **Freiformflächen** eine Aufteilung in angepasste „Rechteckbereiche". Diese NURBS-Flächen sind aber nicht assoziativ.

⇨ Mit *Zusammenfügen* auch das Hebelauge in den Flächenverband aufnehmen. Jetzt ist das Flächenmodell komplett.

Alternative

 Freiformflächen

 Füllen

Hinweis:
Die Funktion Zusammenfügen macht aus den Flächenteilen eine topologische Einheit. Dies gelingt nur, wenn zwischen den Teilen keine größeren Spalten liegen als ein einstellbarer Schwellenwert zulässt. Sollen die Teilflächen auch geometrisch zusammengefügt werden, muss die Funktion *Reparatur* benützt werden.

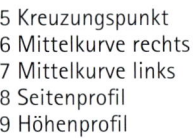 Teilekonstruktion

In der Umgebung **Teilekonstruktion** kann aus dem Flächenmodell mit der Funktion *Aufmaßfläche* ein Blechkörper werden.

⇨ Mit *Datei > Sichern unter...* das Bauteil im passenden Ordner unter gleichem Namen speichern.

Alternative

Alternative Lösung für die Verzweigung:

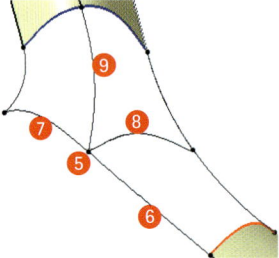

5 Kreuzungspunkt
6 Mittelkurve rechts
7 Mittelkurve links
8 Seitenprofil
9 Höhenprofil

Für die zweite Strategie wird der Bereich des Herzstücks nur symmetrisch halb gestaltet. In der Symmetrieebene liegt eine zusätzliche Berandungskurve, gebildet aus zwei ebenen Strakkurven 6/7. Deren mittlerer Verbindungspunkt 5 wird wichtigstes Steuerinstrument dieser Lösung. Von ihm aus teilt sich das fehlende Flächenstück in drei „Flächenrechtecke" auf. Durch seine Lage in der Höhe beeinflusst er die Fülligkeit der Flächen. Mit seiner Verschiebung parallel zur Symmetrieebene steuert er die Aufteilung in diese drei Flächenstücke. Dabei sollte darauf geachtet werden, dass die drei spitzen Winkel der neuen Flächenstücke an diesem Punkt etwa gleich groß werden. Alle drei Flächenstücke münden in die Tangentialebene am Kreuzungspunkt 5, die rechtwinklig zur Symmetrieebene steht. Zusätzlich kippt diese Ebene zum Öffnerauge hin. Durch den Kreuzungspunkt verläuft eine weitere Profilebene, die den seitlichen Randstreifen in zwei Einzelstücke auftrennt. Sie steht zu diesem normal. Mit der Profilkurve 8 werden dadurch zwei Flächenstücke geschaffen. Das dritte Stück entsteht, wenn die größere der beiden Flächen durch eine Höhenlinie 9 vom Kreuzungspunkt aus zum blauen Flächenrand unterteilt wird. Beide neuen Flächenränder 8/9 sollen am Kreuzungspunkt 1 in dessen Tangentialebene einmünden. Dies ist eine Voraussetzung dafür, dass sich die Flächen auch untereinander tangential verbinden.

⇨ Mit *Kontextmenü > Objekt in Bearbeitung definieren* das Drahtmodell bereitstellen.
⇨ Alle Flächen bis auf die drei Basisflächen der ersten Hälfte löschen. Allerdings bleibt die Ebene mit ihrem Kreisstück im Innern des Hebelauges erhalten.
⇨ Mit *Trennen* den Innenkreis an der Symmetrieebene halbieren. Das überstehende Stück mit *Anzeigen/Verdecken* ausblenden.

Das Profil in der Symmetrieebene besteht wieder aus zwei Strakkurven 6/7 mit je drei Punkten. Der Übergangspunkt 5 zwischen den Kurven ist zugleich Kreuzungspunkt weiterer Profile 8/9.

⇨ Mit *Skizzierer* die Symmetrieebene aktivieren.

⇨ Mit *Spline* zwei Strakkurven über je drei Punkte zeichnen. Durch Öffnen der Kurven alle Endtangenten mit *Tangentenstetigkeit* aktivieren. Mit *Im Dialog definierte Bedingungen* und *Kongruenz* liegen der Endpunkt der Kurve **6** am Griff (rechts in der Skizze) auf dem Eckpunkt der Griffläche, die mittleren Endpunkte beider Kurven aufeinander und der linke Endpunkt der Kurve **7** auf dem Endpunkt des Viertelkreises am

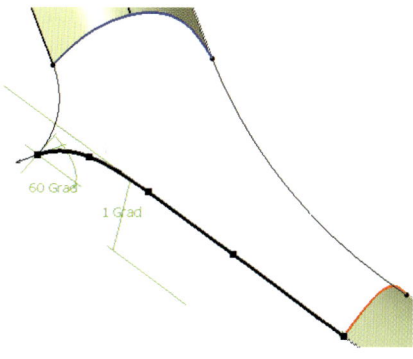

Hebelauge. Auch die beide Tangenten am Kreuzungspunkt **5** liegen aufeinander. Zusätzlich ist eine davon mit *Bedingung* um circa 1 Grad zum Außenriss geneigt, also flacher als der weiterführende Griffrand. Die Tangente am rechten Ende der Kurve **6** tangiert diese Randkurve der Griffläche. Die Tangente am linken Ende der Kurve **7** steigt um 60 Grad zur Kreisebene an. Die Innenpunkte so verteilen, dass die Kurve gleichmäßig gekrümmt ist. Dazu die *Krümmungsanalyse mit Stacheln* einsetzen.

 Krümmungsanalyse mit Stacheln

⇨ Am Kreuzungspunkt **5** stoßen drei Flächen zusammen, die dort jeweils etwa denselben Eckwinkel einschließen sollen. Die Lage des Kreuzungspunkts optimieren.

⇨ Skizze beenden mit *Umgebung verlassen*.

Für die neuen Trennprofile werden die Tangentenrichtungen am Kreuzungspunkt **5** gebraucht. Beide Profile münden an diesem Punkt in die Tangentialebene der Kurve. Diese Ebene steht senkrecht zur Symmetrieebene. Zusätzlich liegt in ihr die Profiltangente. Dadurch kippt die Ebene um 1 Grad zum Hebelauge.

⇨ Mit *Skizzierer* auf die Symmetrieebene zeichnen.

⇨ Mit *Linie* eine Gerade (orange) zeichnen. Ein Endpunkt liegt mit *Im Dialog definierte Bedingungen* und *Kongruenz* auf dem Kreuzungspunkt **5** und die Gerade hat *Tangentenstetigkeit* zur Kurve **6**.

 Linie

⇨ Skizze beenden mit *Umgebung verlassen*.

⇨ Mit *Ebene* und dem Typ *Winkel/rechtwinklig zu Ebene* entstehen die Tangentialebene durch die Tangente als *Rotationsachse* und die Symmetrieebene als *Referenz*. Es gilt die Einstellung *Senkrecht zu Ebene*.

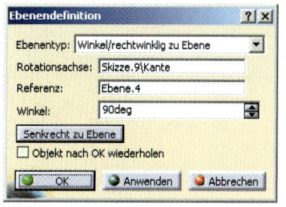

Alternative

Alternativ und konsequenter ist es, zuerst die Gerade auf die Symmetrieebene zu zeichnen und dann die beiden Kurven **6/7** an den Endpunkt **5** tangential anzuhängen.

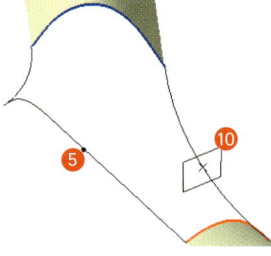

Der Randstreifen wird in zwei Teile geteilt. Dazu wird eine Hilfsebene normal zur Randkurve durch den Kreuzungspunkt **5** erzeugt. In ihr liegt ein Trennprofil.

5 Kreuzungspunkt
10 Trennebene

⇨ Mit *Ebene* und dem Typ *Senkrecht zu Kurve* eine Hilfsebene **10** einfügen. Als *Kurve* den Außenrand und als *Punkt* den Kreuzungspunkt **5** der Profile auf der Symmetrieebene benutzen.

⇨ Mit *Verschneidung* einen Punkt als Schnittpunkt zwischen dem Außenrand und der neuen Ebene erzeugen. Er dient als Stützelement für das Profil.

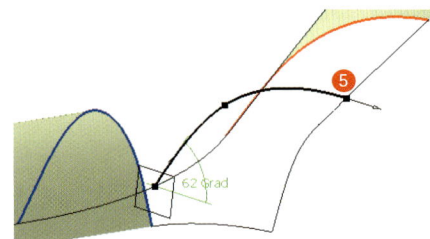

Das Trennprofil am Außenriss wird wieder aus drei Punkten aufgebaut. Es verbindet den Außenrand mit dem Kreuzungspunkt **5** im Charakter des roten Profils.

5 Kreuzungspunkt

⇨ Mit *Skizzierer* auf die Normalebene **10** zeichnen.
⇨ Mit *Spline* eine neue Strakkurve über drei Punkte zeichnen. Der untere linke

Randpunkt liegt mit *Im Dialog definierte Bedingungen* und *Kongruenz* auf dem neuen Schnittpunkt. Der entgegengesetzte rechte Endpunkt liegt mit *Kongruenz* am Kreuzungspunkt **5**. Die Endtangente am Außenriss steigt mit *Bedingung* um 62 Grad zur Außenrissebene an. Am inneren Übergang hat die Endtangente *Parallelität* zur Tangentialebene am Kreuzungspunkt **1**. Den mittleren freien Punkt ausrichten.
⇨ Skizze beenden mit *Umgebung verlassen*.

Für die zweite Trennkurve **9** als Höhenlinie zwischen dem blauen Profil **3** und dem Kreuzungspunkt **5** wird die Tangentenrichtung am Kreuzungspunkt **5** vorgegeben. Diese Tangente an die räumliche Strakkurve liegt in der Tangentialebene des Kreuzungspunkts **5**.

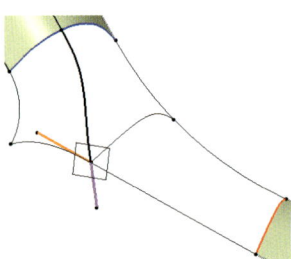

⇨ Mit *Skizzierer* auf der Tangentialebene am Kreuzungspunkt **5** mit *Linie* eine Gerade (violett) skizzieren. Ein Endpunkt liegt mit *Im Dialog definierte Bedingungen* und *Kongruenz* auf dem Kreuzungspunkt **5**. Diese Tangente sollte den Restwinkel des Flächenstücks in etwa halbieren. Skizzierer verlassen.

 Spline

⇨ Mit *Spline* eine räumliche Strakkurve über zwei Punkte zeichnen. Im Dialog den Zwischenpunkt am blauen Profil **3** und den Kreuzungspunkt **5** am mittleren

Profil als Anfangs- und Endpunkt eintragen. Mit *Parameter hinzufügen* den Bedingungstyp *Von Kurve* mit der Stetigkeit *Tangentenstetigkeit* einstellen. Als *Element* dient für den Endpunkt am blauen Profil **3** eine Flächengerade der weiterführenden Fläche und am Kreuzungspunkt **5** die Skizzengerade. Auch die *Krümmung* kann bei *Stetigkeit* vereinbart werden.

⇨ Mit *Kontextmenü > Objekt in Bearbeitung definieren* die Ablage Flächen bereitstellen.

⇨ Für die Funktion *Fläche mit Mehrfachschnitten* als *Schnitte* das rote Profil **2** und das Zwischenprofil **8** auswählen. Die in der Bildfolge erste Zwischenfläche hat am roten Profil die weiterführende Grifffläche als Tangentenrichtung. Als *Führungselemente* dienen das Profil **6** auf der Symmetrieebene und die Außenrandkurve. Als *Leitkurve* kann die Außenrandkurve genutzt werden.

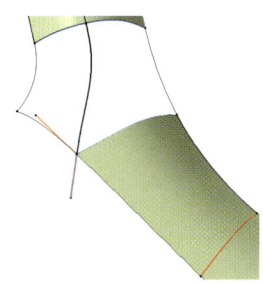

⇨ Die weiterführende *Fläche mit Mehrfachschnitten* schließt am Zwischenprofil als erstem *Schnitt* tangentenstetig an. Zweiter *Schnitt* ist das halbe blaue Profil am Öffnerauge, ebenfalls mit tangentialer Weiterführung. *Führungselemente* sind der Außenrand und die räumliche Strakkurve.

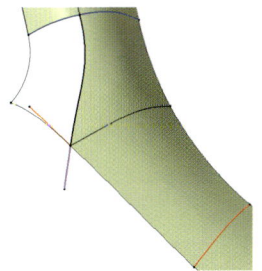

⇨ Die dritte *Fläche mit Mehrfachschnitten* verbindet als *Schnitt* das innere halbe blaue Profil **3** und das Profil **7** auf der Symmetrieebene. *Führungselemente* sind der Viertelkreis am Öffnerauge und die räumliche Strakkurve **10**. Am blauen Profil und an der räumlichen Strakkurve tangiert die neue Fläche die Nachbarn.

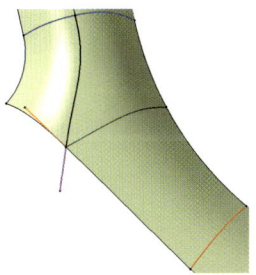

Soll die Innenrandfläche auch tangential in ihre symmetrische Zwillingsfläche übergehen, kann eine Hilfsfläche verwendet werden. Dieser rechtwinklig zur Symmetrieebene stehende Tangentenstreifen entsteht, wenn der Profilrand **6/7** normal zur Symmetrieebene extrudiert wird.

⇨ Mit *Kontextmenü > Objekt in Bearbeitung definieren* das Drahtmodell bereitstellen.

⇨ Im *Skizzierer* eine *Linie* auf die Ebene des Innenkreises am Öffnerauge zeichnen (im nächsten Bild die kurze grüne Gerade). Ein Endpunkt liegt mit *Im Dialog definierte Bedingungen* und *Kongruenz* auf dem Kreisendpunkt, und die Gerade steht mit *Rechtwinklig* auf der Symmetrieebene **4**.

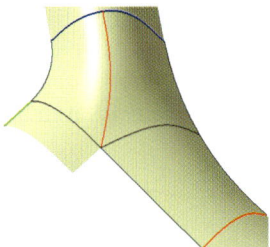

Extrudieren

⇨ Mit *Kontextmenü > Objekt in Bearbeitung definieren* die Flächen bereitstellen.

⇨ Mit *Extrudieren* die Tangentialflächen zeichnen. Die Strakkurve **6** bziehungsweise **7** ist das *Profil* und die *Richtung* bestimmt die neue Skizzengerade. (Darauf achten, dass nicht die Flächenkante benützt wird. Es würde sonst ein Abhängigkeitsfehler entstehen. Die Kante ist ja ein „Kind" der „Mutter" Fläche und würde jetzt die Fläche verändern.)

⇨ Durch Öffnen der *Fläche mit Mehrfachschnitten* wird im Dialog der entsprechende *Schnitt* aktiviert. Mit *Hinzufügen* kann die Tangentialfläche eingegeben werden.

⇨ Mit *Zusammenfügen* alle nutzbaren Einzelflächen der symmetrischen Hälfte zu einer Einheit binden.

⇨ Mit *Symmetrie* wird daraus das alternative Flächenmodell.

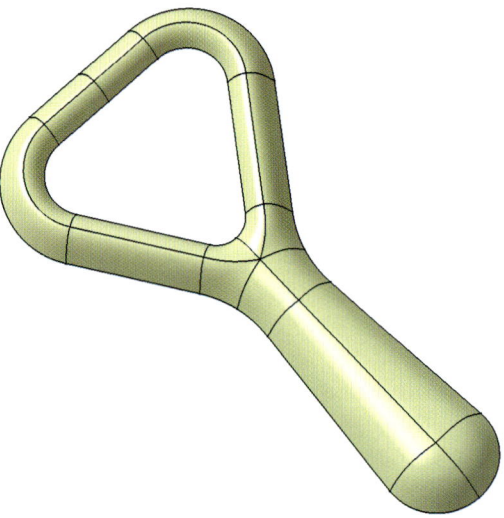

Da alle Elemente objektbezogen aufgebaut sind, können der Kreuzungspunkt und die Tangenten der Teilflächen zur Flächenverbesserung in ihrer Lage variiert werden.

⇨ Mit *Datei > Sichern unter...* das Bauteil im passenden Ordner unter geändertem Namen speichern.

⇨ Mit *Start > Beenden* Schluss machen oder gleich die letzte Übungsnuss knacken.

Übung Tretkurbel

Als anspruchsvolle Herausforderung wird zuletzt eine Tretkurbel mit Flächen modelliert. Die fünf Finger, die das Kettenblatt halten, ergeben sich im Prinzip rotationssymmetrisch. Zusätzlich ist jeder Finger auch zu seiner Mitte symmetrisch. Die selbst ebenfalls symmetrische Kurbel fügt sich möglichst glatt in den Fingerstern ein. Die eigentliche Modellierung beschränkt sich also auf einen halben Finger, eine halbe Kurbel und einen Übergangsbereich zwischen Finger und Kurbel. Finger, Kurbel und Übergang gestalten sich jeweils am besten als „Rechteckflecke", also mit Flächen gespannt über mehrere Querprofile. Diese idealen Flächen überschneiden sich jedoch im Innenbereich. Eine Übergangszone muss ausgleichen. Die Struktur wird variabel aufgebaut, sodass sich eine angepasste, individuelle Lösung optimieren lässt. **Daher wird besonderer Wert darauf gelegt, die Beziehungsstruktur mit möglichst originären Objekten aufzubauen.** Das Flächenmodell dient dazu, die Tretkurbel als Körpermodell zu formen. Es beginnt also im *Geometrischen Set*, das Flächenergebnis wird im *Körper* weiterverarbeitet.

Was wird geübt?
Strategien entwickeln können für Meßstrukturen, für Modellstrukturen, für Flächenübergänge

Die Tretkurbel ist eine schon etwas aufwändigere Konstruktion. Um den Überblick über die Struktur und die verschiedenen geometrischen Bestimmungsstücke zu behalten, sind unterschiedliche Hilfsmittel einsetzbar. Im Strukturbaum gibt es die beiden Strukturelemente *Körper* und *Geometrisches Set*. Der Finger und die Kurbel mit Übergangsbereich können in Körperspeicher und die Bezugsgeometrie kann in beliebige Sets aufgeteilt werden. Die Geometrischen Sets spiegeln sinnvollerweise die Struktur der Geometrie wieder, also den Finger, die Kurbel, ... Zusätzlich ist es ratsam, bestimmte Definitionsobjekte, also Symmetrieebenen oder gemeinsame Formleitlinien innerhalb eines Sets noch einmal durch Untersets weiter zu unterteilen. Das schafft die Möglichkeit, die jeweilige Arbeitsgeometrie am Schirm zu ordnen, also alles Notwendige anzuzeigen und das Andere gezielt zu verdecken. Im Strukturbaum lässt sich Ablesbarkeit schaffen, wenn alle Definitionsobjekte sprechend benannt werden. Außerdem sind die Handlungsanweisungen für die jetzt schon Geübten, wo es möglich erschien, knapper gefasst. Und in den dargestellten Aufbausituationen ist versucht worden, nicht nur den aktuellen Stand zu zeigen, sondern auch Definitionsobjekte mit aufzunehmen.

Finger

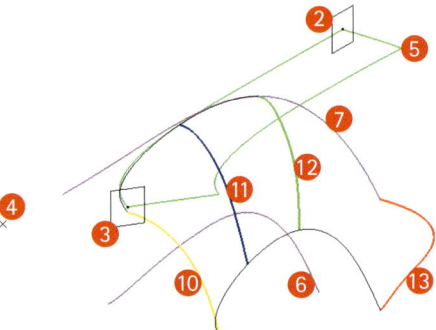

2 ErsteSymmetrieEbene
3 ZweiteSymmetrieEbene
4 Mittelpunkt
5 AufrissFinger
6 ErsterSeitenrissFinger
7 ZweiterSeitenrissFinger
10 Gelber Fingerschnitt
11 Blauer Fingerschnitt
12 Grüner Fingerschnitt
13 Roter Fingerschnitt

Die Fläche des halben Fingers definiert sich durch die im Bild schwarz/violetten Längsränder und dazu quer verlaufenden Profilen in den Grundfarben. Die gewählte Messstruktur oder das Bezugssystem definiert sich durch eine Aufriss- **1** und eine Seitenrissebene **2**. Die grüne Fingerdraufsicht **5** liegt in der roten Aufrissebene **1**, die durch den höchsten Punkt **4** der Tretkurbel in Sternmitte verläuft. Der Aufriss definiert mit seinem Profil zusätzlich die beiden schwarzen Symmetrieebenen **2/3**, die einen Winkel von 36 Grad einschließen (bei zehn halben Fingern). Die Seitenrisse **6/7** liegen in der ersten Symmetrieebene **2**. Die eigentlichen Flächenlängsränder kombinieren sich als Raumkurven jeweils aus Aufriss **5** und Seitenriss **6/7**. In diese Längskurven hängen sich dann Querprofile ein **10/11/12/13**. Zur Beschreibung dieser Draht- und Flächengeometrie wird ein eigenes *Geometrisches Set* angelegt.

⇨ Mit *Datei > Neu* ein neues *Part* anlegen und Tretkurbel nennen.
⇨ Mit *Umgebung* zur **Flächenerzeugung** wechseln.
⇨ Das *Geometrische Set* zur besseren Übersicht umbenennen in Finger.

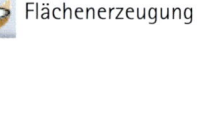 Flächenerzeugung

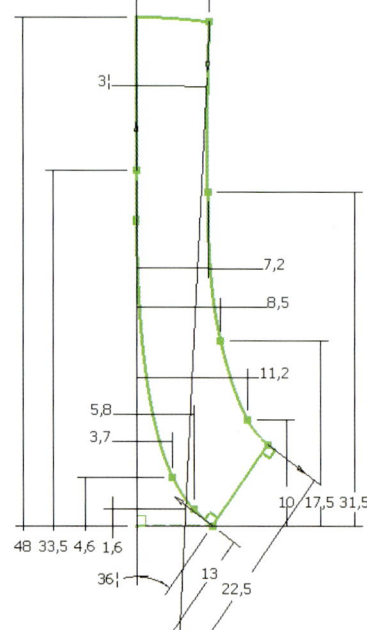

Zuerst entsteht der Umriss der oberen Fingerfläche als Aufriss. Er berührt und verbindet die beiden Symmetrieebenen **2/3**. Es entsteht ein Kurvenzug, rechts oben mit einem Teilkreis entgegen der Uhr beginnend, gefolgt von einer Geraden, einer Strakkurve, wieder einer kurzen Geraden und endet in einer langen Strakkurve.

⇨ *Skizzierer* auf einer beliebigen Ebene öffnen.
⇨ Zuerst mit *Profil* oben rechts beginnend ein kurzes Kreisstück und vier Geraden zeichnen. Die erste und zweite Gerade liegen in Verlängerung (im Bild links nach unten), die dritte ist dazu rechtwinklig (im Bild unten nach rechts), und die vierte kurze liegt schräg nach oben. Den Kreismittelpunkt durch Verschieben als Mittelpunkt **4** ganz nach unten positionieren. Er wird *Standardelement*. Die zweite und dritte Gerade werden mit *Konstruktionselement* zu Messhilfslinien. Mit *Spline* die linke Strakkurve über vier Durchlaufpunkte zwischen die erste

Skizzierer

Profil

Spline

und vierte Gerade skizzieren. Die rechte Strakkurve verbindet das Ende der schrägen vierten Geraden mit dem Kreisende rechts. Dafür die Anfangs- und Endpunkte der zuvor gezeichneten Elemente gleich mitbenutzen. Die Endtangenten der beiden Strakkurven fordern. Mit *Im Dialogfenster definierte Bedingungen* und *Kongruenz* die erste und vierte Gerade durch den Kreismittelpunkt **4** links unten laufen lassen. Die Endtangenten der Strakkurven am im Bild unteren Ende stehen jeweils *Rechtwinklig* zur schräg verlaufenden vierten Geraden. Die obere Endtangente der linken Kurve ist zur anschließenden ersten Geraden deckungsgleich. Die obere Endtangente der rechten Kurve hat einen Winkel von 3 Grad zur gegenüberliegenden ersten Geraden. Eine Gerade und deren Endpunkt *Fixieren*. Mit *Bedingung* am Hilfsgerüst ausreichend vermaßen.

 Im Dialogfenster def. Bedingungen

⇨ Mit *Ausgabekomponente* die Strakkurven, den Kreis und die Gerade links oben für den Raum als gesonderte Ausgabe vereinzeln.

⇨ Skizze beenden mit *Umgebung verlassen*. Skizze umbenennen in AufrissFinger.

 Bedingung

 Ausgabe-komponente

Umgebung ver-lassen

Zur weiteren Bearbeitung werden Hilfsebenen eingeführt. Die rote Aufrissebene **1** wird als eigene Ebene konstruiert, um vom Koordinatensystem frei zu sein. Die beiden Symmetrieebenen **2/3** des Fingers verlaufen jeweils durch die beiden kurzen Geraden der Draufsicht.

⇨ Mit *Ebene* und dem Typ *Durch zwei Linien* die rote Aufrissebene **1** durch zwei Geraden der Aufrissskizze legen. Diese Ebene umbenennen in AufrissEbene. Mit dem Typ *Senkrecht zu Kurve* zwei Ebenen erstellen. Die erste Symmetrieebene **2** steht normal zum Ausgabekreis der ersten Skizze und geht durch deren im vorherigen Bild linken Endpunkt. Diese Ebene umbenennen in ErsteSymmetrieEbene. Die zweite Symmetrieebene **3** steht normal zur linken Ausgabekurve und geht durch deren im vorherigen Bild unteren Endpunkt. Diese Ebene umbenennen in Zweite-SymmetrieEbene.

Ebene

Der untere Seitenriss **6** in der ersten Symmetrieebene bildet zusammen mit der rechten Kurve des Aufrisses die räumliche Außenkante des Fingers. Für die folgenden Strakkurven wird sinnvollerweise ein Beschreibungsrahmen aus Hilfsgeraden für Messung und Zeichnung verwendet.

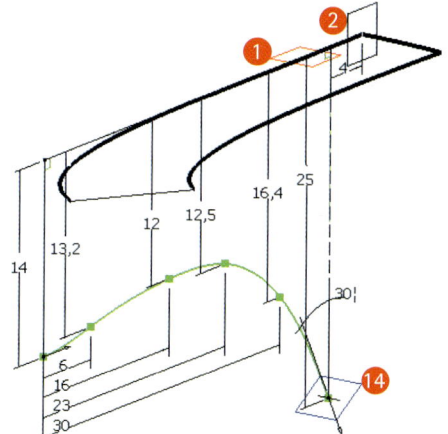

1 AufrissEbene
2 ErsteSymmetrieEbene
14 AbschlussEbeneFinger

⇨ Mit *Skizzierer* eine Skizze auf die Erste-SymmetrieEbene **2** legen.

⇨ Zuerst mit *Profil* und *Konstruktionselement* ein nach unten offenes Hilfsrechteck als Bezugssystem skizzieren. Mit *Spline* eine Strakkurve durch sechs Punkte zeichnen. Die unteren Endpunkte der Hilfsgeraden gleich als Endpunkte der Kurve mitbenutzen. Den Seitenriss mit der entsprechenden Aufrisskurve verbinden. Dazu mit *Im Dialogfenster definierte Bedingungen* und *Kongruenz* den linken oberen Eckpunkt der Hilfslinien auf den im Bild vorderen Endpunkt der rechten Strakkurve des AufrissFingers 5 legen (genaugenommen auf dessen Projektion). Dazu dessen Skizzenausgabe nutzen. Zusätzlich liegt die mittlere Rechteckgerade auf der roten AufrissEbene 1. Die linke Endtangente der Strakkurve ist *Rechtwinklig* zur linken Hilfsgeraden. Mit *Bedingung* ausreichend vermaßen. Den rechten oberen Eckpunkt der Hilfslinien auf das Kreisende an der ersten Symmetrieebene 2 im AufrissFinger 5 einmessen. Rechte Endtangente der Strakkurve und rechte Hilfsgerade schließen einen Winkel ein.

⇨ Skizze beenden mit *Umgebung verlassen*. Die Skizze umbenennen in ErsterSeitenrissFinger.

⇨ Mit *Ebene* und dem Typ *Senkrecht zu Kurve* die rechte Abschlussebene des Fingers konstruieren. Sie steht normal zur Strakkurve des ersten Seitenrisses und geht durch deren rechten Endpunkt. Im Bild ist sie blau eingefärbt. Die Ebene 14 umbenennen in AbschlussEbeneFinger.

Der zweite Seitenriss 7 bildet zusammen mit der linken Kurve des Aufrisses 5 die Innenkante des Fingers. Die Strakkurve hängt sich wieder in einen Hilfsrahmen.

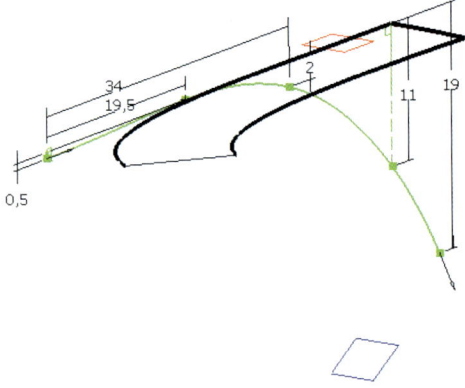

■ Punkt

⇨ Mit *Skizzierer* wieder auf die ErsteSymmetrieEbene 2 zeichnen.

⇨ Mit *Profil* und *Konstruktionselement* ein unten offenes Hilfsrechteck skizzieren. Mit *Punkt* und *Standardelement* einen Punkt auf die obere Gerade des Hilfsrechtecks legen. Er wird Hoch- und Durchlaufpunkt der Strakkurve.

⇨ Mit *Spline* eine Kurve durch fünf Punkte zeichnen. Den linken Endpunkt des Hilfsrechtecks als Anfangspunkt, als zweiten den Hochpunkt und als vierten oder vorletzten

Punkt den rechten Endpunkt des Hilfsrechtecks mitbenutzen. Beide Endtangenten und die Tangente am Hochpunkt verlangen. Den Seitenriss wieder mit der entsprechenden Aufrisskurve verbinden. Dazu mit *Im Dialogfenster definierte Bedingungen* und *Kongruenz* den linken oberen Eckpunkt der Hilfslinien auf den im Bild vorderen Endpunkt der linken Strakkurve des AufrissFingers 5 legen (auf dessen Projektion). Der rechte obere Eckpunkt der Hilfslinien liegt auf dem linken Endpunkt des Kreises im AufrissFinger. Der Endpunkt der Strakkurve liegt auf der blauen AbschlussEbeneFinger 14. Die linke Endtangente der Strakkurve ist *Rechtwinklig* zur linken Hilfsgeraden und die rechte zur blauen AbschlussEbeneFinger. Die Tangente am Hochpunkt hat *Parallelität* zur oberen Hilfsgeraden. Mit *Bedingung* die restlichen Maße vergeben.

⇨ Skizze beenden mit *Umgebung verlassen*. Die Skizze umbenennen in ZweiterSeitenrissFinger.

⇨ Mit *Kombinieren* und dem Kombinationstyp *Senkrecht* wird aus der Skizze ErsterSeitenrissFinger 6 mit der im Bild rechten Strakkurve aus der Skizze AufrissFinger 5 die rechte Randkurve des Fingers. Die Kurve umbenennen in SeitenRandFinger 8. Die Kurve ZweiterSeitenrissFinger 7 und die linke Strakkurve der Skizze AufrissFinger 5 kombinieren den vorderen Teil des oberen Rands der Fingerfläche. Die Kurve umbenennen in ObererVordererRandFinger 9. Der hintere Teil ist identisch mit dem Seitenriss 7 und wird nicht erzeugt. Dieser Innenrand besteht also aus zwei Kurven.

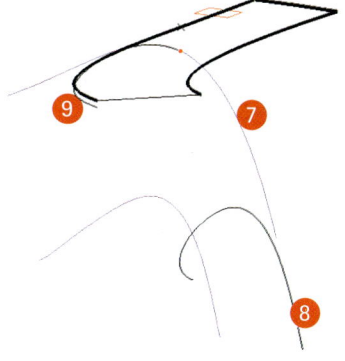

 Kombinieren

7 ZweiterSeitenrissFinger
8 SeitenRandFinger
9 Vorderer Rand

Längs dieser drei neuen Führungskurven **7/8/9** bildet sich die beste Flächenqualität, wenn mehrere Querprofile die Flächenform als gedachtes Rechteck genauer beschreiben. Dabei wird in Kauf genommen, dass diese Fläche teilweise über den Nutzbereich hinausreicht. Wichtig für die Festlegung der Führungskurven und der Querprofile ist, ob und wie sie sich maßlich erfassen lassen. Insgesamt vier Querprofile liegen jeweils auf Normalebenen zur oberen Innenkurve **7/9**. Die Zwischenprofile schneiden zusätzliche Einhängepunkte für die Profile auf den Längsrändern aus. Für deren Lage bieten sich der Hochpunkt und der Trennpunkt zwischen dem vorderen und dem hinteren Stück der Innenkurve an.

Querprofile hängen sich an die Längsränder

⇨ Mit *Skizzierer* auf die ZweiteSymmetrieEbene den gelben Fingerschnitt **10** zeichnen. Mit *Profil* und *Konstruktionselement* zwei rechtwinklig zueinander stehende Hilfsgeraden zum Einmessen skizzieren. Mit *Spline* eine Kurve durch vier Punkte gleich zwischen die offenen Endpunkte der Hilfsgeraden zeichnen. Mit *Im Dialogfenster definierte Bedingungen* und *Kongruenz* liegen die beiden Endpunkte zusätzlich auf den Endpunkten der räumlichen Fingerränder **8/9**. Die lange Hilfsgerade (senkrecht im Bild) steht *Rechtwinklig* auf der roten AufrissEbene **1**. Mit *Bedingung* die restlichen Maße vergeben. Skizze beenden mit *Umgebung verlassen*.

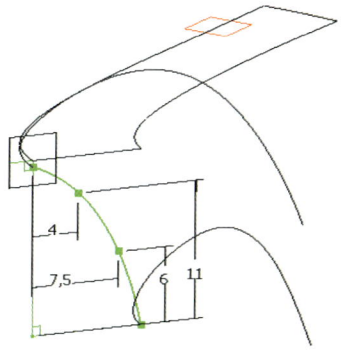

Gelber Fingerschnitt **10**

⇨ Mit *Ebene* und dem Typ *Senkrecht zu Kurve* die zweite Profilebene für den blauen Fingerschnitt **11** konstruieren. Sie steht normal zur Kurve ObererVordererRandFinger 9. *Punkt* ist der Standardpunkt aus der Skizze ZweiterSeitenrissFinger **7**.

 Verschneidung

⇨ Mit *Verschneidung* ergeben als *Erstes Element* diese Normalebene und als *Zweites Element* die Kurve ObererVordererRandFinger **9** den oberen Schnitt- und Aufhängepunkt. Für die andere Kurve SeitenRandFinger **8** wiederholen.

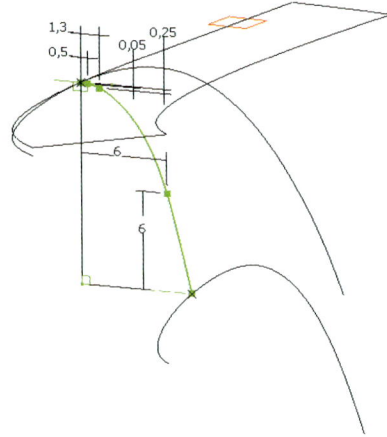

Blauer Fingerschnitt **11**

⇨ Mit *Skizzierer* auf diese Ebene zeichnen. Mit *Profil* und *Konstruktionselement* wieder das rechtwinklig zueinander stehende Hilfsgerüst aus zwei Geraden skizzieren. Mit *Spline* eine Strakkurve durch fünf Punkte zwischen die Endpunkte der Hilfsgeraden zeichnen. Die obere Endtangente fordern. Mit *Im Dialogfenster definierte Bedingungen* und *Kongruenz* liegen die beiden Endpunkte auf den Schnittpunkten der Fingerrandkurven **7/9**. Die Endtangente steht mit *Rechtwinklig* auf der langen (im Bild senkrechten) Hilfsgeraden und diese Hilfsgerade ihrerseits auf der roten AufrissEbene **1**. Mit *Bedingung* die restlichen Maße vergeben. *Umgebung verlassen*.

⇨ Mit *Ebene* und dem Typ *Senkrecht zu Kurve* die dritte Profilebene konstruieren. Sie steht wieder normal zur Kurve ObererVordererRandFinger **9**. Mit *Punkt* liegt sie auch im Endpunkt dieser Kurve.

⇨ Mit *Verschneidung* dieser Ebene mit dem Seitenrand **8** ergeben sich wieder die beiden Schnitt- und Aufhängepunkte für den grünen Fingerschnitt **12**.

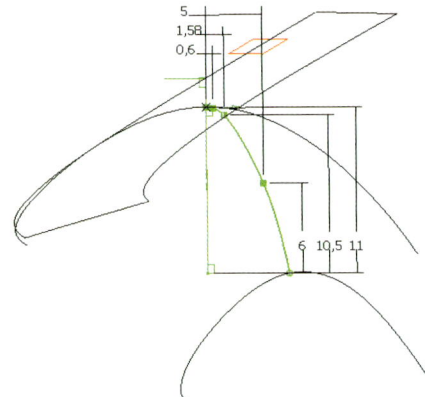

Grüner Fingerschnitt **12**

⇨ Mit *Skizzierer* auf dieser Ebene den Querschnitt in derselben Weise aufbauen, mit geometrischen Bedingungen festlegen und vermaßen wie die vorige Skizze. *Umgebung verlassen*.

⇨ Mit *Skizzierer* auf die blaue AbschlussEbene-Finger das rote Finger- oder Abschlussprofil **13** zeichnen. Mit *Profil* und *Konstruktionselement* wieder zwei rechtwinklig zueinander stehende Hilfsgeraden skizzieren. Mit *Spline* eine Strakkurve durch sechs Punkte zeichnen. Die Endpunkte der Hilfsgeraden gleich für die Endpunkte der Kurve nutzen. Beide Endtangenten fordern. Mit *Im Dialogfenster definierte Bedingungen* und *Kongruenz* liegen die beiden Endpunkte auf den Endpunkten der Fingerrandkurven **7/8**. Die linke obere Endtangente steht mit *Rechtwinklig* auf der langen Hilfsgeraden sowie diese wiederum auf der roten AufrissEbene. Mit *Bedingung* vermaßen. *Umgebung verlassen.*

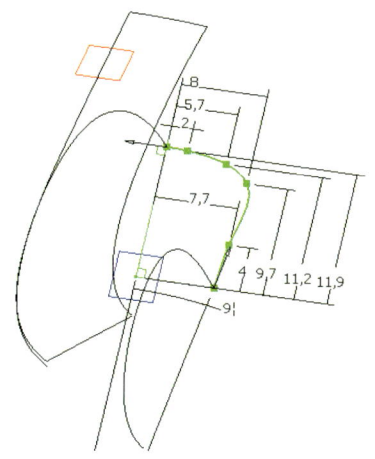

Roter Fingerschnitt **13**

Da die obere Kombinationskurve **9** am dritten Querprofil endet, in den Darstellungen von vorn gemessen, führt der orginale zweite Seitenriss **7** den Innenrand fort. Der zweite Seitenriss **7** wird deshalb am dritten Querprofil **12** abgeschnitten und mit der Kombinationskurve **9** vereinigt.

⇨ Mit *Trennen* die Kurve ZweiterSeitenrissFinger **7** am oberen Schnittpunkt des dritten Querprofils kürzen. Den in den Darstellungen hinteren Teil behalten. Die Kurve ObererHintererRandFinger nennen.

 Trennen

⇨ Mit *Zusammenfügen* aus der Kurve ObererVordererRandFinger und dem gekürzten Seitenriss eine (logische) Einheit formen. Die Kurve ObererRandFinger nennen.

Zusammenfügen

Neben den Längskurven und den Querprofilen empfiehlt es sich, zur Flächenbeschreibung zusätzliche Tangentialbedingungen einzuführen. Längs der Symmetrieebenen soll die neue Fläche jeweils rechtwinklig einmünden. Dies wird durch Flächenstreifen simuliert.

⇨ Mit *Linie* und der Linienart *Tangential zu Kurve* eine Verlängerung zur *Kurve* ObererVordererRandFinger und als *Element2* durch den vorderen Endpunkt dieser Kurve legen. Die Länge reicht von *Start* 0 mm bis *Ende* mit 1 mm.

Linie

⇨ Mit *Translation* und dem Profiltyp *Explizit* die neue Gerade als *Profil* entlang des gelben Fingerschnitts **10** als *Führungskurve* zum Flächenstreifen entwickeln. Der Subtyp *Mit Referenzfläche* und alle anderen Optionen werden nicht gebraucht. Der im Bild untere Streifen entsteht.

Translation

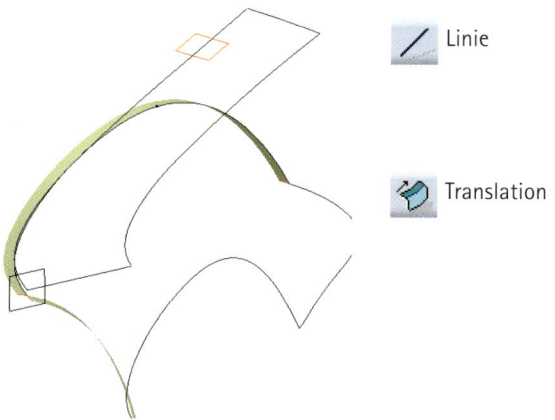

⇨ Für den langen Flächenstreifen mit *Linie* zwei Geraden konstruieren. Sie stehen mit der Linienart *Senkrecht zur Fläche* auf ErsteSymmetrieEbene **2**. Die Geraden verlaufen durch die oberen Schnittpunkte der Querprofile **11** und **12**. Eine weitere *Linie* der Linienart *Tangential zu Kurve* als Verlängerung des gelben Fingerschnitts **10** nach oben durch dessen im vorigen Bild oberen Endpunkt legen. Dieselben Parameter wie bei der ersten Linie verwenden.

⇨ Mit *Translation* und dem Profiltyp *Explizit* die Gerade am gelben Fingerschnitt **12** entlang der Kurve ObererHintererRandFinger als *Führungskurve* in Richtung roter Fingerschnitt **13** entwickeln. Alle anderen Optionen werden nicht gebraucht.

⇨ Der vordere Streifenteil entsteht als *Fläche mit Mehrfachschnitten*. Die Schnitte sind die konstruierten Geraden am Innenrand und das *Führungselement* ist die Kurve ObererVordererRandFinger **9**. Am grünen Fingerschnitt **12** auch den schon konstruierten hinteren Flächenstreifen als Tangentenbedingung nutzen.

⇨ Beide Längsstreifen mit *Zusammenfügen* zu einer Einheit zusammenfassen.

Fläche mit Mehrfachschnitten

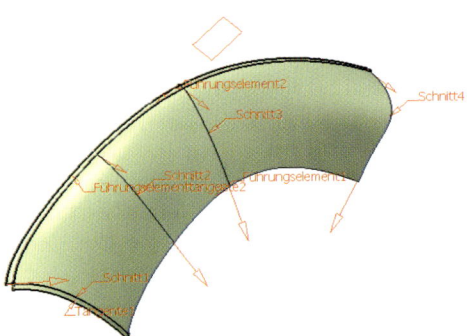

⇨ Die Fläche des Fingers mit *Fläche mit Mehrfachschnitten* formen. Die *Schnitte* sind die vier Querprofile, beide Randkurven des Fingers sind jeweils *Führungselement*. Die schon konstruierten Flächenstreifen sind zusätzliche Tangentenbedingungen der Flächenränder.

Die Restfläche am Finger im Bereich der Tretkurbelachse ist nahezu eben. Ihr Schnittrand an der zweiten Symmetrieebene **3** ist eine Gerade. Sie ist zur Aufrissebene **1** parallel. Um den Bereich möglichst symmetrisch füllen zu können, wird einfach die Berandung gespiegelt. Am Symmetrierand werden Tangentenstreifen benutzt.

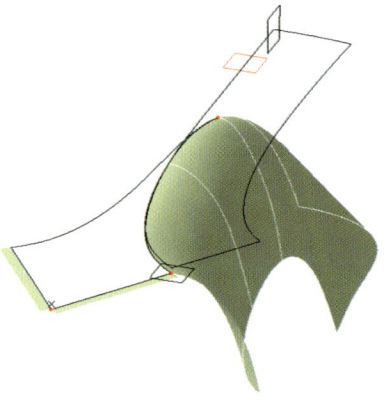

⇨ Mit *Ebene* eine Skizzenebene *Parallel durch Punkt* zeichnen. Sie ist parallel zur Aufriss-Ebene **1** und verläuft durch den im Bild vorderen Endpunkt der Kurve ObererVordererRandFinger **9**. Die Ebene InnenEbeneFinger nennen.

⇨ Mit *Skizzierer* auf diese Ebene zeichnen. Mit *Linie* eine Gerade ziehen. Der eine Endpunkt ist kongruent zum Mittelpunkt **4** der Tretkurbel aus der Skizze AufrissFinger, der andere zum Endpunkt der Kurve ObererVordererRandFinger **9**. *Umgebung verlassen*. Die Skizze InnenRandFinger nennen.

⇨ Mit *Translation* wieder einen Flächenstreifen mit der Verlängerungsgeraden des gelben Fingerschnitts **10** als *Profil* entwickeln. Als *Führungskurve* die neue Skizzengerade nutzen.

⇨ Mit *Symmetrie* zur ErsteSymmetrieEbene **2** die neue Skizzengerade InnenRandFinger, den Flächenstreifen und die Kurve ObererVordererRandFinger **9** spiegeln.

⇨ Mit *Füllen* zwischen beide Geraden und beide Kurven eine Fläche einfügen. Die Tangentenstreifen benutzen.

⇨ Diese Füllfläche mit *Trennen* an der ErsteSymmetrieEbene **2** halbieren.

Symmetrie

Füllen

Am vorderen unteren Ende des Fingers hat die Tretkurbel einen konisch geformten Rotationskern als Mitte. Im zu beschreibenden Sektor wird dessen Außenwand benötigt. Die Fläche kann objektorientiert gut durch eine Translation entlang eines Kreissegments realisiert werden.

⇨ Mit *Skizzierer* die ZweiteSymmetrieEbene **2** benützen. Mit *Spline* durch drei Punkte eine Kurve im Umlaufsinn der Uhr zeichnen. Mit *Linie* die im Bild untere Gerade direkt an den Endpunkt der Kurve anhängen. Eine weitere Hilfsgerade als *Konstruktionselement* normal zur ersten Geraden im Umlaufsinn anhängen. Mit *Im Dialogfenster definierte Bedingungen* und *Kongruenz* liegt der im Bild obere Endpunkt der Kurve auf dem vorderen Endpunkt der Kurve SeitenRandFinger **8** und der obere Endpunkt der Hilfsgeraden auf dem Tretkurbelmittelpunkt **4**. Zusätzlich steht die Hilfsgerade mit *Rechtwinklig* auf der roten AufrissEbene **1**. Mit *Bedingung* die restlichen Maße vergeben. *Umgebung verlassen.*

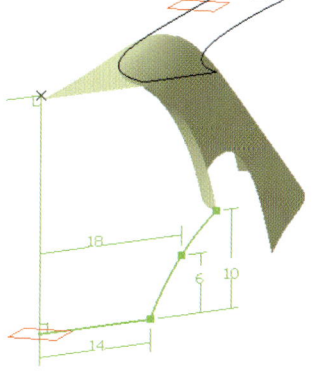

⇨ Mit *Ebene* und dem Typ *Parallel durch Punkt* eine Skizzenebene zeichnen. Sie ist parallel zur AufrissEbene **1** und verläuft durch den im Bild linken Endpunkt der neuen Profilskizze.

⇨ Mit *Skizzierer* auf diese Ebene zeichnen. Mit *Dreipunktbogen* einen Teilkreis ziehen. Sein Mittelpunkt liegt wieder auf dem linken Endpunkt der vorherigen Profilskizze. Der Kreisanfang liegt auf dem Punkt zwischen Gerade und Kurve der vorherigen Profilskizze und endet auf der ErsteSymmetrieEbene **2**. *Umgebung verlassen.*

Dreipunktbogen

⇨ Mit *Translation* das Skizzenprofil längs des Kreises zur Fläche aufziehen.

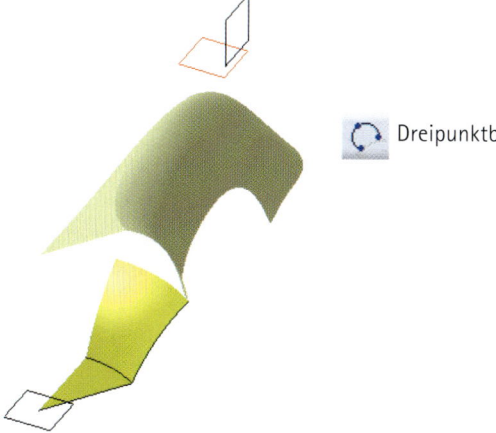

Die Unterschale des Fingers wird durch vier Kanten begrenzt. Dazwischen füllt sich eine Ausgleichsfläche. Die noch fehlende dritte Begrenzung auf der ersten Symmetrieebene verläuft als dritter Seitenriss ähnlich wie der untere Seitenriss 6. Die vierte Kante am Endprofil des Fingers ist gerade.

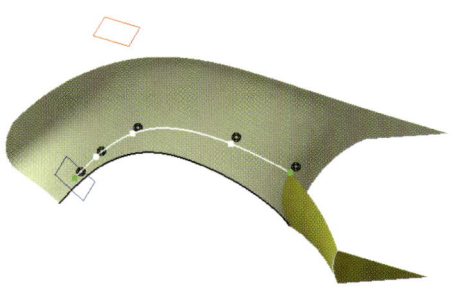

⇨ Mit *Skizzierer* auf die ErsteSymmetrieEbene 2 zeichnen. Mit *Spline* eine Kurve durch fünf Punkte ziehen. Die im Bild linke Endtangente fordern. Sie steht mit *Im Dialogfenster definierte Bedingungen* zur blauen AbschlussEbeneFinger 14 *Rechtwinklig.* Die linken vier Durchlaufpunkte liegen mit *Kongruenz* auf der Kurve ErsterSeitenrissFinger 6, die linken Endpunkte direkt aufeinander.

Der rechte Endpunkt liegt auf dem näheren oberen Eckpunkt der zuvor erstellten Drehfläche. Die Punktlagen sinnvoll verteilen, sodass beide Vergleichskurven ähnlich bleiben. *Umgebung verlassen.* Die Kurve UntererRandFinger nennen.

 Extrudieren

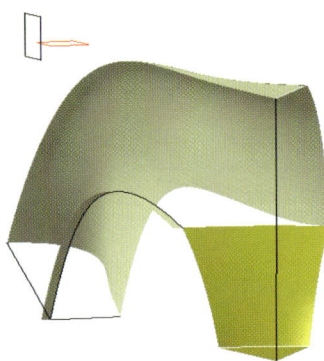

⇨ Mit *Extrudieren* als *Profil* die neue Kurve und als *Richtung* senkrecht zur ErsteSymmetrieEbene 2 einen Tangentenstreifen erzeugen.

⇨ Mit *Linie* und *Punkt-Punkt* den fehlenden vierten Flächenrand als Gerade zwischen den entsprechenden Endpunkten des ErsterSeitenrissFinger 6 und der Kurve SeitenRandFinger 8 bereitstellen. Zwei weitere Geraden für die große Abschlussfläche in der ErsteSymmetrieEbene 2 zwei weitere Geraden zeichnen. Die im Bild linke verläuft zwischen den entsprechenden Endpunkten des ErsterSeitenrissFinger 6 und ZweiterSeitenrissFinger 7. Die rechte Gerade verbindet die entsprechenden Geradenenden der Skizze InnenRandFinger oben und der Skizze für die Rotationsfläche unten.

⇨ Mit *Füllen* die unteren gekrümmten Kurven, die Abschlussgerade und die obere Kante der Rotationsfläche durch eine Fläche verbinden. In gleicher Weise die ebene Abschlussfläche auf der ErsteSymmetrieEbene 2 ergänzen. Aus den verfügbaren Originalkurven und den Flächenkanten beschreiben.

⇨ Mit *Zusammenfügen* alle Flächenstücke zur Außenhaut des Fingers zusammenfassen und Fingerhaut nennen. Sie ist noch an zwei Ebenen offen. Damit

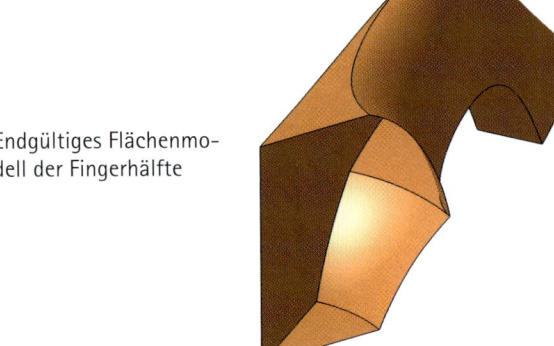

Endgültiges Flächenmodell der Fingerhälfte

ist dieses Flächenmodell abgeschlossen. Restliche Bearbeitungen lassen sich später am Körpermodell besser durchführen.

⇨ Eine *Ebene* für eine an diesem Körpermodell anzubringende Lasche vorbereiten. Mit dem Typ *Parallel durch Punkt* liegt sie am äußeren Endpunkt der Kurve SeitenRand-Finger **8** bezogen auf die AufrissEbene **1**. Die Ebene TiefeEbeneFinger nennen.

Kurbel

Die Kurbel schmiegt sich direkt an den Fingerstern an. Die Rohform der Kurbelhälfte definiert sich durch eine Ober- und eine Unterschale. Beschrieben werden sie durch drei im folgenden Übersichtsbild violett gekennzeichnete Längskurven **16/17/23** des Seitenrisses (in der blauen zweiten Symmetrieebene **3**), durch den dick hervorgehobenen Aufriss **15** (in der roten Aufrissebene **1**) und dazu quer verlaufenden Profilen **18/19/20/22** in den Grundfarben. Ober- und Unterschale der Rohform in „Rechtecken" sind getrennt durch eine Randkurve, die sich als Kombination der Projektionen von mittlerem Seitenriss **16** und Aufriss **15** definiert. Die beiden äußeren violetten Seitenrisse **17/23** stellen die Symmetrieränder der Schalen in Längsrichtung dar. Da die Kurbel an der Pedalseite parallel zum Kettenblatt eben abgeschnitten ist, verändert sich der obere Schalenrand. Die Projektion der zusätzlich dick hervorgehobenen inneren Aufrisskurve **21** in diese Schnittebene ergibt die korrigierte Begrenzung.

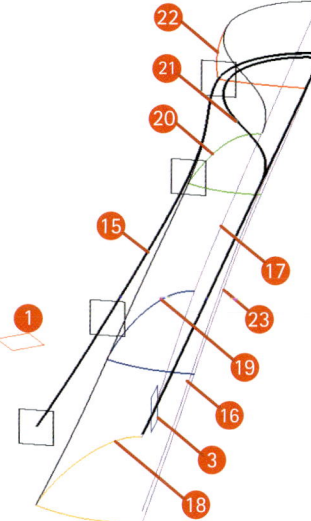

1 AufrissEbene
3 ZweiteSymmetrieEbene
15 AufrissKurbel
16 Kurbelseitenriss
17 ObererVordererRandKurbel
18 Gelber Kurbelschnittt
19 Blauer Kurbelschnittt
20 Grüner Kurbelschnittt
21 Kleiner Kurbelaufriss
22 Roter Kurbelschnittt
23 UntererRandKurbel

⇨ Mit *Einfügen > Geometrisches Set* einen neuen Speicher anlegen und Kurbel nennen.

⇨ Mit *Skizzierer* eine Skizze für den Kurbelaufriss **15** auf die rote AufrissEbene **1** legen. Links unten im Bild beginnt es mit *Profil* entgegen der Uhr mit zwei rechtwinkligen Geraden und einem Teilkreis. Zwischen die Endpunkte mit *Spline* eine Kurve durch vier Punkte zeichnen. Die Endtangente am Kreis und die Tan-

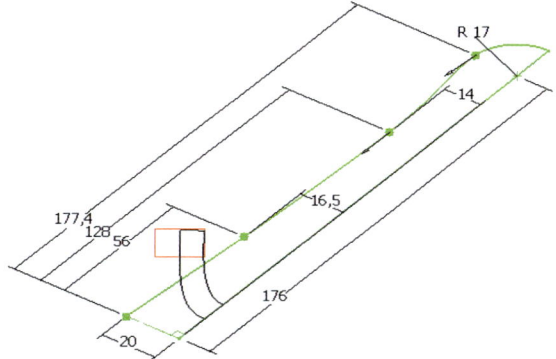

Längskurven definieren die Flächenränder

gente am Strakpunkt an der engsten Stelle verlangen. Der Kreismittelpunkt und die beiden inneren Punkte am Strak werden *Standardelemente*. Mit *Im Dialogfenster definierte Bedingungen* und *Kongruenz* liegt der Kreismittelpunkt auf der langen Geraden, der Eckpunkt zwischen den Geraden auf dem Tretkurbelmittelpunkt aus der Skizze AufrissFinger 4 und die lange Gerade auf der blauen ZweiteSymmetrie-Ebene 3. Die Zwischentangente der Kurve hat *Parallelität* zur langen Geraden. Die Endtangente hat *Tangentialität* zum Kreis. Mit *Bedingung* ausreichend vermaßen. Falls die Strakkurve nicht glatt genug erscheint, kann am Übergangspunkt zum Kreis die Krümmung zusätzlich festgelegt werden. *Umgebung verlassen*. Die Skizze AufrissKurbel nennen.

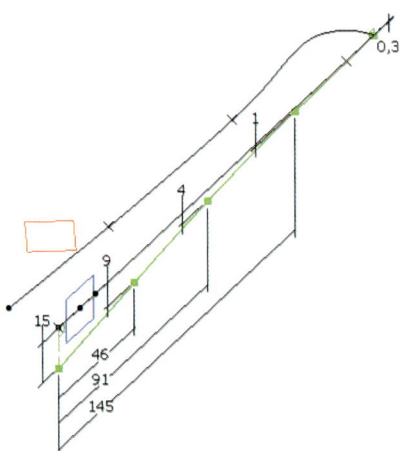

⇨ Mit *Skizzierer* auf die blaue ZweiteSymmetrieEbene 3 den Seitenriss für den Kurbelrand zeichnen. Es wird wieder ein Messrahmen benutzt. Mit *Profil* ein einseitig offenes Rechteck aus *Konstruktionselementen* erstellen. An die offenen Endpunkte hängt sich ein *Spline* über fünf Punkte. Mit *Im Dialogfenster definierte Bedingungen* und *Kongruenz* liegt die lange Hilfsgerade auf der roten AufrissEbene 1, die kurze Hilfsgerade links auf dem Tretkurbelmittelpunkt 4 und die kurze rechte Hilfsgerade auf dem rechten Endpunkt des Teilkreises aus dem AufrissKurbel 15. Mit *Bedingung* ausreichend vermaßen, wobei der Punkt rechts oben im Bild oberhalb der langen Hilfsgeraden liegt. *Umgebung verlassen.*

⇨ Mit *Kombinieren* und dem Kombinationstyp *Senkrecht* entsteht aus dem AufrissKurbel und dem Seitenriss die seitliche Kurbelkante. Die erste Kombination ergibt sich durch die lange Strakkurve des Aufrisses und des Seitenrisses. Diese Kurve VordererSeitenRandKurbel nennen. Die zweite Kombination bildet der Kreis und der Seitenriss.

⇨ Mit *Zusammenfügen* wird aus beiden Projektionskurven eine Einheit. Die Gesamtkurve SeitenRandKurbel nennen.

⇨ Mit *Skizzierer* den Seitenriss für den oberen Symmetrierand der Kurbel auf die blaue ZweiteSymmetrieEbene **3** legen. Mit *Profil* wieder ein einseitig offenes Rechteck aus *Konstruktionselementen* erstellen. Die offenen Endpunkte verbindet ein *Spline* über fünf Punkte. Die im Bild linke Endtangente fordern. Die Tangente steht mit *Im Dialogfenster definierte Bedingungen* zur dortigen kurzen Hilfsgeraden *Rechtwinklig*. Diese kurze Hilfsgerade liegt mit *Kongruenz* auf dem Tretkurbelmittelpunkt **4**. Die lange Hilfsgerade liegt auf der roten Aufrissebene **1** und die kurze rechte liegt auf dem rechten Endpunkt des Teilkreises aus dem Kurbelaufriss **15**. Der vordere Strakendpunkt liegt auf der InnenEbeneFinger. Mit *Bedingung* vermaßen. *Umgebung verlassen*. Die Skizzenkurve ObererVordererRandKurbel nennen.

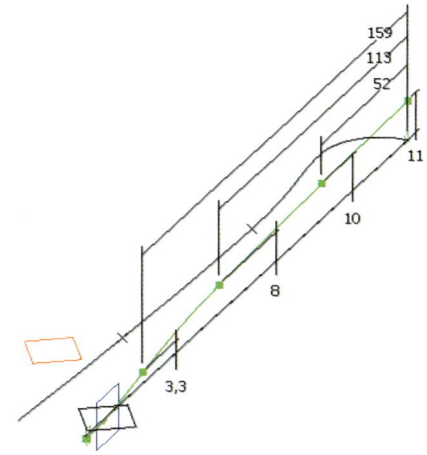

Eine weitere Kurvenschar zur Oberflächendefinition sind die Querprofile. Sie verbinden den kombinierten Seitenrand mit dem oberen Seitenriss als Symmetrierand. Da die Oberfläche glatt in ihr Spiegelbild übergehen soll, müssen alle Querprofile normal in die Spiegelfläche einmünden. Diese Profile liegen alle auf Normalebenen der langen Aufrissgeraden. Sie stehen damit auch normal zur Symmetrieebene.

Querprofile hängen sich an die Längsränder und definieren so die Oberschale

⇨ Mit *Ebene* und dem Typ *Senkrecht zu Kurve* die erste Profilebene konstruieren. Sie steht normal zur langen Geraden im AufrissKurbel am Symmetrierand (im Bild die mittlere der drei rechten Kurven). Mit *Punkt* liegt sie auch im vorderen Endpunkt der Strakkurve aus dem AufrissKurbel. Die Ebene KurbelEbene1 nennen

⇨ Mit *Skizzierer* auf diese Ebene zeichnen. Mit *Profil* und *Konstruktionselement* zwei rechtwinklig zueinander stehende Hilfsgeraden skizzieren. Mit *Spline* eine Strakkurve mit vier Punkten zwischen beide Endpunkte der Hilfsgeraden zeichnen. Die

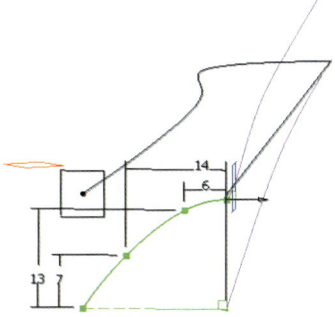

Endtangente an der ZweiteSymmetrieEbene **3** fordern. Mit *Im Dialogfenster definierte Bedingungen* steht die Endtangente *Rechtwinklig* auf der im Bild rechten Hilfsgeraden. Mit *Kongruenz* liegen die Endpunkte auch auf den Endpunkten der Längskurven. Der Zwischenpunkt der beiden Hilfsgeraden liegt auf der blauen ZweiteSymmetrieEbene **3**. Mit *Bedingung* ausreichend vermaßen. *Umgebung verlassen*.

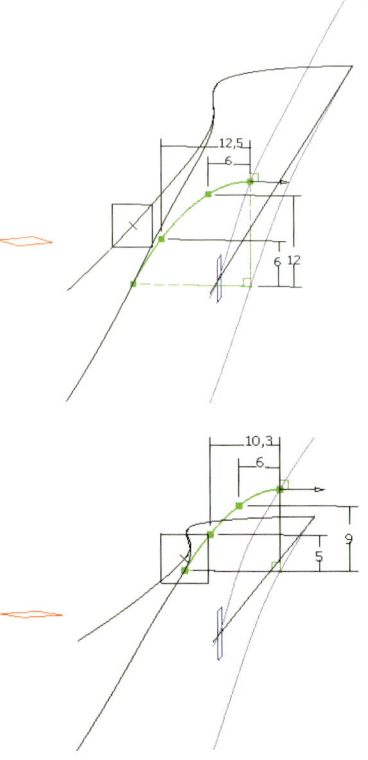

Für die beiden folgenden Querprofile werden die vorigen Arbeitsschritte Skizzierebene und Profilskizze sinngemäß wiederholt. Die Bezugspunkte sind die Innenpunkte am Strak des AufrissKurbel 15. Die Profilebenen hochzählen und benennen. Vor den eigentlichen Skizzen müssen die Kurvenschnittpunkte auf den Längskurven zusätzlich als „Aufhängepunkte" bereitgestellt werden:

⇨ Mit *Verschneidung* ergeben als *Erstes Element* die Profilebene und als *Zweites Element* eine Längskurve je einen Schnittpunkt. Die Längskurven sind die Kombinationskurve VordererSeitenRandKurbel und der Seitenriss ObererVordererRandKurbel 17 für die obere Schale.

Für das vierte und fünfte Querprofil muss der obere Rand erst vorbereitet werden. Da die Kurbel auf der Pedalseite eben abgeflacht und für die Pedalbohrung verbreitert ist, schwingt der obere Symmetrierand der Oberschale rund aus. Diese Verbreiterung wird wieder in der Aufrissebene als Skizze beschrieben und mit dem oberen violetten Seitenriss durch Projektion zur Raumkurve kombiniert.

⇨ Mit *Ebene* und dem Typ *Senkrecht zu Kurve* die vierte Ebene des roten Profils konstruieren. Sie liegt wieder normal zur langen Geraden im AufrissKurbel 5 und mit *Punkt* am Übergang zwischen Strakkurve und Kreis aus dem Aufriss.

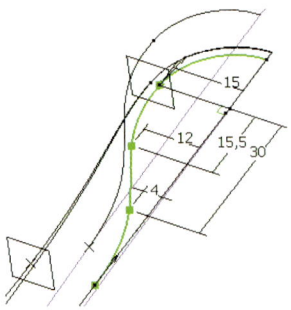

⇨ Mit *Skizzierer* auf die rote AufrissEbene 1 zeichnen. Von links unten im Bild zur Mitte oben mit P*rofil* zwei rechtwinklig zueinander stehende Geraden als *Konstruktionselemente* und im Anschluss daran als *Standardelement* einen davon weg zeigenden Viertelkreis im Uhrzeigersinn zeichnen. Einen *Spline* mit vier Punkten konstruieren. Er beginnt am Endpunkt der Hilfsgeraden links unten und endet am Übergangspunkt zwischen Hilfsgerade und Viertelkreis.

Beide Endtangenten fordern. Mit *Im Dialogfenster definierte Bedingungen* und *Tangentenstetigkeit* richten sich die Endtangenten der Strakkurve an Gerade und Kreis aus. Der Kreismittelpunkt und der Kreisendpunkt rechts oben liegen mit *Kongruenz* auf der langen Hilfsgeraden. Der untere Anfangspunkt der Strakkurve liegt auf der Ebene des grünen (KurbelEbene3) und der rechte Endpunkt auf der Ebene des roten Querprofils (KurbelEbene4). Der untere Anfangspunkt der Strakkurve liegt zusätzlich auf der Geraden des AufrissKurbel 15. Die Teilkreise der beiden Aufrisse haben *Konzentrizität* zueinander. Mit *Bedingung* vermaßen. *Umgebung verlassen.*

⇨ Mit *Kombinieren* und dem Typ *Senkrecht* entsteht aus dem kleinen Kurbelaufriss 21 und dem violetten Seitenriss ObererVordererRandKurbel 17 die Kante der Pedalverbreiterung. Die neue Kurve ObererHintererRandKurbel nennen. Sie ersetzt bereichsweise den Seitenriss ObererVordererRandKurbel.

⇨ Mit *Trennen* den Seitenriss ObererVordererRandKurbel am oberen Schnittpunkt des grünen Kurbelschnitts 20 kürzen. Die Kurve zur Kurbelmitte hin behalten.

⇨ Mit *Zusammenfügen* wird aus beiden Kurven die obere Schalenkante. Die Gesamtkurve ObererRandKurbel nennen.

Die beiden letzten Querprofile am Verstärkungskreis auf der vierten Profilebene und der Symmetrieebene sinngemäß so konstruieren, wie die drei Profile zuvor. Die Kurvenendpunkte liegen auf den Übergangsbeziehungsweise Endpunkten der Kurbelränder an der Pedalverbreiterung. Sie haben keine Tangentenforderungen.

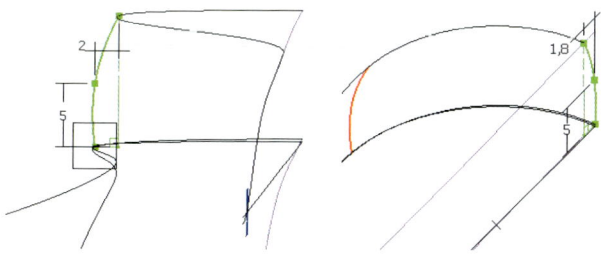

⇨ Mit *Fläche mit Mehrfachschnitten* die fünf vorbereiteten Querschnitte als *Schnitte* nacheinander eingeben. Als *Führungselemente* die beiden Kombinationskurven ObererRandKurbel und SeitenRandKurbel als oberen beziehungsweise unteren Schalenrand nutzen.

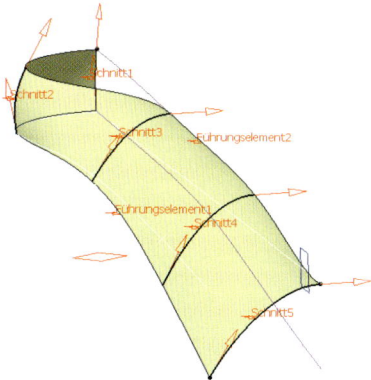

Hinweis:
Auch am oberen Schalenrand muss die Fläche auf ihrer Länge an der Symmetrieebene rechtwinklig einmünden. Ein entsprechender Hilfsstreifen wäre ein Weg. Da die Tangente aber durch mehrere Schnitte wenigstens punktuell gefordert ist, wird darauf verzichtet.

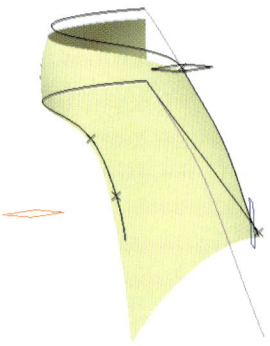

⇨ Zum endgültigen ebenen Beschnitt mit *Ebene* und dem Typ *Parallel durch Punkt* eine Parallelebene zur Aufriss-ebene **1** wieder durch den oberen Schnittpunkt des grünen Kurbelschnitts **20** legen.

⇨ Mit *Trennen* als *Zu schneidendes Element* die Schalen-fläche und als *Schnittelement* die gerade konstruierte Parallelebene einsetzen. Das Ergebnis ist die endgültige Nutzfläche.

Unterschale

Die leicht gewölbte Unterschale baut sich ähnlich auf wie die obere. Ein weiterer Sei-tenriss bildet den unteren Symmetrierand **23**. Er verläuft in etwa parallel nach unten versetzt zum vorigen unteren Seitenriss **16**. Die Querschnitte entstehen in denselben Ebenen wie die der Oberschale. Da die Fläche in einem Bogen endet, kommen jetzt nur vier Querschnitte zum Einsatz, um die Schale möglichst als „Rechteck" zu erhalten. Die fehlende Restfläche wird lediglich „ausgefüllt".

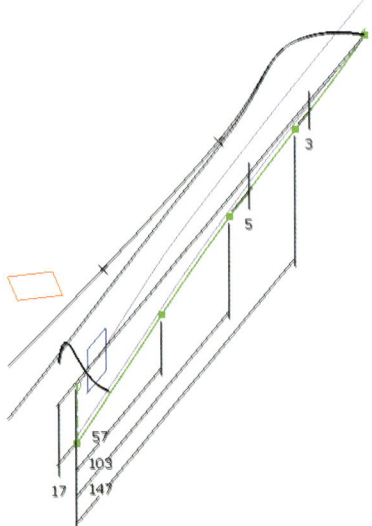

⇨ Mit *Skizzierer* auf die blaue ZweiteSymmetrie-Ebene **3** den Seitenriss für die Unterschale skizzieren. Mit *Profil* wieder ein einseitig of-fenes Rechteck aus Konstruktionselementen erstellen. Zwischen die beiden Endpunkte hängt sich ein *Spline* über fünf Punkte. Mit *Im Dialogfenster definierte Bedingungen* und *Kongruenz* liegt die lange Hilfsgerade auf der roten AufrissEbene **1**. Die kurze Hilfsgerade unten links im Bild liegt auf dem Tretkurbel-mittelpunkt **4** und der rechte Strakendpunkt auf dem rechten Endpunkt des Teilkreises aus der Kurve SeitenRandKurbel. (Damit zeigt die kurze Hilfsgerade oben rechts jetzt nach oben.) Der untere Kurbelrand soll direkt die Rotationsfläche des Fingers berühren. Daher liegt der Strak mit *Kongruenz* als Kurve (ohne Strakpunkt) auch auf dem Endpunkt der stark gekrümmten Kurve SeitenRandFinger **8** (im Bild schwarz dargestellt). Mit *Bedingung* vermaßen. *Umgebung verlassen.* Die Skizze UntererRandKurbel nennen.

Die vier Querprofile der Unterschale haben alle gleichen Aufbau und gleichen Kurvencharakter. Daher wird nur das vordere gelbe Profil beschrieben, die anderen drei Profile entwickeln sich entsprechend.

⇨ Mit *Skizzierer* eine Skizze auf die zuvor schon vom gelben Kurbelschnitt **18** der Oberschale benutzten Schnittebene KurbelEbene1 legen. Mit *Profil* zwei rechtwinklig aufeinander stehende Hilfsgeraden zeichnen. An die beiden Endpunkte hängt sich ein *Spline* über drei Punkte. Die Endtangente an der ZweiteSymmetrieEbene **3** verlangen. Mit *Im Dialogfenster definierte Bedingungen* und *Kongruenz* liegen die Endpunkte auf den entsprechenden Schnittpunkten der Randkurven. Der Zwischenpunkt der beiden Hilfsgeraden liegt auf der blauen ZweiteSymmetrieEbene. Die Endtangente steht *Rechtwinklig* zur kurzen Hilfsgeraden. Mit *Bedingung* ausreichend vermaßen. *Umgebung verlassen.*

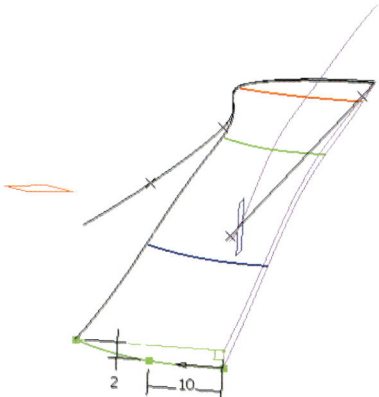

⇨ Für die drei anderen Querschnitte muss der jeweilige Schnitt- oder Aufhängepunkt auf der Kurve UntererRandKurbel vorbereitet werden. Mit *Verschneidung* je einen Schnittpunkt erzeugen mit *Erstem Element* der Profilebene KurbelEbene*N* und als *Zweites Element* dem Symmetrierand UntererRandKurbel. Am linken Seitenrand der Kurbel die Aufhängepunkte der Oberschale nutzen.

Aus diesen jetzt vorbereiteten Schnitten und Führungselementen entsteht die Unterschale bis auf einen Restbereich. Für diese Zwickelfläche muss der Symmetrierand noch auf den benötigten Teil beschnitten werden. Erst dann lässt er sich ausfüllen.

⇨ Mit *Fläche mit Mehrfachschnitten* die vier vorbereiteten Querschnitte als *Schnitte* nacheinander eingeben. Die beiden Längskurven SeitenRandKurbel und UntererRandKurbel als *Führungselemente* nutzen. Tangentenforderungen an Nachbarflächen werden nicht gestellt. Die Querschnitte liefern aber punktuelle Tangenten normal zur Symmetrieebene.

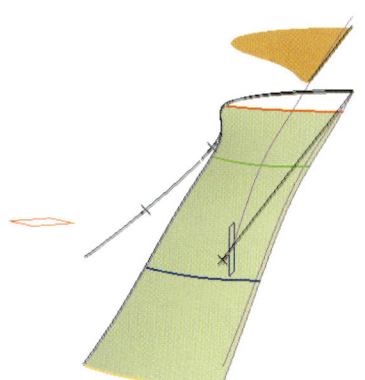

⇨ Den UntererRandKurbel **23** mit *Trennen* am Schnittpunkt des roten Kurbelschnitts **22** kürzen. Das hintere kurze Teil wird benötigt.

⇨ Mit *Füllen* den Zwickel zwischen der Kurve HintererSeitenRandKurbel, der abgetrennten Randkurve und dem roten Kurbelschnitt **22** ergänzen. Die Fortführung zur Unterschale als dem *Stützelement* krümmungsstetig verlangen, um möglichst glatt anzubinden.

⇨ Mit *Linie* den noch fehlenden Verstärkungsbereich an der Oberschale schließen. Als ersten *Punkt* und Geradenbeginn den Eckpunkt der beschnittenen Oberschale am Symmetrierand nutzen. Der zweite *Punkt* oder das Geradenende ist der obere Aufhängepunkt des grünen Kurbelschnitts **20**.

⇨ Mit *Füllen* diese Ebene an der Pedalbohrung beschreiben. Die soeben konstruierte Gerade und die Kurve ObererHintererRandKurbel als Begrenzung nutzen.

Übergang unten

Die Idealformen des halben Fingers und der halben Kurbel berühren und durchdringen sich gegenseitig. Hintergrund dieser Formen war die Überlegung, mit möglichst gut beschreibbaren „Rechtecken" die besten Flächenqualitäten zu erreichen. Als Konsequenz daraus entstehen nicht zusammenpassende Teilflächen. Diese sind in Wirklichkeit aber verbunden. Besonders auffällig oder kritisch ist die Stelle, wo die Unterschalen von Finger und Kurbel sich an den Innenkanten quasi „windschief" überkreuzen ohne sich zu berühren.

Ideales Flächenmodell
des Kurbelsterns

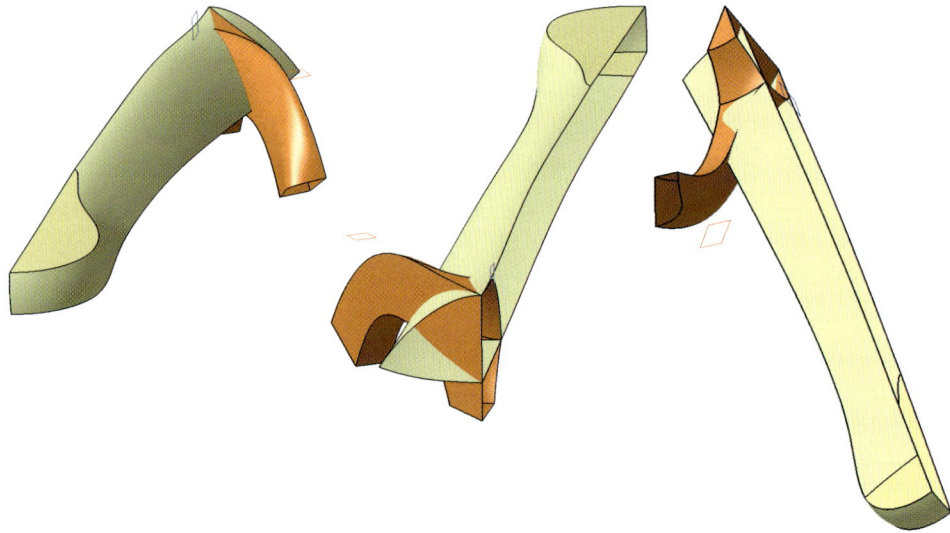

Die Unterschale hat den geringsten Spielraum für einen ausgleichenden Übergang, da dieser Bereich im Ganzen relativ schwach gekrümmt ist und nur lokal an einem Rand eine stark gekrümmte Verbindung schaffen muss (unterer Rand der roten Fläche im oberen Bild). Hier wird der Einfachheit halber mit einer alle Ränder verbindenden Ausgleichsfläche begonnen. Am Rotationsteil und den Symmetrieebenen liegen die Flächenränder fest. Nur der von der Tretkurbelachse entfernt liegende Zwischenrand lässt einen engen Spielraum. Dazu werden die Unterschalen beider Teilstrukturen im Innenbereich so abgeschnitten, dass ein offener Bereich entsteht (siehe Bild unten). Die dabei herausgeschnittenen beiden Flä-

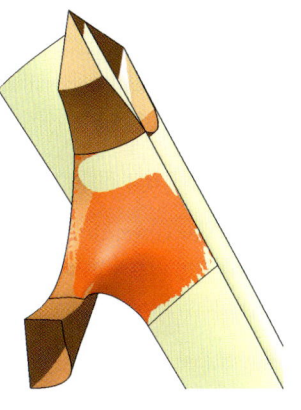

Übergangsfläche verbindet möglichst „glatt"

chenränder verbindet eine tangential in die Längskanten einmündende Raumkurve als neuer Zwischenrand (schmaler Streifen im unteren Bild). Zwischen allen Rändern verbindet eine Ausgleichsfläche. An fünf Rändern ist die Tangentenneigung durch die weiterführenden Flächen vorgegeben, nur entlang der neuen verbindenden Zwischenkurve ist die Neigung frei. Die objektorientierte Beschreibung schafft nun die Möglichkeit, die Form der entstehenden Ausgleichsfläche zu optimieren. Einerseits lassen sich die beiden Schnittränder in ihrer Lage verschieben und andererseits die Tangentenneigung am einzig freien Rand verdrehen. (Wie wenn man ein Blech mit der Zange in Randmitte verbiegt.)

⇨ Mit *Einfügen > Geometrisches Set* einen neuen Speicher anlegen und ÜbergangUnten nennen.

Um die Ausgleichsfläche in die Unterschalen von Finger und Kurbel einfügen zu können, werden diese je durch eine Ebene normal zur jeweiligen Symmetriekante abgeschnitten. Eine Übergangskurve verbindet die Schnittkanten, indem sie sich an die vorhandenen Flächenränder anschmiegt.

⇨ Die Trennpunkte mit *Punkt* und dem Typ *Auf Kurve* auf den Rand der Kurbel VordererSeitenRandKurbel legen. Der *Abstand auf Kurve* vom inneren Kurvenende misst ca. 50 mm (im Bild unten rechts). Für den Rand des Fingers an dessen Randkurve SeitenRandFinger wiederholen (ca. 33 mm vom inneren Kurvenende aus gemessen im Bild unten links).

⇨ Mit *Ebene* und dem Typ *Senkrecht zu Kurve* die rechte Schnittebene zum unteren violetten Kurbelrand UntererRandKurbel **23** legen. Der *Punkt* ist der soeben konstruierte

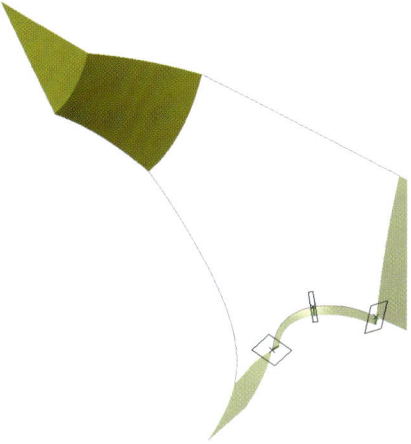

 Verbindungskurve

Kurvenpunkt. Die zweite Ebene links für den Finger am Seitenriss der Unterschale ErsterSeitenrissFinger **6** ausrichten.

⇨ Mit *Verbindungskurve* und dem Typ *Normale* beide Punkte und deren Bezugskurven krümmungsstetig verbinden.

⇨ Auf diese neue Kurve ebenfalls einen *Punkt* in die Mitte legen. Mit *Ebene* auch wieder eine Normalebene errichten. Die Kurve Übergangskurve **24** nennen.

Tangentenstreifen verbessern die Flächenqualität

Längs der Übergangskurve **24** sorgt ein Flächenstreifen für die Qualität des Übergangs, wobei an den Endpunkten die Tangentenvorgaben der weiterführenden Flächen zu berücksichtigen sind (siehe voriges Bild). Eine zusätzliche Gerade in der Mitte der Übergangskurve schafft eine Manipuliermöglichkeit für die Flächenqualität. Die Unterschalen und die Außenränder der wegfallenden Unterschalen von Finger und Kurbel müssen auf den benötigten Bereich getrimmt werden. Zwischen diese Berandung fügt sich die Ausgleichsfläche.

⇨ Die Kurbelunterschale mit *Trennen* an der entsprechenden Normalebene abschneiden. Das außen liegende Ende behalten (eventuell *Andere Seite* nutzen). Für die Fingerunterschale wiederholen. Mit den verdeckten Einzelflächen trennen!

⇨ Für den Tangentenstreifen am Übergang mit *Linie* und *Tangential zur Kurve* eine Gerade der Länge 1 mm in Verlängerung der Schnittkante der Unterschale nach außen mit dem Typ *Monotangent* erzeugen. Dasselbe für die Schnittkante des Fingers wiederholen.

⇨ Mit *Skizzierer* auf die Normalebene in der Mitte der Übergangskurve mit *Linie* eine 1 mm lange Gerade zeichnen. Ein Endpunkt liegt auf dem Kurvenschnittpunkt. Als dritte Tangente sinnvoll ausrichten.

⇨ Den Tangentenstreifen als *Fläche mit Mehrfachschnitten* über die drei Geraden als *Schnitte* ziehen. Die Übergangskurve als *Führungselement* zusätzlich nutzen.

⇨ Mit *Trennen* den UntererRandKurbel **23** am Endpunkt des Fingerrands Seiten-RandFinger **8** kürzen (an der Seite der Rotationsfläche). Das äußere lange Stück erneut mit *Trennen* an der Schnittebene der unteren Kurbelschale kürzen. Das Zwischenstück als Flächenrand bereitstellen. Für den Finger dessen Randkurve UntererRandFinger an seiner Schnittebene kürzen. Die passende Seite behalten.

⇨ Mit *Füllen* alle vorbereiteten Randkurven im Umlaufsinn als *Kurven* eingeben. Als *Stützelemente* die ursprünglichen Flächen und an den abgeschnittenen Rändern die Anschlussflächen sowie den Tangentenstreifen mit verwerten. Lediglich am Rotationsrand gibt es keine Tangentenvorgabe.

Das Flächenergebnis kann durch Verschieben der drei Schnittpunkte und Verdrehen der mittleren Tangentenneigung am Streifen optimiert werden. Selbst die Form der Übergangskurve lässt sich beeinflussen. Im Ergebnis soll die Ausgleichsfläche die Symmetrieränder und die Unterschalen möglichst glatt miteinander verbinden. Gleichzeitig ist die Übergangskurve zusätzlich eine Vorgabe für den Übergang der Oberschalen.

Übergang oben

Für die Übergangsfläche auf der Oberseite ist folgende Strategie vorgesehen: Der auszufüllende Gesamtbereich entsteht durch Abtrennen von Kurbel- und Fingeroberschale mit den schon an der Unterseite eingesetzten Schnittebenen. Dann teilt eine Ebene durch die Tretkurbelachse und den mittleren Schnittpunkt auf der eingefügten Übergangskurve den Bereich in zwei Hälften. Auf dieser Trennebene lässt sich eine Kurve 27 skizzieren, die den Flächenverlauf entlang dieser Ebene vorgibt. In der Mitte dieser Kurve wird ein Kreuzungs- oder Aufhängepunkt 28 eingeführt. Dort trifft sich ein noch zu erstellendes Kurvennetz 29, das mit allen Randmitten des Füllbereichs verbindet. Fünf Zwickelflächen füllen dann jede Netzmasche möglichst wieder als „Rechteck". Sie setzen die Übergangsfläche zusammen. Durch Anpassen der Mittelkurve 27 und des Kreuzungspunkts 28 optimiert sich diese Fläche.

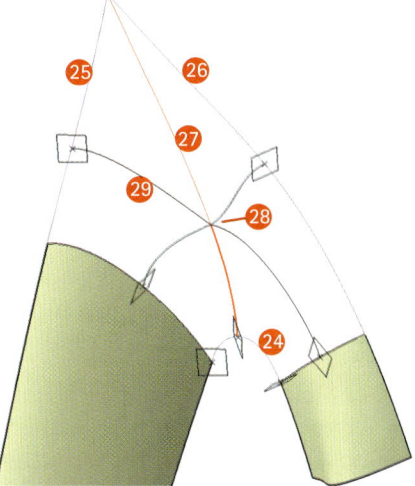

24 Übergangskurve
25 ÜbergangRandKurbel
26 ÜbergangFingerKurbel
27 TrennkurveOben
28 Aufhängepunkt
29 Erste Zwickelkurve

⇨ Mit *Einfügen > Geometrisches Set* einen neuen Speicher anlegen und ÜbergangOben nennen.

Zuerst wird die Umrandung der Übergangszone vorbereitet. Die Oberschalen und die Randkurven sind auf das notwendige Maß zu kürzen. Dabei entstehen Trennkurven an den Symmetrierändern.

⇨ Mit *Trennen* die Oberschale der Kurbel mit der gleichen Schnittebene wie bei der Unterschale kürzen. Das benötigte längere Stück behalten (die linke untere Schale im oberen Bild). Dasselbe für die Oberschale des Fingers wiederholen. Das benötigte kürzere Stück behalten (die rechte untere Schale im oberen Bild). Ebenfalls mit *Trennen* den oberen violetten Seitenriss der Kurbel ObererVordererRandKurbel 17 ebenfalls an der Schnittebene kürzen. Das benötigte Stück behalten (die linke obere violette Kurve im oberen Bild). Die Restkurve ÜbergangRandKurbel 25 nennen.

Beim Fingerrand ist zu beachten, dass er aus zwei Stücken besteht: Nach außen aus dem zweiten Seitenriss 7 und innen aus dem Symmetrierand der aufgetrennten Innenfüllfläche. Daher muss zuerst das Kurvenstück zwischen rotem und grünem Fingerschnitt 12/13 getrennt und mit dem Flächenrand verbunden werden.

⇨ Mit *Trennen* die Fingerkurve ZweiterSeitenrissFinger 7 an der Schnittebene kürzen. Von dieser abgetrennten Fingerkurve wird nur das obere Stück gebraucht.

⇨ Dieses Kurvenstück mit *Trennen* durch die Ebene des grünen Fingerschnitts 12 kürzen. Ab hier weicht diese Kurve von der Symmetrieebene ab. (Es entsteht das untere Stück der violetten Kurve 26.)

⇨ Dieses kurze Stück mit *Zusammenfügen* mit dem Schnittrand der ebenen Fingerzwischenfläche vereinen. Die ganze violette Kurve ÜbergangRandFinger 26 nennen.

⇨ Falls die zusammengefügte Kurve bei nachfolgenden Operationen nicht glatt genug ist, mit *Kurvenglättung* eine mindestens tangentenstetige neue verbesserte Kurve verlangen und ersatzweise benennen.

Kurvenglättung

Die vorgesehene Trennkurve in Zwickelmitte hat mehrere Aufgaben: Sie gibt durch ihren Verlauf Vorbedingungen für den Flächenverlauf, legt die Quertangente und den Aufhängepunkt für die Zwickelflächen fest.

⇨ Für die Trennkurve in Zwickelmitte mit *Ebene* und dem Typ *Durch drei Punkte* eine Skizzenebene durch den Tretkurbelmittelpunkt 4 der Aufrissskizze des Fingers, durch den Endpunkt des Skizzenprofils der Rotationsfläche und durch den Schnittpunkt auf der Übergangskurve 24 der Unterschale erzeugen.

Eine mittlere Stützkurve definiert die Flächenform

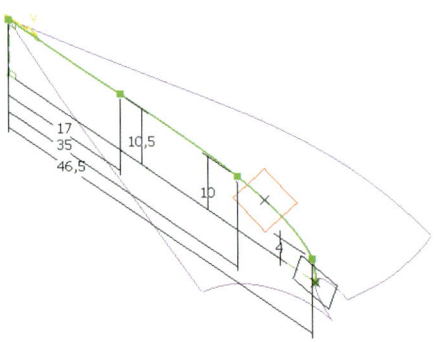

⇨ Mit *Skizzierer* auf dieser Ebene zeichnen. Mit *Profil* zwei rechtwinklig aufeinander stehende Hilfsgeraden entsprechend nebenstehendem Bild zeichnen. Einen *Spline* über fünf Punkte zwischen die beiden Endpunkte zeichnen. Die Endtangente am Tretkurbelmittelpunkt 4 fordern. Mit *Im Dialogfenster definierte Bedingungen* und *Kongruenz* liegt der im Bild linke Endpunkt auf dem Ende der Geraden in der Skizze InnenRandFinger und der rechte auf dem mittigen Schnittpunkt der Übergangskurve 24 der Unterschale. Die Endtangente links steht *Rechtwinklig* zur kurzen Hilfsgeraden und diese wiederum normal zur roten Aufrissebene des Fingers. Mit *Bedingung* vermaßen. *Umgebung verlassen*. Die Skizzenkurve TrennkurveOben 27 nennen.

Für die Zwickelflächen soll die tangentiale Fortführung zur Qualitätssteigerung überall dort verlangt werden, wo dies von der Geometrie her vorgegeben ist. Forderungen gelten an der Fortführung zu den vorhandenen Oberschalen, zu den Symmetrierändern und zusätzlich für die mittlere Trennkurve der Zwickel. Am rechten Symmetrierand ÜbergangRandFinger 26 und an der mittigen TrennkurveOben 27 gibt es noch keine verwendbaren Originalflächen (bezogen auf die Übersicht auf der vorderen Seite). Daher helfen wieder Tangentenstreifen.

⇨ Für den rechten Seitenstreifen mit *Linie* und *Tangential zu Kurve* den Schnittrand der Fingerschale am rechten Ende durch eine Gerade nach rechts verlängern.

⇨ Mit *Translation* und dem Profiltyp *Explizit* diese Gerade längs des zusammengefügten ÜbergangRandFinger 26 am rechten Symmetrierand als *Führungskurve* zum Tangentenstreifen entwickeln.

⇨ Für den Mittelstreifen mit *Linie* und *Tangential zu Kurve* an die Verbindung Übergangskurve 24 der Unterschale und an deren mittigen Schnittpunkt eine erste Streifengerade nach rechts zeichnen (im Bild unten).

⇨ Auf TrennkurveOben 27 in Zwickelmitte mit *Punkt* und dem Typ *Auf Kurve* den Aufhängepunkt 28 der Zwickel konstruieren. Er liegt vorläufig mit dem Faktor 0,2 vom Endpunkt an der Übergangskurve 24 der Unterschale entfernt.

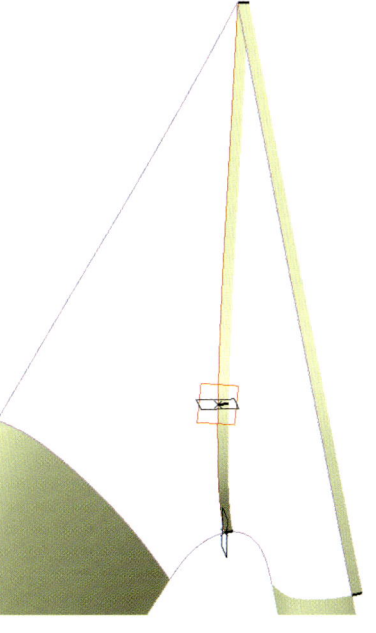

Flächenzwickel fügen sich tangential aneinander

⇨ Mit *Ebene* und *Senkrecht zu Kurve* dort eine Normalebene erzeugen.

⇨ Mit *Skizzierer* darin eine *Linie* als zweite Streifentangente zeichnen (im Bild mittig am Aufhängepunkt). Ein Endpunkt liegt mit *Kongruenz* auf dem Aufhängepunkt 28 und die Ausrichtung der Geraden legt den Tangentenstreifen fest.

⇨ Mit *Skizzierer* auf InnenEbeneFinger zeichnen. Mit *Linie* die dritte Streifengerade konstruieren (im Bild an der Spitze). Ihr linker Endpunkt liegt mit *Kongruenz* auf dem Ende der Skizzengeraden InnenRandFinger. Sie steht *Rechtwinklig* auf der Ebene für die Trennkurve in Zwickelmitte. *Umgebung verlassen.*

⇨ Den Tangentenstreifen als *Fläche mit Mehrfachschnitten* über die drei Tangenten als *Schnitte* ausdehnen. Als *Führungselement* dient die Trennkurve in Zwickelmitte TrennkurveOben 27.

Gemeinsamverbindung für die Konstruktion der Zwickelflächen schafft der Aufhängepunkt 28 auf der mittigen Trennkurve und dessen Tangentialebene (im folgenden Bild rot gefärbt). Jeder Außenrand wird durch eine Normalebene halbiert. Von dort aus verbindet je eine neue Kurve diese Randmittelpunkte mit dem gemeinsamen Aufhängepunkt tangentenstetig. Die Endtangentenrichtungen sind einerseits durch die Schnittkurve zwischen Normalebene und Nachbarfläche bestimmt. Andererseits bestimmt eine Gerade in der Tangentialebene am Aufhängepunkt die Richtung.

⇨ Mit *Ebene* und *Tangential zu Fläche* die Tangentialebene erzeugen. Als *Punkt* gilt der Aufhängepunkt 28 als *Fläche* der mittlere Tangentenstreifen. Die rote Ebene TrennkurveEbene nennen.

⇨ Auf den Rand am Mittelschnitt der Oberschale der Kurbel (im nächsten Bild links

oben) mit *Punkt* und dem Typ *Auf Kurve* einen Trennpunkt in Kurvenmitte legen.

⇨ Mit *Ebene* und *Senkrecht zu Kurve* dort eine Normalebene erzeugen.

⇨ Mit *Verschneidung* die Oberschale der Kurbel als *Erstes Element* mit der Normalebene als *Zweites Element* schneiden. Es entsteht eine Schnittkurve zur Verwendung als Tangentenrichtung am Rand (im oberen Drittel des Bildes von links oben zum rechten Rand).

⇨ Mit *Skizzierer* auf die rote Trennkurve Ebene zeichnen. Mit *Linie* eine Tangente in gewünschter Richtung skizzieren. Ihr Anfangspunkt liegt auf dem Aufhängepunkt **28**. *Umgebung verlassen.*

⇨ Beide Punkte und ihre Tangentenkurven mit *Verbindungskurve* als *Erste* und *Zweite Kurve* mindestens tangentenstetig verbinden.

Hinweis:

Schneidet eine Ebene beispielsweise aus einer Fläche gleich mehrere Kurven aus, muss entschieden werden, welche Kurve weiterbenützt wird. Es ist möglich beide Kurven nur als Einheit zu behalten, was aber zu Mehrdeutigkeiten führen kann. Es ist auch möglich, zusätzlich das zu einem anzugebenden Objekt nächstgelegene Stück als *Nahe* zu vereinzeln oder die Kurven durch Stetigkeitsforderungen zusätzlich mit *Ableiten* zu vereinzeln.

Diese Konstruktion an allen vier Randmitten wiederholen, sodass das Zwickelflächennetz entsteht. (Am rechten Symmetrierand **26** den zugeordneten Tangentenstreifen nutzen!) Beim Festlegen der Tangentenrichtungen am Aufhängepunkt darauf achten, dass die zusammenkommenden Zwickel in etwa gleiche Eckwinkel erhalten und die Verbindungskurven möglichst glatt sind. Bevor die Zwickelflächen endgültig gefüllt werden können (was der linke Zwickel im oberen Bild exemplarisch zeigt), müssen deren Außenränder auf die notwendige Länge gekürzt werden.

⇨ Mit *Trennen* als *Zu schneidendes Element* den im oberen Bild linken Außenrand **25** angeben. Als *Schnittelement* gilt der teilende Kurvenpunkt links. Mit *Beide Seiten behalten* entstehen gleich zwei gekürzte Randkurven. Für die anderen vier Ränder wiederholen (rechter Außenrand, Schnitt Fingerfläche, Übergangskurve und Fläche

Kurbel). Auch die Kurve im Zwickelbereich TrennkurveOben **27** muss am Aufhängepunkt **28** abgeschnitten werden. Hier wird nur der untere Teil gebraucht.

⇨ Mit *Fläche mit Mehrfachschnitten* sind jeweils zwei gegenüberliegende Ränder die *Schnitte* und die Gegenstücke dazu sind die *Führungselemente*. An den Außenrändern und zu Zwickelnachbarn auch die ersetzte Fläche als *Tangente* fordern.

Das Kurvennetz ermöglicht die Formoptimierung

Hinweis:
Für die Qualität der Fläche sind zuerst die Schnittkurven verantwortlich. Sie definieren den Charakter der Flächenfunktion. Daher sollten **die** Kurven als Schnitte genutzt werden, die den charakteristischsten Verlauf aufweisen, in diesem Fall die stärkere Krümmung. Da schon erzeugte Nachbarn ihre Randtangenten weitergeben, spielt auch die Reihenfolge der Flächenerzeugung eine Qualitätsrolle. Wobei ein Prioritätskriterium ist, wie bedeutend die jeweilige Teilfläche zur Gesamtform beiträgt. Im abgebildeten Fall war die Reihenfolge: rechts unten, links unten, rechts Mitte, links Mitte und oben. Zusätzliche Mittel zur Optimierung der Übergangsfläche sind die Lagen der Schnitte und damit der Kurvenpunkte. Wenn alles stabil aufgebaut ist, kann durchaus ein befriedigendes Ergebnis optimiert werden.

⇨ Mit *Einfügen > Geometrisches Set* einen neuen Speicher anlegen und Zusammenbau nennen.

⇨ Mit *Füllen* die Abschlussfläche in der Symmetrieebene der Kurbel **3** beschreiben. Für die umlaufende Berandung möglichst die originalen Definitionskurven nutzen.

⇨ Mit *Zusammenfügen* alle zusammenpassenden Flächenstücke der Kurbel, des Übergangs und des Fingers zu einer Einheit verbinden.

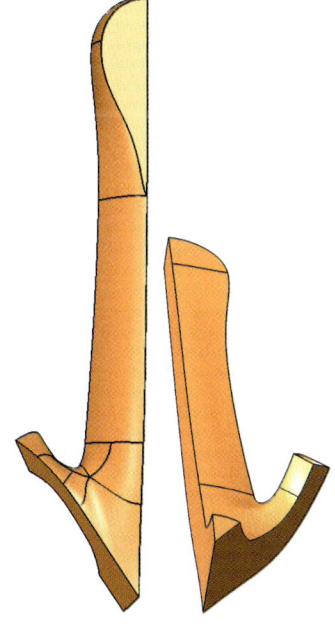

⚙ Teilekonstruktion

Körpermodell

Zuerst wird der halbe Finger zum Körper. Dazu muss er soweit durch Flächen geschlossen sein, dass nur noch eben verschließbare Löcher bleiben, also die beiden gegenüberliegenden Enden. Die Fingerspitze des Körpers wird abgeschrägt und gekürzt. Ein Schnittprofil schneidet dazu längs eines Kreises eine Rille in Form des anzubringenden Kettenblatts ab. An dieser Schnittfläche entsteht noch zu dessen Befestigung eine halbe Lasche.

 Teilekonstruktion

 Fläche schließen

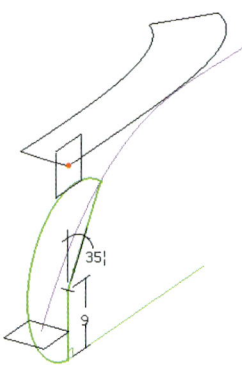

⇨ Mit *Umgebung* zur **Teilekonstruktion** umschalten.
⇨ Den *Hauptkörper* mit *Kontextmenü > Objekt in Bearbeitung definieren* benützen.

⇨ Mit *Fläche schließen* die zusammengefügten Flächenstücke des Fingers zum Körper zusammenfassen.
⇨ Mit *Skizzierer* auf die ErsteSymmetrieEbene 2 zeichnen. Mit *Profil* zwei winklig zueinander stehende Geraden konstruieren. Ein großer Halbkreis überspannt diese Geraden. Mit *Im Dialogfenster definierte Bedingungen* und *Kongruenz* liegt der im Bild obere Geradenendpunkt auf der Skizze des Fingerrands ZweiterSeitenrissFinger 7. Der Kreismittelpunkt liegt auf der schrägen Geraden. Der untere Endpunkt der unteren Geraden liegt auf der Ebene TiefeEbeneFinger. Diese Gerade liegt zum Kreisendpunkt an der Symmetrieebene im AufrissFinger 5 fluchtend und steht zusätzlich *Rechtwinklig* auf der Ebene an der Fingerspitze TiefeEbeneFinger. Mit *Bedingung* vermaßen. *Umgebung verlassen.*

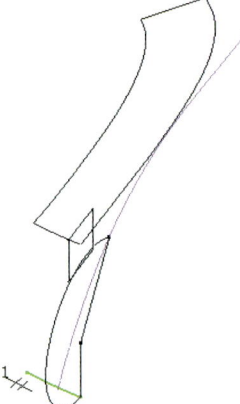

⇨ Mit *Skizzierer* auf der Ebene an der Fingerspitze TiefeEbeneFinger mit *Dreipunktbogen* ein kurzes Stück Kreis zeichnen (im nebenstehenden Bild grün dargestellt). Mit *Im Dialogfenster definierte Bedingungen* und *Kongruenz* liegt der Kreis auf dem Kreis des AufrissFinger 5. Der im Bild rechte Endpunkt liegt bündig zum entsprechenden Ende dieses Bezugskreises. Das andere Ende ist mit *Bedingung* nach links etwas länger als der Bezugskreis. *Umgebung verlassen.*
⇨ Mit *Rille* die Fingerspitze beschneiden. Als *Profil* dient die vorige Skizze und als *Zentralkurve* die jetzige Kreisskizze.
⇨ Mit *Block* den Finger verlängern. Als *Profil/Fläche* die unbeschnittene Restfläche an der Fingerspitze unten *Bis Ebene* aufziehen. Die Ebene ist die TiefeEbeneFinger.

 Rille

 Block

Automatisch wird in Normalenrichtung zu dieser Ebene zum Körper verschoben.

⇨ Für die Befestigungslasche des Kettenblatts mit *Skizzierer* wieder auf der Ebene TiefeEbeneFinger zeichnen. Mit *Profil* ein „Rechteck" zeichnen, das am Finger rund ist. An der Symmetrieseite einen Halbkreis mittig einbinden und an der Außenecke eine Ausrundung. Mit *Im Dialogfenster definierte Bedingungen* und *Kongruenz* liegt der Mittelpunkt des Halbkreises auf der Symmetriegeraden. Die Symmetriegerade selbst liegt auf der Ebene ErsteSymmetrieEbene. Der Kreisrand liegt auf dem Kreis vom AufrissFinger 5 und das freie Kreisende liegt ebenfalls auf dem passenden Kreisende dieses Bezugskreises. Mit *Bedingung* vermaßen. *Umgebung verlassen.*

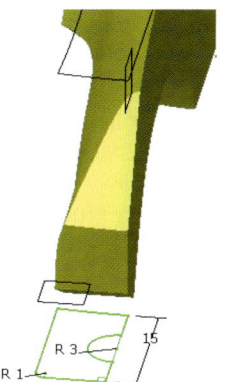

⇨ Mit *Block* nach oben zur Lasche ziehen. Die *Erste Begrenzung* liegt bei 6 mm und die *Zweite Begrenzung* bei -2,5 mm.

Der fertige halbe Finger wird nun insgesamt achtmal gebraucht. Da er aber an seiner Konstruktionsposition nicht verwendet werden kann, muss er vorweg zur ersten Symmetrieebene „umkopiert" werden. Dann wird er einmal gespiegelt und viermal rotiert. Es bleibt ein Sektor offen für die Kurbel.

⇨ Mit *Symmetrie* den Finger zu ErsteSymmetrieEbene 2 spiegeln. Nur der gespiegelte Finger bleibt, wenn die Frage nach den Spezifikationen mit *Ja* beantwortet wird.

⇨ Mit *Spiegeln* den Finger an der eigenen kleinen Spiegelfläche verdoppeln.

⇨ Mit *Kreismuster*, 4 *Exemplaren* und dem *Winkelabstand* 72 Grad daraus den Stern erzeugen. Das *Referenzelement* ist die Fingerkante in der Tretkurbelmitte. Es geht in gleicher Richtung entgegen der Uhr weiter.

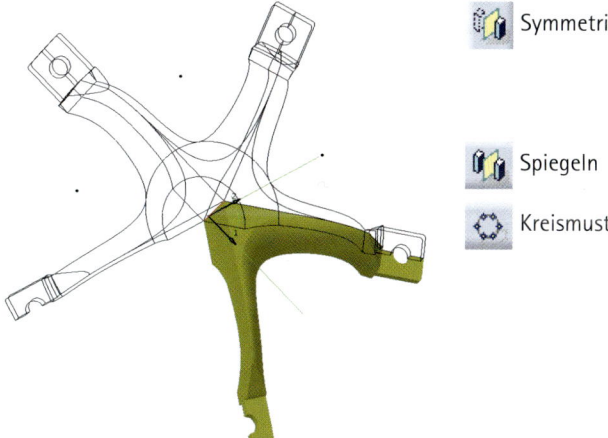

🔧 Symmetrie

🔧 Spiegeln

◇ Kreismuster

Die halbe Kurbel mit halbem Finger wird in einem gesonderten Körper zum Zusammenbau vorbereitet. Aus der Flächenverbindung des Übergangbereichs entsteht wieder der Körper. An ihm muss die Bearbeitung der Fingerspitze ebenfalls durchgeführt werden. Die notwendigen Skizzen sind schon an richtiger Stelle vorhanden und brauchen nur als Referenzkopien benützt zu werden. Die fertiggestellte Hälfte wird zur Kurbelspiegelfläche verdoppelt und dann mit Boolescher Vereinigung in den Hauptkörper eingefügt.

⇨ Mit *Einfügen > Körper* einen neuen Speicher für die Kurbel einfügen. Der Körper ist automatisch *In Bearbeitung*.

⇨ Mit *Fläche schließen* die zusammengefügten Flächenstücke der halben Kurbel, des Übergangs zum Finger und des Fingers selbst zum Körper zusammenfassen.

⇨ Mit *Rille* und dem *Profil* der ersten Skizze im Körper und dem Kreis der zweiten Skizze als *Zentralkurve* wieder die Fingerspitze beschneiden.

⇨ Mit *Block* wieder den Finger verlängern. Als *Profil/Fläche* die schräge Zwickelfläche an der Fingerspitze *Bis Ebene* aufziehen. Die Ebene ist die Fingerebene TiefeEbene-Finger.

⇨ Mit *Block* und dem entsprechenden *Profil* die Lasche aufziehen. Beide Begrenzungen *Bis Ebene* wählen und die Spiegelbildebenen nutzen.

⇨ Mit *Spiegeln* die Kurbel an der eigenen Spiegelfläche verdoppeln.

⇨ Eine *Bohrung* mit *Standardgewinde* M16 *Bis zum Letzten* für das Pedal anbringen. Die Bohrungsmitte liegt konzentrisch zum Randkreis im Kurbelaufriss 15.

⇨ Mit *Kontextmenü > Objekt in Bearbeitung* den Hauptkörper bereitstellen.

⇨ Mit *Einfügen > Boolesche Operationen > Hinzufügen* den Kurbelkörper in den Fingerstern einfügen.

Bohrung

⇨ Abschließend eine *Bohrung* planeingesenkt mit *Standardgewinde* M16 und der Ausdehnung *Bis zum Letzten* in der Tretkurbel anbringen. Die Bohrungsmitte liegt auf dem Tretkurbelmittelpunkt 4 aus dem AufrissFinger 5 .

⇨ Mit *Datei > Sichern unter...* das Bauteil im passenden Ordner speichern.
⇨ Mit *Start > Beenden* Schluss machen und aufatmen. Wer bis jetzt durchgehalten hat, ist ein/e weitere/r **CATIA Expertin/Experte!**

PS

Einmal objektorientiert und anpassungsfähig aufgebaute Geometrie könnte wie Knetmasse modelliert werden! Bei den Übungen, besonders aber bei der letzten Übung Tretkurbel fällt man aber unweigerlich wieder auf den Boden der Tatsachen des CATIA-Programms. Selbst geringfügige, nachträgliche, maßliche oder formliche Anpassungen lassen die mühsam aufgebaute assoziative Struktur wie ein Kartenhaus in sich zusammenfallen. Nur weil beispielsweise eine Tangente ihre vorgegebene Richtung wechselt oder eine abgetrennte Kurve die Seite wechselt. Das ist bei reinen Draht- und Flächenmodellen so, erst recht aber, wenn Flächen, Volumen und Körper gemischt werden. Dabei ist alle Information schon eingegeben: In Skizzen gibt es einen Umlaufsinn, Kurven, Ebenen und Flächen haben eine Richtung, und wenn zwei Bestimmungsstücke eine Fläche oder einen Körper definieren, haben sie ebenfalls zueinander Richtungen. (Im Beispiel muss sich ein Fahrer, der rechtwinklig abbiegen will, entscheiden ob nach links oder rechts.) Würde dies im Programm mit aufgenommen, wäre CATIA V5 nicht nur ein assoziatives Versprechen, sondern ein verwirklichtes, universell einsetzbares, echtes Modellierwerkzeug. Dies könnten weiterblickende Programmverantwortliche durchaus ändern. **Ich gebe die Hoffnung nicht auf!**

Funktionenübersicht

Standardfunktionsgruppen

Allgemein

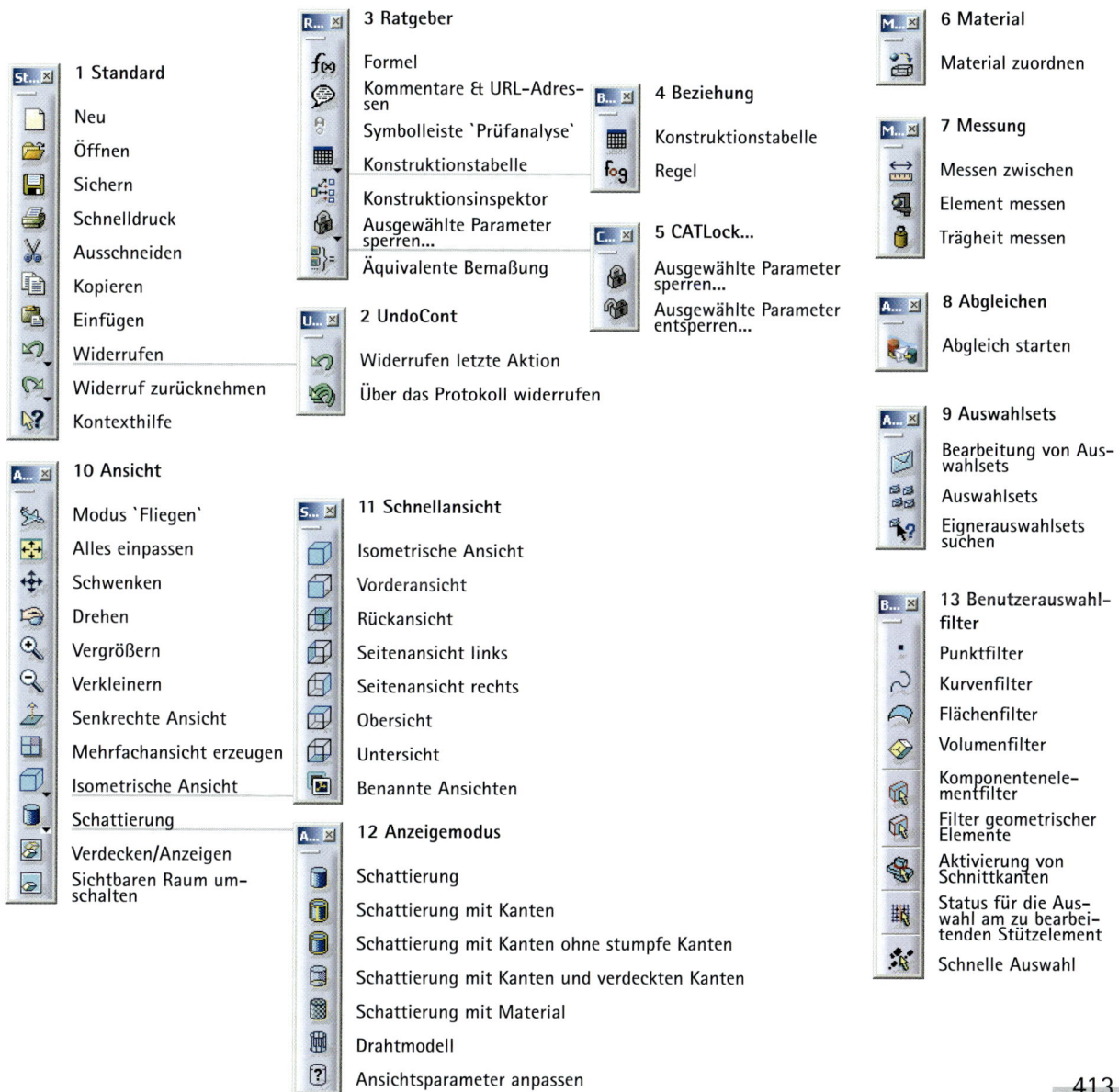

1 Standard

- Neu
- Öffnen
- Sichern
- Schnelldruck
- Ausschneiden
- Kopieren
- Einfügen
- Widerrufen
- Widerruf zurücknehmen
- Kontexthilfe

3 Ratgeber

- Formel
- Kommentare & URL-Adressen
- Symbolleiste `Prüfanalyse`
- Konstruktionstabelle
- Konstruktionsinspektor
- Ausgewählte Parameter sperren...
- Äquivalente Bemaßung

2 UndoCont

- Widerrufen letzte Aktion
- Über das Protokoll widerrufen

4 Beziehung

- Konstruktionstabelle
- Regel

5 CATLock...

- Ausgewählte Parameter sperren...
- Ausgewählte Parameter entsperren...

6 Material

- Material zuordnen

7 Messung

- Messen zwischen
- Element messen
- Trägheit messen

8 Abgleichen

- Abgleich starten

9 Auswahlsets

- Bearbeitung von Auswahlsets
- Auswahlsets
- Eignerauswahlsets suchen

13 Benutzerauswahlfilter

- Punktfilter
- Kurvenfilter
- Flächenfilter
- Volumenfilter
- Komponentenelementfilter
- Filter geometrischer Elemente
- Aktivierung von Schnittkanten
- Status für die Auswahl am zu bearbeitenden Stützelement
- Schnelle Auswahl

10 Ansicht

- Modus `Fliegen`
- Alles einpassen
- Schwenken
- Drehen
- Vergrößern
- Verkleinern
- Senkrechte Ansicht
- Mehrfachansicht erzeugen
- Isometrische Ansicht
- Schattierung
- Verdecken/Anzeigen
- Sichtbaren Raum umschalten

11 Schnellansicht

- Isometrische Ansicht
- Vorderansicht
- Rückansicht
- Seitenansicht links
- Seitenansicht rechts
- Obersicht
- Untersicht
- Benannte Ansichten

12 Anzeigemodus

- Schattierung
- Schattierung mit Kanten
- Schattierung mit Kanten ohne stumpfe Kanten
- Schattierung mit Kanten und verdeckten Kanten
- Schattierung mit Material
- Drahtmodell
- Ansichtsparameter anpassen

Anhang

Skizzierer

1 Skizziertools

Gitter

An Punkt anlegen

Konstruktions-/Standard-element

Geometrische Bedin-gungen

Bemaßungsbedingungen

2 Tools

Bezugselement erzeugen

Nur aktueller Körper

Ausgabekomponente

Profilkomponente

Skizzenauflösungsstatus

3 2D-Analysetools

Skizzenauflösungsstatus

Skizzieranalyse

4 Darstellung

Teil durch Skizzierebene schneiden

Normal

Auswählbarer sichtbarer Hintergrund

Diagnose

Bemaßungsbedingungen

Geometrische Beding-ungen

5 Visu3D

Normal

Normale Helligkeit

Kein 3D-Hintergrund

6 2D-Darstellungsmodus

Auswählbarer sichtbarer Hintergrund

Kein 3D-Hintergrund

Nicht auswählbarer Hinter-grund

Hintergrund mit Normal-anzeige

Hintergrund mit Normalan-zeige nicht auswählbar

Aktuellen Blickpunkt sperren

Teilekonstruktion

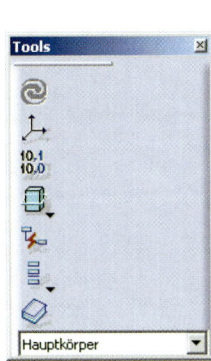

7 Tools

Alles aktualisieren

Achsensystem

Durchschnittbemaßungen

Normal

Bezugselement erzeugen

Nur aktueller Körper

Katalog öffnen

Aktuelles Werkzeug auswählen

8 2D-Darstellungsmodus

Auswählbarer sichtbarer Hintergrund

Kein 3D-Hintergrund

Nicht auswählbarer Hintergrund

Hintergrund mit Normal-anzeige

Hintergrund mit Normal-anzeige nicht auswählbar

Aktuellen Blickpunkt sperren

9 Anzeigemodus

Nur aktueller Körper

Nur der Volumenkörper, der derzeit in Bearbeitung ist

10 Analyse

Auszugsschrägenanalyse

Krümmungsanalyse

Analyse der Innen- und Außengewinde

2 Symbolleiste zur Erzeugung von Produktwissensvorlagen

Eine PowerCopy erzeugen

Eine Benutzerkomponente erzeugen

Eine Dokumentvorlage erzeugen

In Katalog sichern

4 Anmerkungen

Text mit Bezugslinie

Flaggenanmerkung mit Bezugslinie

3D-Anmerkungs-Abfrage einschalten/ausschalten nach Listen

1 Symbolleiste für Produktwissensvorlagen

Eine PowerCopy erzeugen

Exemplar von Dokument erzeugen

3 Symbolleiste zur Exemplarerstellung von Produktwissensvorlagen

Exemplar von Dokument erzeugen

Exemplar aus der Auswahl erstellen

Baugruppenkonstruktion

5 Tools

Alles aktualisieren

6 Katalogbrowser

Katalogbrowser

7 3D-Analyse

Überschneidung

Schnitte

Abstands- und Bandanalyse

Flächenerzeugung

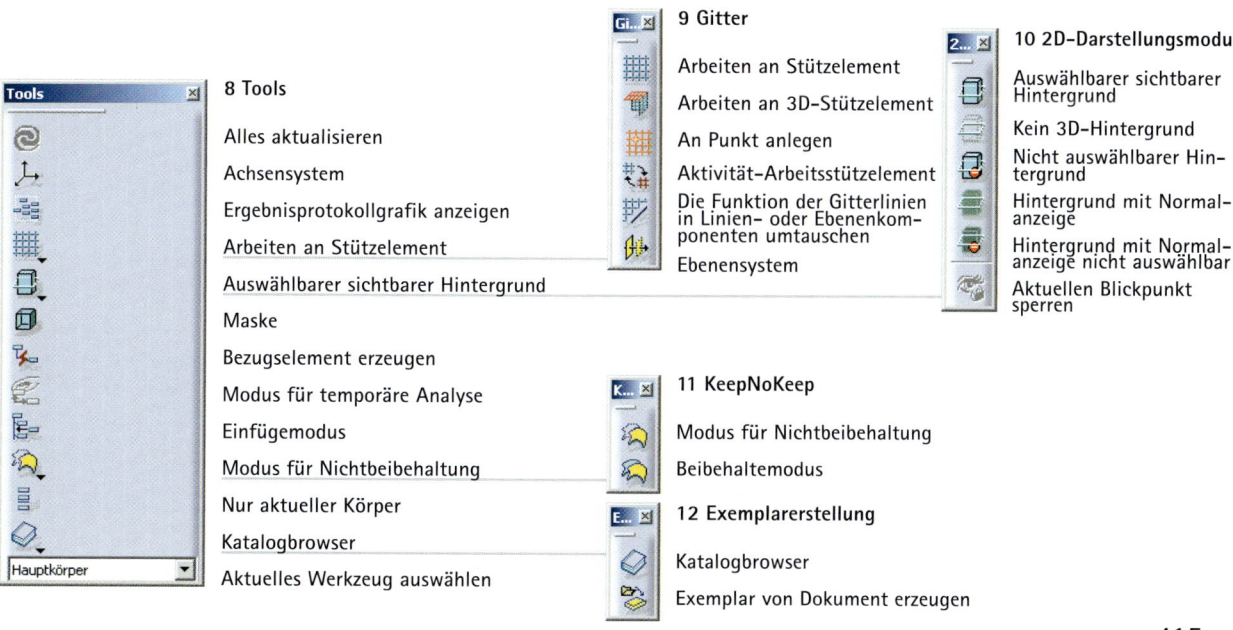

8 Tools

Alles aktualisieren

Achsensystem

Ergebnisprotokollgrafik anzeigen

Arbeiten an Stützelement

Auswählbarer sichtbarer Hintergrund

Maske

Bezugselement erzeugen

Modus für temporäre Analyse

Einfügemodus

Modus für Nichtbeibehaltung

Nur aktueller Körper

Katalogbrowser

Aktuelles Werkzeug auswählen

9 Gitter

Arbeiten an Stützelement

Arbeiten an 3D-Stützelement

An Punkt anlegen

Aktivität-Arbeitsstützelement

Die Funktion der Gitterlinien in Linien- oder Ebenenkomponenten umtauschen

Ebenensystem

10 2D-Darstellungsmodus

Auswählbarer sichtbarer Hintergrund

Kein 3D-Hintergrund

Nicht auswählbarer Hintergrund

Hintergrund mit Normalanzeige

Hintergrund mit Normalanzeige nicht auswählbar

Aktuellen Blickpunkt sperren

11 KeepNoKeep

Modus für Nichtbeibehaltung

Beibehaltemodus

12 Exemplarerstellung

Katalogbrowser

Exemplar von Dokument erzeugen

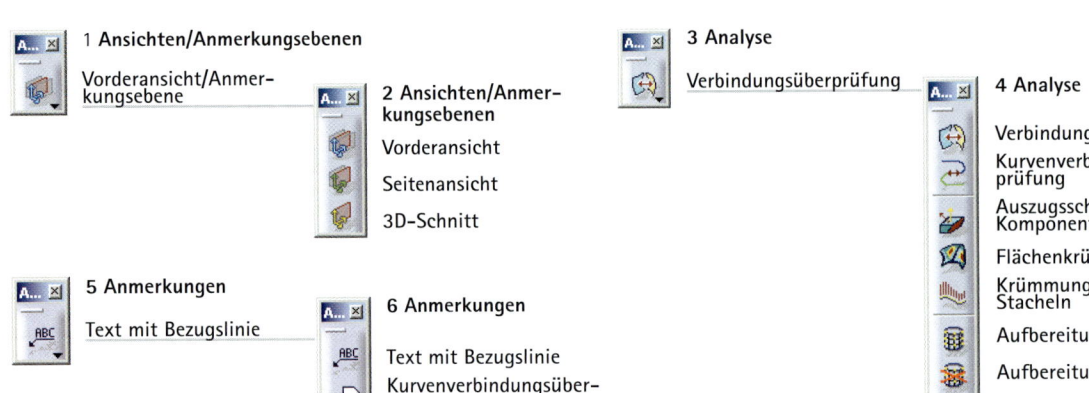

1 Ansichten/Anmerkungsebenen

Vorderansicht/Anmerkungsebene

2 Ansichten/Anmerkungsebenen

Vorderansicht

Seitenansicht

3D-Schnitt

5 Anmerkungen

Text mit Bezugslinie

6 Anmerkungen

Text mit Bezugslinie

Kurvenverbindungsüberprüfung

3 Analyse

Verbindungsüberprüfung

4 Analyse

Verbindungsüberprüfung

Kurvenverbindungsüberprüfung

Auszugsschrägenanalyse für Komponenten

Flächenkrümmungsanalyse

Krümmungsanalyse mit Stacheln

Aufbereitung anwenden

Aufbereitung entfernen

Geometrieinformationen

Arbeitsfunktionsgruppen

Skizzierer

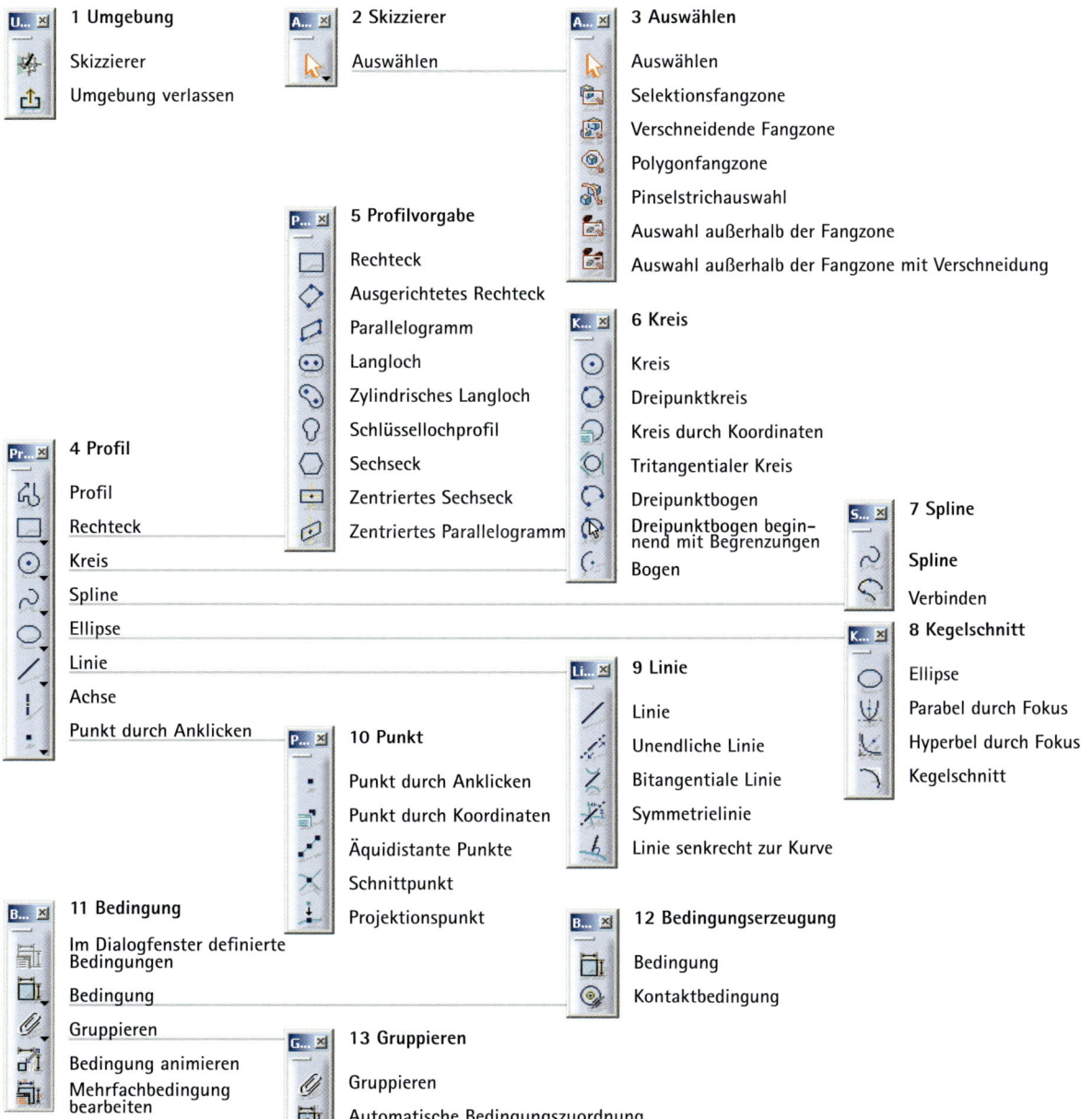

1 Umgebung

Skizzierer

Umgebung verlassen

2 Skizzierer

Auswählen

3 Auswählen

Auswählen

Selektionsfangzone

Verschneidende Fangzone

Polygonfangzone

Pinselstrichauswahl

Auswahl außerhalb der Fangzone

Auswahl außerhalb der Fangzone mit Verschneidung

4 Profil

Profil

Rechteck

Kreis

Spline

Ellipse

Linie

Achse

Punkt durch Anklicken

5 Profilvorgabe

Rechteck

Ausgerichtetes Rechteck

Parallelogramm

Langloch

Zylindrisches Langloch

Schlüssellochprofil

Sechseck

Zentriertes Sechseck

Zentriertes Parallelogramm

6 Kreis

Kreis

Dreipunktkreis

Kreis durch Koordinaten

Tritangentialer Kreis

Dreipunktbogen

Dreipunktbogen beginnend mit Begrenzungen

Bogen

7 Spline

Spline

Verbinden

8 Kegelschnitt

Ellipse

Parabel durch Fokus

Hyperbel durch Fokus

Kegelschnitt

9 Linie

Linie

Unendliche Linie

Bitangentiale Linie

Symmetrielinie

Linie senkrecht zur Kurve

10 Punkt

Punkt durch Anklicken

Punkt durch Koordinaten

Äquidistante Punkte

Schnittpunkt

Projektionspunkt

11 Bedingung

Im Dialogfenster definierte Bedingungen

Bedingung

Gruppieren

Bedingung animieren

Mehrfachbedingung bearbeiten

12 Bedingungserzeugung

Bedingung

Kontaktbedingung

13 Gruppieren

Gruppieren

Automatische Bedingungszuordnung

1 Operation

- Ecke
- Fase
- Trimmen
- Spiegeln
- 3D-Elemente projizieren

2 Begrenzungen

- Trimmen
- Aufbrechen
- Schnelles Trimmen
- Schließen
- Ergänzen

3 Umwandlung

- Spiegeln
- Symmetrie
- Verschieben
- Drehen
- Maßstab
- Offset

4 3D-Geometrie

- 3D-Elemente projizieren
- 3D-Elemente schneiden
- 3D-Silhouettenkanten projizieren

Teilekonstruktion

5 Umgebung

- Teilekonstruktion

6 Skizzierer

- Skizzierer

7 Skizzierer

- Skizzierer
- Skizzierer mit Definition einer absoluten Achse

8 Auf Skizzen basierende Komponenten

- Block
- Tasche
- Welle
- Nut
- Bohrung
- Rippe
- Rille
- Kombinierter Volumenkörper
- Volumenkörper mit Mehrfachschnitten
- Entfernter Volumenkörper mit Mehrfachschnitten

9 Blöcke

- Block
- Verrundeter Block mit Auszugsschräge
- Mehrfachblock

10 Taschen

- Tasche
- Verrundete Tasche mit Auszugsschräge
- Mehrfachtasche

11 Erweiterte extrudierte Komponenten

- Versteifung
- Kombinierter Volumenkörper

12 Aufbereitungskomponenten

- Kantenverrundung
- Fase
- Winkel der Auszugsschräge
- Schalenelement
- Aufmaß
- Gewinde (Innen/Außen)
- Teilfläche entfernen

13 Verrundungen

- Kantenverrundung
- Verrundung mit variablem Radius
- Verrundung zwischen zwei Teilflächen
- Verrundung aus drei Tangenten

14 Auszugsschrägen

- Winkel der Auszugsschräge
- Reflexionslinie der Auszugsschräge
- Variable Auszugsschräge

15 Teilfläche entfernen

- Teilfläche entfernen
- Teilfläche ersetzen

16 Erweiterte Aufbereitungen

- Erweiterte Auszugsschräge

17 Bedingungen

- Im Dialogfenster definierte Bedingungen
- Bedingung

18 Referenzelemente (Erweitert)

- Punkt
- Linie
- Ebene

1 Transformationskomponenten

Verschiebung

Spiegeln

Rechteckmuster

Skalieren

6 Auf Flächen basierende Komponenten

Trennen

Aufmaßfläche

Fläche schließen

Fläche integrieren

3 Muster

Rechteckmuster

Kreismuster

Benutzermuster

2 Transformationen

Verschiebung

Rotation

Symmetrie

4 Boolesche Operationen

Zusammenbauen

Hinzufügen

Vereinigen und Trimmen

Stück entfernen

5 Boolesche Operationen

Hinzufügen

Entfernen

Verschneiden

7 Einfügen

Körper

Geometrisches Set

Komponenten zusammen-bauen

8 Geometrische Sets

Geometrisches Set

Geordnetes geometrisches Set

9 Erkennung von Komponenten in der Teilekonstruktion

Geometrisches Set

Automatische Erkennung von Komponenten

Part Analysis

Baugruppenkonstruktion

10 Umgebung

Baugruppenkonstruktion

14 Tools für Produktstruktur

Komponente

Produkt

Teil

Vorhandene Komponente

Vorhandene Komponente mit Positionierung

Komponente ersetzen

Neuordnung des Grafikbaums

Numerierung generieren

Selektives Laden

Darstellungen verwalten

Schnelle Erstellung meh-rerer Exemplare

11 Gefilterte Auswahl

Produktauswahl

15 Mehrfacherzeugung

Schnelle Erstellung mehrerer Exemplare

Erstellung mehrerer Exemplare definieren

12 Gefilterte Auswahl

Produktauswahl

Umkehrung

Kinder

Sonstige

Alle

16 Bewegen

Manipulation

Versetzen

Zerlegen

Manipulation bei Kollision stoppen

13 Bedingungen

Kongruenzbedingung

Kontaktbedingung

Offset-Bedingung

Winkelbedingung

Komponente fixieren

Gruppieren

Schnelle Bedingung

Flexible/starre Unterbau-gruppe

Bedingung ändern

Muster wiederverwenden

17 Versetzen

Versetzen

Intelligentes Verschieben

Anhang

1 Baugruppenkomponenten

Trennen

Symmetrie von Komponente erzeugen

**2 Baugruppenkompo-
nenten**

Trennen

Bohrung

Tasche

Hinzufügen

Entfernen

3 Szenen

Erweiterte Szene

Szenenbrowser

Flächenerzeugung

4 Umgebung

Flächenerzeugung

5 Auswählen

Auswählen

Schnelle Bearbeitung

6 Navigieren

Schnelle Auswahl

Objekt in Bearbeitung
suchen oder definieren

8 Punkte

Punkt

Wiederholung der Punkt-
und Ebenenerzeugung...

Äußerster Punkt

Äußerster Punkt in Polar-
koordinaten

7 Drahtmodell

Punkt

Linie

Ebene

Projektion

Verschneidung

Parallele Kurve

Kreis

Spline

9 Linie-Achse

Linie

Achse

Polylinie

10 Projekt-Kombinieren

Projektion

Kombinieren

Reflexionslinie

11 Offset2D3D

Parallele Kurve

3D-Kurvenoffset

12 Kreis-Kegelschnitt

Kreis

Ecke

Verbindungskurve

Kegelschnitt

13 Kurven

Spline

Helix

Spirale

Leitkurve

Isoparametrische Kurve

14 Flächen

Extrudieren

Offset

Translation

Füllen

Fläche mit Mehrfach-
schnitten

Übergang

17 Translationen

Translation

Anpassungsfähige Trans-
lation

16 OffsetVar

Offset

Variabler Offset

Ungenauer Offset

15 Extrudieren-Drehen

Extrudieren

Drehen

Kugel

Zylinder

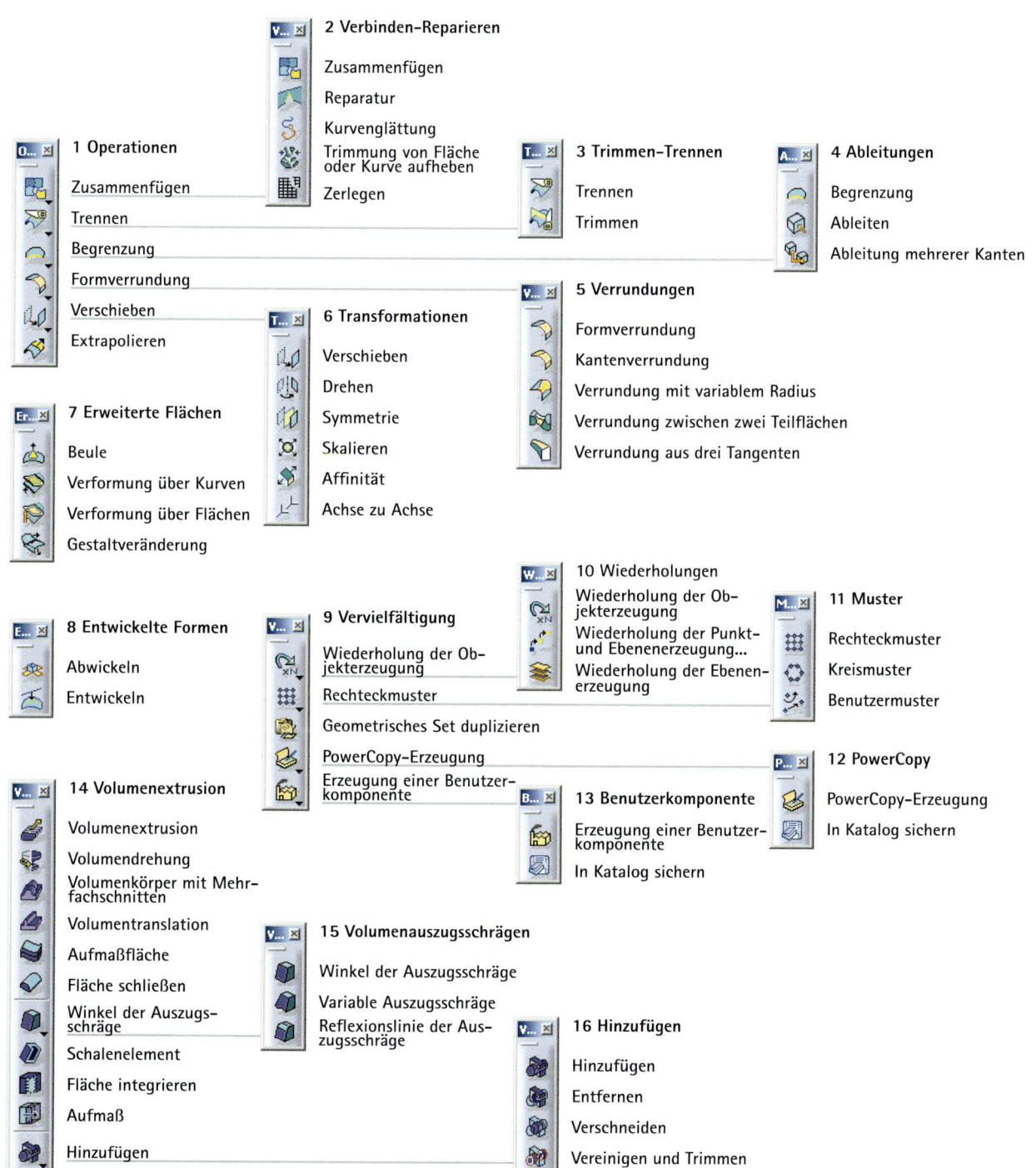

2 Verbinden-Reparieren

Zusammenfügen

Reparatur

Kurvenglättung

Trimmung von Fläche oder Kurve aufheben

Zerlegen

1 Operationen

Zusammenfügen

Trennen

Begrenzung

Formverrundung

Verschieben

Extrapolieren

3 Trimmen-Trennen

Trennen

Trimmen

4 Ableitungen

Begrenzung

Ableiten

Ableitung mehrerer Kanten

6 Transformationen

Verschieben

Drehen

Symmetrie

Skalieren

Affinität

Achse zu Achse

5 Verrundungen

Formverrundung

Kantenverrundung

Verrundung mit variablem Radius

Verrundung zwischen zwei Teilflächen

Verrundung aus drei Tangenten

7 Erweiterte Flächen

Beule

Verformung über Kurven

Verformung über Flächen

Gestaltveränderung

10 Wiederholungen

Wiederholung der Objekterzeugung

Wiederholung der Punkt- und Ebenenerzeugung...

Wiederholung der Ebenenerzeugung

11 Muster

Rechteckmuster

Kreismuster

Benutzermuster

8 Entwickelte Formen

Abwickeln

Entwickeln

9 Vervielfältigung

Wiederholung der Objekterzeugung

Rechteckmuster

Geometrisches Set duplizieren

PowerCopy-Erzeugung

Erzeugung einer Benutzerkomponente

13 Benutzerkomponente

Erzeugung einer Benutzerkomponente

In Katalog sichern

12 PowerCopy

PowerCopy-Erzeugung

In Katalog sichern

14 Volumenextrusion

Volumenextrusion

Volumendrehung

Volumenkörper mit Mehrfachschnitten

Volumentranslation

Aufmaßfläche

Fläche schließen

Winkel der Auszugsschräge

Schalenelement

Fläche integrieren

Aufmaß

Hinzufügen

15 Volumenauszugsschrägen

Winkel der Auszugsschräge

Variable Auszugsschräge

Reflexionslinie der Auszugsschräge

16 Hinzufügen

Hinzufügen

Entfernen

Verschneiden

Vereinigen und Trimmen

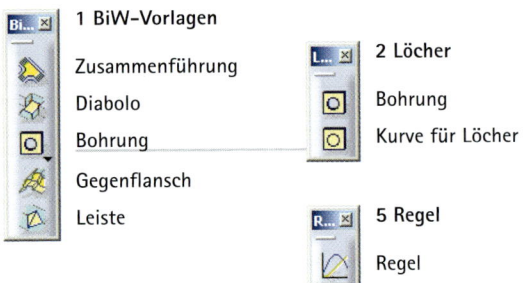

1 BiW-Vorlagen

Zusammenführung

Diabolo

Bohrung

Gegenflansch

Leiste

2 Löcher

Bohrung

Kurve für Löcher

3 Einfügen

Körper

Geometrisches Set

4 Geometrische Sets

Geometrisches Set

Geordnetes geometrisches Set

5 Regel

Regel

6 Werkzeuge zur Flächenbearbeitung

Erzeugt Rohteil

Fügt eine STL-Datei ein

7 Realistic Shape Optimizer

Digitized Morphing

Update Digitized Morphing

Konstruktionsratgeber (teilweise)

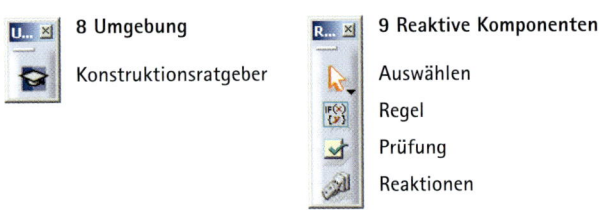

8 Umgebung

Konstruktionsratgeber

9 Reaktive Komponenten

Auswählen

Regel

Prüfung

Reaktionen

Freiformflächen (teilweise)

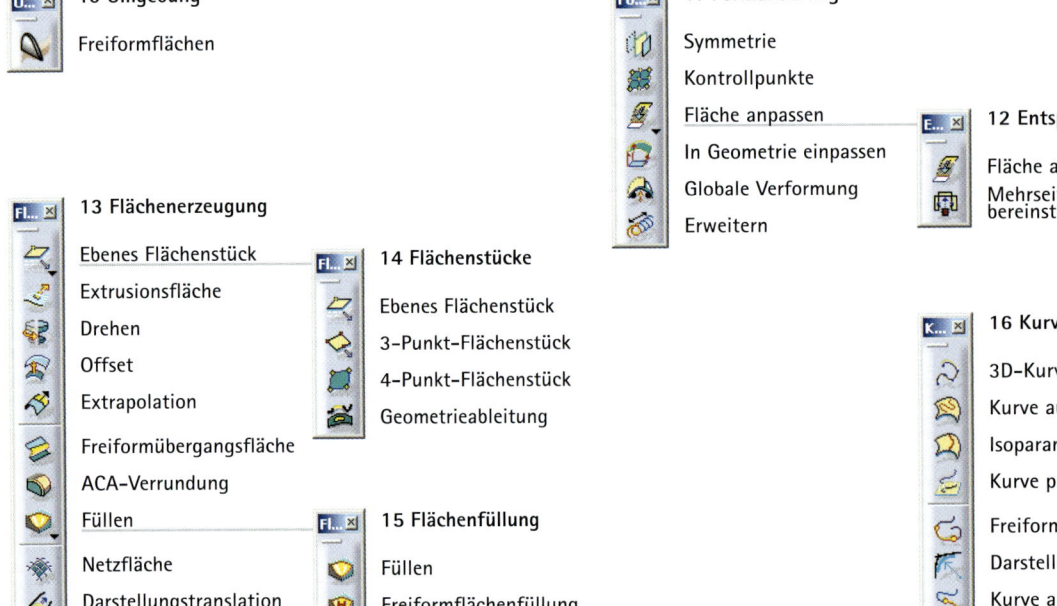

10 Umgebung

Freiformflächen

11 Formänderung

Symmetrie

Kontrollpunkte

Fläche anpassen

In Geometrie einpassen

Globale Verformung

Erweitern

12 Entsprechung

Fläche anpassen

Mehrseitige Flächenübereinstimmung

13 Flächenerzeugung

Ebenes Flächenstück

Extrusionsfläche

Drehen

Offset

Extrapolation

Freiformübergangsfläche

ACA-Verrundung

Füllen

Netzfläche

Darstellungstranslation

14 Flächenstücke

Ebenes Flächenstück

3-Punkt-Flächenstück

4-Punkt-Flächenstück

Geometrieableitung

15 Flächenfüllung

Füllen

Freiformflächenfüllung

16 Kurvenerzeugung

3D-Kurve

Kurve auf Fläche

Isoparametrische Kurve

Kurve projizieren

Freiformübergangskurve

Darstellungsecke

Kurve anpassen

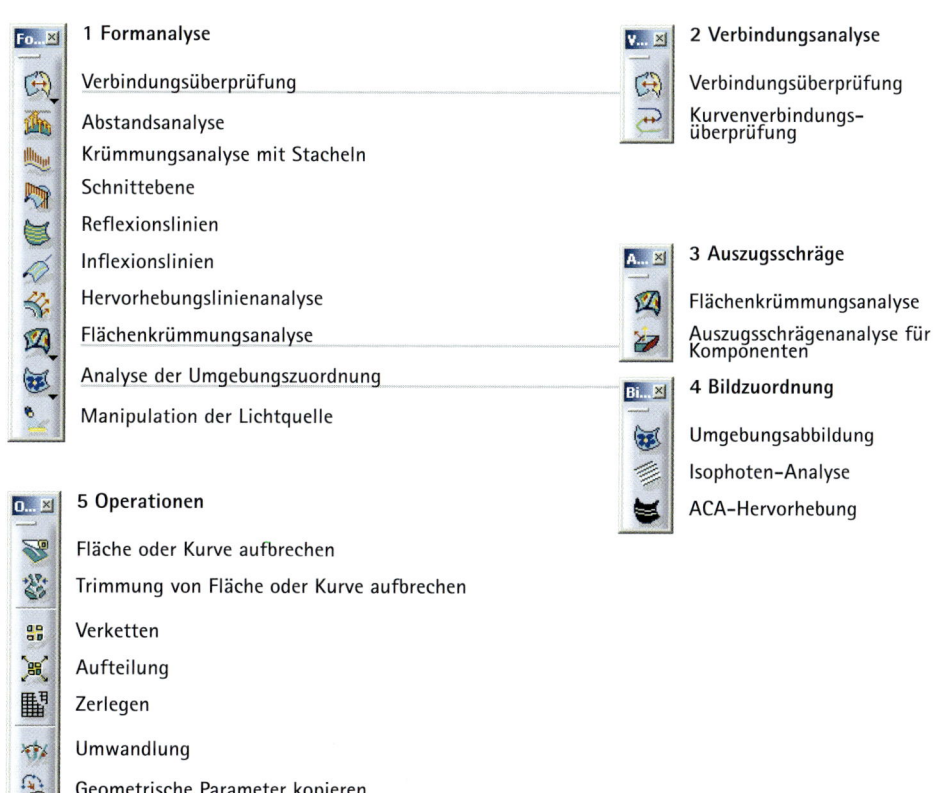

1 Formanalyse

Verbindungsüberprüfung

Abstandsanalyse

Krümmungsanalyse mit Stacheln

Schnittebene

Reflexionslinien

Inflexionslinien

Hervorhebungslinienanalyse

Flächenkrümmungsanalyse

Analyse der Umgebungszuordnung

Manipulation der Lichtquelle

2 Verbindungsanalyse

Verbindungsüberprüfung

Kurvenverbindungs-
überprüfung

3 Auszugsschräge

Flächenkrümmungsanalyse

Auszugsschrägenanalyse für
Komponenten

4 Bildzuordnung

Umgebungsabbildung

Isophoten-Analyse

ACA-Hervorhebung

5 Operationen

Fläche oder Kurve aufbrechen

Trimmung von Fläche oder Kurve aufbrechen

Verketten

Aufteilung

Zerlegen

Umwandlung

Geometrische Parameter kopieren

Stichwortverzeichnis

Stichwortverzeichnis

Stichwortverzeichnis